# 动物微生物检测技术图谱

DONGWU WEISHENGWU
JIANCE JISHU TUPU

向双云　周珍辉◎著

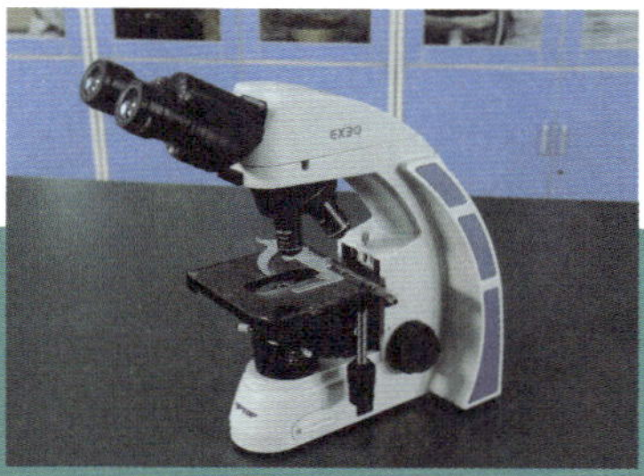

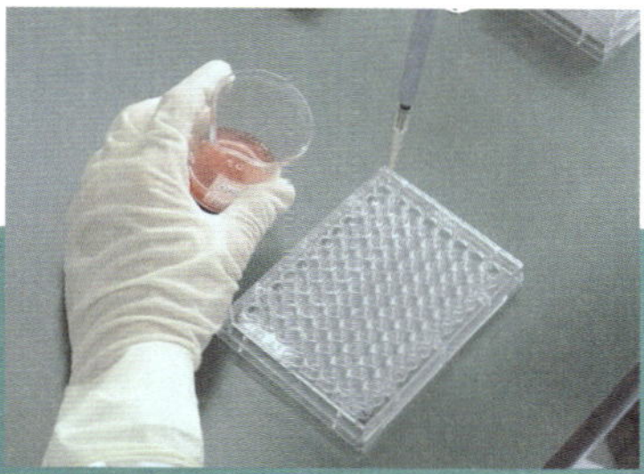

中国农业大学出版社
China Agricultural University Press
·北京·

## 内 容 简 介

本书通过图谱介绍动物微生物实验室基础技术的操作流程，主要内容有动物微生物实验准备、细菌检测技术、病毒检测技术、免疫检测技术、分子生物学检测技术。本书主要是作者针对动物微生物基础实验操作过程进行研究后编写的，是作者多年经验的总结和创新，在内容上包含了一些基层单位实用的新技术、新方法。

本书既可作为高等职业院校畜牧兽医、动物医学、宠物养护与疾病防治、兽医医药等专业的教学用书，也可作为专业养殖户和广大基层兽医实验室工作者的参考用书。

**图书在版编目(CIP)数据**

动物微生物检测技术图谱 / 向双云，周珍辉著. --北京：中国农业大学出版社，2023.6
ISBN 978-7-5655-3024-1

Ⅰ.①动… Ⅱ.①向… ②周… Ⅲ.①动物学-微生物检定-图谱 Ⅳ.①Q93-331

中国国家版本馆 CIP 数据核字(2023)第 123803 号

**书　　名**　动物微生物检测技术图谱
**作　　者**　向双云　周珍辉　著

**策划编辑**　张　玉　　**责任编辑**　张　玉　邢永丽
**封面设计**　李尘工作室
**出版发行**　中国农业大学出版社
**社　　址**　北京市海淀区圆明园西路 2 号　　**邮政编码**　100193
**电　　话**　发行部 010-62733489，1190　　读者服务部 010-62732336
　　　　　编辑部 010-62732617，2618　　出　版　部 010-62733440
**网　　址**　http://www.caupress.cn　　**E-mail** cbsszs@cau.edu.cn
**经　　销**　新华书店
**印　　刷**　涿州市星河印刷有限公司
**版　　次**　2023 年 6 月第 1 版　　2023 年 6 月第 1 次印刷
**规　　格**　185 mm×260 mm　　16 开本　　16.25 印张　　405 千字
**定　　价**　65.00 元

# 前　言

党的二十大报告指出，统筹职业教育、高等教育、继续教育协同创新，推进职普融通、产教融合、科教融汇，优化职业教育类型定位。

《中华人民共和国职业教育法》中指出，职业教育是与普通教育具有同等重要地位的教育类型。如今，中等职业教育基础地位进一步巩固，高职主体地位不断强化，高等职业教育牵引力持续增强，逐步构建出“中职—高职专科—高职本科”纵向贯通的职业学校培养体系。通过职业教育，我国正源源不断地培养高素质技术技能型人才，促进就业创业、助力经济社会发展、增进人民福祉。

我国高职院校人才培养目标的定位是“培养面向生产、建设、管理、服务第一线需要的‘下得去、留得住、用得上’，实践能力强，具有良好职业道德的高技能人才”。全国职业教育工作会议明确提出要“加强职业院校学生实践能力和职业技能的培养”。学生实践技能的培养主要有课内培养和课外顶岗培训，课内培养是高职院校职业技能培养的主要途径。当前的课内培养需考虑“中职—高职专科—高职本科”贯通培养体系中技能培养的基础性和持续性。《动物微生物检测技术图谱》坚持“以技能为本位，以就业为目标”的重要原则，注重技能培养的连贯性。本书在内容的安排上，有适合中职生的基础操作，重点介绍高职生需掌握的实践技能，也有为高职本科培养打基础的新技术和新方法。本书内容的呈现主要以彩图形式为主，主要是为了适应当前职业院校学生接受技能培养的方式和特点，图片截取展示了实验操作的技能关键点，与主教材《动物微生物》中丰富的视频资源互为补充、相得益彰，操作图谱直观实用，过程清晰明了，可操作性强，体现了鲜明的职业特点。本书既适合职业院校学生学习操作技能，也可为新教师开展实践课堂教学提供参考，并能作为专业养殖户和广大基层兽医实验室工作者的参考用书。

编　者

2023 年 2 月

# 目　录

# 第一章　动物微生物实验准备

## 第一节　动物微生物实验室工作基本要求

### 一、动物微生物实验室实验守则

动物微生物实验室检验是一项精确、细致、耐心的工作，在实验过程中，主要接触对象是化学试剂和病原微生物，因此为保证实验工作的顺利进行，要求实验人员必须有严谨的工作作风和严格的科学态度，树立无菌概念，注意安全，并遵守以下规定：

(1)每次实验前必须充分预习工作任务单，明确任务目的，熟悉任务内容，做到心中有数，思路清晰。

(2)进入实验室必须穿工作服，离开实验室时脱下并反叠带走。工作服如不慎沾上可传染的材料，应脱下用消毒液(如5%石炭酸)浸泡过夜或高压灭菌后洗涤。操作时勿以手指或其他器物等接触口唇、眼、鼻和面部。

(3)请勿把不必要的物品带入实验室，必须要带的书本、文具等应放在远离实验操作台的指定位置，以免污染。

(4)实验室内禁止饮食、吸烟，无菌操作时必须戴口罩，并不得开电风扇，勿以手指或其他器械接触口唇、眼、鼻及面部。

(5)爱护动物微生物实验室的仪器设备，严格按照操作过程使用，节约使用实验材料，不慎损坏的器材等，应主动报告老师进行处理。

(6)实验中应保持安静，座位固定后不得随意更换，尽量避免在实验室内走动，认真操作和观察、详细记录实验结果，并认真写出实验报告。

(7)实验完毕，清理实验用品，物归原处，实验废弃物应放入指定地点或容器内，禁止随意放在桌上及冲入水槽里。实验台用3%来苏儿或0.2%过氧乙酸湿布擦抹消毒。离开实验室前，要用肥皂洗手，必要时先用消毒液(3%来苏儿或0.2%～0.5%“84”消毒液)浸泡双手，然后用清水洗净。最后一人离开实验室前，关好水、电、门、窗后方可离开实验室。

### 二、注意事项

#### 1.严格无菌操作，防止病原微生物的污染和扩散

(1)一切操作，如打开或封闭瓶口、试管、注射器等，都要在酒精灯火焰前方进行，使用前后都要经过火焰消毒。手指不能触及器材使用端，如触及需更换或烧灼后再使用(如瓶口)；减少

手与器材的接触面积,学会手指操作。试剂使用后应立即封闭瓶口,若长时间敞口,会增加落菌的机会。

(2)接种环、接种针每次使用前后必须于火焰中烧灼灭菌,含菌量多或含油质培养物时,需先浸入消毒药水中涮洗一下,再进行烧灼灭菌,以免爆散。

(3)含有培养物的试管不可平放在桌面上,以防止液体流出。吸过菌液或血清的吸管必须放入消毒液中或消毒锅中煮沸。

(4)菌种、毒种不经教师同意,绝对不允许带出实验室。

(5)用过的培养物、病料、动物尸体及污染的器皿等,均应放在指定地点,不得随意乱放,或用水直接冲洗,必须高压灭菌后,方能清洗或掩埋。

(6)用过的棉球、纱布等污物,放在固定容器中,统一处理,不得随意抛弃。

(7)试验后的鸡胚应煮沸消毒 0.5 h 以上;小白鼠排泄物及鼠笼内垃圾需经高压灭菌或焚烧;家兔、豚鼠粪尿混合物 1 份加漂白粉 5 份,充分搅拌,消毒处理 2 h。

**2. 注意安全**

(1)一切易燃物品如二甲苯、乙醚、酒精等应远离火源。

(2)不可将酒精灯倾斜向另一酒精灯引火,酒精灯中的酒精要及时添加,以防爆炸。

(3)电炉、煤气、水龙头等用完后应立即关闭。如有走电、漏电、漏水、漏煤气等,应立即报告修理。如不慎失火,切勿慌张,应立即使用灭火器、沙土或湿布掩息之。

**3. 厉行节约**

(1)水、电、药品、试剂、染色液、香柏油、拭镜纸等均应节约使用。

(2)培养皿一般应倒放,即皿底在上,皿盖在下,以防取拿培养皿时,皿底掉下摔破。

(3)金属器皿用毕消毒后,应立即擦干,防止生锈。

(4)使用仪器等要小心,按规程操作,避免不必要的损耗和发生意外。

(5)吸管插入试管中时,要轻放到底才松手,以免戳破试管。

**4. 标记**

(1)各种试剂必须写明名称、规格、配制的时间和使用有效期,有秩序地排列。

(2)所用的培养物、培养基、动物、鸡胚和病料等均需标记明确。

(3)进行高压灭菌的标签应该用黑色铅笔书写,不可用钢笔、圆珠笔书写,以免消毒后模糊不清。

## 三、意外事件的处理

在实验室一旦发生意外,如吸入了菌液,划破了皮肤,细菌、病料污染了实验台或地面等,应立即报告教师,不可自己随意处理。

(1)如手被污染时,先用 70%酒精棉擦净后,立即用 3%来苏儿、0.1%新洁尔灭浸洗数分钟,再用清水洗净。

(2)如实验台或地面污染时,应以浓消毒药如 5%石炭酸、3%来苏儿等覆盖过夜再清擦。

(3)如皮肤划破或被动物咬伤,可于局部涂擦碘酒或注射相应的抗血清、抗生素等。

(4)烧伤时可涂 5%鞣酸、2%苦味酸、龙胆紫溶液、风油精或无毒的液体石蜡等。

(5)如不慎弄伤皮肤，先除尽血污，用无菌生理盐水洗净，再涂2%碘酒或2%红汞进行消毒，必要时再用纱布包扎。

(6)如被强酸或其他酸性化学药品灼伤，应先用大量清水冲洗，再用5%碳酸氢钠或5%氢氧化铵液洗涤中和；被强碱或其他碱性化学药品灼伤，也应先用大量清水冲洗，再用5%醋酸或1%硼酸中和。如灼伤部位在眼睛，经上述处理后再滴入液体石蜡或橄榄油1～2滴。石炭酸灼伤用酒精洗涤。重伤者立即送医院。

(7)如误吸入菌液，应先立即吐入盛有消毒液的容器内，然后用大量清水漱口，最后用3%过氧化氢或0.1%高锰酸钾漱口，并根据菌种的不同服用相应的抗生素以预防。如误食入酸，应立即用大量清水漱口，并服石灰水或牛奶等，勿服催吐药；误食入碱，也应立即用大量清水漱口，并服食醋、5%乙酸或油类皂化。

# 第二节　口罩、护目镜及外科手套的正确佩戴

## 一、一次性医用外科口罩的佩戴

一次性医用外科口罩的佩戴见图1-1所示。

清洁双手，然后戴口罩。口罩有颜色的一面向外，金属软条向上，风琴式褶皱向下。用手指将金属软条轻顶在鼻梁上，将皱褶向下拉以覆盖口、鼻及整个下颌。按压金属软条至紧贴鼻梁及面部，确定口罩边沿完全贴合面部且不阻碍呼吸。佩戴时避免触摸口罩正面。

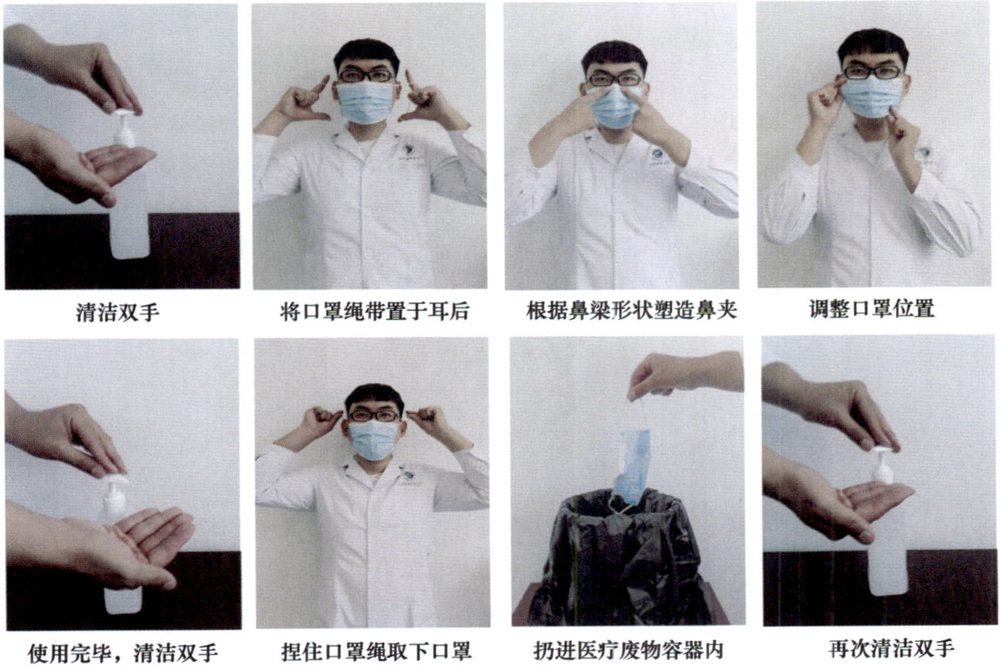


图1-1　一次性医用外科口罩的佩戴

使用完毕后，清洁双手，手只触碰橡皮圈部分，轻轻提起并取下口罩，避免触摸口罩的正面。将使用完毕的口罩扔进医疗废物容器内，最后清洁双手(图 1-1)。

## 二、佩戴护目镜

在进行实验活动中，可能发生标本、体液、分泌物等喷溅时，近距离接触经飞沫传播的传染病患者时，都需要佩戴护目镜。选择医用护目镜时需要与佩戴者眼睛四周有一定的密合性，并可以罩在近视眼镜外面。医用护目镜上要有通风孔，可以起到降低镜片起雾的功能，通风孔的孔道设计不能是直通式的，必须有弯曲，这样才能防止液体飞溅物从眼罩外射入眼罩内部。佩戴前应检查有无破损，佩戴装置有无松懈，每次使用后应进行清洁与消毒。

佩戴护目镜的程序(图 1-2)：

(1)首先将护目镜戴在眼睛上，然后将带子放在头部后面，调整带子到牢固和舒适的位置，最后调整鼻梁到舒适的位置。

(2)使用完毕后，双手不要接触护目镜外面，捏住靠近头部或耳朵两边的带子将其摘下，然后小心地将护目镜从眼睛上摘下，摘下护目镜后应及时洗手。

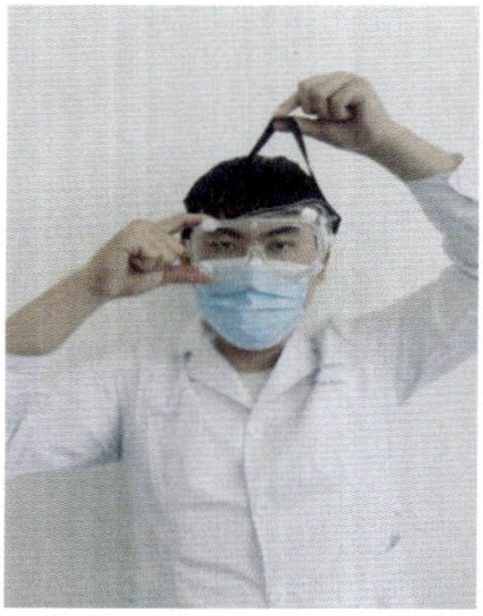

护目镜戴在眼睛上

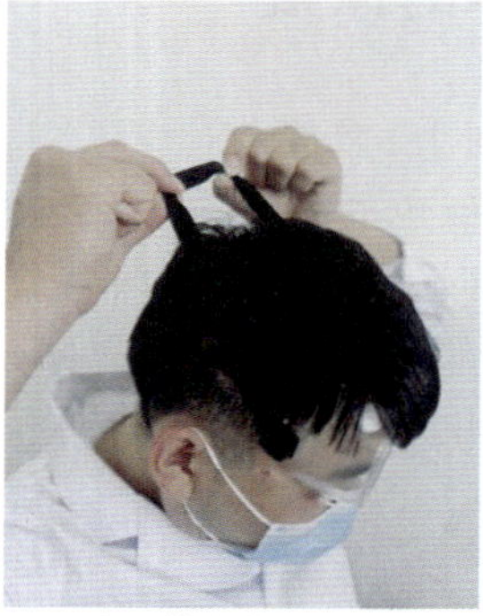

带子放在头部后面

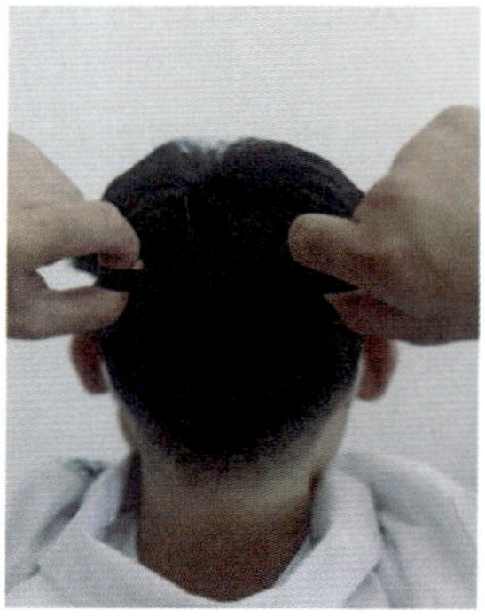

调整带子

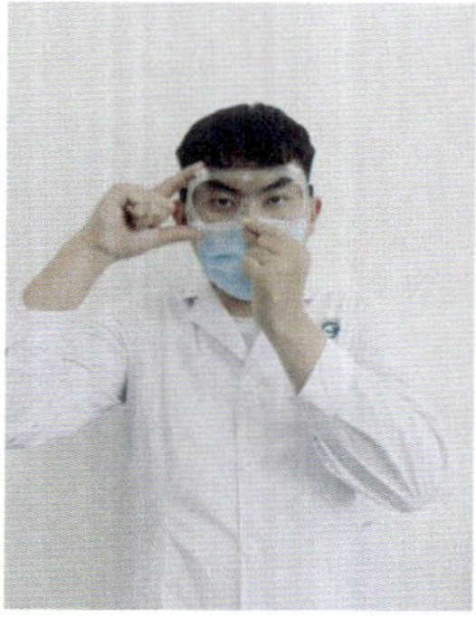

调整护目镜位置

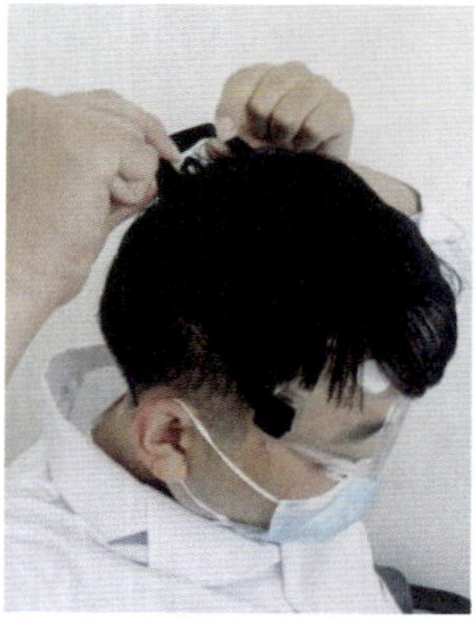

双手捏住带子

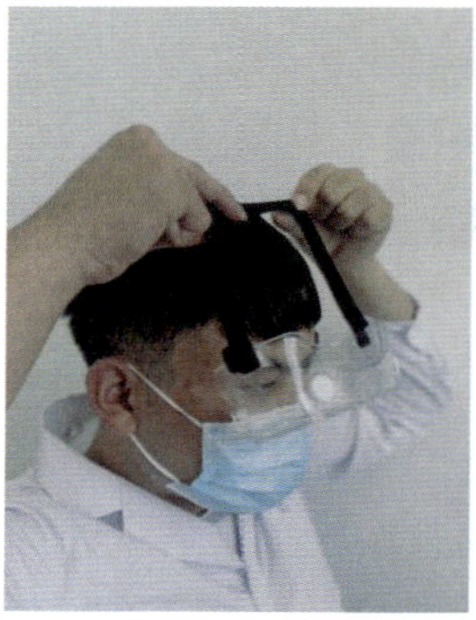

将护目镜摘下

图 1-2　佩戴护目镜

## 三、佩戴一次性外科手套

将手上佩戴的首饰摘掉、不要佩戴人工指甲和涂指甲油等。佩戴手套前，先用香皂和水或洗手液将手洗净。首先选择合适尺寸的一次性外科手套，其次检查手套包装是否完整和在有效使用期内。

从顶部缝拉下打开无菌包装，将内包装放在工作面上，敞开手套，可以看到左右手套，先从惯用手开始。用手触摸手套的内侧袖口，拿起手套，不要触摸手套的外部，将手套完全拉过惯用手。将戴手套的手插入一只手套的袖口，插入手指，把另一只手套拉到非惯用手上，必要时调整手套(图 1-3)。

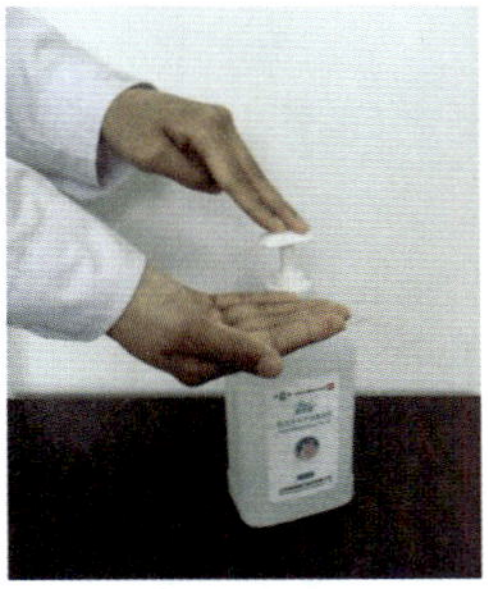

清洁双手

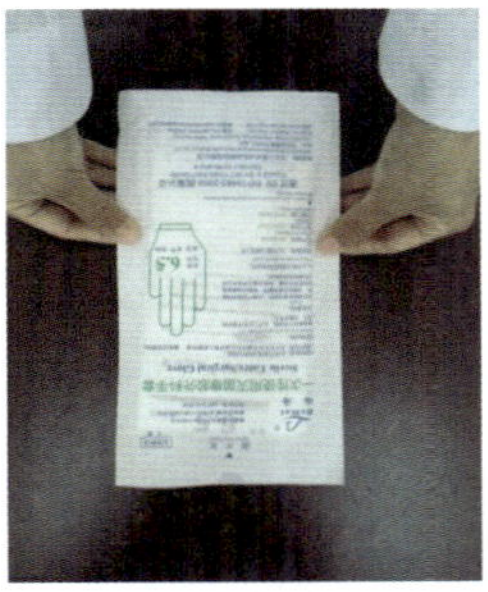


检查包装是否无菌

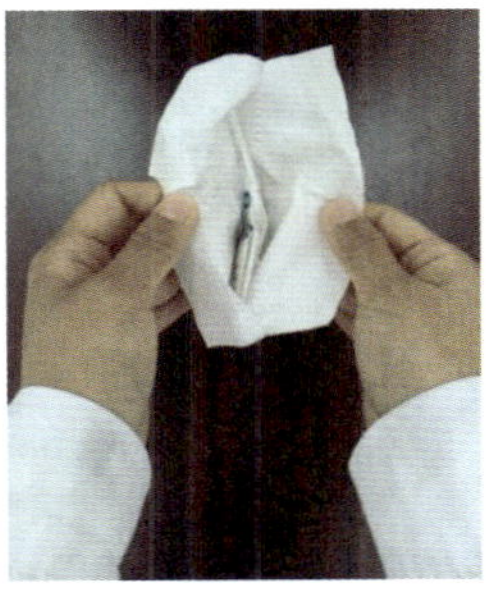

剥开顶部缝拉下打开包装

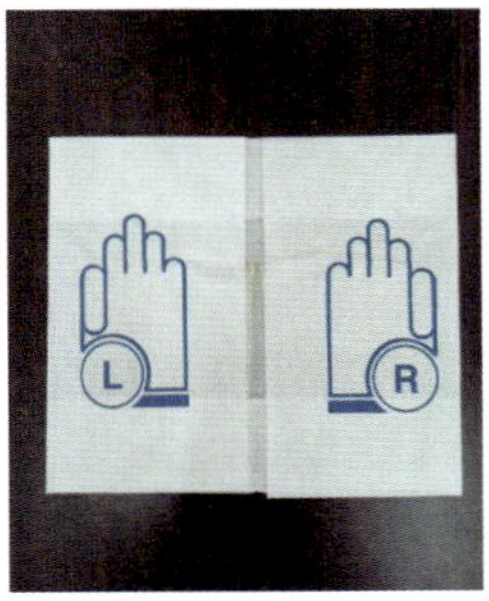


打开确认左右手套

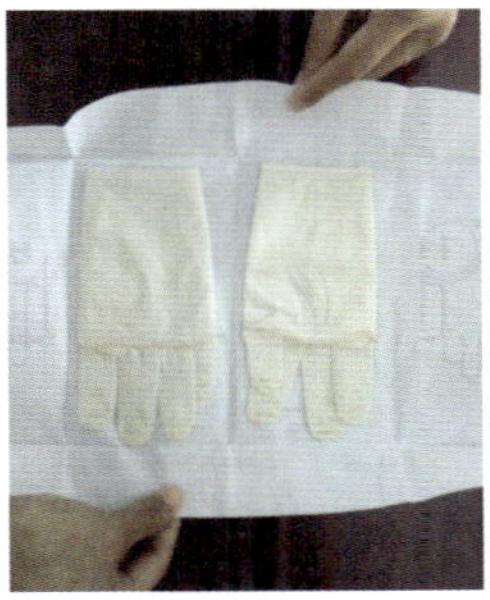

敞开手套

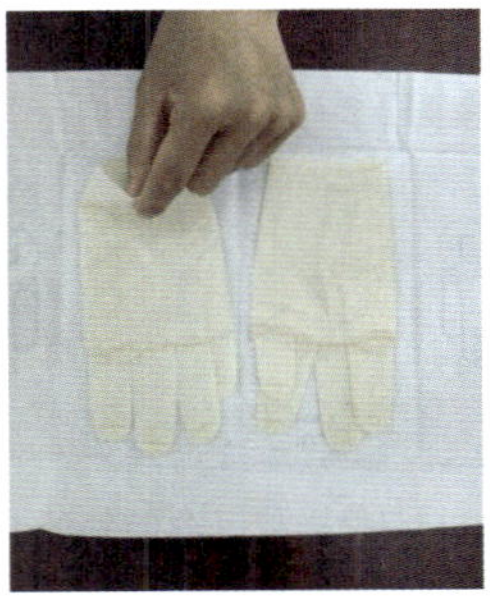

抓住惯用手的手套

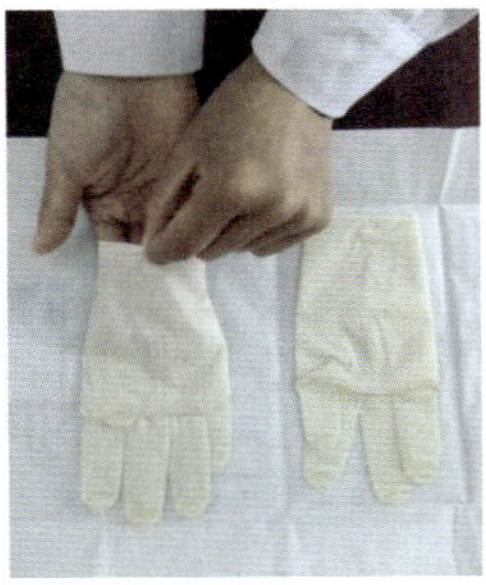

将手插入开口

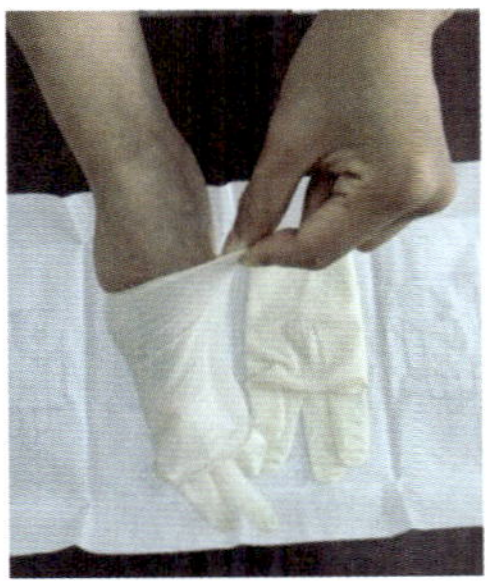

把手套拉到手腕

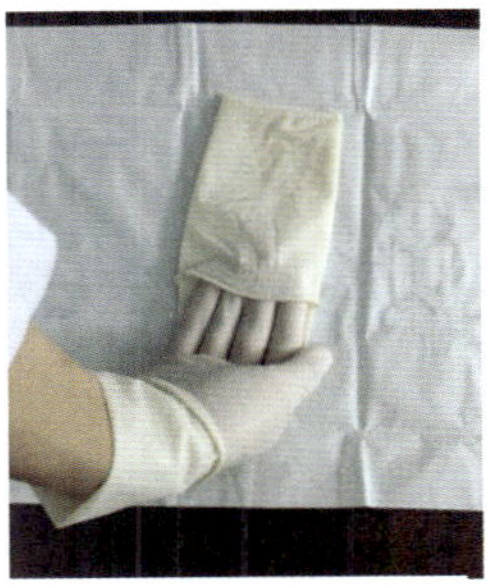

戴手套的手放在袖口下

图 1-3　佩戴一次性外科手套

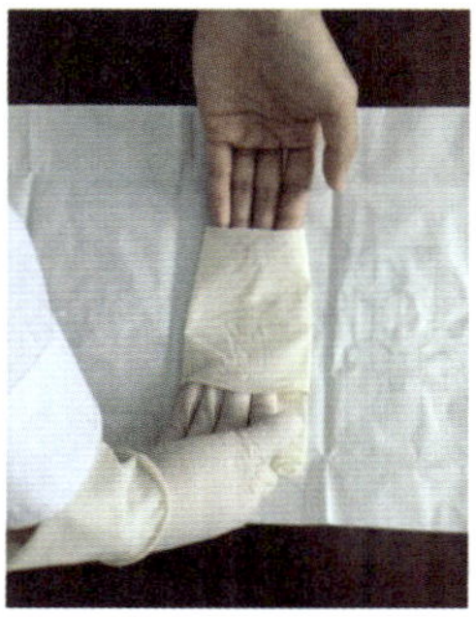

插入手指

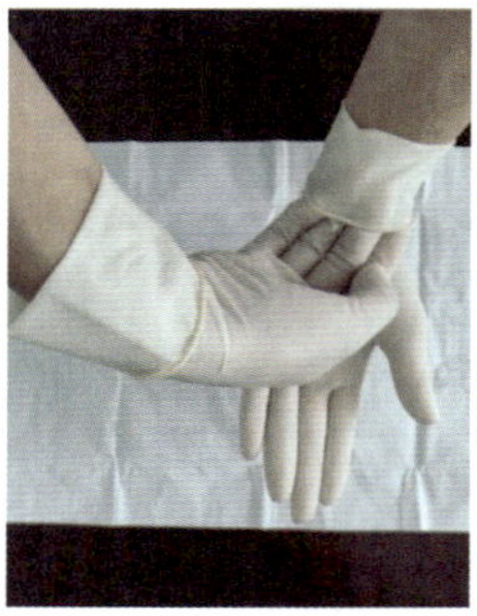

把手套拉到手腕处

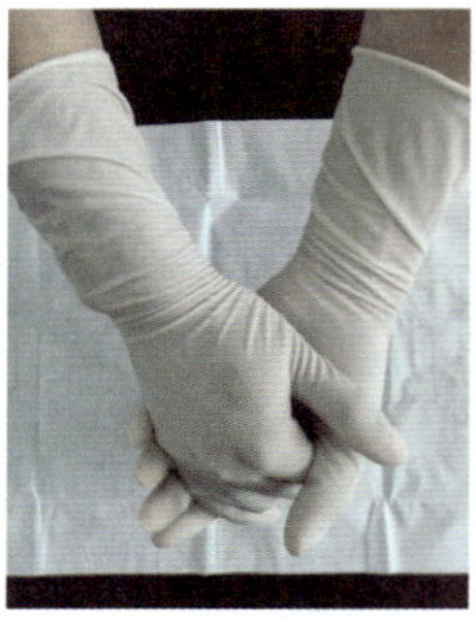

双手保持在腰部以上，远离衣物

续图 1-3

戴上手套后，要将戴手套的双手交叉锁在一起，保持双手与衣服之间至少 15 cm 的距离，保持双手在腰部以上、肩部以下。

脱手套时，用戴手套的手捏住另一只手套的套口外面，将其翻转脱下。已脱下手套的手指插入另一只手套口内，将其翻转脱下。将手套的内面翻套在外面，用过的手套放入医用垃圾袋内待处理，清洁双手（图 1-4）。

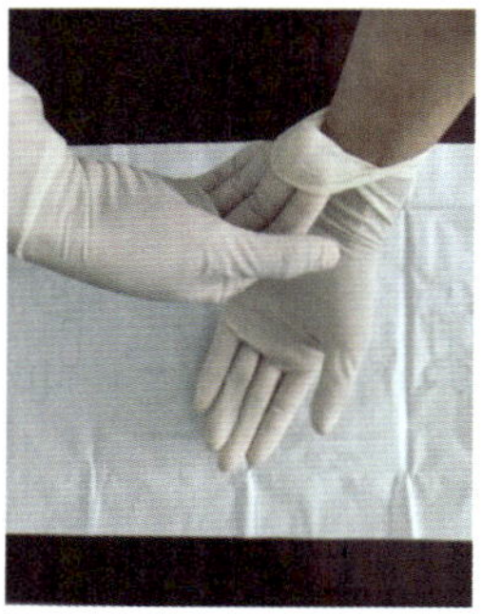

离袖口1/2处抓住手套的外部

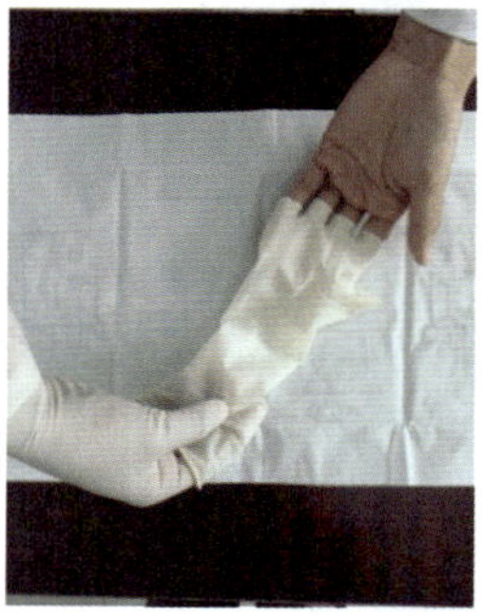

把手套内面朝外翻过来

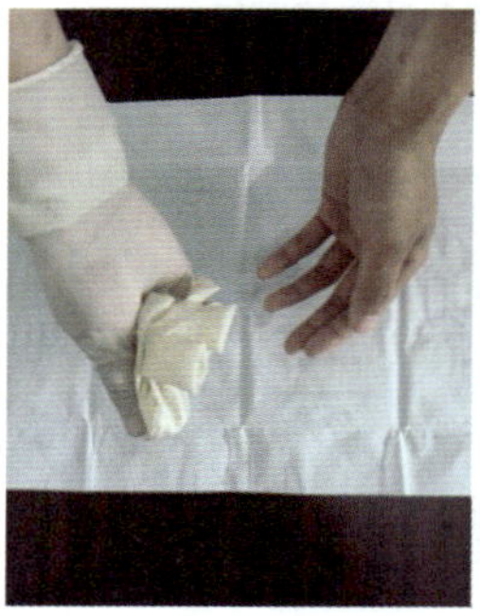

将手套内面翻放在戴手套的手上

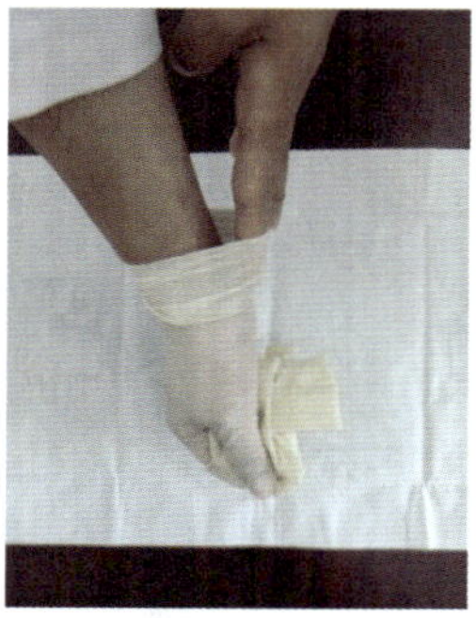

把手指插入袖口下

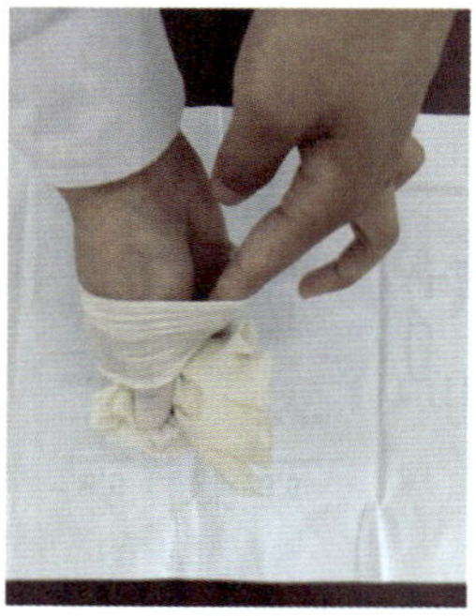

将第二只手套内翻摘下

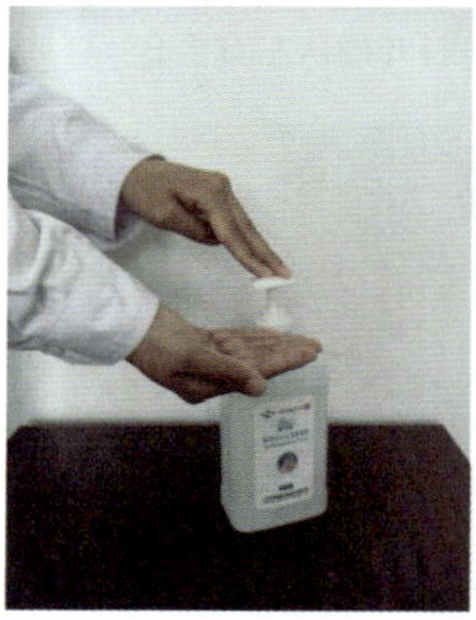

清洁双手

图 1-4 脱下一次性外科手套

# 第三节 酒精棉球的制备和酒精灯的制备与使用

## 一、酒精棉球的制备

方法一:先取合适大小的脱脂棉一块,然后揪取合适大小的棉球块,最后在掌心搓成球状,放入棉球缸内即可(图 1-5)。

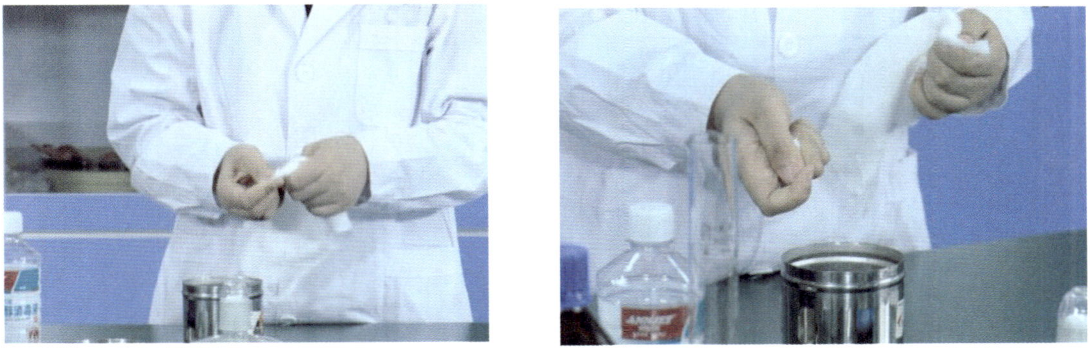

图 1-5 方法一

方法二:揪取合适大小的脱脂棉一块,用双手搓成圆球,放入棉球缸即可(图 1-6)。

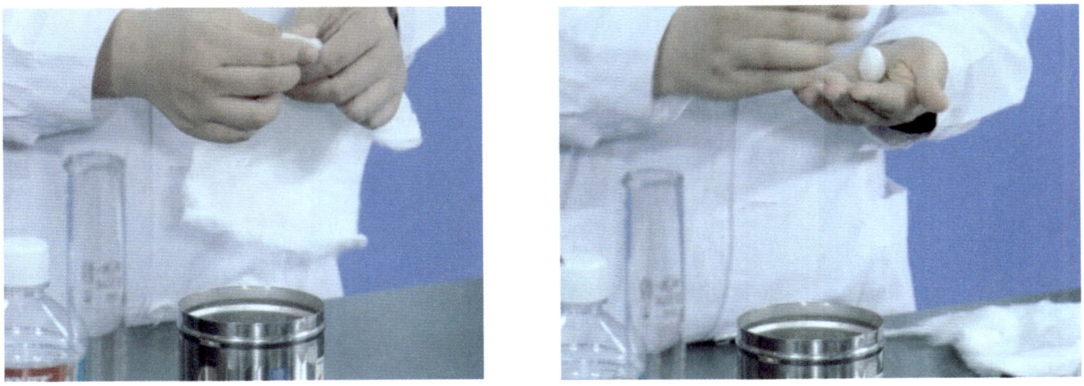

图 1-6 方法二

方法三:左手半握呈 2 cm 的空心拳,取 2～3 cm 宽的脱脂棉一块,放入空心拳中,用右手伸入左手孔中反复压实,重复抽取脱脂棉块放入右手孔中压实即可(图 1-7)。

方法四:取一块大小合适的脱脂棉,从棉花的一端开始捻压,慢慢碾压完成即可(图 1-8)。

棉球制作完成,加入 75%的酒精,以棉球全部浸湿为宜,过湿、过干都不好(图 1-9)。

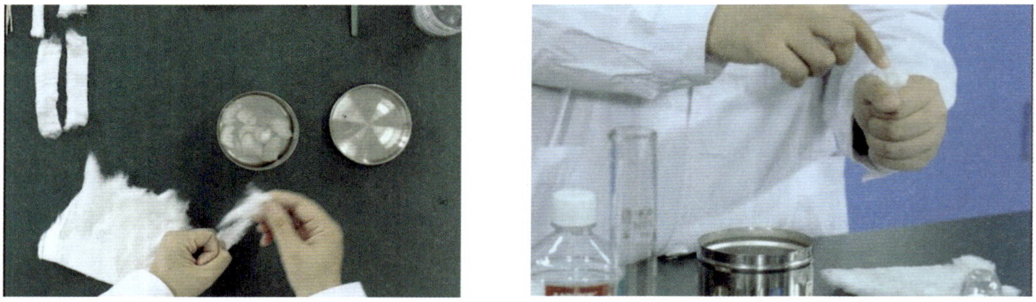

图 1-7　方法三

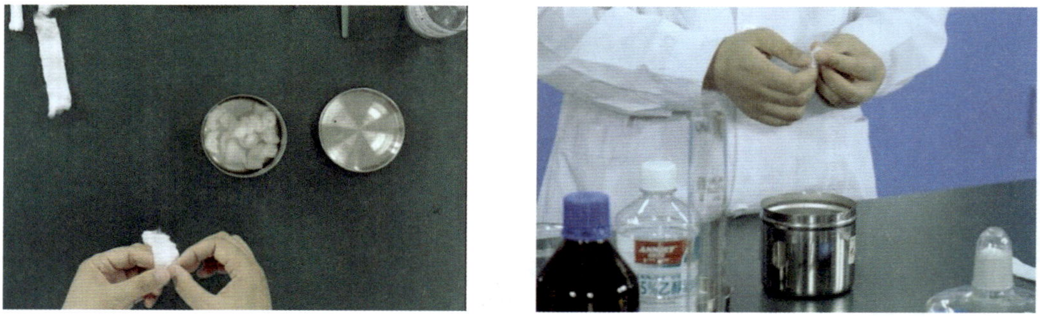

图 1-8　方法四

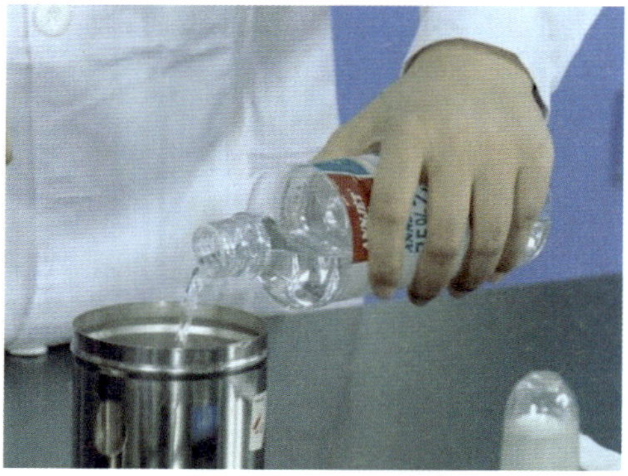

图 1-9　加入 75%的酒精

## 二、酒精灯的制备

(1)酒精灯的构造。酒精灯由灯帽、灯壶、灯芯套管和灯芯四部分组成(图 1-10)。

(2)酒精灯芯的制作。新买回来的酒精灯应该先制作好酒精灯芯，灯芯可用棉绳、医用纱布、医用脱脂棉来制作。

方法一：棉绳制作法。剪 5～6 根 10 cm 长的棉绳，将其拧在一起，棉绳的一端穿入灯芯套管中，另一端放入酒精灯中(图 1-11)。

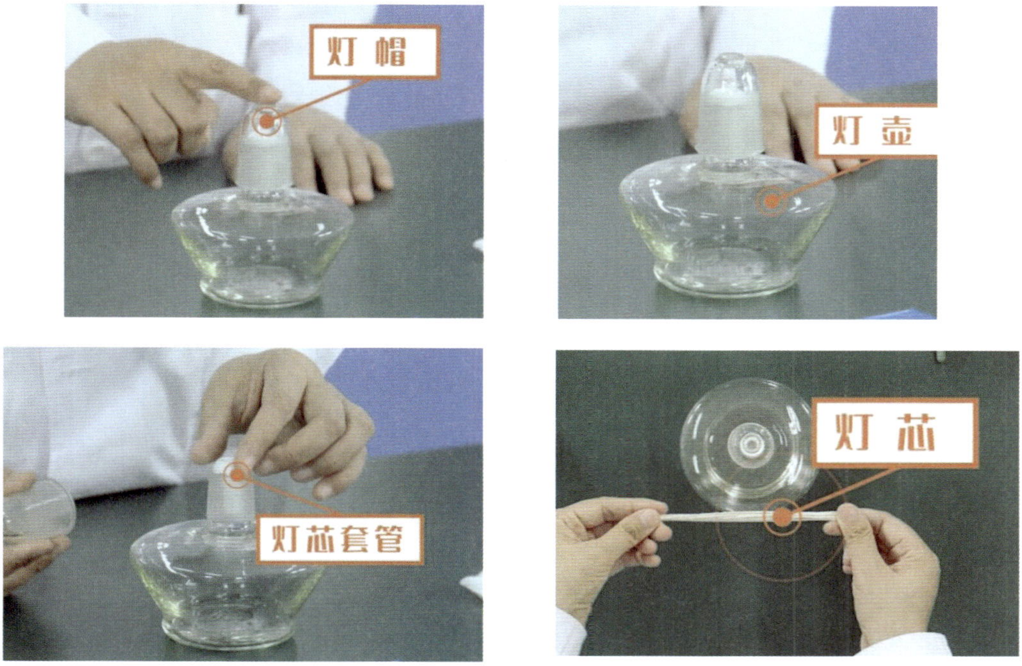


图 1-10 酒精灯的构造

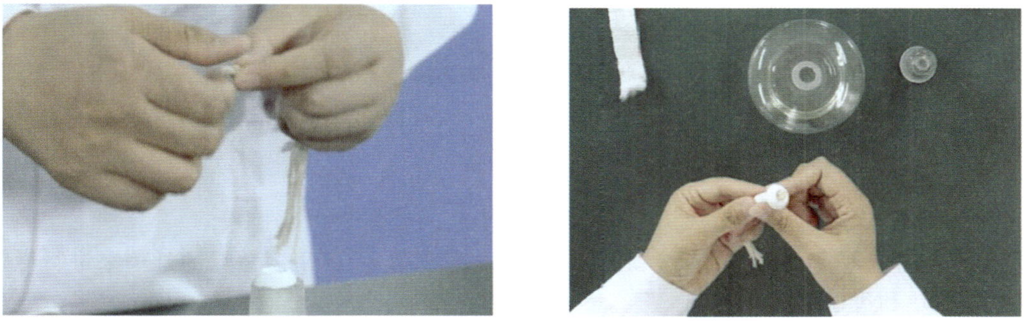

图 1-11 棉绳制作法

方法二:纱布制作法。取一合适大小的纱布条,将纱布条一端捻入酒精灯灯芯套管中,剩下的纱布放入酒精灯中(图 1-12)。

方法三:棉花制作法。取合适大小的医用脱脂棉一条,同纱布制作方法一样来制作酒精灯芯。

(3)酒精灯中酒精的加入。酒精灯中必须加入 95%酒精,酒精的加入量应大于酒精灯体积的 1/4,小于酒精灯体积的 2/3(标线表示),不能太少也不能装得太满,否则容易引起爆炸。200 mL 规格的酒精灯一般装入 130 mL 的酒精,用 100 mL 的量筒先量取 100 mL 酒精,加入酒精灯中,然后再量取 30 mL 酒精,加入酒精灯中。酒精加入完毕,放好灯芯,盖好灯帽。

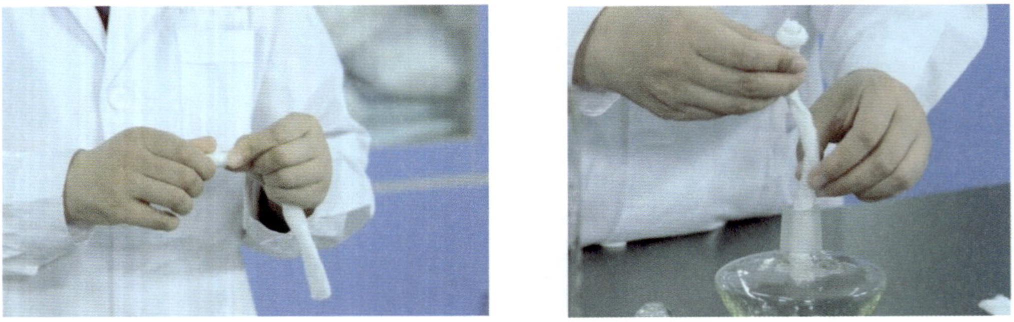

图 1-12　纱布制作法

## 三、酒精灯的使用

（1）左手扶灯壶，右手向上取下灯帽（图 1-13），将灯帽竖立放在桌面上（图 1-14）。

图 1-13　取下灯帽

图 1-14　将灯帽竖立放在桌面上

（2）用火柴点燃酒精灯，甩灭火柴，熄灭的火柴放入废料缸中（图 1-15）。

（3）酒精灯火焰分为外焰、内焰和焰心，外焰温度最高，一般用酒精灯的外焰来进行微生物实验中的加热和灭菌（图 1-16）。

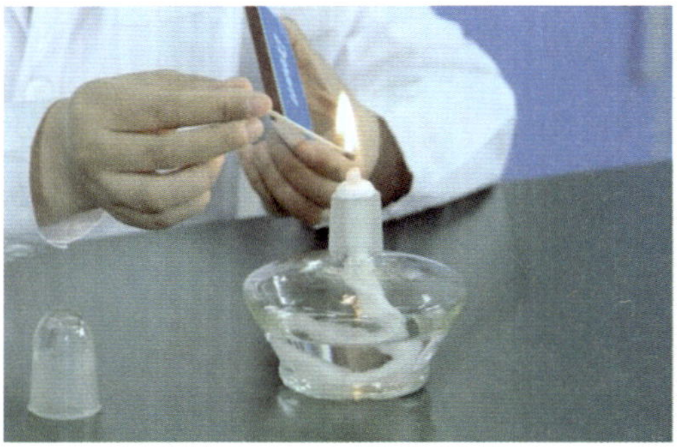

图 1-15　用火柴点燃酒精灯

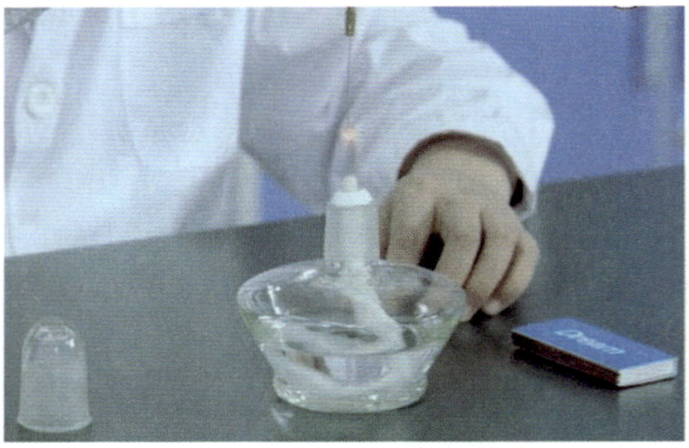

图 1-16　用酒精灯的外焰进行消毒

(4)酒精灯使用完毕，用灯帽盖灭酒精灯(图 1-17)，盖灭后再拿起来，释放余热后再盖上(图 1-18)。

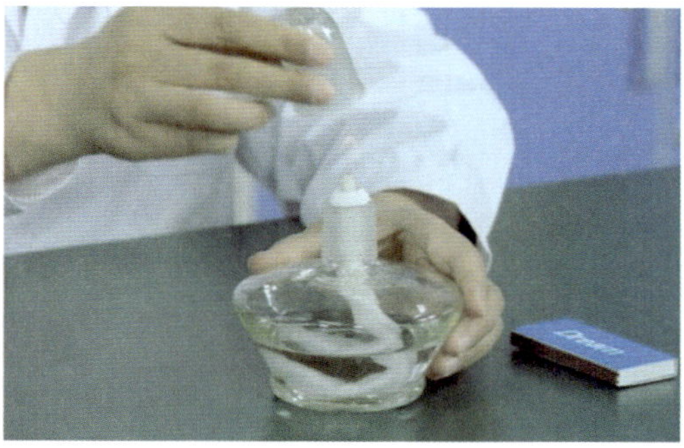

图 1-17 用灯帽盖灭酒精灯

图 1-18 盖灭后拿起来再盖上

## 四、酒精灯使用的注意事项

(1)检查灯芯，如果灯芯顶端不平或已烧焦发黑(图 1-19)，则需要用剪刀剪去少许，使其平整(图 1-20)。

(2)点燃酒精灯必须使用火柴(图 1-21)，不能用燃着的酒精灯对点(图 1-22)。

图 1-19 灯芯烧焦发黑

图 1-20 剪刀剪平整

图 1-21 使用火柴点燃

图 1-22 不能用燃着的酒精灯对点

(3)酒精灯不用时要立即熄灭，严禁酒精灯点燃时使用者离场(图 1-23)。

(4)熄灭酒精灯时要用灯帽盖灭，盖灭后需再重盖一次，不能用嘴吹灭。

(5)如果酒精灯内酒精洒出，使桌面或其他物品着火，应立即用湿抹布覆盖扑灭(图 1-24)，切忌使用水扑灭。

图 1-23　严禁酒精灯点燃时使用者离场

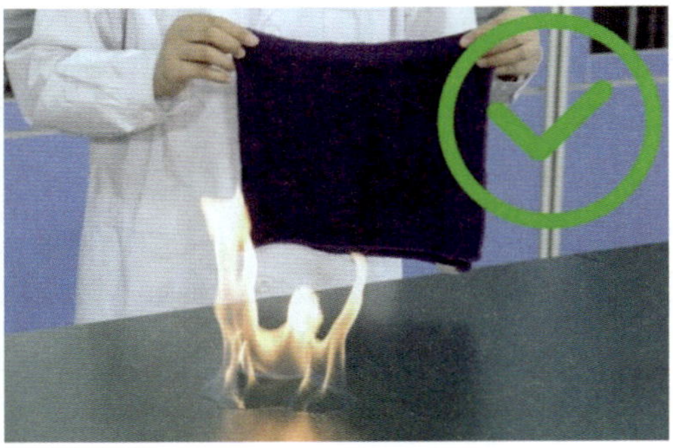

图 1-24　用湿抹布覆盖灭火

# 第四节　接种环及接种针的使用

## 一、接种环和接种针的结构组成

接种环包括环端(图 1-25)、螺帽(图 1-26)、金属杆(图 1-27)、绝缘柄(图 1-28)；接种针包括针端、螺帽、金属杆、绝缘柄。接种环和接种针是用镍合金丝制成。

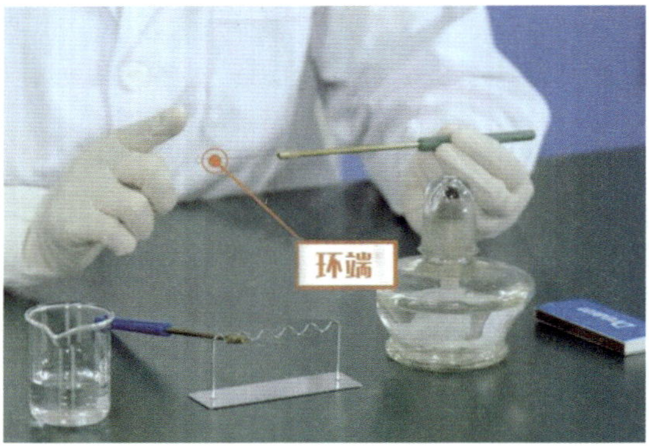


图 1-25　环端

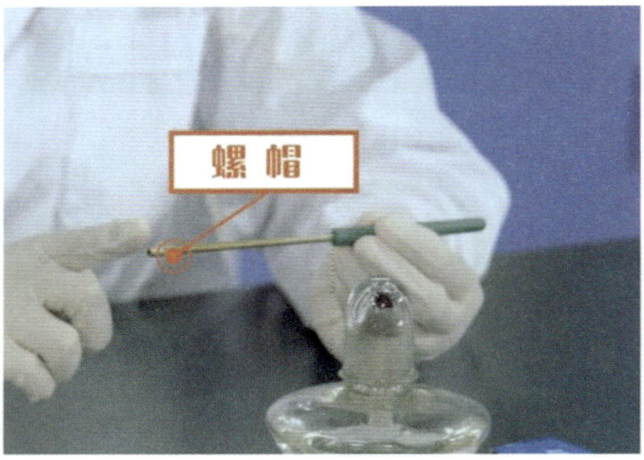


图 1-26　螺帽

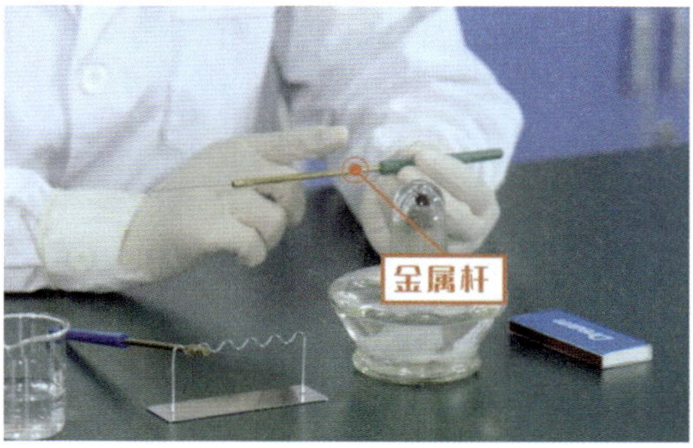


图 1-27 金属杆

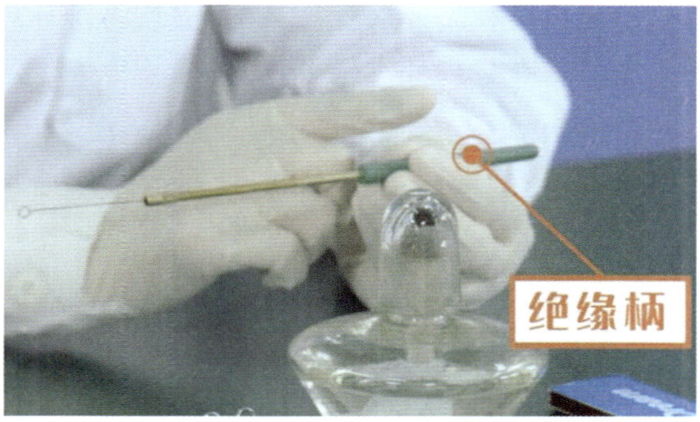


图 1-28 绝缘柄

## 二、接种环和接种针的安装过程

(1)接种环的安装过程。拿起接种环环端,穿过螺帽(图 1-29),插入金属杆三角盘的中心(图 1-30),然后拧紧螺帽即可(图 1-31)。

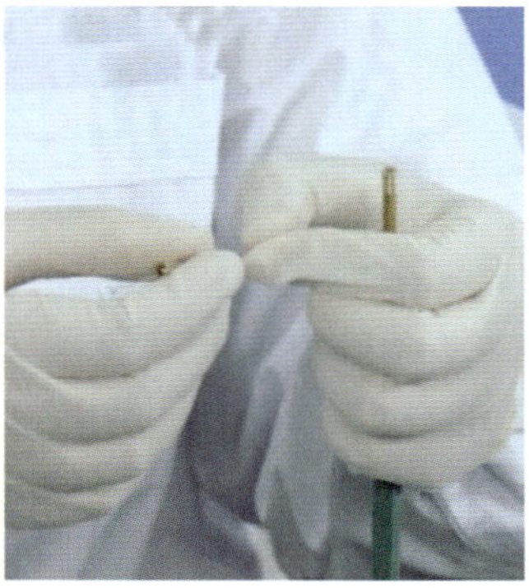

图 1-29 穿过螺帽

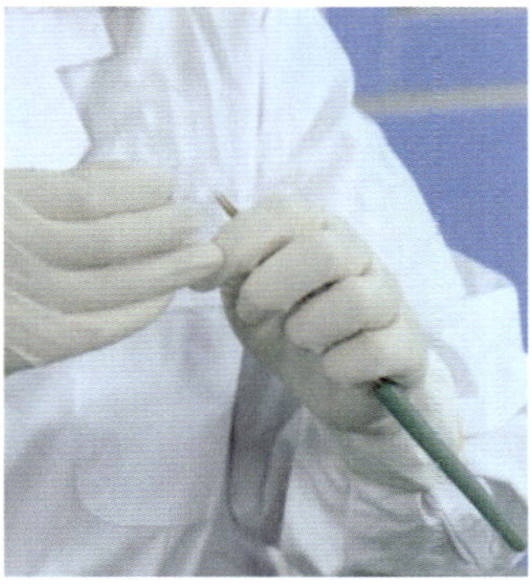

图 1-30 插入金属杆三角盘

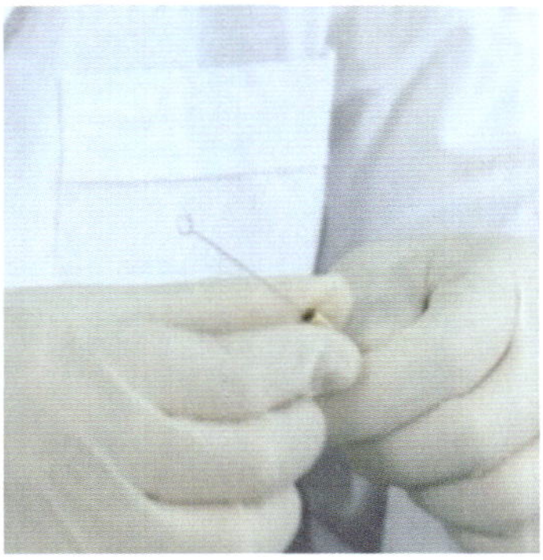

图 1-31 拧紧螺帽

(2)接种针的安装过程。与接种环是一样的,拿起接种针针端,穿过螺帽,插入金属杆三角盘的中心,拧紧螺帽即可。

## 三、接种环灭菌方法

**1. 未使用前的接种环的灭菌方法**

点燃酒精灯,执笔式手持接种环的绝缘柄,直立接种环,将接种环的环端置于酒精灯的外焰中(图 1-32),首先灼烧整个接种环环端及螺口,烧至通红,然后将接种环金属杆部分水平通过酒精灯外焰往返三次灼烧灭菌(图 1-33)。

**2. 使用后的接种环的灭菌方法**

使用后的接种环可以先 30°斜持在酒精灯内焰灼烧接种环环端(图 1-34),然后直立于外焰灼烧螺口及整个环部(图 1-35),最后将接种环金属杆部分水平通过酒精灯外焰往返三次灼烧灭菌后放在接种环支架上。

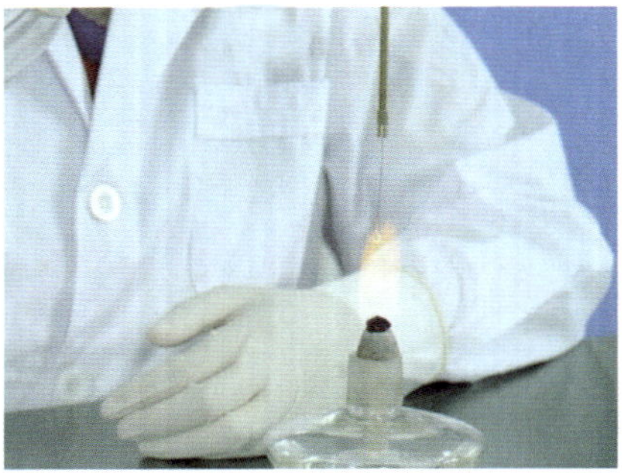

图 1-32　环端灭菌

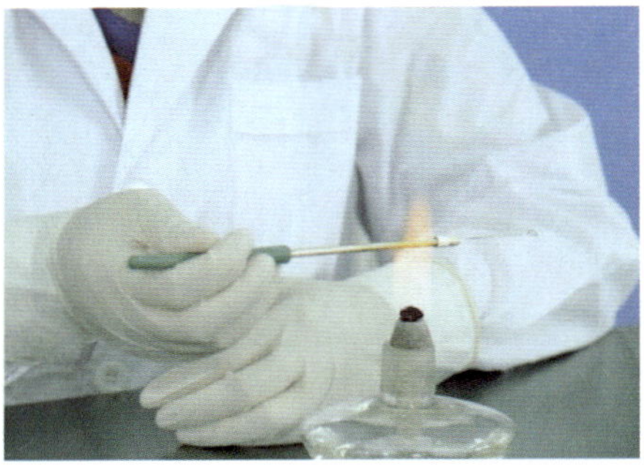

图 1-33　金属杆水平往返三次灼烧灭菌

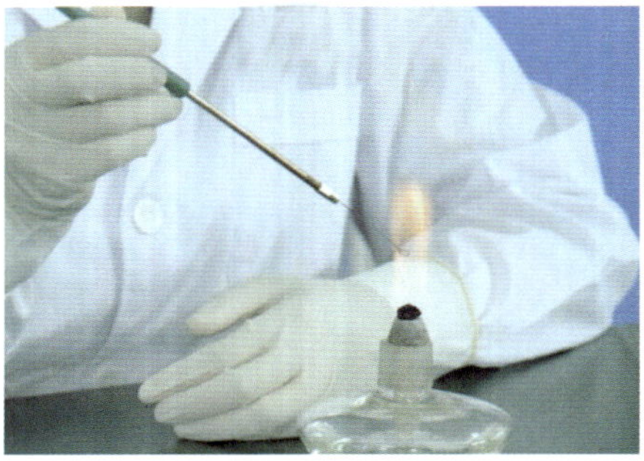

图 1-34　30°斜持灭菌

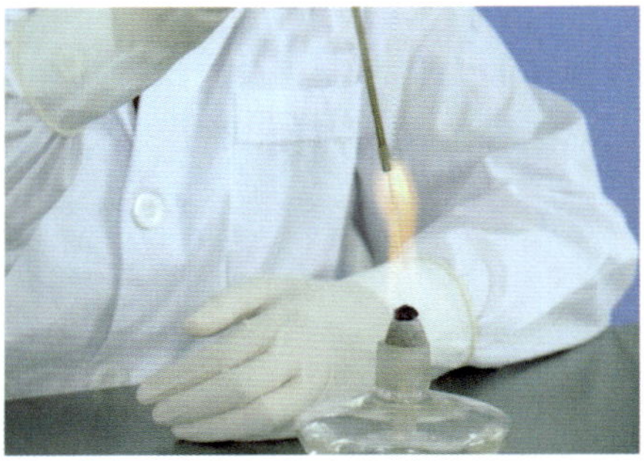

图 1-35　直立灼烧灭菌

## 四、接种针的灭菌方法

接种针的灭菌方法和接种环是一样的,未使用前的接种针执笔式手持接种针的绝缘柄,直立接种针,将接种针的环端置于酒精灯的外焰中,先灼烧整个接种针针端及螺口,烧至通红,然后将接种针金属杆部分水平通过酒精灯外焰往返三次灼烧灭菌。使用后的接种针可以先 30°斜持在酒精灯内焰灼烧接种针针端,再直立于外焰灼烧螺口及整个针部,最后将接种针金属杆部分水平通过酒精灯外焰往返三次灼烧灭菌后放于接种针支架上。

# 第五节　移液器的准备和使用

## 一、吸头的装配

打开吸头塑料包装袋,打开吸头盒,取一定量的吸头放入吸头盒的盖中,注意尽量不要触碰吸头的吸嘴,然后将吸头依次装入吸头盒内(图 1-36),装配完毕,按压塑料包装袋的自封条密封好，盖上吸头盒盖子。

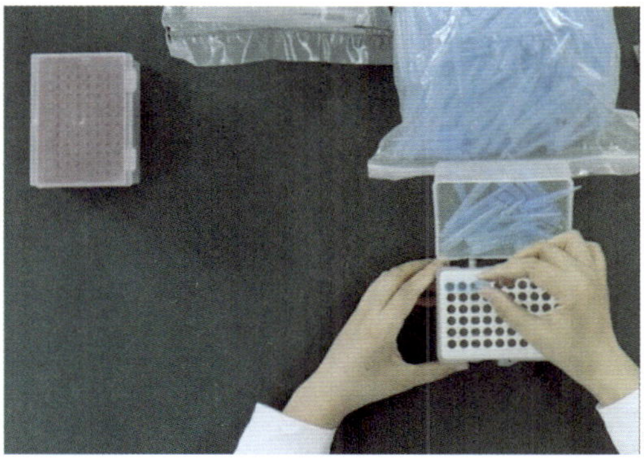

图 1-36 吸头的装配

## 二、吸头盒的包装

取一份 8 开大小的双层报纸，将吸头盒放在报纸正中央(图 1-37)，卷起报纸，包裹吸头盒(图 1-38)，然后折叠吸头盒两侧的报纸。先沿着吸头盒边缘往下折叠(图 1-39)，左右两侧的报纸向中间折叠(图 1-40)，形成两个向上的三角形，然后向上折叠(图 1-41)，按住折好的一端(图 1-42)，按同样的方法折叠另一侧，折叠好后用皮筋缠绕固定(图 1-43)。标记灭菌日期(图 1-44)，准备灭菌。

图 1-37 将吸头盒放在报纸正中央

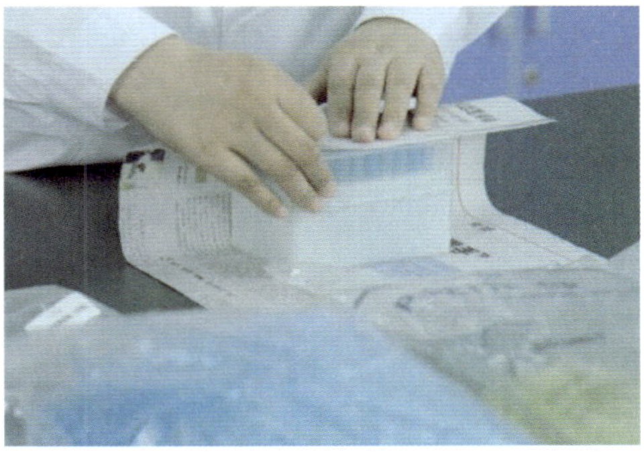

图 1-38 包裹吸头盒

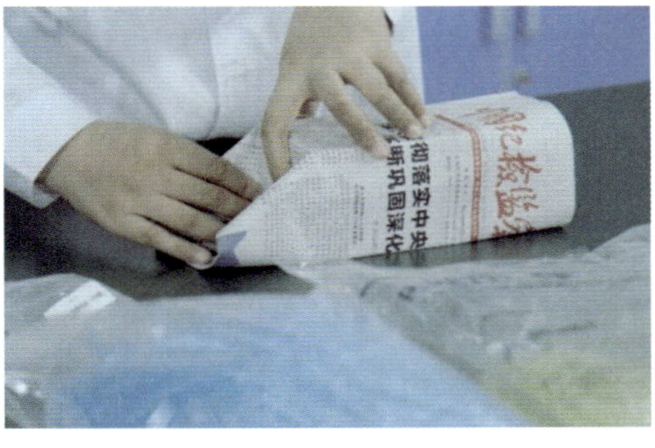

图 1-39 吸头盒边缘往下折叠

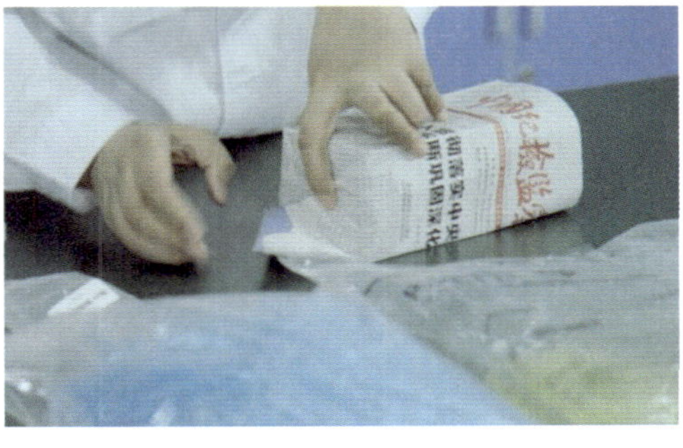

图 1-40 左右两侧的报纸向中间折叠

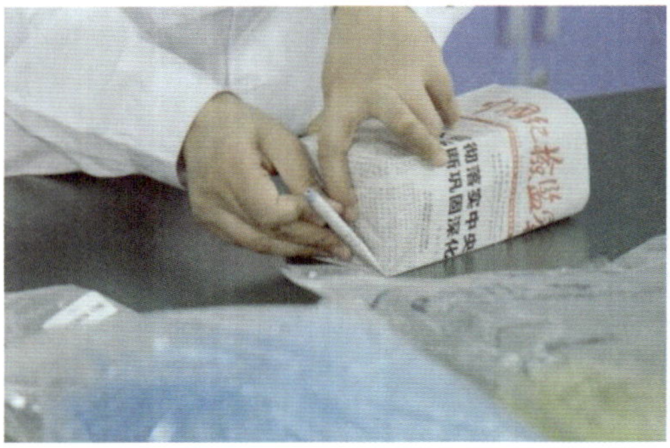

图 1-41 向上折叠

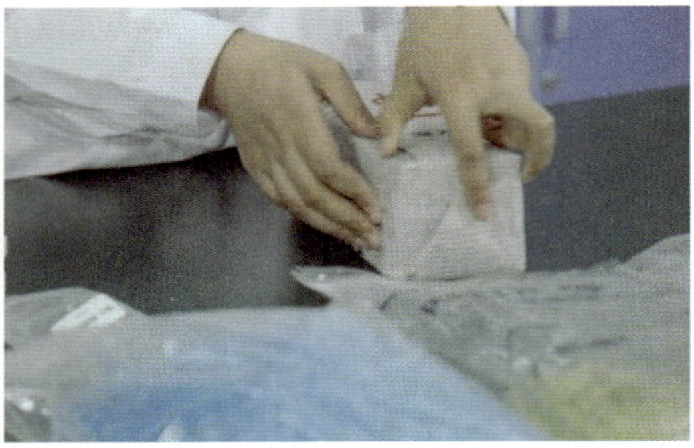

图 1-42 按住折好的一端

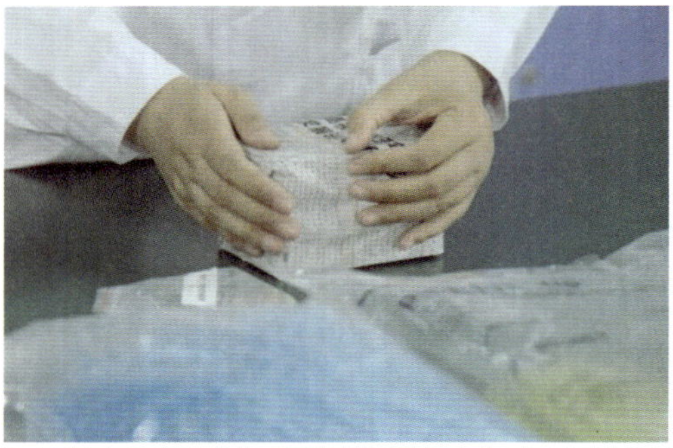

图 1-43 用皮筋缠绕固定

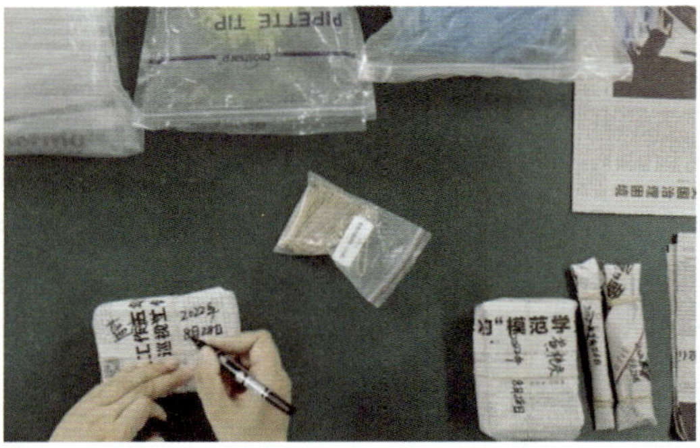

图 1-44 标记灭菌日期

## 三、移液器的使用

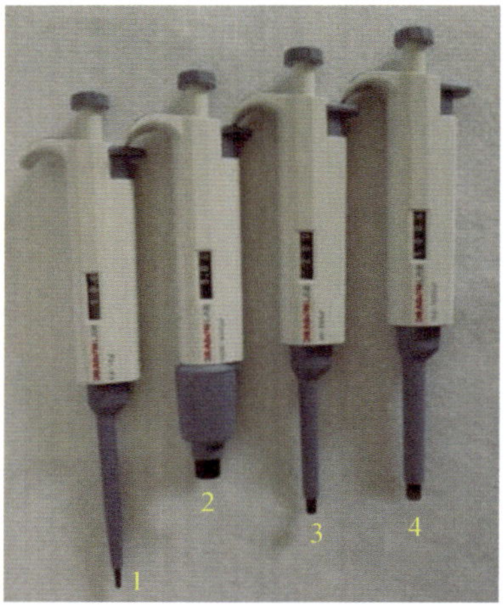


图 1-45 移液器常用规格

1. 5～50 μL 2. 1～5 mL

3. 20～200 μL 4. 100～1 000 μL

移液器又称移液枪，是动物微生物实验室的一种常用工具，用来定量精准转移小体积液体。移液器常用的规格有 5～50 μL、20～200 μL、100～1 000 μL、1～5 mL、2～10 mL(图 1-45)。移液器的规格应根据所要量取液体的体积，选择体积在量程范围中段的移液器。比如我们要量取 500 μL 的液体，这个时候我们选用 100～1 000 μL 量程的移液器是比较合适的，量取 30 μL 的液体，我们可以选用 5～50 μL 量程的移液器。实际使用过程中根据量程的 35%～100% 来选择合适的移液器。不同规格的移液器有配套使用的吸头，5～50 μL 配套使用的是黄吸头，100～1 000 μL 配套使用的是蓝吸头，2～10 mL 配套使用的是白吸头。

## 四、移液器的结构

移液器的结构见图 1-46。

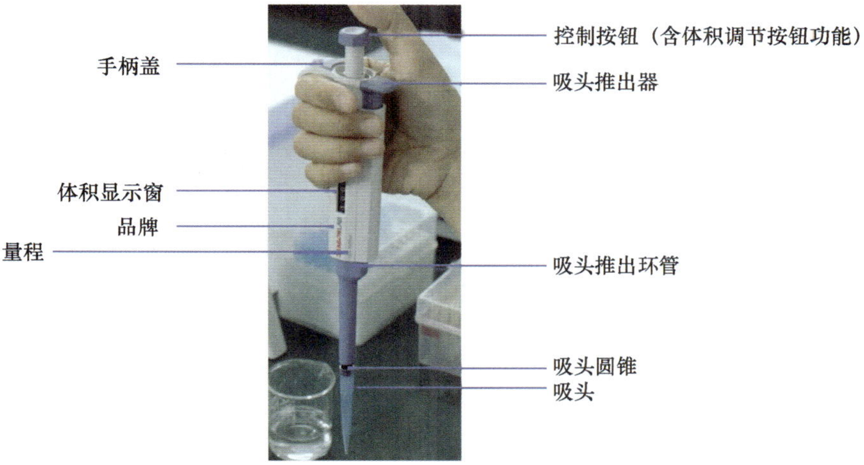


图 1-46　移液器的结构

(1)控制按钮(含体积调节按钮功能)。可以通过下压按钮来实现液体的吸取和排放。操作按钮下压有两个档位,大拇指轻轻下压遇到阻力,这是第一档(图 1-47)。加大力度继续下压到摁不动为止,这是第二档(图 1-48)。这个按钮也是体积调节按钮,顺时针或逆时针旋转按钮,可以实现体积的调节(图 1-49)。

(2)手柄盖。移液器需要用手柄盖挂在移液器架上,手柄盖也是使用移液器时挂在手掌的部件。

(3)吸头推出器。吸头推出器下面连接的是吸头推出环管,最底下是吸头圆锥,用来安装吸头的。

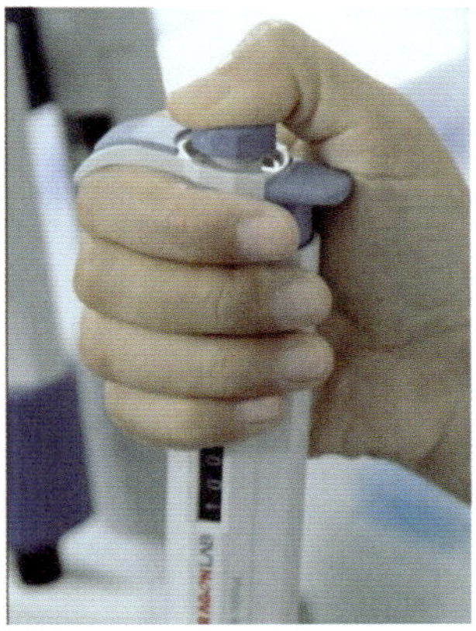

图 1-47　第一档

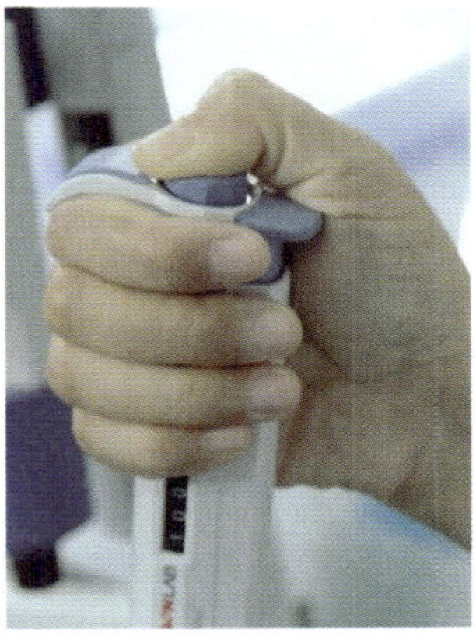

图 1-48　第二档

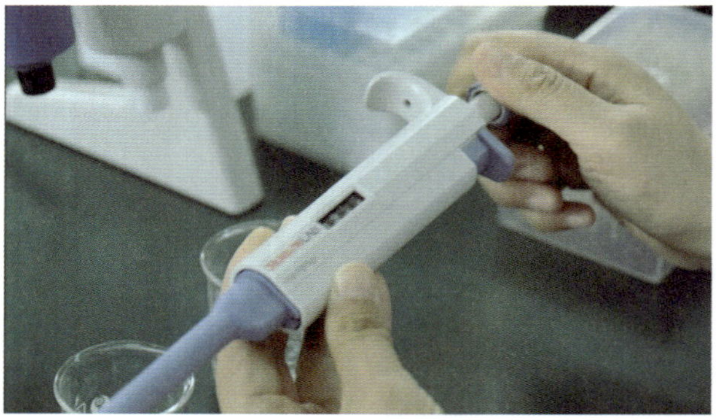

图 1-49　调节体积

(4)体积显示窗。在移液器的中央有一个体积显示窗口，表示当前的移液体积数。

(5)品牌和量程。在体积显示窗口的前面是移液器品牌标志(DRAGON)，下面的数字是移液器可移液的量程，数字 100～1 000 说明这支移液器可移取大于 100 μL 小于 1 000 μL 的液体。

## 五、移液器的使用方法

### 1. 移液器的拿取

左手从移液器架上将移液器取下(图 1-50)，移液器的手柄盖放在右手手掌和手指相接处，右手掌心和四指握住移液器的上部，大拇指放在控制按钮上(图 1-51)。

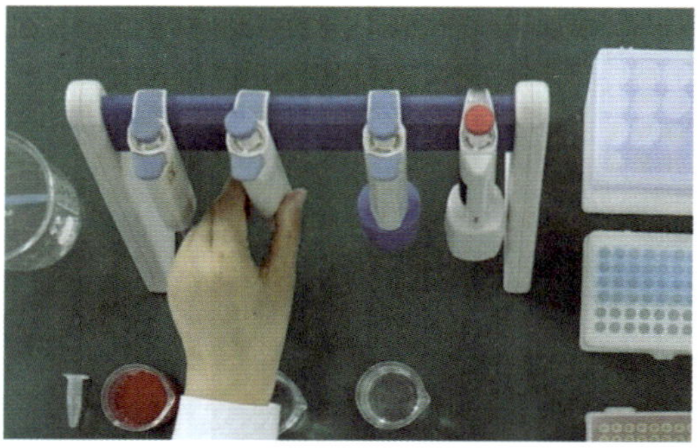

图 1-50　左手取下移液器

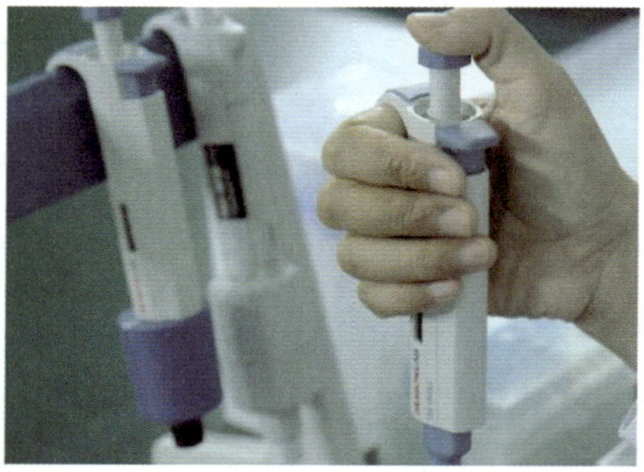

图 1-51　右手握住移液器

### 2. 移液器使用前检查

移液器使用前检查外观是否整洁，按动操作按钮，检查是否顺畅或有噪声，观察吸头推出环管是否弯曲，观察移液器的量程是否满足量取体积的需要，查看体积显示窗是否在显示最大量程。旋转调节按钮，检查计数器读数是否有偏差等。

### 3. 设定体积

将移液器横卧在左手中，右手调节体积调节按钮(图 1-52)。如果要从大体积调为小体积,则顺时针旋转按钮即可(图 1-53),比如从 1 000 调到 850,直接调节即可。但如果要从小体积调为大体积,则需要逆时针旋转按钮(图 1-54)至超过体积的刻度半圈(图 1-55),然后再回调至设定体积(图 1-56),这样可以保证量取的最高精确度。

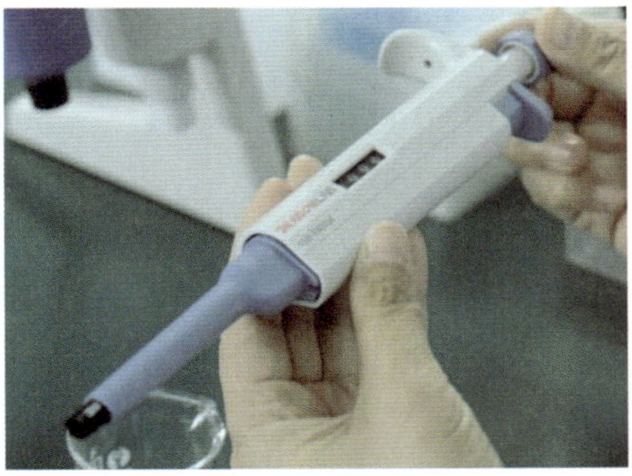

图 1-52 移液器横卧手中调节体积

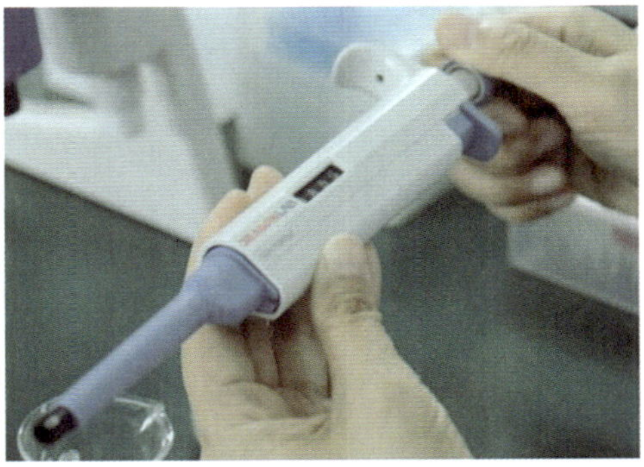

图 1-53 大体积调小体积,顺时针旋转按钮

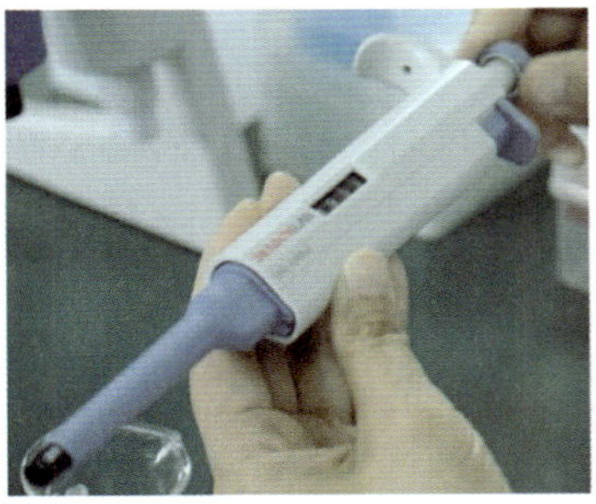

图 1-54 逆时针旋转按钮

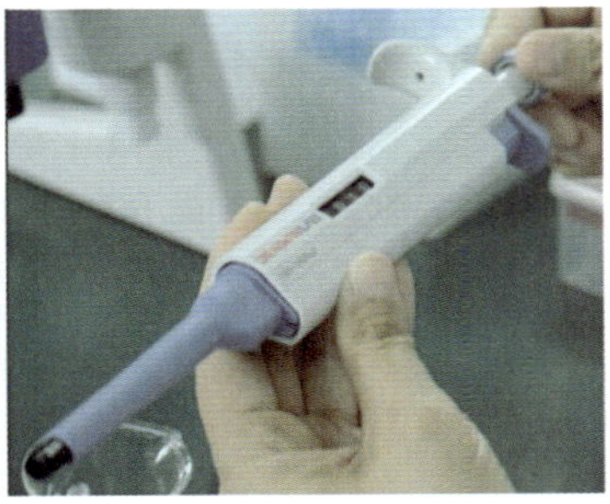

图 1-55 超过体积的刻度半圈

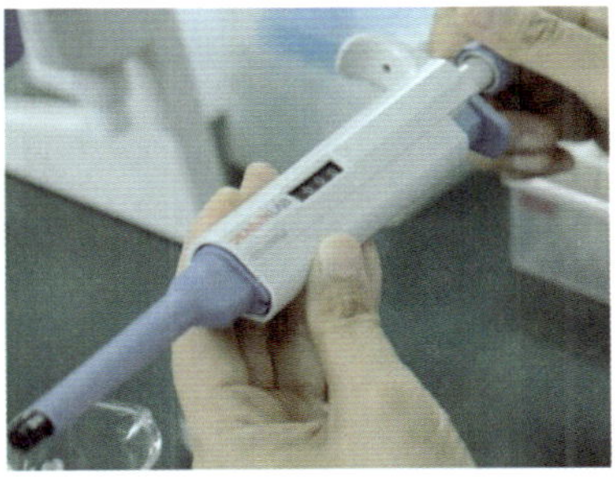

图 1-56 再回调至设定体积

**4. 安装吸头**

打开吸头盒,左手按住吸头盒,右手持移液器,将移液器插入吸头后(图 1-57),轻轻用力下压的同时,左右轻微转动(图 1-58),上紧即可。

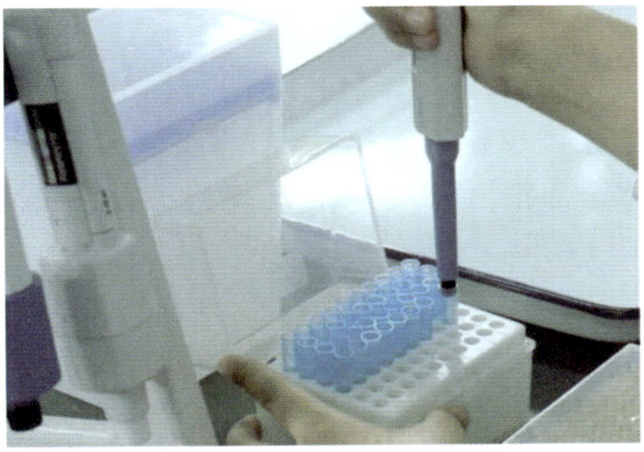

图 1-57 左手按吸头盒,右手将移液器插入吸头

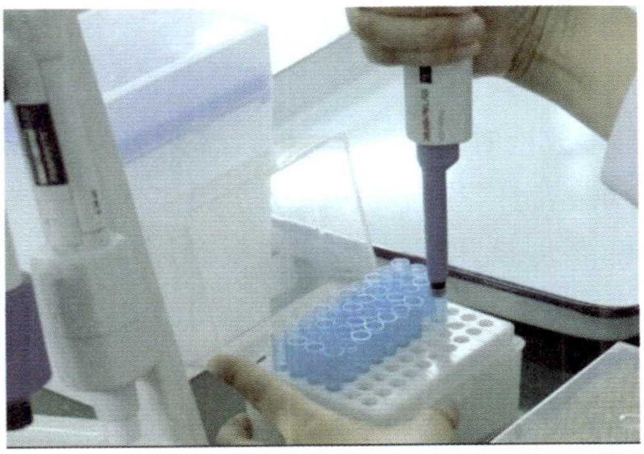

图 1-58 轻轻用力下压,左右轻微转动

**5. 正确的移液姿势(图 1-59)**

坐姿端正,肘部尽量靠近身体,手臂和手腕伸直,将工作物品放在容易触及的地方,以限制手臂的伸长和抬高。

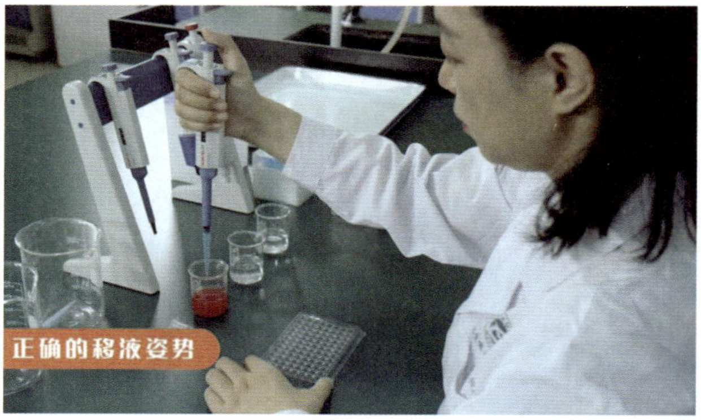


图 1-59　正确的移液姿势

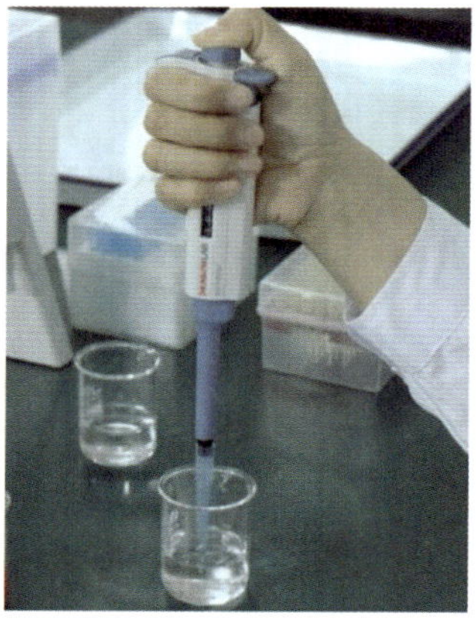

图 1-60　吸头浸入液面吸取液体

**6. 吸取液体**

(1)将控制按钮按压至第一档位,保持移液器垂直,将吸头尖端浸入液面下合适的深度(图 1-60)。不同规格的移液器吸头浸入液面的深度可以参考表 1-1。

表 1-1　吸头浸入深度

| 移液器规格/μL | 浸入深度/mm |
| --- | --- |
| 1～10(白) | 1～2 |
| 20～200(黄) | 2～3 |
| 100～1 000(蓝) | 2～4 |
| 1 000～10 000(白) | 3～6 |

(2)将按钮缓慢平稳松开,就能吸取设定好体积的液体(图 1-61),并停留 1～2 s,再将吸头缓慢提离液面,确保枪头内无气泡,枪头外壁无残留液体。

**7. 放液**

放液时,将吸头 10°～45°角紧贴容器内壁,把控制按钮压至第一停点,将液体排出(图 1-62),稍停片刻继续按压按钮至第二档位,将液体全部排出(图 1-63),确保枪头内无残留液体,最后松开按钮,按钮恢复到原位。

**8. 使用完毕后的放置**

移液器使用完毕后,大拇指按压吸头推出器,将吸头打入废料缸中,移液器的量程调整至最大量程,然后将移液器竖直悬挂在移液器架上。

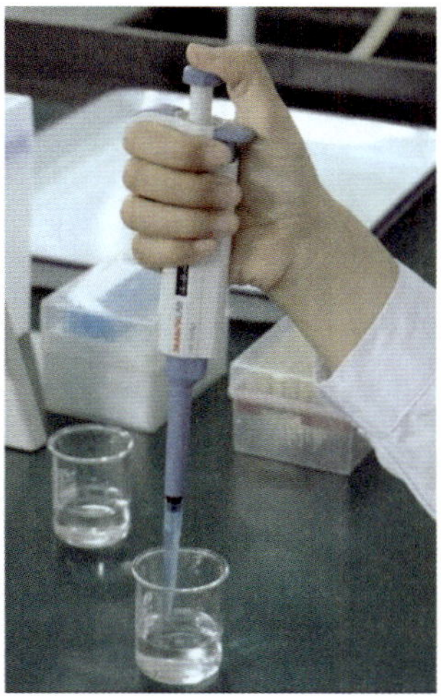

图 1-61 按钮缓慢平稳地松开，吸头缓慢提离液面

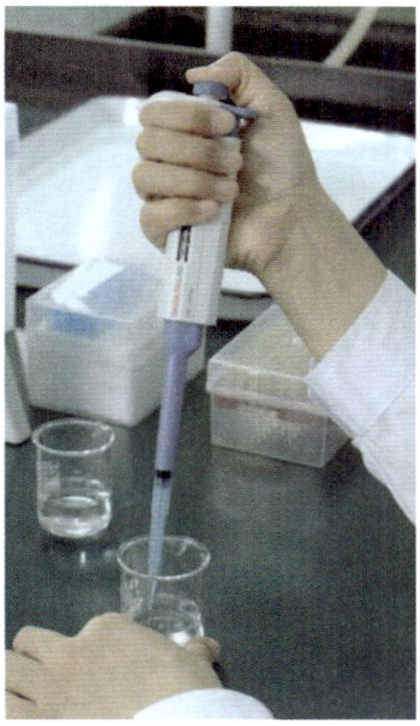

图 1-62 控制按钮压至第一停点，将液体排出

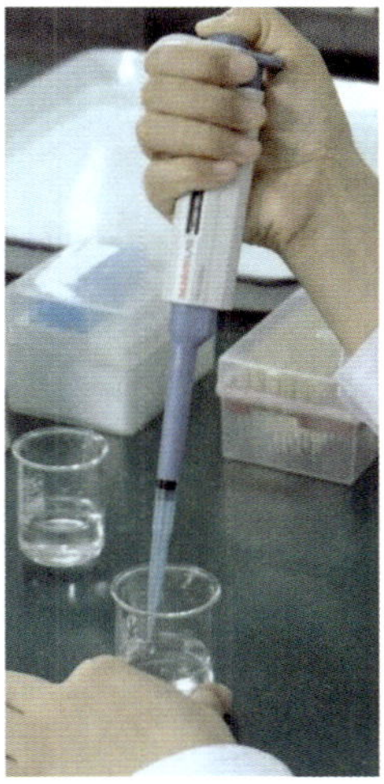

图 1-63 按压按钮至第二档位，将液体全部排出

## 六、移液器使用的注意事项

(1)装配移液器吸头时，不可将移液器在吸头盒上敲击，这样会导致移液器中弹簧等内部配件因敲击产生的瞬时撞击力而变得松散，损坏移液器。

(2)禁止用未安装吸头的移液器移液(图 1-64)。

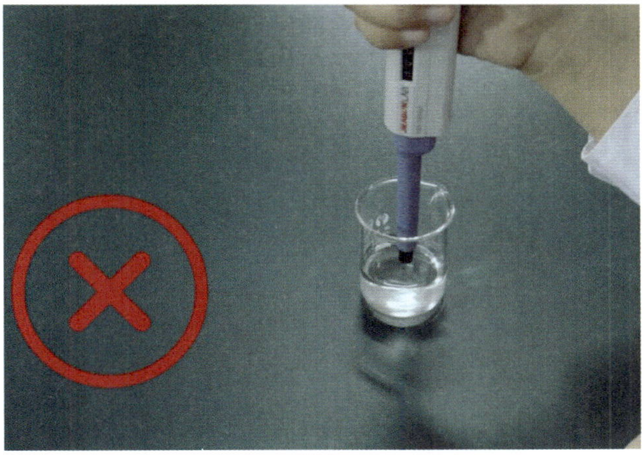

图 1-64 禁止用未安装吸头的移液器移液

(3)吸取液体需要润湿吸头 3 次，重新吸取别的液体需要换新吸头。

(4)带有枪头的移液器，无论是否有液体，都不可平放(图 1-65)或倒放(图 1-66)，或放在其他器材上(图 1-67)，也不可倒置移液器(图 1-68)。正确做法将移液器垂直握于手中(图 1-69)，或卸掉吸头，将移液器竖直悬挂在移液器架上(图 1-70)。

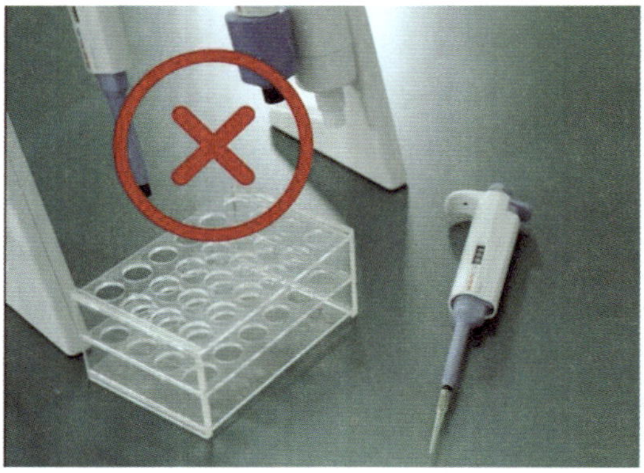

图 1-65　移液器不可平放

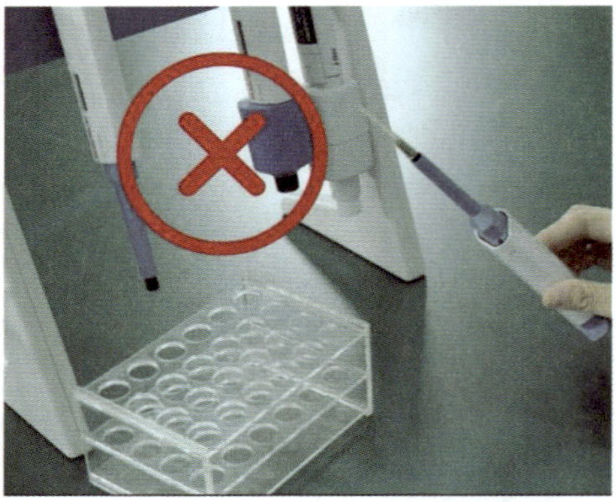

图 1-66　移液器不可倒放

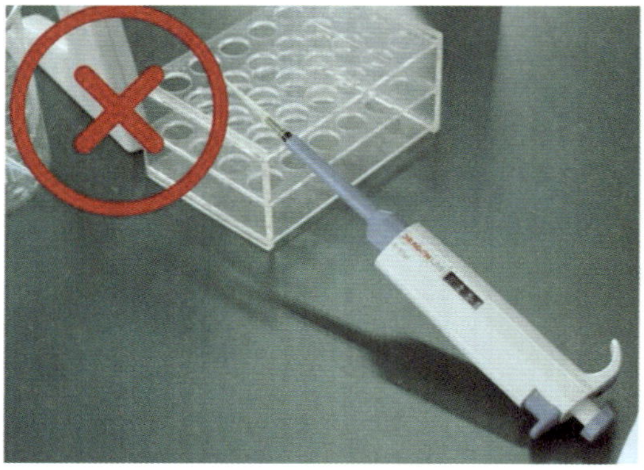

图 1-67　移液器不可放在其他器材上

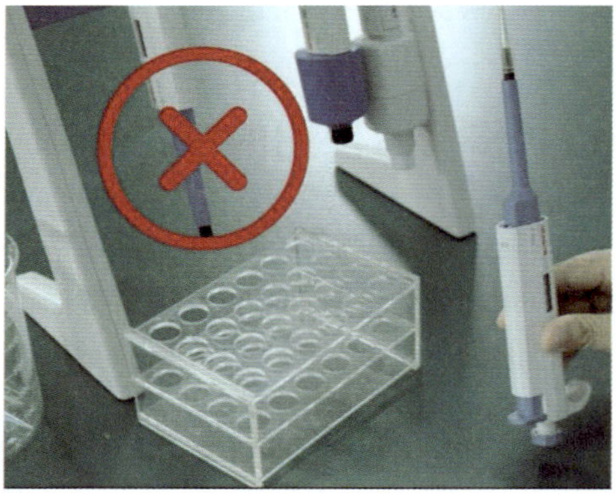

图 1-68　移液器不可倒置

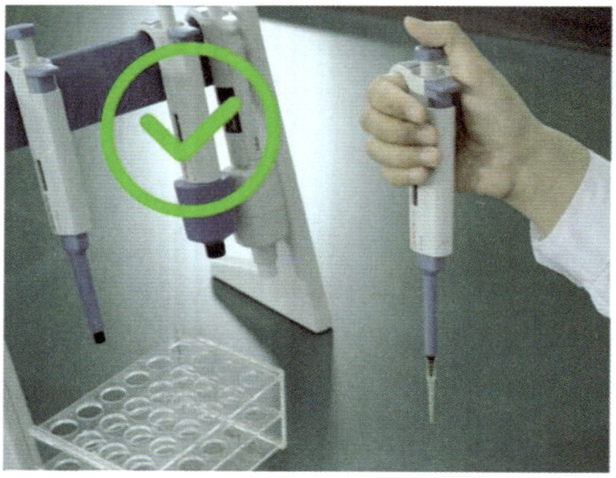

图 1-69　移液器垂直握于手中

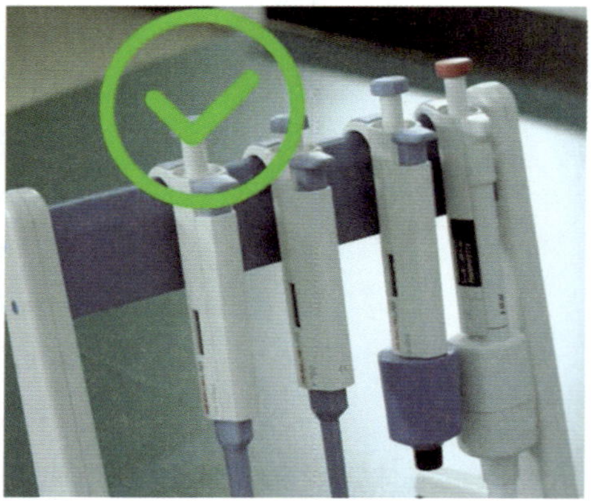

图 1-70　移液器竖直悬挂在移液器架上

# 第六节　玻璃器皿的准备

## 一、玻璃器皿的洗涤

洗涤玻璃器皿不仅是动物微生物实验室必做的实验前准备工作，还是一项技术性工作。仪器清洗是否符合要求，对实验结果准确性有很大影响。一般经过浸泡、刷洗、清洗、过蒸馏水和干燥五个步骤。

**1. 新玻璃器皿的洗涤**

首先将新买回来的玻璃器皿拆掉包装后放入脸盆中，然后加清水没过玻璃器皿，检查器皿是否都沉没在水中，并且玻璃器皿内没有空气，有空气的玻璃器皿需重新装入清水，排出空气（图 1-71），让玻璃器皿完全浸泡在水中（图 1-72）。由于新购买的玻璃器皿表面会附着一些游离碱质，所以要按照清水体积加入 2% 的白醋浸泡过夜（图 1-73），以中和其碱质。第二天，戴手套将玻璃器皿捞出放入托盘（图 1-74），然后用清水反复冲刷（图 1-75），去除遗留的酸，每件器皿至少要反复“注水—倒空”15 次以上，最后用蒸馏水浸洗 2～3 次（图 1-76）。烧杯倒立于沥

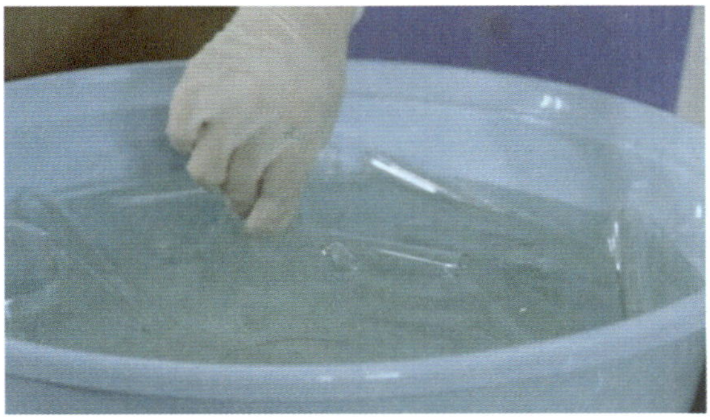

图 1-71　排出空气

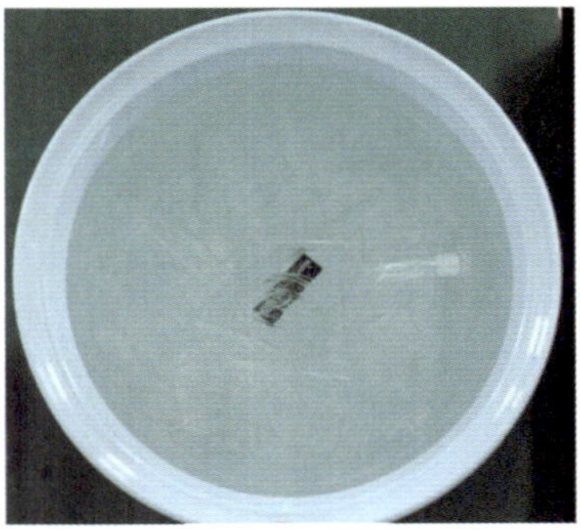

图 1-72　玻璃器皿完全浸泡在水中

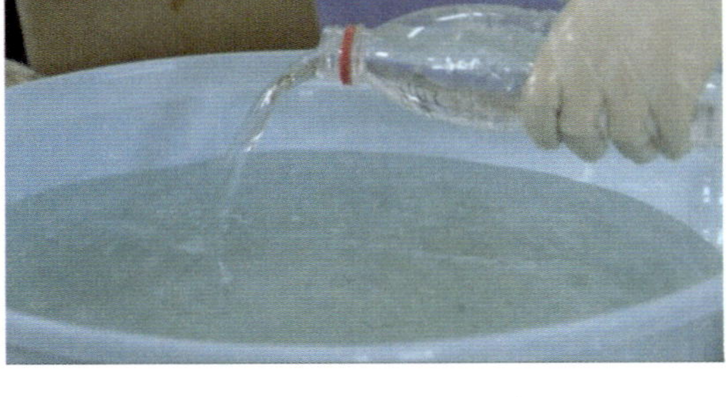

图 1-73　新玻璃器皿加白醋浸泡

图 1-74　捞出玻璃器皿放入托盘

水架上(图 1-77),平皿按皿底和皿盖分开,放于铺有报纸的托盘内(图 1-78),试管倒立于试管沥水架上(图 1-79)。玻璃器皿可以自然干燥(图 1-80)也可以放入电热干燥箱中(图 1-81),在 60～80 ℃温度下烘干 1～2 h(图 1-82)。

图 1-75　清水反复冲刷

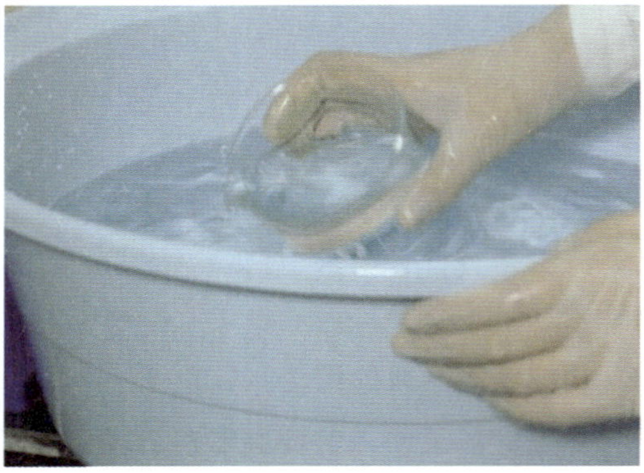

图 1-76　蒸馏水浸洗

图 1-77　烧杯倒立于沥水架上

图 1-78　平皿皿底和皿盖分开放置在托盘内

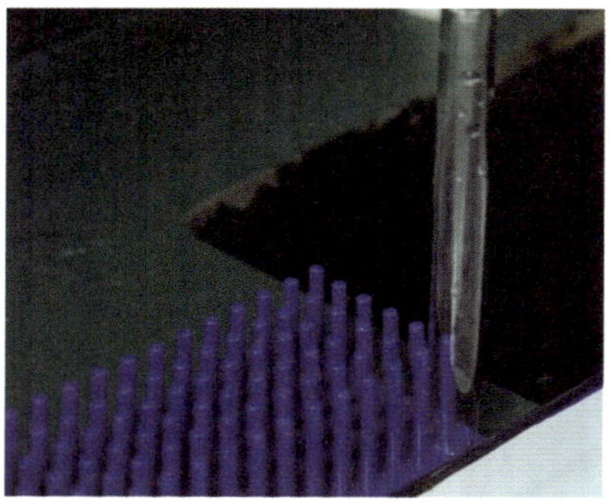

图 1-79　试管倒立于试管沥水架上

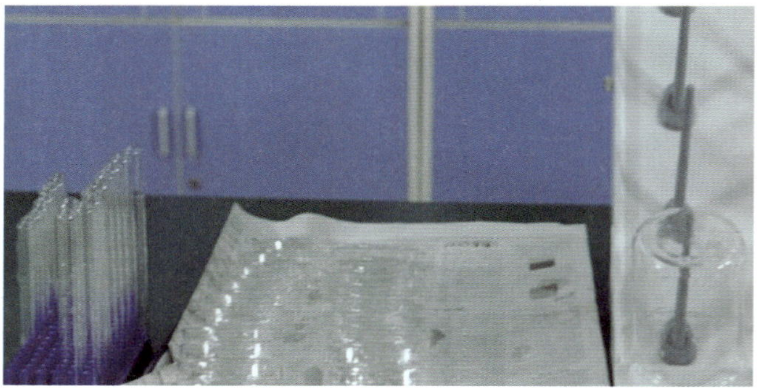

图 1-80　自然干燥

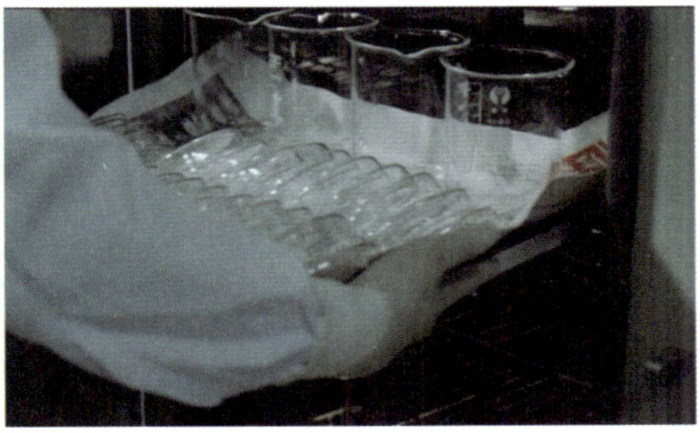

图 1-81　放入电热干燥箱中

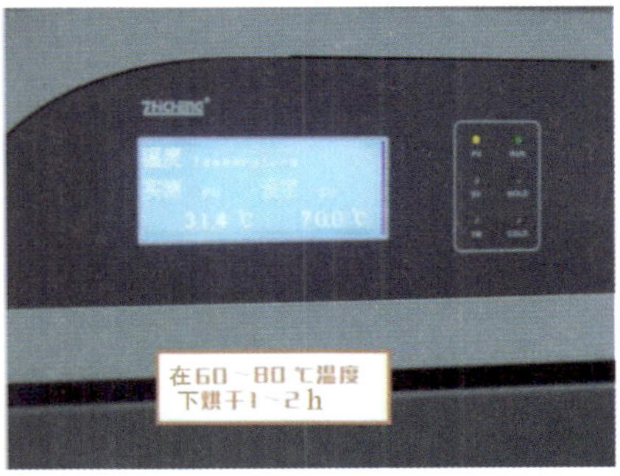


图 1-82　在 60～80 ℃温度下烘干 1～2 h

**2. 细菌分离培养用过的玻璃器皿的洗涤**

细菌分离培养用过的玻璃器皿必须经高压蒸汽灭菌（图 1-83），灭菌后趁热将其中的内容物倒入医疗垃圾桶（图 1-84），然后将玻璃器皿浸泡在热洗衣粉水中（图 1-85），用软毛刷反复刷洗（图 1-86、图 1-87），不要留死角，并防止破坏器皿表面的光洁度。刷洗干净后用清水反复冲洗，每件器皿至少要反复"注水—倒空"15 次以上，最后用蒸馏水冲洗 2～3 次，试管倒立于沥水架上，平皿按皿底和皿盖分开，依次倒立于铺有报纸的托盘内沥干水分。可以自然干燥（图 1-88）或放入电热干燥箱中，在 60～80 ℃温度下烘干 1～2 h。

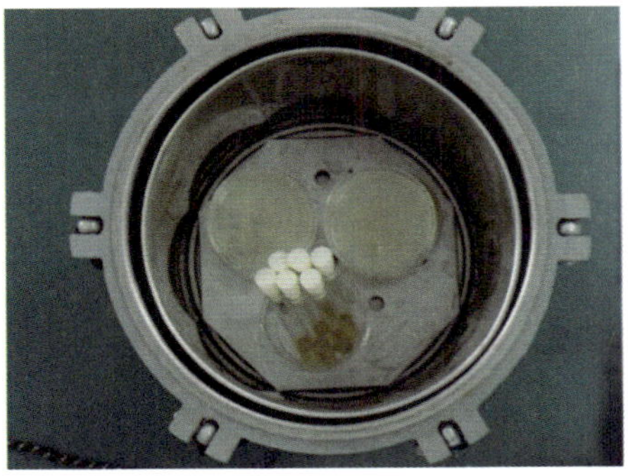

图 1-83　高压蒸汽灭菌

图 1-84　灭菌后将内容物倒入医疗垃圾桶

图 1-85　浸泡在热洗衣粉水中

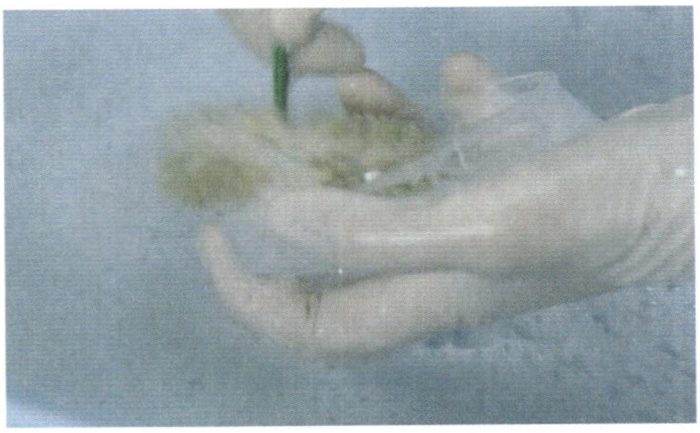

图 1-86　刷洗培养皿

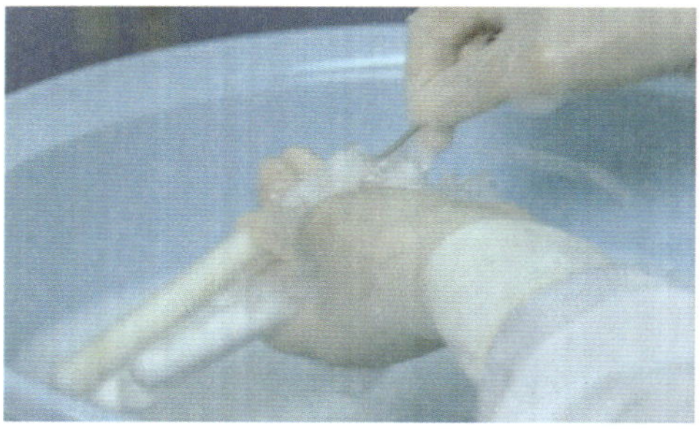

图 1-87　刷洗试管

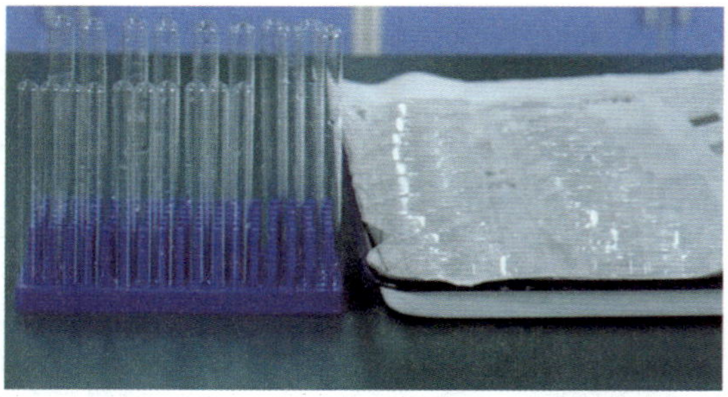

图 1-88　自然干燥

**3. 一般使用过的玻璃器皿的洗涤**

一般使用的玻璃器皿可在用后立即用清水冲洗干净(图 1-89),然后浸泡在洗衣粉水中进行刷洗(图 1-90),刷洗干净后用清水反复冲洗,最后用蒸馏水冲洗 2～3 次,然后倒立于沥水架上(图 1-91),自然晾干或电热干燥箱烘干。

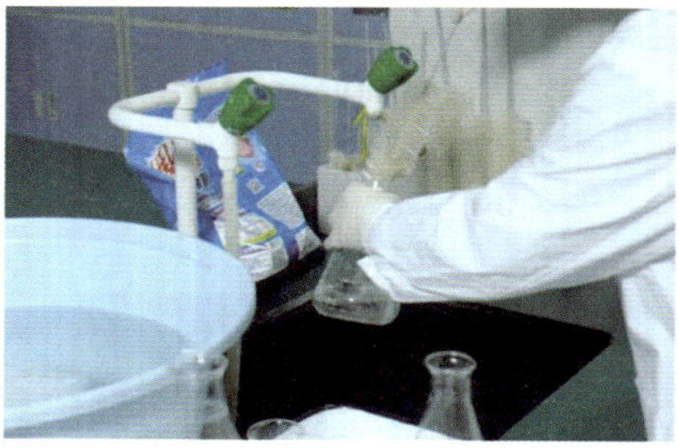

图 1-89　立即用清水冲洗干净

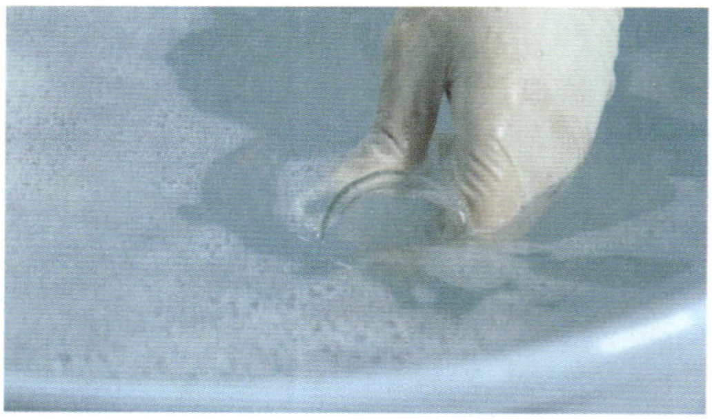

图 1-90　浸泡在洗衣粉水中

## 二、棉塞的制作

**1. 试管棉塞的制作(图 1-92)**

我们常用的试管是 15 mm×150 mm 的试管,在试验中如果没有硅胶塞或试管帽,我们可用普通棉花来制作棉塞。下面我们来学习试管棉塞的制作:根据试管的大小裁剪合适的纱布块,15 mm×150 mm 的试管大约需要 10 cm×20 cm 的纱布块。将纱布块对折后变成 10 cm×10 cm 的双层正方形块,将纱布放置在试管上,纱布中心对准试管口中心,右手用玻棒对准纱布中心,将纱布放入试管内,放入的深度以 3 cm 为宜,左手随即固定捋顺纱布。然后取小块普通棉花放入纱布内,并用玻棒压紧压实。反复多次放入棉花,并压紧压实,当棉花和试管口平齐时,再放入少量棉花,使之呈半圆状,然后将纱布收紧,旋转拧紧后再用线绳系紧。然后将其从试管中拔出时要能听到“砰”的响亮声,并且用拳头重新塞入后

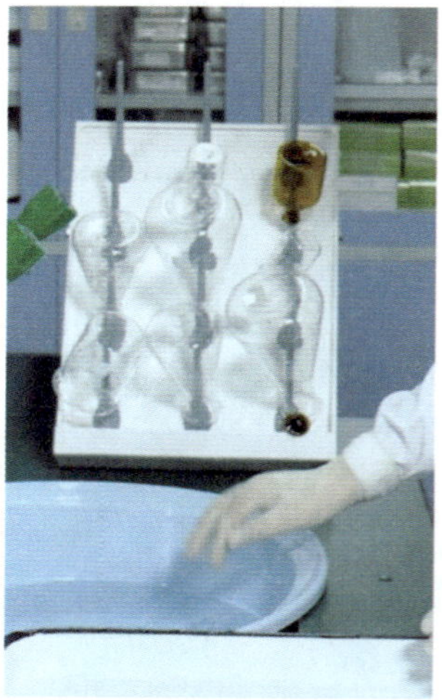

图 1-91　倒立于沥水架上

不变形，说明棉塞质量符合要求，然后用剪刀剪去多余的纱布边角和线绳，试管棉塞就制作完成了。

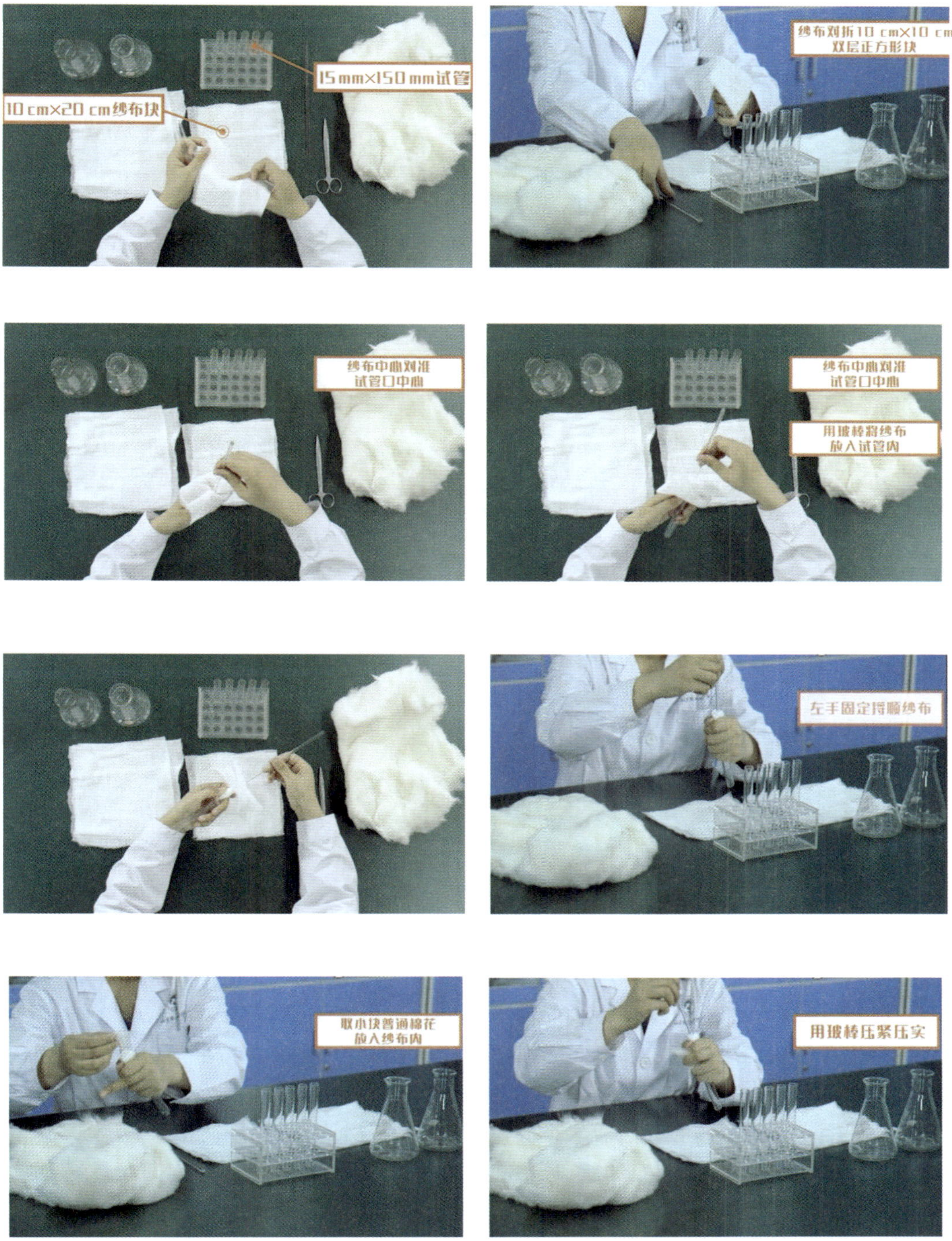


图 1-92　试管棉塞的制作

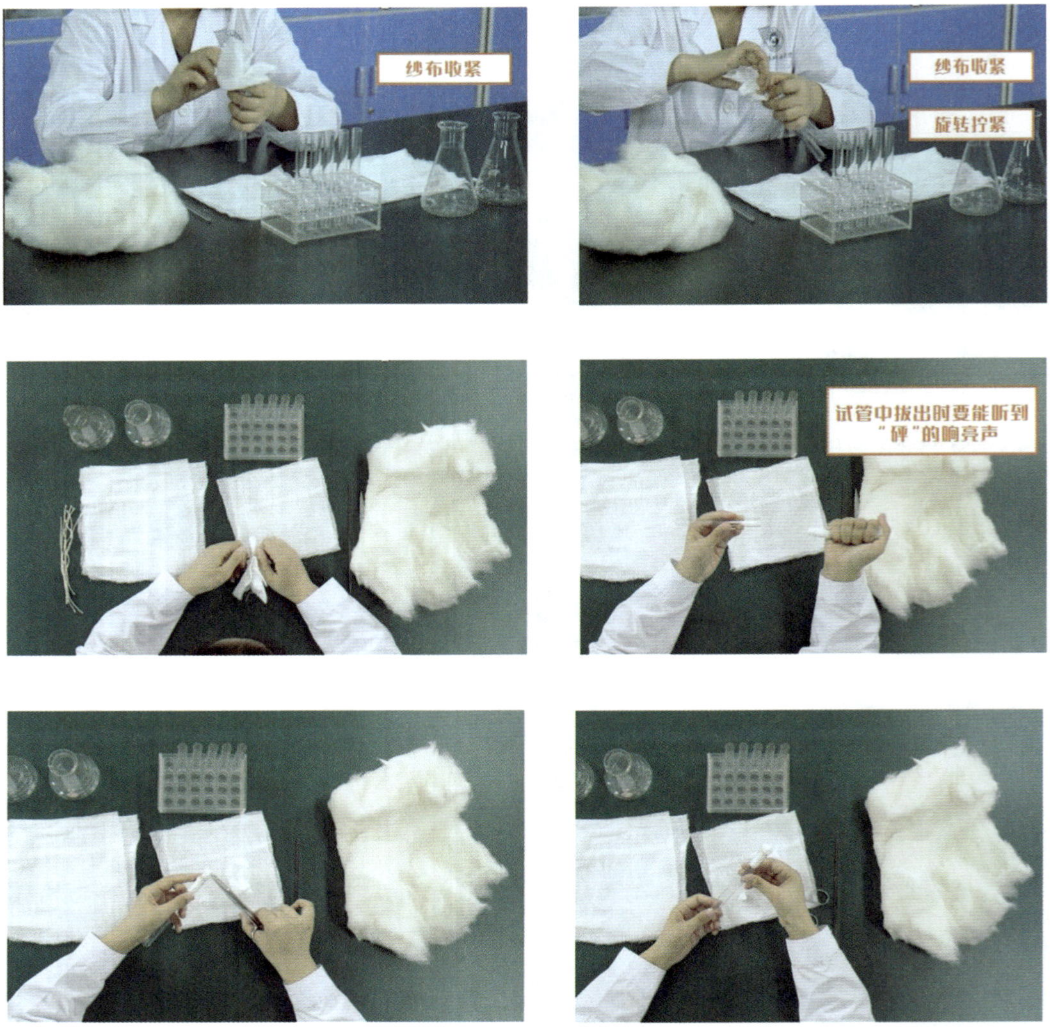


续图 1-92

**2. 三角瓶棉塞的制作**

根据三角瓶的大小裁剪合适的纱布块，500 mL 三角瓶大约需要 40 cm×20 cm 的纱布块，将纱布块对折后变成 20 cm×20 cm 的双层正方形块，将纱布放置在三角瓶上，纱布中心对准三角瓶口中心，右手用玻棒对准纱布中心，将纱布放入三角瓶内，放入的深度以 3 cm 为宜，左手随即固定捋顺好纱布。然后取小块普通棉花放入纱布内，并用玻棒压紧压实。反复多次放入棉花，并压紧压实，当棉花和瓶口平齐时，再放入少量棉花，使之呈半圆状，然后将纱布收紧，旋转拧紧后再用线绳系紧。棉塞要松紧合适，与瓶口没有缝隙，将其从三角瓶中拔出时要能听到"砰"的响亮声，并且重新塞入后不变形，说明棉塞质量符合要求，然后用剪刀剪去多余的纱布边角和线绳，三角瓶棉塞就制作完成了。

# 三、玻璃器皿的包装

## (一)平皿的包装

方法一:灭菌桶包装法(图 1-93)

拿取灭菌桶,取下灭菌桶的盖子,放在桌面上,将灭菌桶中的架子取出,先将一个培养皿倒置放在架子上,然后依次放入培养皿,最后一个培养皿的大盖在上正面放置好。将装有 10 套培养皿的架子轻轻横放在桌面上,灭菌桶放倒后将架子轻轻推入灭菌桶内。然后将灭菌桶直立于桌面上,盖上灭菌桶盖子,将灭菌桶盖上的小孔与桶身上的小孔对齐,准备进行灭菌,注意灭菌完毕后这两个小孔需错开。

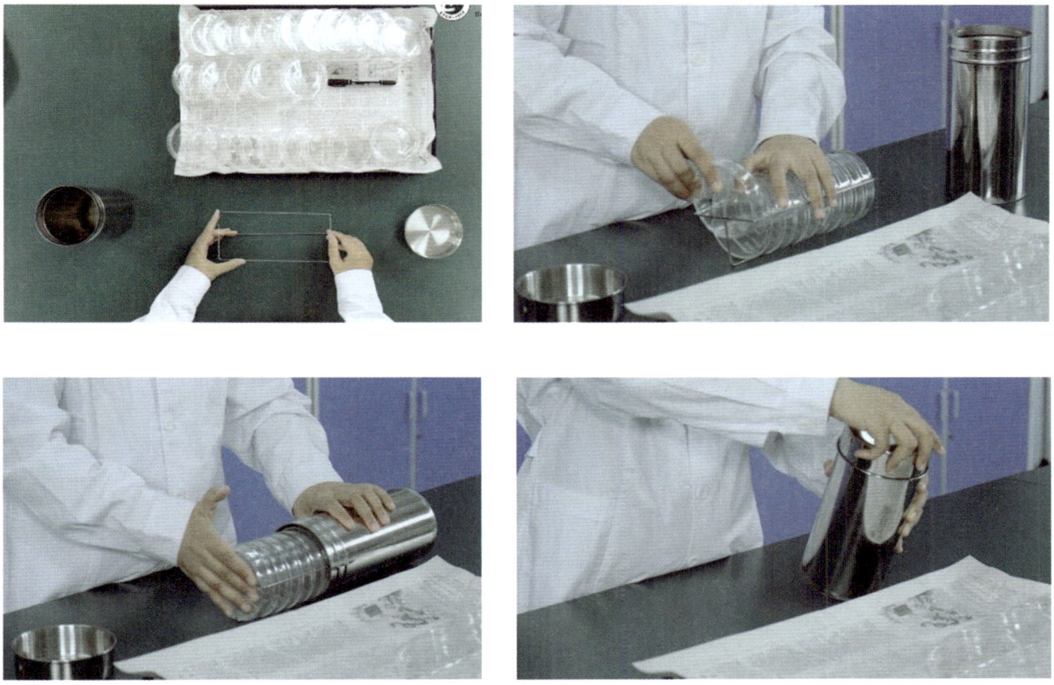

图 1-93　灭菌桶包装法

方法二:报纸包装法

(1)5 套包装法(图 1-94)

取大报纸一张,裁成同等大小的两份。取 5 套洁净的培养皿,摞成一摞,两侧培养皿的盖子朝外,左手把培养皿放于报纸一端,右手将报纸卷起紧裹培养皿,然后顺着培养皿的形状折叠两侧的报纸,角度大约为 60°。一边包裹培养皿,一边折叠培养皿两侧的报纸。收口的时候一侧先朝下,将培养皿竖立放在桌面上,先折叠好另一侧,最后一个折最好折在报纸的结尾处,然后将报纸折角放入其他的折内压实即可。同样的方法折叠好另一侧即可。

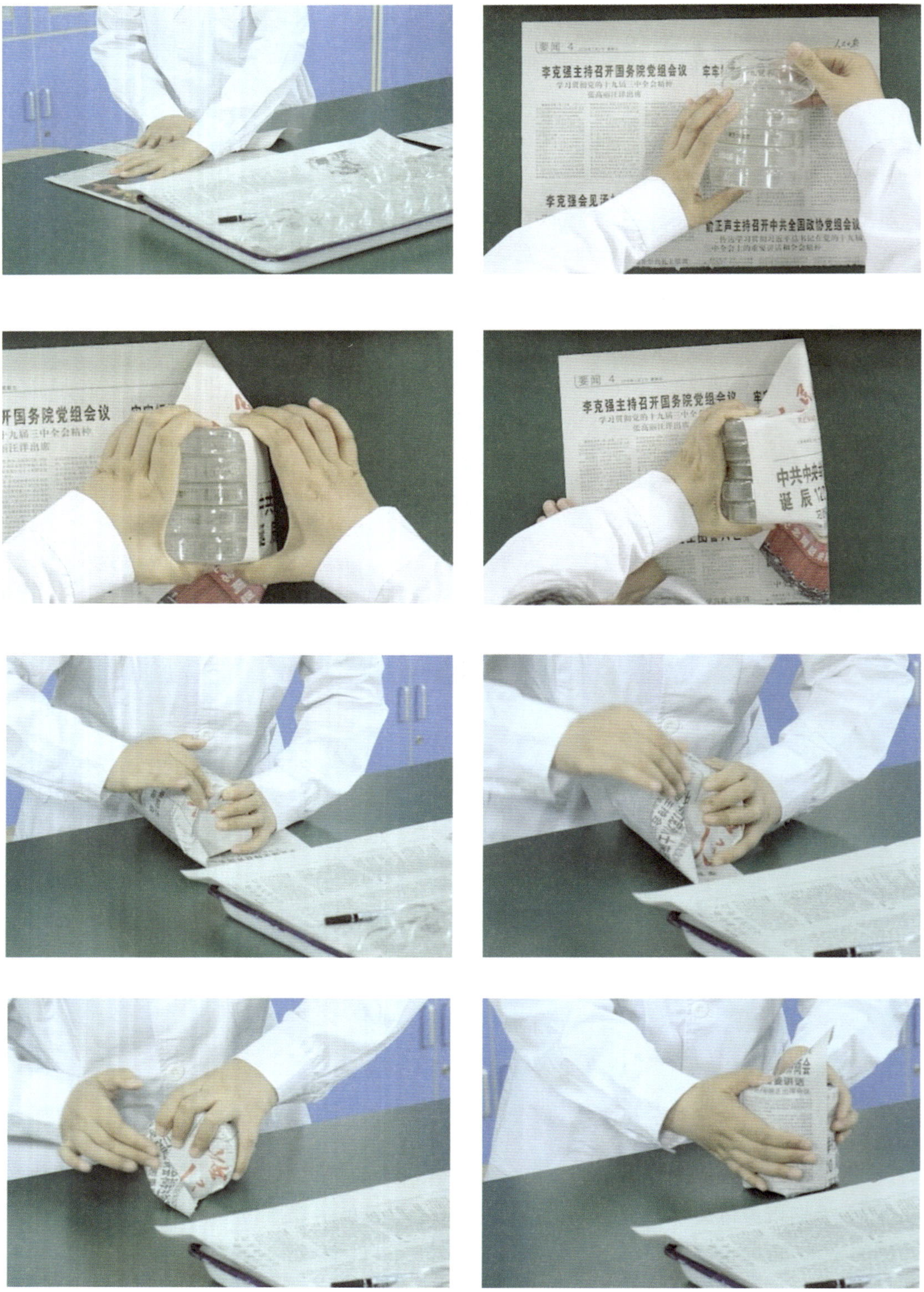


图 1-94　5 套包装法

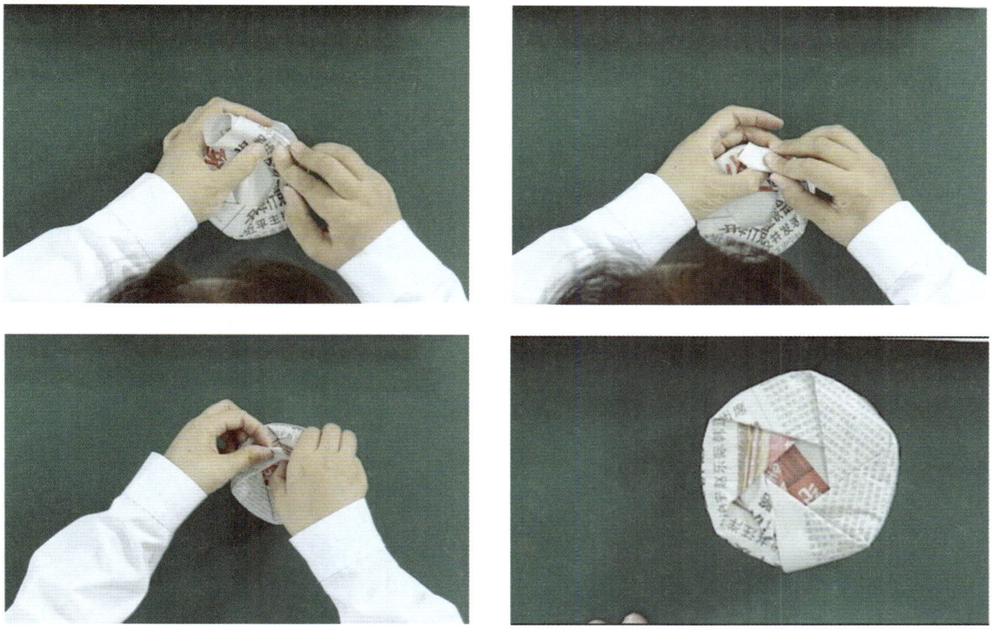

续图 1-94

(2)10 套包装法(图 1-95)

取大报纸一张,将培养皿放在报纸的一端,两侧培养皿的盖子朝外,报纸沿着培养皿的弧度卷起,包裹培养皿。一边包裹培养皿,一边沿着培养皿的弧度折叠培养皿两侧的报纸,角度60°为宜。最后一圈时也将培养皿竖立放在桌面上,一侧先朝下,然后折叠好一侧,折角放入折内压实,同样的方法折叠好另一侧即可。包装完毕,标记灭菌日期,准备灭菌。

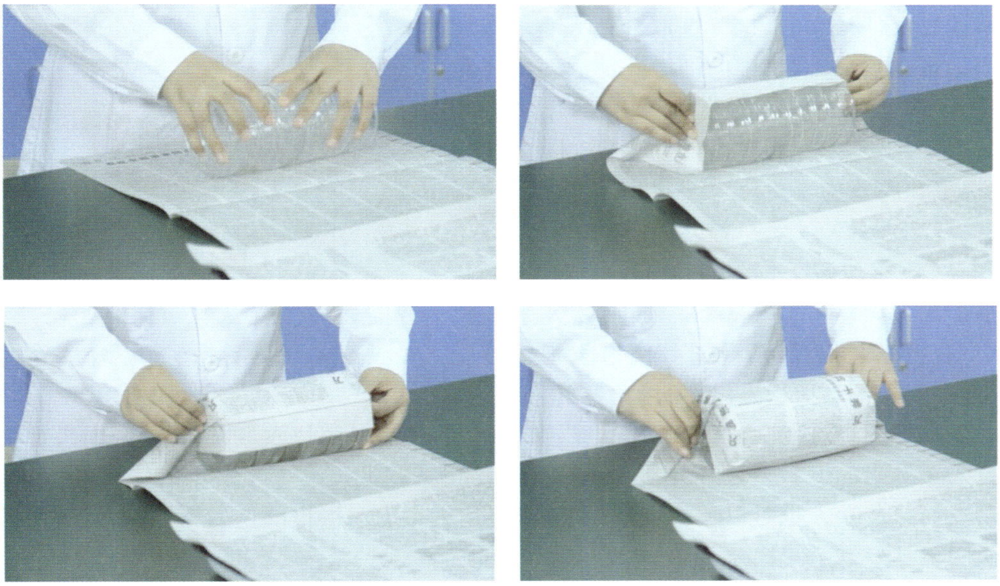

图 1-95 10 套包装法

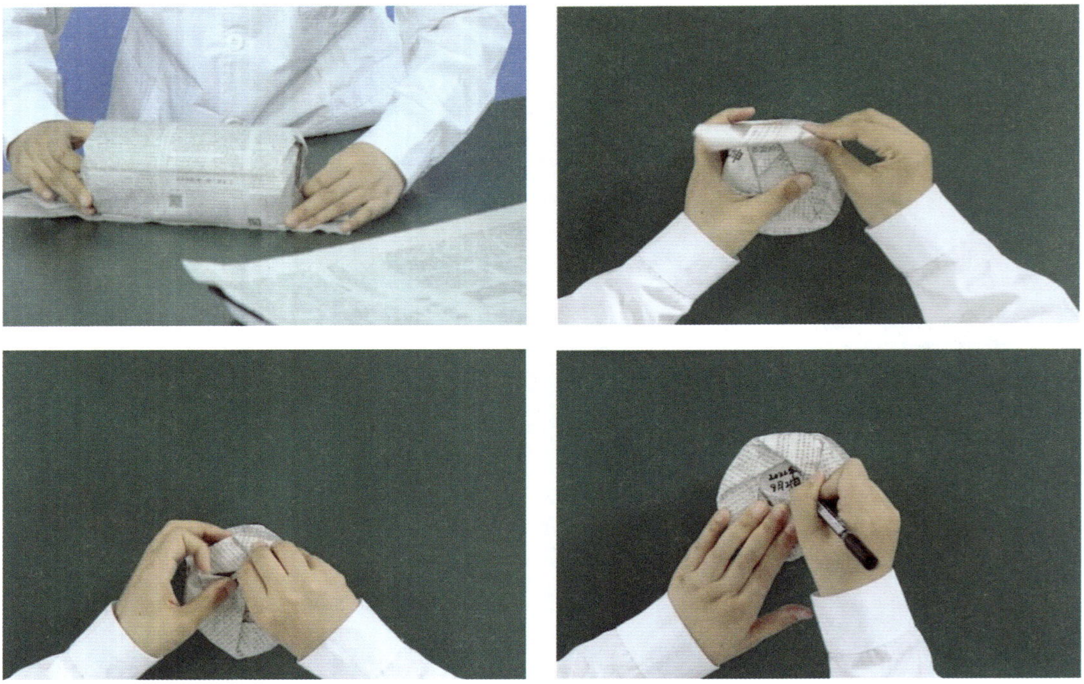

续图 1-95

## (二)三角瓶、试剂瓶、烧杯的包装

### 1. 三角瓶的包装方法

(1)包装前准备。三角瓶提前安装好合适大小的棉塞或胶塞(图 1-96),也可选取合适大小的双层封瓶膜一张(图 1-97),将中间的微孔滤膜对准三角瓶口(图 1-98),用橡皮筋缠绕两圈固定(图 1-99)。取合适大小的双层报纸包裹三角瓶口(图 1-100)(安装棉塞和胶塞的三角瓶包装同步),在瓶颈位置收紧。

图 1-96　安装好棉塞和胶塞的三角瓶

(2)三角瓶包装。①线绳包装法(图 1-101)。取一根棉线绳,线绳的一端线头朝上,用左手大拇指固定,右手拿起棉线绳,顺时针绕过大拇指缠绕一圈,第二圈直接从拇指上缘绕过,压住绳头,后面同第二圈一样缠绕,边缠绕边拉紧棉线绳,捆扎结实,最后一圈快收口时,将棉线绳头折叠成双绳后塞入大拇指的绳套内,然后用大拇指按住双绳头,右手拉起一开始留的线头,用力拉紧即可。②皮筋包装法。也可以用橡皮筋包扎,取合适大小的双层报纸包裹烧杯口,然后用橡皮筋缠绕两圈包扎好。

图 1-97　选取合适大小的双层封瓶膜

图 1-98　中间的微孔滤膜对准三角瓶口

图 1-99　橡皮筋缠绕两圈固定

图 1-100　双层报纸包裹三角瓶口

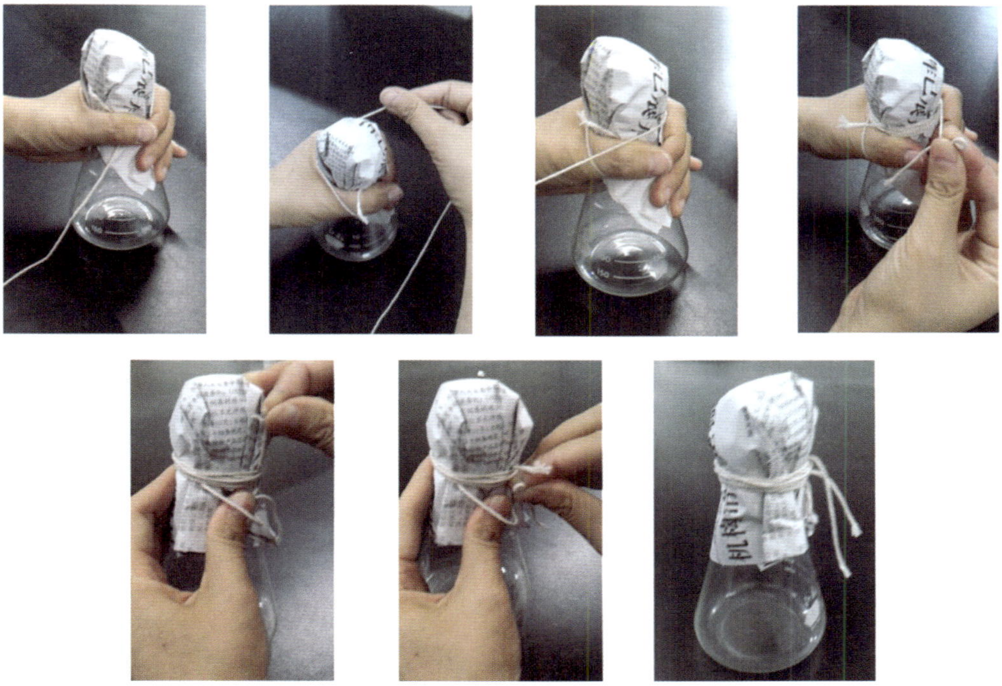

图 1-101　线绳包装法

**2. 试剂瓶的包装方法(图 1-102)**

准备一段合适长度的棉线，然后将棉线对折后放在试剂瓶瓶口和瓶盖之间，盖好瓶盖，然后用双层报纸对折后包裹试剂瓶瓶口，用橡皮筋缠绕两圈包扎，写上灭菌日期。

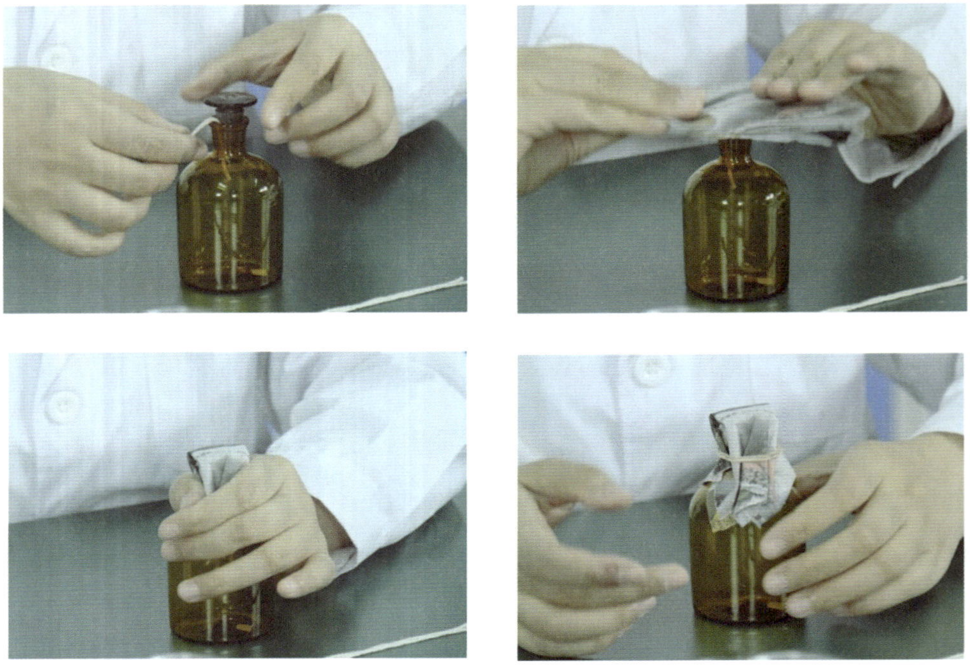

**图 1-102　试剂瓶的包装方法**

**3. 烧杯的包装方法**

取一个刷洗干净并干燥后的烧杯，用双层报纸包裹烧杯口，取一根线绳进行包扎。包扎完毕，写上灭菌日期。也可以用橡皮筋包扎，取合适大小的双层报纸包裹烧杯口，然后用橡皮筋缠绕两圈包扎好。

**4. 试管的包装方法**

试管提前塞好棉塞、硅胶塞或试管帽，分别安装好后准备包装(图 1-103)。

(1)橡皮筋包装(图 1-104)。选取 5～7 支试管握成一捆，先在试管中部用皮筋缠绕两圈固定，放在烧杯内。然后选用合适大小的双层报纸包裹试管头部，最后用橡皮筋缠绕固定，写上灭菌日期，准备灭菌。

(2)线绳包装。将选取好的 5～7 支试管握成一捆，在试管中部用皮筋缠绕两圈固定，放在烧杯内。取合适大小的双层报纸包裹试管口，左手握住报纸，右手取一根棉线绳，线绳的一端线头朝上，用左手大拇指固定，右手拿起棉线绳，顺时针绕过大拇指缠绕一圈(图 1-105)，第二圈直接从拇指上缘绕过(图 1-106)，压住绳头，后面同第二圈一样缠绕，边缠绕边拉紧棉线绳，捆扎结实，最后一圈快收口时，将棉线绳头折叠成双绳(图 1-107)后塞入大拇指的绳套内，然后用大拇指按住双绳头(图 1-108)，右手拉起一开始留的线头(图 1-109)，用力拉紧，试管就包装好了(图 1-110)。包扎好后，写上灭菌日期。

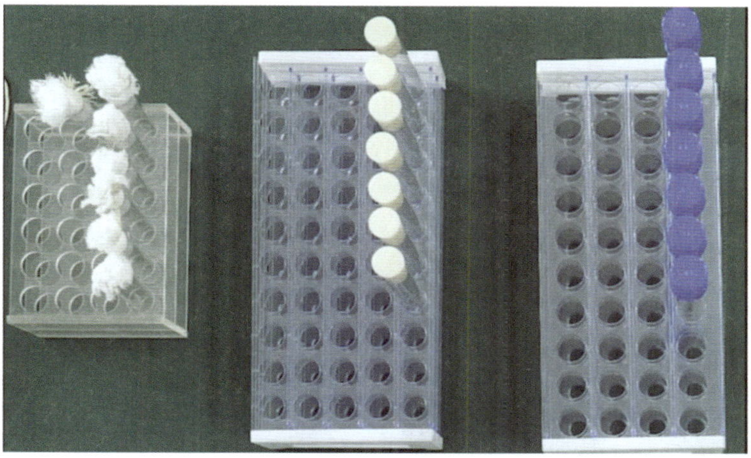

图 1-103　装好棉塞、硅胶塞和试管帽的试管

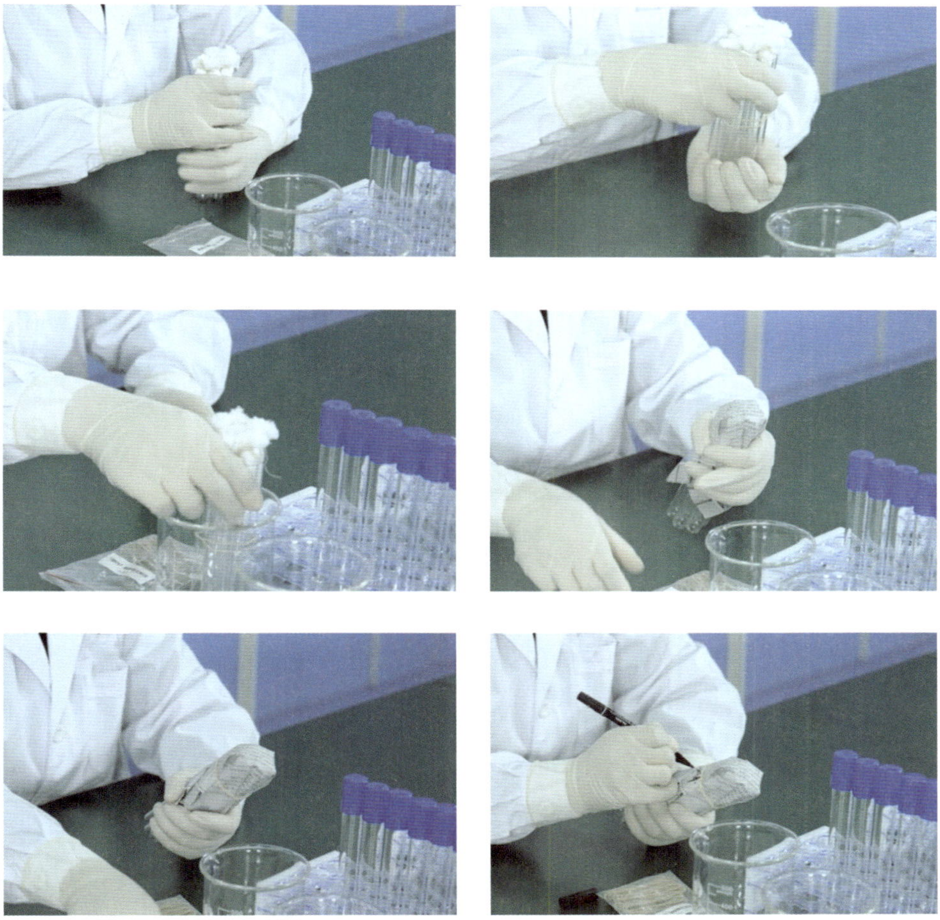

图 1-104　橡皮筋包装

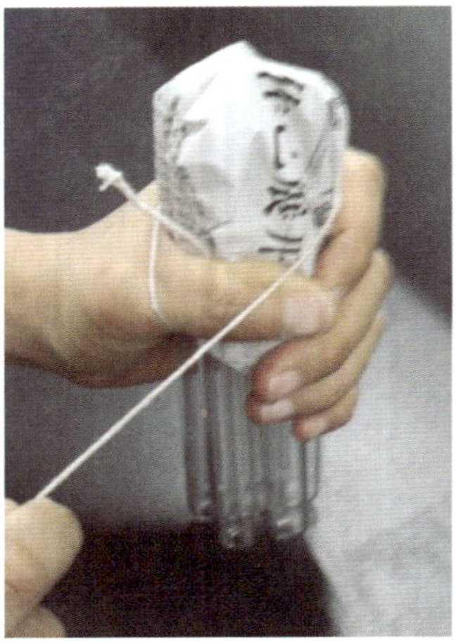

图 1-105　缠绕第一圈

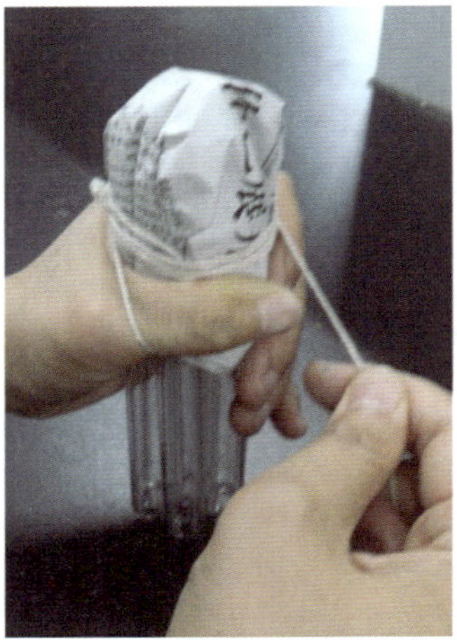

图 1-106　缠绕第二圈

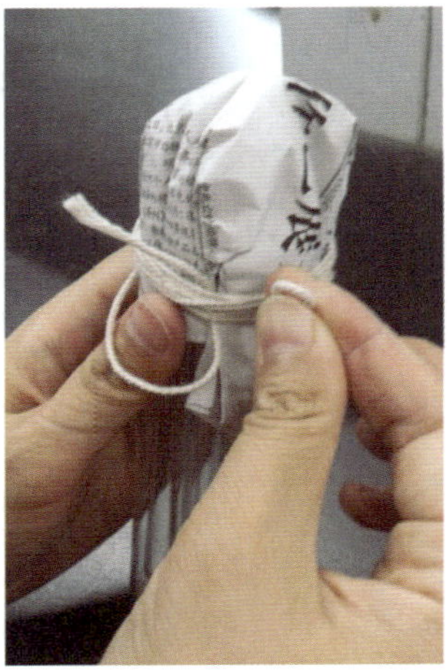

图 1-107　绳头折叠成双绳

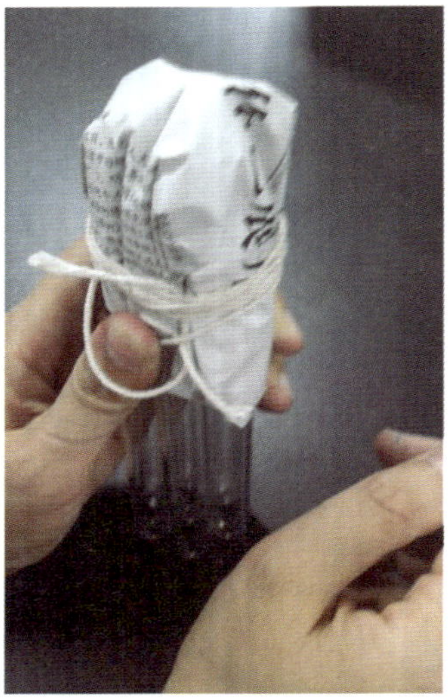

图 1-108　大拇指按住双绳头

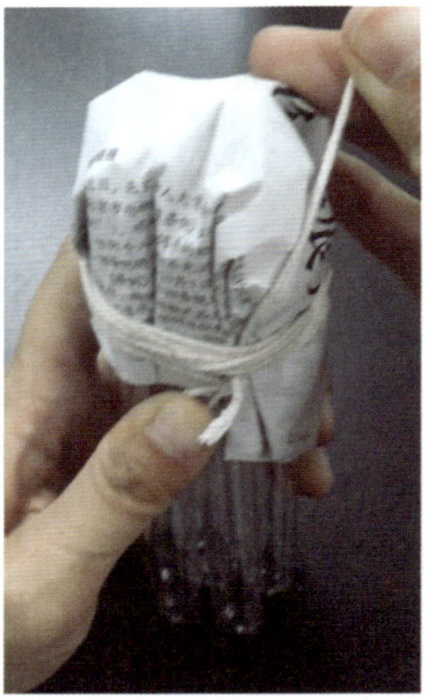

图 1-109　右手拉起线头

图 1-110　包装好的试管

# 第七节　离心管的准备

## 一、大离心管的包装

取一张 16 开大小的报纸，将离心管放在报纸对角线的正中间，将报纸包裹离心管，然后继续在桌面滚动包裹，包裹完成后，将离心管一端的报纸对折，用皮筋缠绕固定，离心管另一端的报纸也对折后用皮筋缠绕固定即可。包扎好后，标记灭菌日期(图 1-111)。

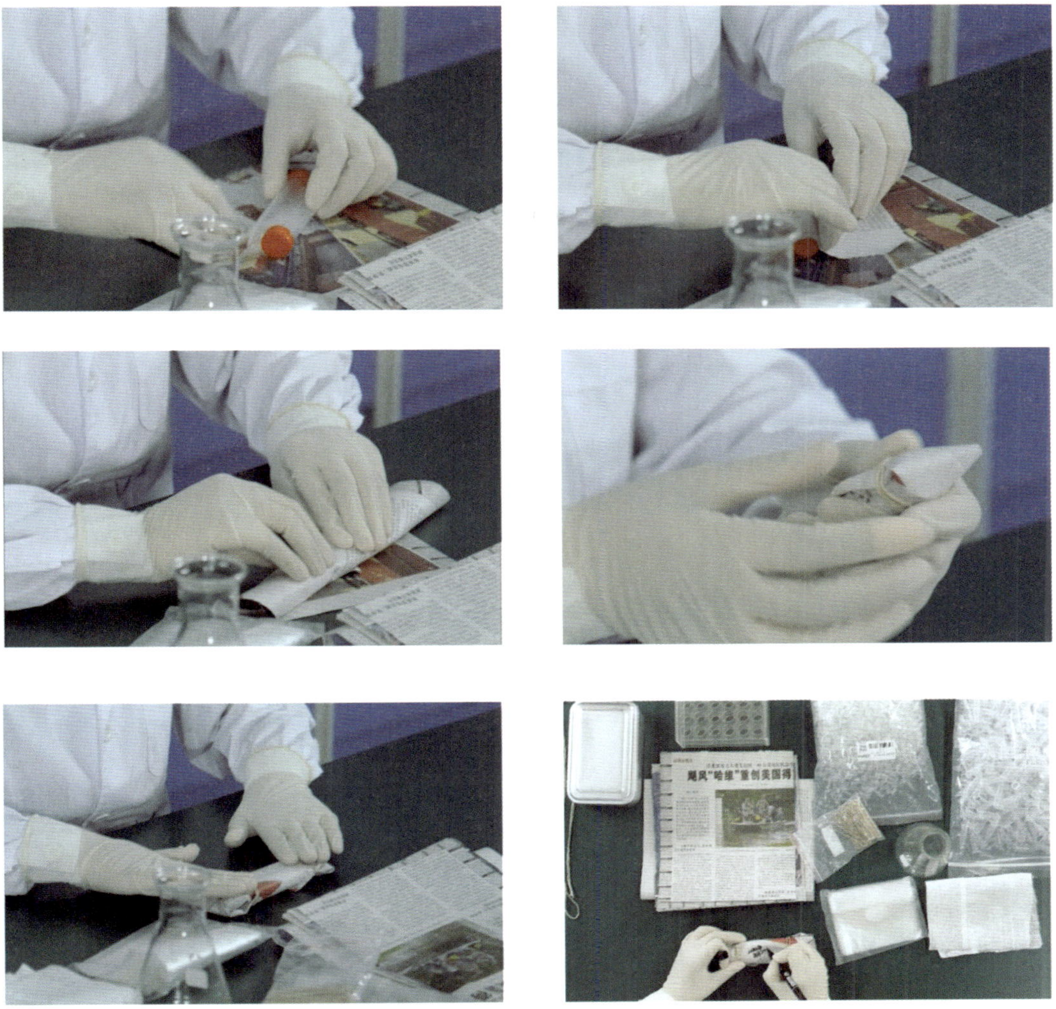

图 1-111　大离心管的包装

## 二、PCR 管的包装

把需要灭菌的 PCR 管放入锥形瓶中，盖上封瓶膜，用橡皮筋缠绕固定，然后取合适大小的双层报纸包裹三角瓶口，左手握住报纸，右手取一根棉线绳，线绳的一端线头朝上，用左手大拇指固定，右手拿起棉线绳，顺时针绕过大拇指缠绕一圈，第二圈直接从拇指上缘绕过，压住绳头，后面同第二圈一样缠绕，边缠绕边拉紧棉线绳，捆扎结实，最后一圈快收口时，将棉线绳头折叠成双绳后塞入大拇指的绳套内，然后用大拇指按住双绳头，右手拉起一开始留的线头，用力拉紧即可。包扎好后，写上灭菌日期(图 1-112)。

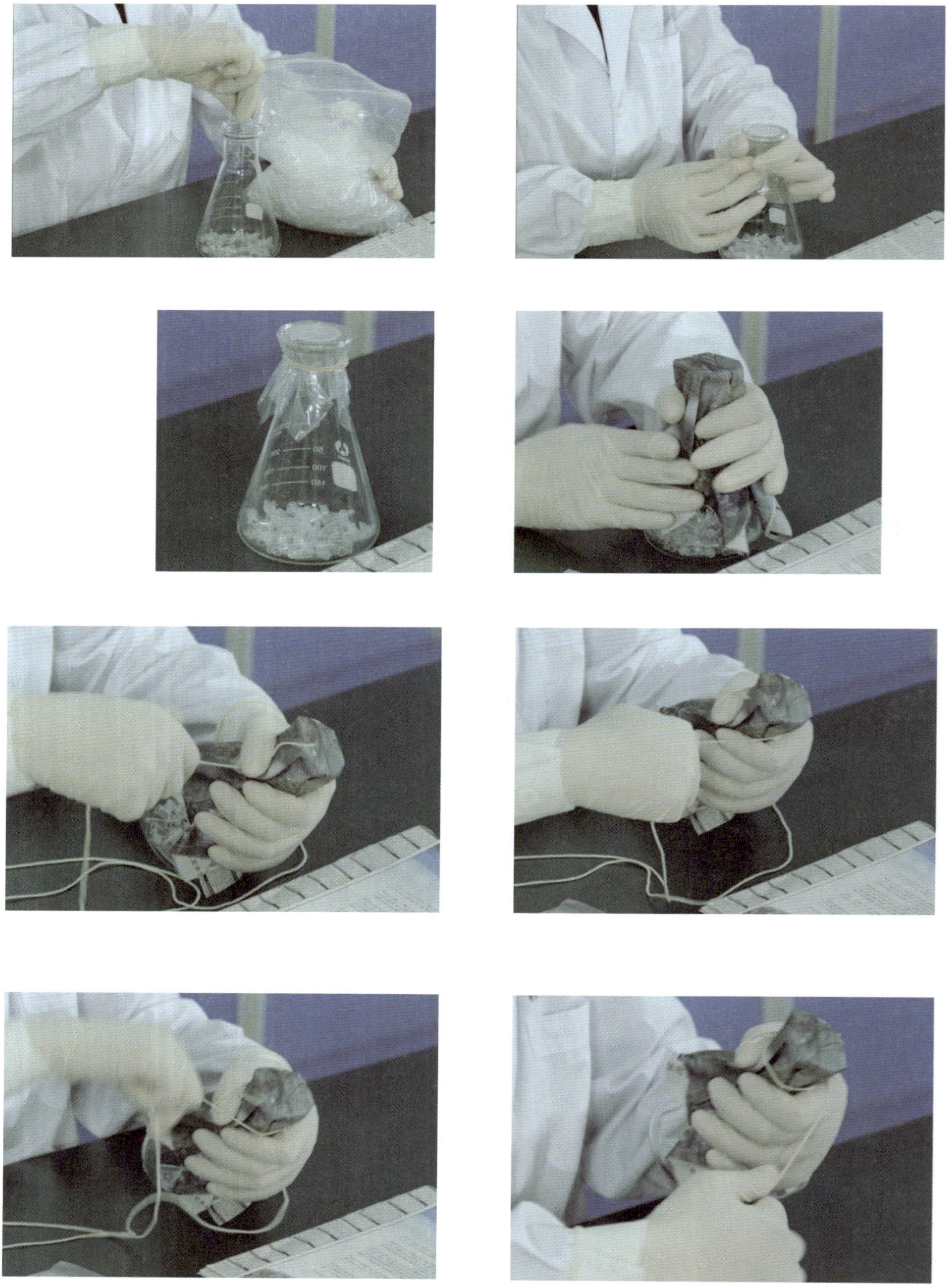

图 1-112　PCR 管的包装

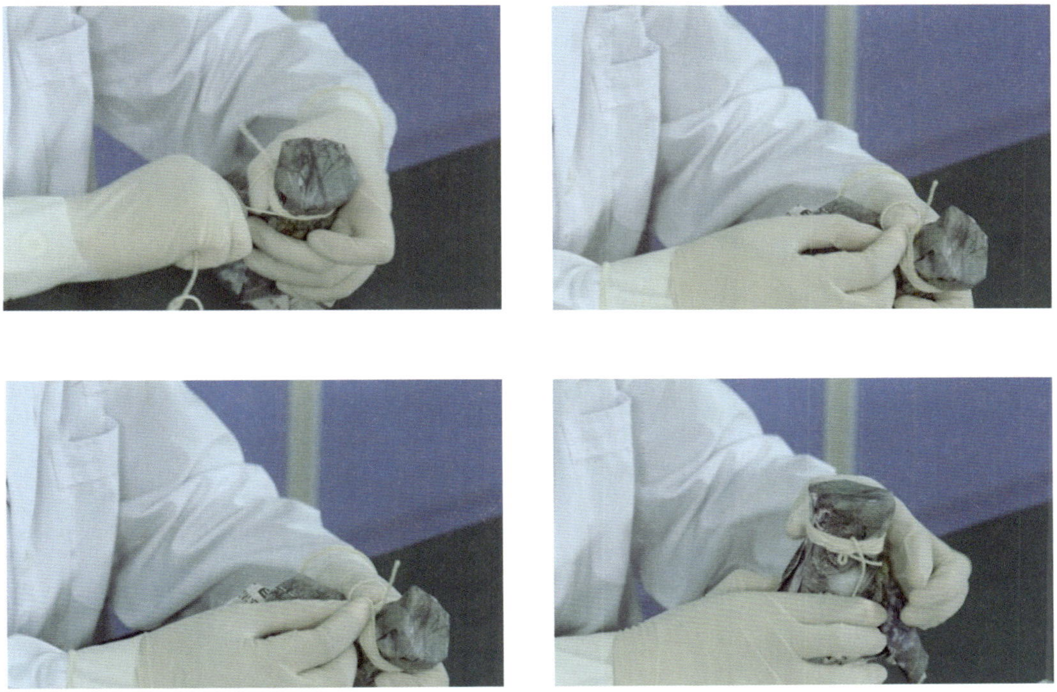

续图 1-112

## 三、指型离心管的包装

拿取铝饭盒，在饭盒内铺上双层合适大小的纱布，把需要灭菌的指型管放入饭盒内，盖上纱布，盖上盒盖。拿取整张报纸，用报纸包装饭盒，用橡皮筋固定好报纸，包扎好后，写上灭菌日期(图 1-113)。

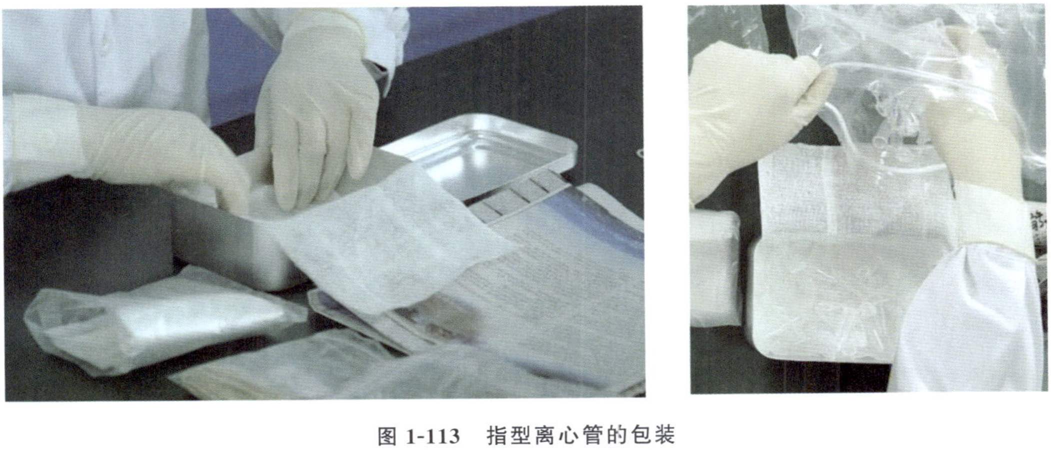

图 1-113　指型离心管的包装

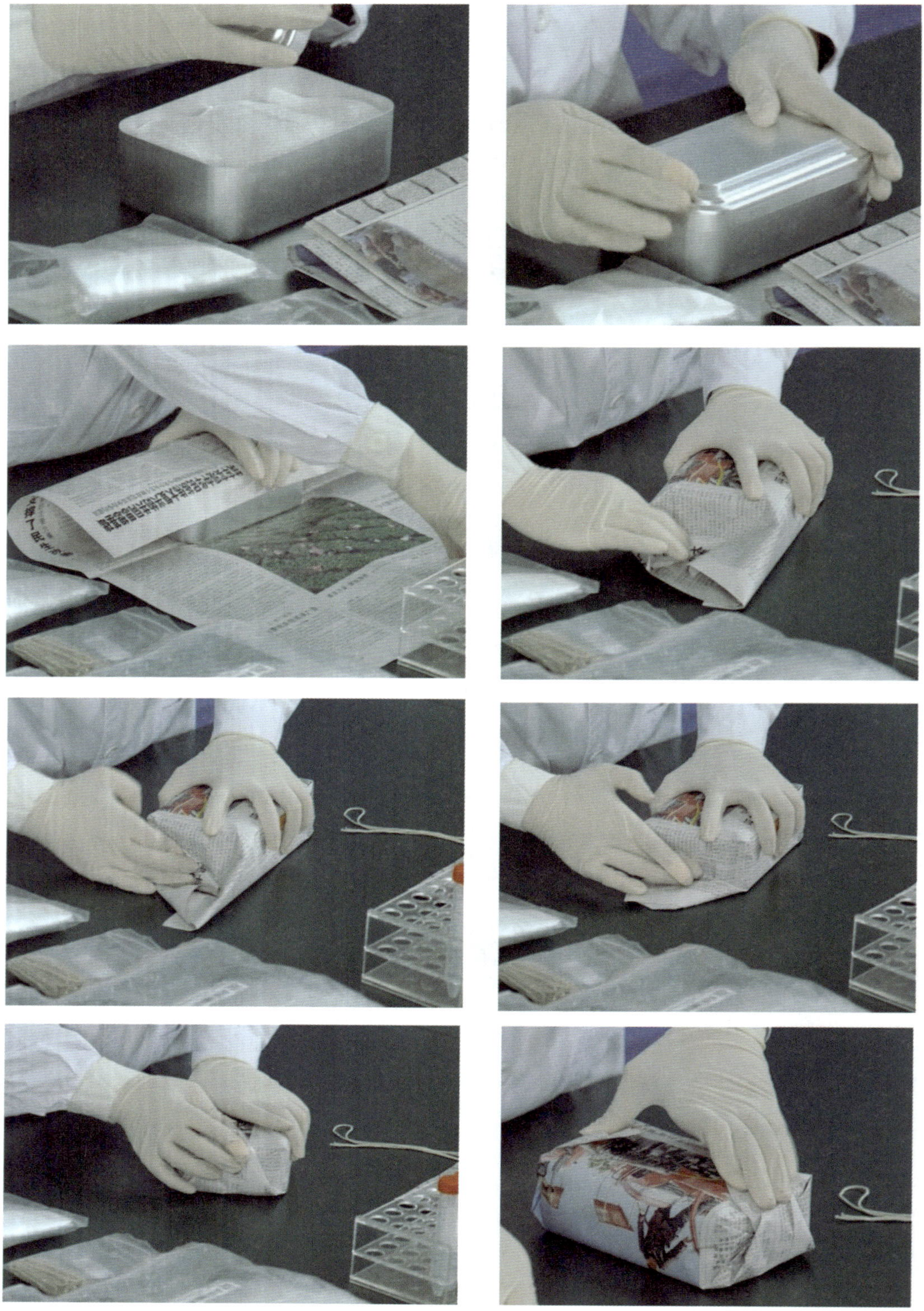

续图 1-113

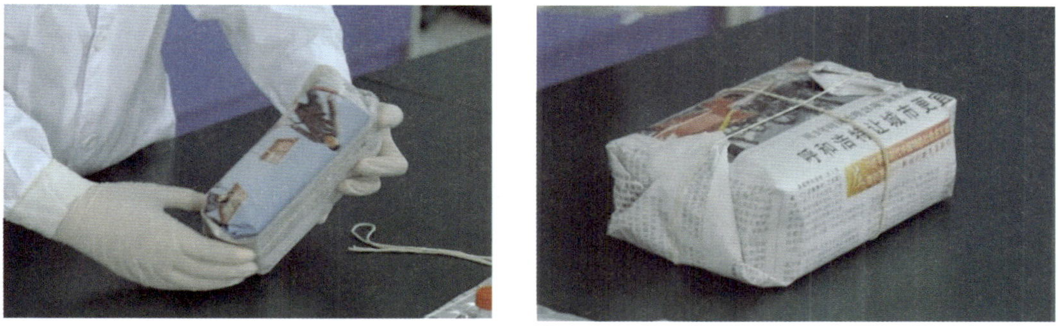

续图 1-113

# 第八节　常用仪器的使用

## 一、高压蒸汽灭菌器的使用

高压蒸汽灭菌器是微生物实验室必不可少的重要设备，主要用于培养基、试剂、塑料橡胶制品等灭菌。常用的有手提式、立式和横卧式三种，都是根据沸点与压力成正比的原理设计的，通过湿热空气来杀灭病原体。

**1. 高压蒸汽灭菌器的结构**

高压灭菌器主要包括双层的金属圆筒锅体(图 1-114)和金属锅盖(图 1-115)及底座(图 1-116)。金属锅盖上有安全阀(图 1-117)、放气阀(图 1-118)、压力指示表(图 1-119)和锅盖提手(图 1-120)，盖的边缘有星形螺栓(图 1-121)，盖内垫有密封圈，主要用来紧闭灭菌器，使蒸汽不能外溢。锅体包括外筒和灭菌桶(图 1-122)，灭菌桶内有一筛板(图 1-123)，主要用来放置灭菌的物品；拿出灭菌桶，可看到加热管(图 1-124)和三角支架(图 1-125)，加热管用于通电时锅体的升温，三角支架用于支撑灭菌桶。底座上有计时器(设定灭菌时间)(图 1-126)、压力

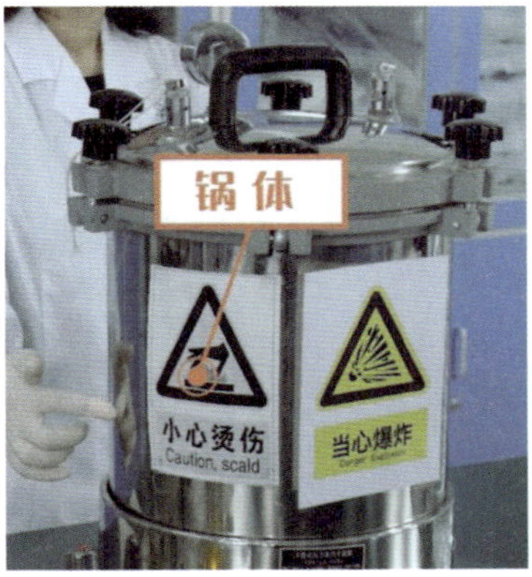


图 1-114　锅体

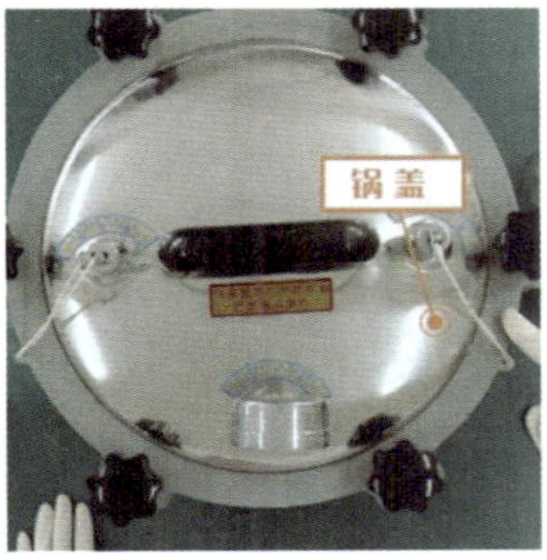


图 1-115　锅盖

图 1-116　底座

控制器(设定灭菌温度)(图 1-127)、灭菌结束指示灯(图 1-128)、灭菌指示灯(灯亮会停止加热,温度下降)(图 1-129)、工作指示灯(灯亮会加热,温度升高)(图 1-130)、电源开关(图 1-131)、放水龙头(图 1-132)。

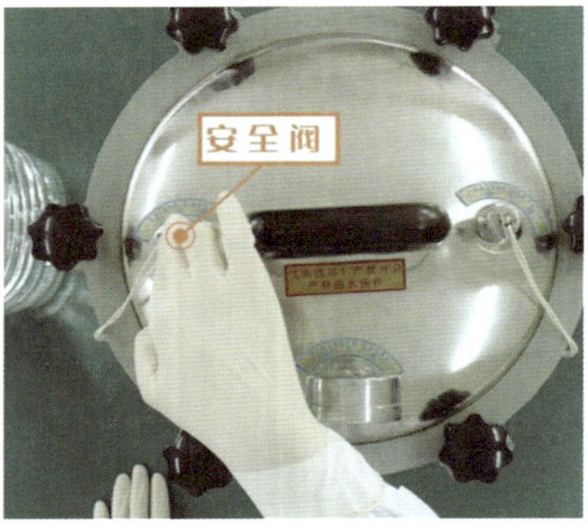


图 1-117　安全阀

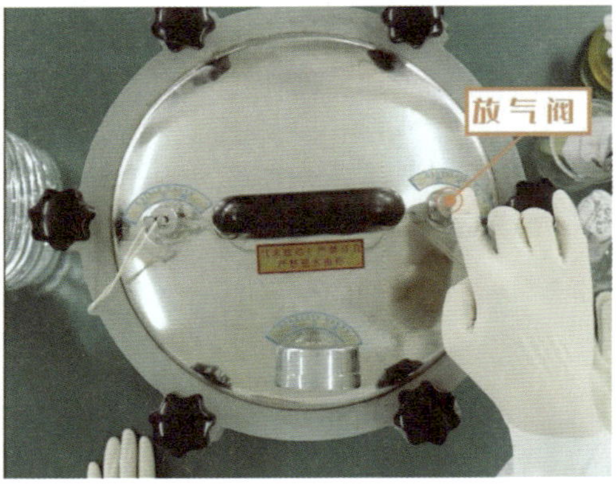


图 1-118　放气阀

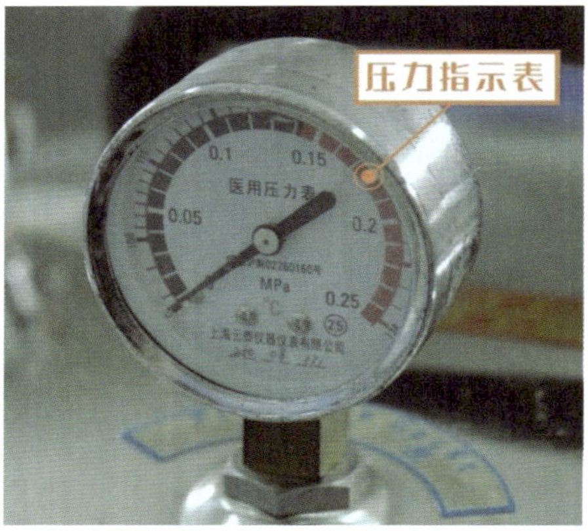


图 1-119　压力指示表

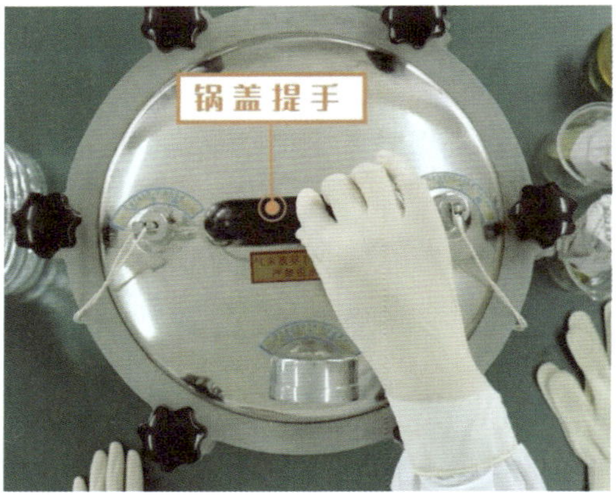


图 1-120　锅盖提手

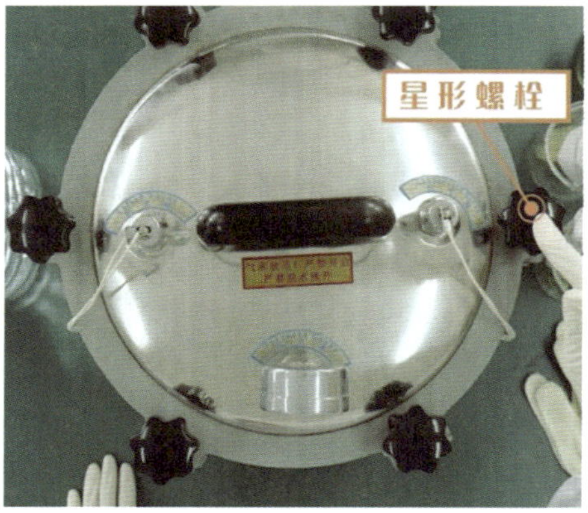


图 1-121　星形螺栓

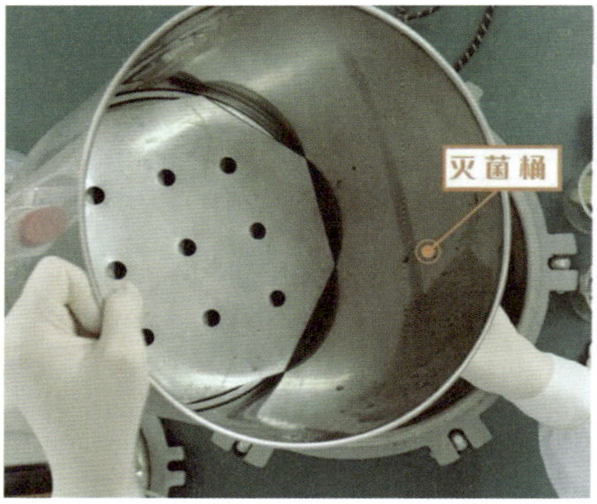


图 1-122　灭菌桶

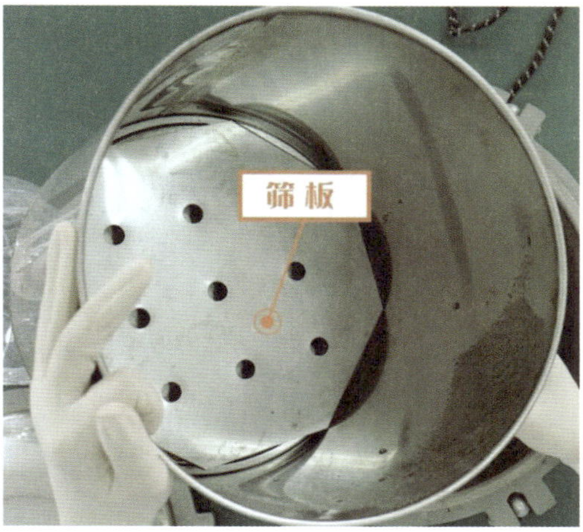


图 1-123 筛板

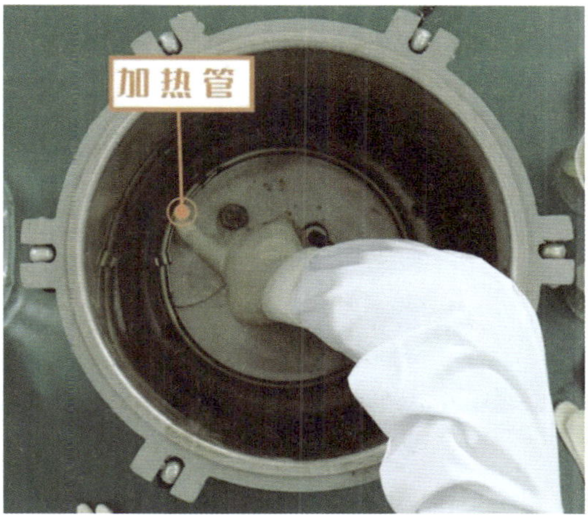


图 1-124 加热管

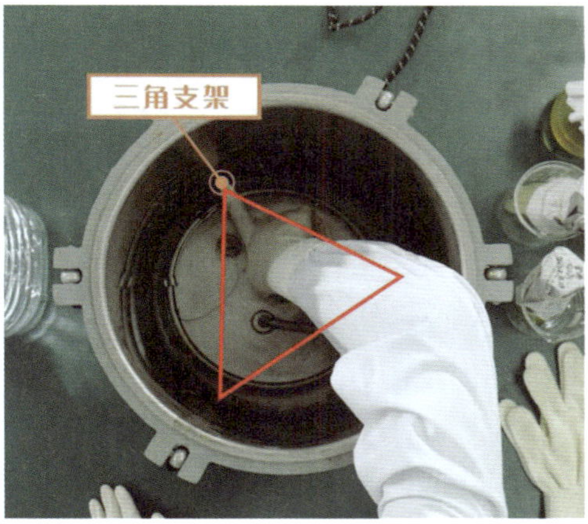


图 1-125 三角支架

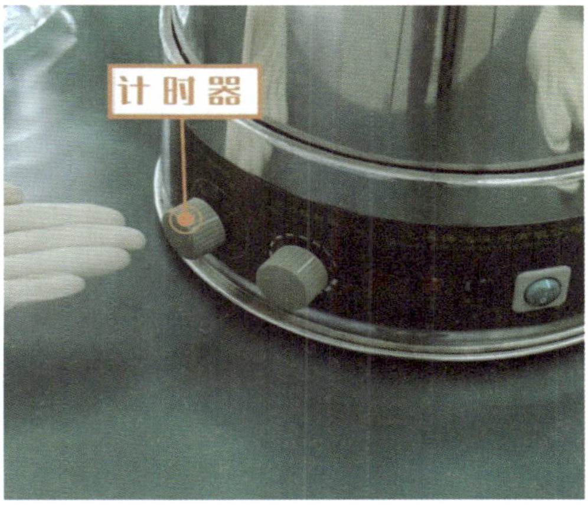


图 1-126 计时器

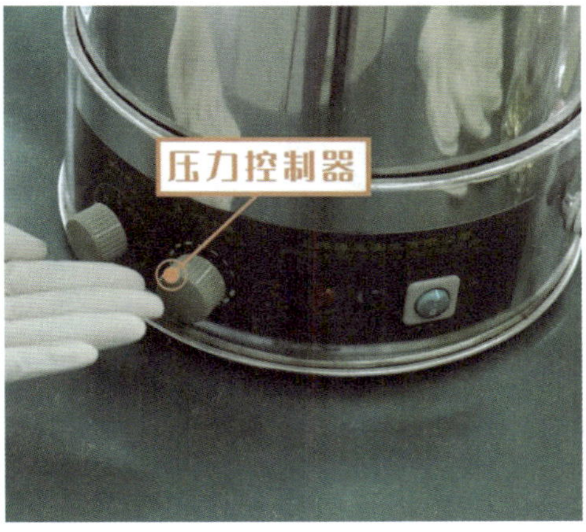


图 1-127 压力控制器

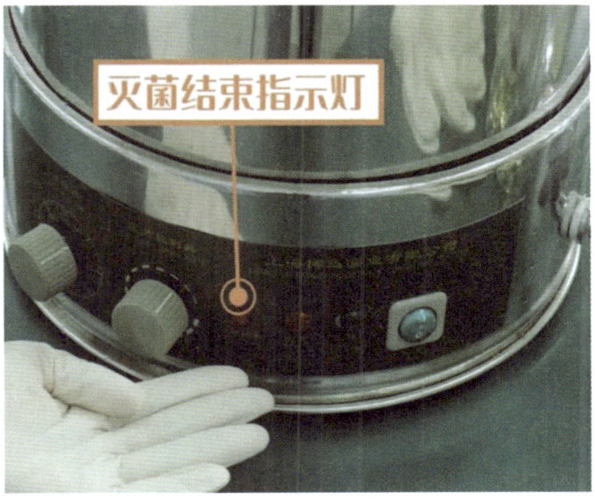


图 1-128 灭菌结束指示灯

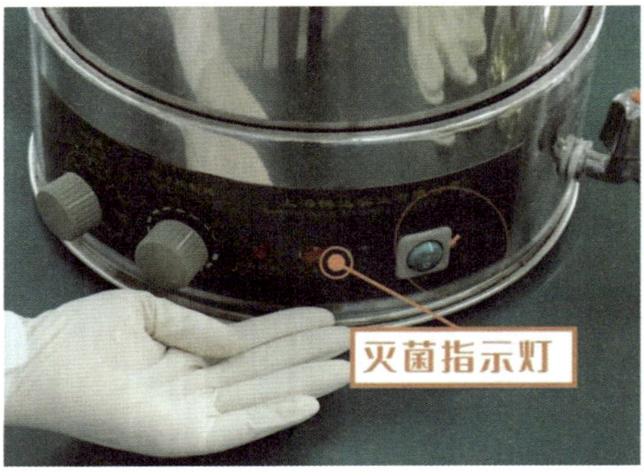


图 1-129　灭菌指示灯

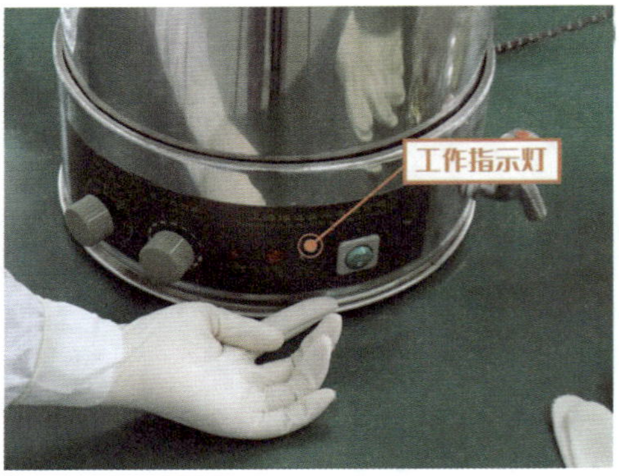


图 1-130　工作指示灯

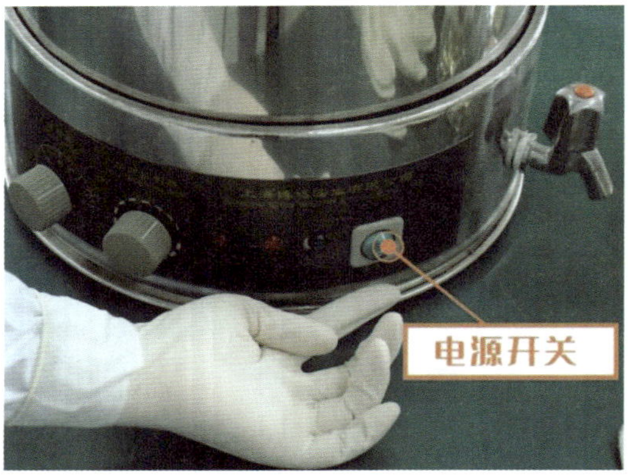


图 1-131　电源开关

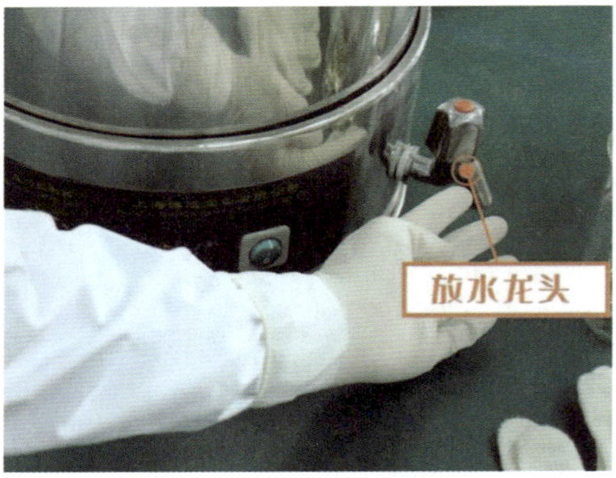


图 1-132　放水龙头

**2. 使用方法**

(1)加水。打开锅盖,拿出灭菌桶,往锅内加入适量蒸馏水,水量以没过加热管,略低于三角支架上缘为宜(图 1-133)。

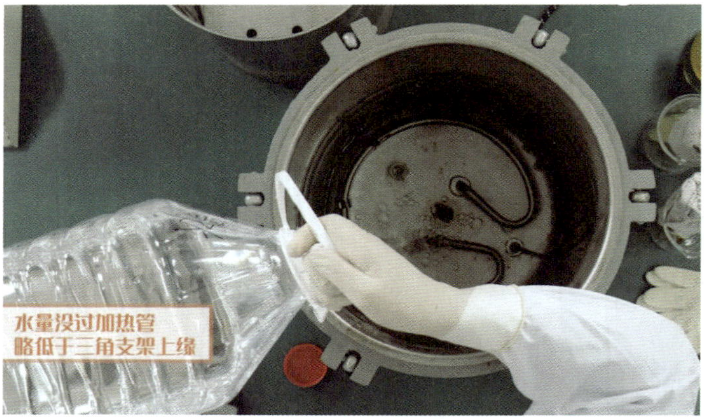


图 1-133　加水

(2)放置灭菌物品。放入灭菌桶，将包装好准备灭菌的物品放入灭菌桶筛板上，物品之间应留有一定的空隙，以利于蒸汽通过提高灭菌效果(图 1-134)。

图 1-134　放置灭菌物品

(3)密封。盖上锅盖，对正锅盖与锅体的螺栓槽(图 1-135)，先对称上好星形螺栓(图 1-136)，再对称均匀旋紧螺母(图 1-137、图 1-138)，将灭菌锅密封，打开放气阀，让放气阀处于垂直位置(图 1-139)，确定安全阀处于水平位置的关闭状态(图 1-140)。

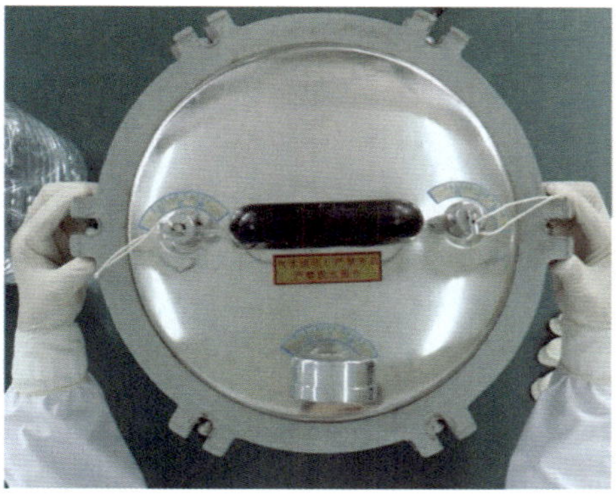

图 1-135　对正锅盖与锅体的螺栓槽

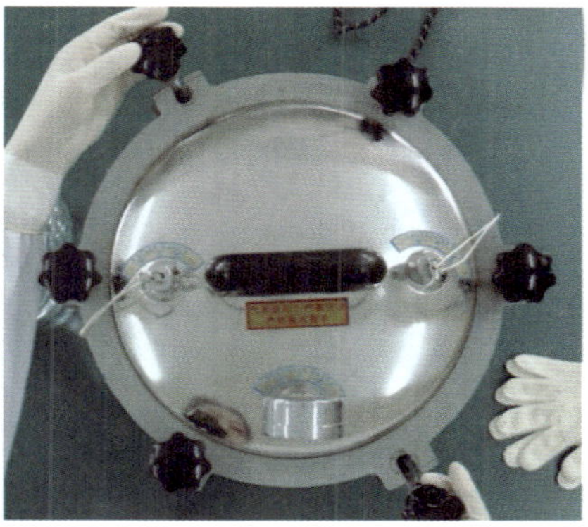

图 1-136　对称上好星形螺栓

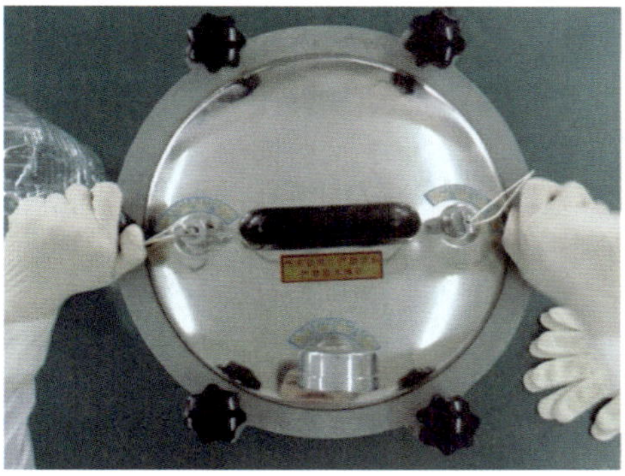

图 1-137　对称旋紧螺母 1

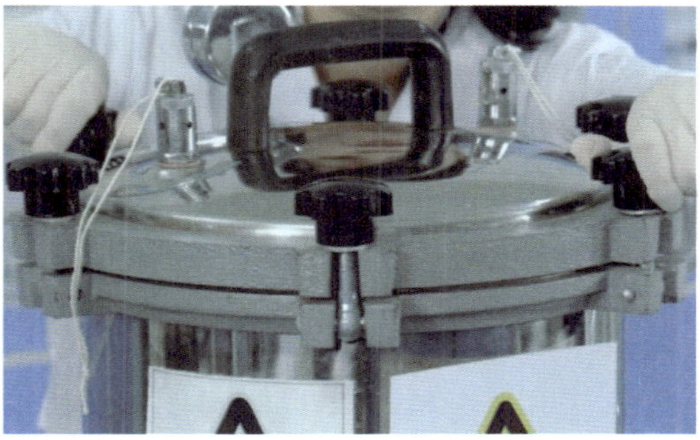

图 1-138　对称旋紧螺母 2

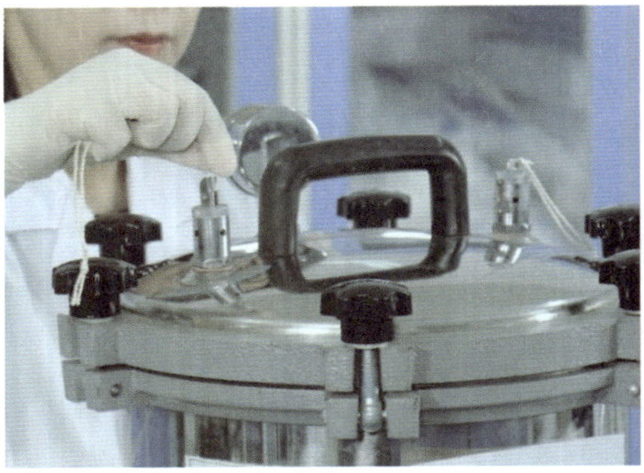

图 1-139　打开放气阀

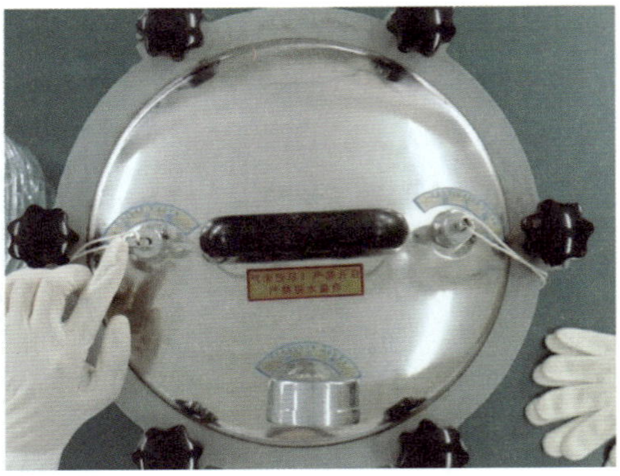

图 1-140　安全阀处于关闭状态

（4）加热。接通电源，先将计时器旋钮指示线旋至（ON）处（图 1-141），压力控制器调至刻度线的中间位置（图 1-142），再打开工作电源开关（图 1-143）。工作指示灯亮（图 1-144）灭菌器开始加热，锅内逐渐升温，冷空气慢慢从放气阀排出（图 1-145），待有较急的水蒸气喷出 1～2 min 后，将放气阀关闭（图 1-146），此时压力表指针随着加热逐渐上升（图 1-147），便可指示出灭菌器内的压力。待加热至工作指示灯灭，灭菌指示灯亮（图 1-148），此时压力控制器上所对应的位置即为压力表上所指示的压力和温度数值（图 1-149）。如所需压力温度小于压力表

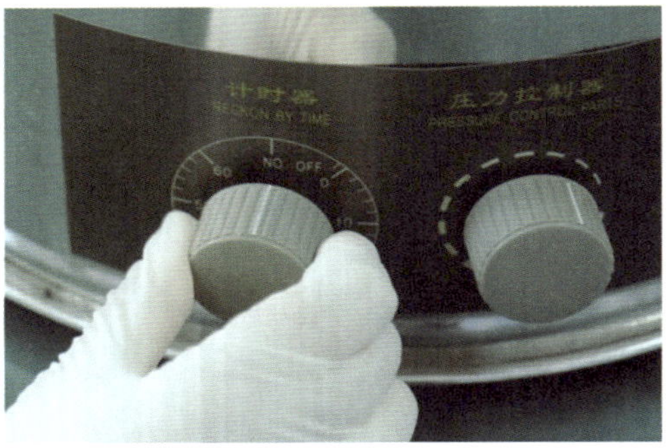


图 1-141　计时器旋钮旋至（ON）处

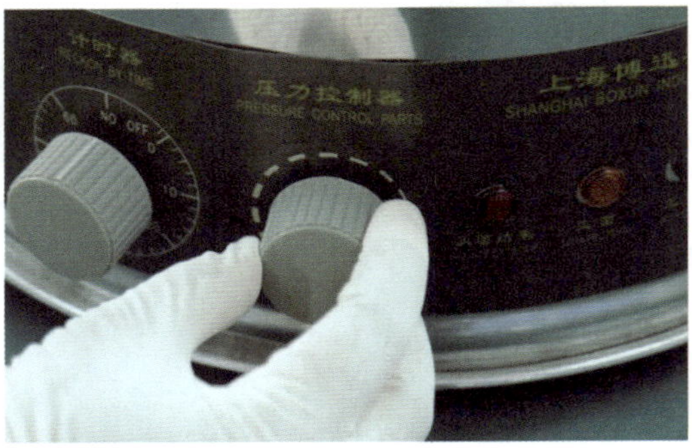


图 1-142　压力控制器调至刻度线的中间

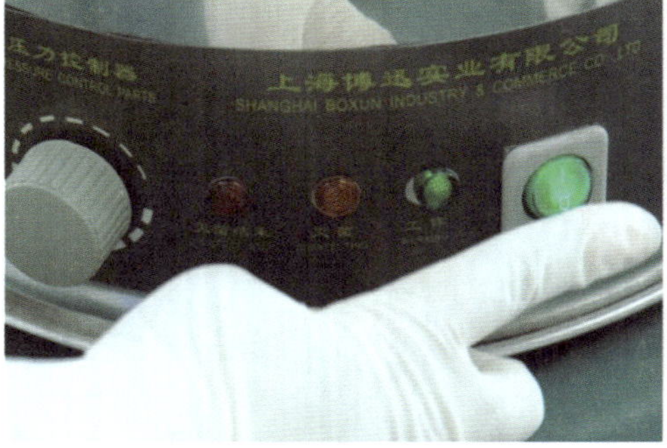


图 1-143　打开工作电源开关

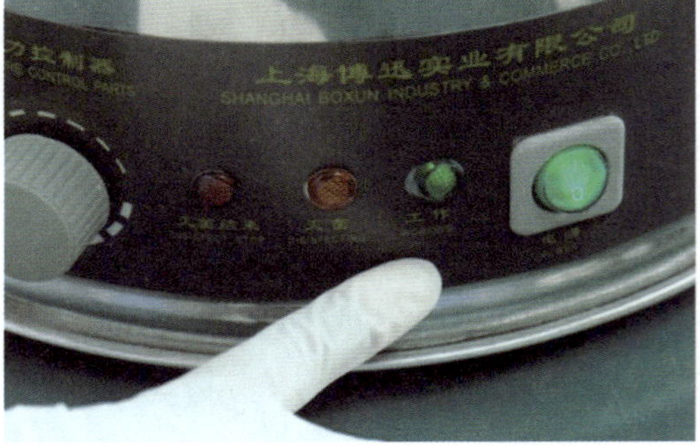


图 1-144　工作指示灯亮

上所指示的压力和温度，则把压力控制器再顺时针旋一点，反之则逆时针旋。一般我们需要121.3 ℃的温度(0.105 MPa)，所以现在需要把压力控制器往顺时针方向调整(图1-150)，压力下降，当压力下降至工作指示灯亮(图1-151)，压力表上所指示的温度数值为121附近时(图1-152)，表示调整至所需要的温度。

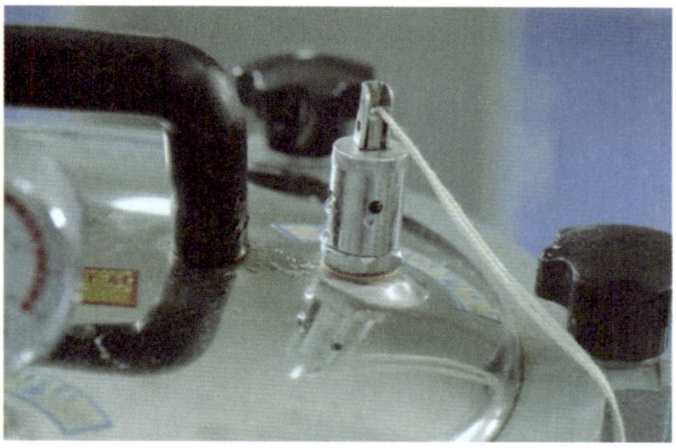

图 1-145　冷空气从放气阀排出

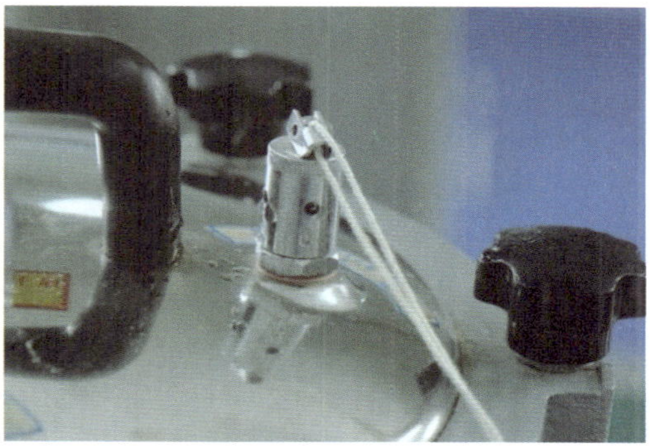

图 1-146　关闭放气阀

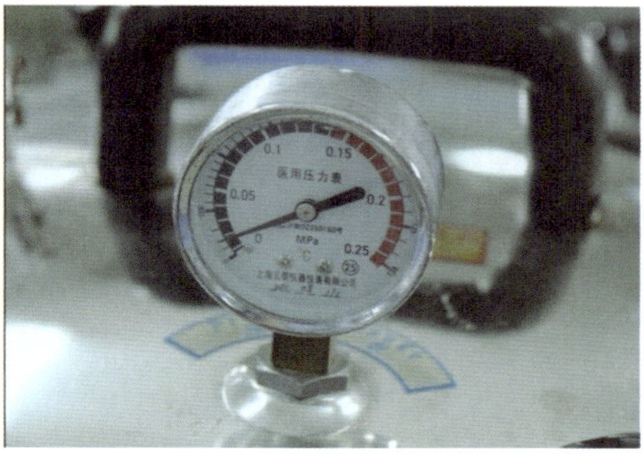


图 1-147　压力表指针逐渐上升

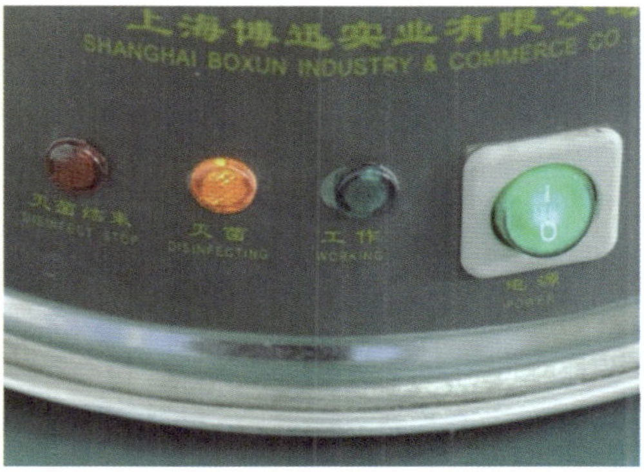


图 1-148　加热至灭菌指示灯亮

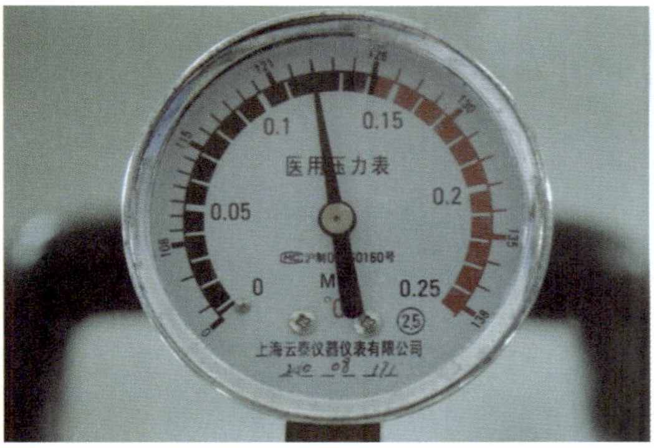


图 1-149　灭菌指示灯亮时的温度

图 1-150　顺时针调整压力控制器

图 1-151　工作指示灯亮

图 1-152　压力表指示的温度数值为 121

(5)灭菌。压力和温度设置完成后，设定计时器的灭菌时间(图 1-153)，灭菌器即进入自动计时灭菌，此时会出现灭菌指示灯(图 1-154)与工作指示灯(图 1-155)交互闪烁现象，表明已达到恒温恒压状态。当达到设定的灭菌时间，定时器指针回归零位(OFF)，工作指示灯和灭菌指示灯灭，灭菌结束指示灯亮，提示灭菌结束(图 1-156)。

图 1-153　设定灭菌时间

图 1-154　灭菌指示灯亮

图 1-155　工作指示灯亮

图 1-156　灭菌结束

(6)降温。灭菌结束后，先切断电源(图 1-157)，停止加热，锅内温度及压力自然下降，直至压力表指针恢复至零位(图 1-158)。

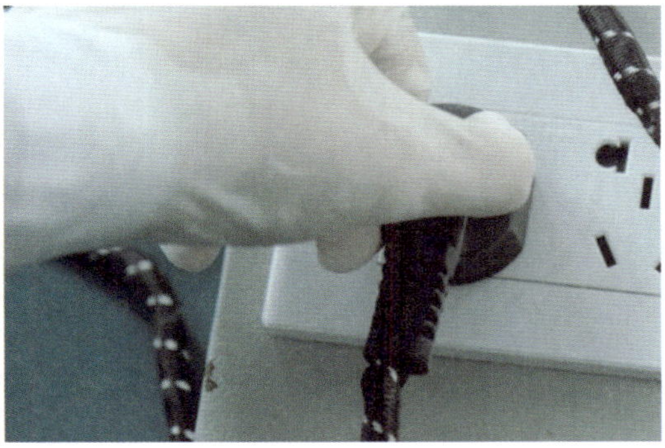

图 1-157　切断电源

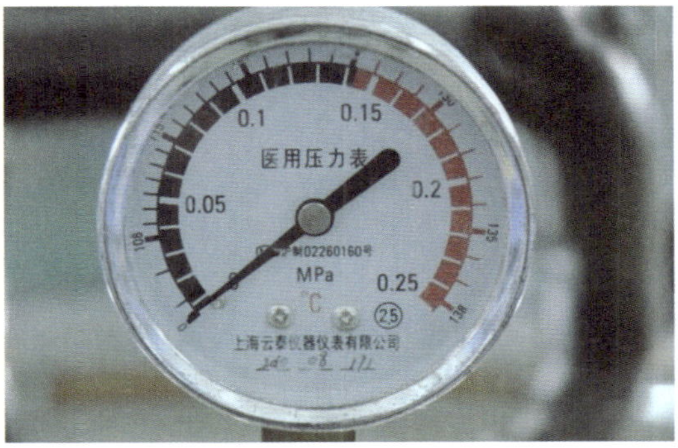


图 1-158　压力表指针恢复至零位

(7)开盖。待灭菌锅内压力降到零后，打开放汽阀排尽蒸汽(图 1-159)，再待数分钟后，戴上棉手套(图 1-160)将星形螺母对称拧松(图 1-161)，然后放下螺栓(图 1-162)，打开灭菌锅盖(图 1-163)，将灭菌锅内物品依次取出即可(图 1-164)。

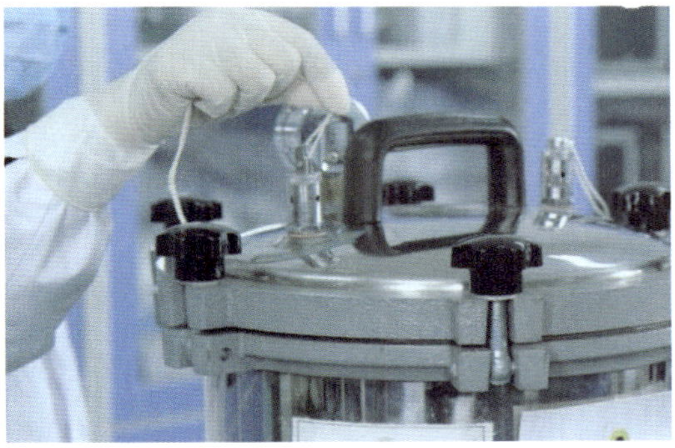

图 1-159　打开放汽阀排尽蒸汽

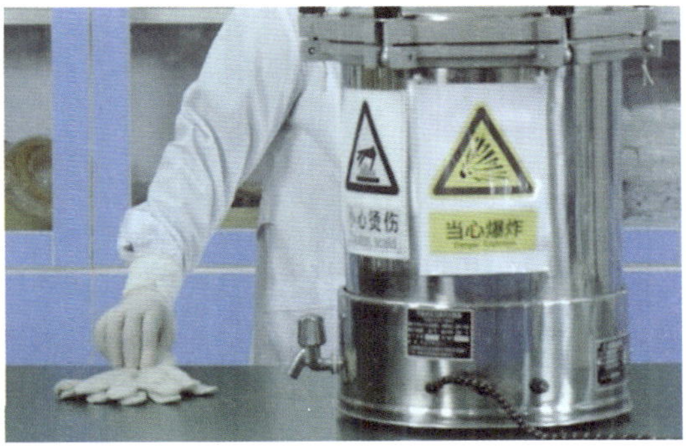


图 1-160　戴上棉手套

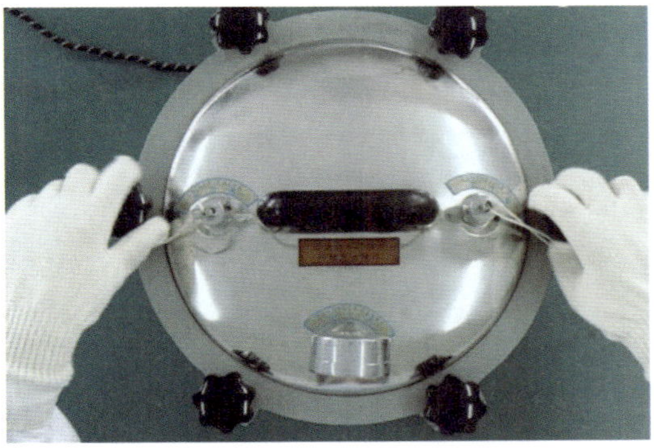

图 1-161　将星形螺母对称拧松

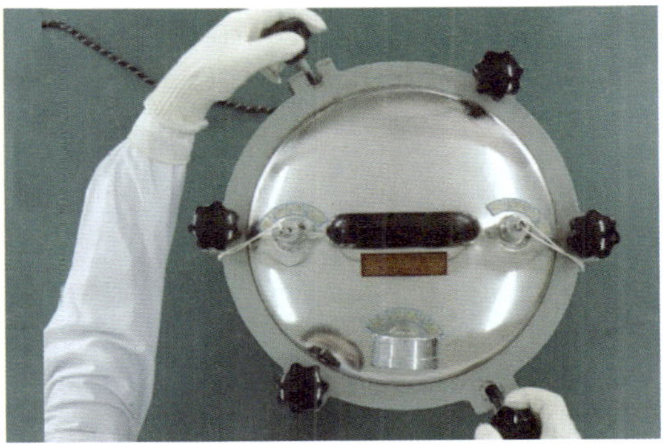

图 1-162　放下螺栓

图 1-163 打开灭菌锅盖

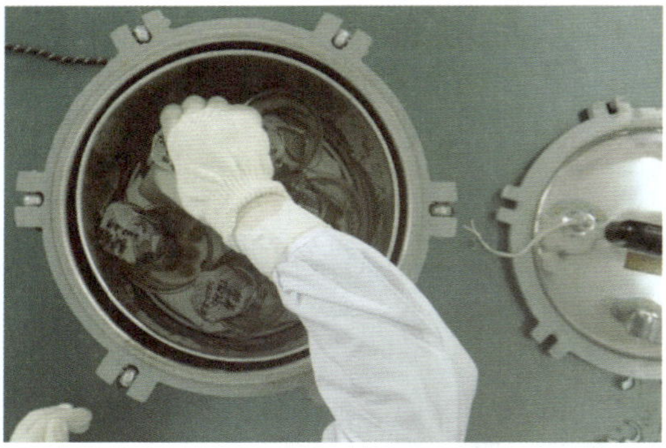

图 1-164 取出物品

## 二、超净工作台的使用

超净工作台是一种能提供局部无菌的高洁环境的空气净化设备。超净工作台利用顶部的空气净化系统过滤空气，然后将洁净的空气压到操作台上，排除工作区原来的空气，以形成无菌的高洁净的工作环境；同时超净工作台内配置的紫外灯可以用来杀灭操作台上的病原微生物。

使用方法：

(1)用干净的纱布擦拭操作台面(图 1-165)和四壁(图 1-166)，必要时可喷洒酒精擦拭(图 1-167)，然后用灭菌纱布擦去酒精(图 1-168)。注意如果挡板是有机玻璃，可减少使用 75%酒精擦拭的次数，长期使用酒精会导致有机玻璃模糊。

(2)工作前 60 min 拉下玻璃挡板，按下紫外灯按钮，开启紫外灯(图 1-169)，照射 30 min，进行超净台内空气和物体表面的灭菌。

(3)30 min 后关闭紫外灯(图 1-170)，开启照明灯(图 1-171)，也可按下风量开关，打开鼓风机(图 1-172)，调节适当的风量，稍稍抬起玻璃门，以吹散紫外灯灭菌时所产生的臭氧。

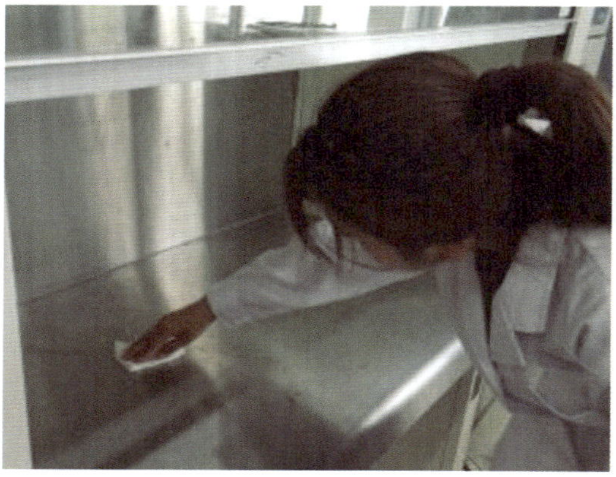

图 1-165 擦拭台面

图 1-166 擦拭四壁

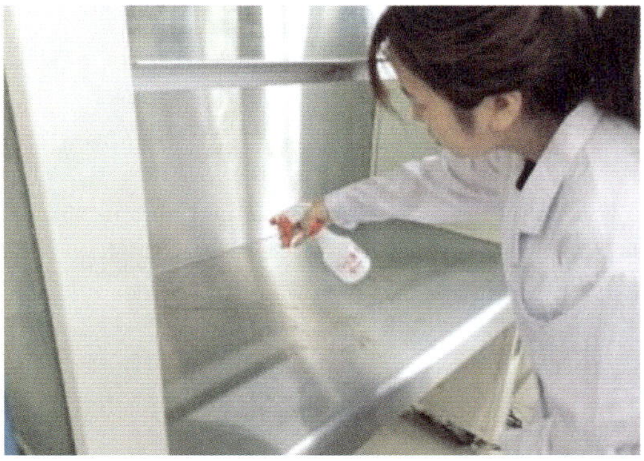

图 1-167　喷洒酒精

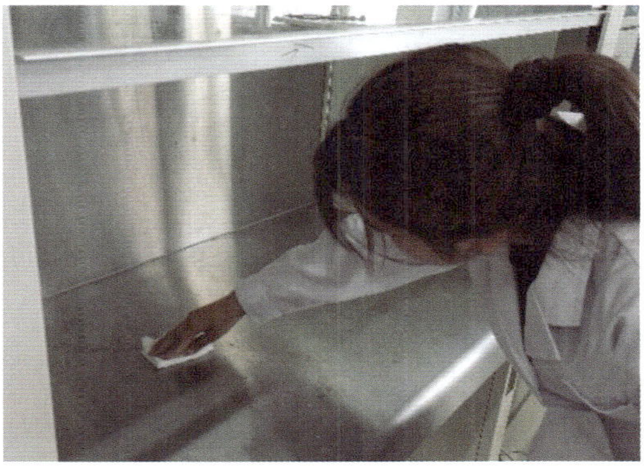

图 1-168　擦去酒精

图 1-169　提前 60 min 打开紫外灯灭菌

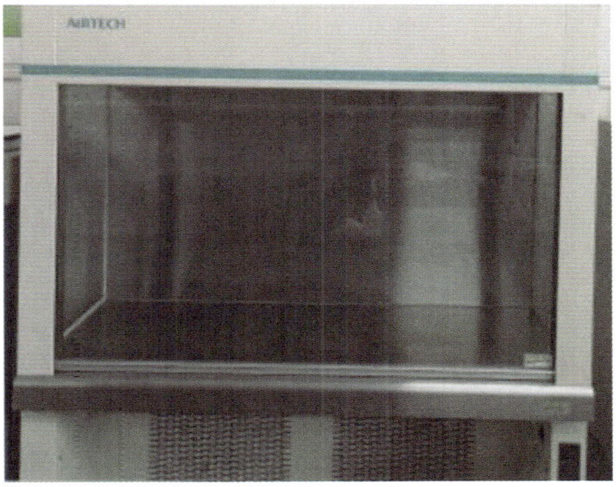


图 1-170　30 min 后关闭紫外灯

图 1-171　开启照明灯

图 1-172　开启鼓风机

(4)30 min 后，再往上缓慢打开玻璃挡板约 20 cm 高(图 1-173)，方便两只手在操作台内顺利操作即可，尤其不能超过安全线。

图 1-173　打开玻璃挡板

(5)操作者佩戴好口罩和手套，坐在工作台前，双手和前臂喷洒 75%酒精(图 1-174)，并擦拭双手，晾干酒精。

(6)拿下酒精灯灯帽，用火柴点燃酒精灯(图 1-175)，火柴甩灭后放入废料缸中。操作过程严格遵循无菌操作规范，实验用品摆放有序，台内干净整洁。

(7)实验完成后，熄灭酒精灯，用酒精灯灯帽盖灭两次(图 1-176)。操作台面用 75%酒精喷洒消毒(图 1-177)，然后用干净的纱布擦拭酒精(图 1-178)。

(8)关闭玻璃门，关闭风机、照明灯，开启紫外灯消毒灭菌，30 min 后关闭紫外灯，关闭电源(图 1-179)。

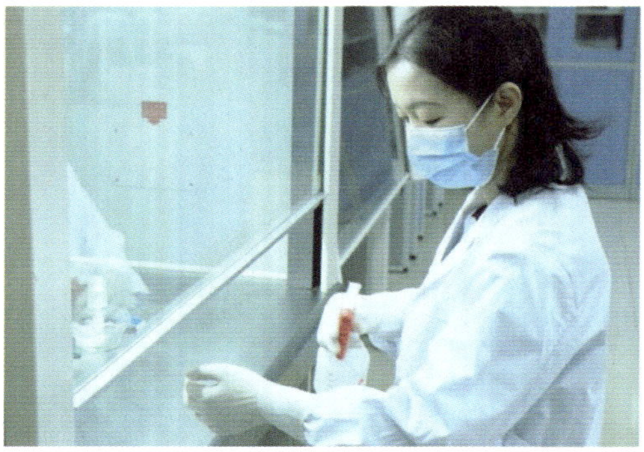

图 1-174　双手和前臂喷洒 75%酒精

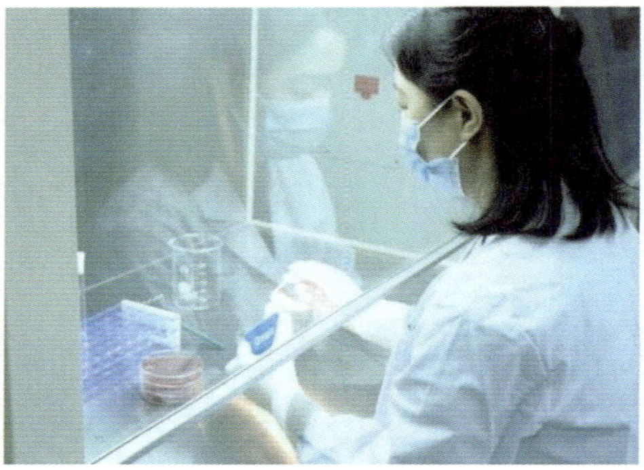

图 1-175　点燃酒精灯

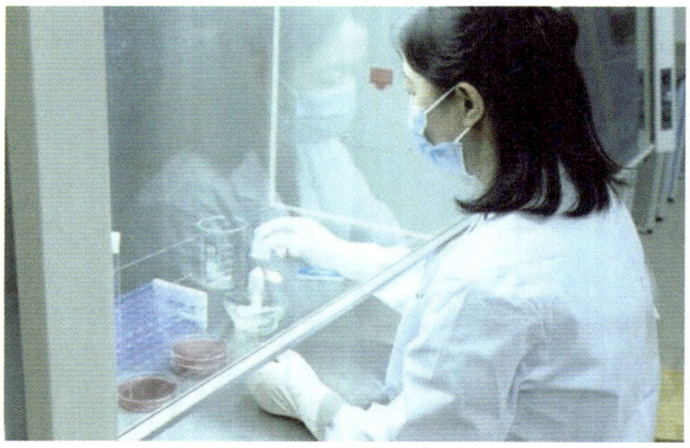

图 1-176　盖灭酒精灯

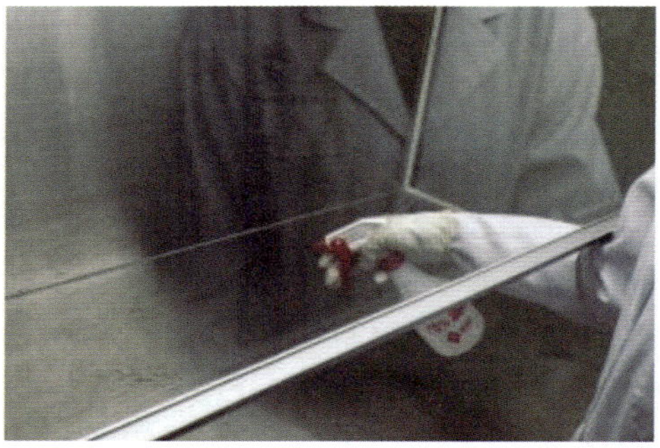

图 1-177　喷洒酒精

注意事项：

(1)超净工作台内严禁长时间存放物品，操作时不要放置不必要的物品，保证洁净空气的通畅流动。

(2)紫外线对皮肤和视网膜有很强的刺激性，紫外线开启后工作人员应离开超净工作台。

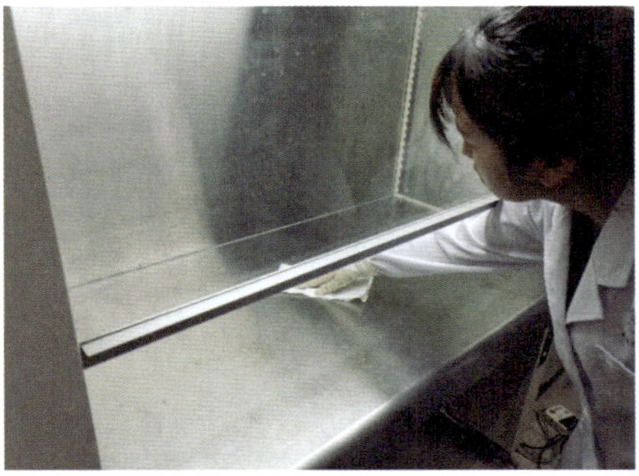

图 1-178　擦拭酒精

图 1-179　紫外灯灭菌 30 min

(3)注意一定要先开风机后开玻璃门，防止外面污染的空气进入超净台内。挡风玻璃上下移动时不要用力过猛，以防玻璃破损伤人。

(4)操作过程应严格遵守无菌操作规范。

(5)避免频繁开关紫外灯和照明灯，延长灯管使用寿命。

(6)定期检查空气滤网等滤材，老化严重应更换。

(7)长期不使用的工作台要拔下电源插头。

## 三、电热恒温培养箱的使用

电热恒温培养箱又称温箱或孵育箱，主要用于细菌等微生物的培养、某些血清学试验及有关器皿的干燥，其主要结构由箱体、电热丝、温度调节器等构成。

使用方法：

(1)先检查电源电压，与恒温培养箱所需电压一致时可直接插上电源(图 1-180)，如不一致，应使用变压器变压。

(2)打开电源开关后(图 1-181)，将温度调节器调至所需的培养温度(图 1-182)。恒温培养箱上温度调节器所指示的温度如与箱内温度不一致，应予以校正。为了保持温度的恒定，

图 1-180　插上电源

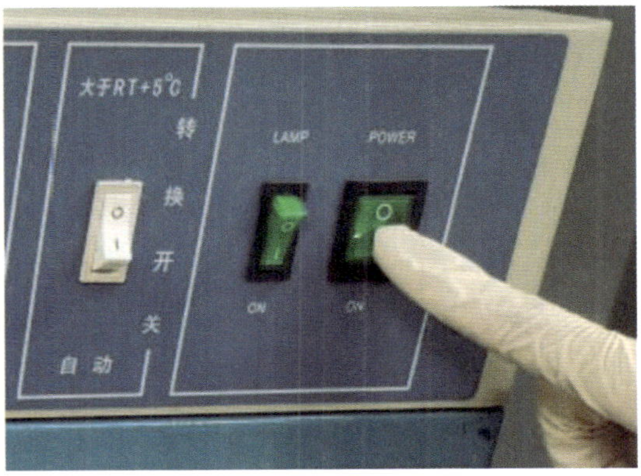


图 1-181　打开电源开关

除取、放实验用品外，箱门应始终严密关闭。

(3)将培养物放入箱内。培养物不宜放置过多，且物品之间应留有一定距离，以免各部分温度不均。带有鼓风机的可打开鼓风机，以使箱内温度均匀一致。底板是培养箱的散热板，不能在上面直接放置实验物品。为了防止培养液内的水分蒸发，应将培养液用胶塞或盖盖好。培养箱内禁止放易挥发性物品，以免发生爆炸事故(图 1-183)。

(4)培养箱应放在干燥平稳处，不应放在高压、强磁场的环境中，以免干扰温控器。表面饰漆和电镀零件应经常保持清洁，箱体内部应保持干燥，若长期不用，可在电镀零件上涂中性油脂，以防腐蚀，外面套好防尘罩放在干燥室内。

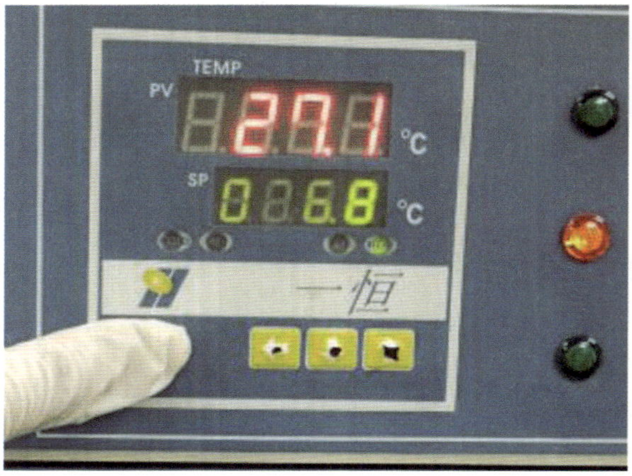


图 1-182　设定温度

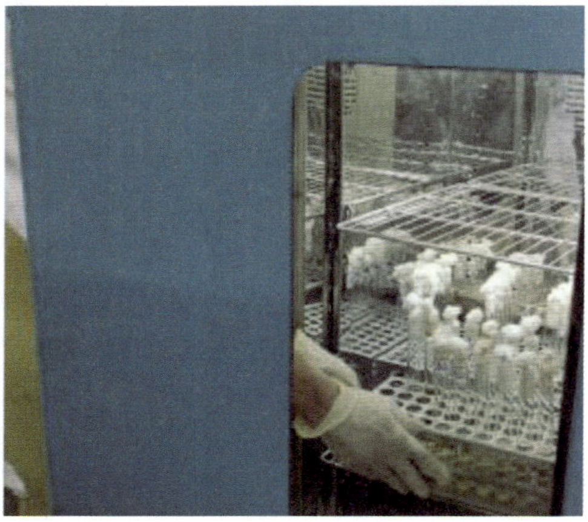

图 1-183　放入培养物品

## 四、干热灭菌箱的使用

干热灭菌箱又称电热干燥箱或烤箱，主要用于玻璃器皿和金属制品的干热灭菌，其结构和使用方法与温箱相似，但所用温度较高。

使用方法：

(1)先检查电源电压，再接上电源。

(2)打开电源开关(图 1-184)，设定温度和时间(图 1-185、图 1-186)。常用的灭菌温度为 160 ℃，维持 1～2 h。常用的烘干温度为 60～80 ℃即可。加热升温时应将鼓风机打开，以使各部分温度均匀。

(3)将待灭菌物品清洗干净，干燥后包扎好放入箱内(图 1-187)，灭菌物品不宜堆放过挤，应留有一定间隙，以利于热空气流动，各部分受热均匀，灭菌彻底。

(4)灭菌完毕后不能立即打开箱门(图 1-188)，以免箱内物品着火，必须待箱内温度降至 60 ℃以下后才能开箱取出物品(图 1-189)。

(5)灭菌过程中如遇箱内物品着火冒烟，应立即切断电源，关闭排气小孔，用湿毛巾堵塞箱门四周，防止空气进入箱内。待火熄灭、温度降至 60 ℃以下后，方可开箱取出物品。

(6)干燥箱应经常保持清洁，箱门玻璃应用松软棉布擦拭，切忌用有腐蚀性的化学溶液擦拭，以免发生化学反应和擦伤玻璃。干燥箱如果长期不用，应在电镀件上涂上中性油脂或凡士林，以防腐蚀，并套好塑料薄膜防尘罩，放在干燥通风的室内，以免受潮而影响使用。

图 1-184 打开电源开关

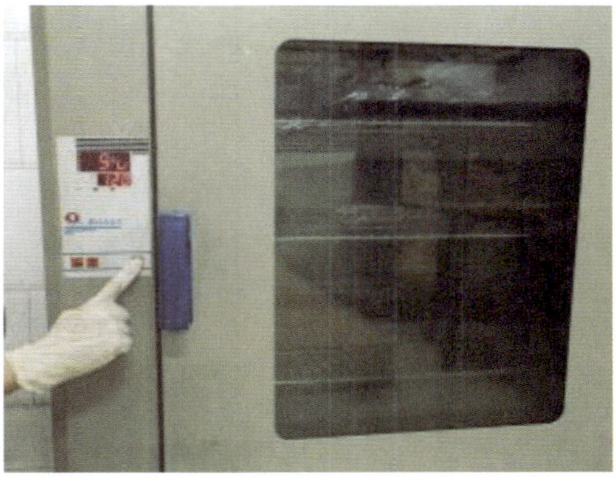

图 1-185 设定温度

图 1-186 设定时间

图 1-187 放入灭菌物品

图 1-188 灭菌完毕，不能立即打开箱门

图 1-189 温度降至 60 ℃以下后，开箱取物

## 五、离心机的使用

离心机是利用离心力把液体中不同物质分开的一种设备，主要用于液体病料的分离、沉淀细菌、血细胞和分离血清等，使用较多的是低速离心机。

使用方法：

（1）将离心机放置在平稳、坚固的台面上（图 1-190）。

（2）通电，打开电源开关（图 1-191）。

（3）将装有离心物品的小试管放入离心管套中，在天平上平衡后（图 1-192）对称放入离心机中（图 1-193）。若分离的材料为一管，则对称的离心管装入其他的等量液体进行配平。离心管液体不要装得太满。

（4）盖好离心机盖（图 1-194）。

（5）设定转速和离心时间（图 1-195）。

（6）按开始键开始离心（图 1-196）。

（7）使用中，如发现震动剧烈、噪声大，声音不正常，应立即关机，并进行检查维修。检查是否有不平衡的问题存在，固定机器的螺帽是否松动等。

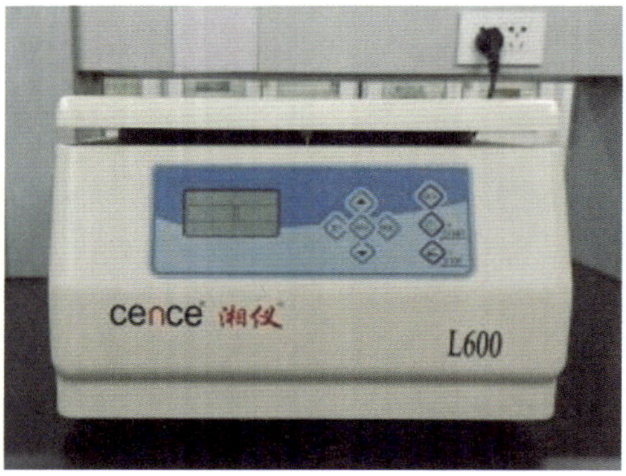


图 1-190　将离心机放置在平稳台面上

图 1-191　打开电源开关

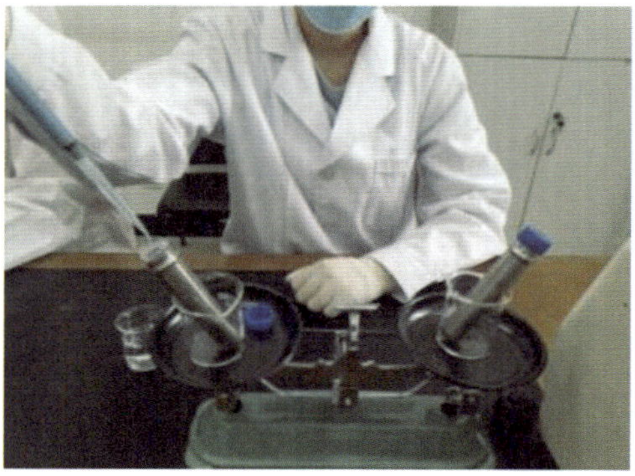

图 1-192　配平离心物品

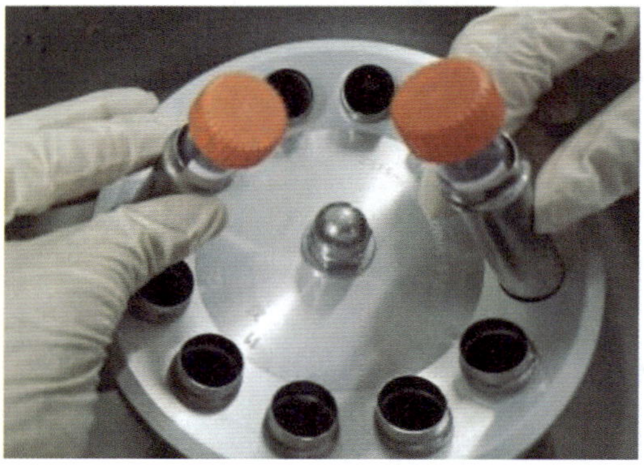

图 1-193　对称放入离心机

(8)离心完毕，等转速回至“0”(图 1-197)，完全停止后打开机盖，拿出离心物品(图 1-198)。严禁在还未停转的状态下和开机运转的状态下打开机盖。

(9)离心机使用完毕后，切断电源(图 1-199)，并将套管倒置于干燥处晾干。

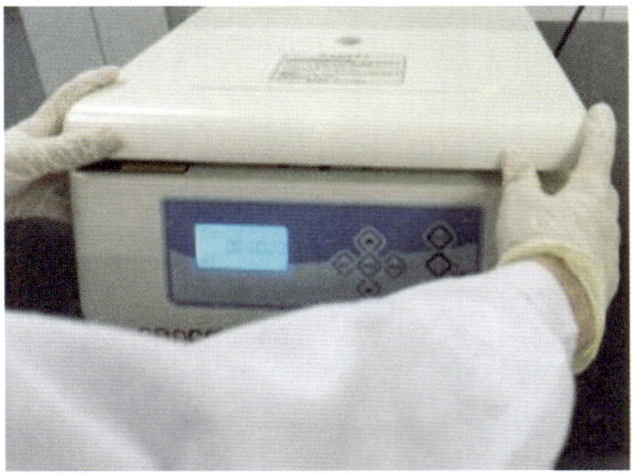

图 1-194　盖好离心机盖

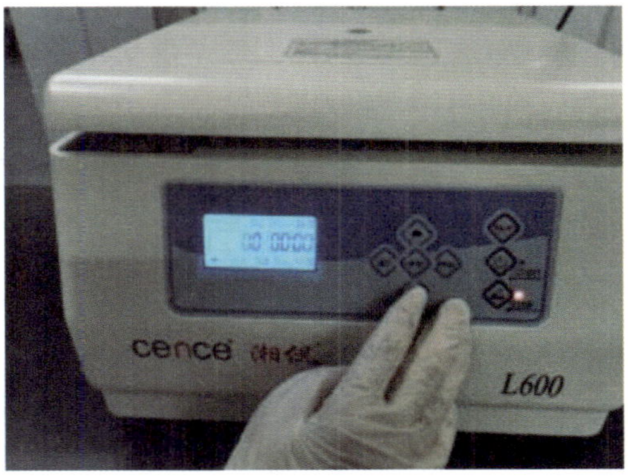


图 1-195　设定转速和时间

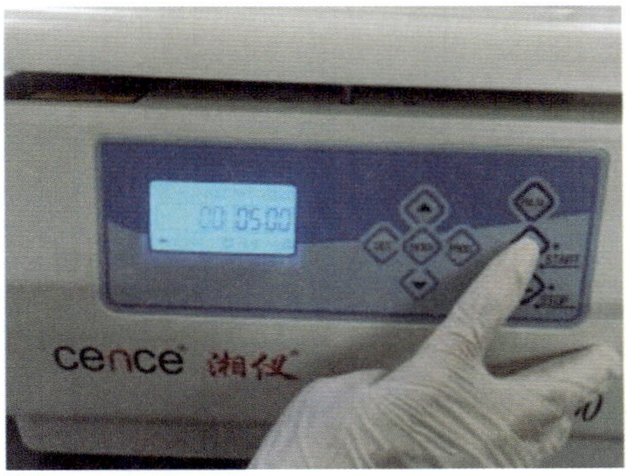


图 1-196　按开始键开始离心

图 1-197　离心完毕，等转速回至“0”

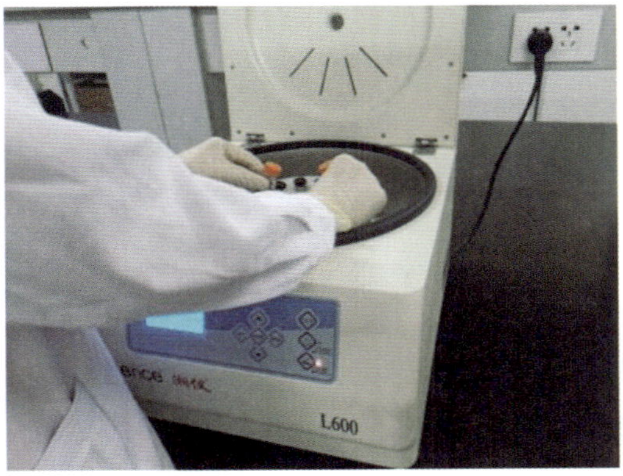


图 1-198　开盖取物

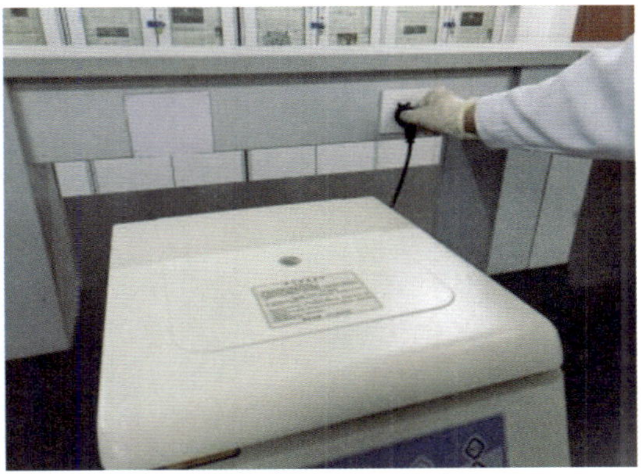

图 1-199　使用完毕，切断电源

## 六、酶标仪的使用

酶标仪(图 1-200)是对酶联免疫检测实验结果进行读取和分析的专业仪器。酶联免疫反应通过偶联在抗原或抗体上的酶催化显色底物进行的,反应结果以颜色显示,通过显色的深浅即吸光度值的大小就可以判断标本中待测抗体或抗原的浓度。

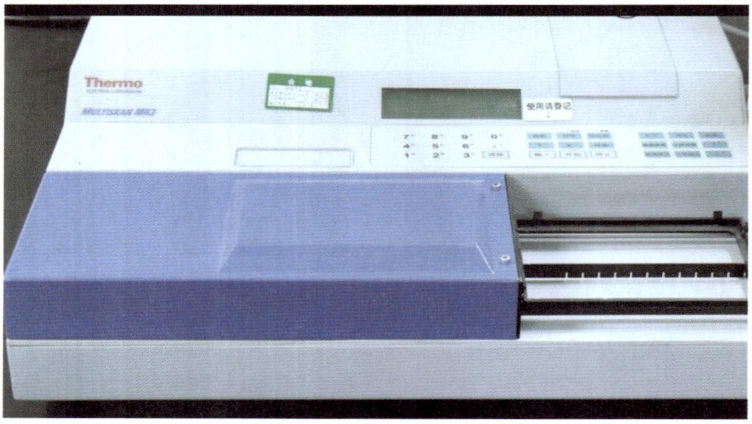


图 1-200　酶标仪

使用方法:

(1)打开酶标仪电源开关,酶标仪显示窗如图 1-201 所示。

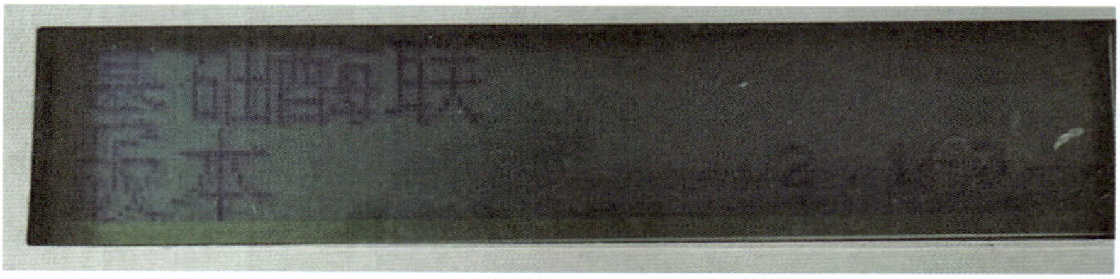


图 1-201　酶标仪显示窗

(2)仪器自动进行自检(此处无需操作,等待仪器自检完成即可),酶标仪显示窗如图 1-202 所示。

图 1-202　酶标仪自检

(3)自检完成后，仪器进入准备状态，酶标仪显示窗如图 1-203 所示。

图 1-203　酶标仪进入准备状态

(4)打开电脑上酶标仪对应软件(图 1-204 )。
(5)进入软件的初始界面(图 1-205)。

图 1-204　酶标仪软件

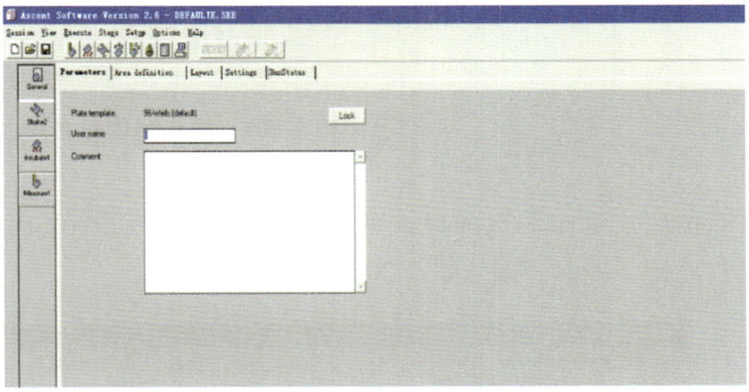


图 1-205　软件的初始界面

(6)选择测量(Measure)，选择波长为 450 nm(图 1-206)。

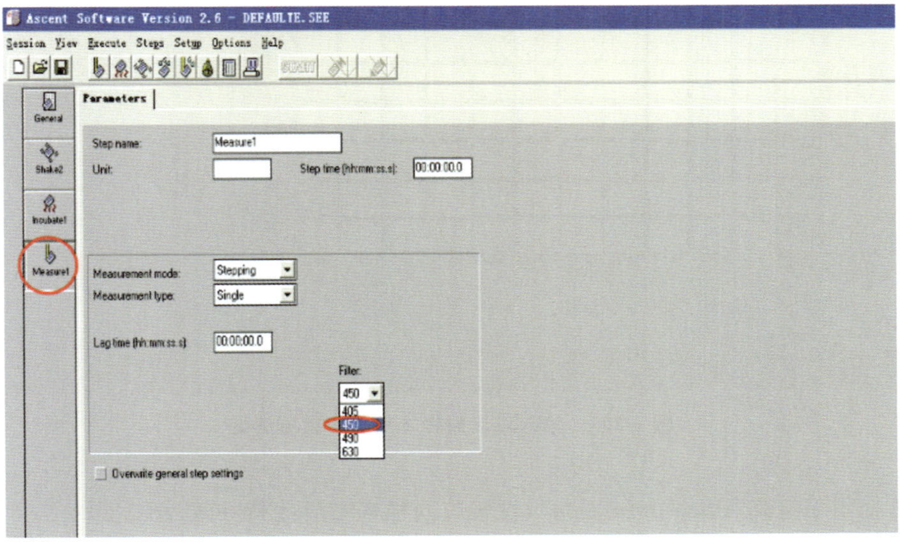


图 1-206　测量 450 nm 处吸光度

(7)选择整体(General),点击布局(Layout)(图 1-207)。

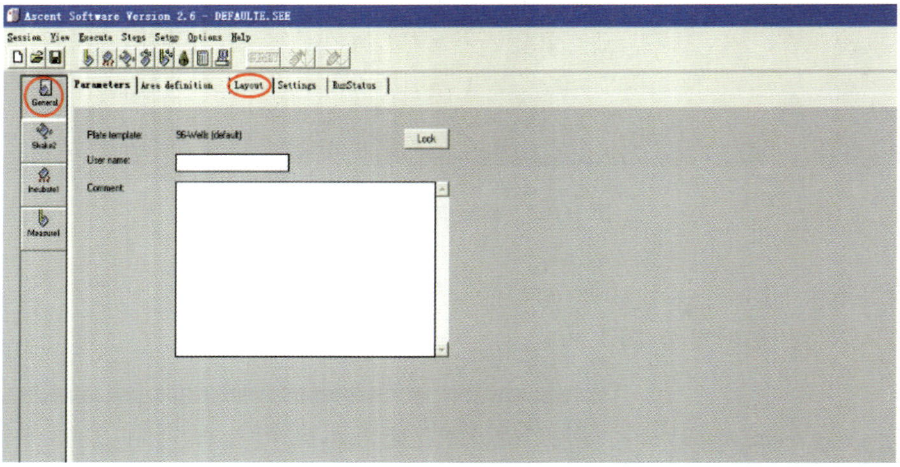


图 1-207 选择整体和布局

(8)按照实际布局选择对应的项目(Sample、Control、Blank)并输入对应的样本编号和质控类型,点击 Apply 确定(图 1-208)。

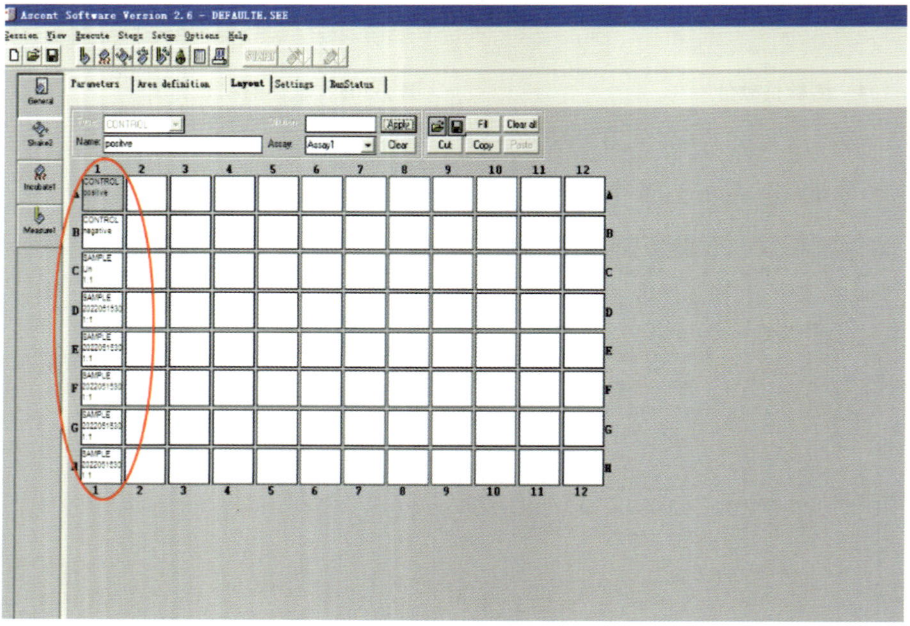


图 1-208 输入对应的样本编号和质控类型

(9)选择面积定义(Area definition),设置应同样本布局保持一致(图 1-209)。

(10)将完成实验的酶标板放入板架(图 1-210),点击开始(START)进行测试,并读取结果(图 1-211)。

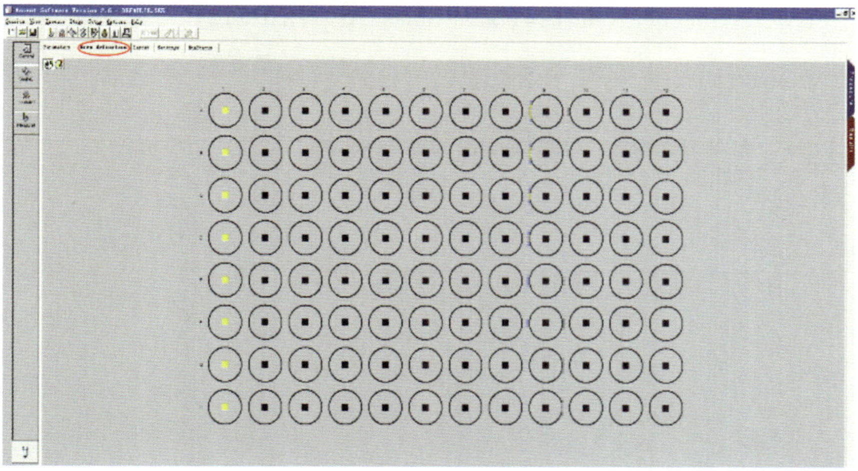

图 1-209 选择面积定义

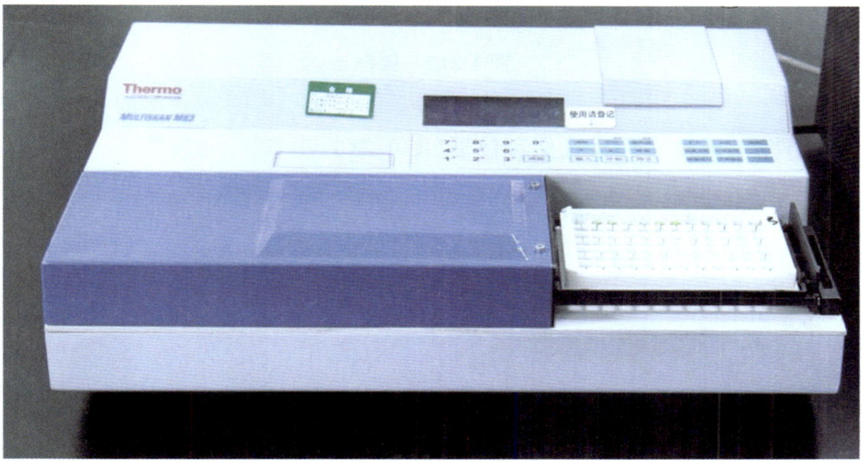


图 1-210 酶标板放入板架上

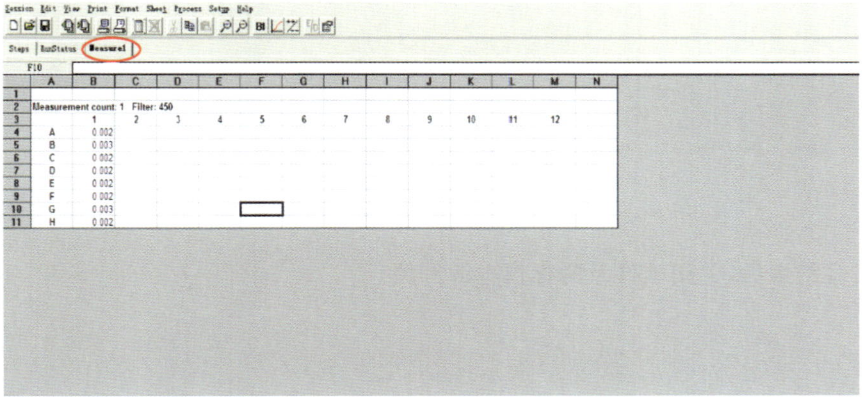


图 1-211 读取结果

(11)选择工作表(Sheet),点击选择(Save Sheet As)(图 1-212)。

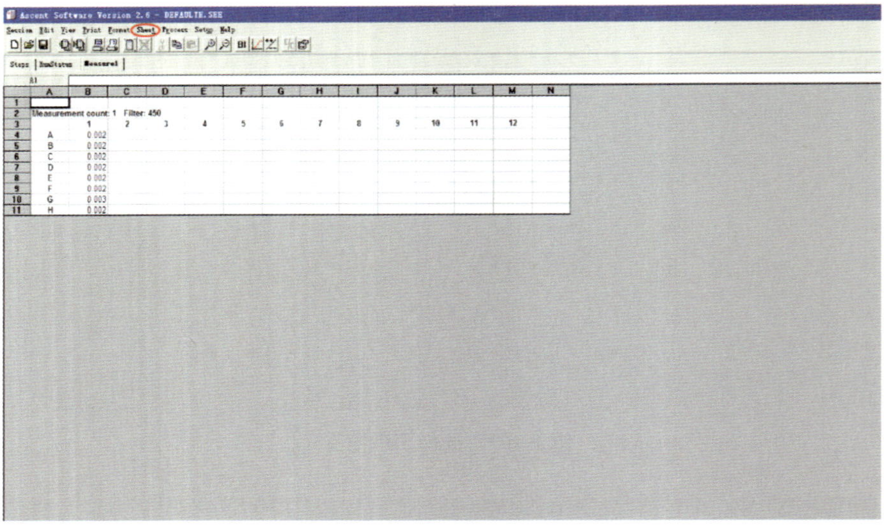

图 1-212　保存

(12)选择文件夹,选择文件格式保存数据(图 1-213)。

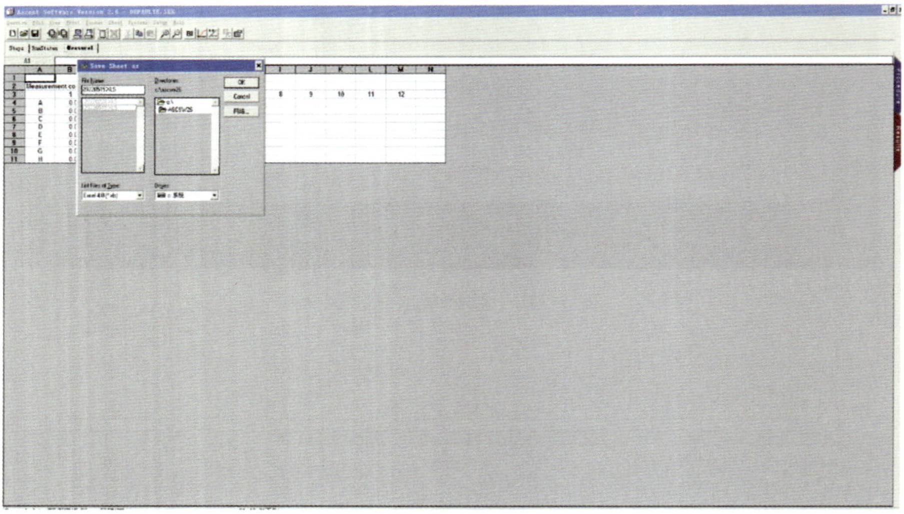

图 1-213　保存至文件夹

(13)实验结束后,关闭软件及酶标仪电源开关。

# 第二章　细菌检测技术

## 第一节　细菌形态学检测

### 一、细菌标本片的制备及染色

#### (一)纯培养物细菌标本片的制备及染色

**1. 涂片**

取洁净载玻片一片(图 2-1),做标记(图 2-2)。拿取酒精灯,点燃酒精灯(图 2-3)。接种环烧灼灭菌后(图 2-4)挑取 1～2 环生理盐水(图 2-5),置于载玻片中央(图 2-6)。接种环灭菌后

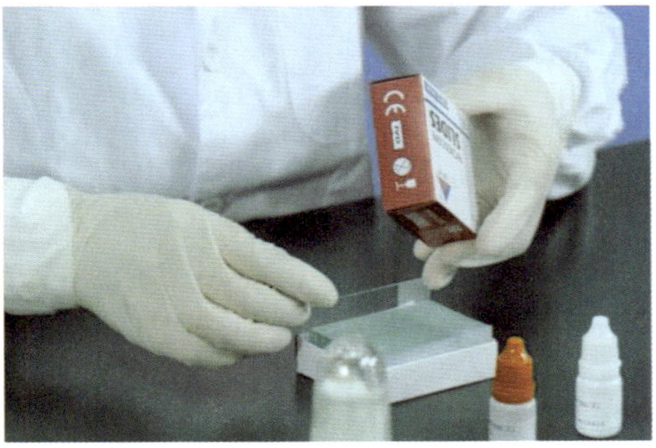

图 2-1　取洁净载玻片一片

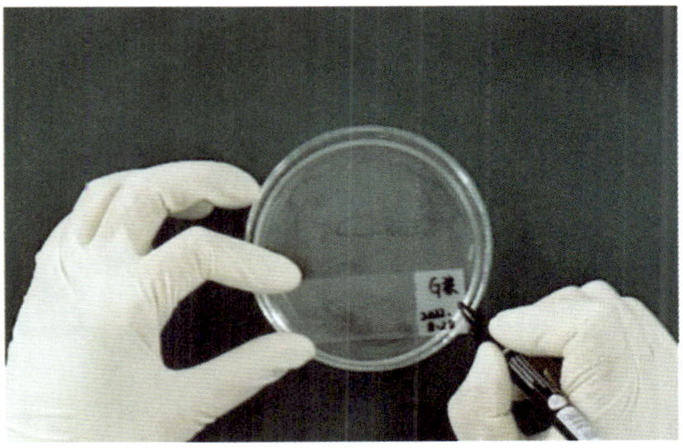

图 2-2　做标记

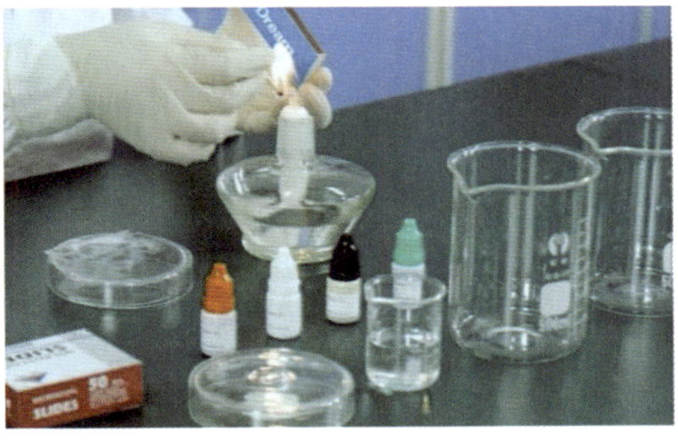

图 2-3　点燃酒精灯

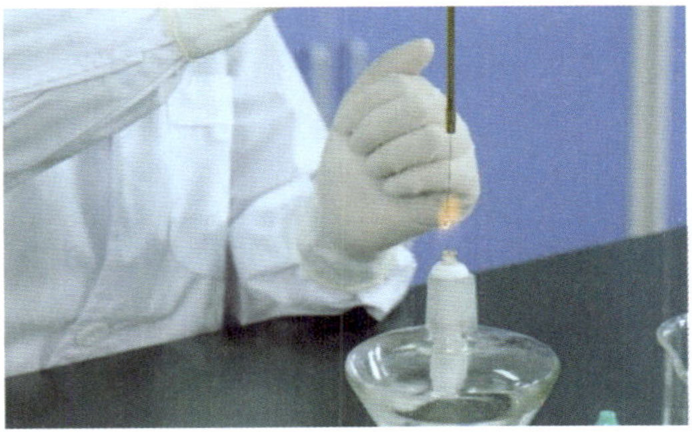

图 2-4　接种环烧灼灭菌

挑取少许细菌培养物(图 2-7),研入生理盐水中(图 2-8),做成菌悬液,以菌悬液中点为圆心画同心圆(图 2-9),将菌悬液涂布成直径 1 cm 左右的菌膜,使其薄而均匀。接种环烧灼灭菌后放于接种环架上(图 2-10)。

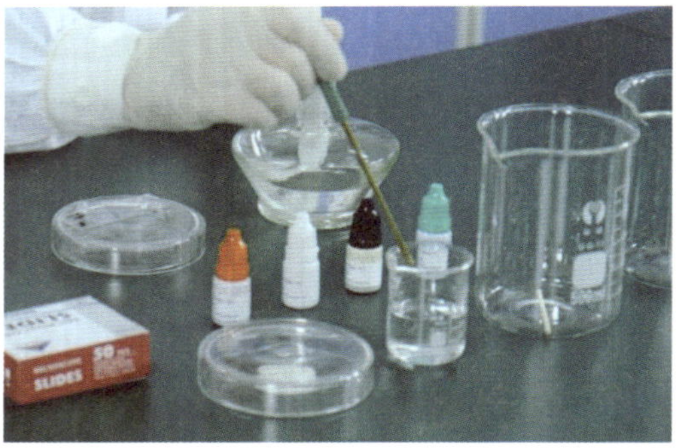

图 2-5　挑取 1～2 环生理盐水

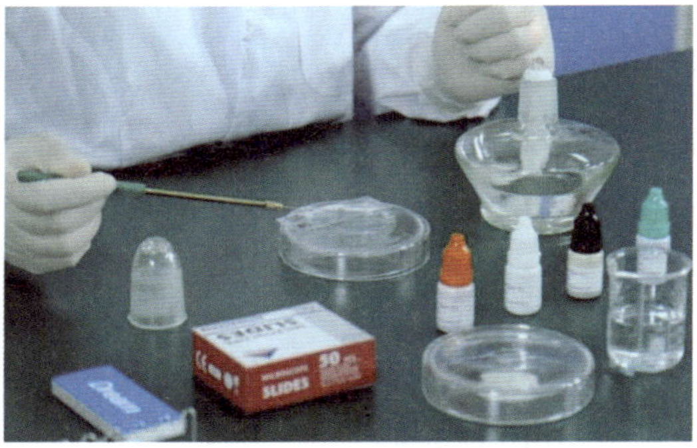

图 2-6　置于载玻片中央

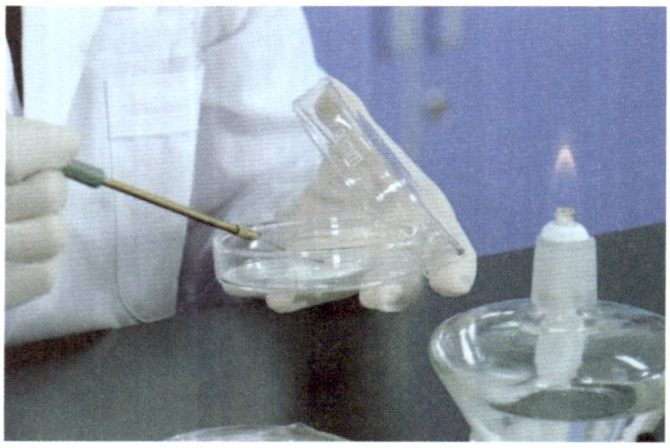

图 2-7　挑取少许细菌培养物

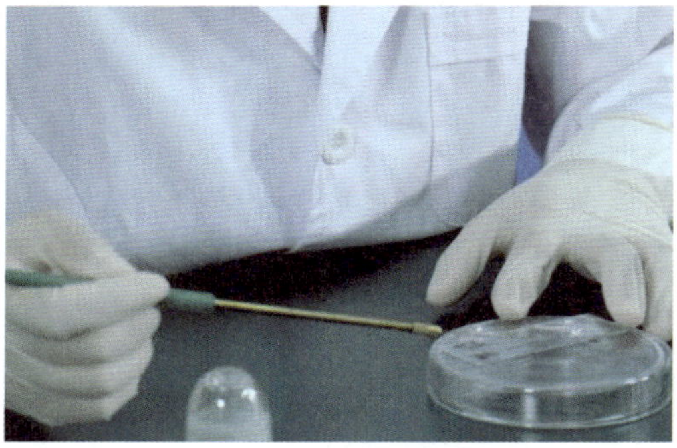

图 2-8　研入生理盐水中

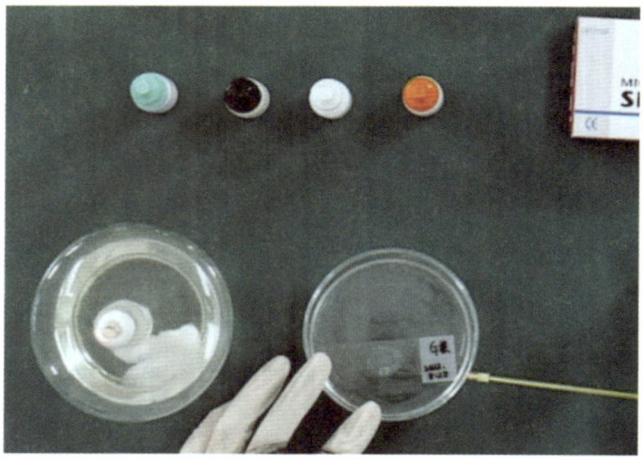

图 2-9　以菌悬液中点为圆心画同心圆

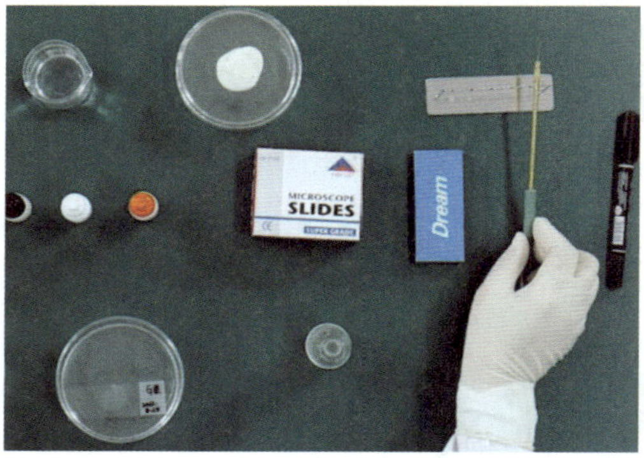


图 2-10　接种环烧灼灭菌后放于接种环架上

**2. 干燥**

将涂片的菌膜面朝上,在酒精灯火焰上方 7～10 cm 的热空气中进行烘干(图 2-11),切勿靠近火焰。涂片也可在空气中自然干燥(图 2-12)。

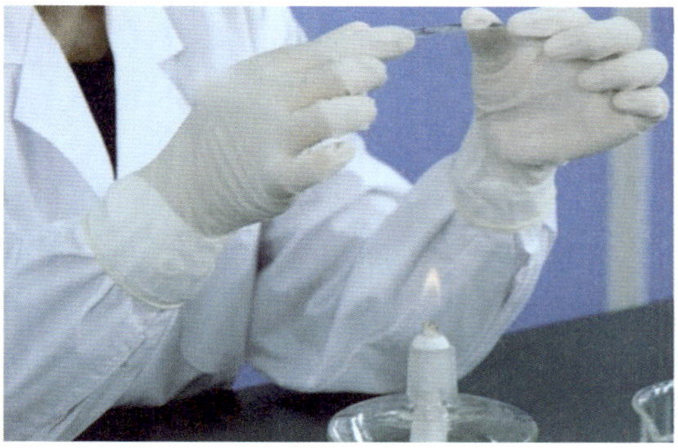

图 2-11　在酒精灯火焰上方烘干

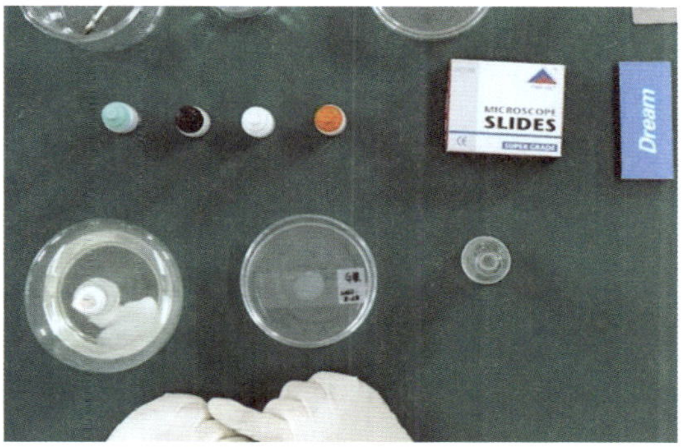


图 2-12　涂片自然干燥

**3. 固定**

待菌液干燥后，将涂片的菌膜面朝上，在酒精灯外焰上来回通过 2～3 次，以玻片反面触及手背，感觉热而不烫手为宜。熄灭酒精灯。

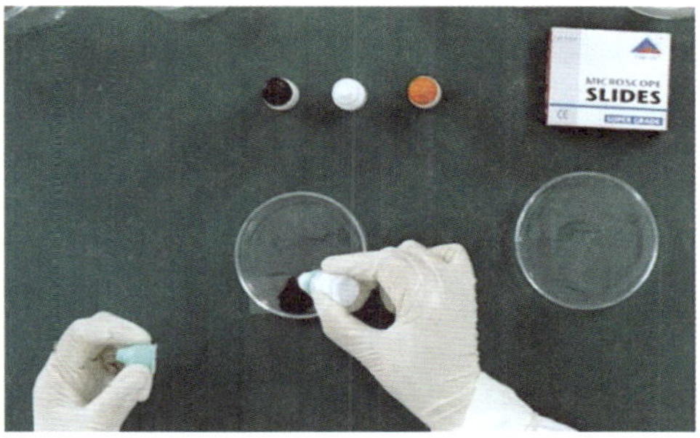


图 2-13　滴加结晶紫染色液

**4. 染色**

(1)初染。在固定好的涂片上，滴加结晶紫染色液(图 2-13)，染液覆盖整个菌膜为宜，染色计时 1 min(图 2-14)。1 min 后，拿住玻片使之呈 45°角，用洗瓶从载玻片前端进行水洗(图 2-15)，切勿对准菌膜冲洗，让流水带走染色液，水洗至流出水无色(图 2-16)，用吸水纸吸去玻片上多余的水(图 2-17)。

(2)媒染。滴加革兰氏碘液覆盖菌膜染色 1 min(图 2-18)，用蒸馏水水洗(图 2-19)至流出水无色，用吸水纸吸去玻片上多余的水。

(3)脱色。拿住玻片使之呈 45°倾斜，滴加 95%酒精进行涂片脱色(图 2-20)，脱色 20～30 s 后水洗(图 2-21)，用吸水纸吸去玻片上多余的水。

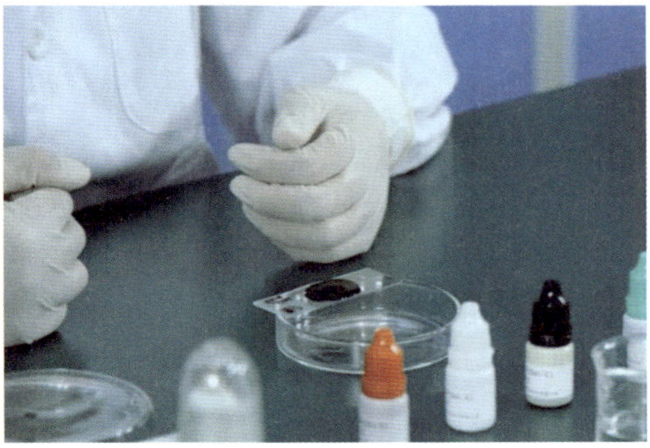

图 2-14　染色计时 1 min

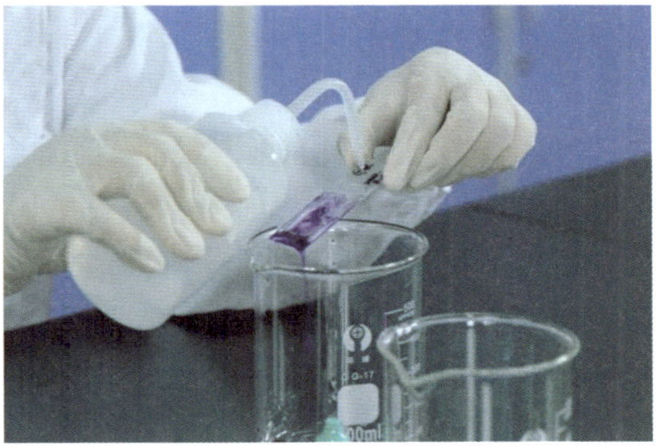

图 2-15　从载玻片前端进行水洗

图 2-16　水洗至流出水无色

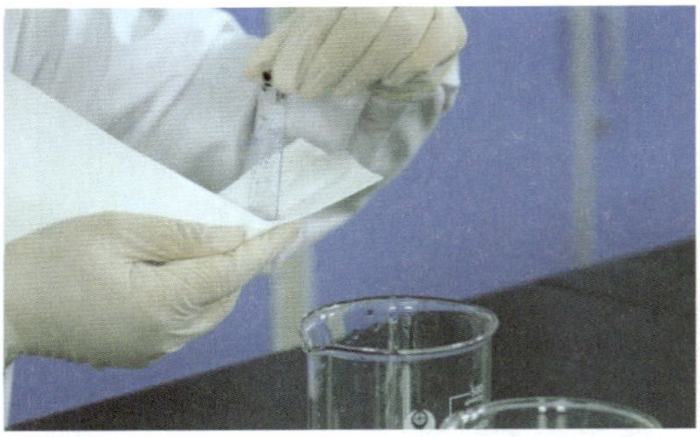

图 2-17　吸水纸吸去多余的水

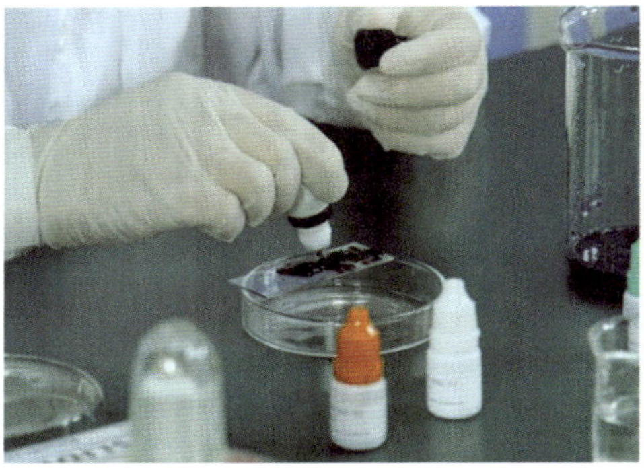

图 2-18　滴加革兰氏碘液

图 2-19　蒸馏水水洗

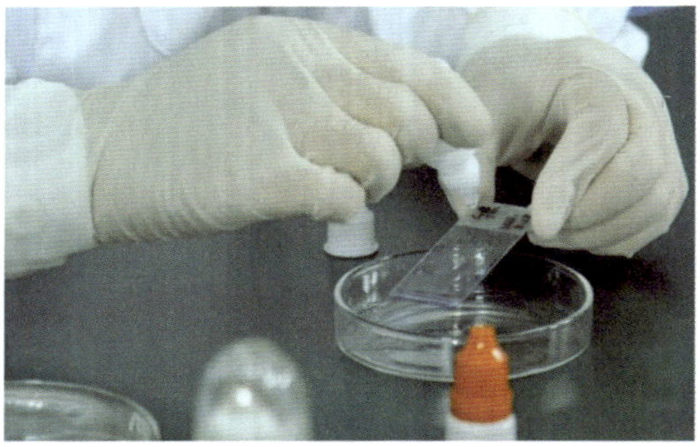

图 2-20　滴加 95%酒精进行涂片脱色

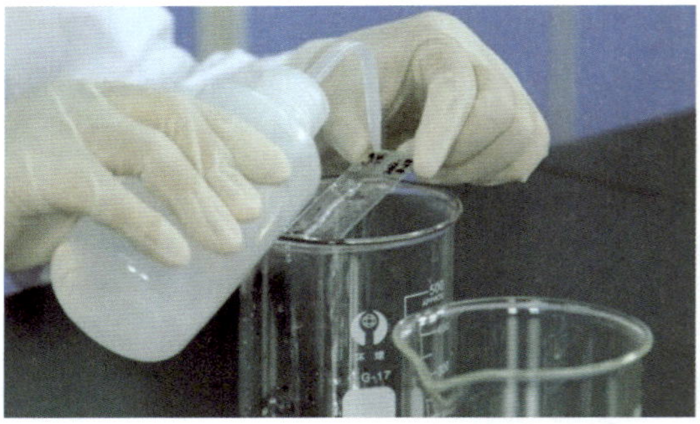

图 2-21　水洗

(4)复染。滴加沙黄染液于菌膜表面(图 2-22),染色 1 min,蒸馏水水洗(图 2-23)至流出水无色,再用吸水纸吸去玻片上多余的水(图 2-24),晾干后镜检(图 2-25)。

**5. 实验注意事项**

(1)菌龄。一定要选取对数期(18～24 h)的细菌培养物进行染色,老龄的革兰氏阳性菌容易被染成红色造成假阴性现象。

(2)涂片厚薄。挑取的菌量要适宜,涂片应该薄而均匀,不宜太厚。

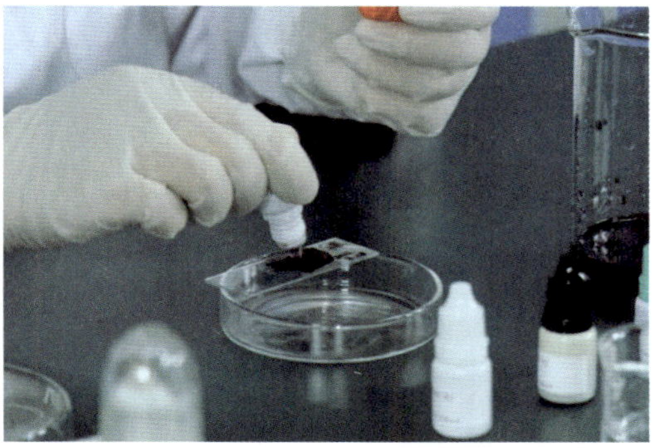

图 2-22　滴加沙黄染液

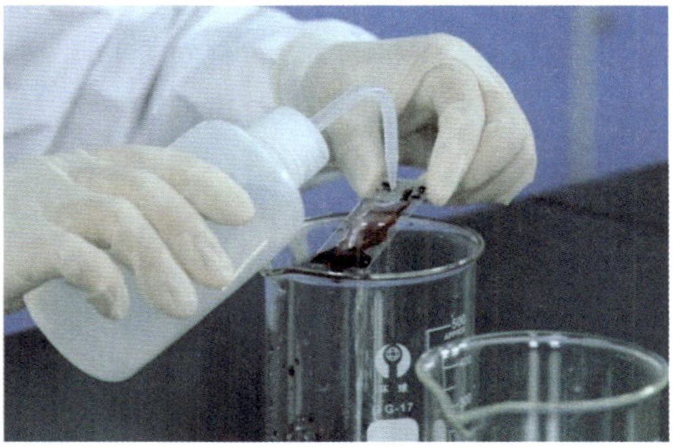

图 2-23　蒸馏水水洗

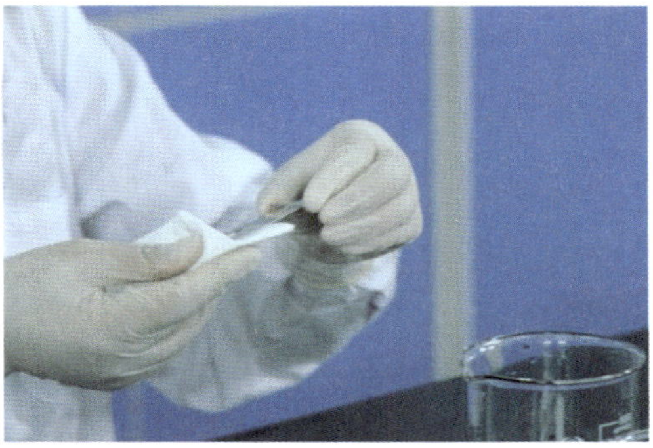

图 2-24　吸水纸吸去多余的水

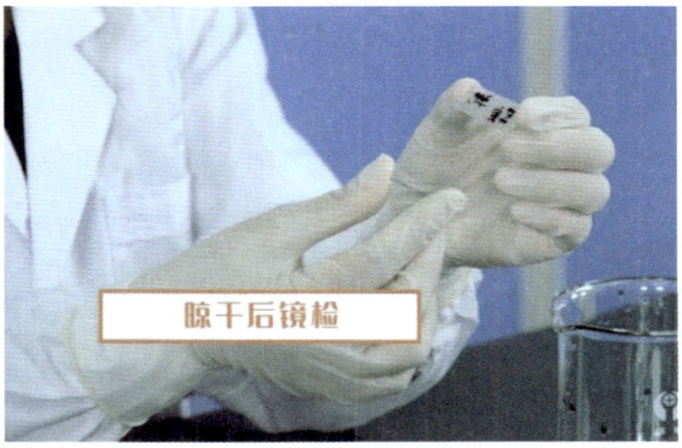


图 2-25　晾干后镜检

(3)固定程度。火焰固定以热而不烫为宜,以免破坏细胞形态。

(4)脱色时间。乙醇脱色是影响实验结果的关键因素,注意控制好脱色时间,脱色时间过长,阳性菌会被染成阴性菌,脱色时间不够,阴性菌会被染成阳性菌。

## (二)病料组织细菌标本片的制备及染色

(1)准备实验器材(图 2-26)。

(2)点燃酒精灯(图 2-27)。

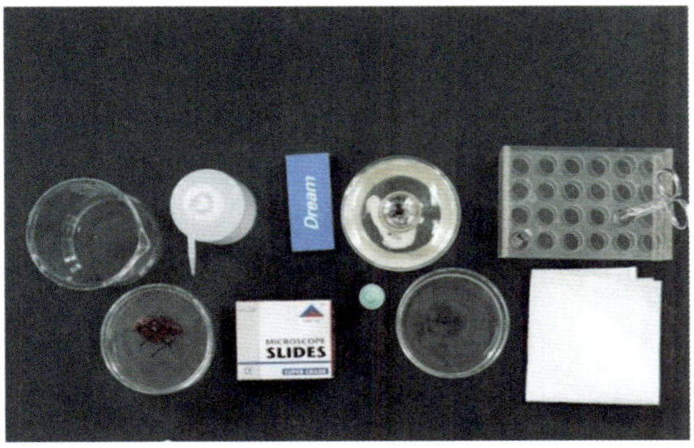


图 2-26　准备实验器材

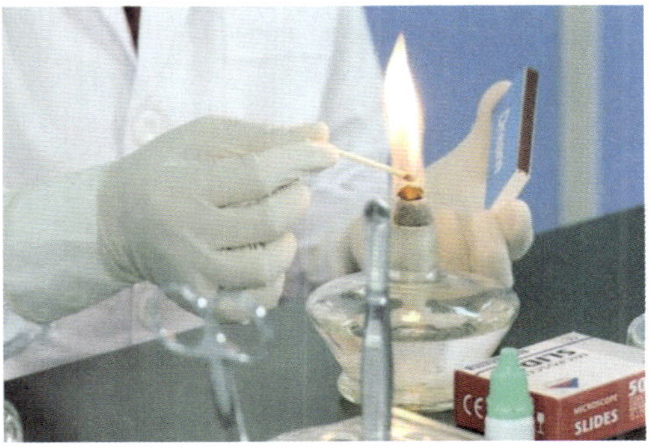

图 2-27　点燃酒精灯

（3）剪刀和镊子进行火焰灭菌（图 2-28），用镊子夹起病料组织，用剪刀剪下一小块病料组织（图 2-29），剪刀和病料组织都在火焰上烧灼灭菌后（图 2-30），再用剪刀剪下一小块病料组织（图 2-31），剪刀在火焰上再次灭菌（图 2-32）后，放回试管架（图 2-33）。

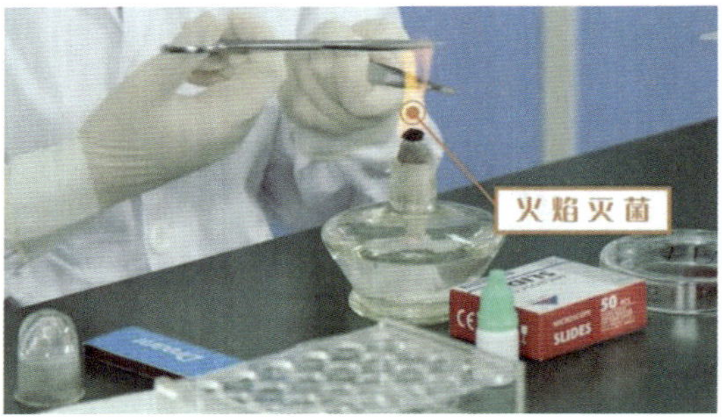

图 2-28　火焰灭菌

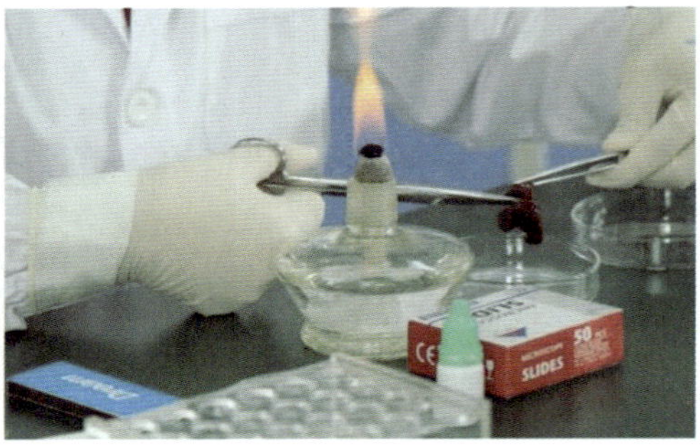

图 2-29　剪下一小块病料组织

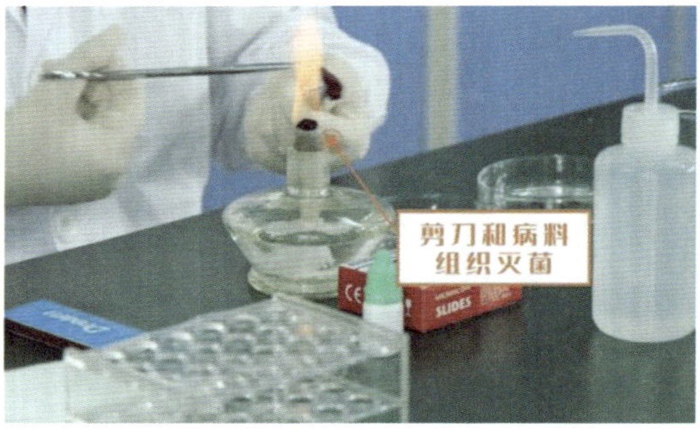

图 2-30　剪刀和病料组织灭菌

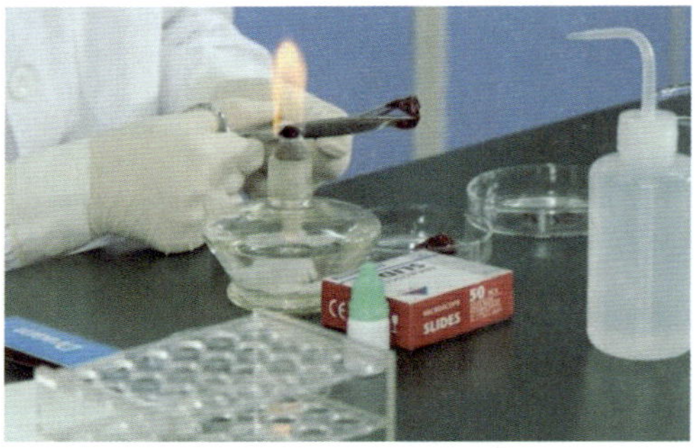

图 2-31　灭菌后再剪下一小块病料组织

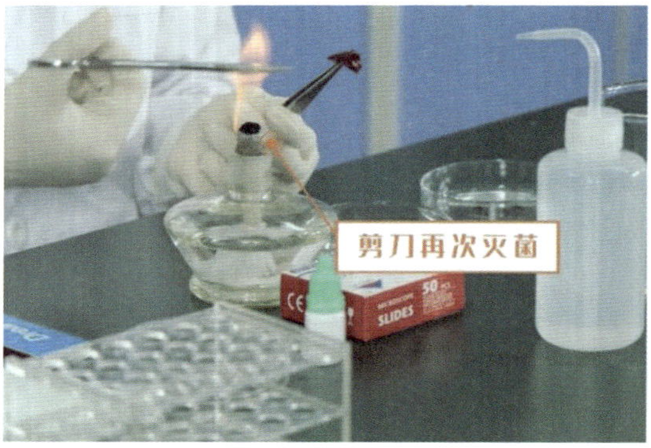

图 2-32　剪刀再次灭菌

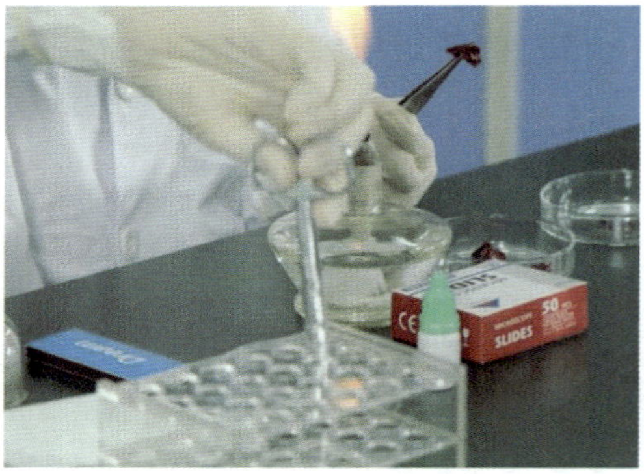

图 2-33　剪刀放回试管架

（4）取洁净载玻片一片（图 2-34），用病料组织的新鲜切面在载玻片上做 3～5 个触片压迹（图 2-35），将病料组织放回培养皿内（图 2-36），镊子进行火焰灭菌（图 2-37）。

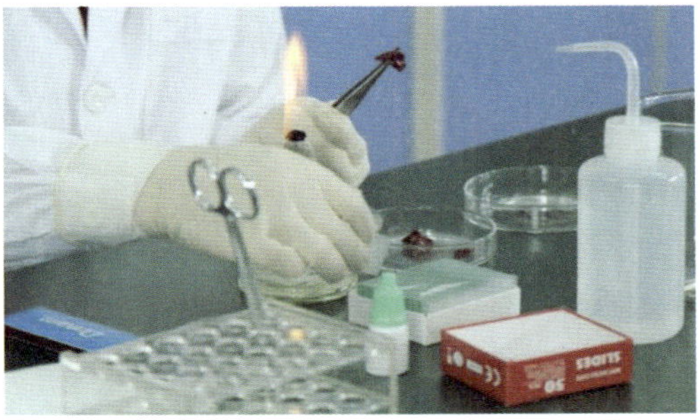

图 2-34　取洁净载玻片一片

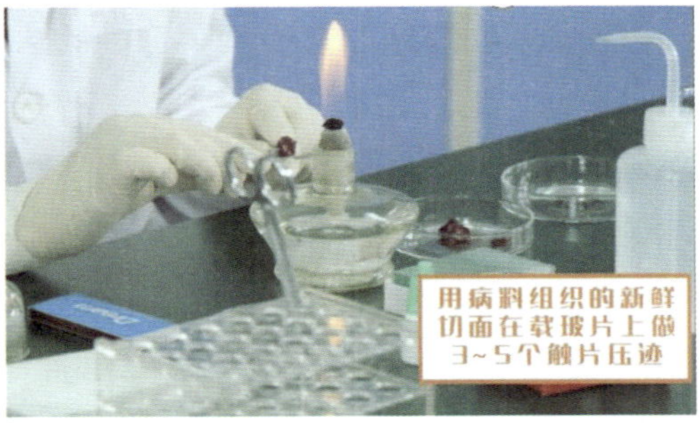


图 2-35　做 3～5 个触片压迹

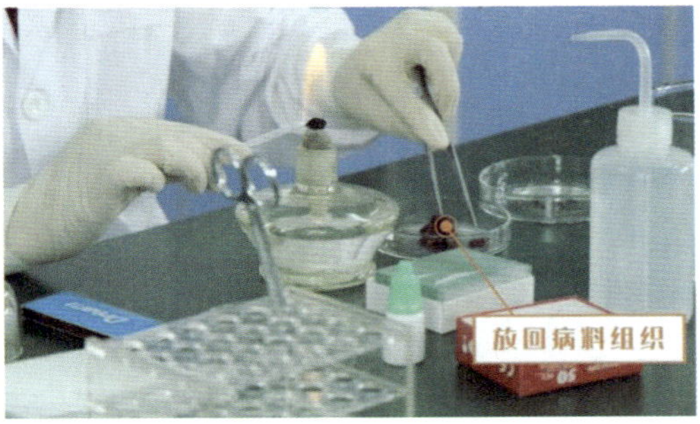


图 2-36　病料组织放回培养皿内

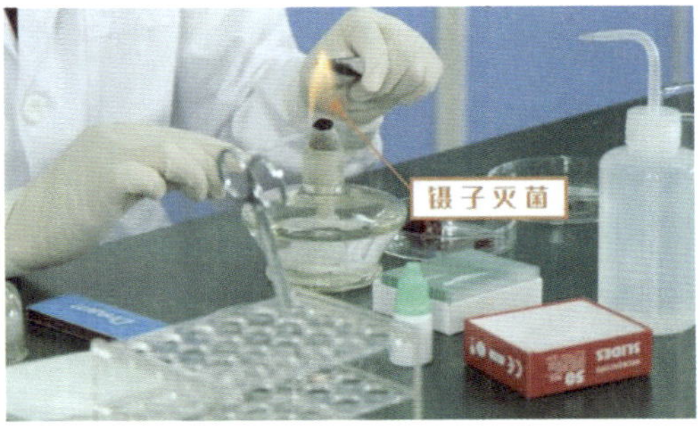


图 2-37　镊子进行火焰灭菌

(5)将载玻片的触片压迹面朝上，在酒精灯火焰上方 7～10 cm 的热空气中进行烘干(图 2-38)，切勿靠近火焰，涂片也可在空气中自然干燥(图 2-39)。

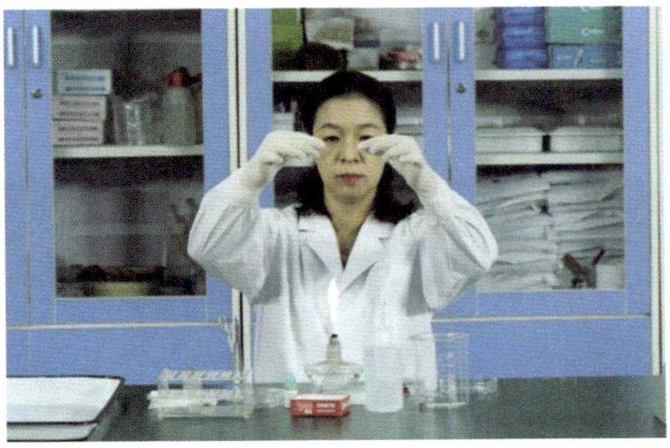

图 2-38　火焰干燥

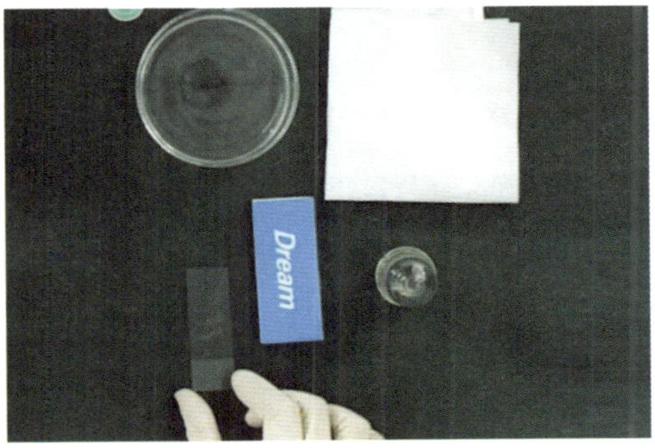


图 2-39　自然干燥

(6)火焰固定。将干燥好的触片，压迹面朝上，在酒精灯外焰上来回通过(图 2-40)，以玻片反面触及手背(图 2-41)，感觉热而不烫手为宜，熄灭酒精灯(图 2-42)，标本片就固定好了(图 2-43)。

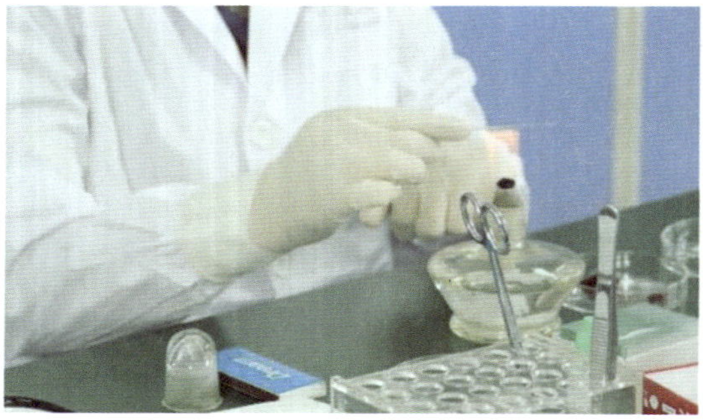

图 2-40　触片在酒精灯外焰上来回通过

图 2-41　玻片反面触及手背感觉热而不烫手

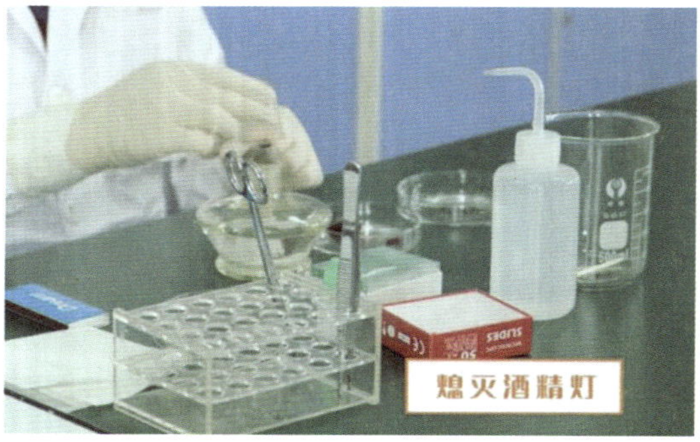


图 2-42　熄灭酒精灯

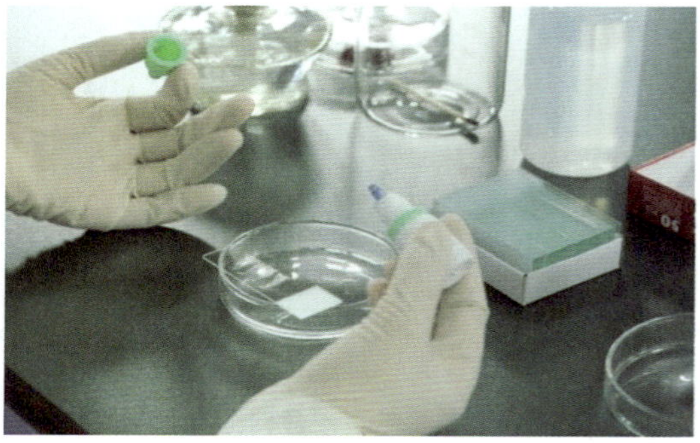

图 2-43　固定好的标本片

(7)染色。在固定好的组织触片上，滴加亚甲蓝染色液(图 2-44)，染液覆盖整个压迹为宜，染色计时 2～3 min(图 2-45)。时间到后，拿住载玻片的一端，使之呈 45°角，用洗瓶从载玻片前端进行水洗，切勿对准压迹冲洗(图 2-46)，让流水带走染色液，水洗至流出水无色(图 2-47)，用吸水纸吸去载玻片上多余的水分(图 2-48)，晾干后镜检(图 2-49)。

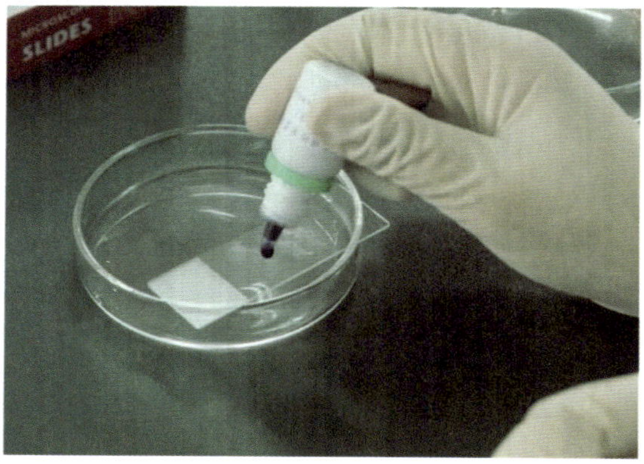


图 2-44　滴加亚甲蓝染色液

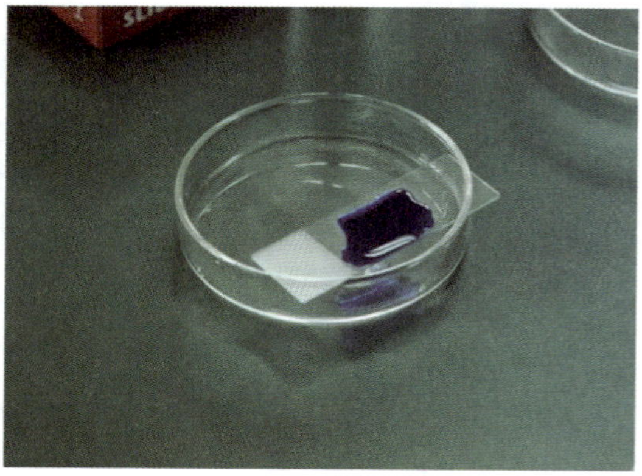

图 2-45　染色计时 2～3 min

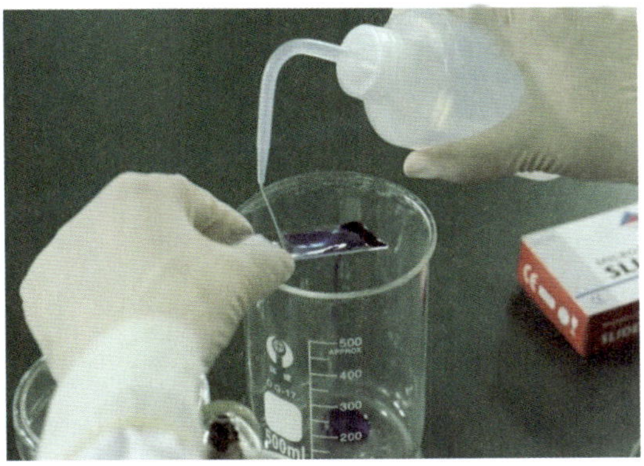

图 2-46　从前端进行水洗

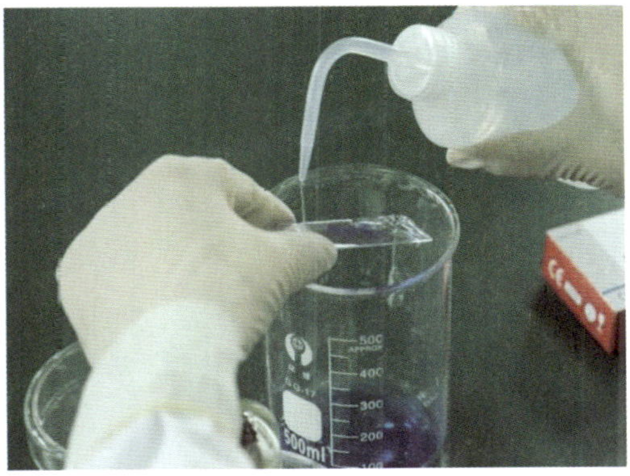

图 2-47　水洗至流出水无色

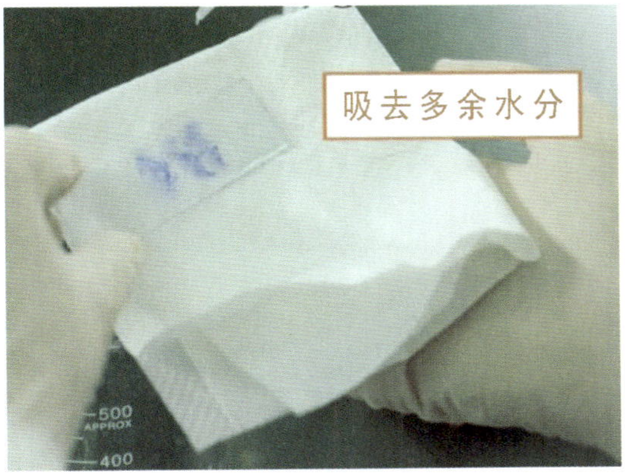


图 2-48　吸去多余水分

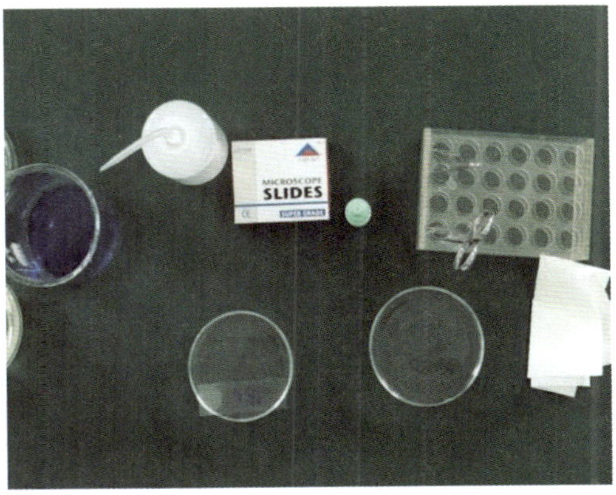


图 2-49　晾干后镜检

## 二、显微镜油镜观察

**1. 显微镜结构**

目镜(图 2-50)、镜筒(图 2-51)、镜臂(图 2-52)、镜座(图 2-53)、电源开关(图 2-54)。物镜转换器(图 2-55)、4 倍物镜(图 2-56)、10 倍物镜(图 2-57)、40 倍物镜(图 2-58)、100 倍油镜(图 2-59)。载物台(图 2-60)、压片夹(图 2-61)(用来固定放置和固定载玻片)、玻片推进器(图 2-62)[用来移动载玻片的位置,转动上侧垂直移动旋转杆后(图 2-63),标本垂直方向移动,转动下侧的水平移动旋转杆后(图 2-64),标本水平方向移动]。粗调螺旋(图 2-65)(转动粗调螺旋,可以大幅度升降载物台)、细调螺旋(图 2-66)(转动细调螺旋,可以小幅度升降载物台)、聚光器(图 2-67)[调节旋钮(图 2-68)位于载物台左下方,逆时针转动可以上升聚光器]、光圈(图 2-69),光源及亮度调节旋钮(图 2-70)。图 2-71 为显微镜整体外观。

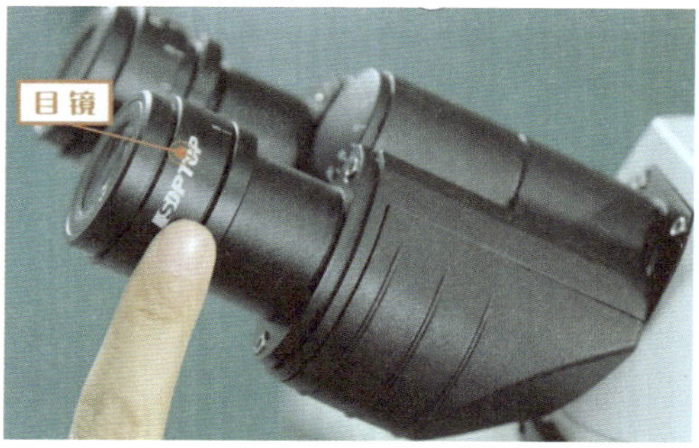


图 2-50　目镜

图 2-51　镜筒

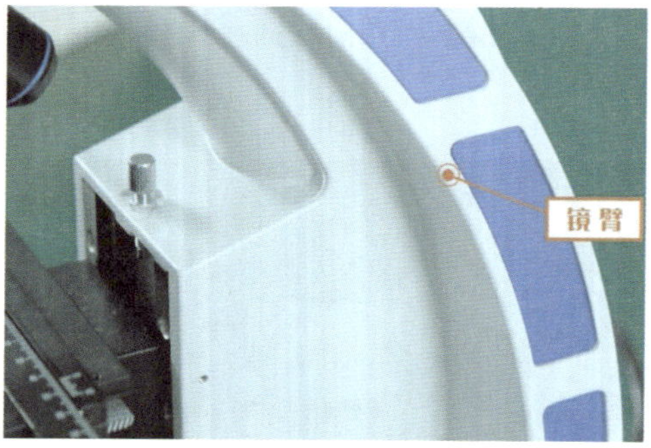


图 2-52　镜臂

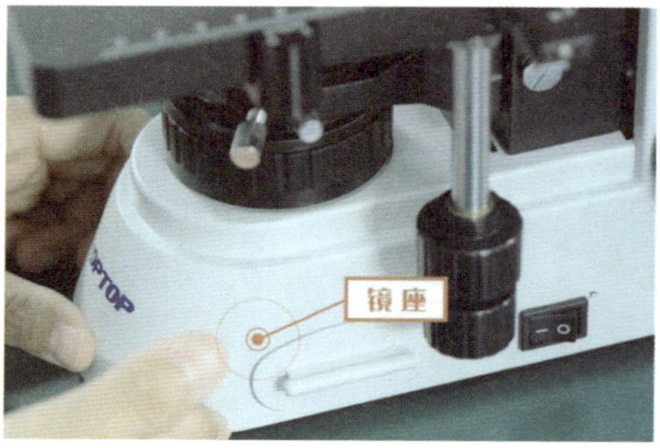


图 2-53　镜座

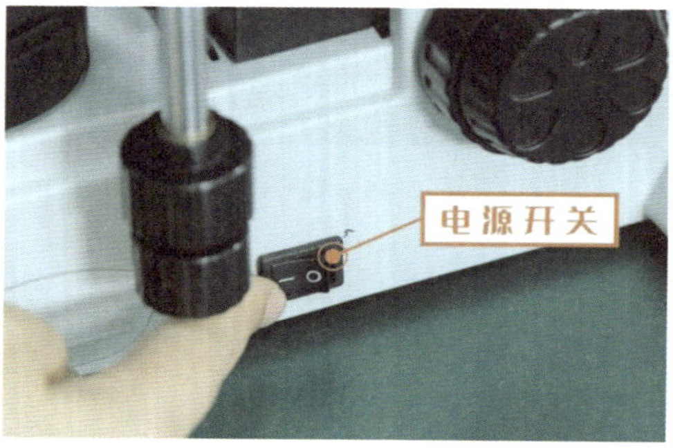


图 2-54　电源开关

图 2-55　物镜转换器

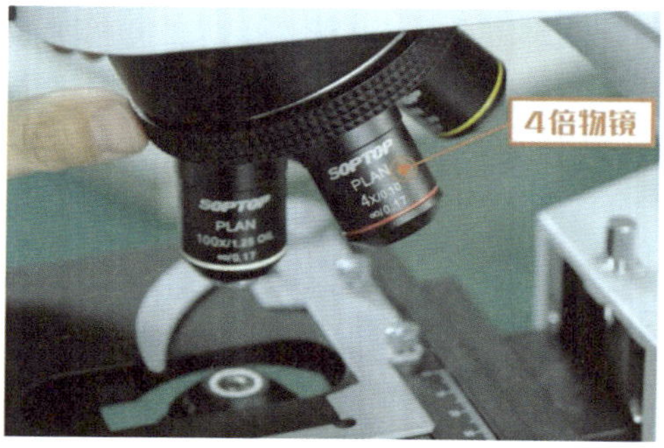


图 2-56　4 倍物镜

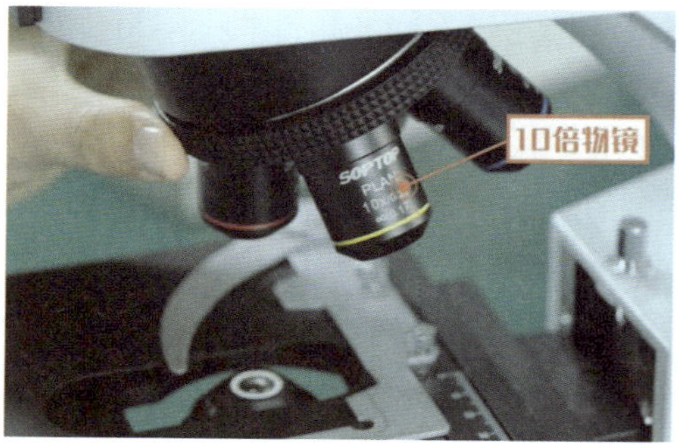


图 2-57　10 倍物镜

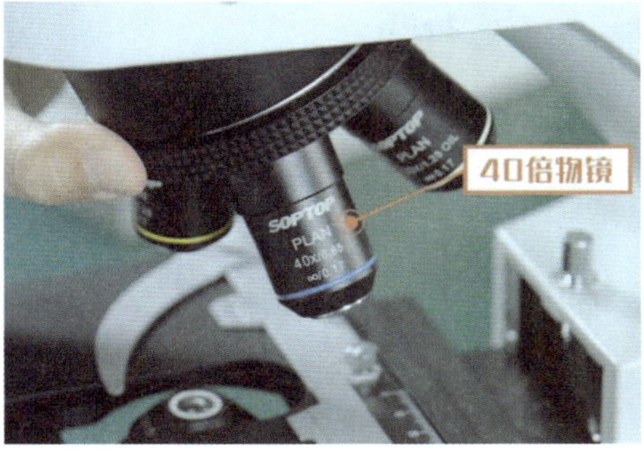


图 2-58　40 倍物镜

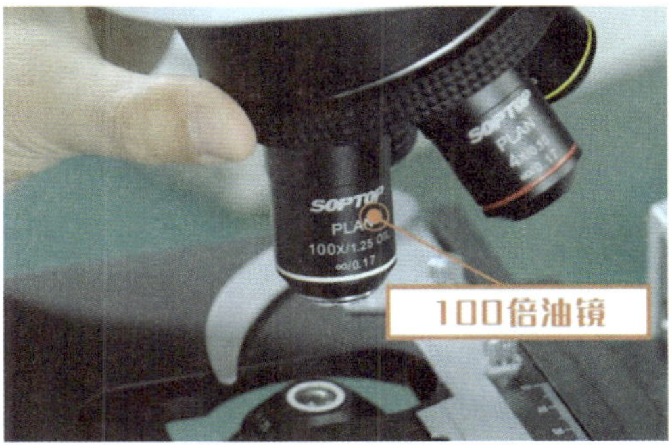


图 2-59　100 倍油镜

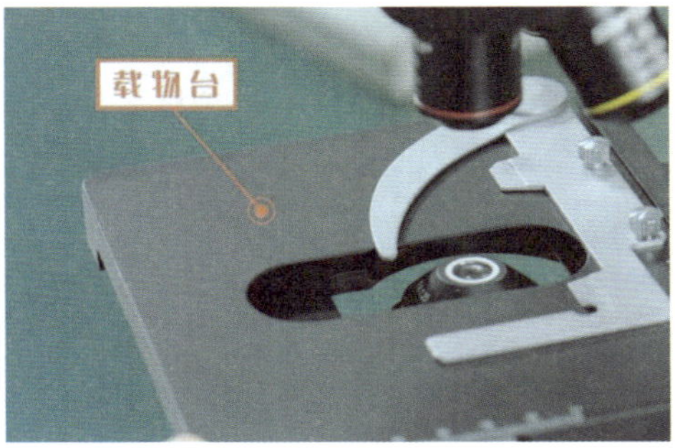


图 2-60　载物台

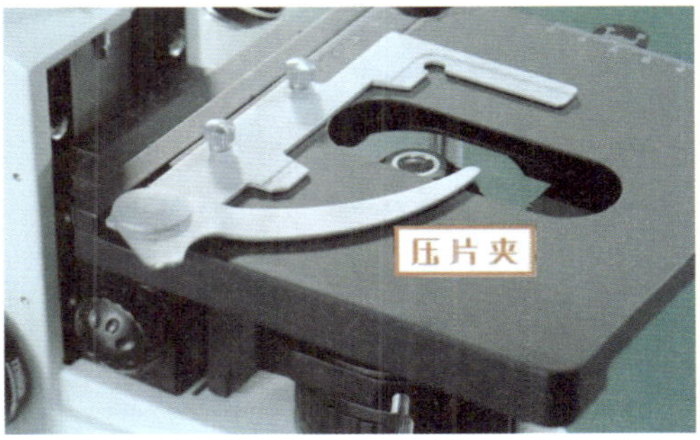


图 2-61　压片夹

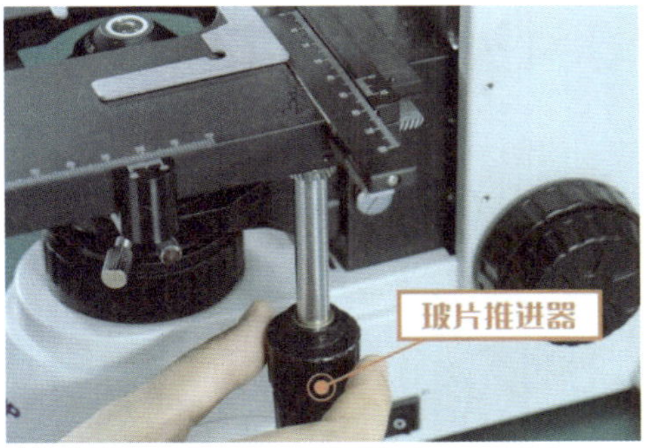


图 2-62　玻片推进器

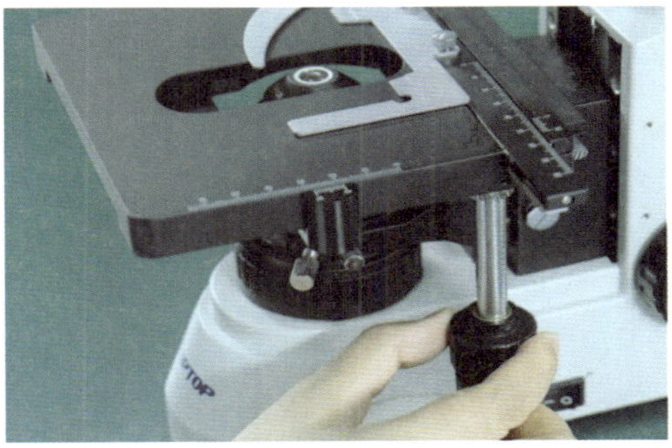

图 2-63　垂直移动旋转杆

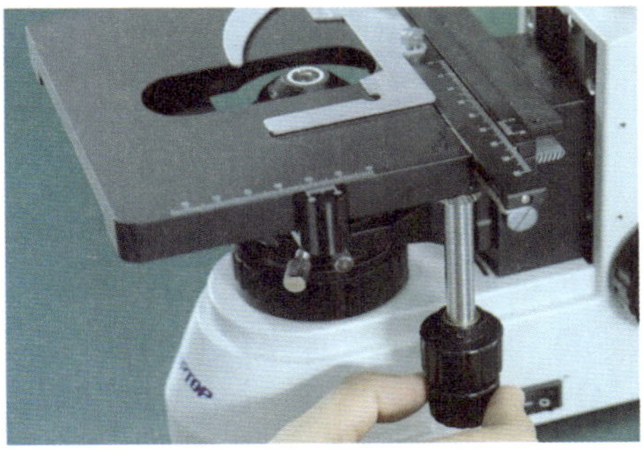

图 2-64　水平移动旋转杆

图 2-65　粗调螺旋

图 2-66　细调螺旋

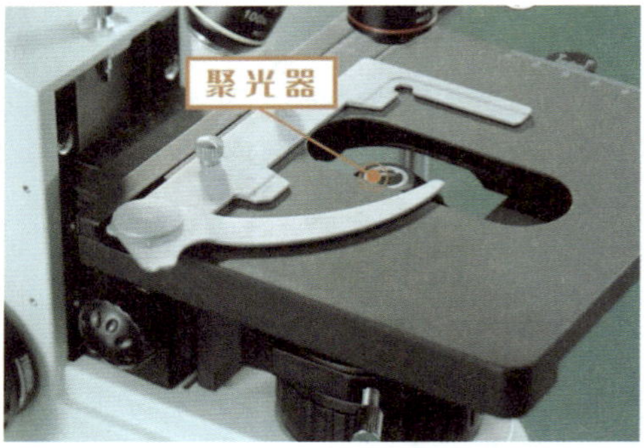


图 2-67　聚光器

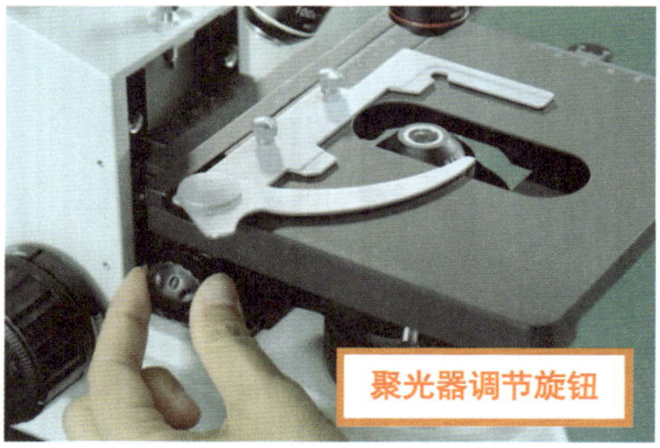


图 2-68　聚光器调节旋钮

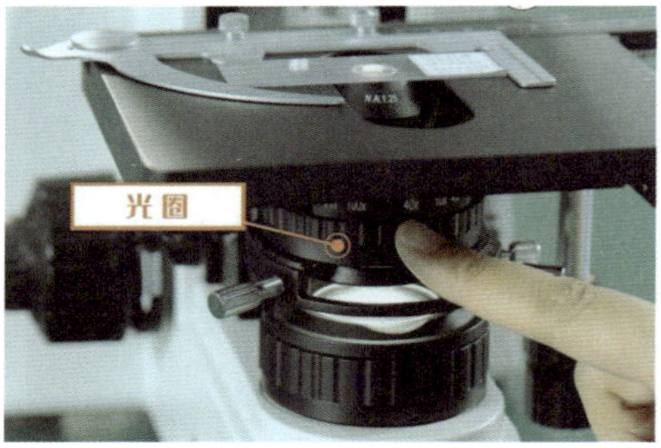


图 2-69　光圈

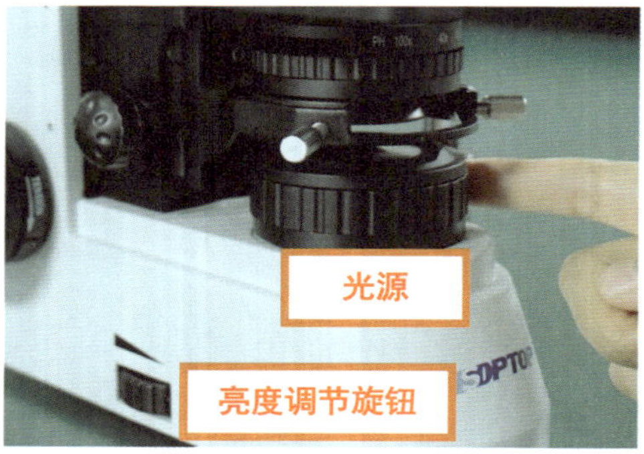


图 2-70　光源及亮度调节旋钮

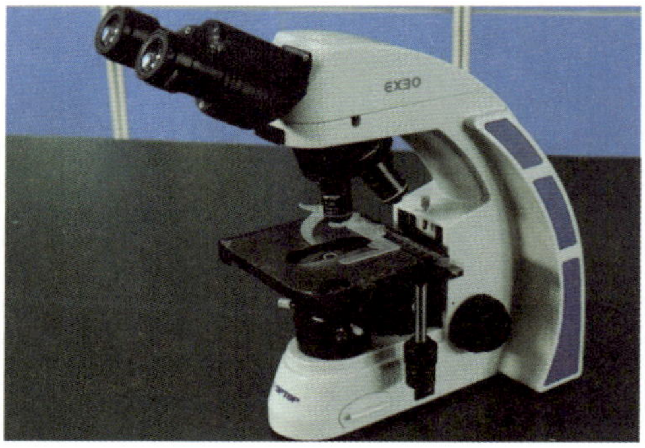


图 2-71　显微镜整体外观

图 2-72　油镜

**2. 油镜的识别**

油镜（图 2-72）的放大倍数最大，为 100 倍，所以油镜最长。油镜上标有“OIL”字样，有白色色环。转换物镜头，一定要通过物镜转换器（图 2-73），不能直接转动物镜镜头（图 2-74）。

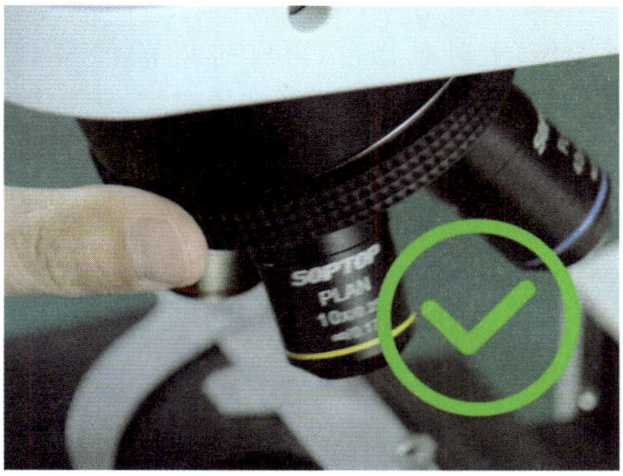

图 2-73　通过物镜转换器转换镜头

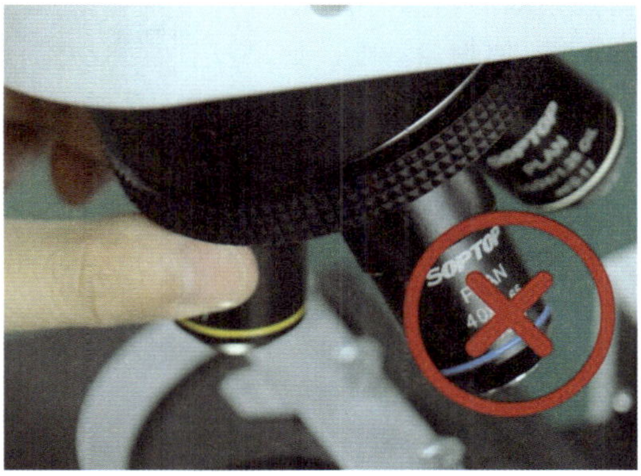

图 2-74　不能直接转动物镜镜头

**3. 油镜的使用方法**

(1)取镜。一只手握住镜臂,另一只手托住底座。

(2)安放。将显微镜放置在洁净平稳的实验台上,略偏操作者左边,镜座边缘距实验台边缘约一个手掌 7～10 cm(图 2-75),取下防尘袋(图 2-76)。

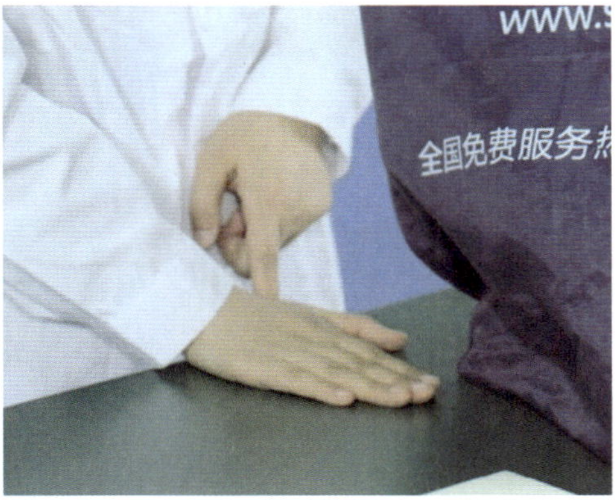
图 2-75　7～10 cm 距离

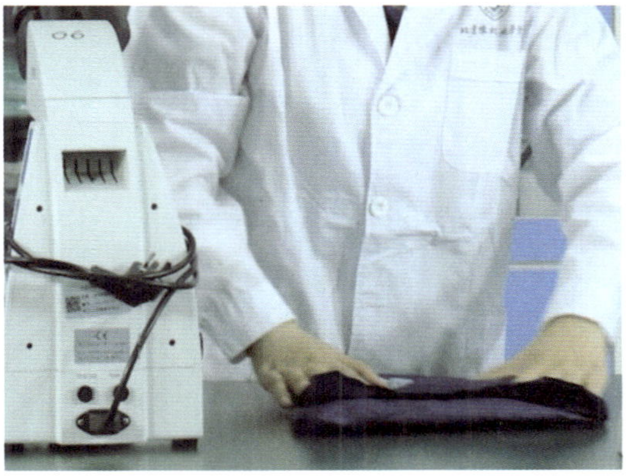
图 2-76　取下防尘袋

(3)打开电源,调整照明度。插上电源,打开电源开关,将电源开关拨到开的状态(图 2-77)。打开光源(图 2-78),转动亮度调节旋钮,向坡顶调整则变亮,向坡底调整则变暗。调节光线亮度,光线明亮但不刺眼。

(4)对光。逆时针转动转换器,使低倍物镜对准通光孔(图 2-79)。打开光圈,把一个较大的光圈对准通光孔,上升聚光器。眼睛通过目镜观察光线是否合适,是否可以看到白亮的视野,同时调整目镜拉手,把目镜的距离调到适合观察的位置,使两眼观察到的视野完全重合。

(5)低倍镜观察。拉开载物台的压片夹,将标本片有标本的一面朝上,自前向后放入载物台上(图 2-80),标本片放稳后,再将压片夹轻轻放回原位,将标本片夹住,放置稳当(图 2-81),通过推进器将要观察的部位调至物镜的正下方,正对聚光器的中央(图 2-82)。双手顺时针调节粗调螺旋(图 2-83),载物台上升,双眼从侧面注视,当标本片离镜头约 5 mm 时停止。然后双眼注视目镜(图 2-84),逆时针调节粗调螺旋,慢慢下降载物台,使标本在视野中初步聚焦,当出现模糊的物像时，逆时针调节细调螺旋（图 2-85），使物像清晰，如果模糊物像闪过，应顺时针调节，使物像清晰。如果没有看到物像，应重新操作，上升载物台，再反向调节，下降载物台，在下降的过程中逐渐找到焦点，看到清晰的物像。看到物像后，调节玻片推进器，将需要进一步放大观察的部位调至视野正中央。

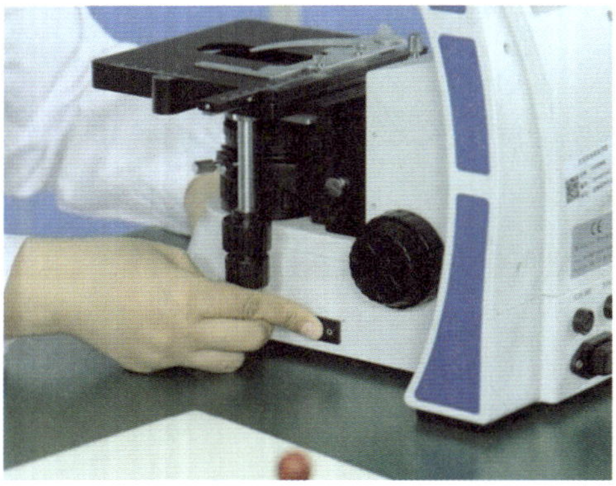

图 2-77　将电源开关拨到开的状态

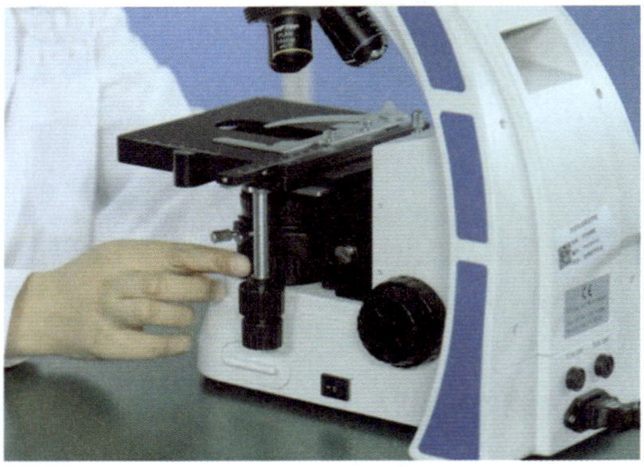

图 2-78　打开光源

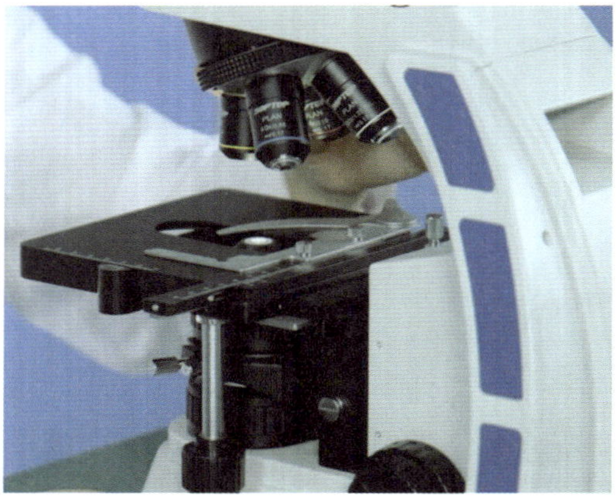

图 2-79　低倍物镜对准通光孔

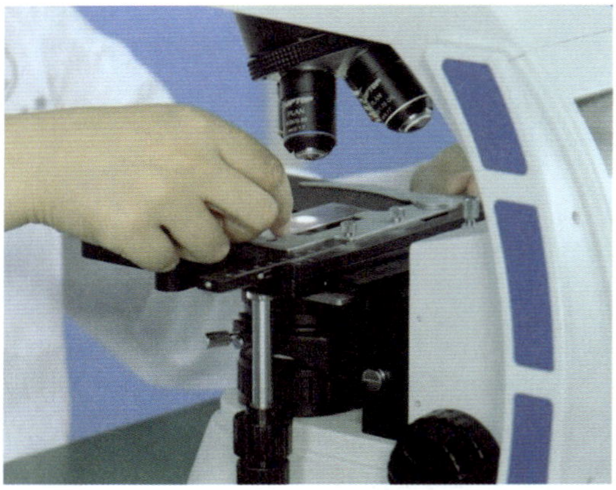

图 2-80　标本片放入载物台上

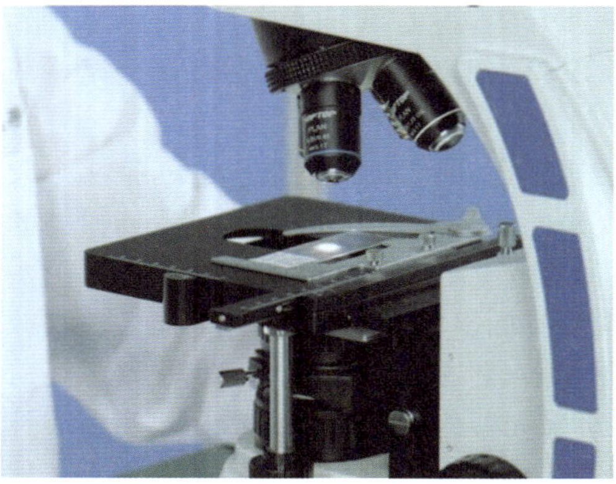

图 2-81　标本片放置稳当

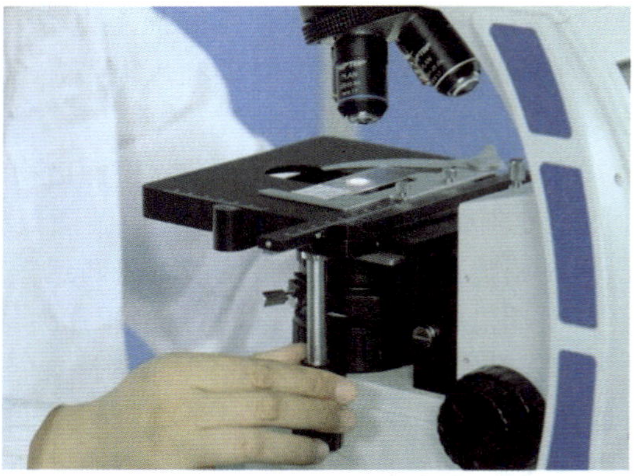

图 2-82　通过推进器将观察部位调至中央

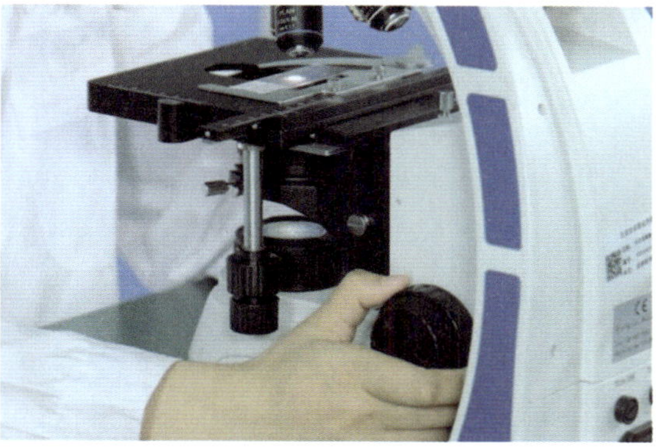

图 2-83 顺时针调节粗调螺旋，载物台上升

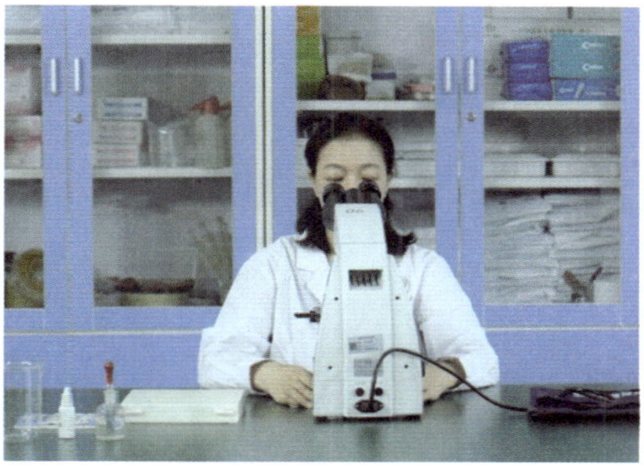

图 2-84 双眼注视目镜

(6)高倍镜观察。通过物镜转换器将高倍镜调至工作位置(图 2-86)，调节光源及光圈(图 2-87)，使明亮度适宜，调节细调螺旋(图 2-88)，使物像清晰。将最适宜观察的部位通过玻片推进器调至视野正中央(图 2-89)，不要移动压片夹的位置，准备进行油镜观察。

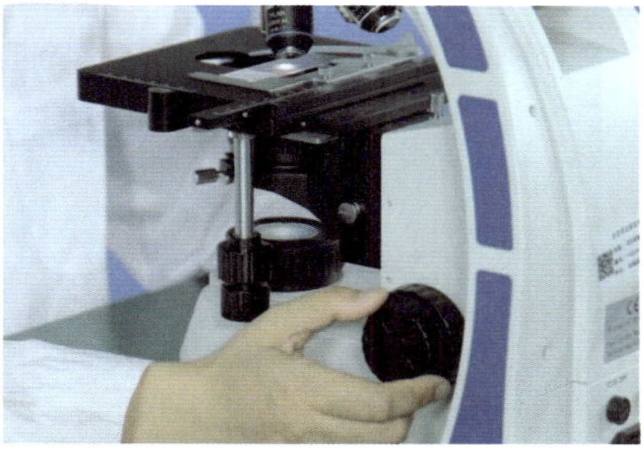

图 2-85 调节细调螺旋

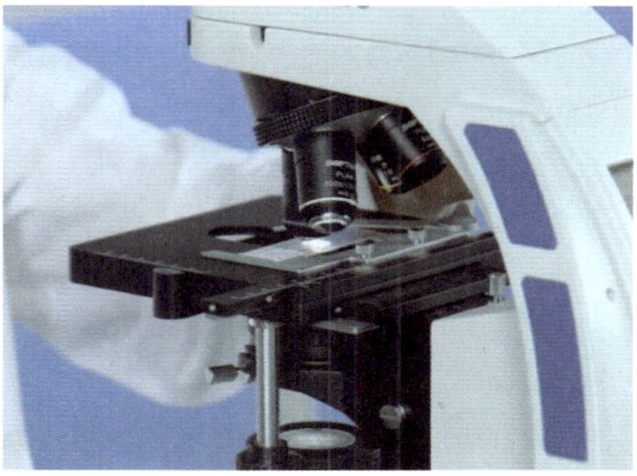

图 2-86 将高倍镜调至工作位置

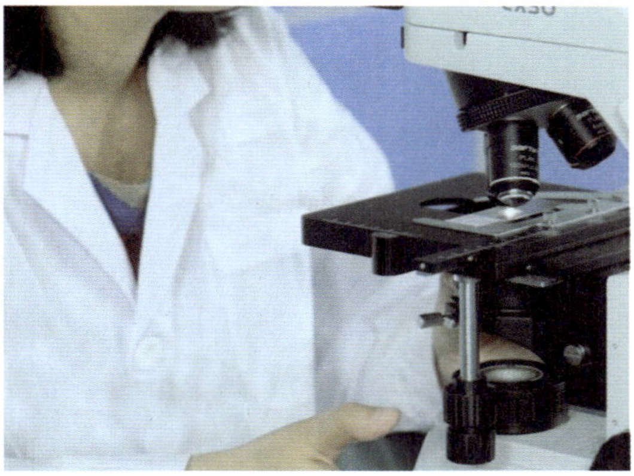

图 2-87 调节光源及光圈

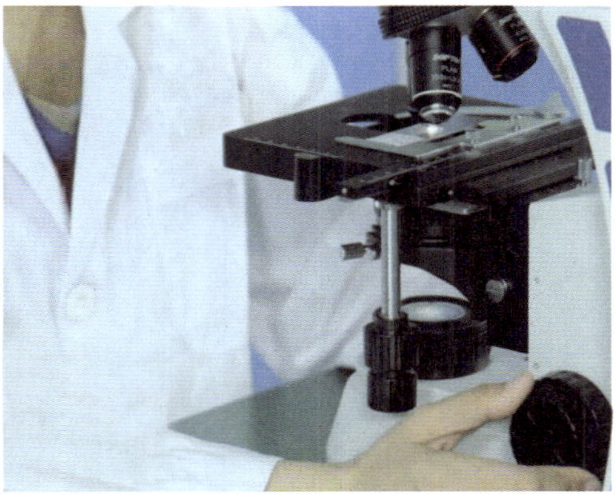

图 2-88 调节细调螺旋

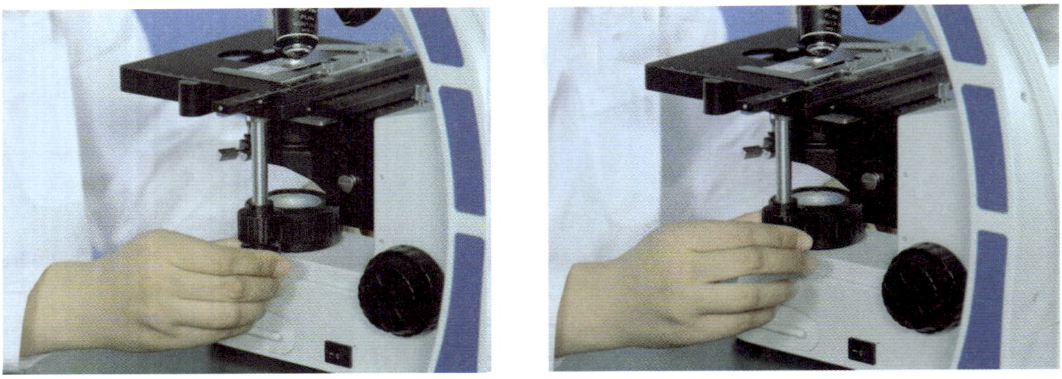

图 2-89　将最适宜观察的部位通过玻片推进器调至视野正中央

（7）油镜观察。将高倍镜通过转换器转离工作位置（图 2-90），在标本片预观察区域滴加一滴香柏油（图 2-91），然后将油镜头通过转换器调至工作位置（图 2-92）。光线调到最亮，放大光圈（图 2-93），聚光器升到最高。顺时针调节粗调螺旋（图 2-94），载物台上升，眼睛从侧面看到油镜头浸入香柏油，并几乎与标本片接触。然后双眼注视目镜，逆时针调节粗调螺旋，

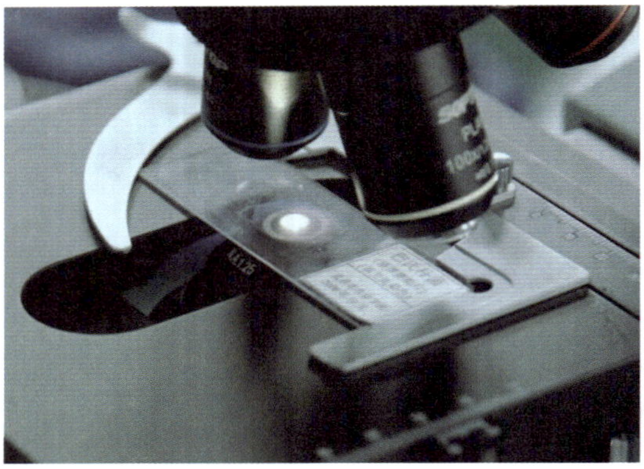

图 2-90　将高倍镜通过转换器转离工作位置

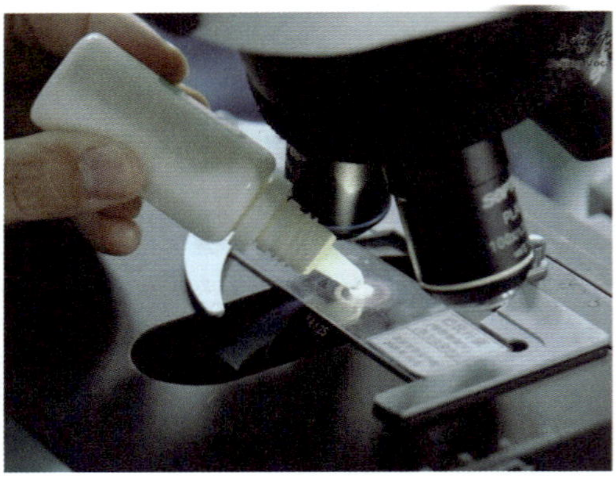

图 2-91　在标本片预观察区域滴加一滴香柏油

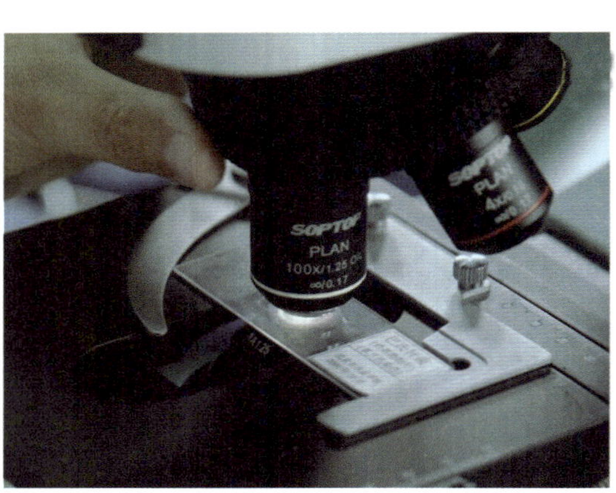


图 2-92　将油镜头调至工作位置

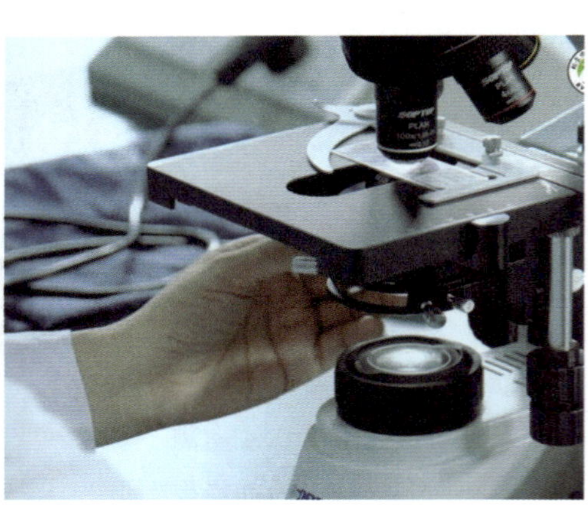

图 2-93　放大光圈

慢慢下降载物台，使标本在视野中初步聚焦，当出现模糊的物像时，逆时针调节细调螺旋（图 2-95），使物像清晰，如果模糊物像闪过，应顺时针调节，使物像清晰。如果没有看到物像，应重新操作，上升载物台，然后再反向调节，下降载物台，在下降的过程中逐渐找到焦点，看到清晰的物像。看到物像后，调节玻片推进器，将观察的部位调至视野正中央（图 2-96）。

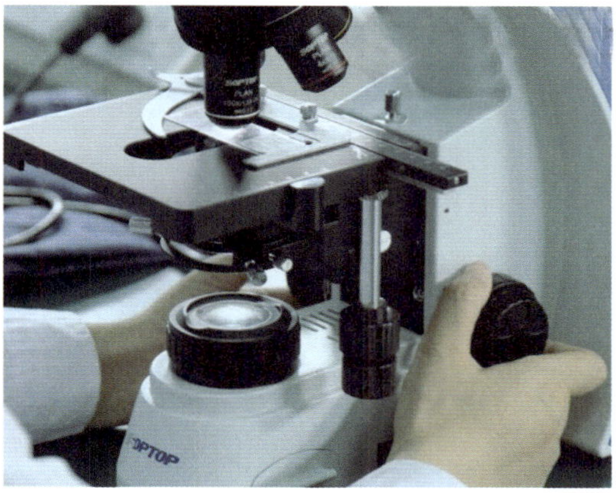

图 2-94　顺时针调节粗调螺旋

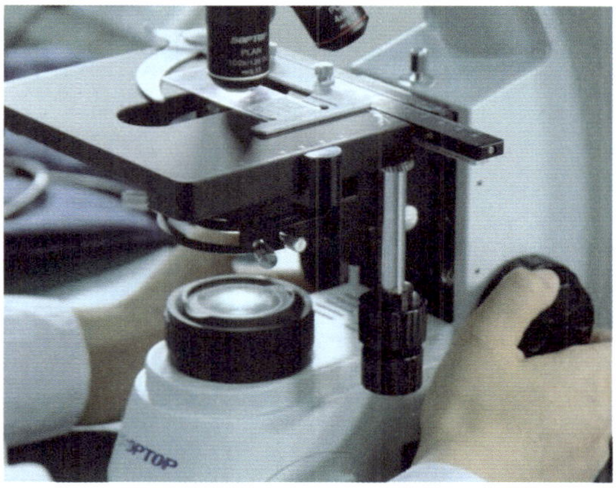

图 2-95　调节细调螺旋

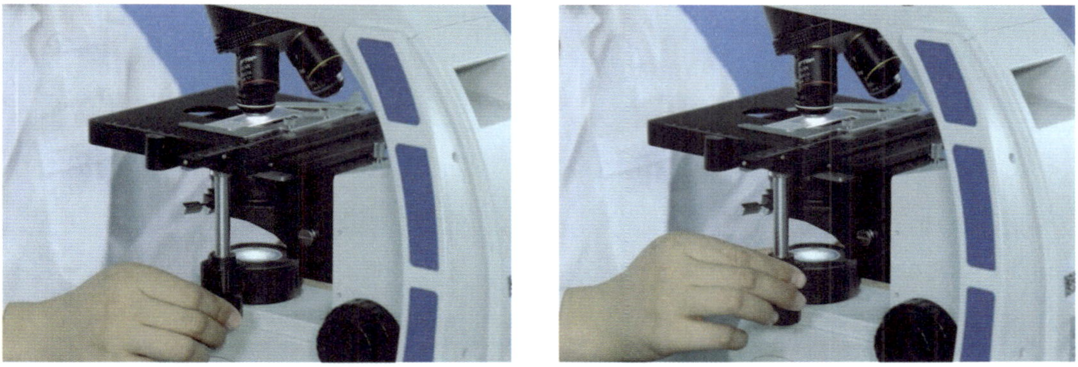

图 2-96　调节玻片推进器，将观察的部位调至视野正中央

（8）油镜的保护。观察完毕，下降载物台（图 2-97），左手打开压片夹（图 2-98），右手拿取标本片（图 2-99），从里往外（图 2-100）拖至载物台边缘（图 2-101），取下标本片，左手将压片夹放回原位（图 2-102）。转动物镜转换器，使油镜头位于最右侧（图 2-103），用擦镜纸擦去油镜头上的香柏油（第一次擦拭）（图 2-104），然后在另一张擦镜纸上滴加少许 95% 乙醇（图 2-105），用沾有乙醇的擦镜纸擦去油镜头上残余的香柏油（第二次擦拭）（图 2-106），最后再用干净的擦镜纸擦去残余的乙醇（第三次擦拭）（图 2-107）。转动物镜转换器，将低倍镜转至中央，对准聚光器（图 2-108）。下降聚光器（图 2-109）、关闭光圈（图 2-110），把光线调至最小，关闭光源（图 2-111），关闭电源（图 2-112），拔下插头，放置好电源线（图 2-113），套上防尘袋（图 2-114），一只手握显微镜镜臂，另一只手托底座放入显微镜箱中。

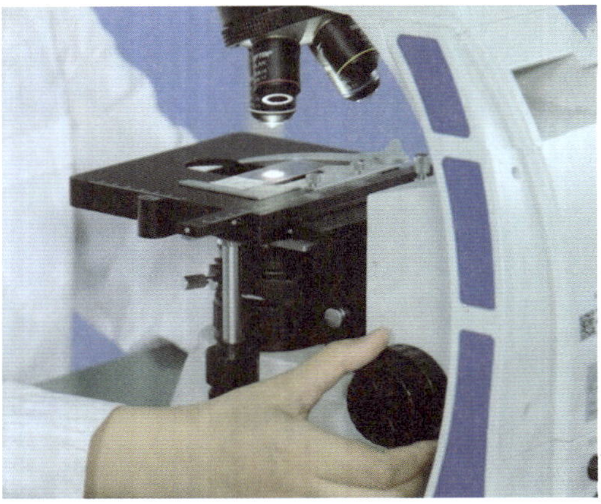

图 2-97　下降载物台

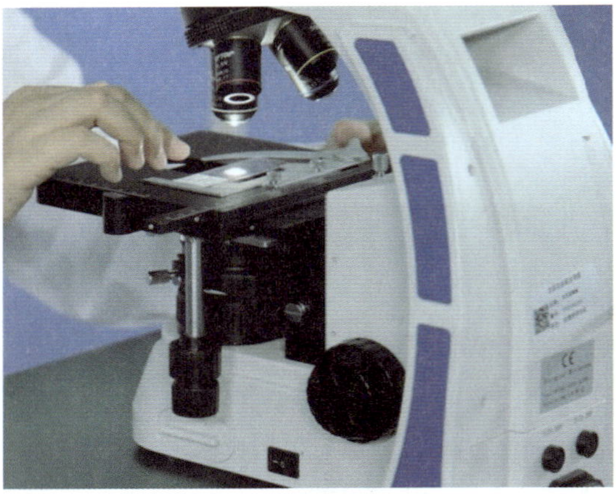

图 2-98　打开压片夹

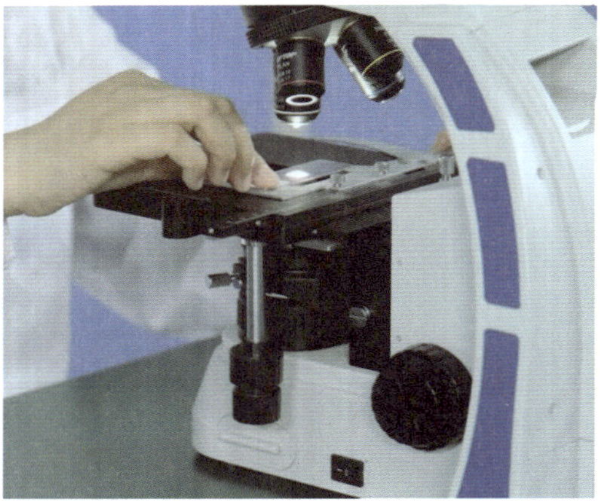

图 2-99　取下标本片 1

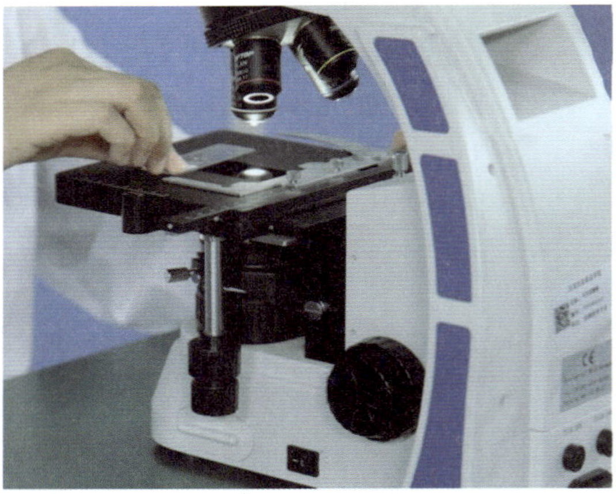

图 2-100　取下标本片 2

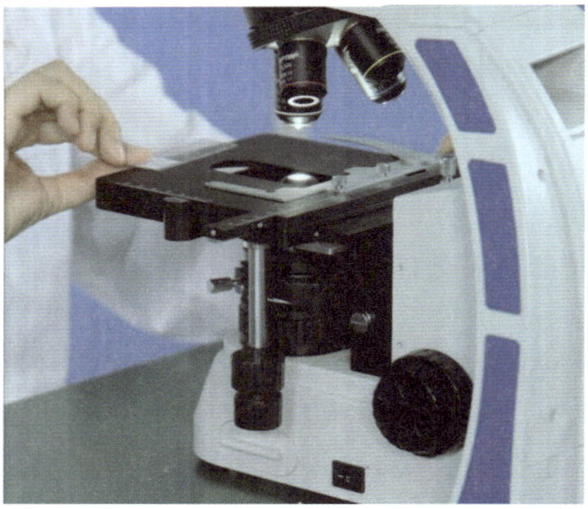

图 2-101　取下标本片 3

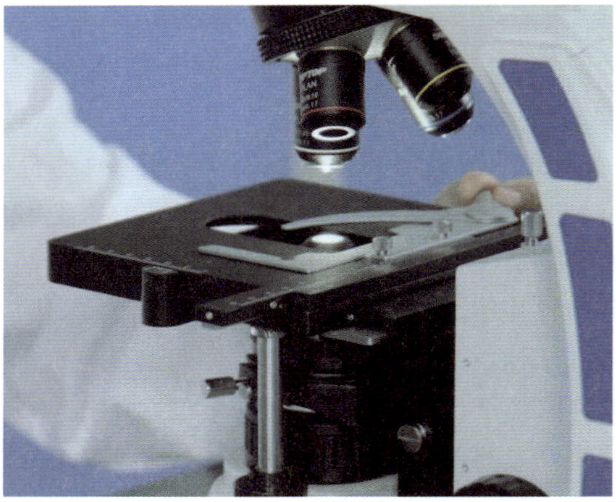

图 2-102　取下标本片 4

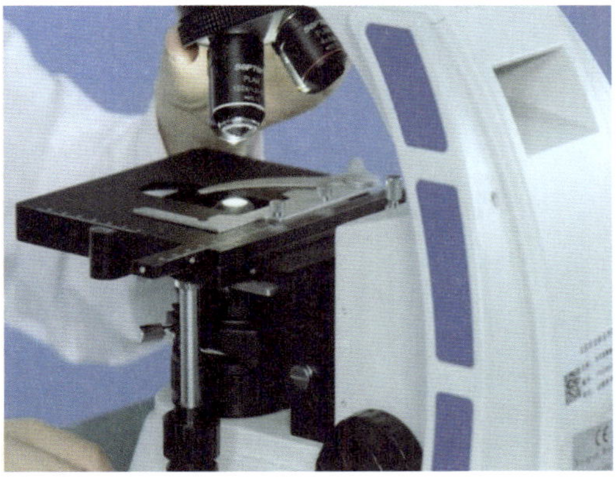

图 2-103　油镜头转到最右侧

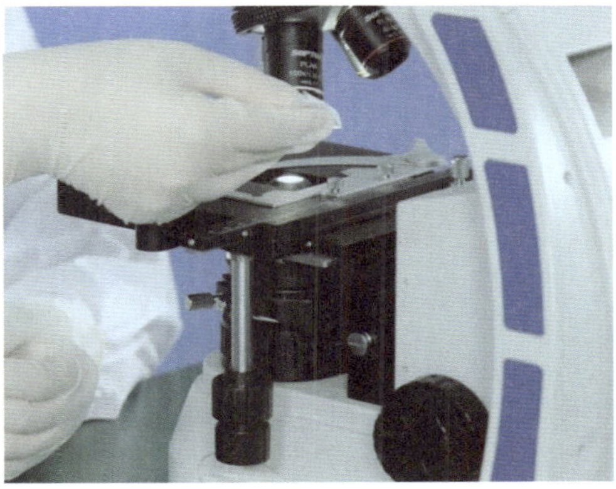

图 2-104　第一次擦拭油镜头

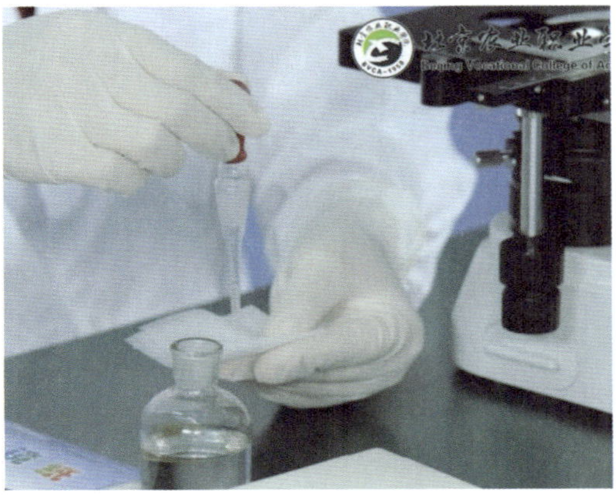

图 2-105　滴加少许 95%乙醇

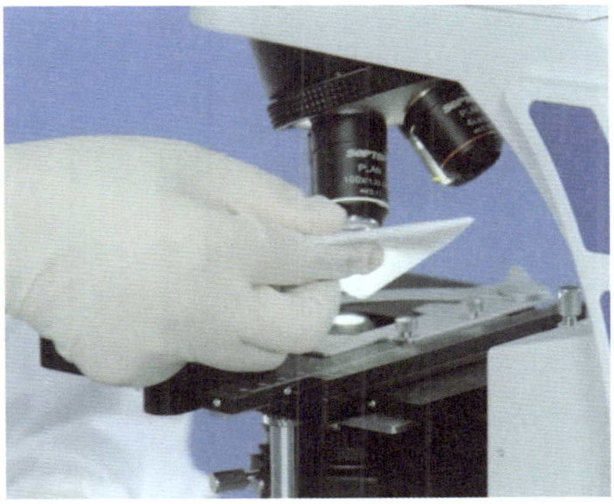

图 2-106　第二次擦拭油镜头

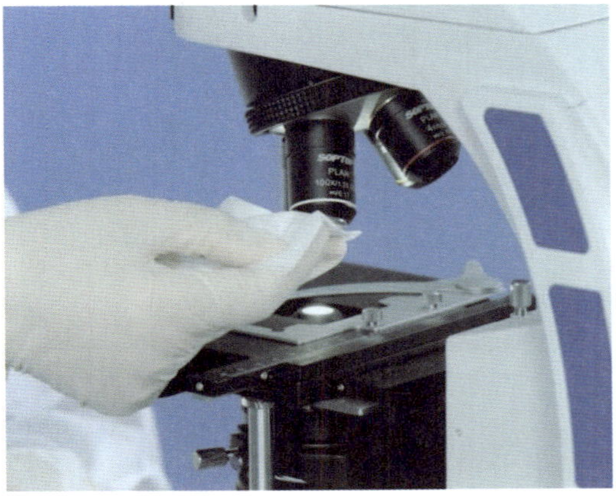

图 2-107　第三次擦拭油镜头

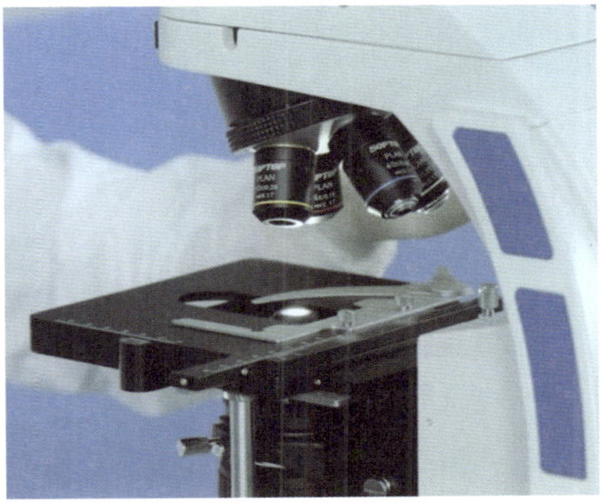

图 2-108　低倍镜对准聚光器

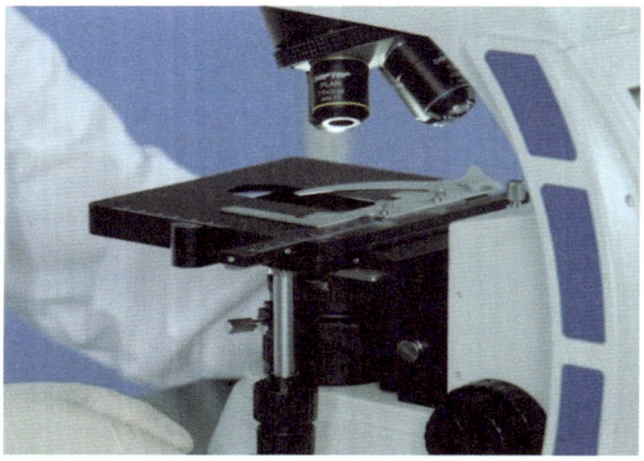

图 2-109　下降聚光器

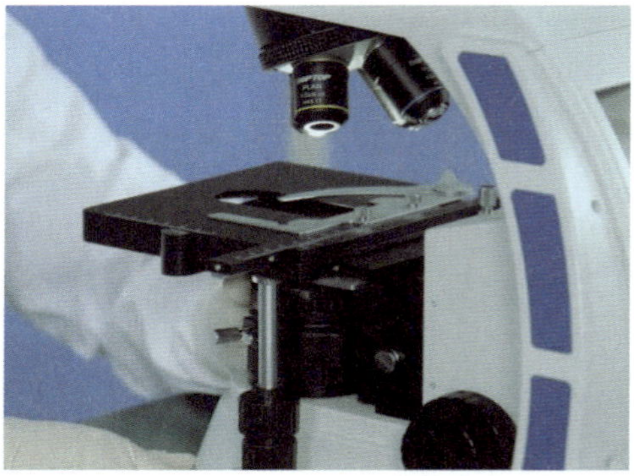

图 2-110　关闭光圈

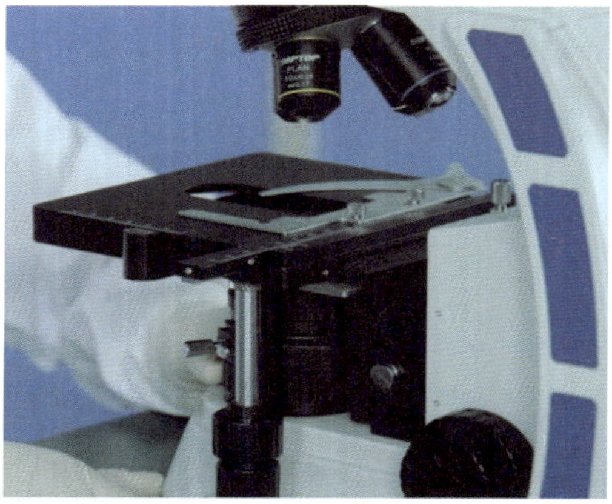

图 2-111　关闭光源

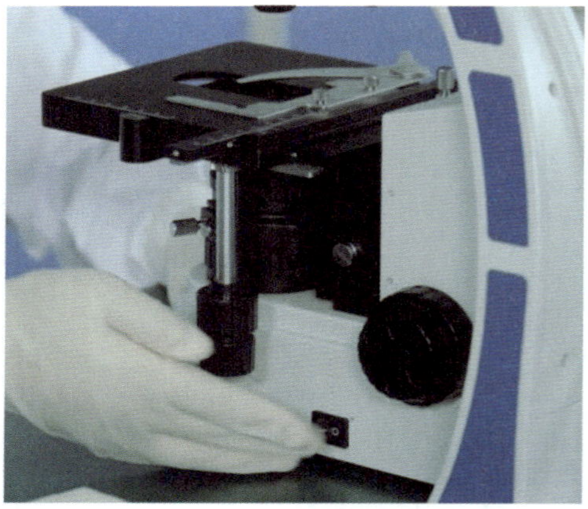

图 2-112　关闭电源

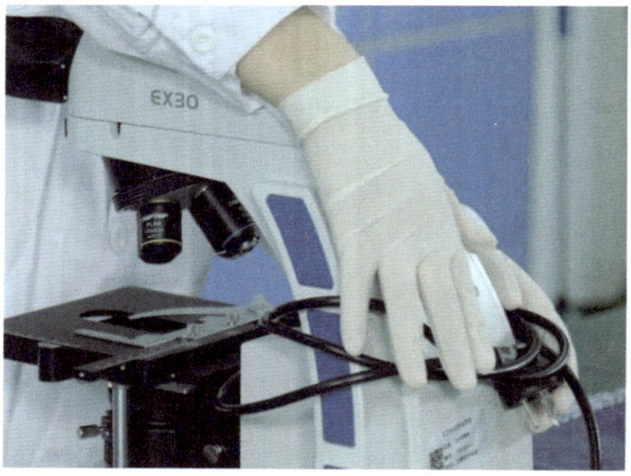


图 2-113　放置好电源线

图 2-114　套上防尘袋

(9)标本片的擦拭。方法和擦拭油镜头一样,先用干净的擦镜纸擦去标本片上的香柏油(第一次擦拭)(图 2-115),然后再滴加 95%乙醇(图 2-116),用擦镜纸轻轻擦拭(第二次擦拭)(图 2-117),最后再用干净的擦镜纸擦拭一遍(第三次擦拭)(图 2-118),擦拭干净后(图 2-119),将标本片放入标本盒(图 2-120)。

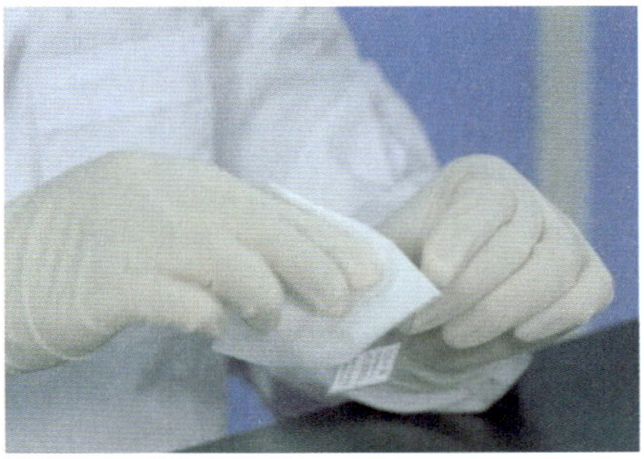

图 2-115　第一次擦拭

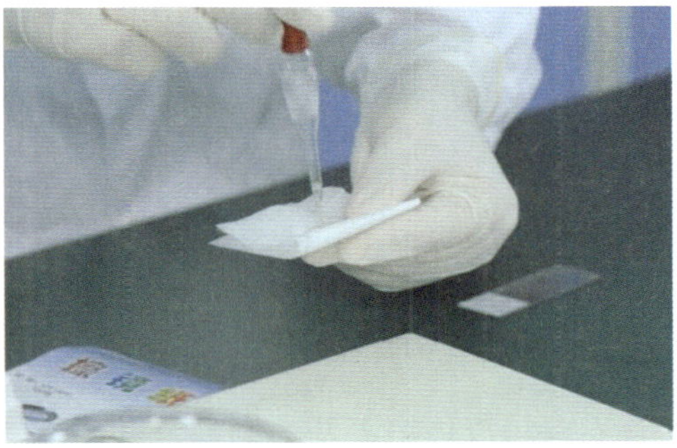

图 2-116　滴加 95%乙醇

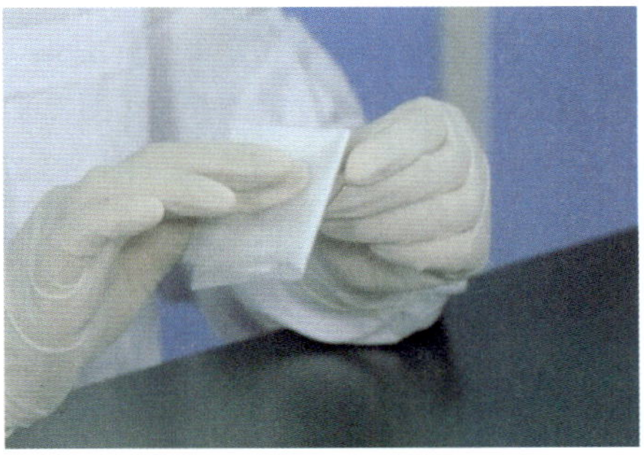

图 2-117　第二次擦拭

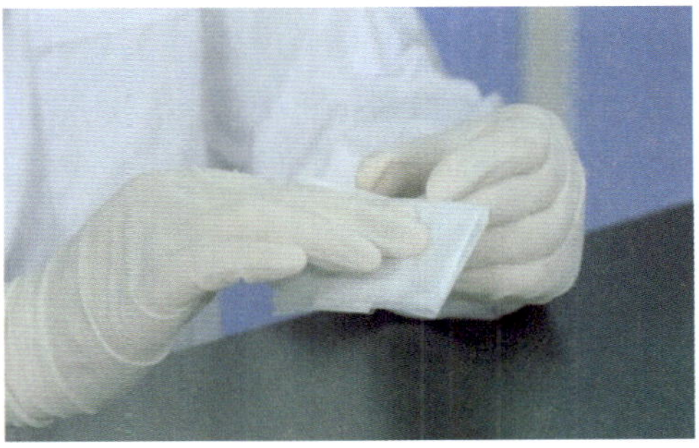

图 2-118　第三次擦拭

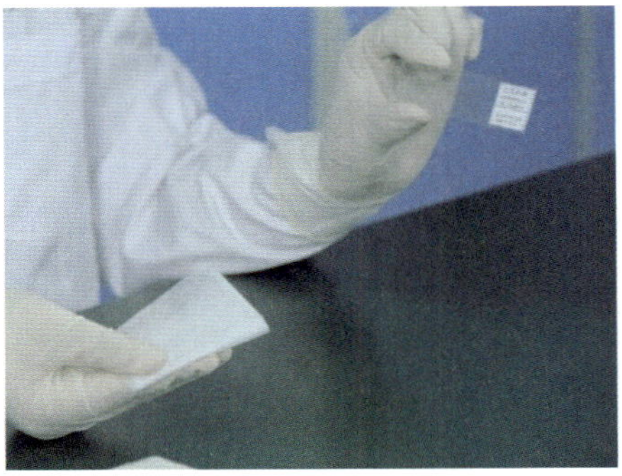

图 2-119　擦拭干净

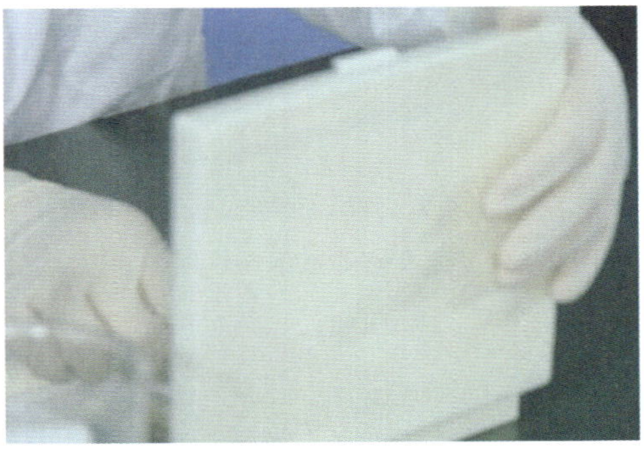

图 2-120　将标本片放入标本盒内

**4. 油镜使用的注意事项**

(1)显微镜的拿取方法。拿取显微镜的正确方法应为一只手握住镜臂，另一只手托住底座，轻拿轻放。

(2)转换物镜头。一定要通过物镜转换器，不能直接转动物镜头。

(3)油镜观察。使用油镜前，必须先经低、高倍镜观察，然后将需进一步放大的部位移到视野中心。油镜观察时要放大光圈，聚光器升到最高，光线调亮。

(4)重新观察。如果没有找到物像，在加油区之外重找时按：低倍→高倍→油镜程序；在加油区内重找应按：低倍→油镜程序，不得经高倍镜，以免高倍镜头沾上香柏油。

(5)镜头擦拭。要用专用的擦镜纸进行擦拭，按一个方向旋转擦拭。

# 第二节　细菌的分离培养

## 一、培养基的制备

### 1. 营养肉汤液体培养基的制备

(1)计算量取量。查看营养肉汤培养基配制说明(图 2-121),1 L 水需要 19 g,我们配制 100 mL,需要量取 1.9 g。

(2)准备天平。打开天平电源开关(图 2-122),调节天平平衡(调节天平底部两边的旋钮),使水平仪的空气泡移至正中央(图 2-123)。拿取称量纸,将称量纸对角线折叠(图 2-124),四边折叠(图 2-125)后放置在天平上(图 2-126)。按下去皮按钮,电子天平数值归零(图 2-127)。

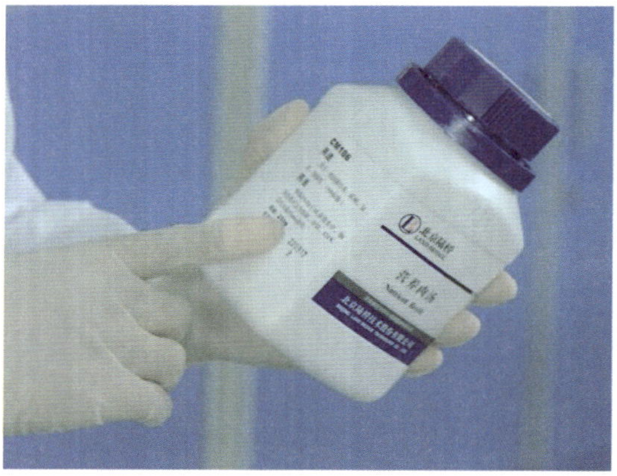

图 2-121　查看培养基配制说明

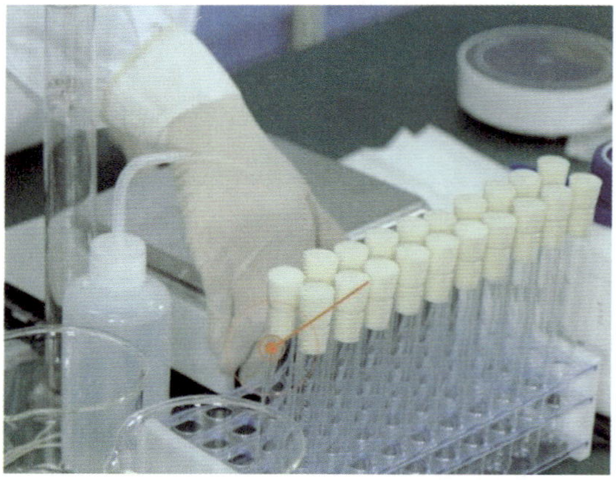

图 2-122　打开天平电源开关

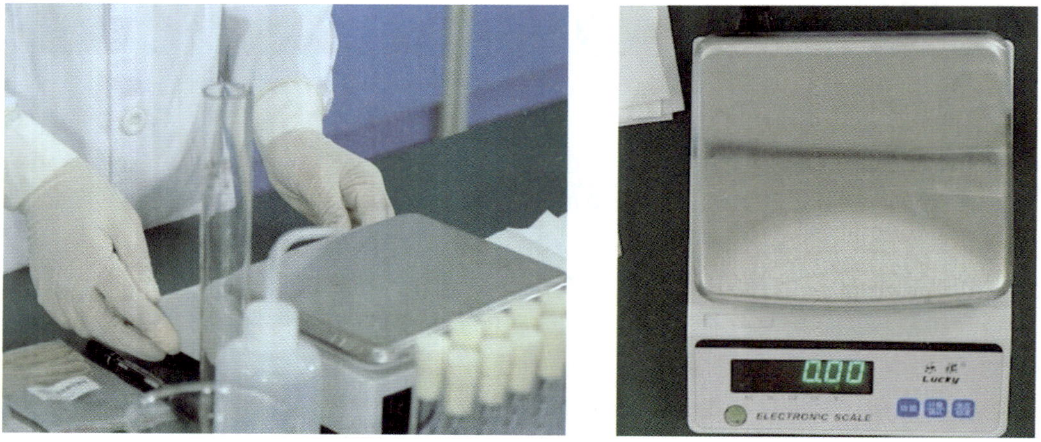


图 2-123　调节天平平衡

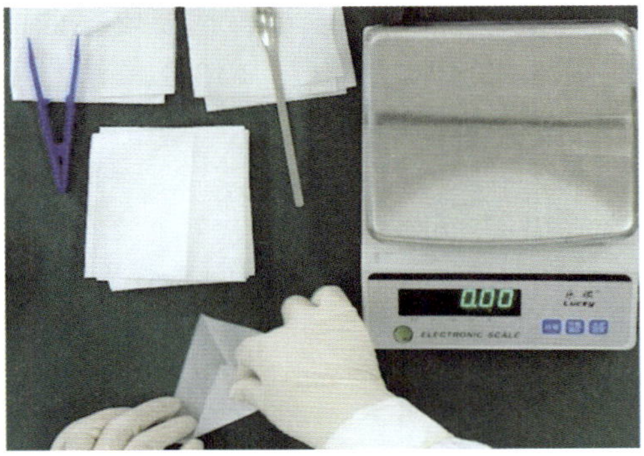


图 2-124　称量纸对角线折叠

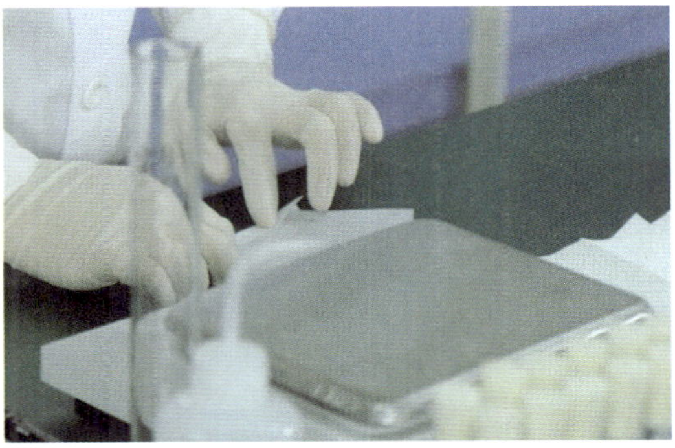

图 2-125　四边折叠

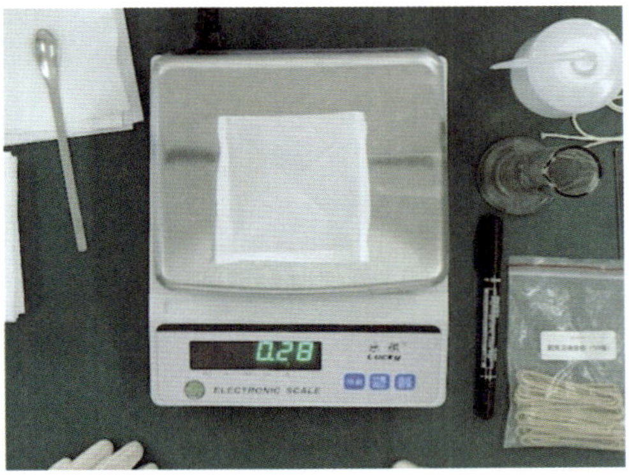


图 2-126　放置在天平上

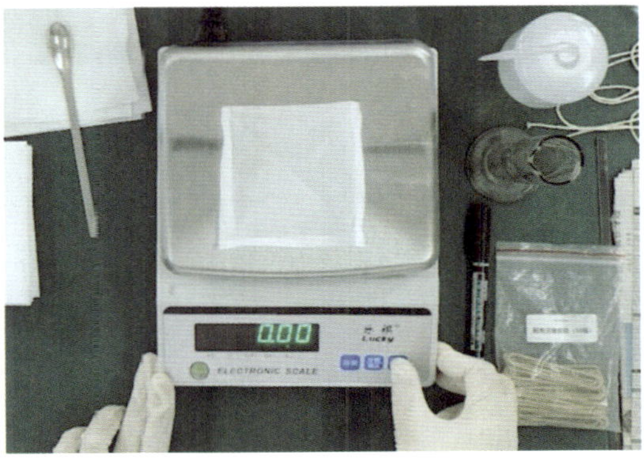


图 2-127　数值清零

(3)量取营养肉汤培养基药品。拿取营养肉汤培养基瓶，打开，用药匙从培养基瓶中量取营养肉汤粉末到称量纸上(图 2-128)，快接近需要量取的数值时，用左手轻轻敲打右手(图 2-129)，让药粉缓慢增加到需要的量，称取完毕后(图 2-130)，多出来的药品丢弃至包装纸中。盖好药品盖，将营养肉汤药瓶放回原处。

(4)溶解。把称量好的营养肉汤培养基粉末倒入干净烧杯中(图 2-131)。用量筒量取

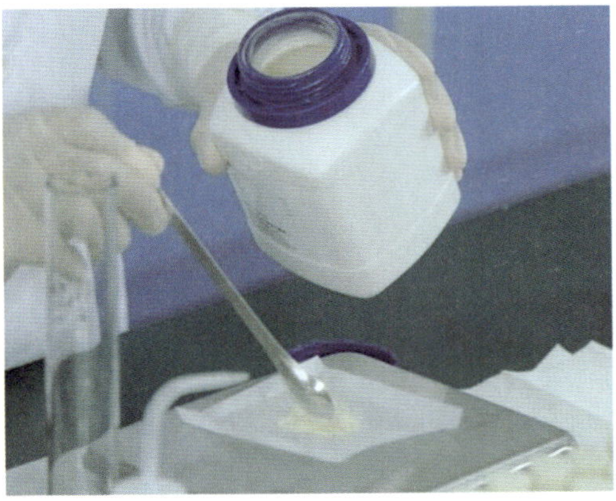

图 2-128　量取营养肉汤粉末

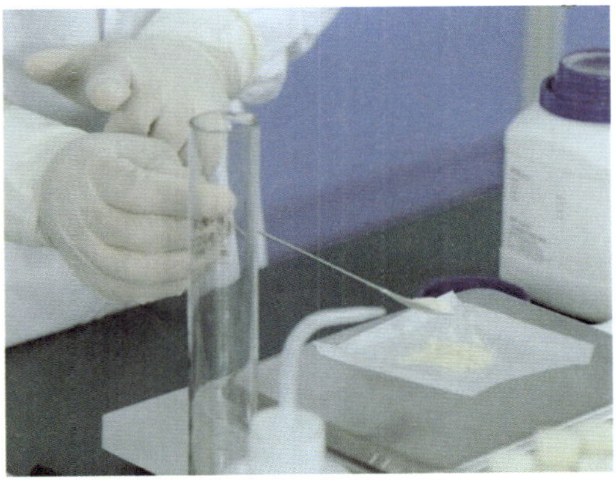

图 2-129　接近数值时，左手敲打右手量取

100 mL 蒸馏水，倒入烧杯中（图 2-132），用玻棒搅拌（图 2-133），用吸水纸擦拭玻棒。也可用磁力搅拌器搅拌（图 2-134），使药品充分溶解，溶解完成后，取出搅拌子（图 2-135）。

图 2-130　称取完毕

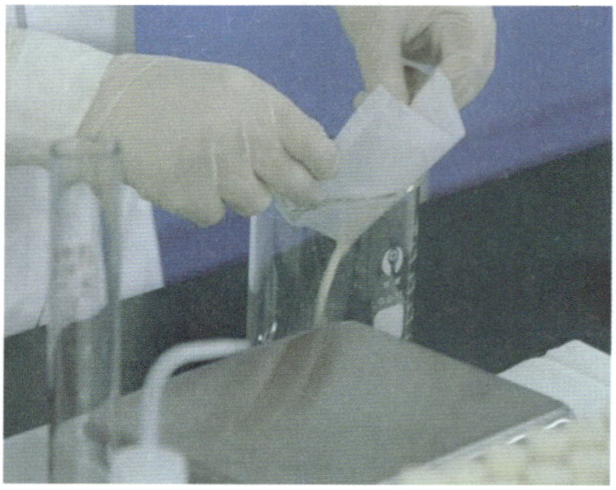

图 2-131　把粉末倒入烧杯中

图 2-132　量取蒸馏水，倒入烧杯中

图 2-133　玻棒搅拌

图 2-134　磁力搅拌器搅拌

图 2-135　取出搅拌子

(5)分装。当培养基温度降至 50 ℃时开始分装。拿取试管架和试管。从移液器架拿取 10 mL 移液器,把量程调至 5 mL,装备好吸头,量取 5 mL 培养基装入试管中(图 2-136),平行分装 20 个试管(图 2-137),试管内培养基的高度一般不超过试管高度的 1/4(图 2-138)。分装完毕,移液器吸头打入废料缸中,并将移液器调至最大量程,直立悬挂在移液器架上。

(6)包装。试管分别塞上胶塞(图 2-139),一般选取 5~7 支试管一起包装(图 2-140、图 2-141),在试管中部用皮筋缠绕固定(图 2-142),放在烧杯内。然后选用合适大小的双层报纸包裹试管头部,再用橡皮筋缠绕固定(图 2-143),写上培养基名称和灭菌日期(图 2-144),放入烧杯中(图 2-145),准备灭菌。也可用线绳包装,将选取好的 5~7 支试管握成一捆,在试管中部用皮筋缠绕固定,取合适大小的双层报纸包裹试管口,用线绳包扎好试管口。包扎好后,写上培养基名称和灭菌日期,放入烧杯中,准备灭菌。

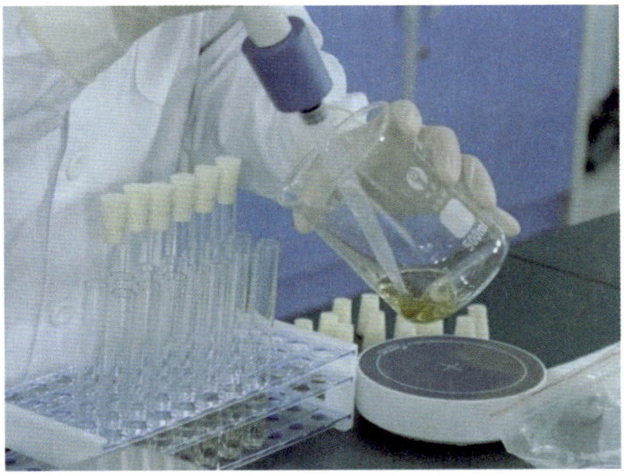

图 2-136 量取培养基装入试管中

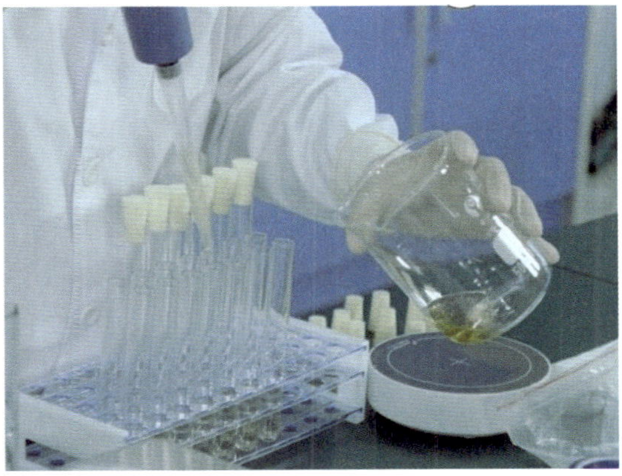

图 2-137 平行分装 20 个试管

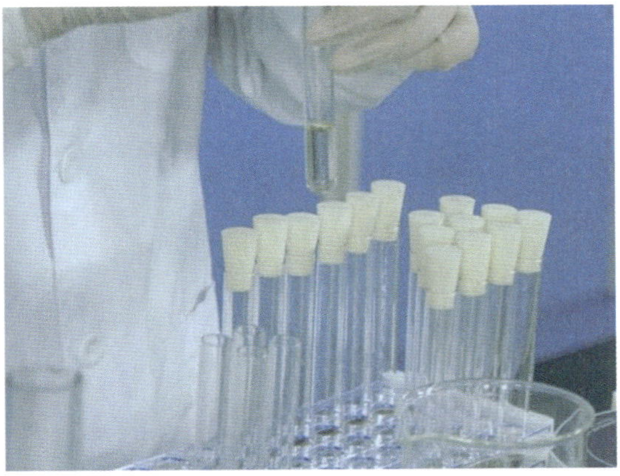

图 2-138 培养基高度不超过试管高度的 1/4

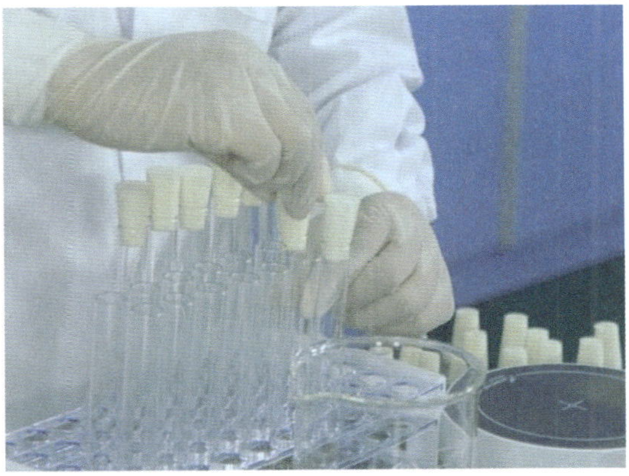

图 2-139 塞上胶塞

图 2-140　选取 5～7 支试管

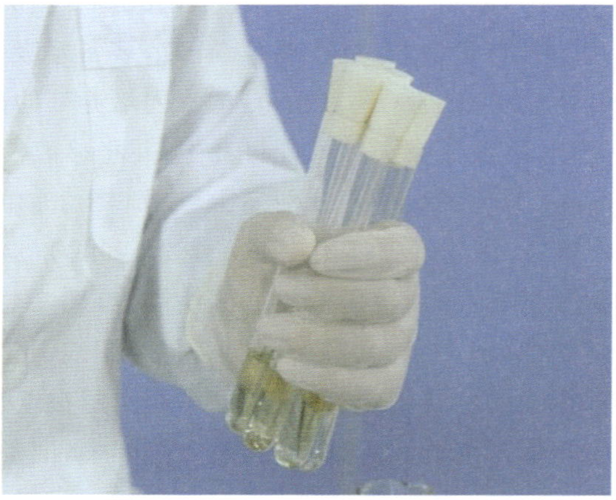

图 2-141　5～7 支试管一起包装

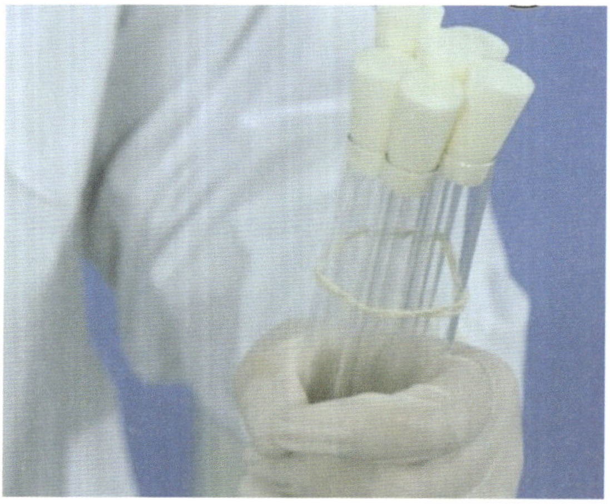

图 2-142　试管中部用皮筋缠绕固定

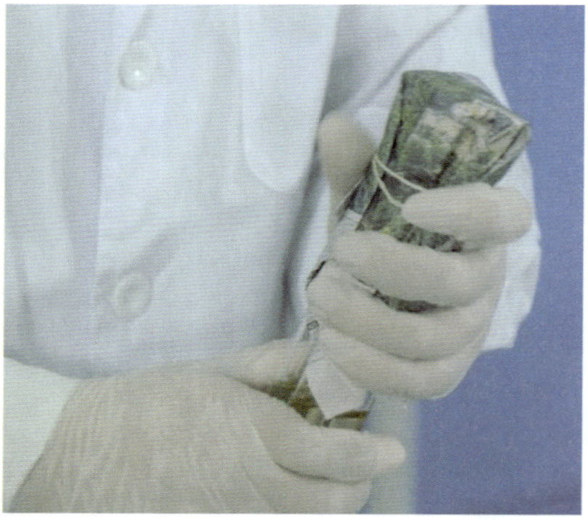

图 2-143　报纸包裹，皮筋固定

图 2-144　写上培养基名称和灭菌日期

图 2-145　放入烧杯中

**2. 营养琼脂固体培养基的制备**

(1)计算量取量。查看营养肉汤培养基配制说明(图 2-146),1 L 水需要 33 g,我们配制 300 mL,需要量取 9.9 g。

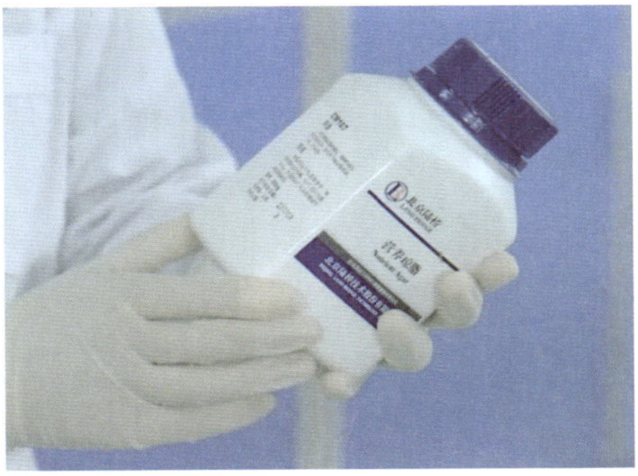

图 2-146 查看配制说明

(2)准备天平。打开天平电源开关(图 2-147),调节天平平衡(图 2-148),调节天平底部两边的旋钮,使水平仪的空气泡移至正中央。将称量纸对角线折叠(图 2-149),四边折叠(图 2-150)后放置在天平上(图 2-151)。按下去皮按钮,电子天平数值归零(图 2-152)。

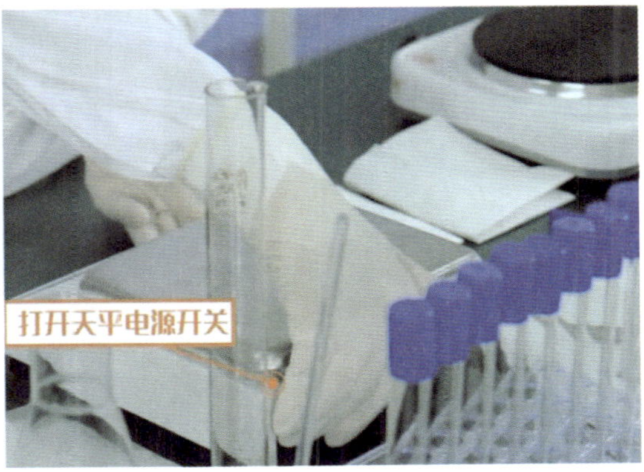


图 2-147 打开天平电源开关

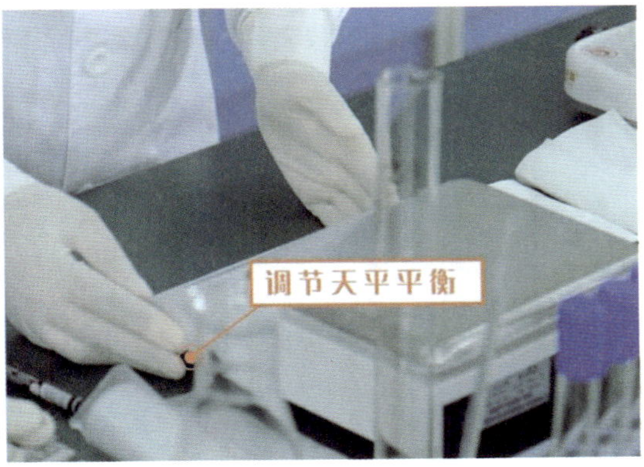


图 2-148 调节天平平衡

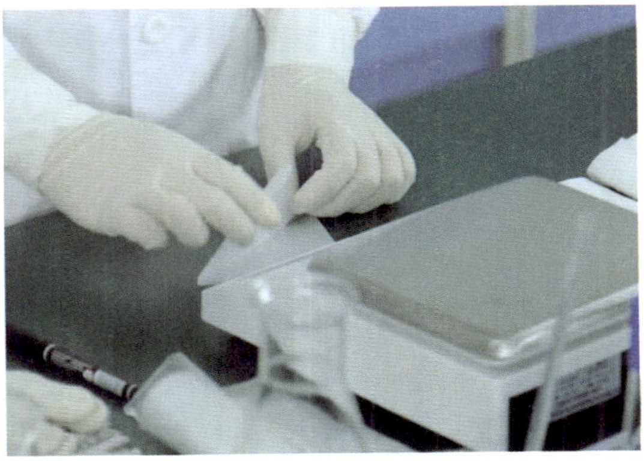

图 2-149 称量纸对角线折叠

(3)量取营养琼脂培养基药品。拿取商品化营养琼脂培养基瓶，打开，用药匙从培养基瓶中移取营养琼脂粉末到称量纸上(图 2-153)，快接近需要量取的数值时，用左手轻轻敲打右手(图 2-154)，让药粉缓慢增加到需要的量，多出来的药品丢弃至包装纸中(图 2-155)。盖好药品盖，将营养琼脂药瓶放回原处。

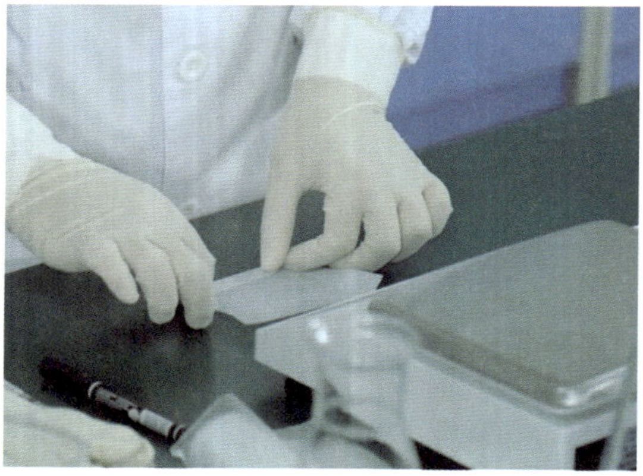

图 2-150　四边折叠

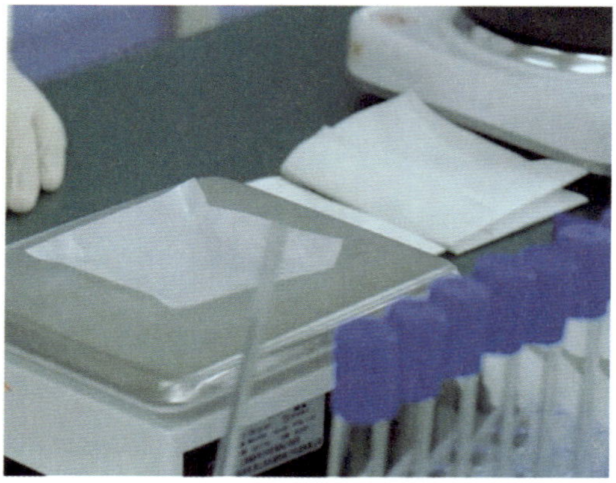

图 2-151　放置在天平上

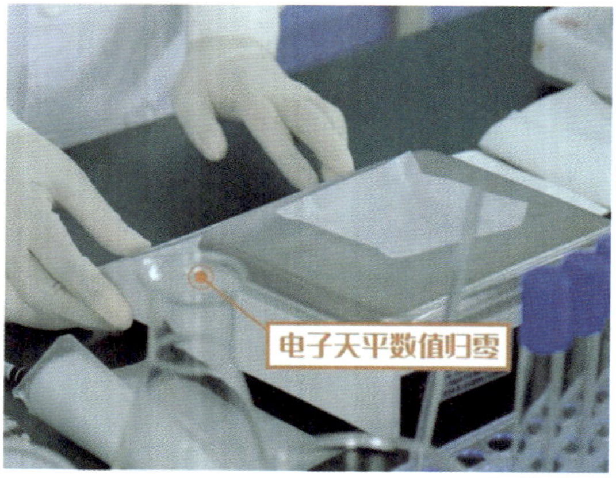


图 2-152　电子天平数值清零

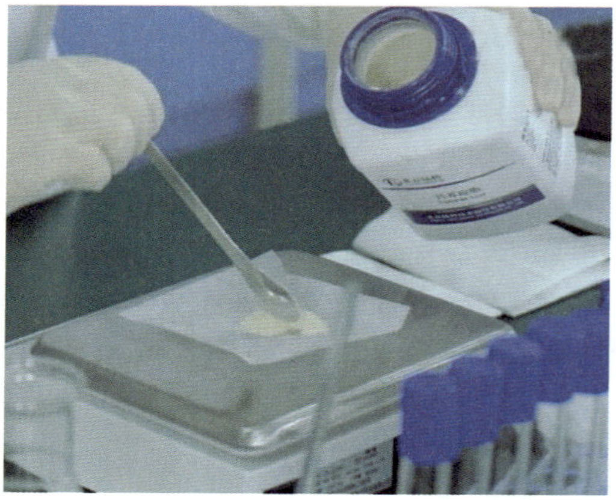

图 2-153　量取培养基粉末到称量纸上

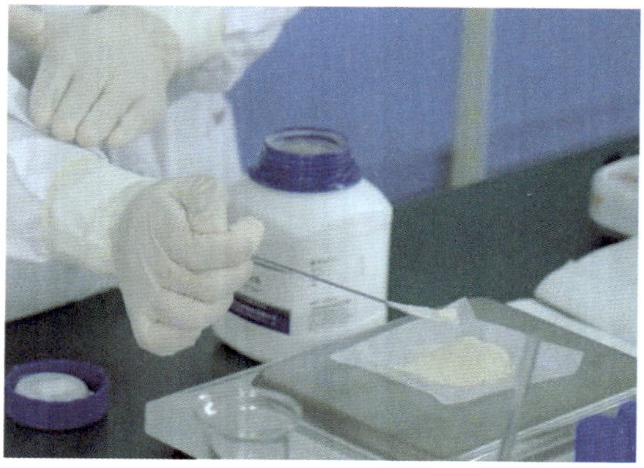

图 2-154　左手轻轻敲打右手

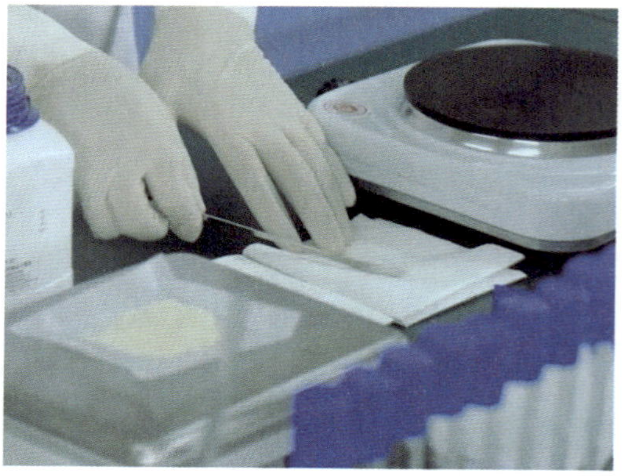

图 2-155　多出来的药品丢弃至包装纸中

(4)溶解。把称量好的营养琼脂培养基粉末倒入干净的烧杯中(图 2-156)。用量筒量取蒸馏水 300 mL(图 2-157),加入烧杯中(图 2-158),用玻棒搅拌(图 2-159),用吸水纸擦拭玻棒,放回原处。也可用磁力搅拌器搅拌(图 2-160),使药品充分溶解,溶解完成后,取出搅拌子。

(5)加热。将溶解后的培养基倒入三角瓶内(图 2-161),放置在电炉上加热(图 2-162),左

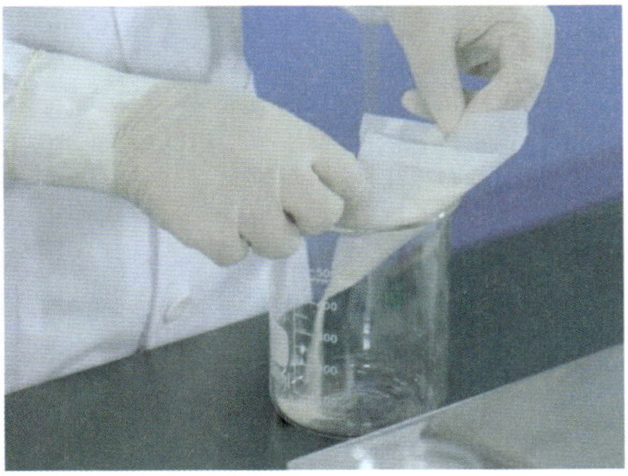

图 2-156　培养基粉末倒入烧杯中

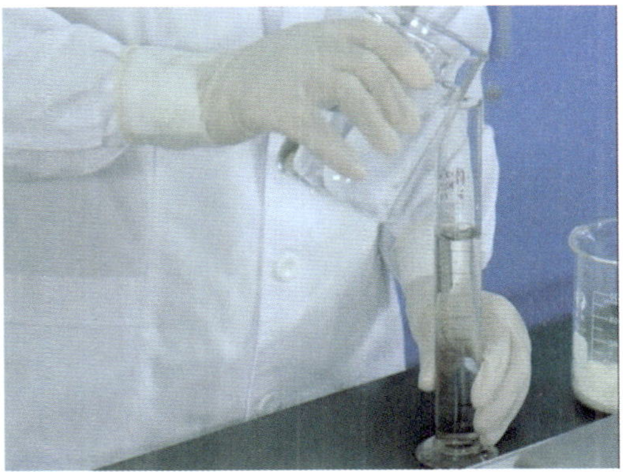

图 2-157　量筒量取蒸馏水

图 2-158　加入烧杯中

图 2-159　用玻棒搅拌

图 2-160　用磁力搅拌器搅拌

图 2-161　溶解后的培养基倒入三角瓶内

手戴上棉手套，右手用玻棒边加热边搅拌（图 2-163）。烧杯底部逐渐开始出现气泡（图 2-164），当底部的气泡往上冒泡时，将电炉的功率调小（图 2-165），当液体刚开始沸腾，立即将三角瓶从电炉上拿下来（图 2-166），以免溢出。此时观察培养基已完全溶解，并且是透明的（图 2-167）。溶解完成，将电炉完全关闭（图 2-168）。

图 2-162　放置在电炉上加热

图 2-163　左手戴棉手套，右手搅拌

图 2-164　烧杯底部逐渐出现气泡

图 2-165　气泡往上冒时，将电炉调小

图 2-166　液体沸腾，将三角瓶拿下来

图 2-167　完全溶解，透明

(6)分装。当培养基温度降至 50 ℃时开始分装。拿取试管架和试管,取下试管帽(图 2-169)。从移液器架拿取 10 mL 移液器,把量程调至 6 mL,安装吸头,量取 6 mL 培养基装入试管中(图 2-170、图 2-171),平行分装 10 个试管,试管内培养基是用来制作营养琼脂斜面的,所以装液体的高度一般不超过试管高度的 1/5(图 2-172)。分装完毕,移液器吸头打入废料缸中,并将移液器调至最大量程,直立悬挂在移液器架上。盖上试管帽(图 2-173)。

图 2-168　关闭电炉

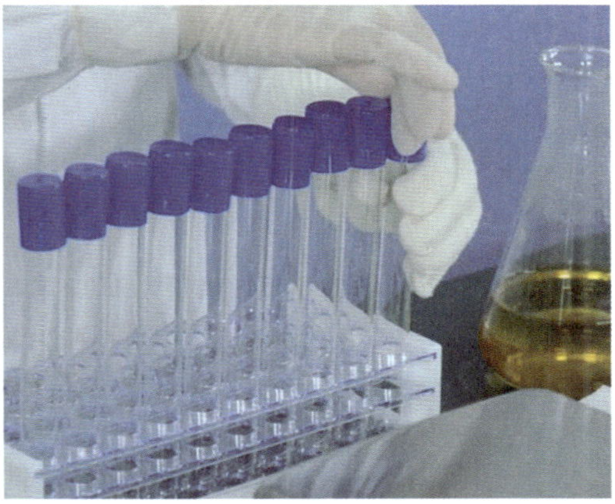

图 2-169　取下试管帽

图 2-170　分装 1

图 2-171　分装 2

(7)包装。将分装后剩下培养基的三角瓶用封瓶膜盖住瓶口(图 2-174),用耐高温橡皮筋缠绕固定(图 2-175),外面再用双层报纸包裹三角瓶瓶口,然后用橡皮筋进行包扎(图 2-176),写上培养基名称和灭菌日期(图 2-177),准备灭菌。试管一般选取 5 支试管一起包装(图 2-178),在试管中部用橡皮筋缠绕固定(图 2-179),放在烧杯内。然后选用合适大小的双层报纸包裹试管头部,再用橡皮筋缠绕固定(图 2-180),写上培养基名称和灭菌日期(图 2-181),准备灭菌。

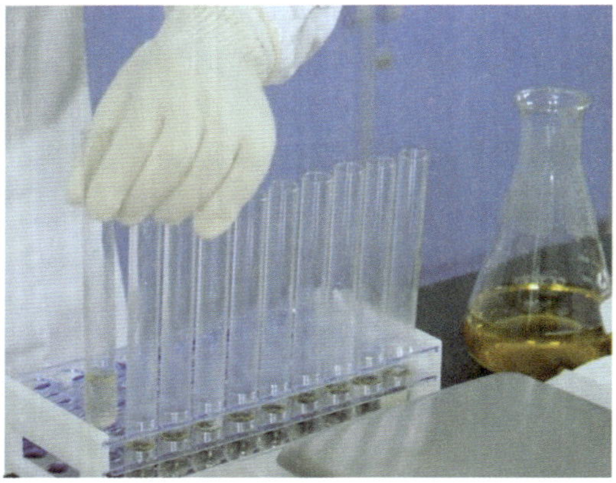

图 2-172　液体高度不超过试管高度的 1/5

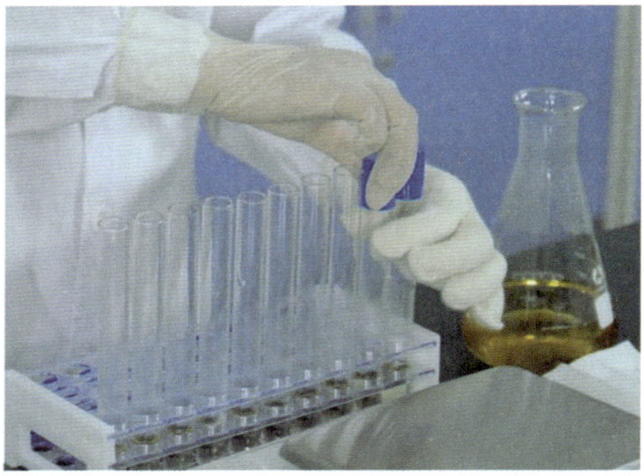

图 2-173　盖上试管帽

图 2-174　三角瓶用封瓶膜盖住瓶口

图 2-175　用橡皮筋缠绕固定

图 2-176　用橡皮筋进行包扎

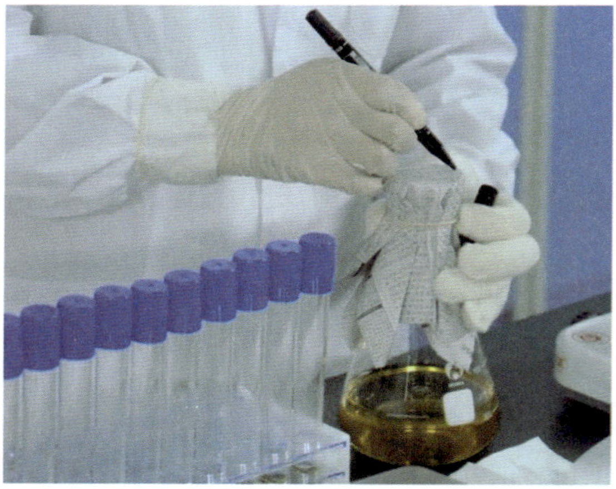

图 2-177　写上培养基名称和灭菌日期

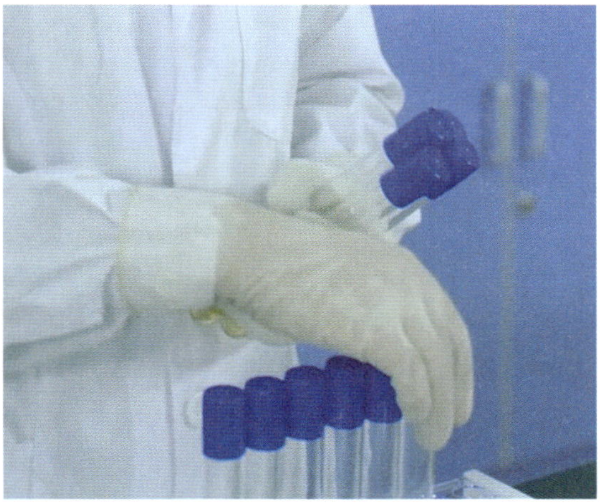

图 2-178　5 支试管一起包装

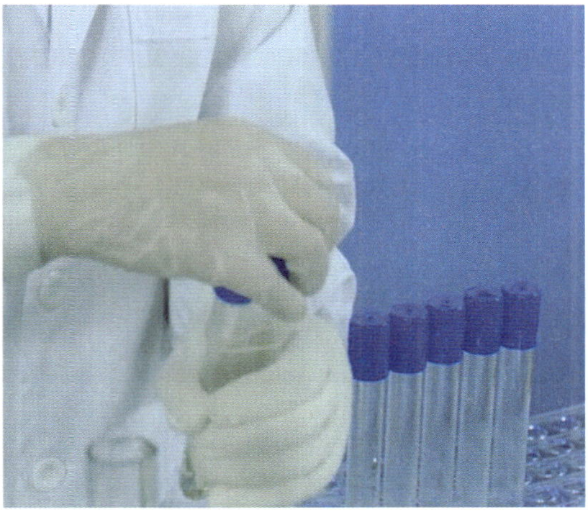

图 2-179　试管中部用橡皮筋缠绕固定

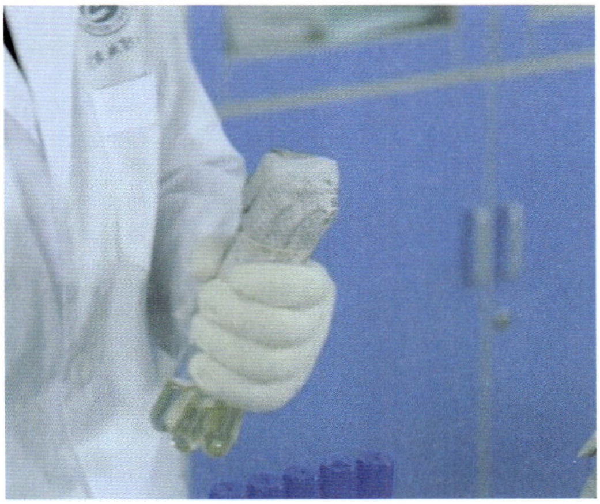

图 2-180　报纸包裹，用橡皮筋固定

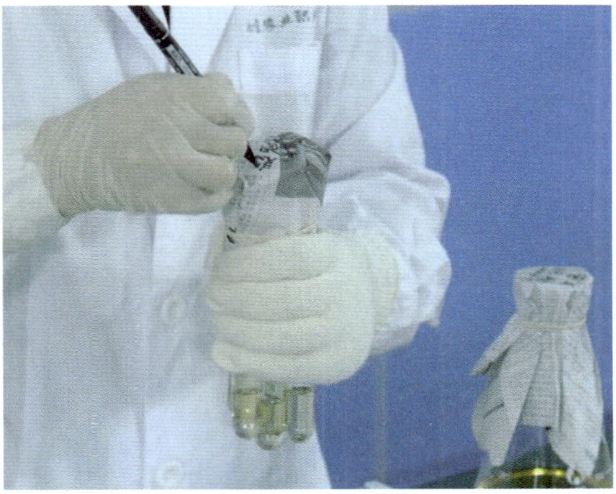

图 2-181　写上培养基名称和灭菌日期

**3. 营养琼脂斜面培养基的制备**

灭菌后需要立即摆斜面（图 2-182）。解开橡皮筋，打开报纸（图 2-183），解开试管上的橡皮筋。将试管口端搭在试管架底层平板上，试管底部放在桌面上（图 2-184）。可以根据培养基的多少上下调整试管的位置，保证斜面的起点从试管中部开始，斜面的长度大约是试管长度的一半（图 2-185）。依次摆放其他试管（图 2-186），等待培养基凝固（图 2-187）。

可将试管口端搭在玻棒上（图 2-188），试管底部放在桌面上。也可以根据培养基的多少上下调整试管的位置，保证斜面的起点从试管中部开始，斜面的长度大约是试管长度的一半（图 2-189）。依次摆放其他试管，等待培养基凝固（图 2-190）。培养基凝固完成后（图 2-191），再重新用橡皮筋和报纸包扎好（图 2-192），标记培养基名称和制备日期（图 2-193），这样营养琼脂培养基斜面就做好了（图 2-194）。

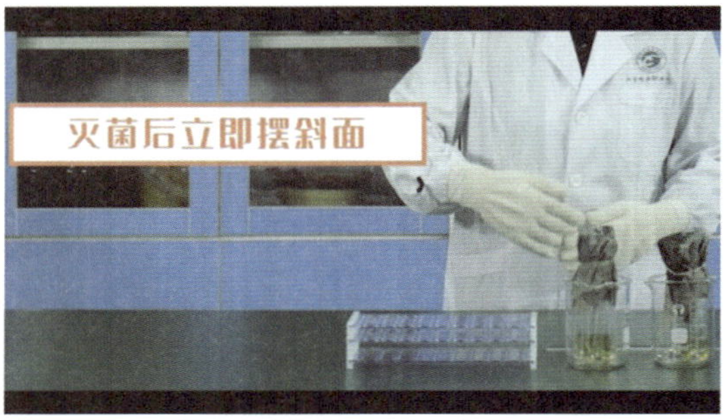


图 2-182　灭菌后立即摆斜面

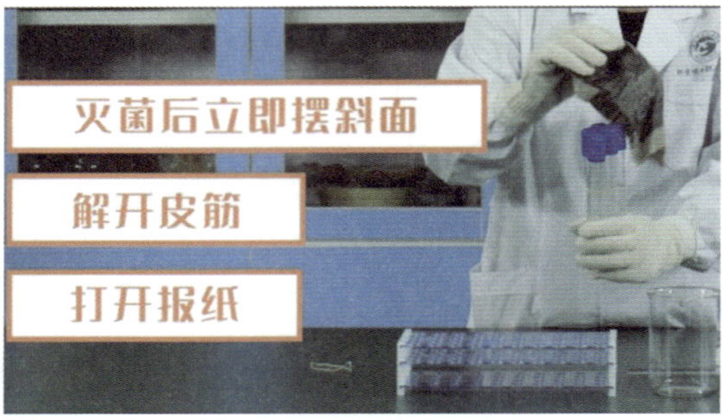


图 2-183　解开橡皮筋，打开报纸

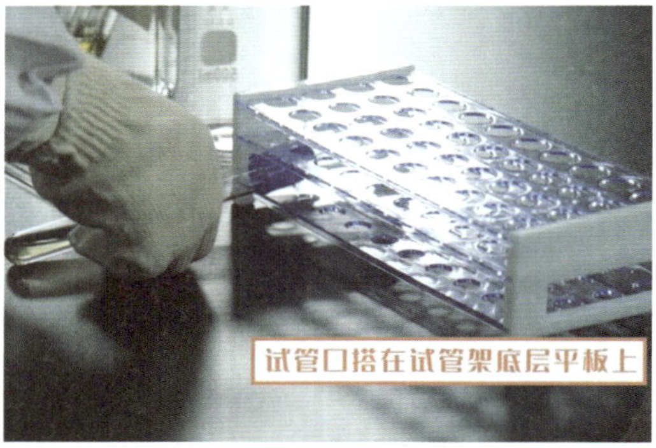


图 2-184　试管口搭在试管架底层平板上

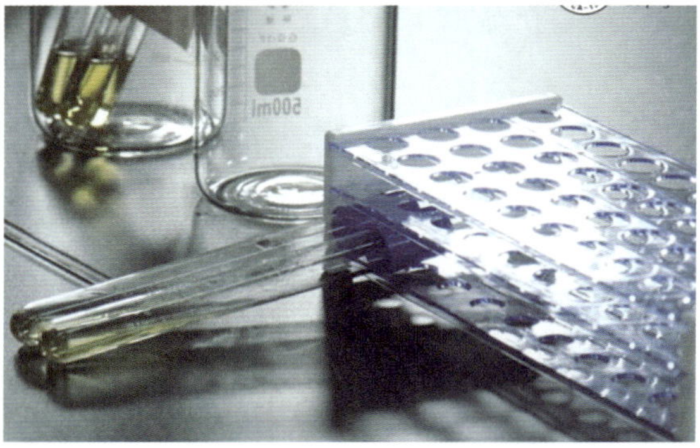

图 2-185　斜面的起点从试管中部开始

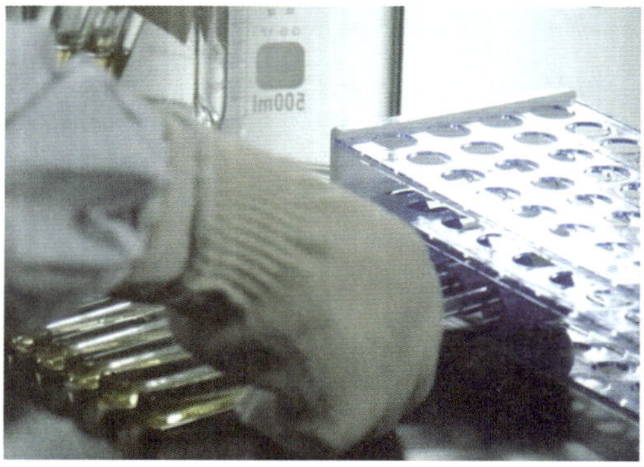

图 2-186　依次摆放其他试管

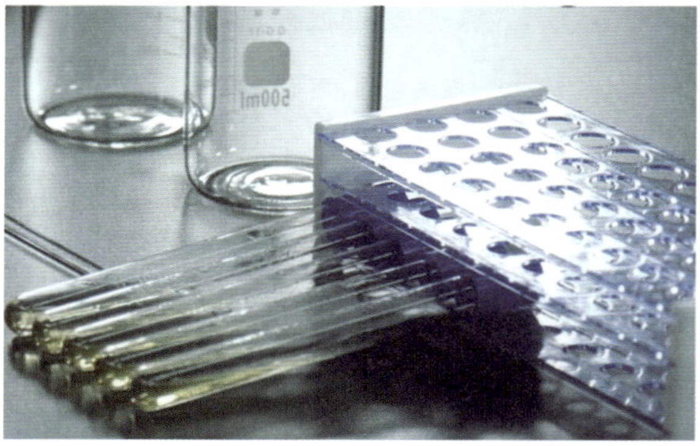

图 2-187　等待培养基凝固

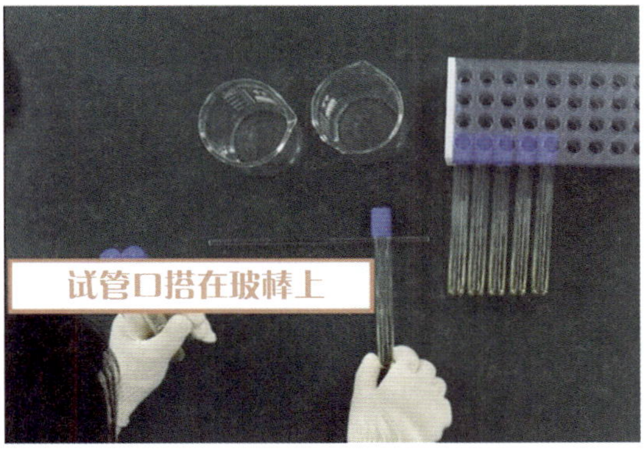


图 2-188　试管口搭在玻棒上

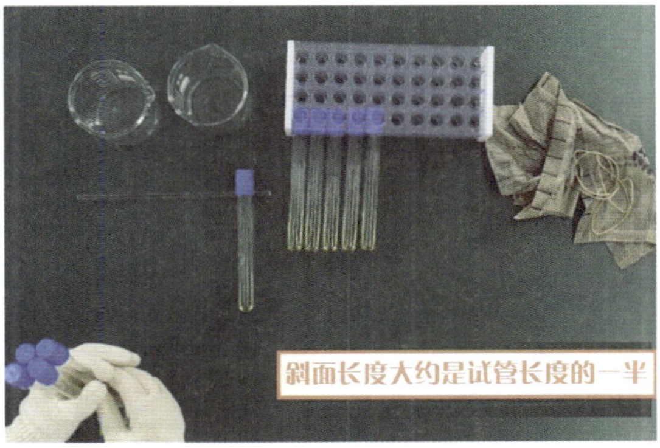


图 2-189　斜面长度大约是试管长度的一半

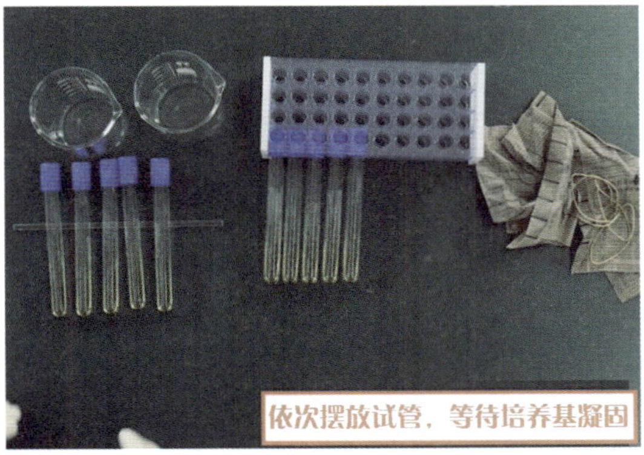


图 2-190　依次摆放试管，等待培养基凝固

图 2-191　培养基凝固完成

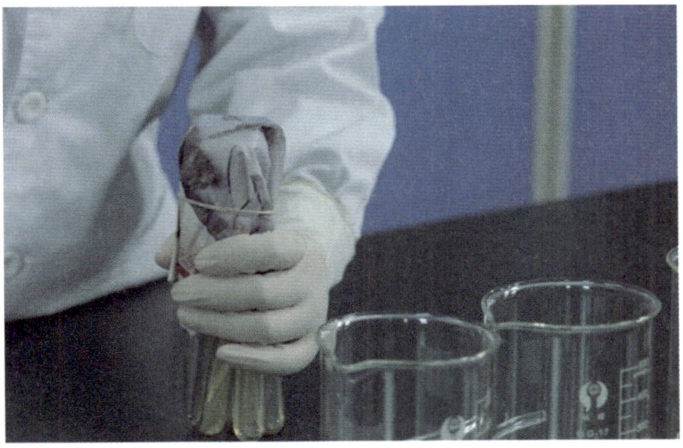

图 2-192　重新包扎

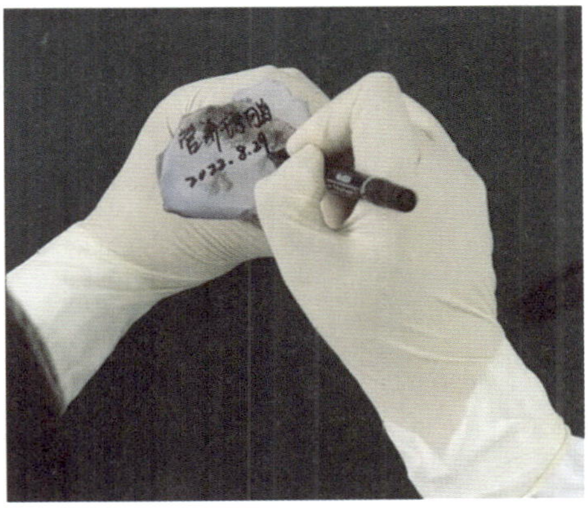

图 2-193　标记培养基名称和制备日期

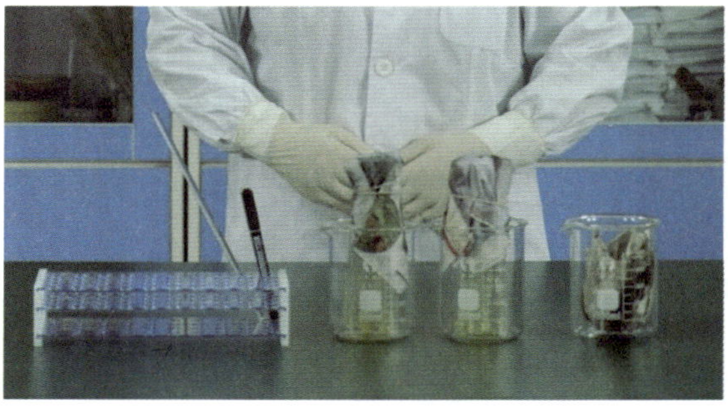

图 2-194　营养琼脂斜面培养基制备完成

### 4. 无菌平板的制备

（1）实验材料准备。灭菌后的培养皿、灭菌后的营养琼脂培养基、酒精灯、火柴、废料缸、记号笔（图 2-195）。

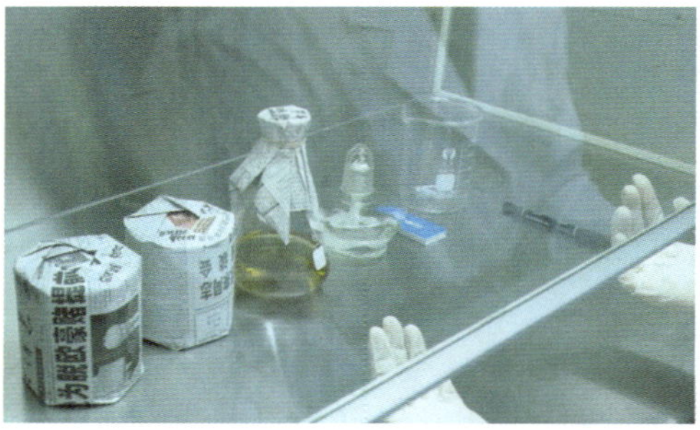

图 2-195　实验材料准备

（2）操作者将双手和前臂进行消毒（图 2-196）。

（3）拆开灭菌后的培养皿，把报纸折叠后放于右侧（图 2-197）。

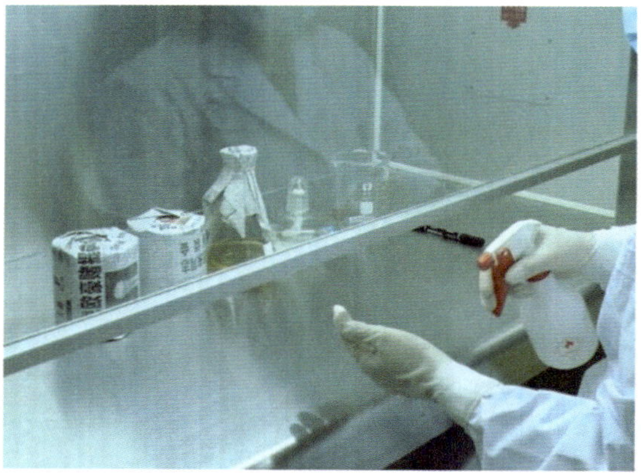

图 2-196　双手和前臂进行消毒

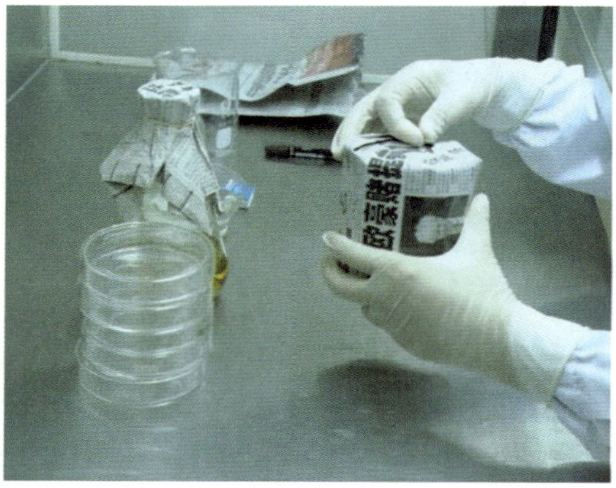

图 2-197　拆开培养皿，将报纸折叠放右侧

（4）拿下酒精灯灯帽，用火柴点燃酒精灯（图 2-198），火柴甩灭后放入废料缸中。

（5）拿起灭菌后的营养琼脂培养基，解开橡皮筋，取下报纸（图 2-199），解开橡皮筋，打开封瓶膜（图 2-200）。

（6）左手托住三角瓶的底部，三角瓶瓶口过酒精灯火焰灭菌（图 2-201）。三角瓶从左手换到右手（图 2-202）。

（7）左手拿起培养皿，用后面三个手指平稳托住培养皿的皿底（图 2-203），拇指和食指将皿盖打开（图 2-204）。右手将三角瓶中的培养基倒入培养皿中，自然铺满整个皿底（约 1/3 高）

(图 2-205)。盖好皿盖(图 2-206),将培养皿平稳放置在工作台上(图 2-207)。然后按同样的方法连续倒好其他培养皿(图 2-208 至图 2-210)。

(8)培养基都倒入培养皿后,将三角瓶从右手再换到左手,三角瓶瓶口过酒精灯火焰灭菌后(图 2-211)放置在右侧(图 2-212),盖灭酒精灯(图 2-213)。

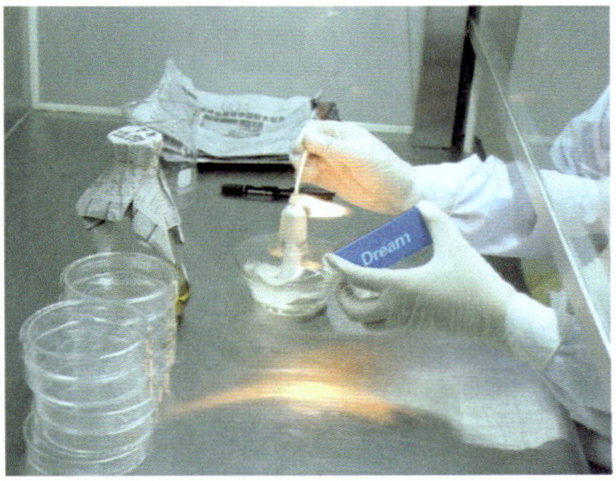


**图 2-198 点燃酒精灯**

**图 2-199 解开橡皮筋,取下报纸**

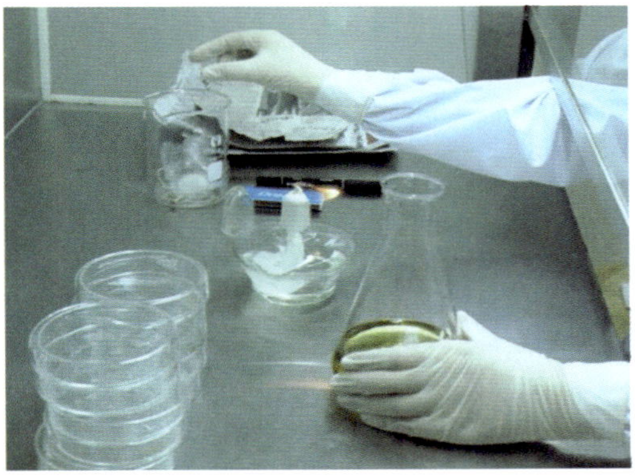

**图 2-200 解开橡皮筋,打开封瓶膜**

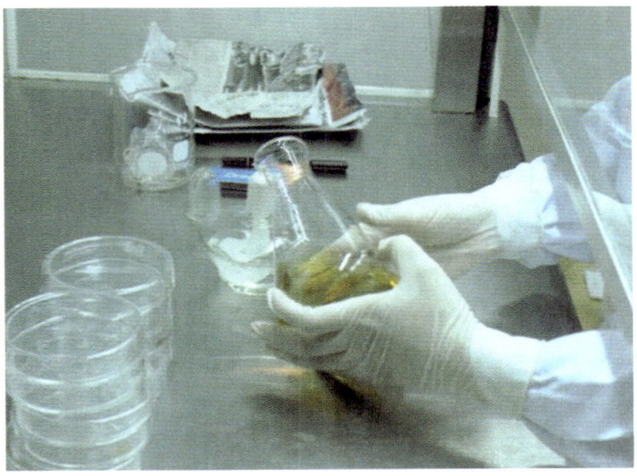

**图 2-201 瓶口过酒精灯火焰灭菌**

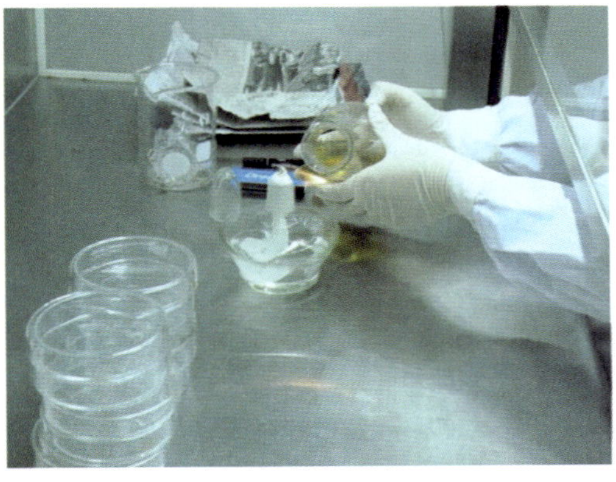

**图 2-202 三角瓶从左手换到右手**

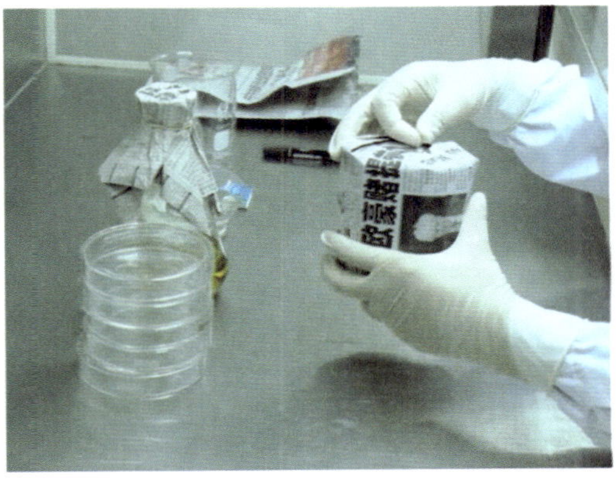

**图 2-203 平稳托住培养皿的皿底**

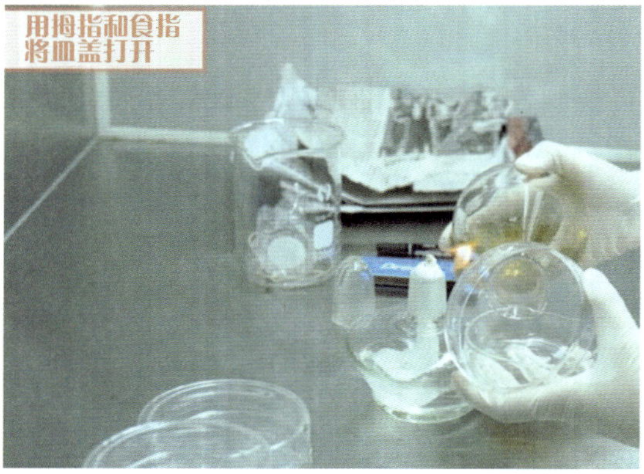


图 2-204　用拇指和食指将皿盖打开

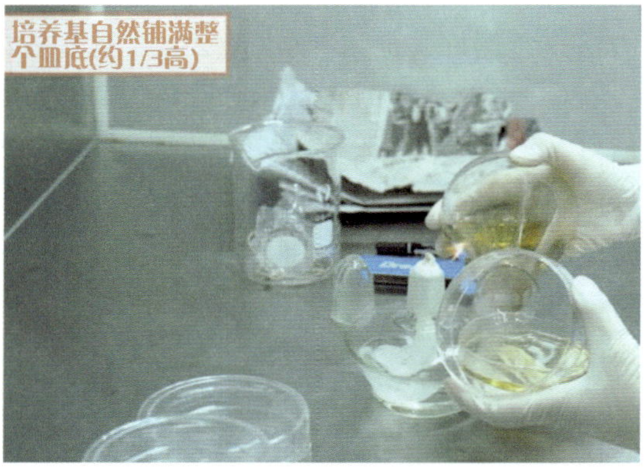


图 2-205　培养基自然铺满整个皿底

图 2-206　盖好皿盖

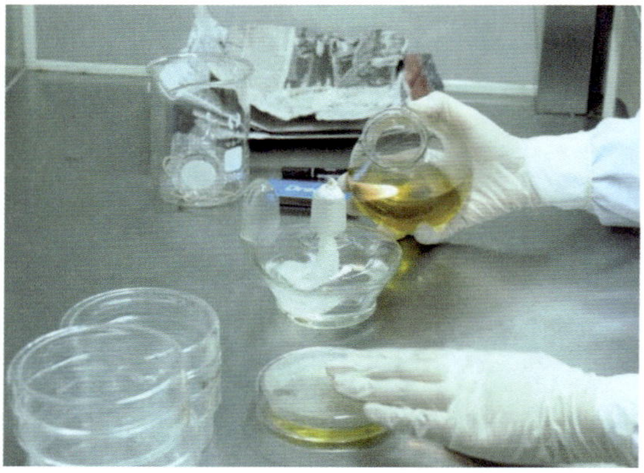

图 2-207　平稳放置在工作台上

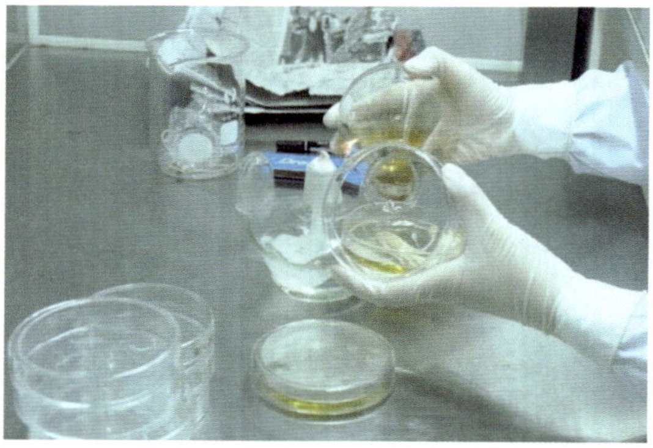

图 2-208　连续倒好其他培养皿 1

图 2-209　连续倒好其他培养皿 2

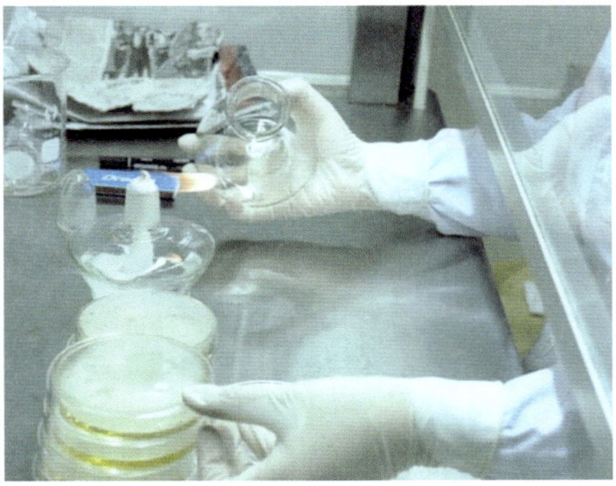

图 2-210　连续倒好其他培养皿 3

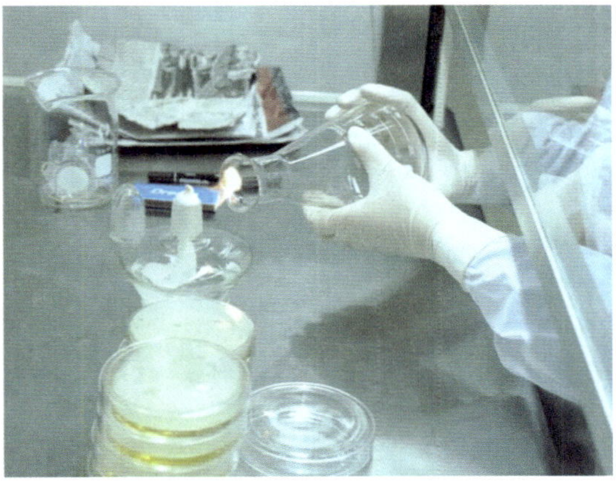

图 2-211　火焰灭菌

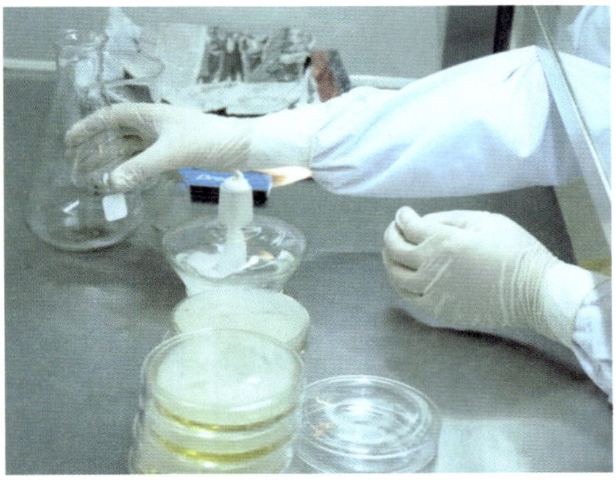

图 2-212　放置在右侧

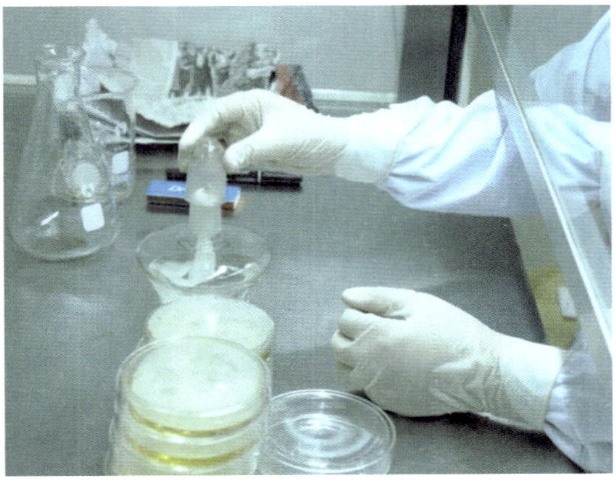

图 2-213　盖灭酒精灯

(9)等待培养基的凝固(图 2-214),等培养基完全凝固后(图 2-215),倒置培养皿(图 2-216),在皿底标记培养基名称和配制日期(图 2-217)。

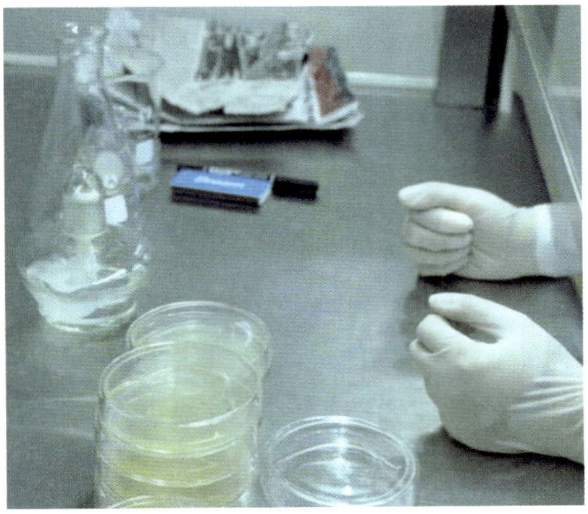

图 2-214　等待培养基凝固

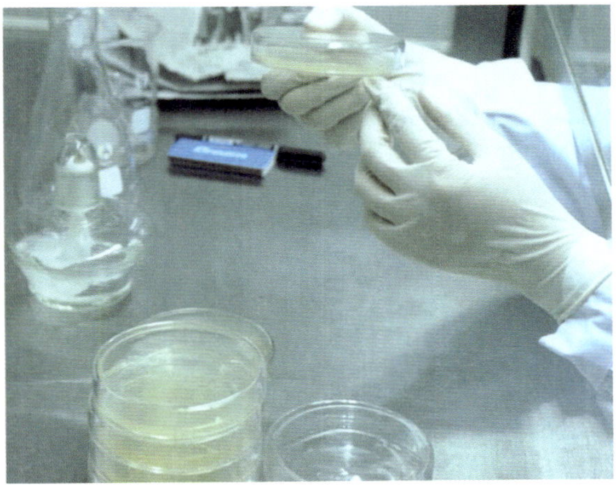

图 2-215　培养基完全凝固后

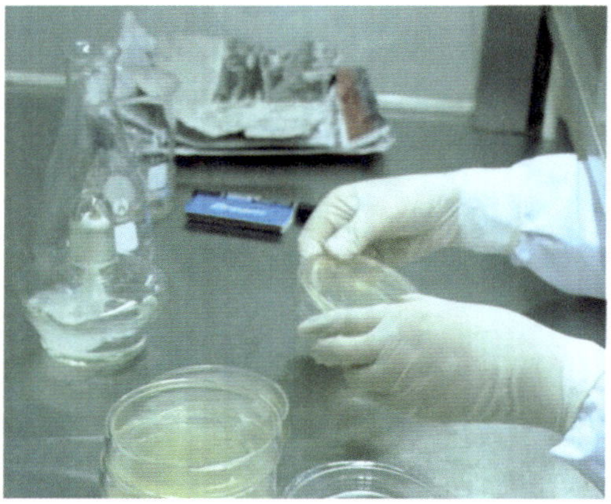

图 2-216 倒置培养皿

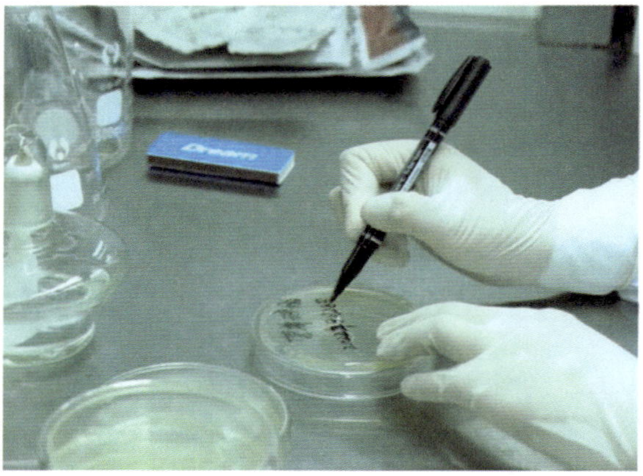

图 2-217 标记培养基名称和配制日期

## 二、鸡肠道病料的采集

(1)保定。助手将鸡侧卧保定,一只手抓住鸡的两腿,另一只手抓住鸡的两个翅膀(图2-218)。

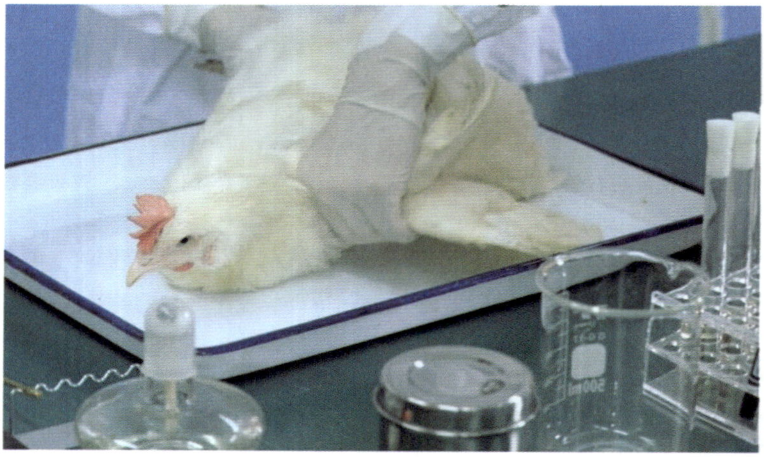

图 2-218 鸡的保定

(2)处死。操作者左手握住鸡的头部(图 2-219),用大拇指按住鸡头与鸡脖子的连接处(图 2-220),寻找到第一颈椎与头骨连接处的凹陷,即为枕骨大孔(图 2-221)。右手拿剪刀尖部朝头方向刺入枕骨大孔(图 2-222),向前探入颅腔,然后向各方搅动(图 2-223),以捣毁脑组织。当鸡的四肢肌肉完全松弛(图 2-224)后,拔出剪刀。

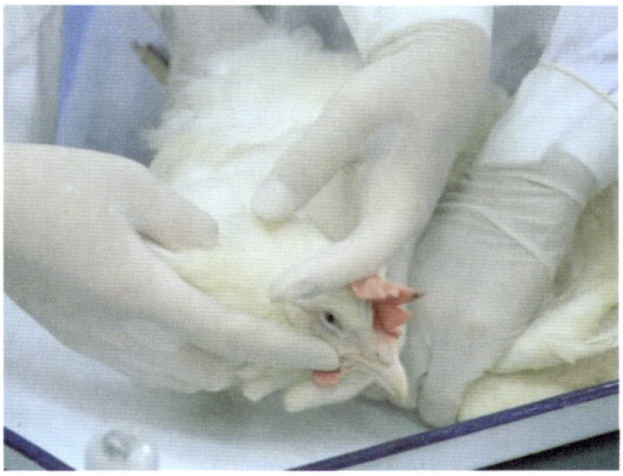

图 2-219　左手握住鸡的头部

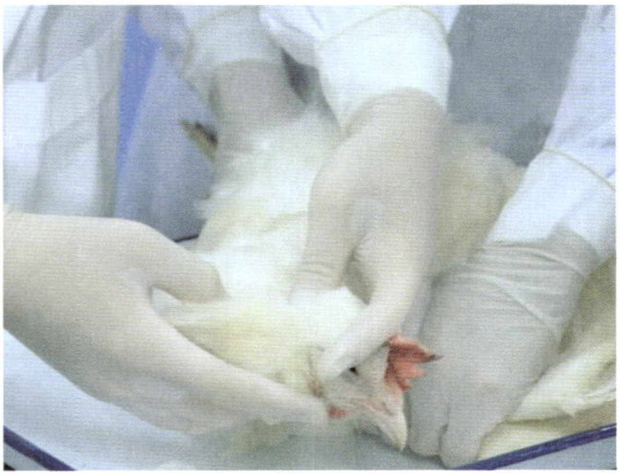

图 2-220　大拇指按住鸡头与鸡脖子的连接处

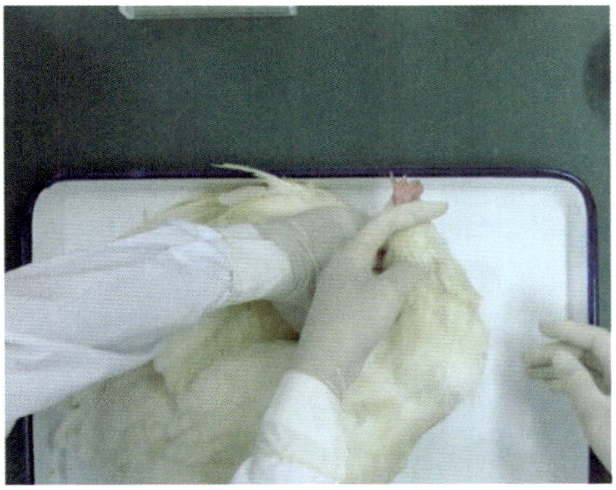

图 2-221　找到枕骨大孔

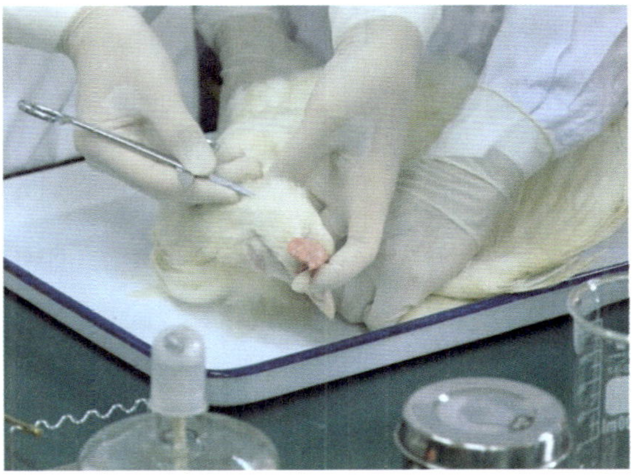

图 2-222　用剪刀尖部朝头方向刺入枕骨大孔

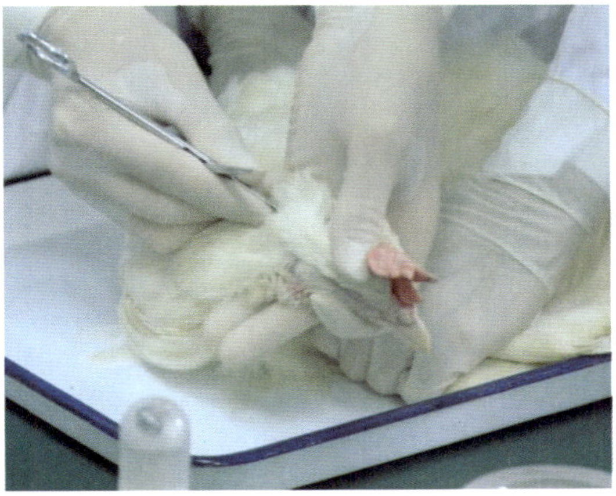

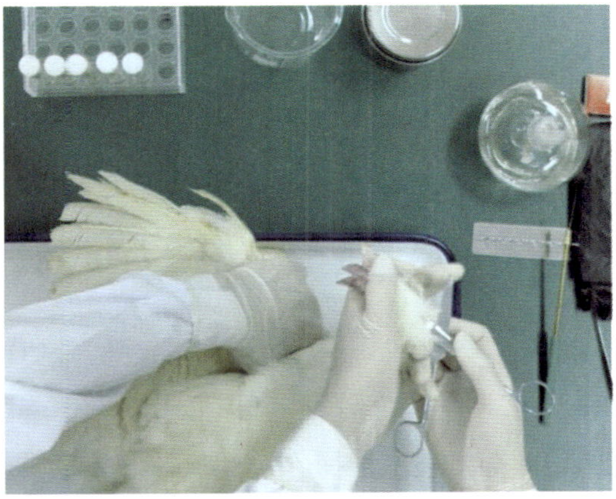

图 2-223　各方搅动

(3)浸泡消毒。将死亡后的鸡(图 2-225)放入 0.1%新洁尔灭消毒液中浸泡消毒(图 2-226),将羽毛和皮肤进行消毒。助手点燃酒精灯(图 2-227)。

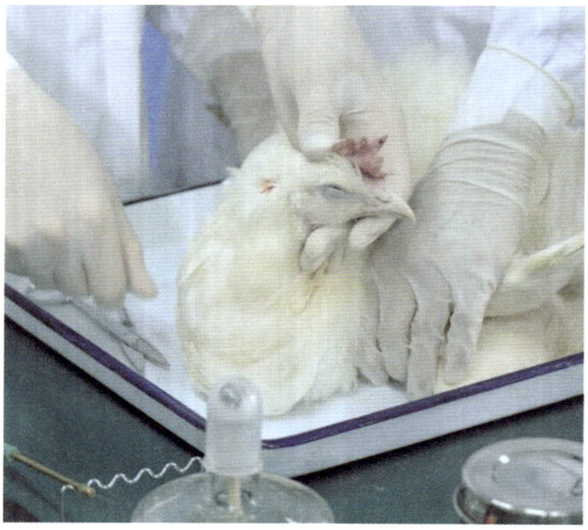

图 2-224 鸡的四肢肌肉完全松弛

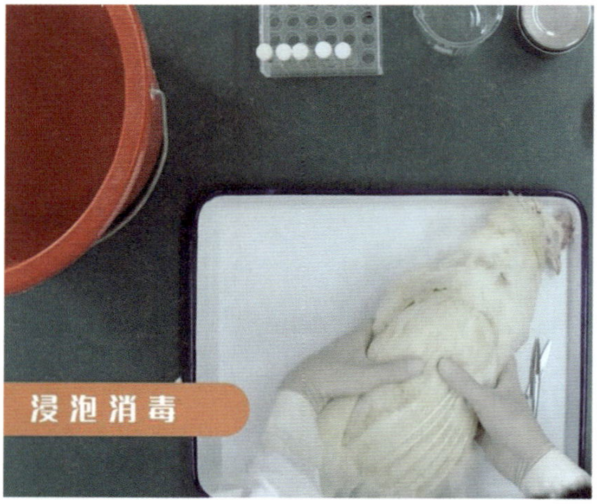


图 2-225 死亡后的鸡

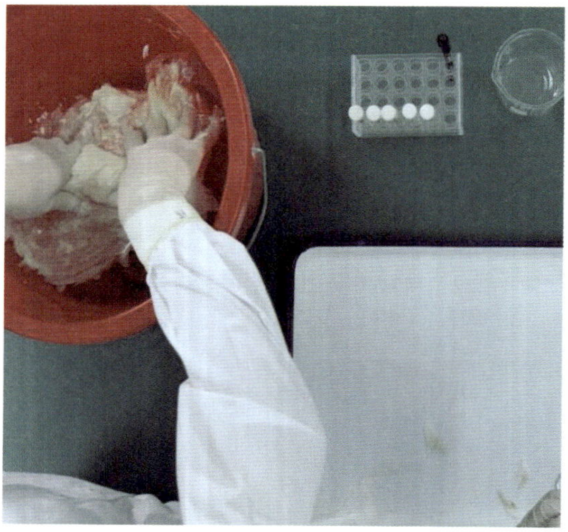

图 2-226 0.1%新洁尔灭消毒液中浸泡

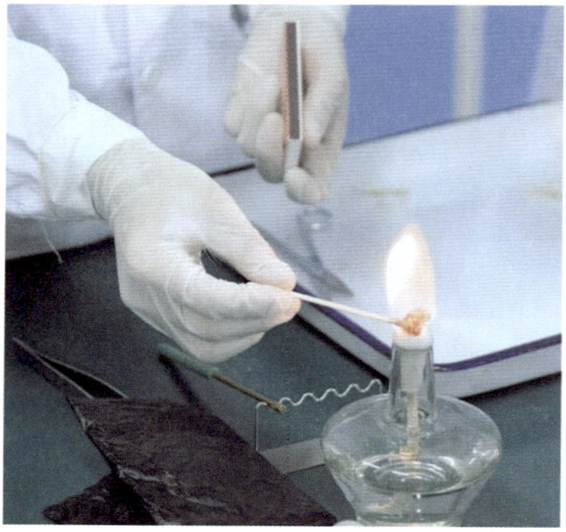

图 2-227 点燃酒精灯

(4)髋关节脱臼。消毒后将死鸡仰卧(背位)在搪瓷盘中(图 2-228),用剪刀剪开腹部与大腿内侧之间的皮肤(图 2-229 至图 2-232),用力将两大腿向外翻压至两髋关节脱臼(图 2-233 至图 2-235),两大腿向外展开,将鸡仰卧固定在搪瓷盘中(图 2-236)。

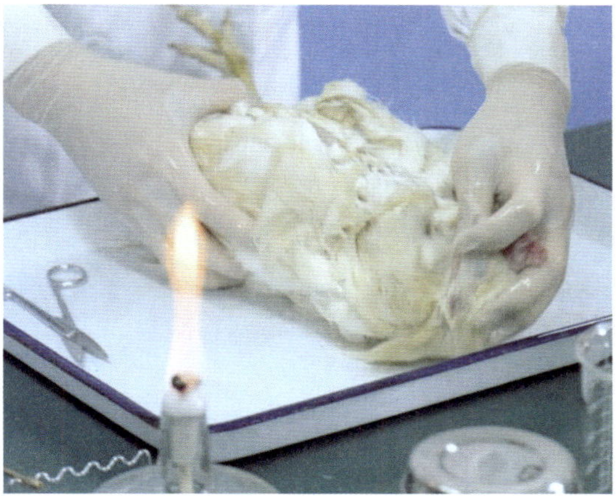

图 2-228　将鸡仰卧(背位)在搪瓷盘中

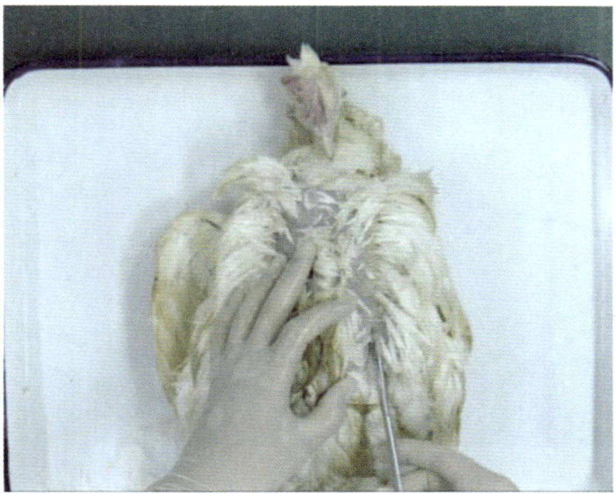

图 2-229　剪开腹部与大腿内侧的皮肤 1

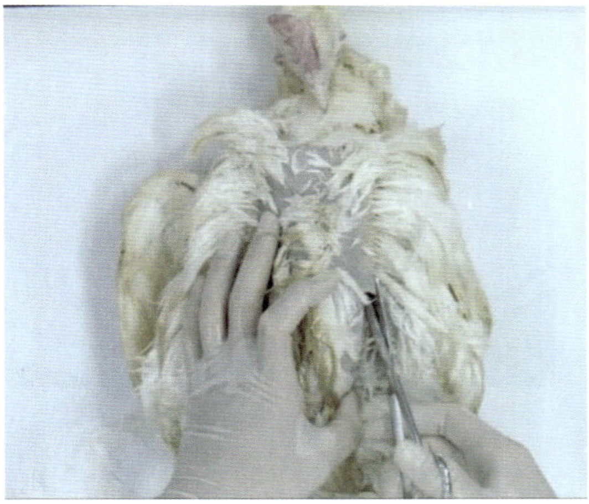

图 2-230　剪开腹部与大腿内侧的皮肤 2

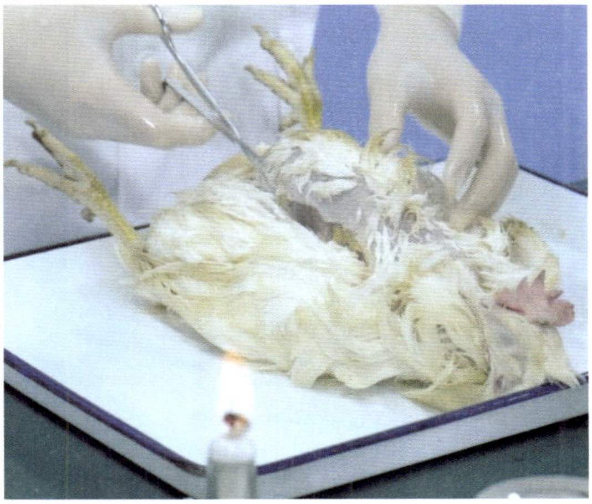

图 2-231　剪开腹部与大腿内侧的皮肤 3

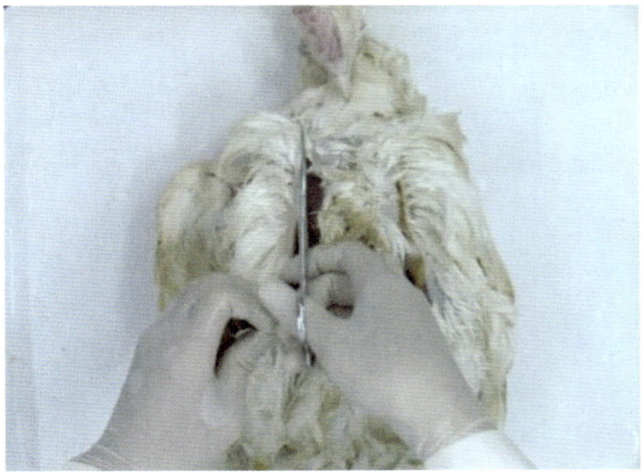

图 2-232　剪开腹部与大腿内侧的皮肤 4

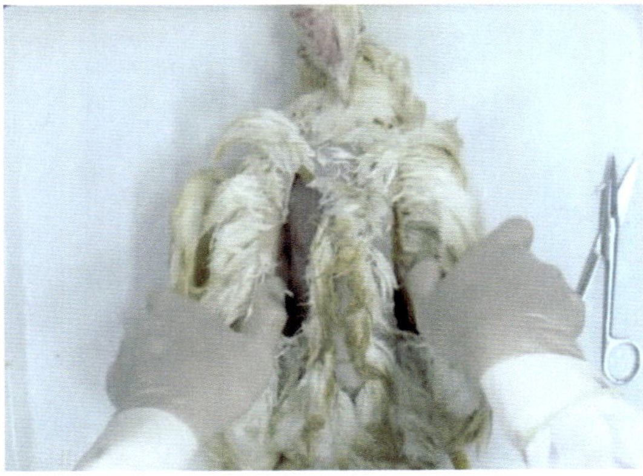

图 2-233　将两大腿向外翻压 1

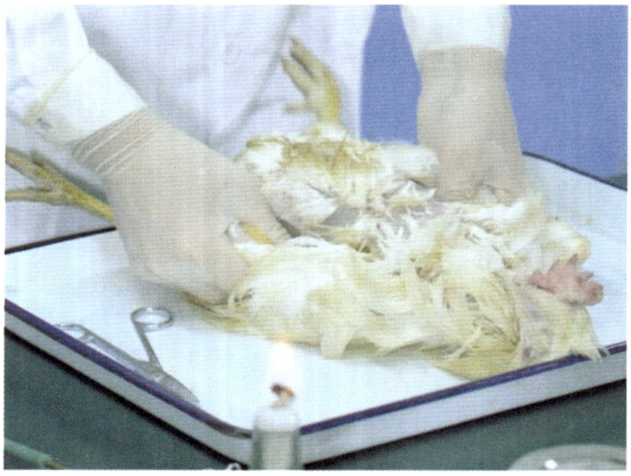

图 2-234　将两大腿向外翻压 2

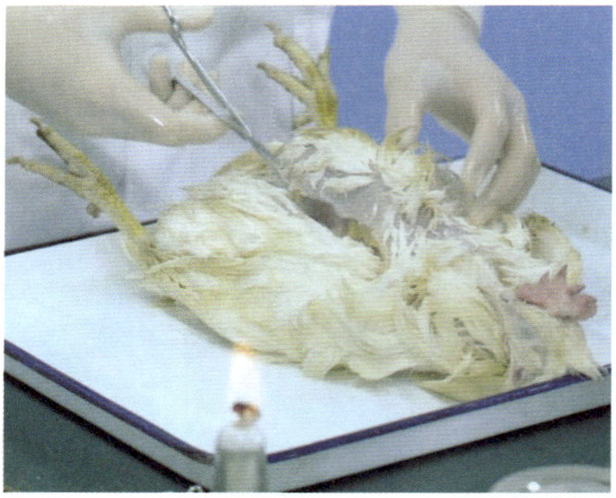

图 2-235　将两大腿向外翻压 3

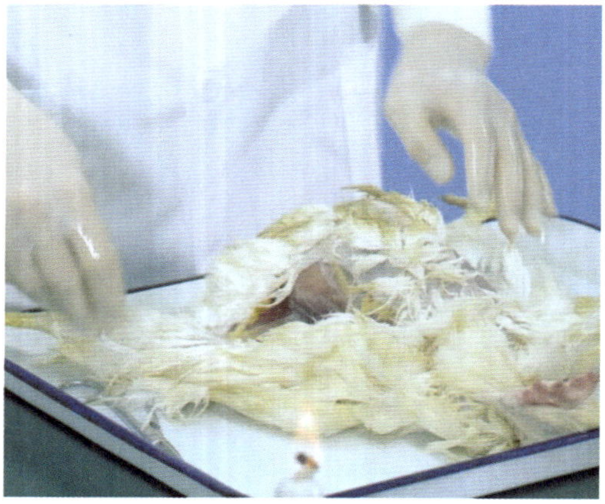

图 2-236　将鸡仰卧固定在搪瓷盘中

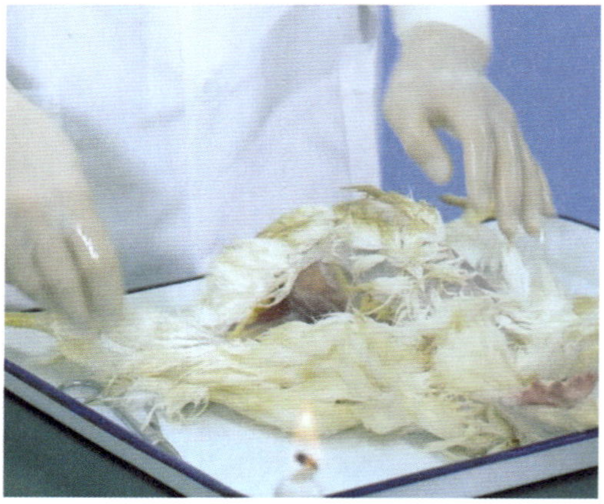

图 2-237　横向剪开后腹部的皮肤

(5)分离胸腹部皮肤。提起后腹部的胸骨末端的皮肤，横向剪开后腹部的皮肤(图 2-237)，与两侧大腿的竖切口连接。将皮肤向前剥离(图 2-238)，充分暴露整个胸腹部的皮下组织和肌肉。点燃酒精棉球(图 2-239)，用酒精棉球消毒胸腹部(图 2-240)。

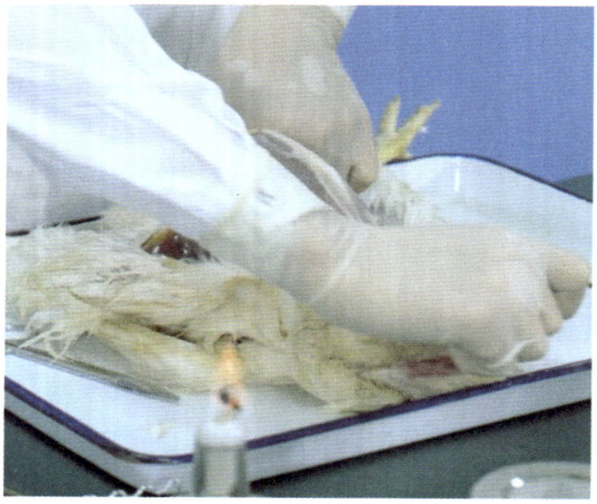

图 2-238　将皮肤向前剥离

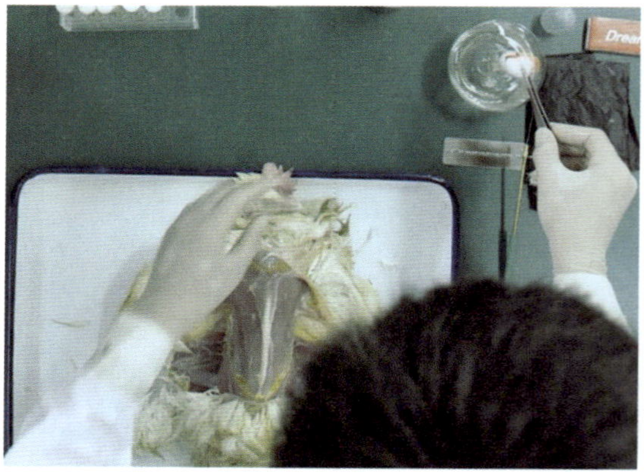

图 2-239　点燃酒精棉球

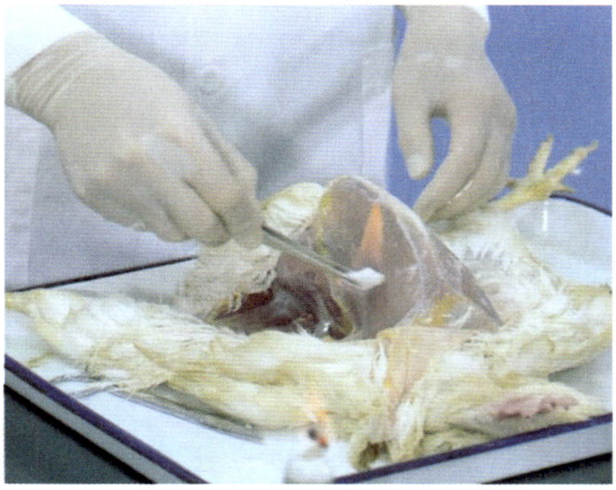

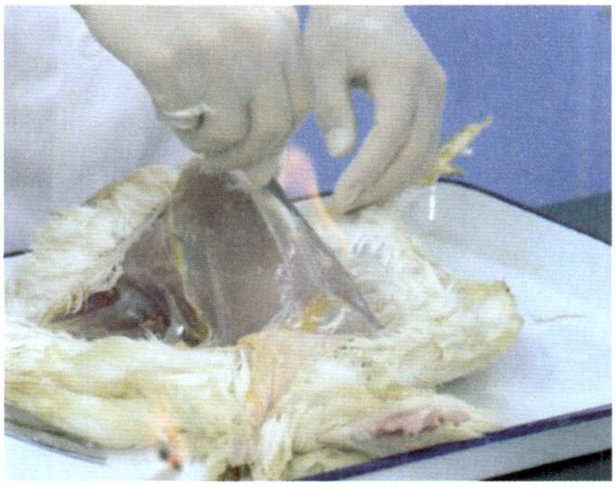

图 2-240 用酒精棉球消毒胸腹部

(6)打开体腔。横向剪开后腹部的肌肉层(图 2-241),剪断肋骨和乌喙骨(图 2-242),把胸骨向前外翻(图 2-243),露出体腔(图 2-244),左手提起腹膜,右手剪开腹膜(图 2-245),然后把切口横向剪开(图 2-246),再向前剪开腹膜(图 2-247),充分露出腹腔器官。找到十二指肠(图 2-248)。

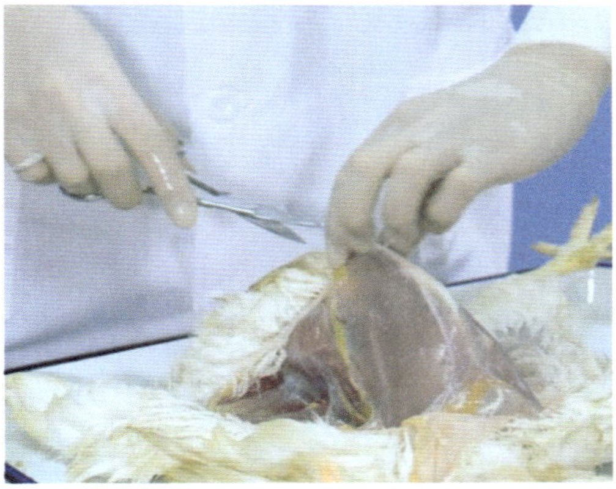

图 2-241 横向剪开后腹部的肌肉层

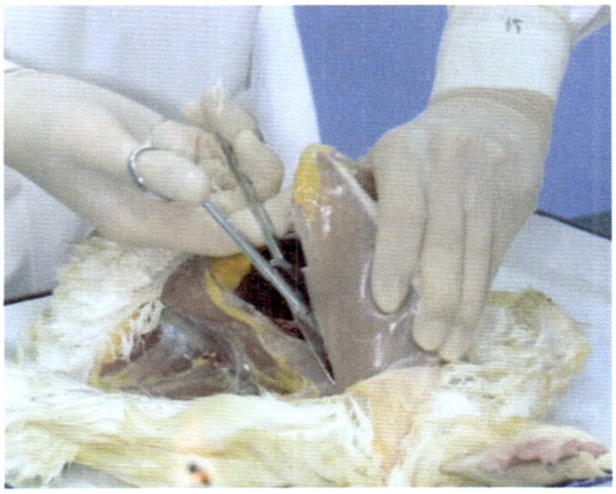

图 2-242 剪断肋骨和乌喙骨

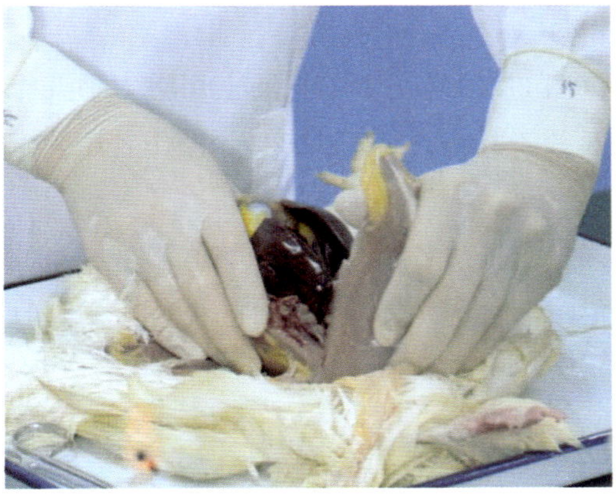

图 2-243 把胸骨向前外翻

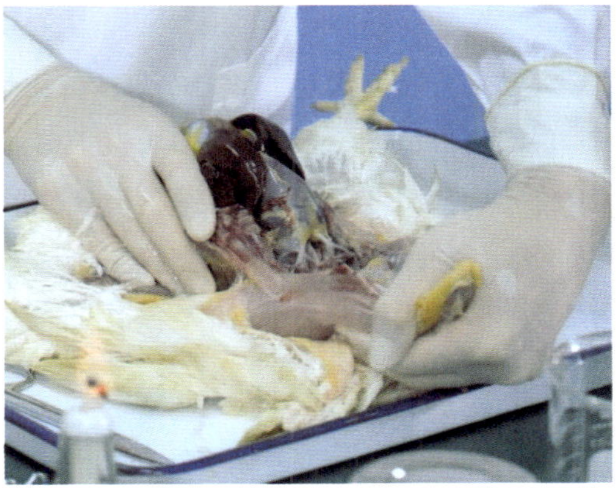

图 2-244 露出体腔

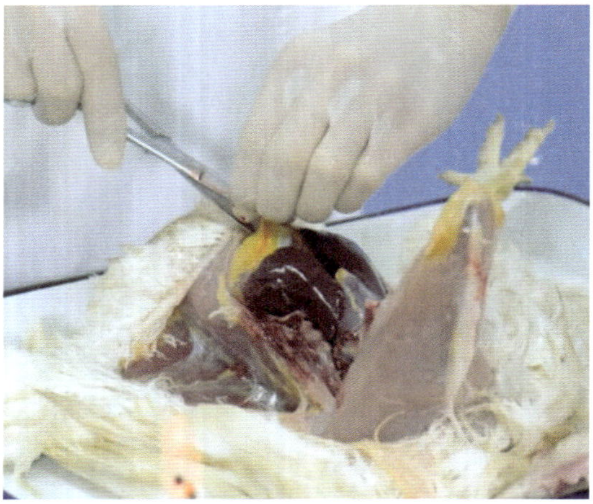

图 2-245　剪开腹膜 1

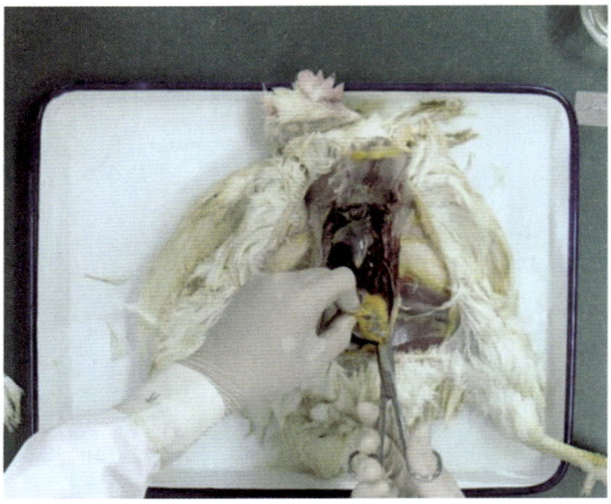

图 2-246　剪开腹膜 2

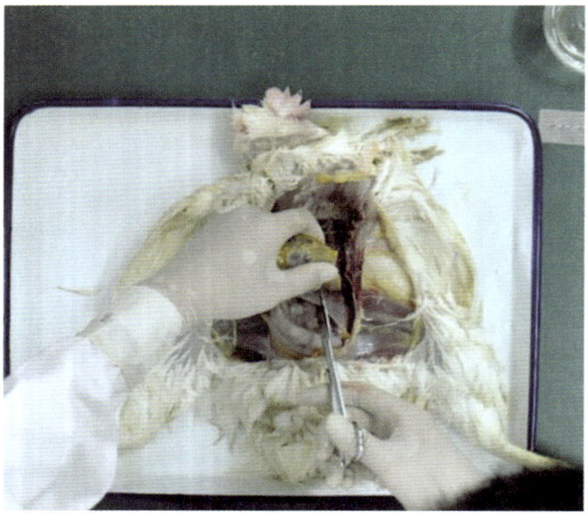

图 2-247　剪开腹膜 3

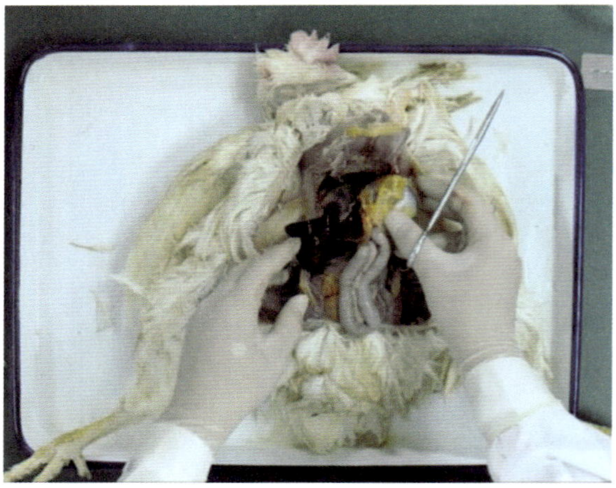

图 2-248　找到十二指肠

(7)采集肠道病料。剪刀在酒精灯火焰上消毒后(图 2-249),在十二指肠上用剪刀剪几个开口(图 2-250、图 2-251),剪刀和镊子用消毒水清洗后放于托盘内(图 2-252)。操作者用消毒水清洗手套(图 2-253),最后脱下手套(图 2-254)。

换上新的手套,拿取 1 支培养基(图 2-255),接种环在酒精灯外焰上进行灭菌后(图 2-256),稍稍冷却,然后用右手小指、无名指和掌边拔开试管棉塞(图 2-257),棉塞和试管口过酒精灯火焰消毒(图 2-258)。

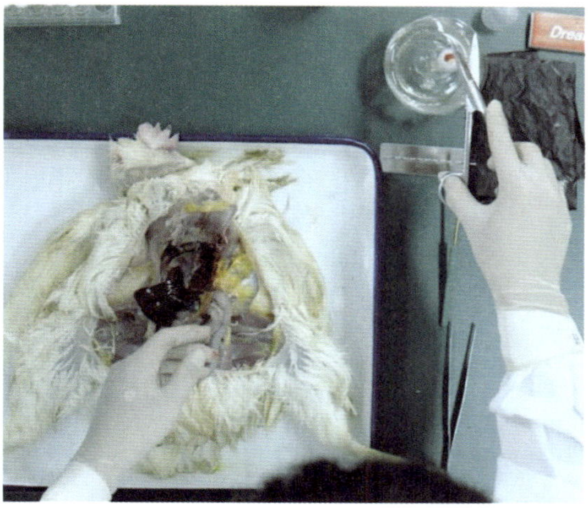

图 2-249　剪刀在酒精灯火焰上消毒

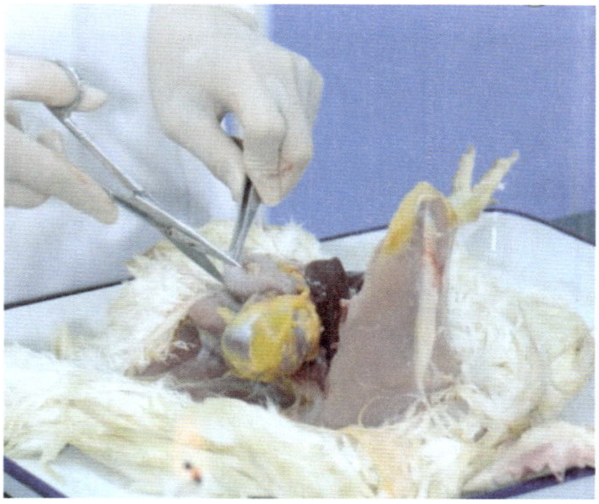

图 2-250　在十二指肠上剪几个开口 1

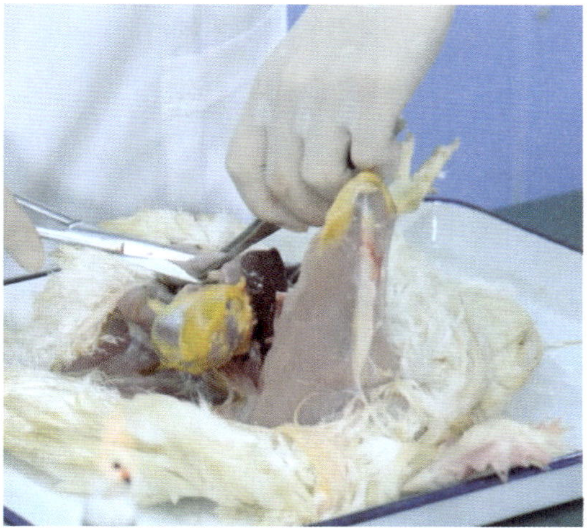

图 2-251　在十二指肠上剪几个开口 2

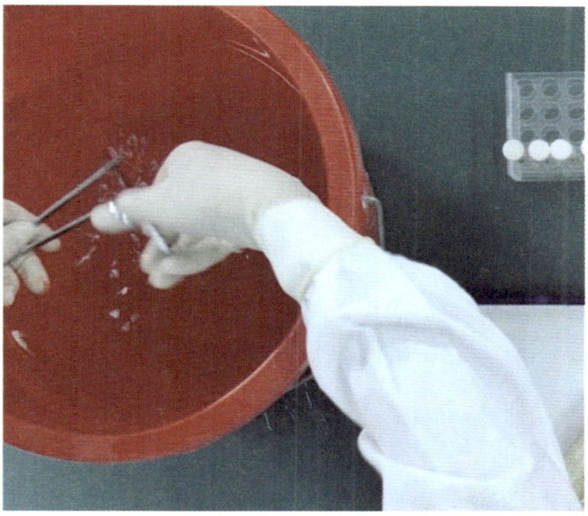

图 2-252　剪刀和镊子用消毒水清洗

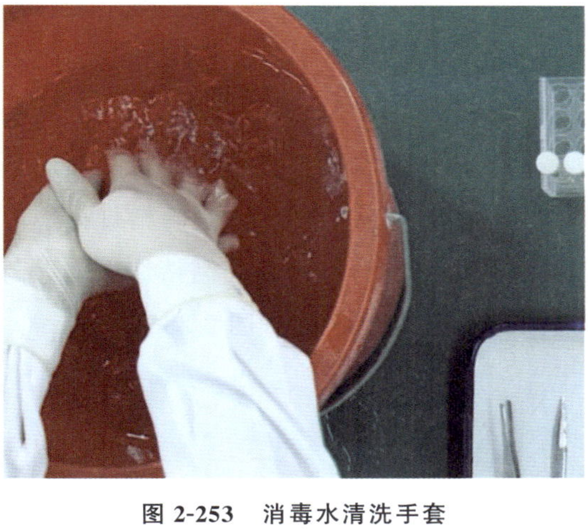

图 2-253　消毒水清洗手套

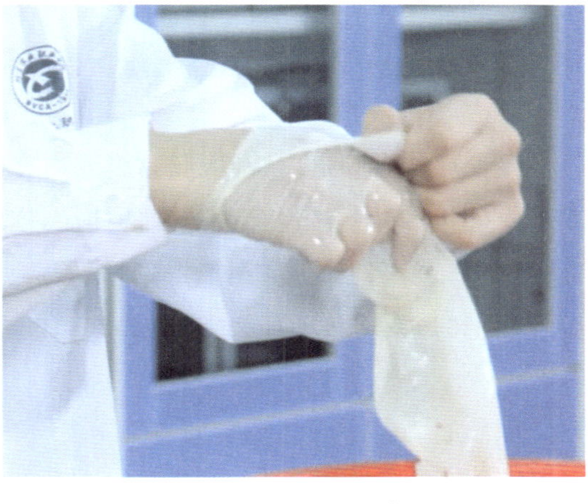

图 2-254　脱下手套

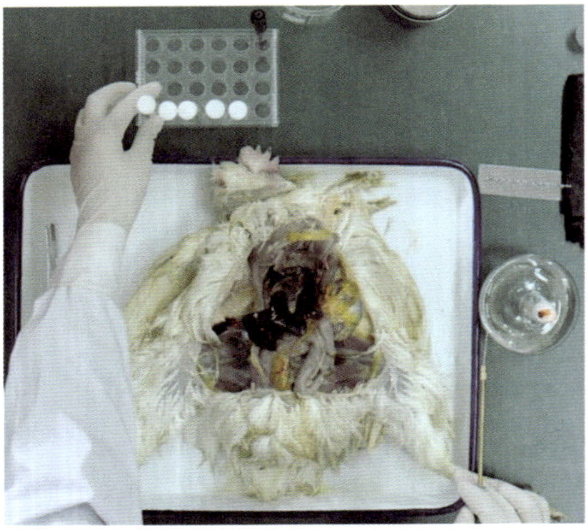

图 2-255　拿取 1 支培养基

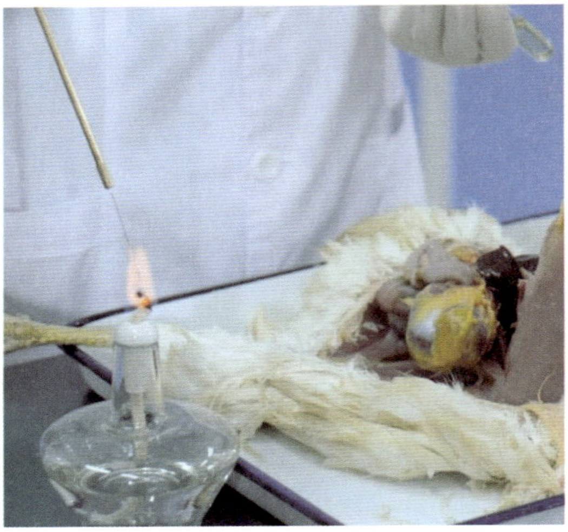

图 2-256　进行灭菌

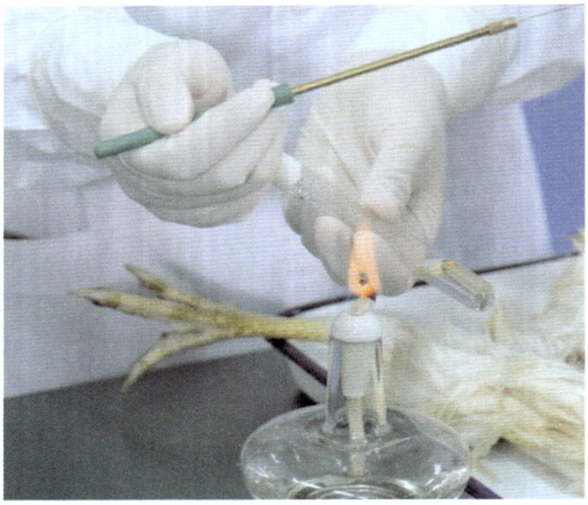

图 2-257　右手拔开试管棉塞

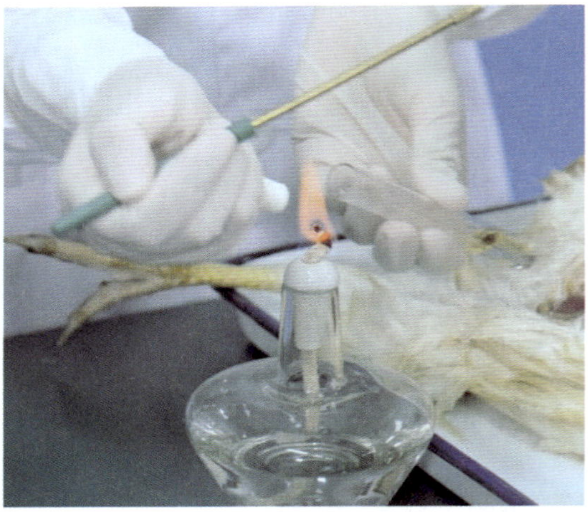

图 2-258　棉塞和试管口火焰消毒

接种环伸入肠道内，刮取肠黏膜或内容物(图 2-259)，取样后将接种环伸入试管的肉汤培养基中(图 2-260)，洗净接种环上的样品，连续采样 3～4 次后，棉塞和试管口过酒精灯火焰消毒(图 2-261)，塞上胶塞(图 2-262)，试管放回试管架上(图 2-263)。接种环经酒精灯火焰灭菌后(图 2-264)放回接种环架上(图 2-265)。在试管上标记采样部位和时间(图 2-266)。

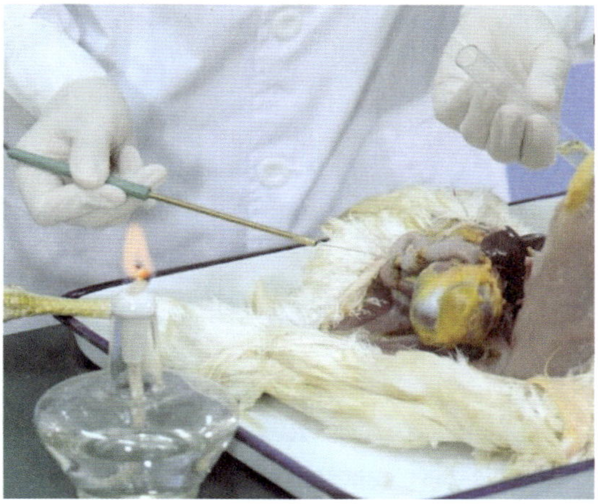

图 2-259　接种环伸入肠道内

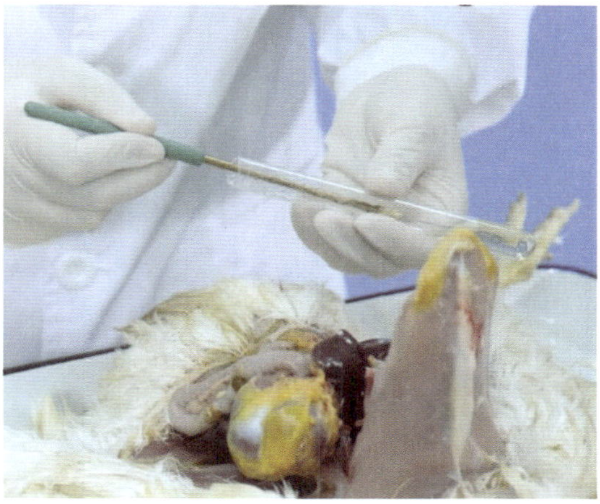

图 2-260　接种环伸入培养基中

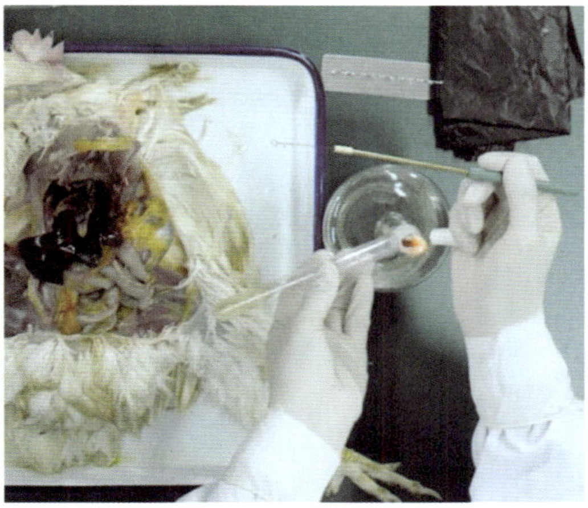

图 2-261　棉塞和试管消毒

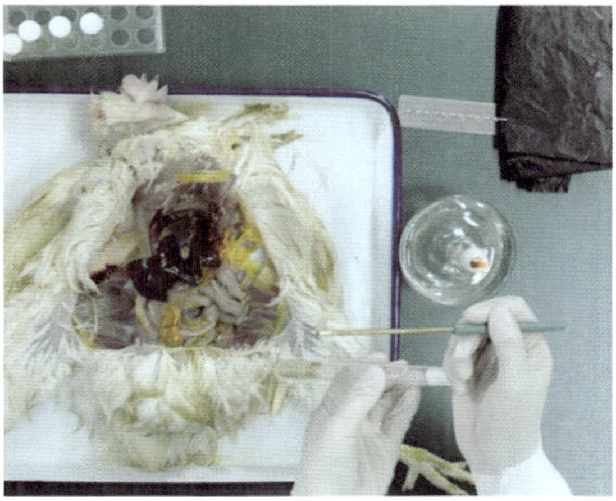

图 2-262　塞上胶塞

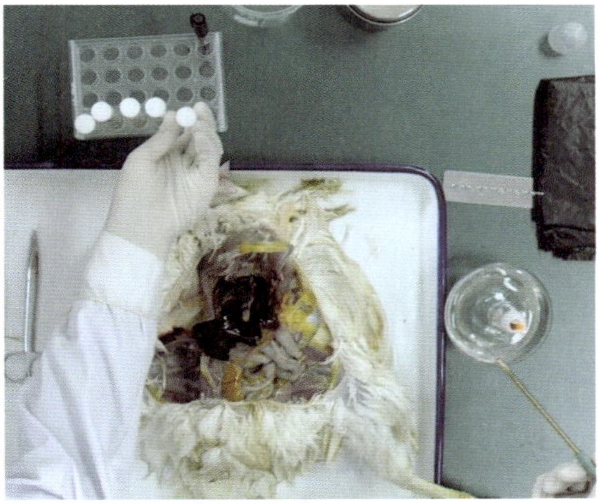

图 2-263　试管放回试管架上

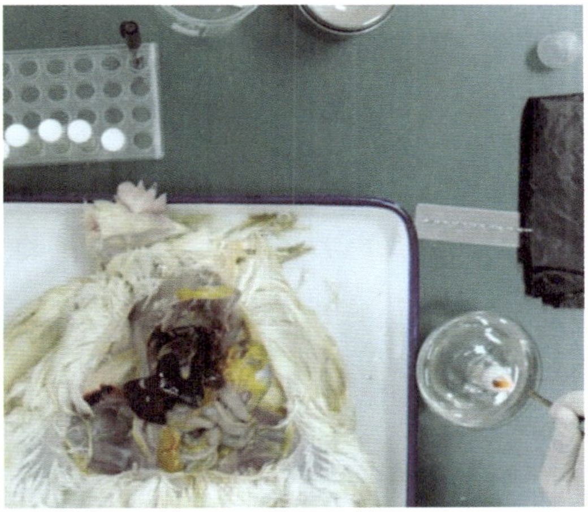

图 2-264　接种环火焰灭菌

图 2-265　接种环放回接种环架上

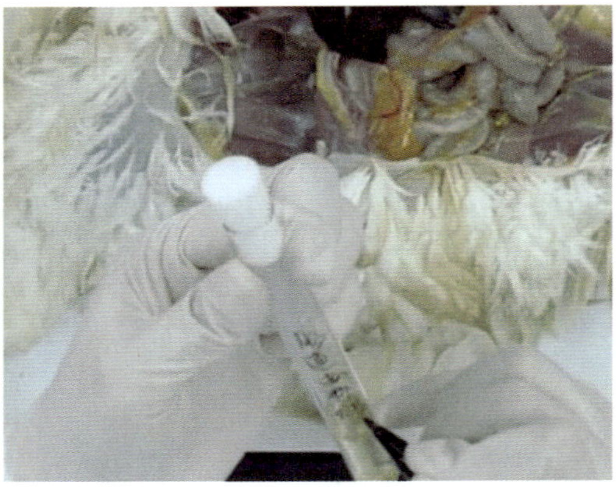

图 2-266　在试管上标记采样部位和时间

（8）场地整理。盖灭酒精灯（图 2-267），鸡的尸体装入大垃圾袋（图 2-268）。随后剪刀、镊子、托盘刷洗干净（图 2-269 至图 2-271）。将采集好的病料肉汤培养基放入培养箱中 37 ℃培养 24～48 h（图 2-272）。

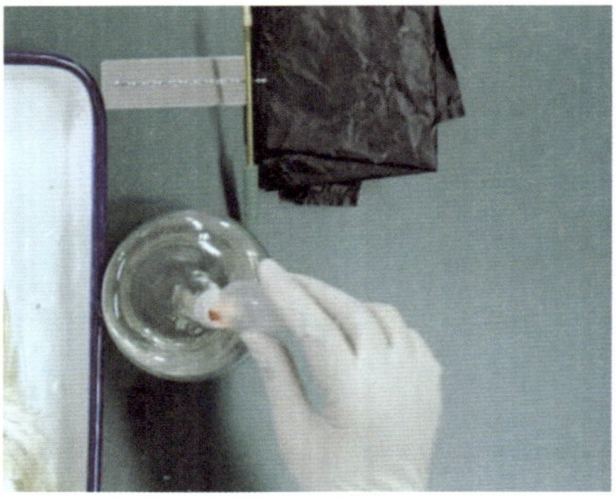

图 2-267　盖灭酒精灯

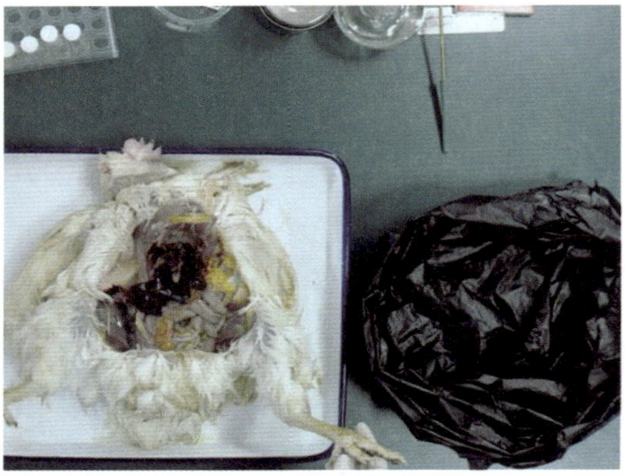

图 2-268　鸡的尸体装入大垃圾袋

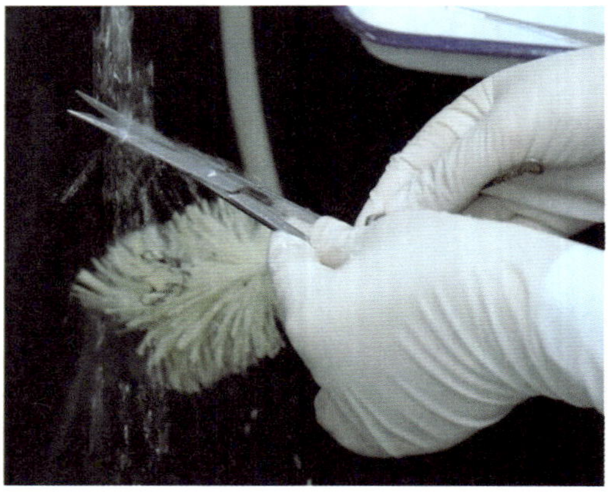

图 2-269　刷洗剪刀

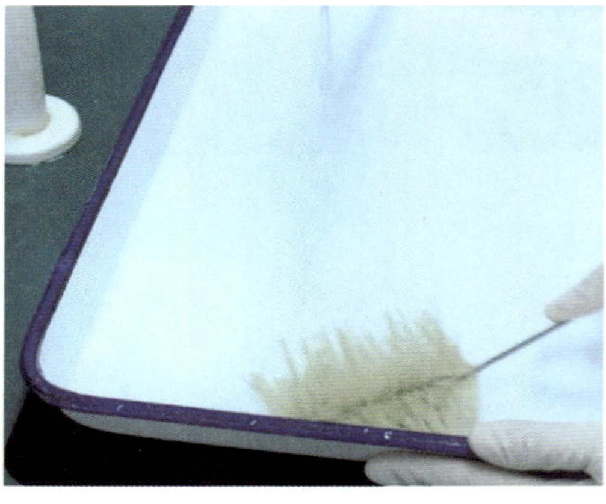

图 2-270　托盘刷洗干净

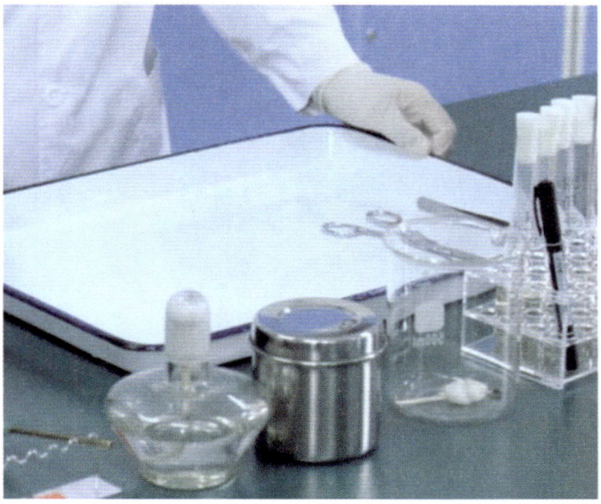

图 2-271　刷洗干净的器械

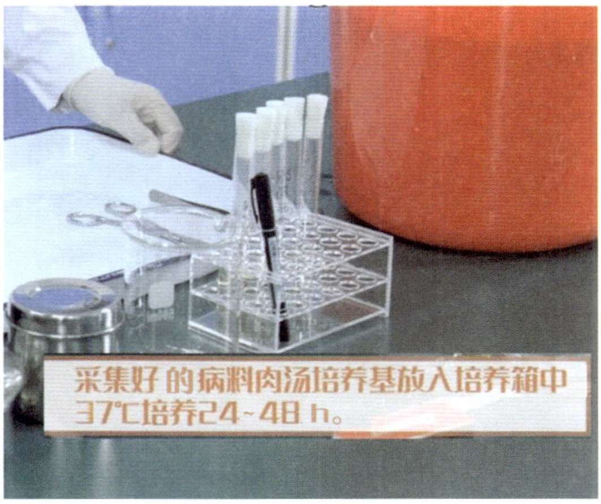


图 2-272　培养基放入培养箱培养

## 三、细菌在液体培养基中生产情况的观察和细菌的划线分离

(1)观察细菌在液体培养基中的生长情况。拿取肉汤培养物,可以看到大肠杆菌让肉汤培养基变浑浊了,产生了沉淀,有菌膜(图 2-273),对照管还是清亮的,无沉淀,也无菌膜(图 2-274)。

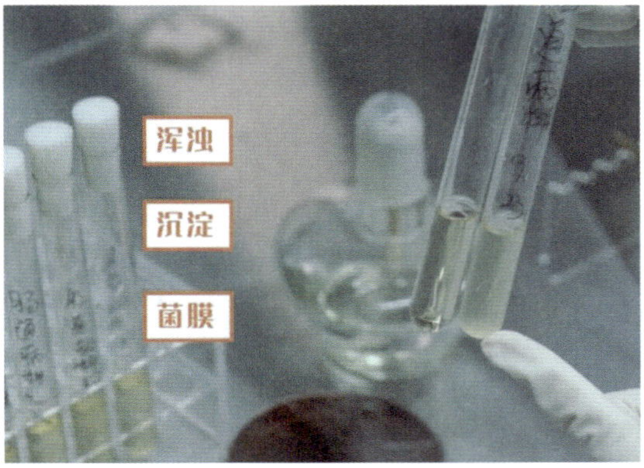


图 2-273　培养物浑浊、有沉淀、有菌膜

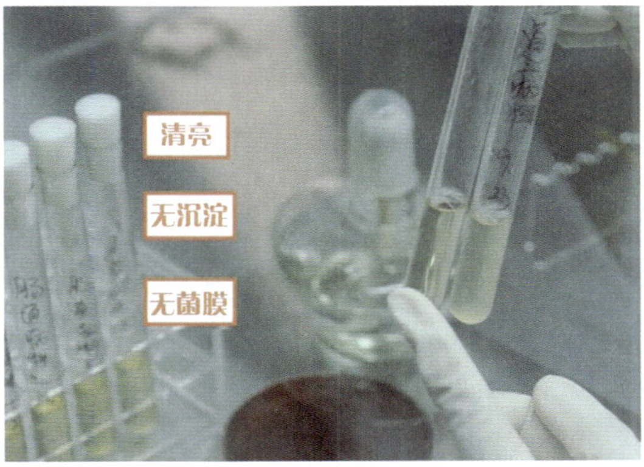


图 2-274　对照管清亮、无沉淀、无菌膜

(2)细菌的划线分离。用酒精棉球擦拭工作台面(图 2-275),再用酒精棉球擦拭双手(图 2-276),点燃酒精灯(图 2-277),火柴放入废料缸。拿取接种环,接种环在酒精灯火焰上灼烧灭菌(图 2-278)。拿取肉汤培养物(图 2-279),摇匀后用右手拔开胶塞,在酒精灯火焰上灼烧灭菌后(图 2-280),用接种环在酒精灯火焰旁无菌挑取一环肉汤培养物(图 2-281),灼烧试管口和胶塞,塞好胶塞(图 2-282),将肉汤培养物放回试管架上(图 2-283)。

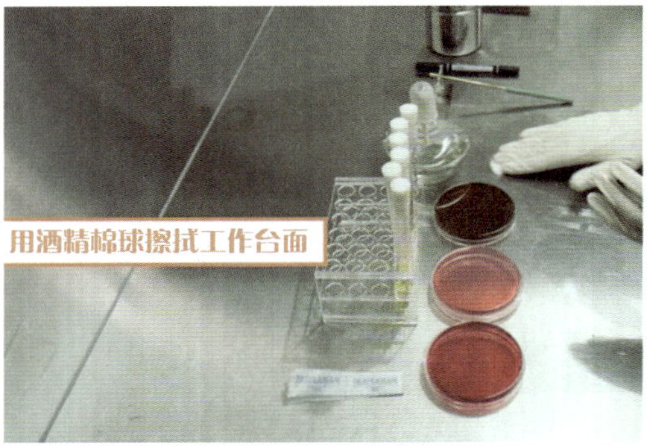


图 2-275　用酒精棉球擦拭工作台面

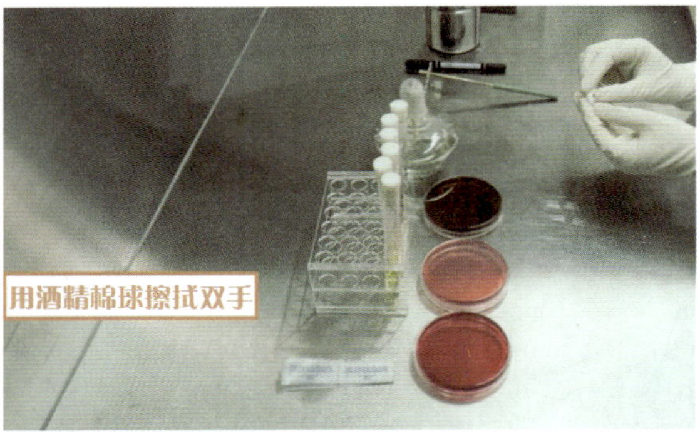


图 2-276　用酒精棉球擦拭双手

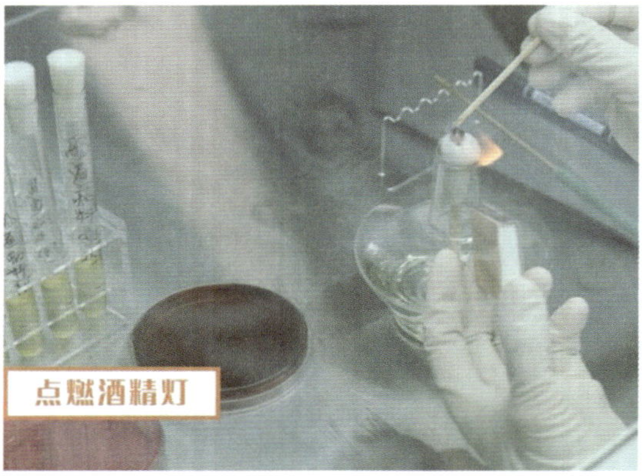


图 2-277　点燃酒精灯

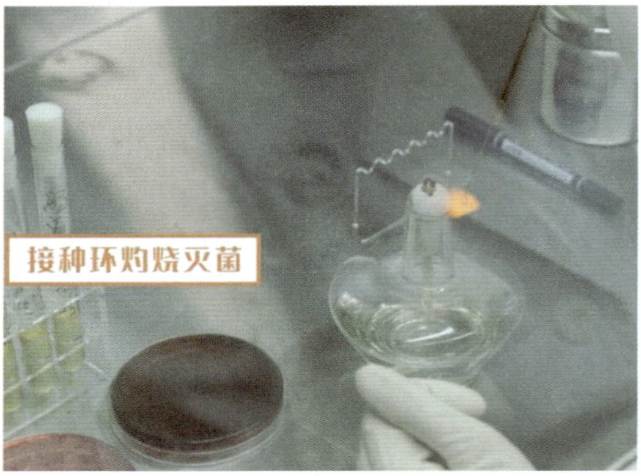


图 2-278　接种环灼烧灭菌

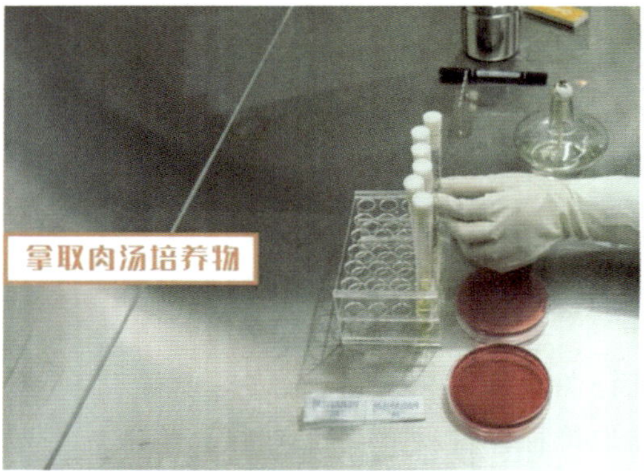


图 2-279　拿取肉汤培养物

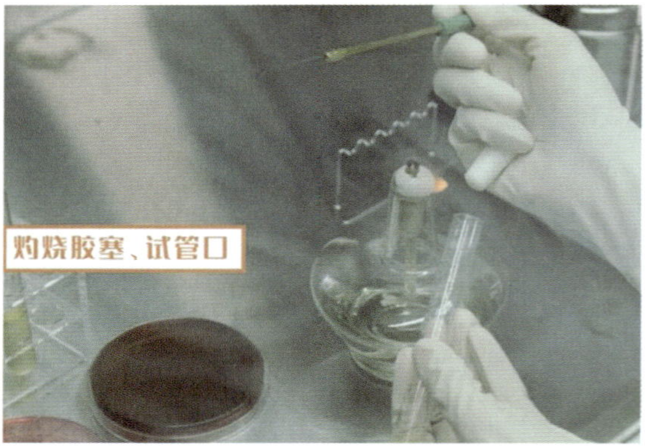


图 2-280　灼烧胶塞、试管口

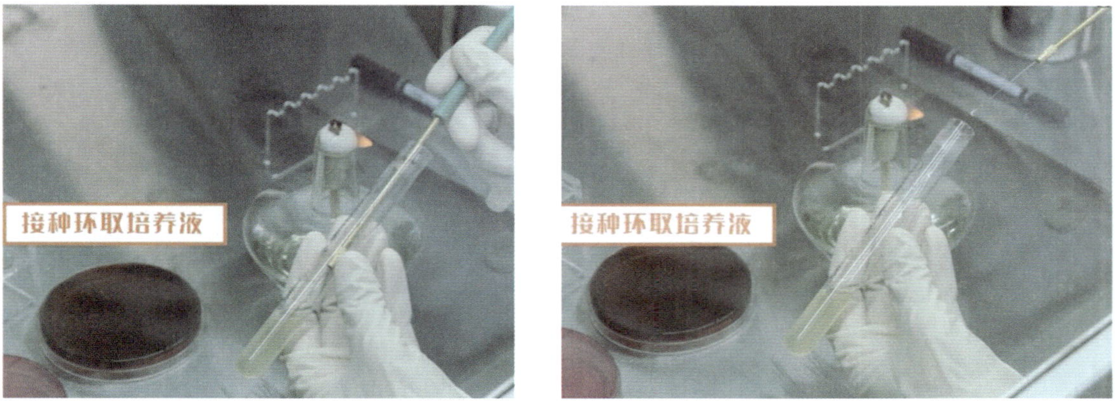


图 2-281　用接种环在酒精灯火焰旁无菌挑取一环肉汤培养物

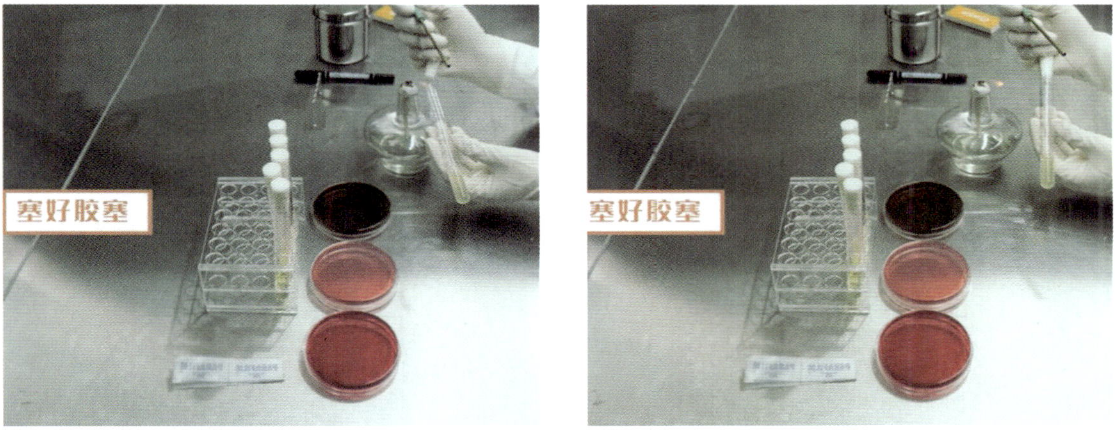


图 2-282　灼烧试管口和胶塞，塞好胶塞

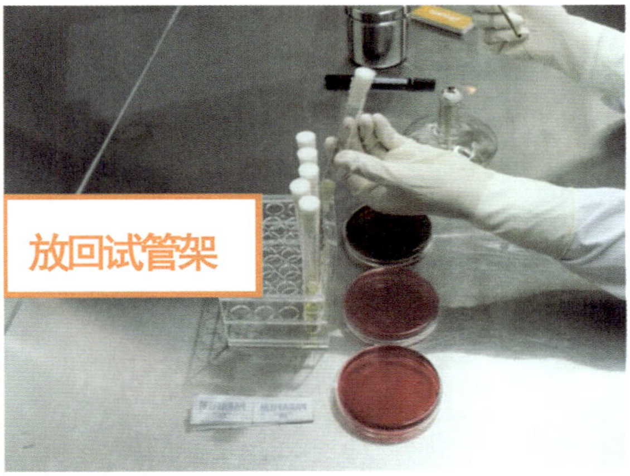


图 2-283　将肉汤培养物放回试管架上

左手拿取麦康凯培养基(图 2-284),打开皿盖(图 2-285),将取好肉汤培养物的接种环在麦康凯琼脂平板上做第一区划线(图 2-286),划线完毕,盖上皿盖(图 2-287),接种环灼烧灭菌(图 2-288),培养皿转动 90°(图 2-289)。接种环灭菌后在培养皿盖内侧面冷却(图 2-290),然后进行第二区划线(图 2-291),划线完毕,盖上皿盖(图 2-292),接种环灼烧灭菌(图 2-293),培养皿转动 90°(图 2-294),打开皿盖(图 2-295),接种环在培养皿盖内侧面冷却(图 2-296),然后进行第三区划线(图 2-297),划线完毕,盖上皿盖,接种环灼烧灭菌(图 2-298),放于接种环架上。

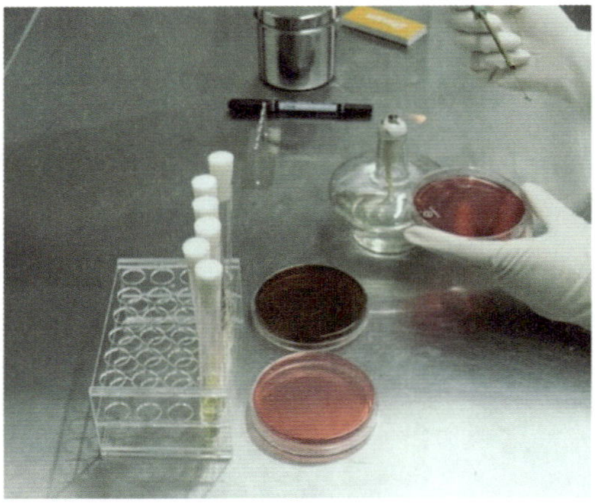

图 2-284　左手拿取麦康凯培养基

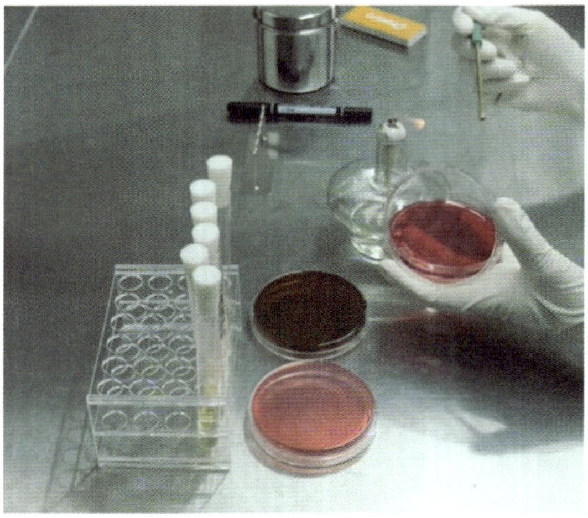

图 2-285　打开皿盖

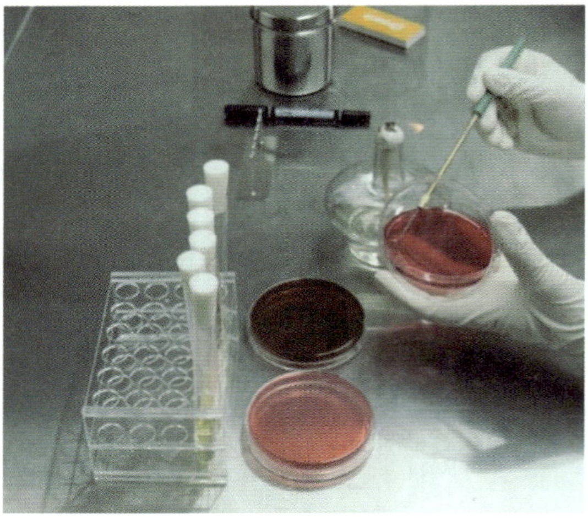

图 2-286　第一区划线

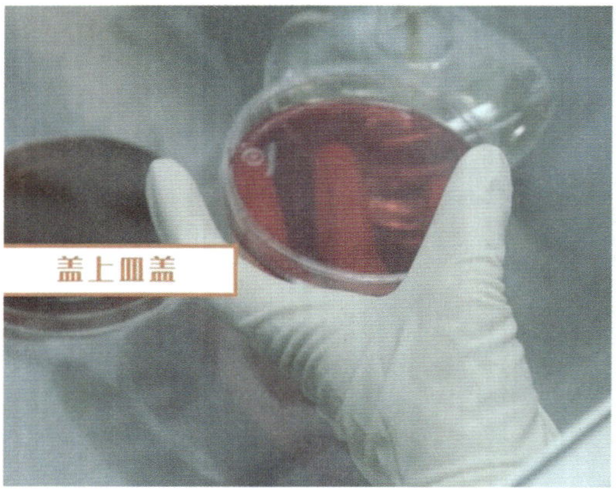


图 2-287　盖上皿盖

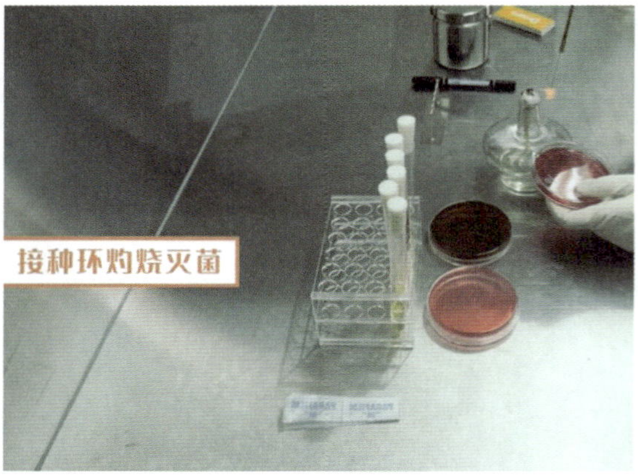


图 2-288　接种环灼烧灭菌

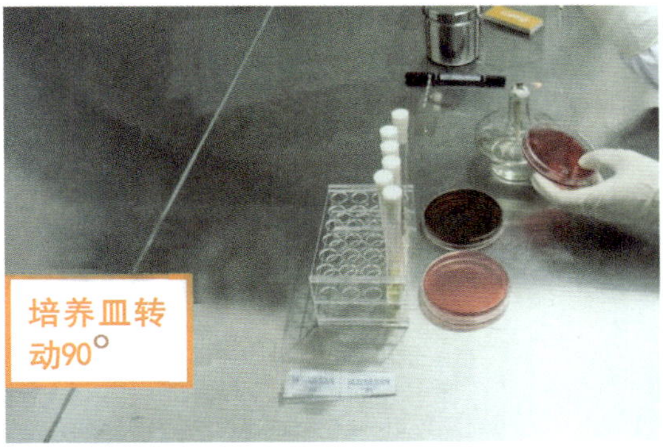


图 2-289　培养皿转动 90°

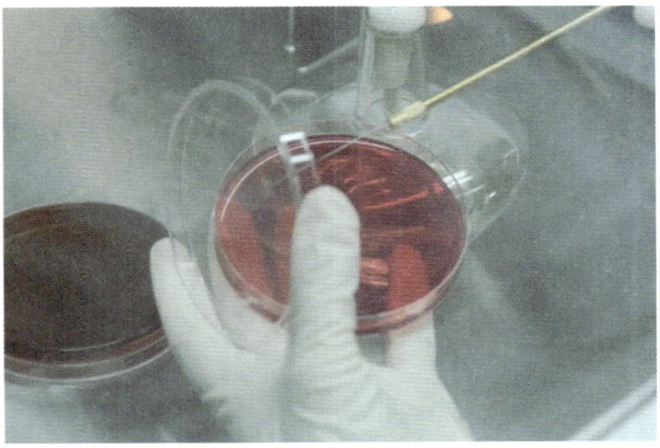

图 2-290　接种环皿盖内侧面冷却

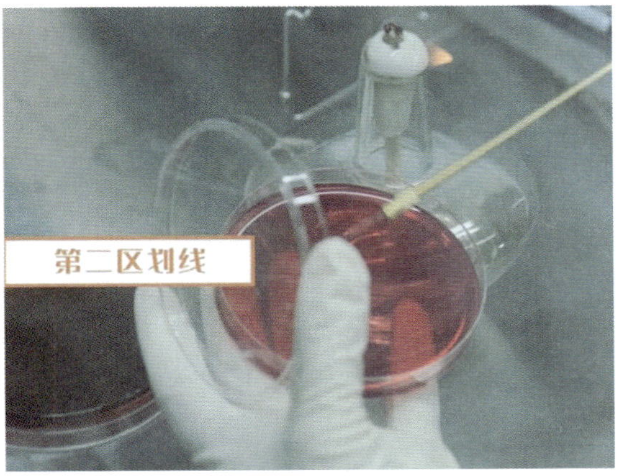


图 2-291　第二区划线

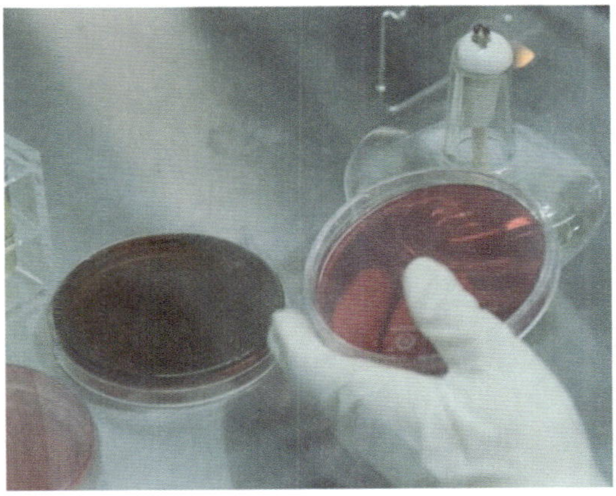

图 2-292　盖上皿盖

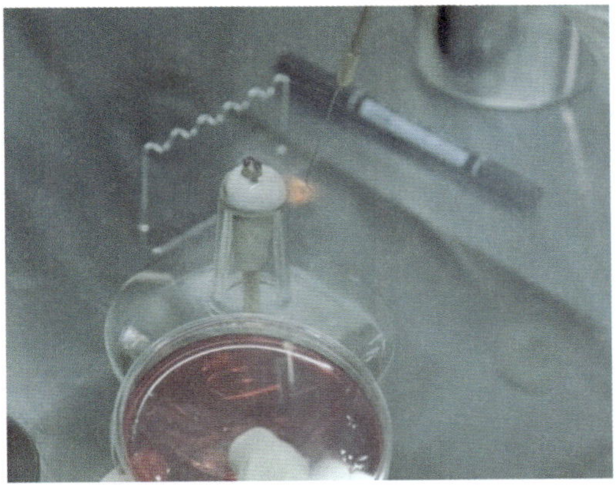

图 2-293　接种环灼烧灭菌

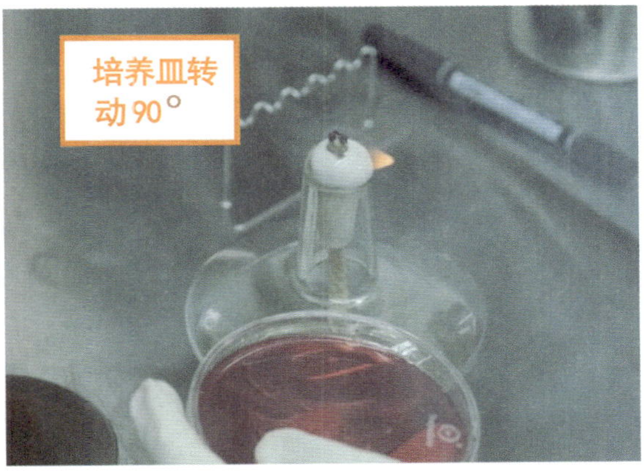


图 2-294　培养皿转动 90°

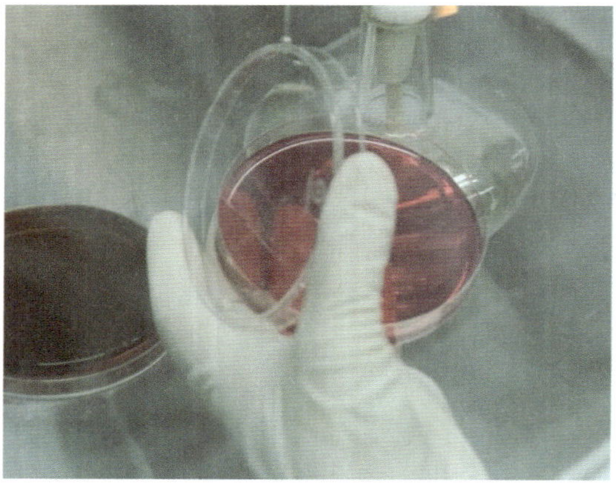

图 2-295 打开皿盖

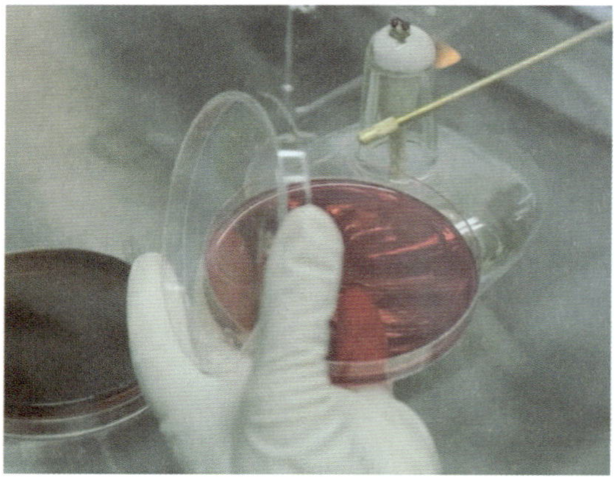

图 2-296 接种环皿盖内侧面冷却

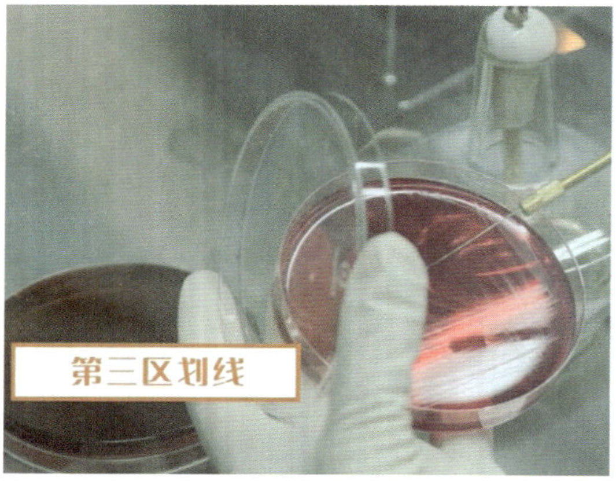


图 2-297 第三区划线

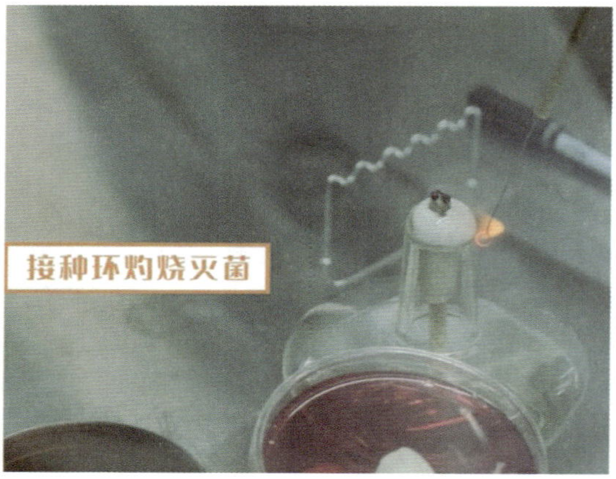


图 2-298 接种环灼烧灭菌

同样的方法取肉汤培养物在 SS 培养基(图 2-299)和伊红美蓝培养基上进行三区划线分离(图 2-300 至图 2-302),接种环灭菌后放于接种环架上(图 2-303)。

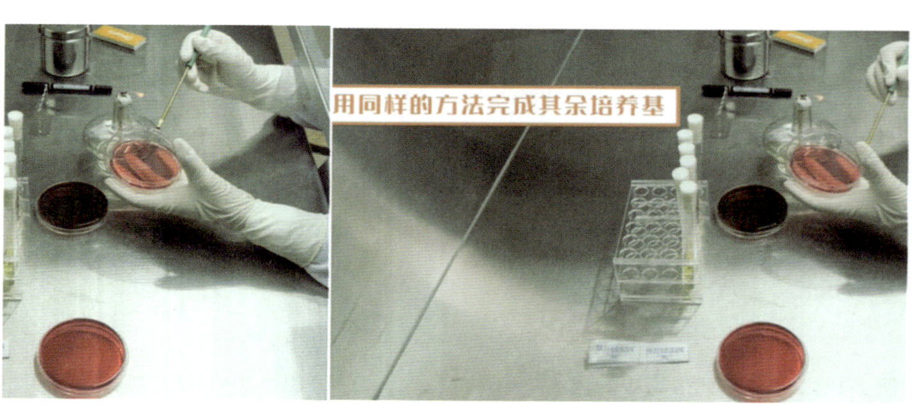


图 2-299 在 SS 培养基上进行三区划线分离

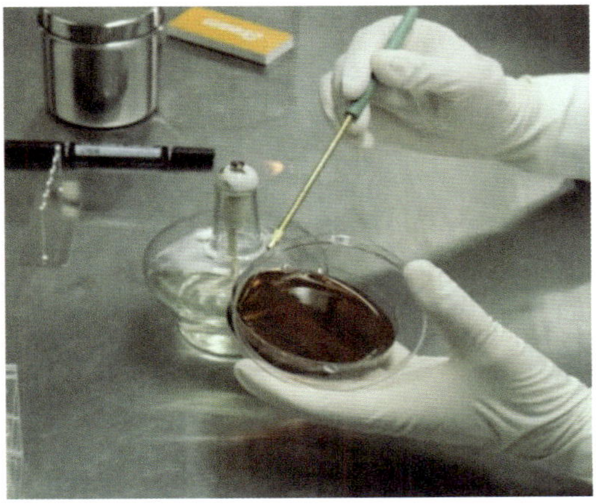

图 2-300　在伊红美蓝培养基上进行一区划线

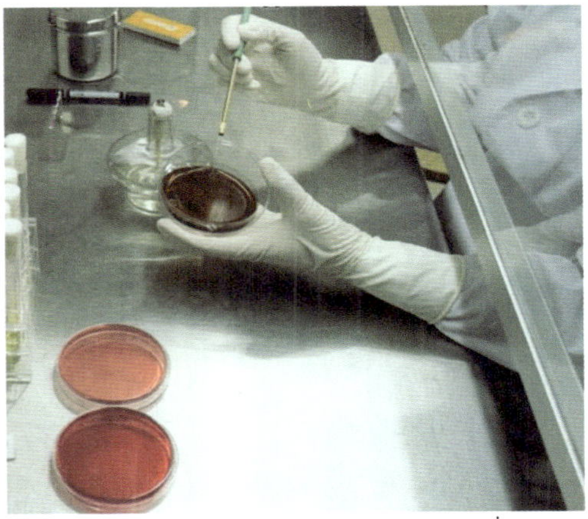

图 2-301　接种环皿盖内侧面冷却

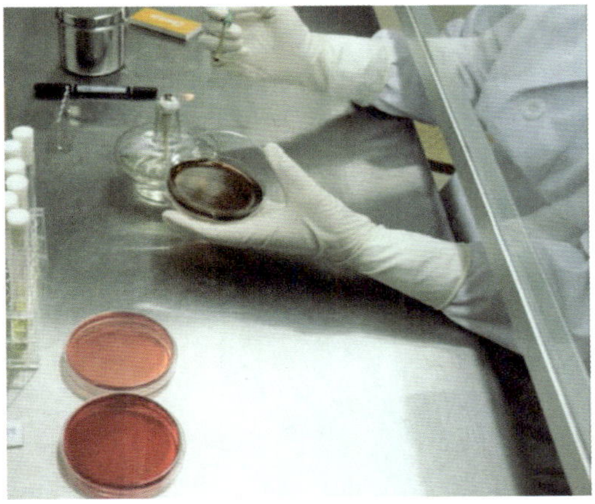

图 2-302　伊红美蓝培养基三区划线完毕

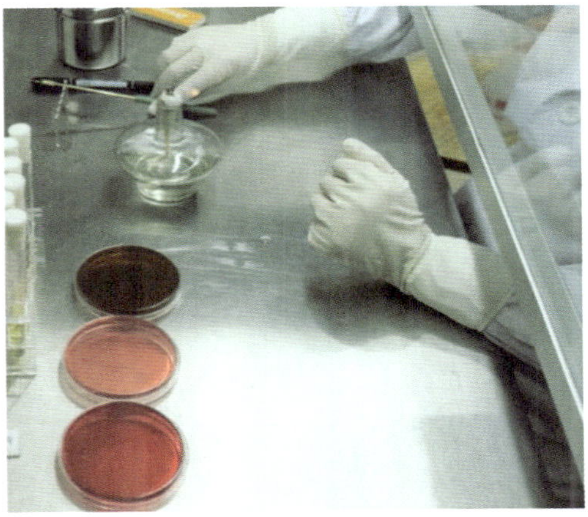

图 2-303　接种环灭菌后放于接种环架上

划线完毕，用封口膜密封培养皿(图 2-304)，用记号笔写上大肠杆菌和试验日期(图 2-305)。盖灭酒精灯(图 2-306)，收拾实验用品及实验台面(图 2-307)。将培养皿倒置于 37 ℃ 培养箱中培养 24～48 h(图 2-308)。

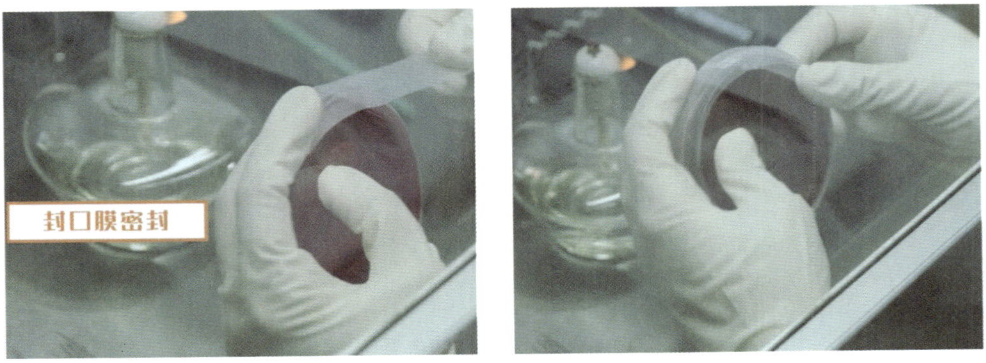


图 2-304　用封口膜密封培养皿

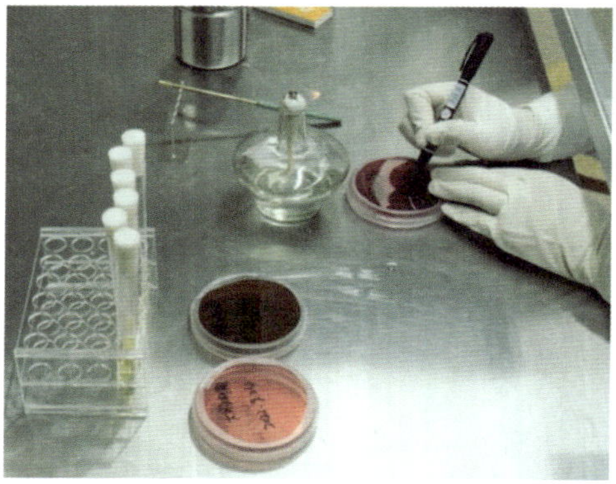

图 2-305　写上大肠杆菌和试验日期

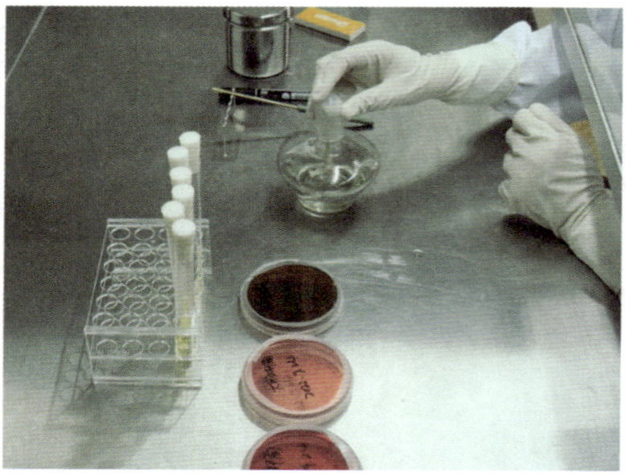

图 2-306　盖灭酒精灯

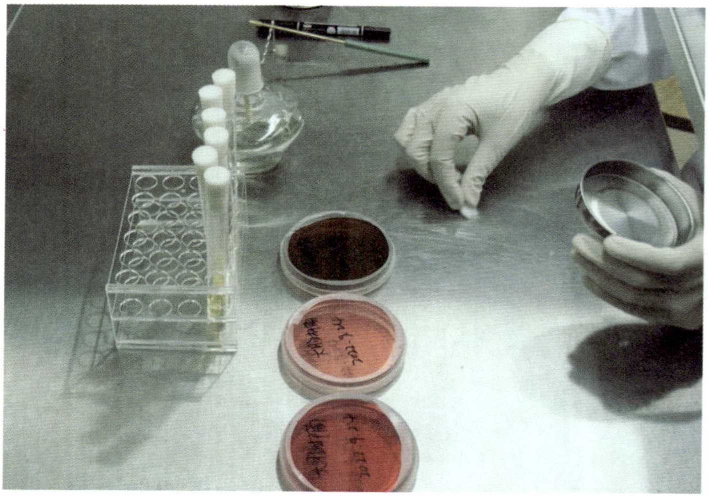

图 2-307　清理实验台面

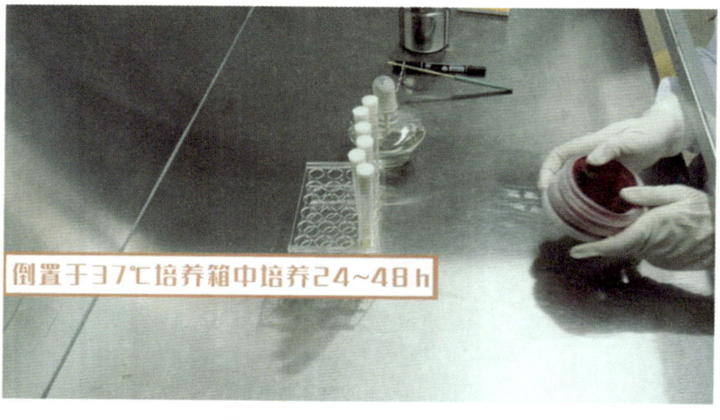


图 2-308　将培养皿倒置于
37 ℃培养箱中培养 24～48 h

## 四、细菌在固体培养基中生产情况的观察和细菌的纯培养

(1)观察细菌在固体培养基中的生长情况。拿取麦康凯琼脂平板,发现划线的平板上长出了很多红色的菌落和菌苔。一区划线(图 2-309),基本全是菌苔;二区划线(图 2-310),从菌苔慢慢出现菌落;三区划线(图 2-311),基本都是菌落。这是一个单独存在的、符合目的菌形态特性的菌落(图 2-312),可以作为纯培养需要选取的菌落。图 2-313 是 SS 培养基上的生长情况,红色的是大肠杆菌。图 2-314 是伊红美蓝的培养基,大肠杆菌在伊红美蓝培养基上长出的是紫黑色金属带金属光泽的菌落。

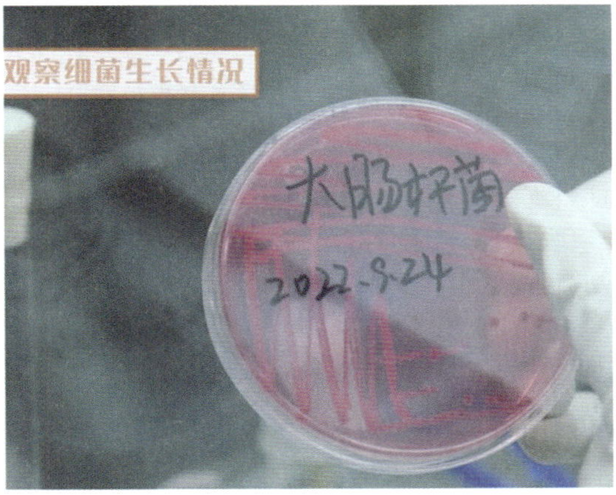


图 2-309　一区划线的结果

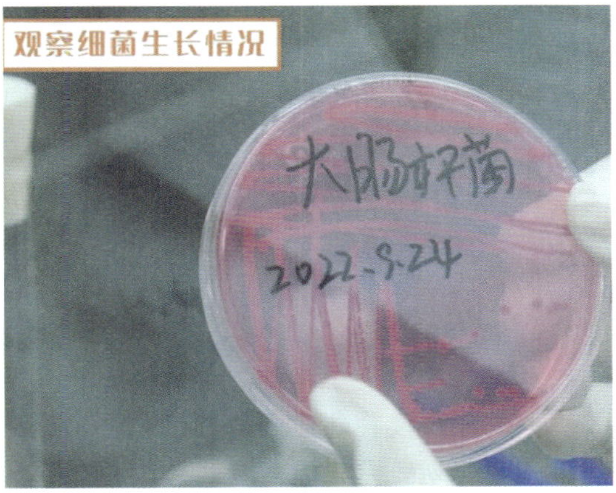


图 2-310　二区划线的结果

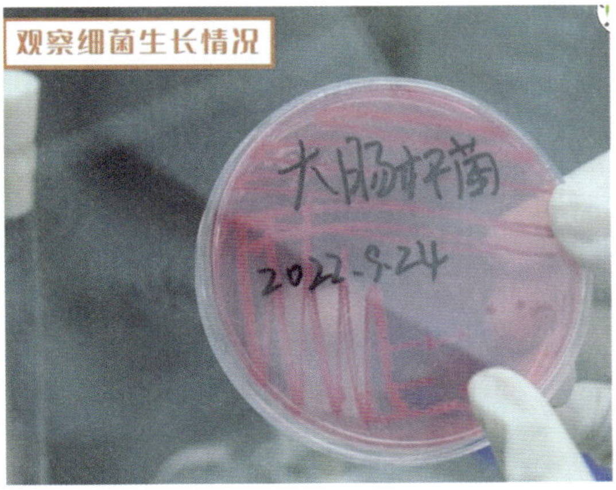


图 2-311　三区划线的结果

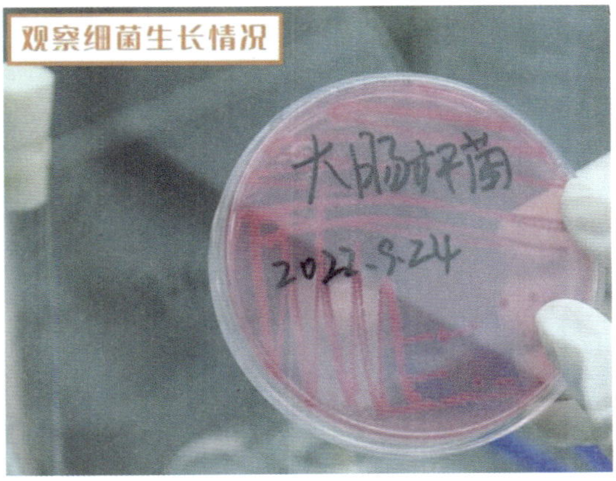


图 2-312　选取的菌落

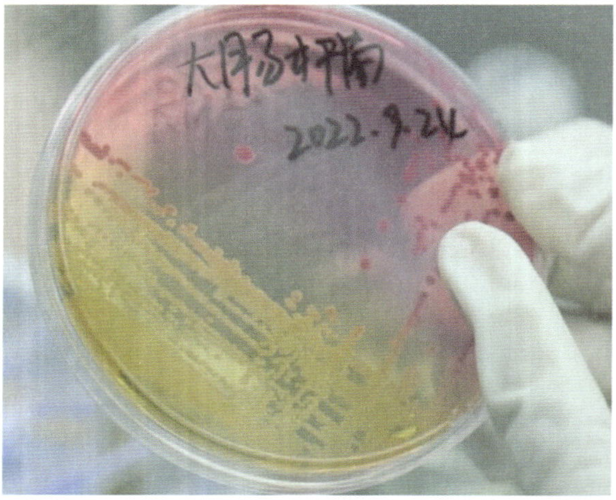

图 2-313　SS 培养基上的生长情况

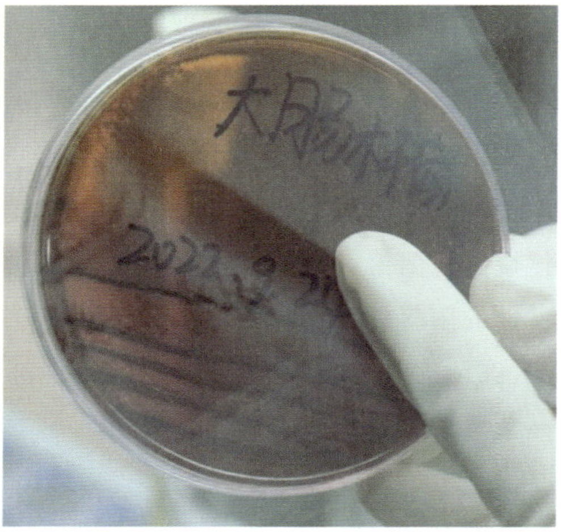

图 2-314　伊红美蓝培养基生长情况

(2)细菌的纯培养。酒精棉球擦拭工作台面(图 2-315),再用酒精棉球擦拭双手(图 2-316),点燃酒精灯(图 2-317),火柴放入废料缸。拿取接种环,接种环在酒精灯火焰上烧灼灭菌(图 2-318),灭菌后接种环在培养皿盖内侧面冷却(图 2-319),轻轻挑取选定好的菌落(图 2-320 至图 2-322),盖上皿盖(图 2-323),将培养皿放在桌面上。左手拿取营养琼脂斜面培养基(图 2-324),用右手小指、无名指和手掌边拔开胶塞(图 2-325),在酒精灯火焰上烧灼灭菌后(图 2-326),将接种环伸入试管(图 2-327),在培养基斜面最前端的培养基表面轻轻划波浪线(图 2-328),划线完毕,灼烧试管口和胶塞(图 2-329),塞好胶塞(图 2-330),将营养琼脂斜面培养基放置试管架上(图 2-331)。接种环灼烧灭菌(图 2-332),放置在接种环架上(图 2-333)。用记号笔标记大肠杆菌和试验日期(图 2-334)。盖灭酒精灯(图 2-335)。接种好的营养琼脂斜面培养基放 37 ℃培养箱中培养 24～48 h(图 2-336)。

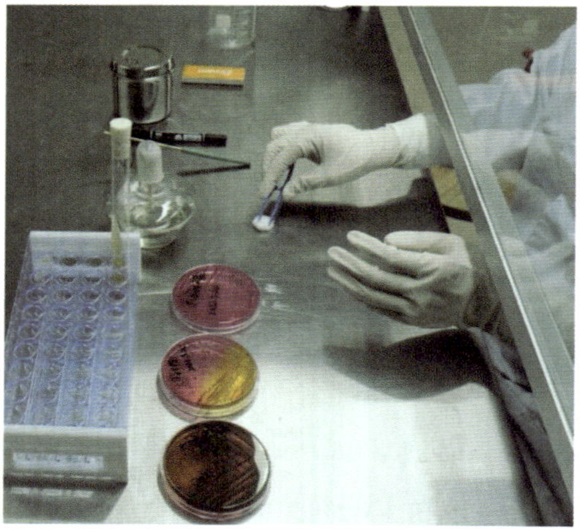

图 2-315　用酒精棉球擦拭工作台面

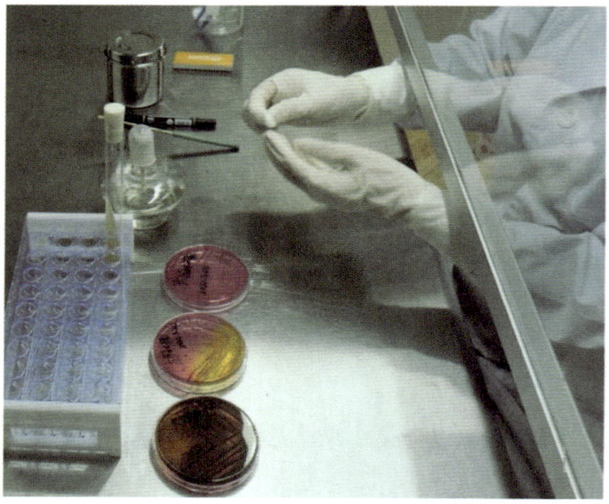

图 2-316　用酒精棉球擦拭双手

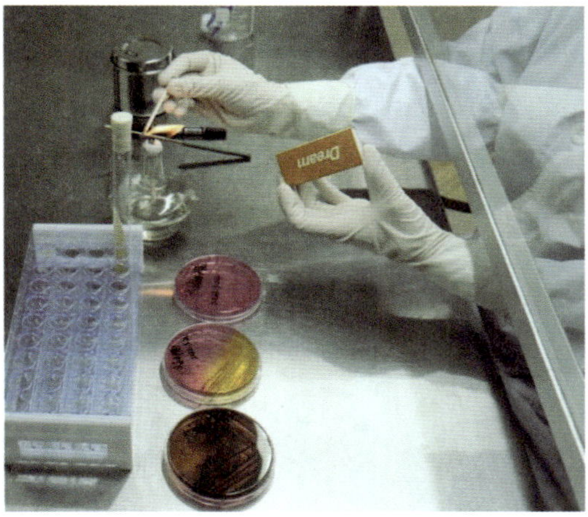


图 2-317　点燃酒精灯

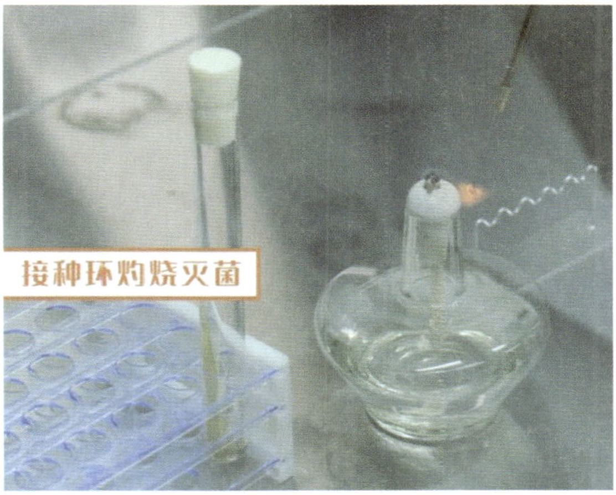


图 2-318　接种环灼烧灭菌

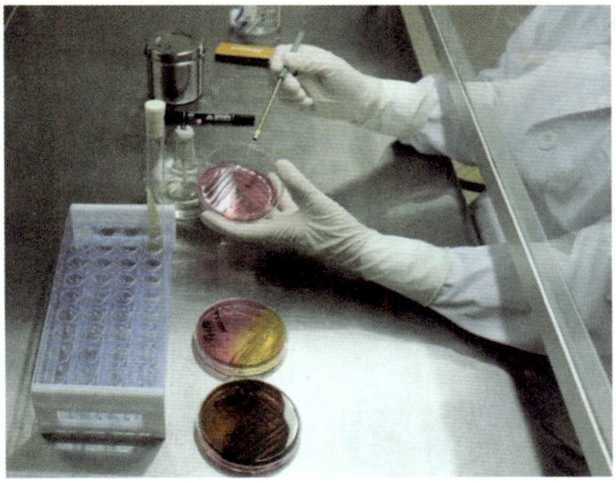

图 2-319　接种环在培养皿盖内侧面冷却

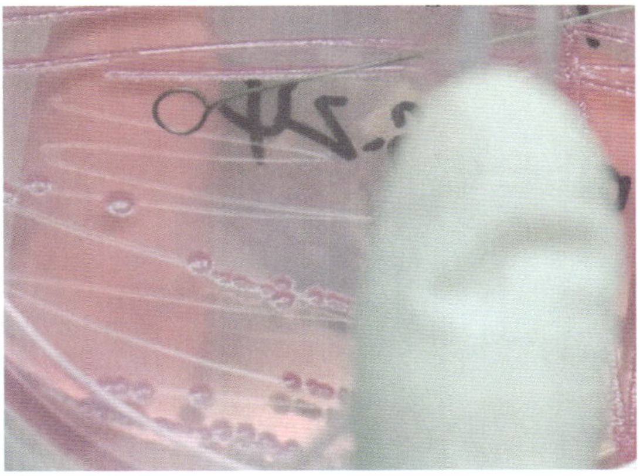

图 2-320　选定好的菌落

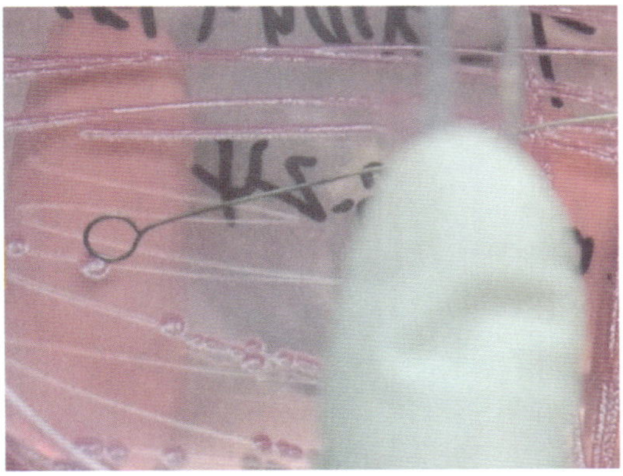

图 2-321　轻轻挑取选定好的菌落 1

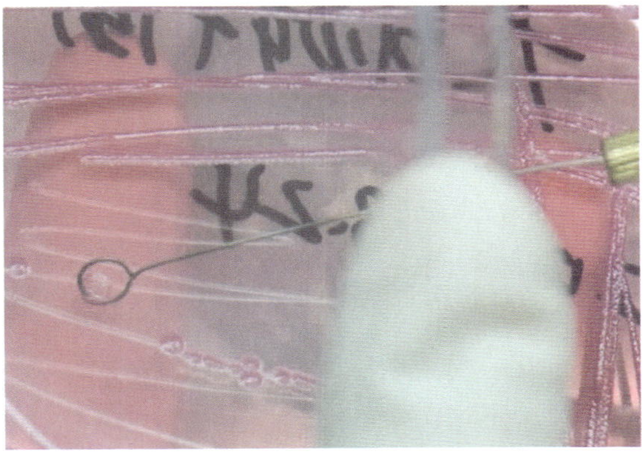

图 2-322　轻轻挑取选定好的菌落 2

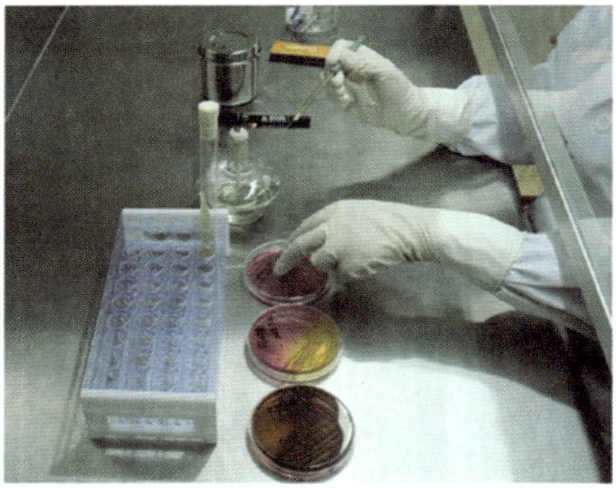

图 2-323　盖上皿盖

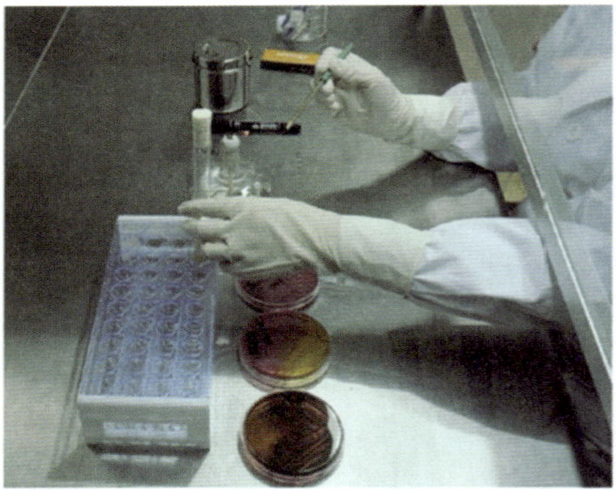

图 2-324　拿取营养琼脂斜面培养基

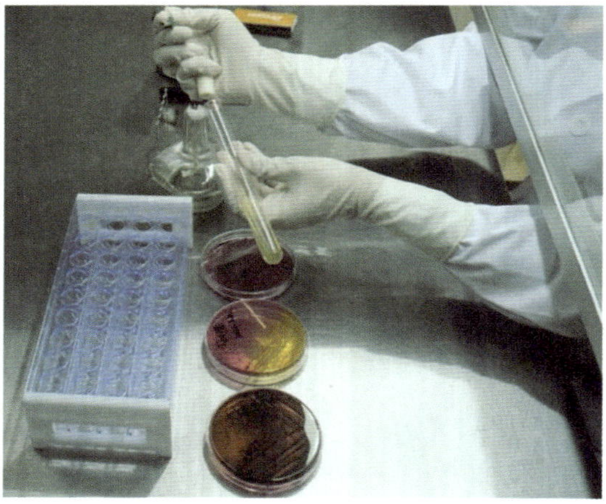

图 2-325　用右手小指、无名指和手掌边拔开胶塞

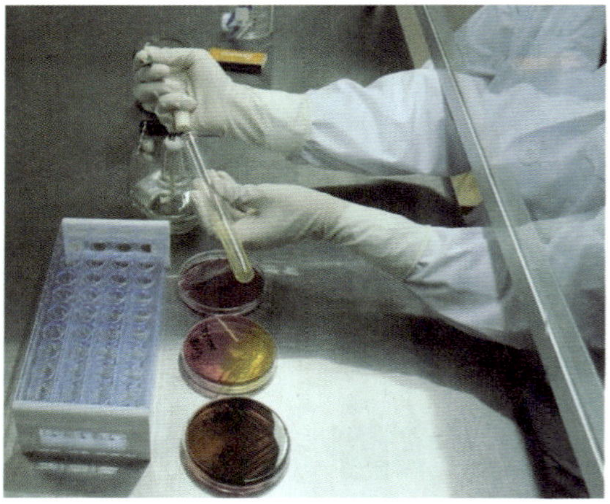

图 2-326　酒精灯火焰上烧灼灭菌

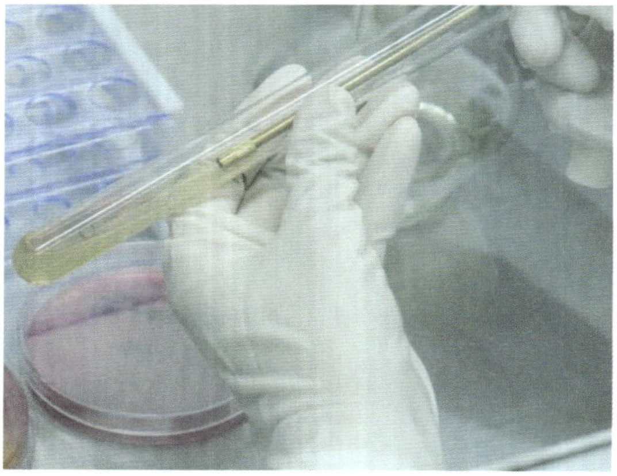

图 2-327　接种环伸入试管

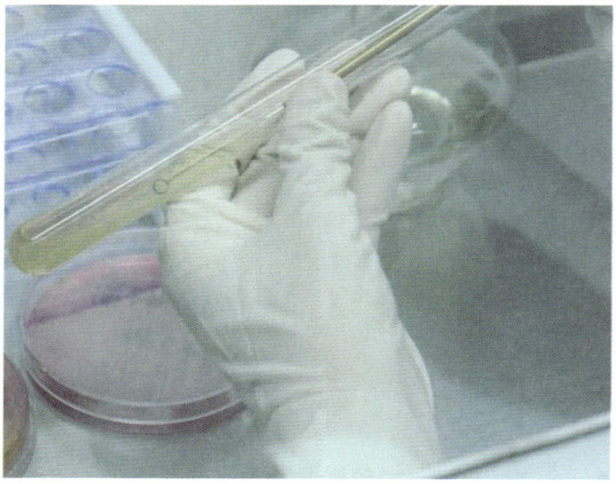

图 2-328　在培养基表面轻轻划波浪线

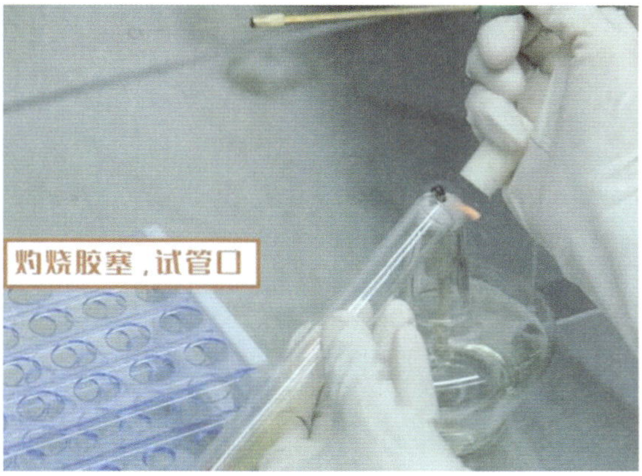


图 2-329　灼烧胶塞、试管口

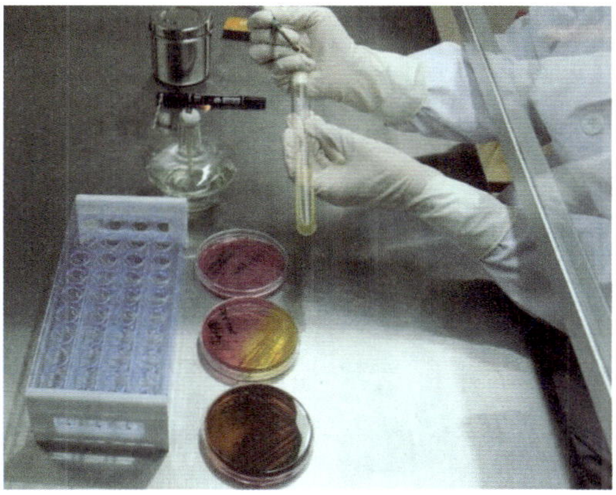

图 2-330　塞好胶塞

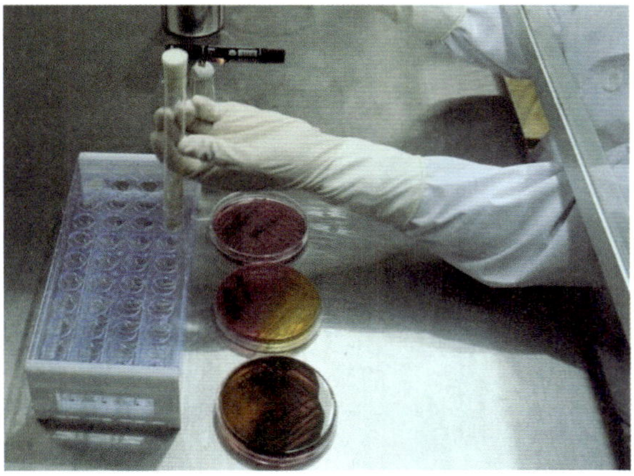

图 2-331　培养基放置试管架上

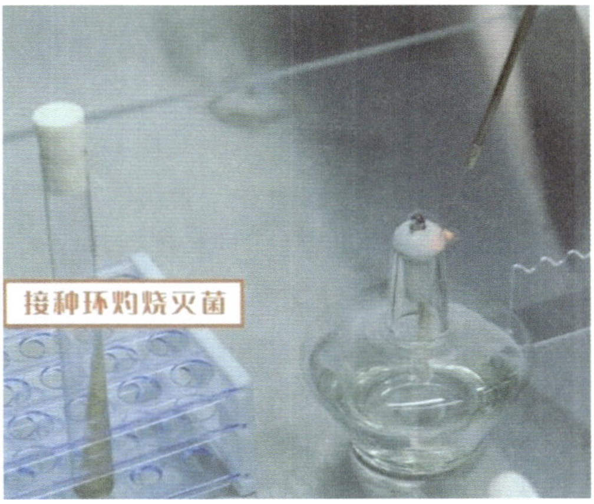


图 2-332　接种环灼烧灭菌

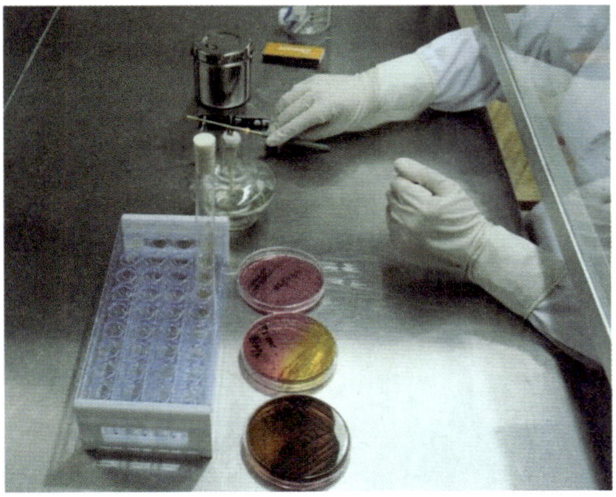

图 2-333　接种环放置在接种环架上

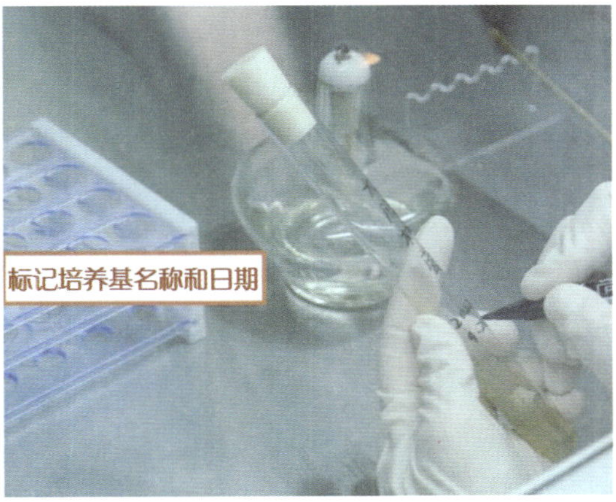


图 2-334　标记培养基名称和日期

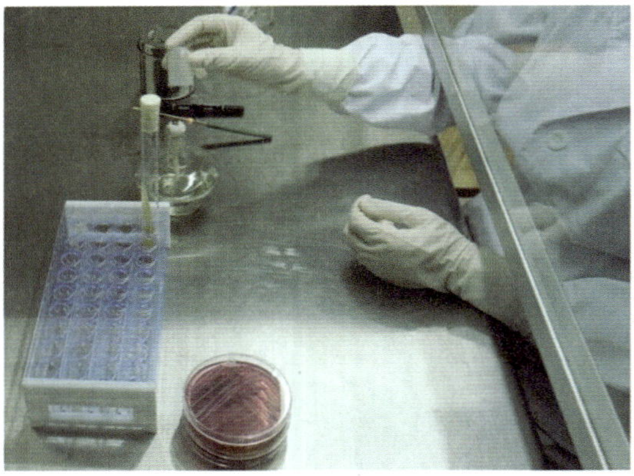

图 2-335 盖灭酒精灯

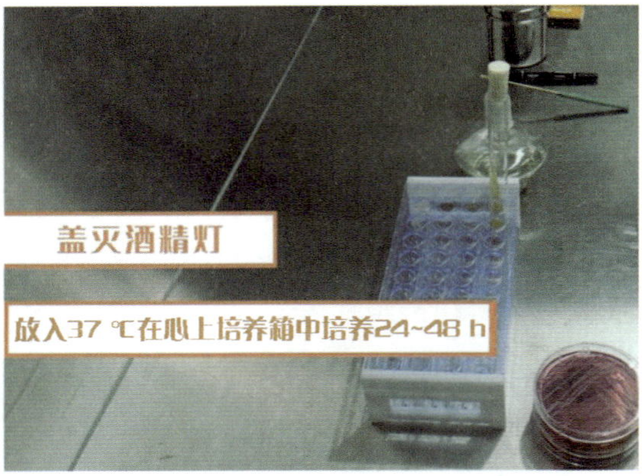


图 2-336 在 37 ℃培养箱中培养 24～48 h

## 五、细菌在斜面培养基上纯培养生长情况的观察和细菌的移植

### 1. 细菌在斜面培养基上纯培养生长情况的观察

细菌在斜面上随着划线痕迹长出了菌苔(图 2-337),但细菌经过一定时期的生长繁殖,由于培养基中营养物质的消耗,代谢产物的积累,活菌数会急剧下降,此时应该将细菌移植到新的培养基中,细菌才能继续生长繁殖。

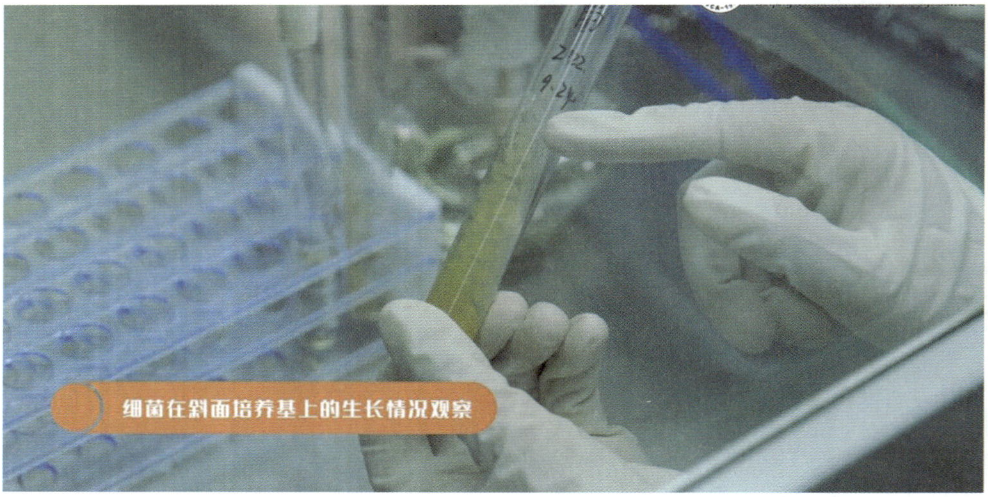


图 2-337 细菌在斜面上随着划线痕迹长出了菌苔

### 2. 斜面移植

(1)超净工作台准备:用酒精棉球擦拭工作台面(图 2-338),再用酒精棉球擦拭双手(图 2-339),点燃酒精灯(图 2-340)。

(2)左手持菌种管及琼脂斜面管，一般菌种管放在外侧，斜面管放在内侧，两管口并齐，管身略倾斜，斜面向上，管口靠近火焰(图 2-341)。

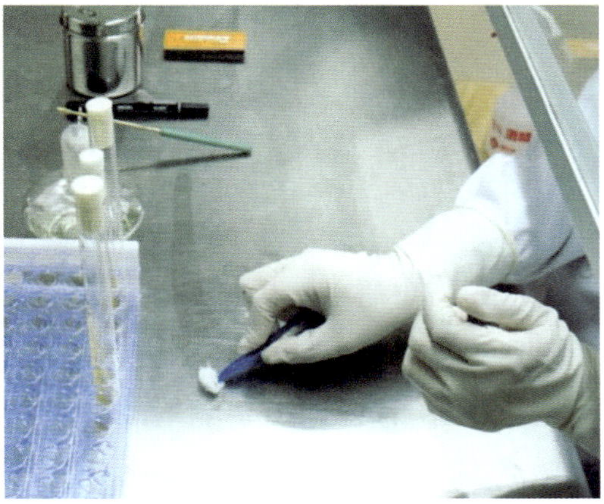

**图 2-338　用酒精棉球擦拭工作台面**

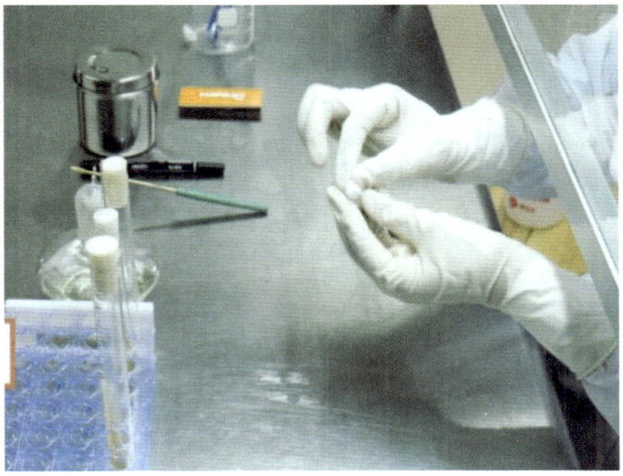

**图 2-339　用酒精棉球擦拭双手**

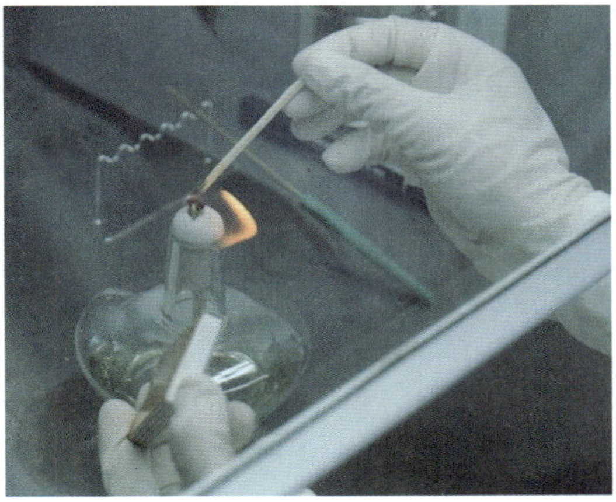

**图 2-340　点燃酒精灯**

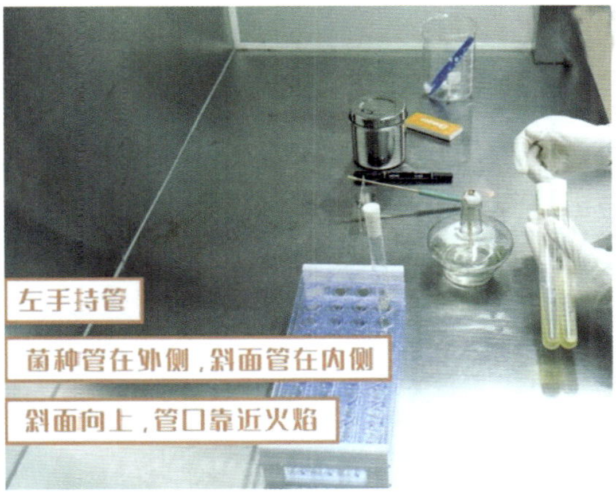


**图 2-341　试管拿取方式**

(3)接种环在酒精灯上烧灼灭菌(图 2-342)。

(4)拔出胶塞(图 2-343)，灼烧试管口和胶塞，把灭菌接种环伸入菌种管内，挑取少量菌苔(图 2-344)将其立即伸入斜面培养基底部(图 2-345)，由下而上在斜面上弯曲划线(图 2-346)，然后管口和胶塞通过火焰(图 2-347)后塞上胶塞(图 2-348)，接种环烧灼灭菌(图 2-349)，放于接种环架上(图 2-350)。

(5)在斜面培养基管上写上菌种名称和日期(图 2-351)，放置在试管架上。

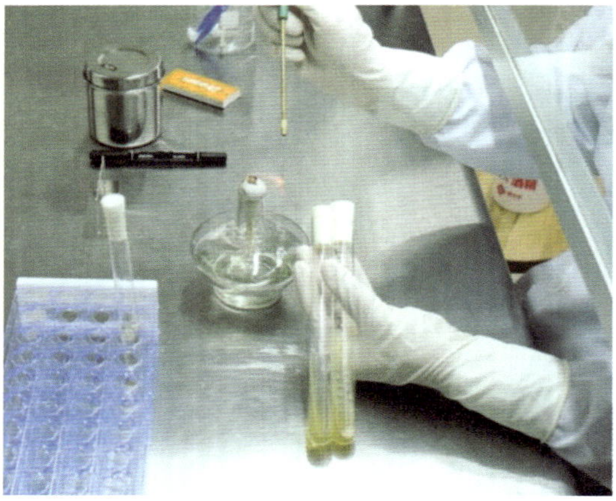

图 2-342　接种环在酒精灯上烧灼灭菌

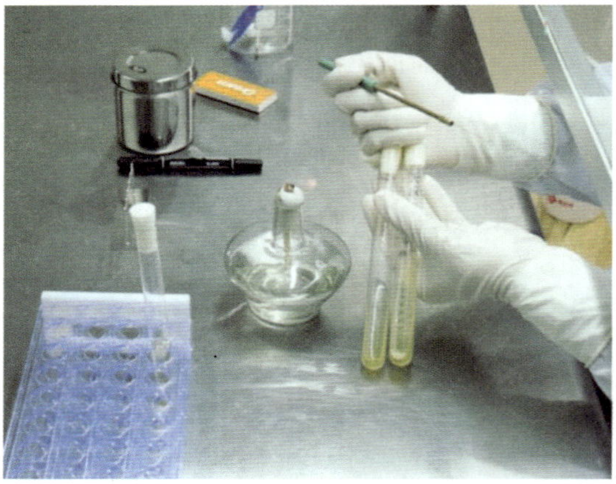

图 2-343　拔出胶塞

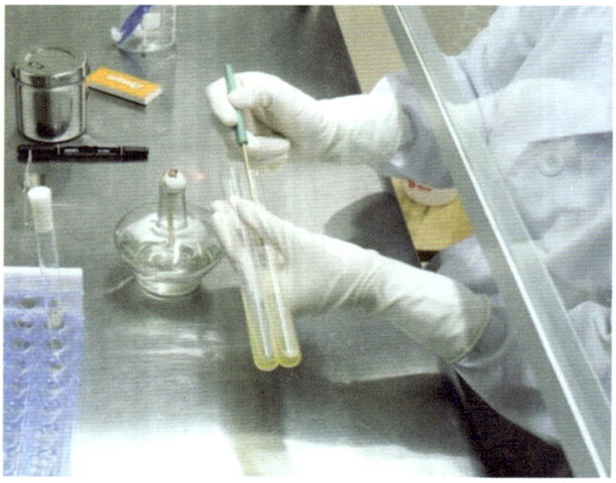

图 2-344　挑取少量菌苔

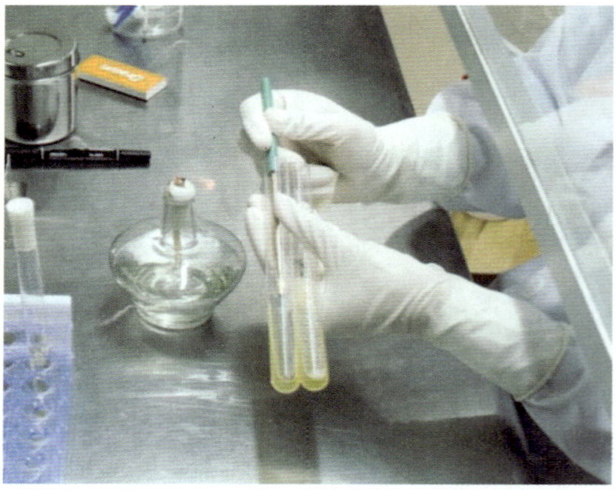

图 2-345　伸入斜面培养基底部

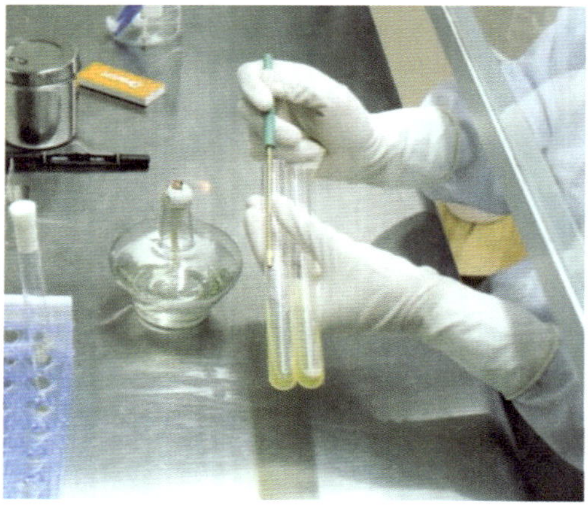

图 2-346　由下而上在斜面上弯曲划线

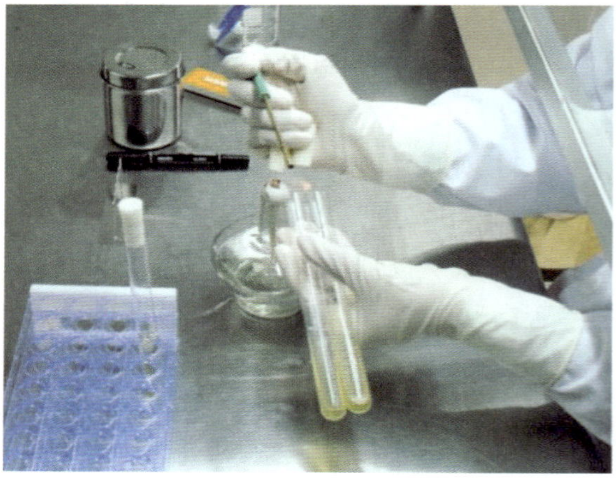

图 2-347　管口和胶塞通过火焰

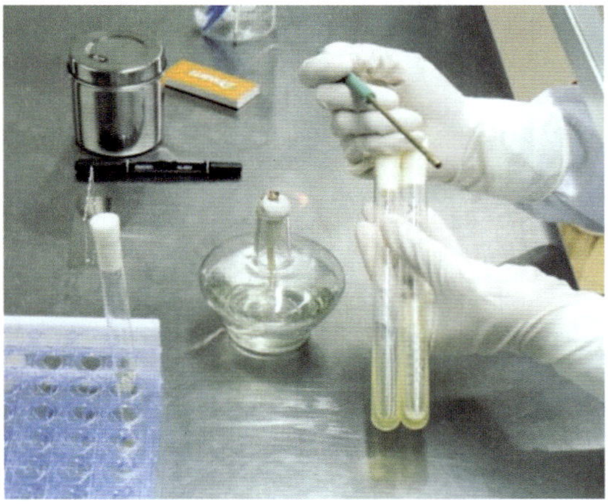

图 2-348 塞上胶塞

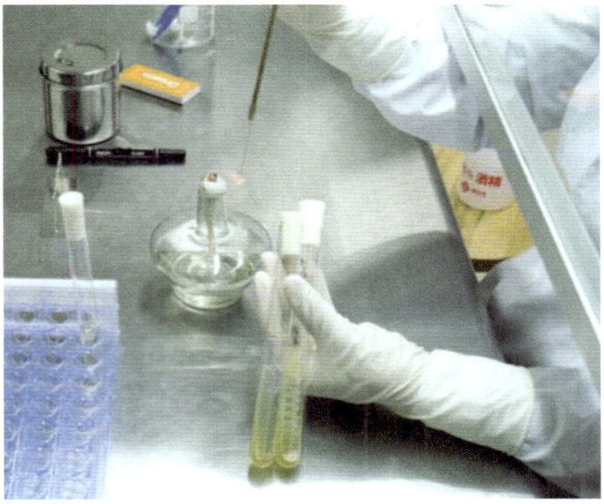

图 2-349 接种环烧灼灭菌

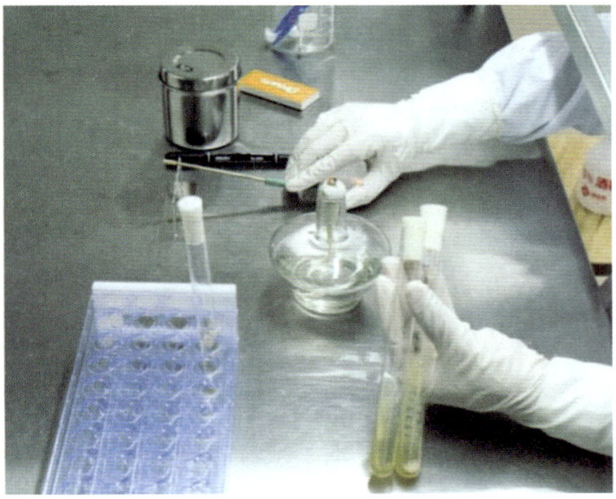

图 2-350 接种环放于接种环架上

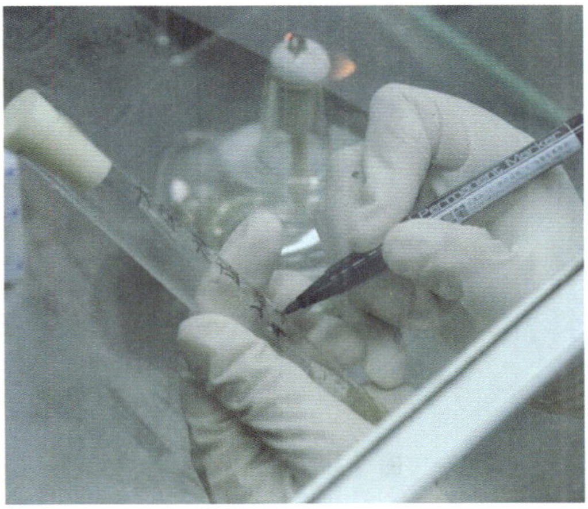

图 2-351 写上菌种名称和日期

**3. 肉汤移植**

方法同上，左手持管(图 2-352)，接种环烧灼灭菌(图 2-353)，拔出胶塞(图 2-354)，胶塞和试管口过火焰灭菌，接种环取少许菌苔(图 2-355)，迅速伸入肉汤管内，在接近液面的管壁轻轻研磨(图 2-356)，并蘸取少许肉汤调和，使菌混合于肉汤中，然后管口和胶塞通过火焰(图 2-357)后塞好胶塞(图 2-358)。接种环烧灼灭菌(图 2-359)，放于接种环架上(图 2-360)。在肉汤试管口写上菌种名称和日期(图 2-361)，放置在试管架上。移植后的试管放于 37 ℃培养箱中培养(图 2-362)。

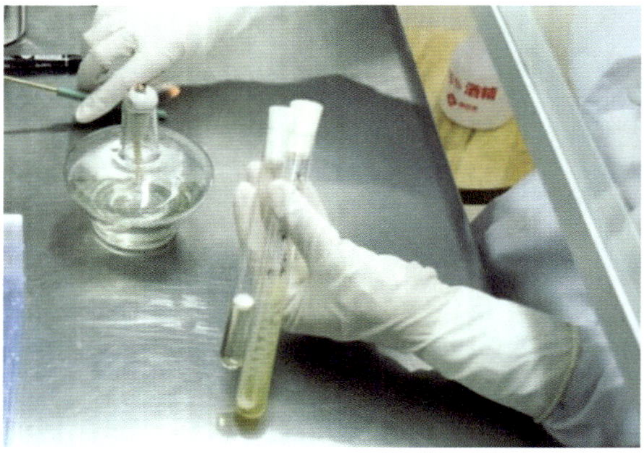

图 2-352　左手持管

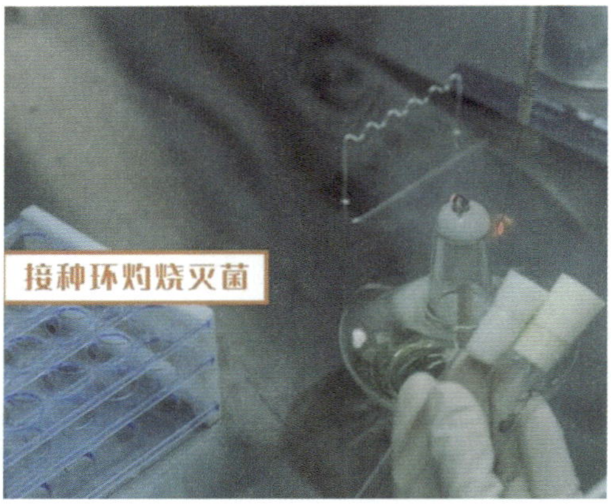


图 2-353　接种环烧灼灭菌

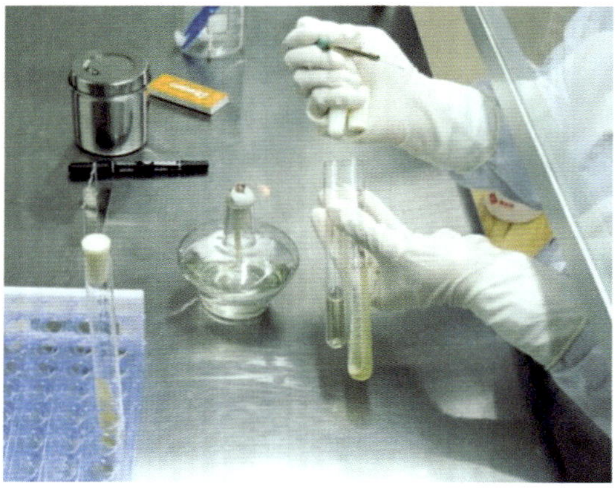

图 2-354　拔出胶塞

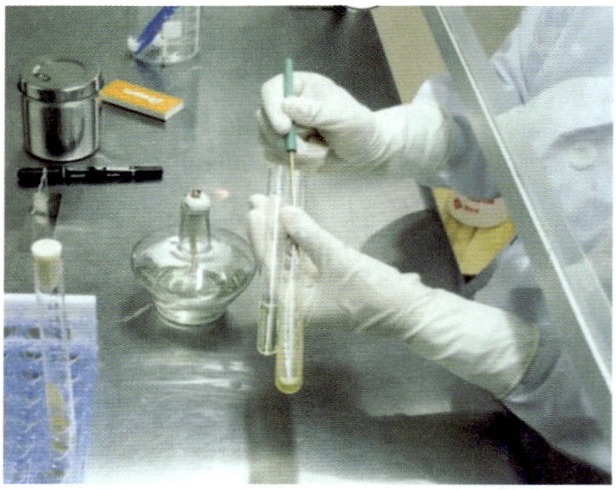

图 2-355　取少许菌苔

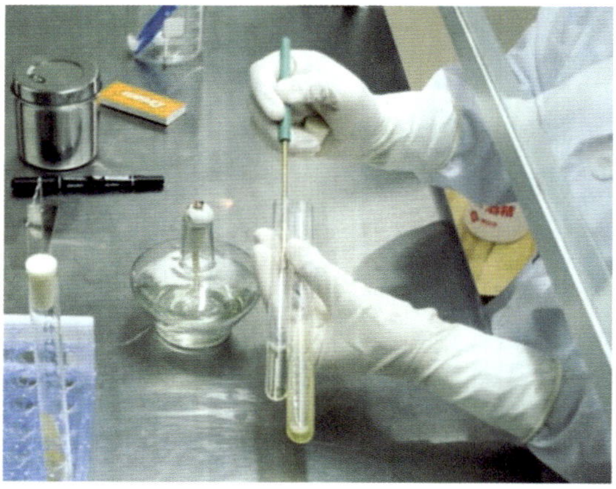

图 2-356　在接近液面的管壁轻轻研磨

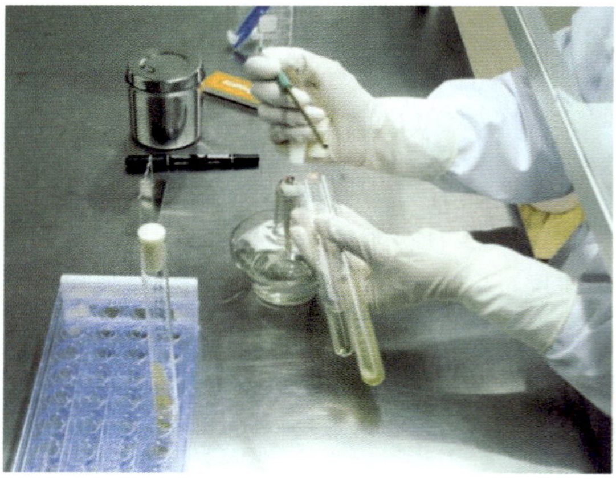

图 2-357　管口和胶塞通过火焰

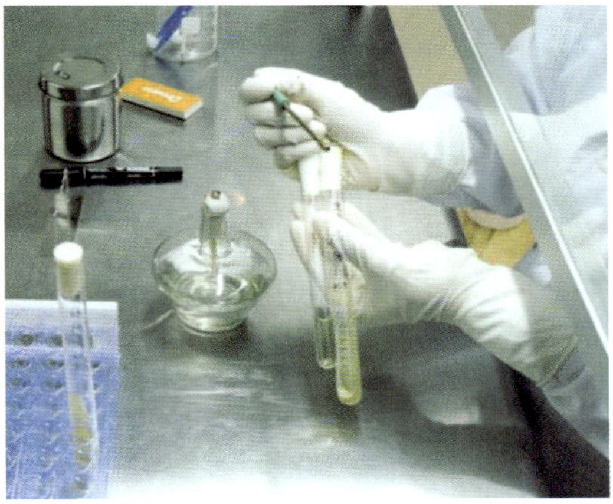

图 2-358　塞好胶塞

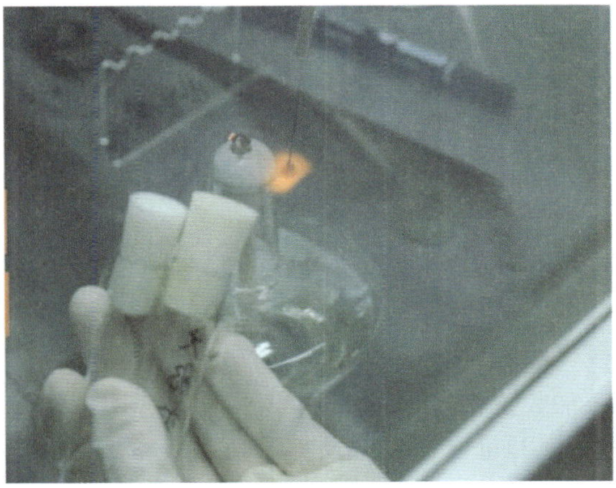

图 2-359　接种环烧灼灭菌

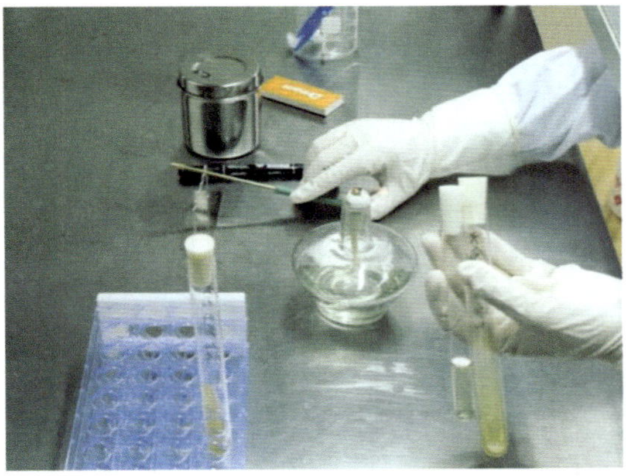

图 2-360　放于接种环架上

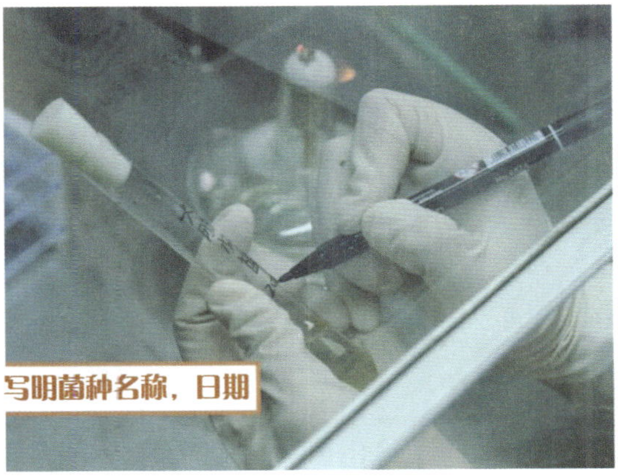


图 2-361　写上菌种名称和日期

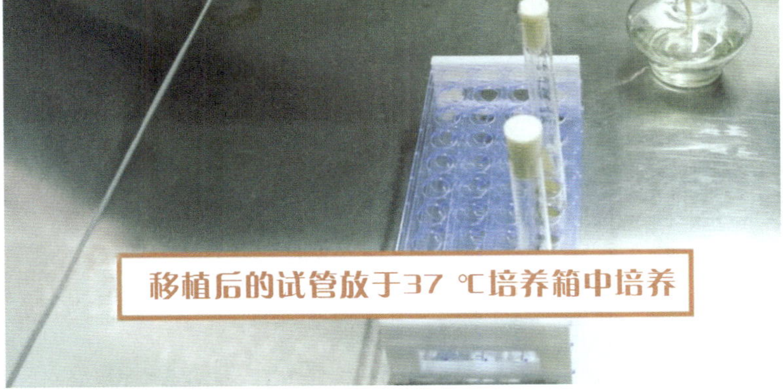


图 2-362　移植后的试管放于 37 ℃培养箱中培养

# 第三节　细菌的生化试验

## 一、生化培养基的制备

### 1. 糖发酵试验培养基的制备

(1)准备天平。打开天平电源开关，调节天平平衡(调节天平底部两边的旋钮，使水平仪的空气泡移至正中央)。将称量纸对角线折叠，四边折叠后放置在天平上。按下去皮按钮，电子天平数值归零。

(2)量取糖发酵培养基药品。拿取蛋白胨瓶，打开，用药匙从瓶中移取粉末 2.0 g 到称量纸上(图 2-363)，快接近需要量取的数值时，用左手轻轻敲打右手，让药粉缓慢增加到需要的量，多出来的药品丢弃至包装纸中，盖好药品盖。将称量好的蛋白胨药粉倒入 250 mL 烧杯中(图 2-364)。称量 0.5 g 氯化钠(图 2-365)加入 250 mL 烧杯中(图 2-366)，同时分别称取葡萄糖、乳糖、麦芽糖、蔗糖各 0.1 g(图 2-367)，分别加入小烧杯中(图 2-368)。

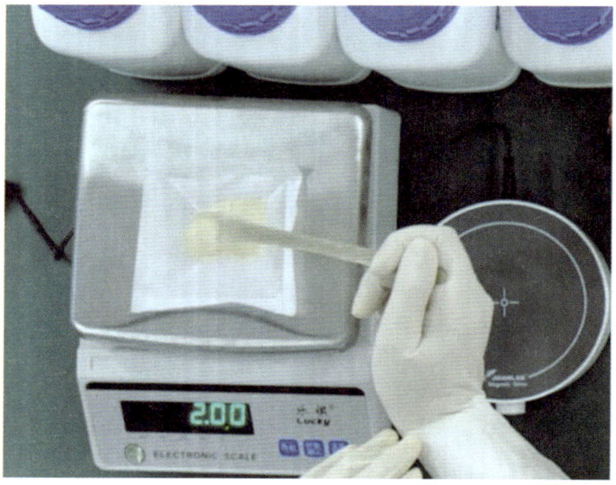


图 2-363　量取蛋白胨粉末 2.0 g

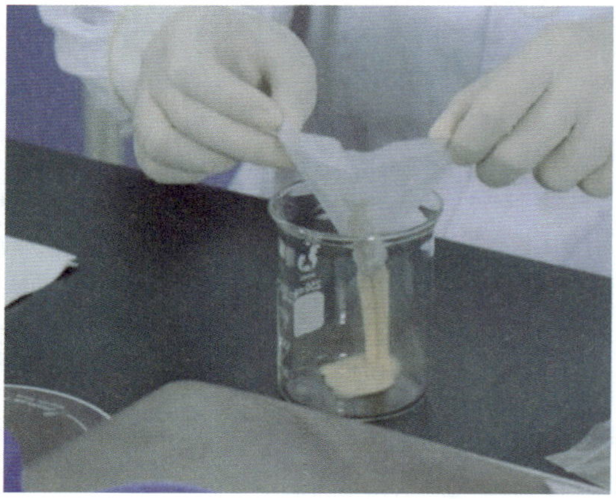

图 2-364　倒入 250 mL 烧杯中

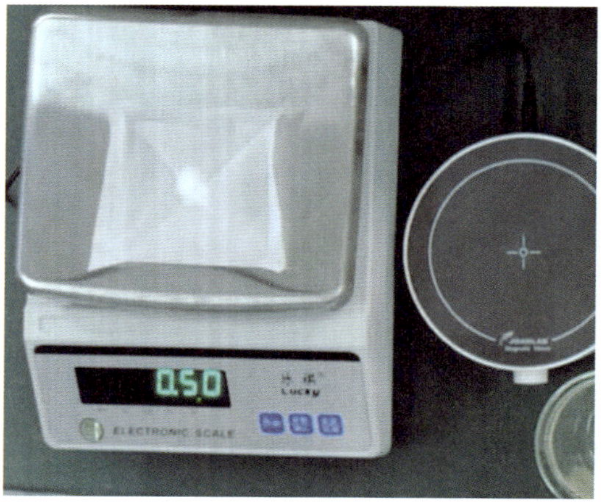


图 2-365　称量 0.5 g 氯化钠

图 2-366　加入 250 mL 烧杯中

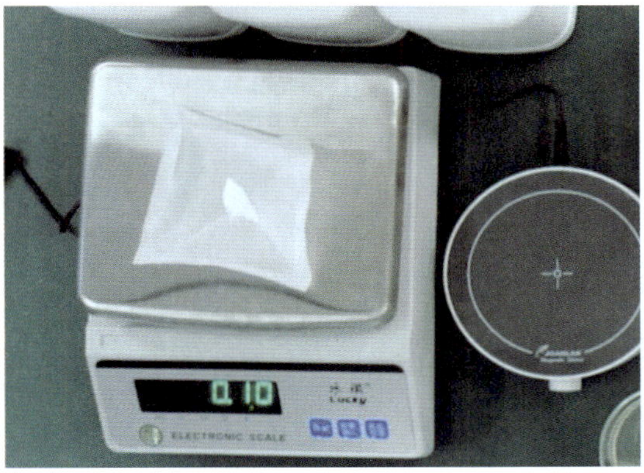

图 2-367　分别称取四种糖各 0.1 g

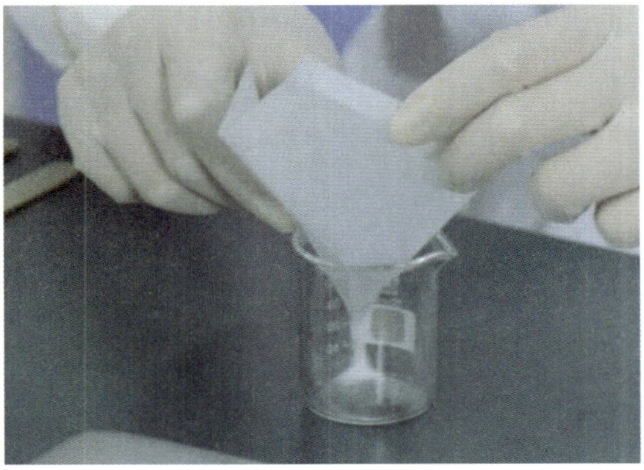

图 2-368　分别加入小烧杯中

(3)溶解培养基。用量筒量取 100 mL 蒸馏水(图 2-369),加入 250 mL 烧杯中(图 2-370),将烧杯放在磁力搅拌器上(图 2-371),加入搅拌子,打开电源进行搅拌,使药品充分溶解。用一次性镊子取出搅拌子(图 2-372),放回洁净纸上。

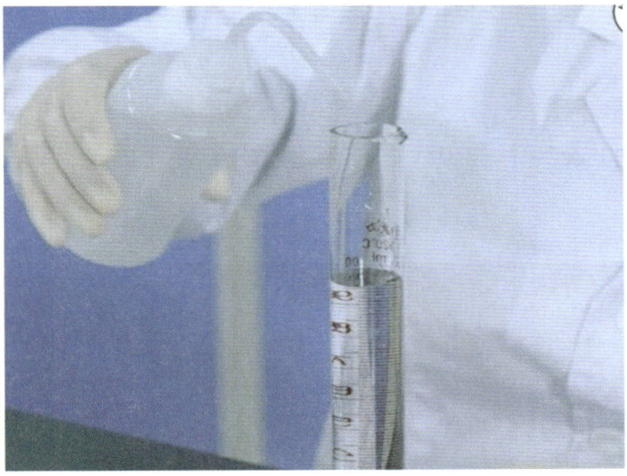

图 2-369　量取 100 mL 蒸馏水

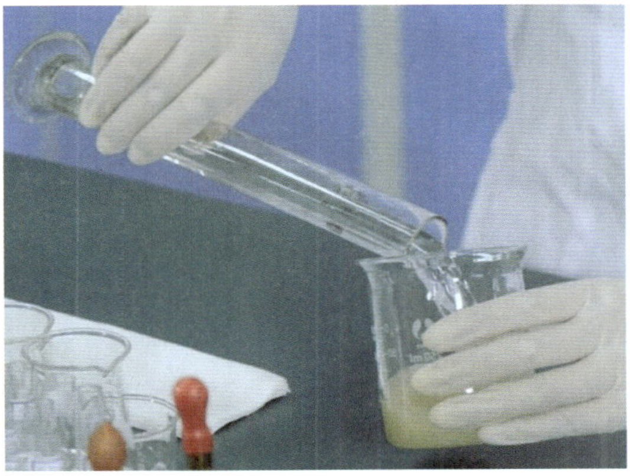

图 2-370　加入 250 mL 烧杯中

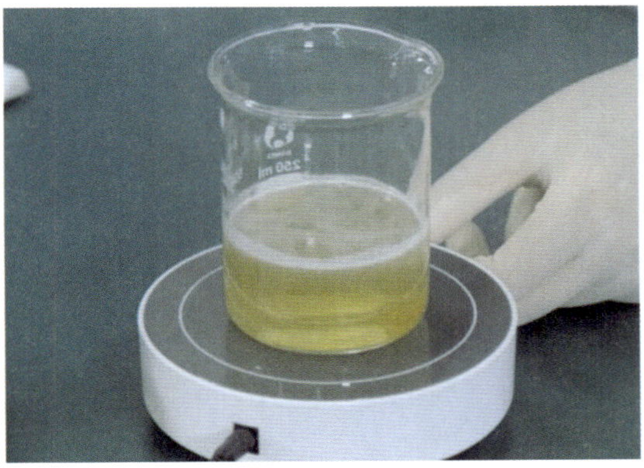

图 2-371　烧杯放在磁力搅拌器上

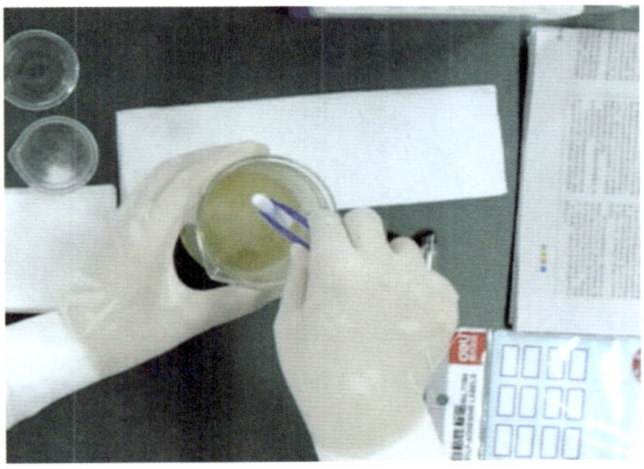

图 2-372　用一次性镊子取出搅拌子

(4)矫正 pH。用精密 pH 试纸测定培养基的 pH(图 2-373),并用 0.1 mol 氢氧化钠溶液调整培养基 pH 至 7.5(图 2-374)。

图 2-373　氢氧化钠溶液调整 pH

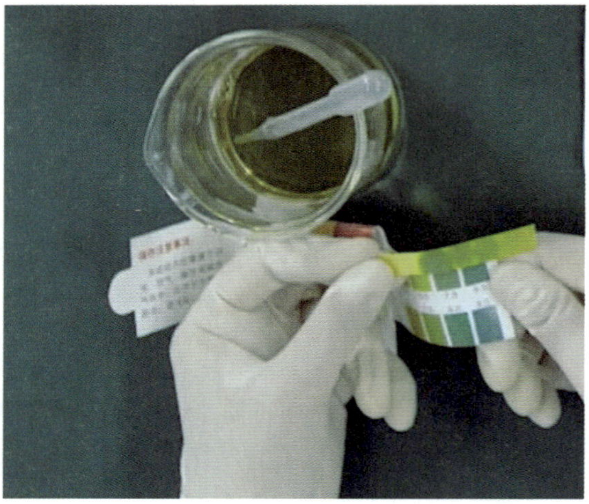

图 2-374　pH 试纸测定培养基的 pH

(5)加糖。从移液器架拿取 10 mL 移液器,装好吸头,分别量取 20 mL 培养基分别加入 4 个小烧杯中(图 2-375)。分装完毕,移液器吸头打入废料缸中,并将移液器直立悬挂在移液器架上。

图 2-375　量取 20 mL 培养基分别加入 4 个小烧杯中

(6)加指示剂调颜色。分别给 4 种糖的烧杯中加入指示剂溴甲酚紫(图 2-376),将培养基的颜色变成紫色(图 2-377)。

图 2-376　加入指示剂溴甲酚紫

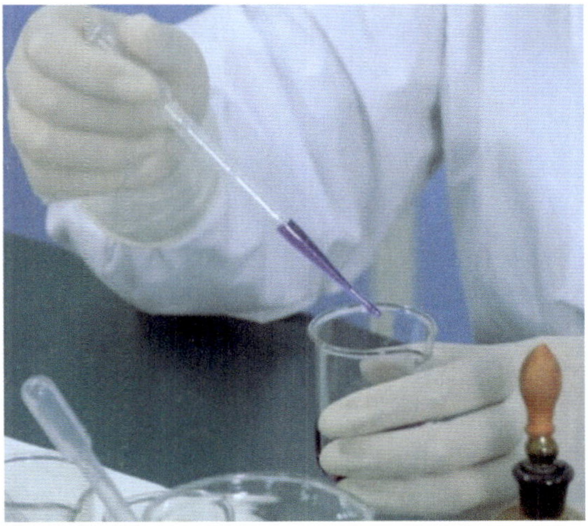

图 2-377　培养基的颜色变成紫色

(7)分装。先分装一种糖的培养基。从移液器架拿取 5 mL 移液器,把量程调至 3 mL,装好吸头,量取 3 mL 培养基装入试管中(图 2-378),平行分装 4 个试管。再把剩下的培养基用一次性胶头滴管装入发酵小管中(图 2-379),将发酵小管倒立装入小试管中(图 2-380)。注意发酵小管中不要有气泡(图 2-381),如果有,需要排除掉。用同样的方法分装其他 3 种糖的培养基。

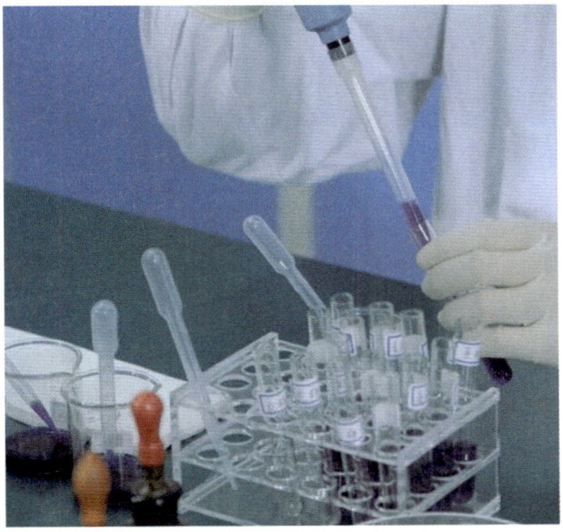

图 2-378　培养基装入试管中

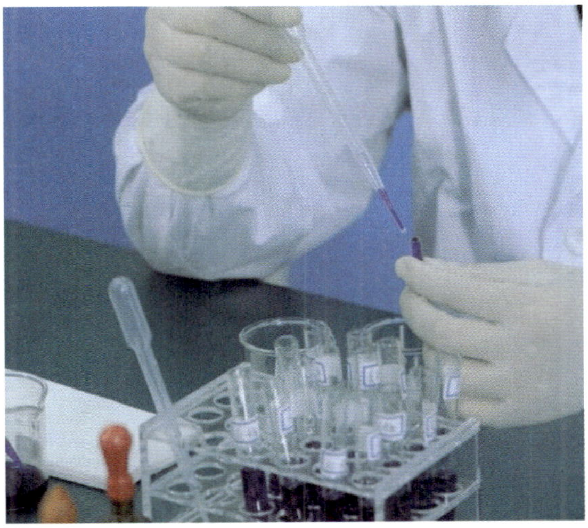

图 2-379　装入发酵小管中

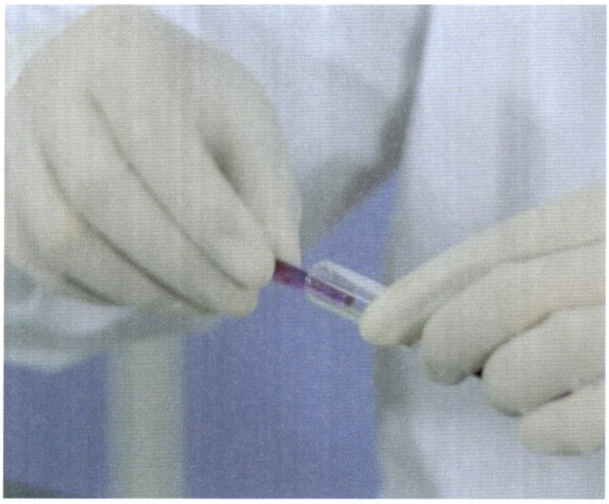

图 2-380　发酵小管倒立装入小试管中

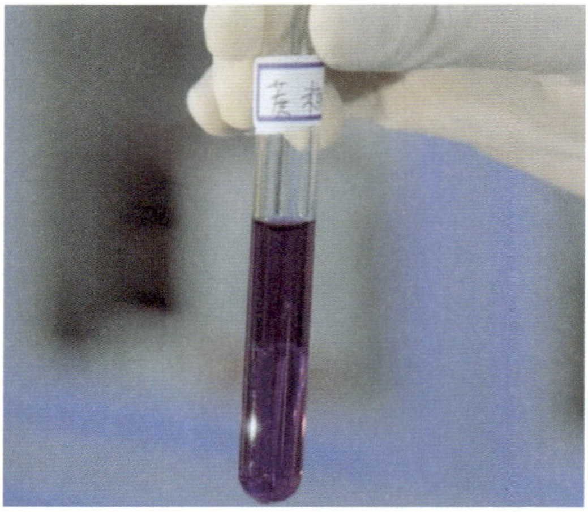

图 2-381　发酵小管中不要有气泡

(8)包装。试管分别塞上胶塞(图 2-382),同一种糖一起包装,在试管中部用橡皮筋缠绕固定(图 2-383),然后选用合适大小的双层报纸包裹试管头部,再用橡皮筋缠绕固定(图 2-384),放入烧杯中准备灭菌(115 ℃,15 min)(图 2-385)。

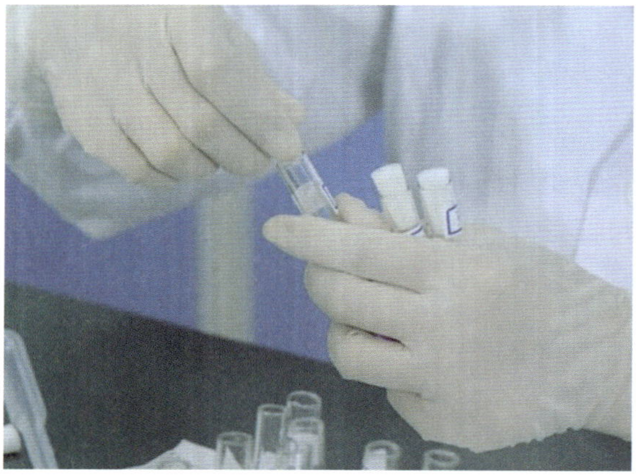

图 2-382　塞上胶塞

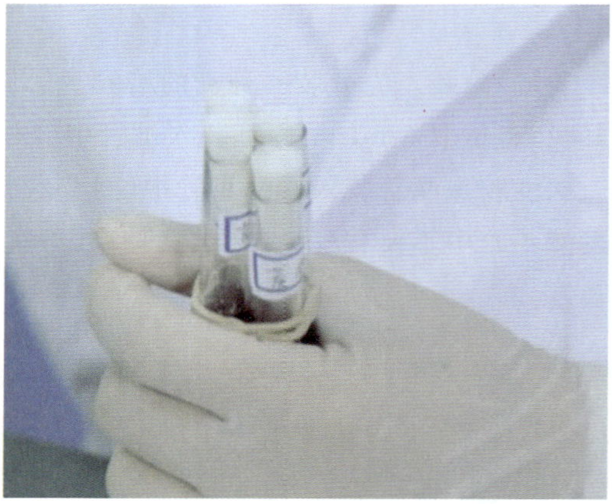

图 2-383　试管中部用橡皮筋缠绕固定

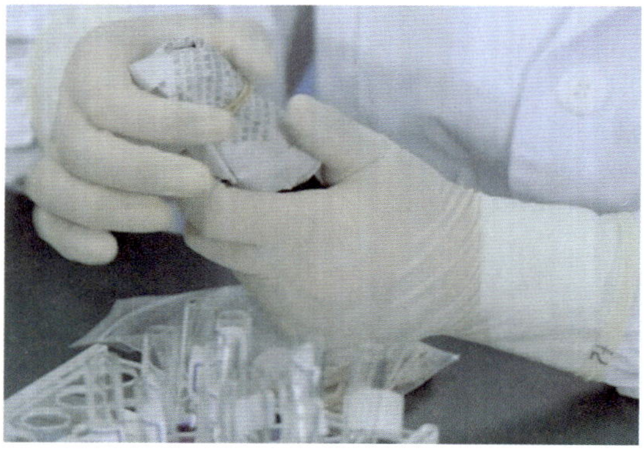

图 2-384　报纸包裹并用橡皮筋缠绕固定

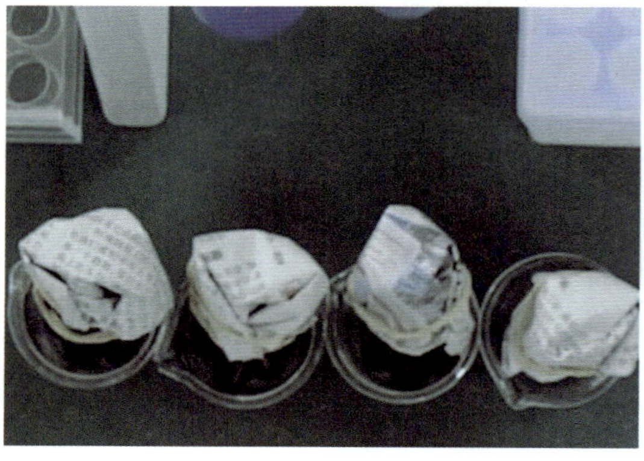

图 2-385　放入烧杯中准备灭菌

**2. 甲基红试验培养基的制备**

(1)准备天平。打开天平电源开关,调节天平平衡(调节天平底部两边的旋钮,使水平仪的空气泡移至正中央)。将称量纸对角线折叠,四边折叠后放置在天平上。按下去皮按钮,电子天平数值归零。

(2)称量药品。拿取蛋白胨培养基瓶,打开,用药匙从培养基瓶中移取蛋白胨粉末 0.5 g 到称量纸上(图 2-386),快接近需要量取的数值时,用左手轻轻敲打右手,让药粉缓慢增加到需要的量,多出来的药品丢弃至包装纸中。盖好药品盖,将蛋白胨瓶放回原处。然后按同样的方法称量葡萄糖 0.5 g(图 2-387)。

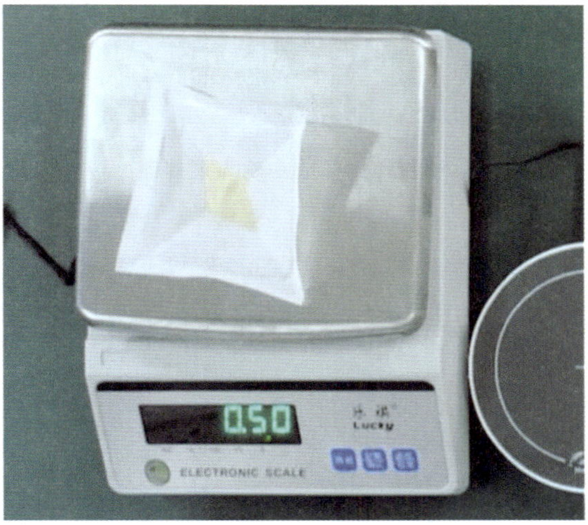


图 2-386　称量蛋白胨粉末 0.5 g

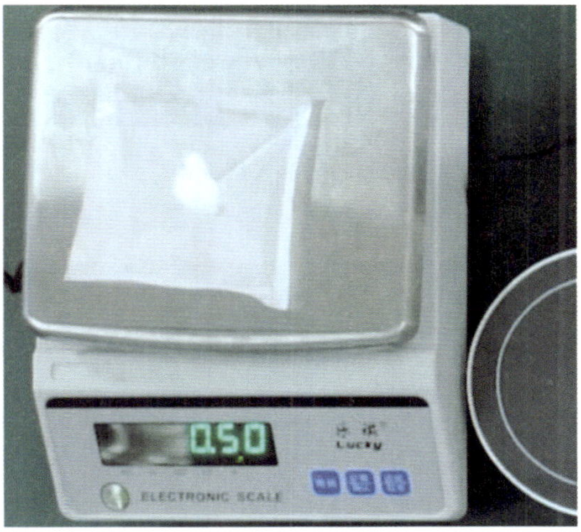


图 2-387　称量葡萄糖粉末 0.5 g

(3)溶解培养基。把称量好的葡萄糖粉末、蛋白胨粉末倒入 250 mL 烧杯中(图 2-388)。用量筒量取 100 mL 蒸馏水(图 2-389),加入烧杯中(图 2-390),放入搅拌子,将烧杯放在磁力搅拌器上(图 2-391),打开电源进行搅拌(图 2-392),使药品充分溶解,关闭磁力搅拌器(图 2-393),用一次性镊子取出搅拌子(图 2-394),放回洁净纸上。

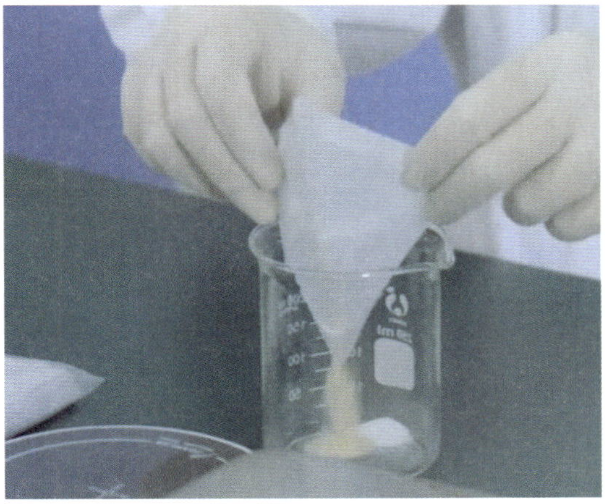

图 2-388　把称量好的粉末倒入烧杯中

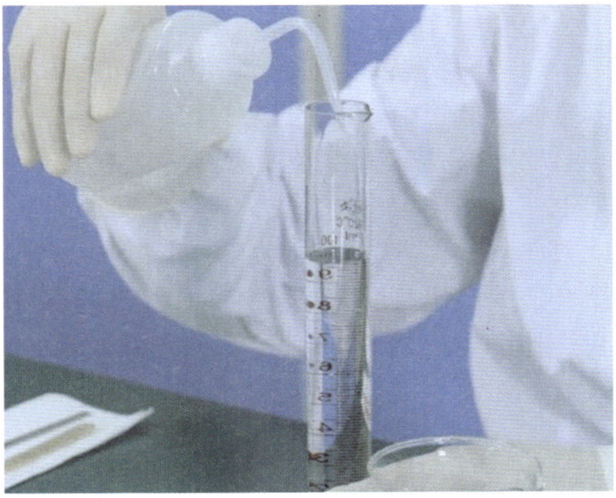

图 2-389　量取 100 mL 蒸馏水

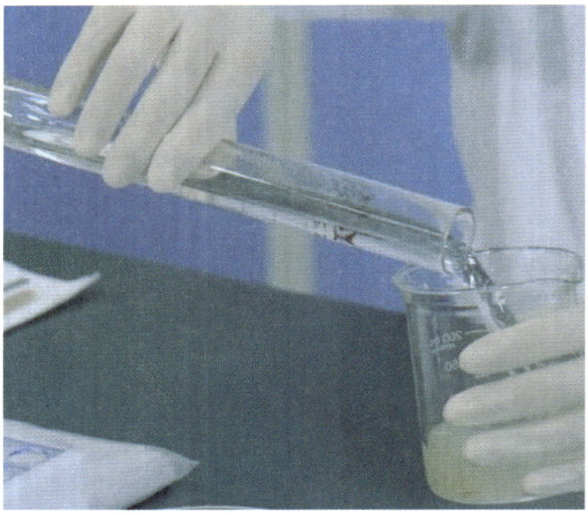

图 2-390　加入烧杯中

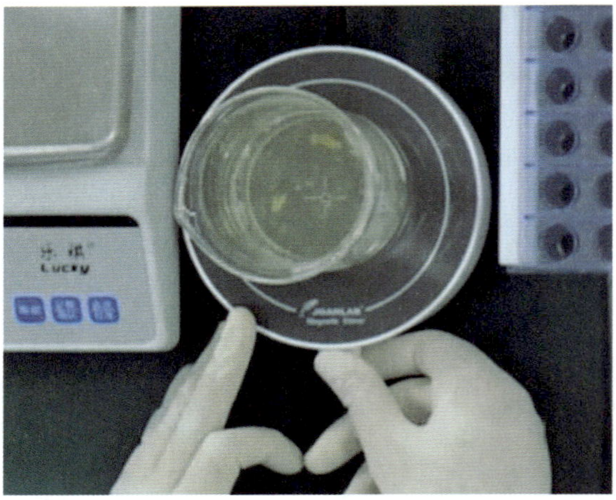


图 2-391　烧杯放在磁力搅拌器上

图 2-392　充分搅拌

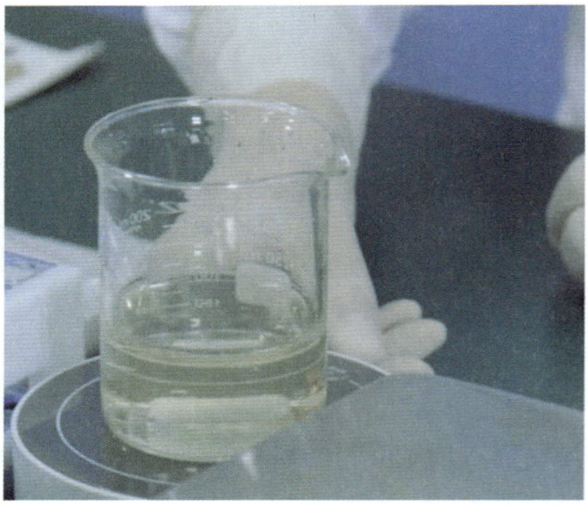

图 2-393　充分溶解，关闭磁力搅拌器

(4)分装。从移液器架拿取 10 mL 移液器，把量程调至 5 mL，安装好吸头，量取 5 mL 培养基装入试管中，平行分装 5 个试管(图 2-395)，试管内培养基的高度一般不超过试管高度的 1/4。分装完毕，移液器吸头打入废料缸中，并将移液器调至最大量程，直立悬挂在移液器架上。

(5)包装。试管塞上胶塞(图 2-396)，在试管中部用皮筋缠绕固定，放在烧杯内。然后选用合适大小的双层报纸包裹试管头部，再用橡皮筋缠绕固定，写上培养基名称和灭菌日期，放入烧杯中(图 2-397)准备灭菌(115 ℃，15 min)。

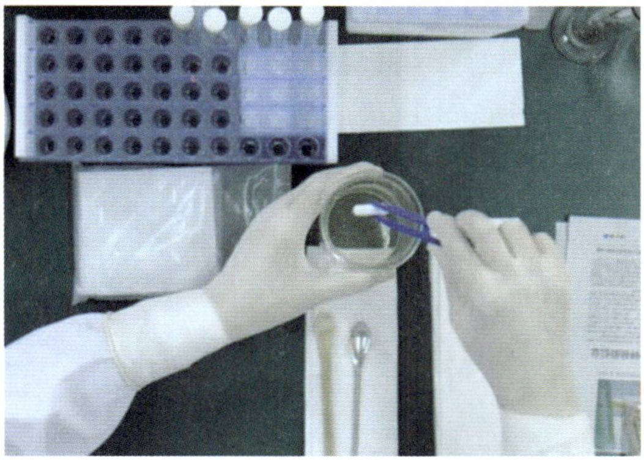

图 2-394　取出搅拌子

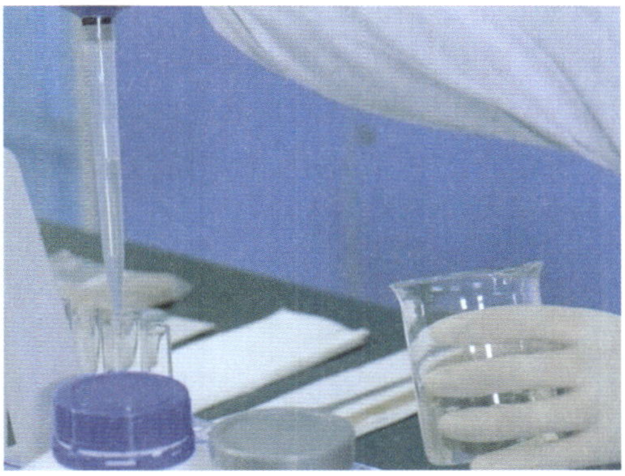

图 2-395　分装 5 个试管

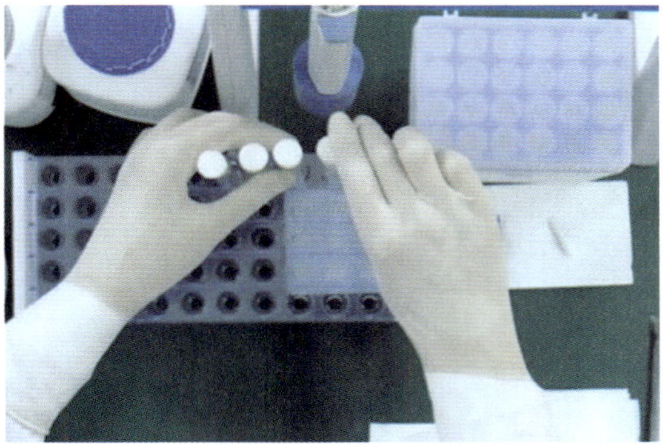

图 2-396　塞上胶塞

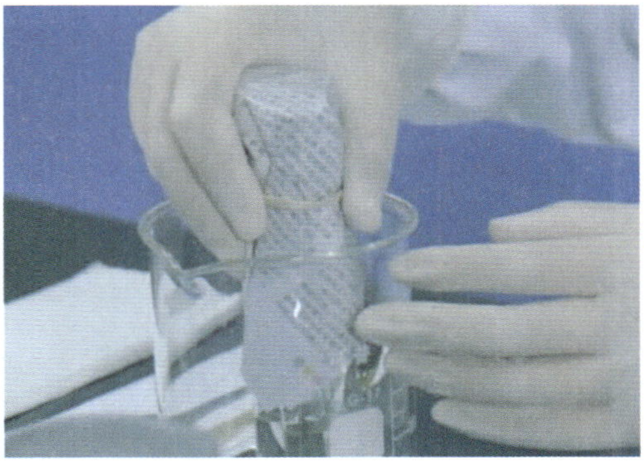

图 2-397　放入烧杯中

**3. 靛基质试验培养基的制备**

(1)准备天平。打开天平电源开关,调节天平平衡(调节天平底部两边的旋钮,使水平仪的空气泡移至正中央)。将称量纸对角线折叠,四边折叠后放置在天平上。按下去皮按钮,电子天平数值归零。

(2)称量药品。拿取蛋白胨瓶,打开,用药匙从培养基瓶中量取蛋白胨水粉末 1 g 到称量纸上(图 2-398),快接近需要量取的数值时,用左手轻轻敲打右手,让药粉缓慢增加到需要的量,多出来的药品丢弃至包装纸中,药匙用洁净纸擦拭后放在洁净纸上。盖好药品盖,将蛋白胨瓶放回原处。用同样的方法称量氯化钠 0.5 g(图 2-399)。

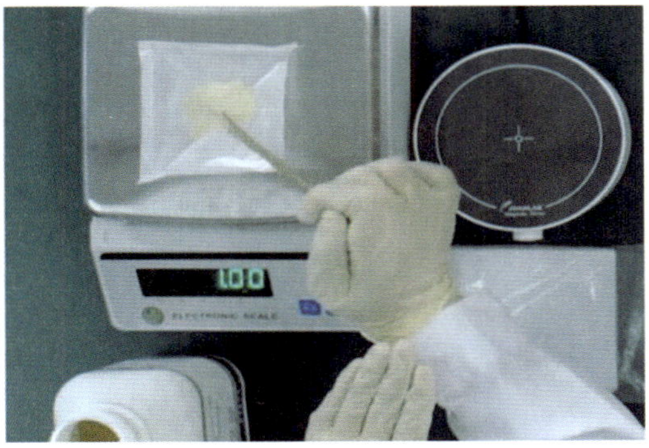

图 2-398　称量蛋白胨粉末

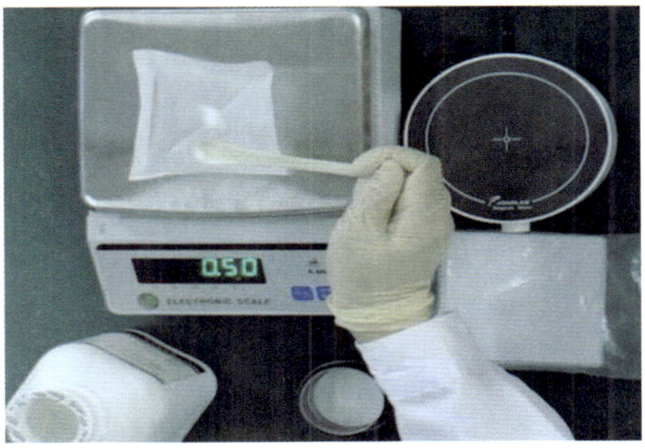

图 2-399　称量氯化钠粉末

(3)溶解培养基。把称量好的蛋白胨粉末、氯化钠粉末倒入 250 mL 烧杯中(图 2-400)。用量筒量取 100 mL 蒸馏水,加入烧杯中(图 2-401),放入搅拌子,将烧杯放在磁力搅拌器上,打开电源进行搅拌,使药品充分溶解(图 2-402)。溶解完毕,关闭磁力搅拌器,用一次性镊子取出搅拌子(图 2-403),放回洁净纸上。

图 2-400 将粉末倒入烧杯中

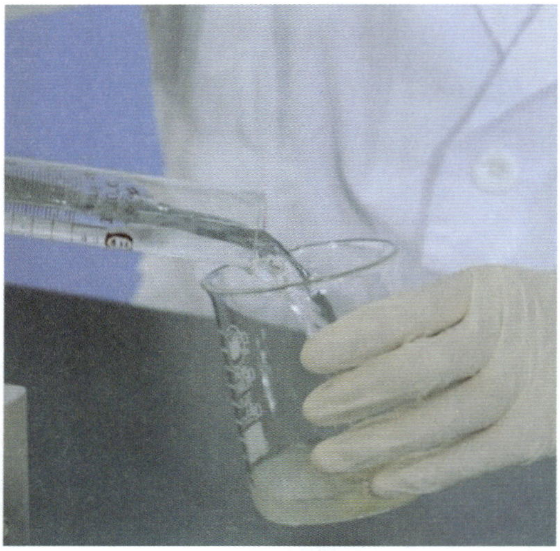

图 2-401 将蒸馏水加入烧杯中

图 2-402 药品充分溶解

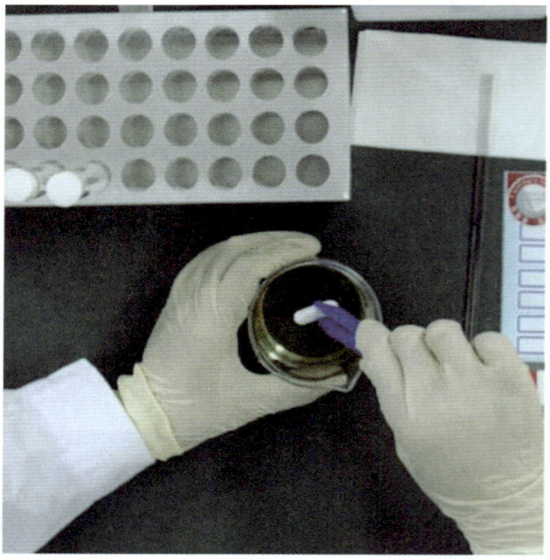

图 2-403 取出搅拌子

(4)调整 pH。用 pH 试纸测定培养基的 pH(图 2-404),并用氢氧化钠溶液调整 pH 至 7.5(图 2-405、图 2-406)。

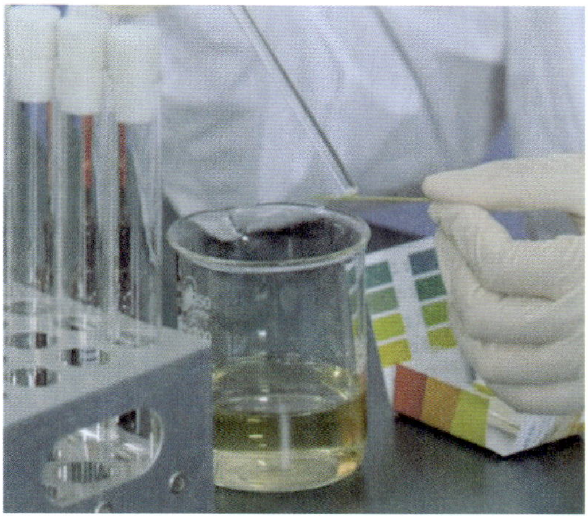

图 2-404　用 pH 试纸测定 pH

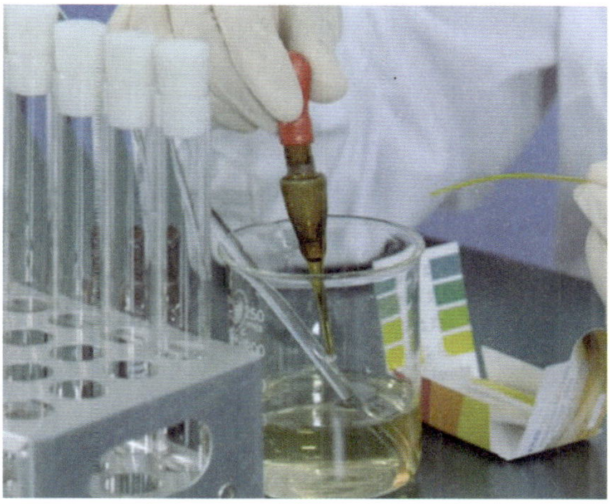

图 2-405　氢氧化钠溶液调整 pH

(5)分装。从移液器架拿取 10 mL 移液器，把量程调至 6 mL，安装好吸头，量取 6 mL 培养基装入试管中，平行分装 5 个试管(图 2-407)，试管内培养基的高度一般不超过试管高度的 1/4。分装完毕，移液器吸头打入废料缸中，并将移液器调至最大量程，直立悬挂在移液器架上。

图 2-406　调整 pH 至 7.5

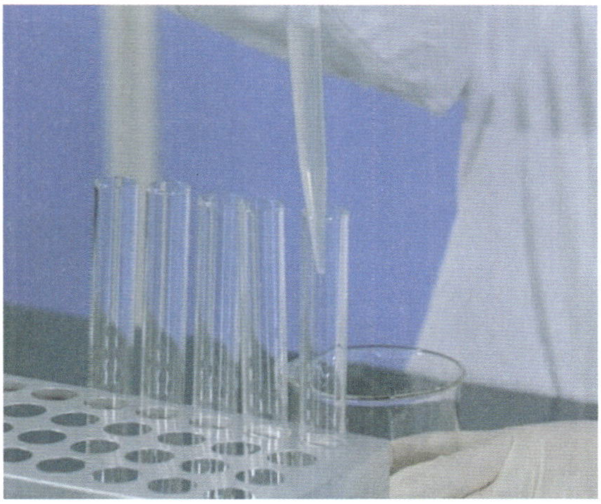

图 2-407　平行分装 5 个试管

(6)包装。试管分别塞上胶塞(图 2-408)，在试管中部用橡皮筋缠绕固定(图 2-409)，放在烧杯内。然后选用合适大小的双层报纸(或牛皮纸)包裹试管头部，再用橡皮筋缠绕固定(图 2-410)，贴上培养基名称和灭菌日期的标签(图 2-411)，放入烧杯中准备灭菌。

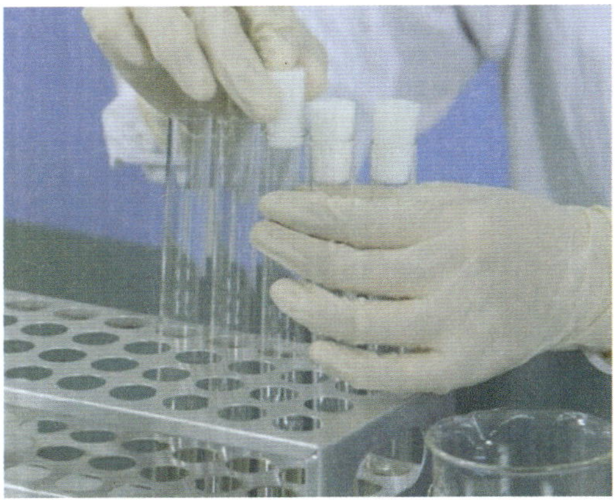

图 2-408　试管分别塞上胶塞

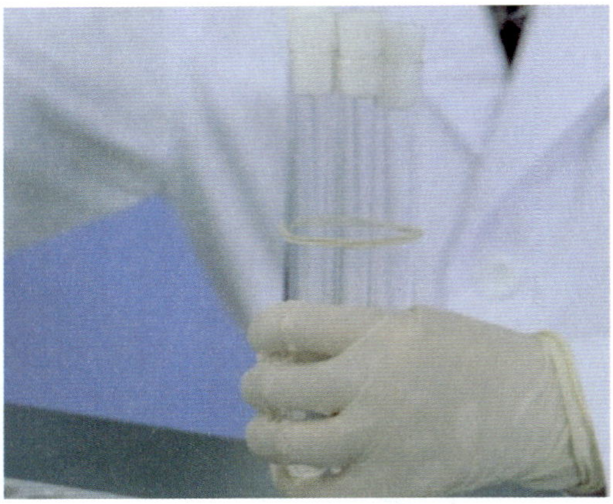

图 2-409　在试管中部用皮筋缠绕固定

图 2-410　报纸包裹，用橡皮筋固定

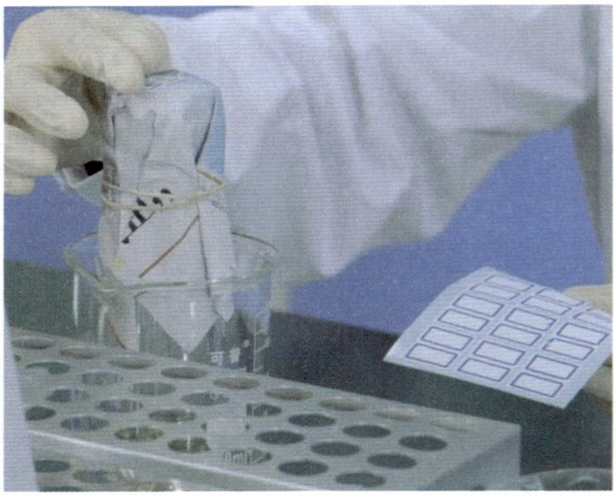

图 2-411　贴上标签

## 二、生化试验

### 1. 糖发酵试验

(1)超净工作台准备。酒精棉球擦拭工作台面，点燃酒精灯。

(2)菌悬液的准备。接种环消毒，从麦康凯琼脂平板上挑取 1～2 个菌落(图 2-412)，迅速伸入无菌生理盐水管内，在接近液面的管壁轻轻研磨，并蘸取少许生理盐水调和，使菌混合于生理盐水中。接种环在生理盐水中充分冲洗混匀(图 2-413)。接种环灭菌后放于接种环架上，试管摇匀(图 2-414)后与 0.5 麦氏比浊管比浊(图 2-415)，与比浊管浊度一致即可。

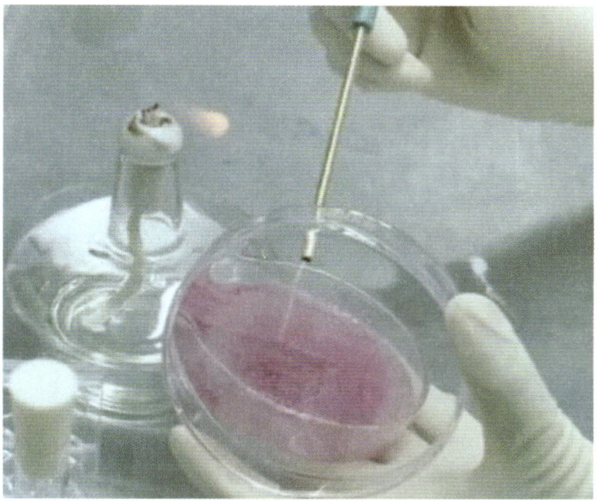

图 2-412　挑取 1～2 个菌落

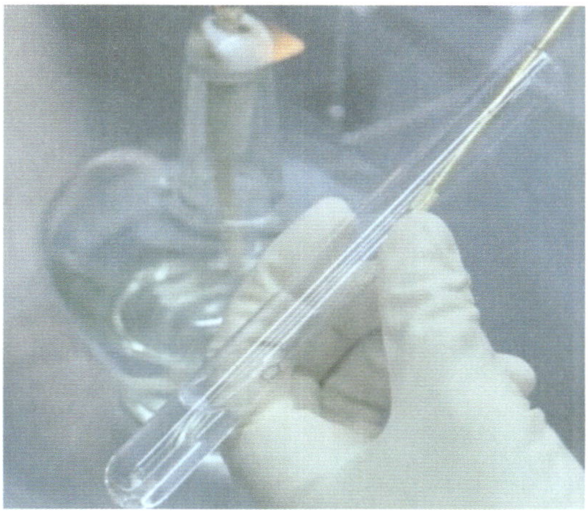

图 2-413　接种环在生理盐水中充分冲洗

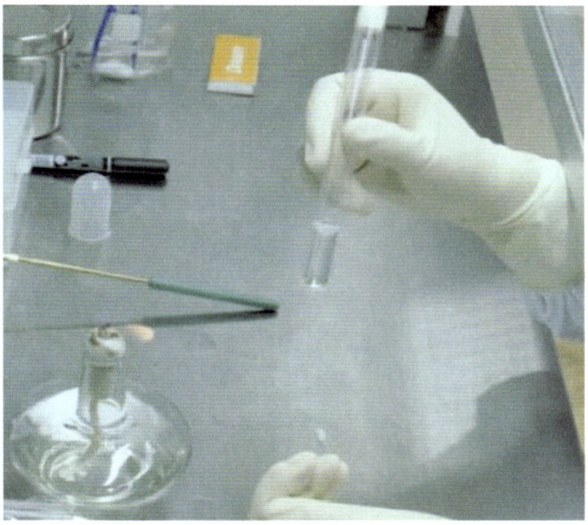

图 2-414　试管摇匀

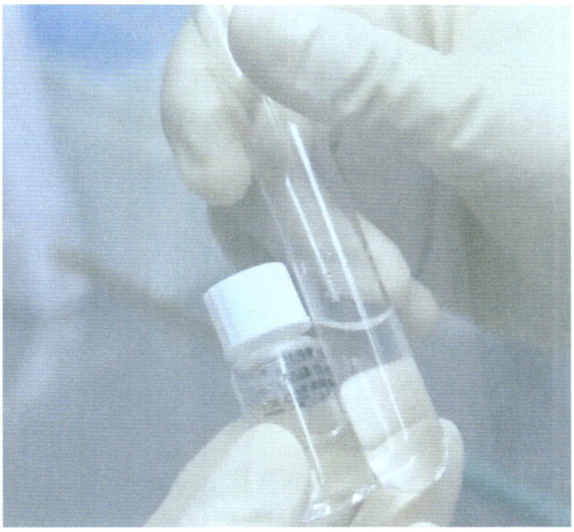

图 2-415　与 0.5 麦氏比浊管比浊

(3)接种细菌。拆开 4 种糖发酵培养基(图 2-416),依次放在试管架上(图 2-417)。从移液器架拿取移液器,量程调至 100 μL(图 2-418),装好吸头。将菌种管摇匀后,用移液器从菌种管中吸取菌液依次加入糖发酵试验试管中(图 2-419),每管 100 μL,每种糖做 3 个试验管,留一个不加菌液的做对照。加样完毕后将移液器调至最大量程,垂直悬挂在移液器架上,菌种管塞和试管口灭菌(图 2-420)后塞上试管塞(图 2-421)。

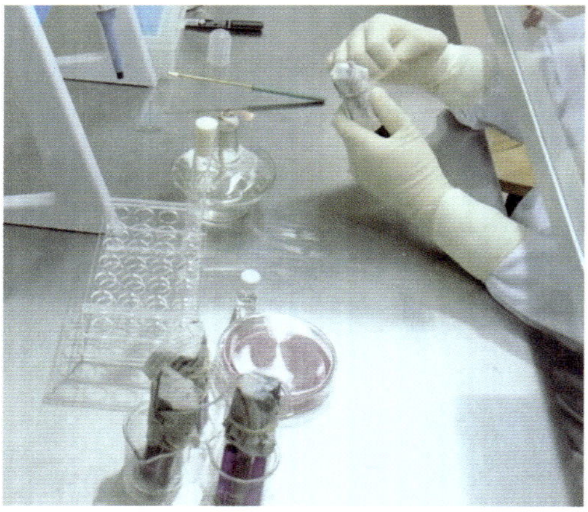

图 2-416　拆开 4 种糖发酵培养基

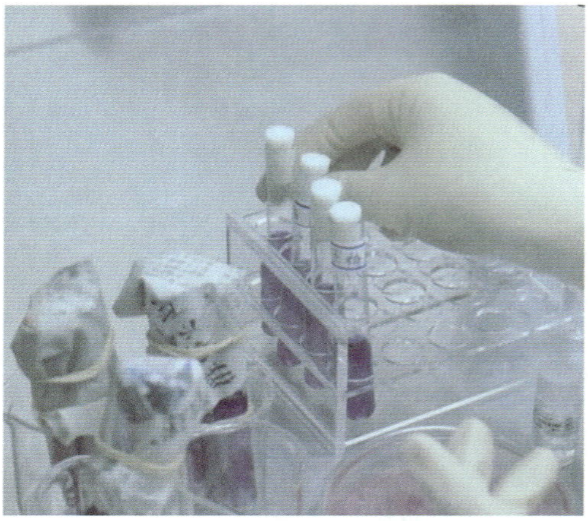

图 2-417　依次放于试管架上

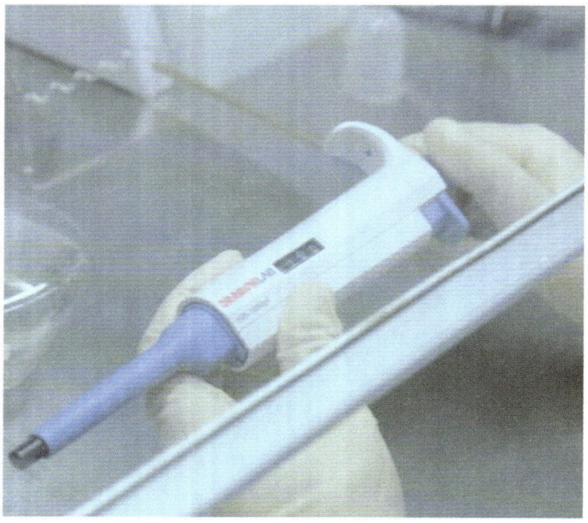

图 2-418　量程调至 100 μL

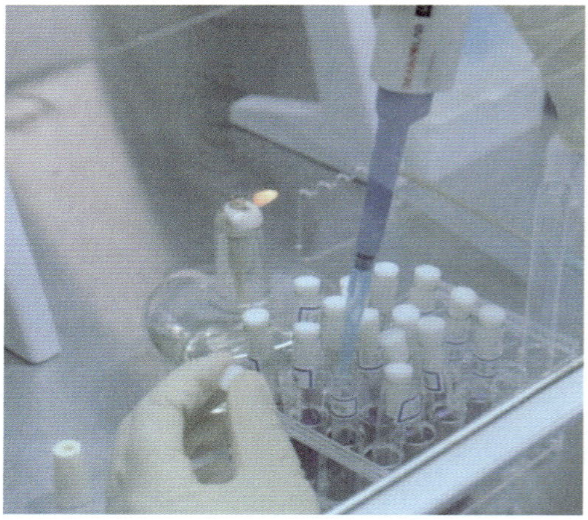

图 2-419　加入糖发酵试验试管中

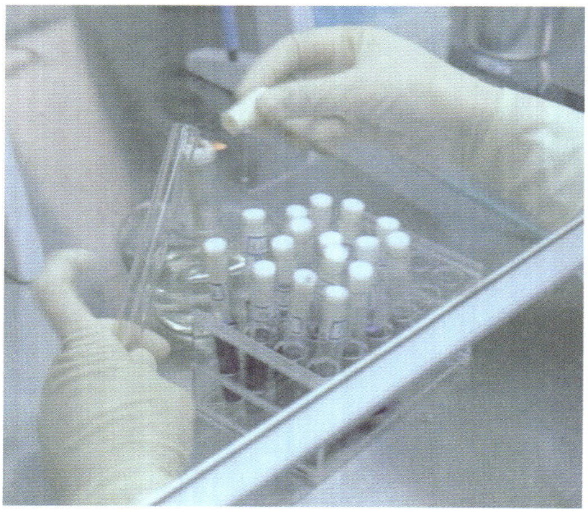

图 2-420　菌种管塞和试管口灭菌

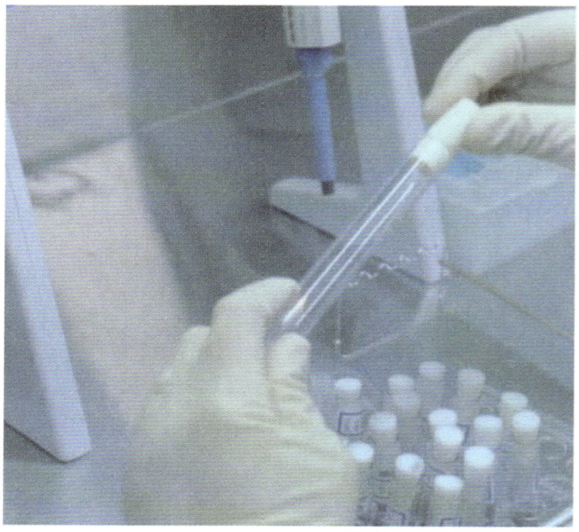

图 2-421　塞上试管塞

(4)温箱培养。将糖发酵培养基试管放入 37 ℃温箱中，培养 1～2 天。

(5)结果观察。糖发酵试验有 3 种结果：培养基变为黄色，表示产酸(＋)；培养基变为黄色，倒置的发酵小管里有气体，表示产酸产气(⊕)；培养基不变色，和对照管一样，表示既不产酸也不产气(－)。蔗糖管既不产酸也不产气(－)(图 2-422)；葡萄糖管是产酸产气(⊕)(图 2-423)；麦芽糖管也是产酸产气(⊕)(图 2-424)；乳糖管也产酸产气(⊕)(图 2-425)。

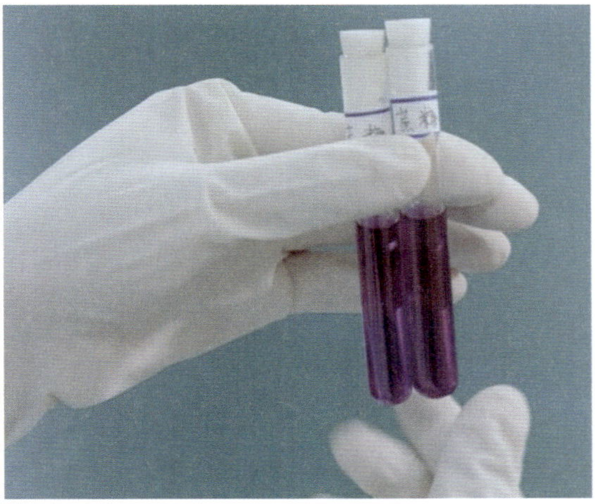

**图 2-422　蔗糖管既不产酸也不产气**

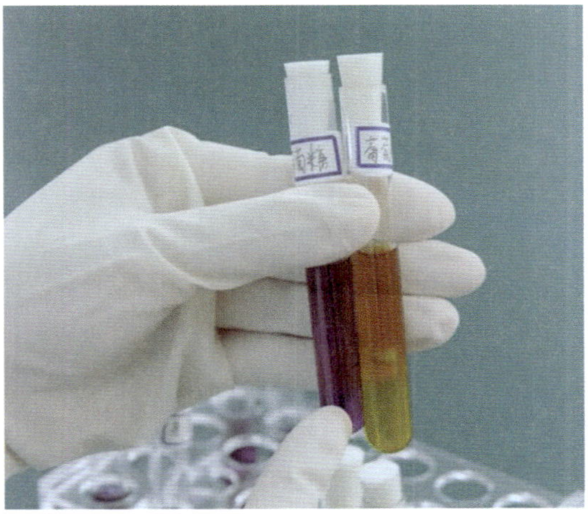

**图 2-423　葡萄糖管产酸产气**

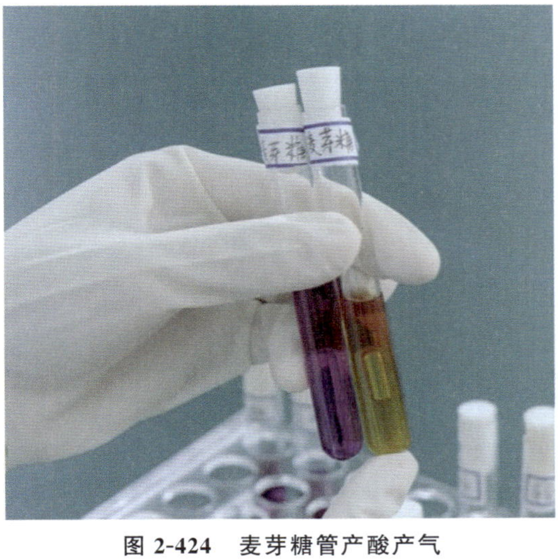

**图 2-424　麦芽糖管产酸产气**

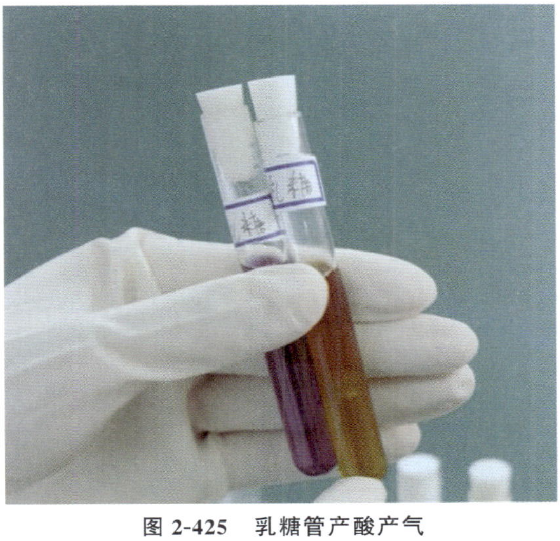

**图 2-425　乳糖管产酸产气**

**2. 甲基红试验**

(1)超净工作台准备。酒精棉球擦拭工作台面，再用酒精棉球擦拭双手，点燃酒精灯。

(2)菌悬液的准备。接种环消毒，从麦康凯琼脂平板上挑取 4～5 个菌落，迅速伸入无菌生理盐水管内，在接近液面的管壁轻轻研磨，并蘸取少许生理盐水调和，使菌混合于生理盐水中。接种环在生理盐水中充分冲洗混匀。接种环灭菌后放于接种环架上，试管摇匀后与 0.5 麦氏比浊管比浊，与比浊管浊度一致即可。

(3)接种细菌。拆开培养基，依次放在试管架上(图 2-426)。从移液器架拿取移液器，把量程调至 100 μL，装好吸头。用移液器从菌种管中吸取菌液依次加入甲基红试验试管中，每管 100 μL(图 2-427)，留一个不加菌液的做对照。加样完毕后弃掉吸头，将移液器调至最大量程，垂直悬挂在移液器架上，菌种管塞和试管口灭菌(图 2-428)后塞上试管塞(图 2-429)。

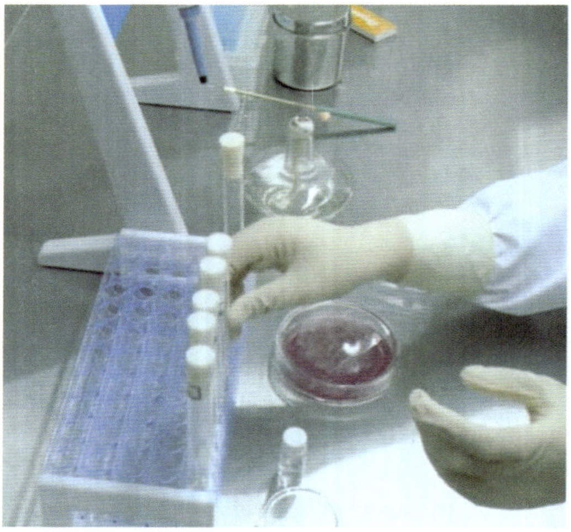

图 2-426　培养基放在试管架上

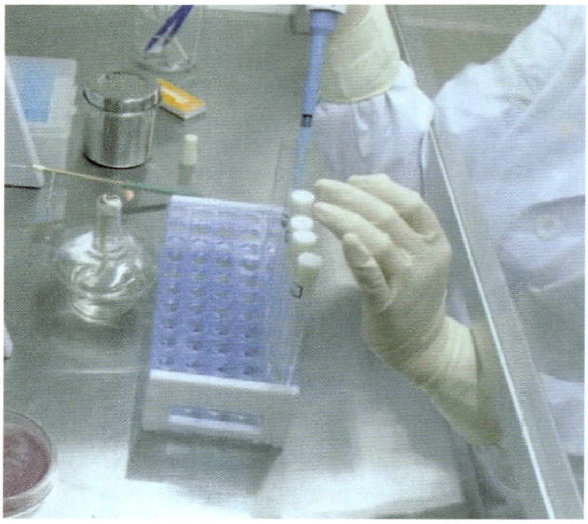

图 2-427　每管 100 μL

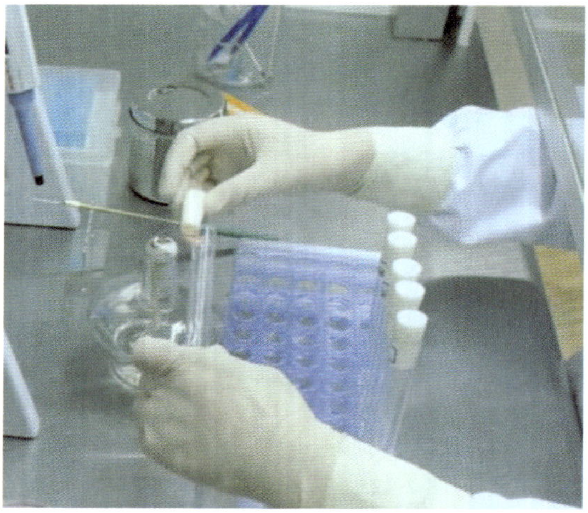

图 2-428　菌种管塞和试管口灭菌

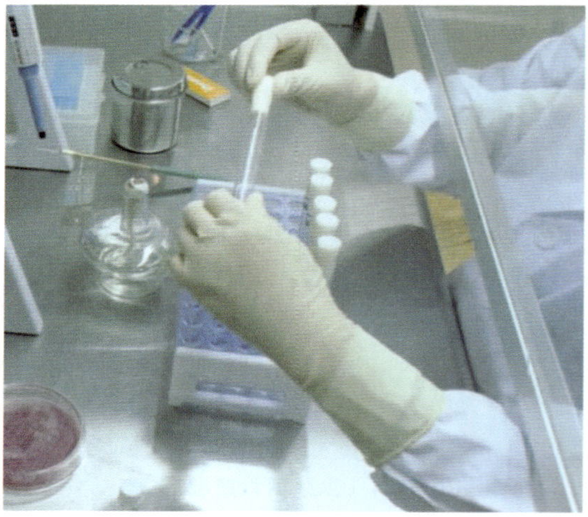

图 2-429　塞上试管塞

(4)温箱培养。将糖发酵培养基试管放入 37 ℃温箱中，培养 1～2 天。

(5)结果观察。培养结束后，取出试管，第一支试管为对照管(图 2-430)，后 4 支试管为实验管(图 2-431)，分别向试管中滴加甲基红试剂(图 2-432、图 2-433)，摇匀(图 2-434、图 2-435)。红色为实验结果阳性(＋)，黄色为实验结果阴性(－)(图 2-436)。

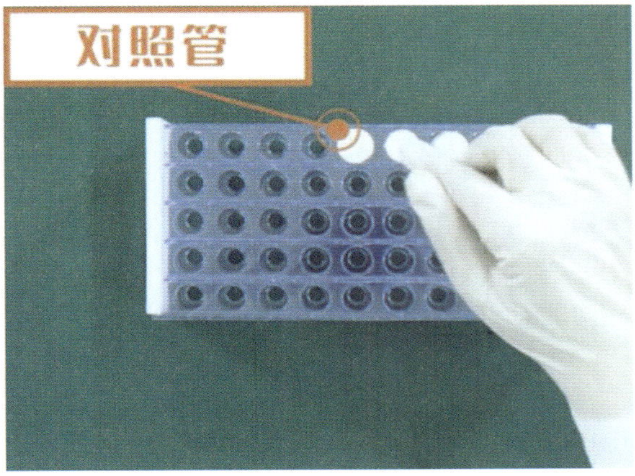


图 2-430　对照管

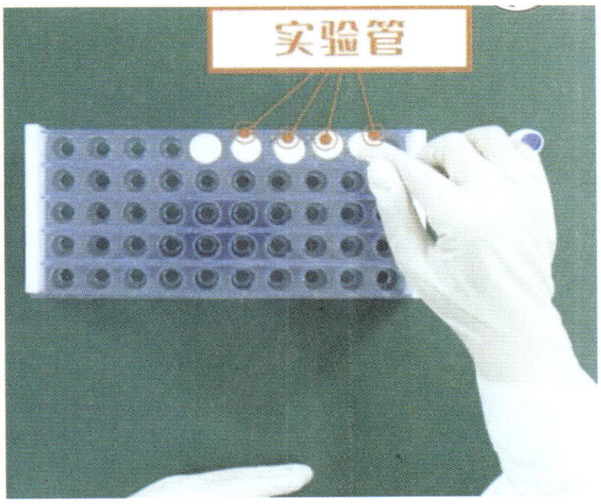


图 2-431　实验管

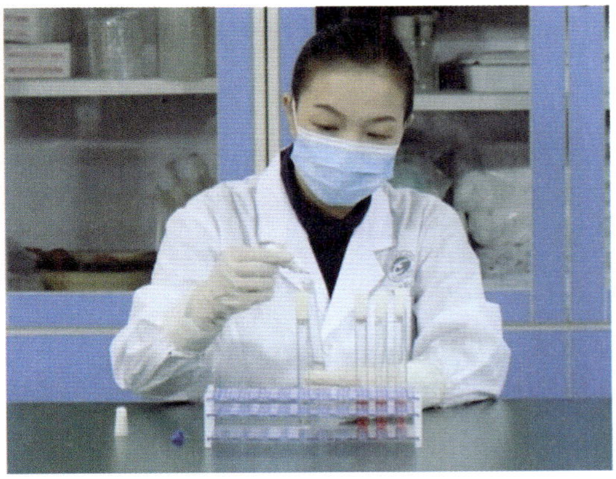

图 2-432　实验管滴加甲基红试剂

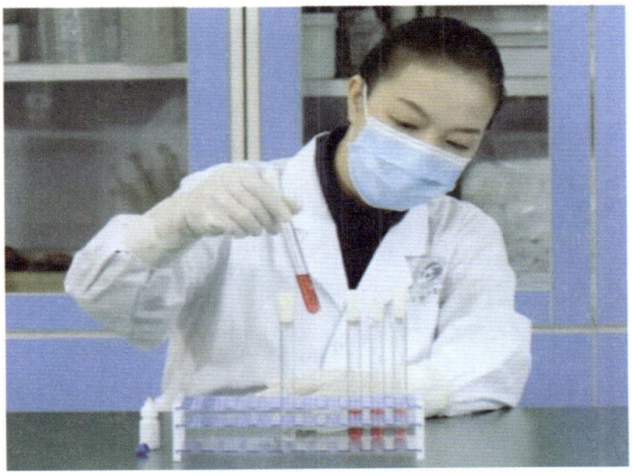

图 2-433　摇匀 1

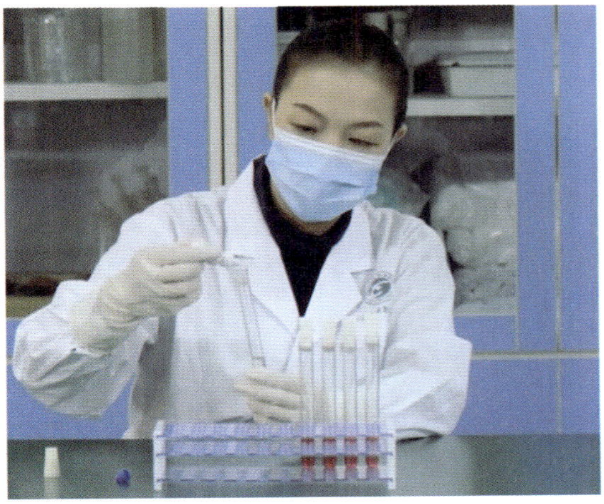

图 2-434　对照管滴加甲基红试剂

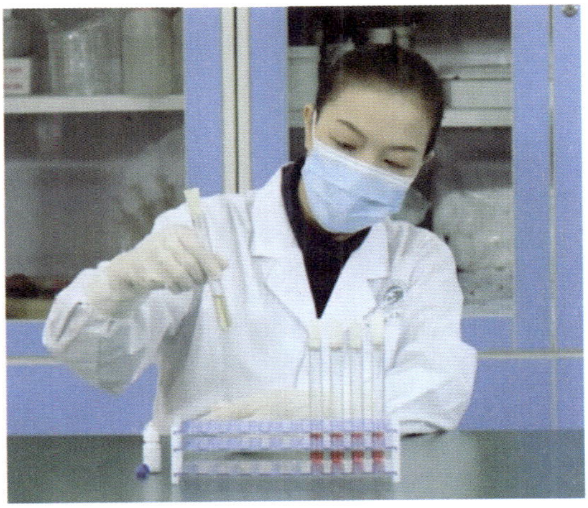

图 2-435　摇匀 2

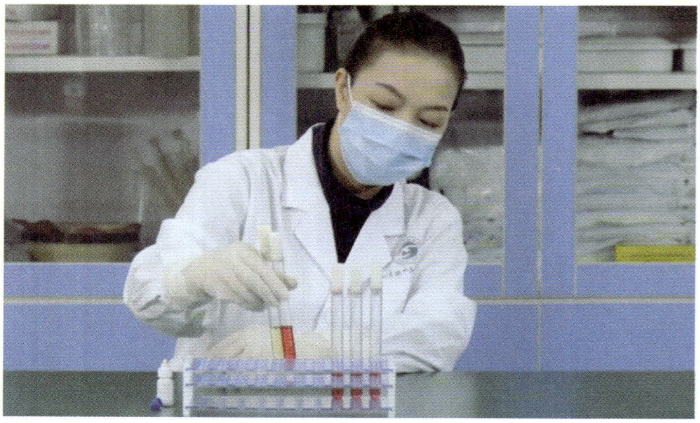

图 2-436　红色为实验结果阳性(+),黄色为实验结果阴性(-)

**3. 靛基质试验**

(1)超净工作台准备。酒精棉球擦拭工作台面,再用酒精棉球擦拭双手,点燃酒精灯。

(2)菌悬液的准备。接种环消毒,从麦康凯琼脂平板上挑取 4~5 个菌落,迅速伸入无菌生理盐水管内,在接近液面的管壁轻轻研磨,并蘸取少许生理盐水调和,使菌混合于生理盐水中。接种环在生理盐水中充分冲洗混匀。接种环灭菌后放于接种环架上,试管摇匀后与 0.5 麦氏比浊管比浊,与比浊管浊度一致即可。

(3)接种细菌。拆开靛基质试验培养基,放在试管架上(图 2-437)。从移液器架拿取移液器,把量程调至 100 μL(图 2-438),装好吸头。用移液器从菌种管中吸取菌液加入蛋白胨水培养基试管中,每管 100 μL(图 2-439),做 4 个试验管,留一个不加菌液的做对照。加样完毕后弃掉吸头,将移液器调至最大量程,垂直悬挂在移液器架上,菌种管塞和试管口灭菌(图 2-440)后塞上试管塞(图 2-441)。

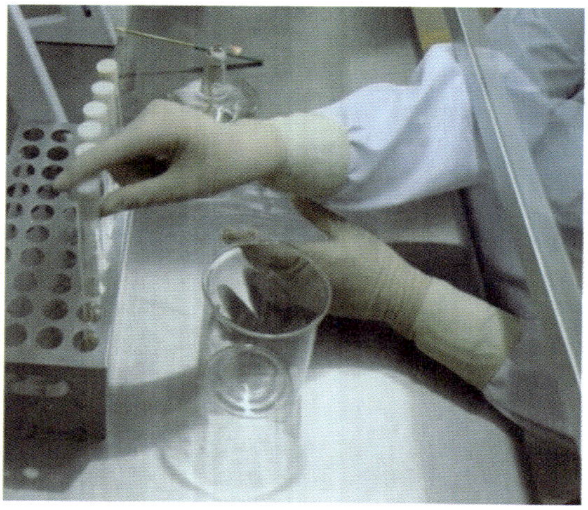

图 2-437　拆开培养基,放在试管架上

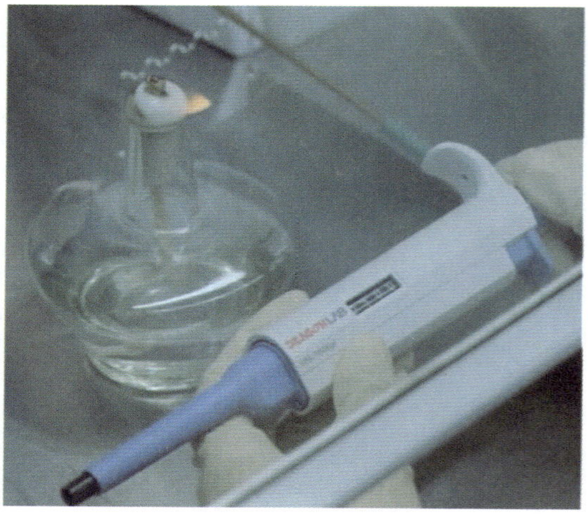

图 2-438　量程调至 100 μL

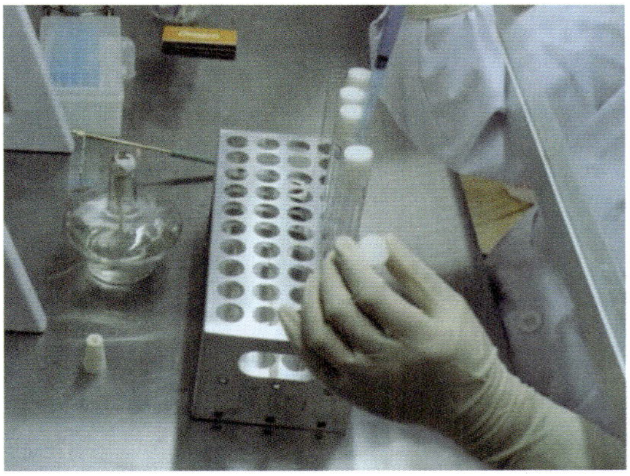

图 2-439 每管 100 μL

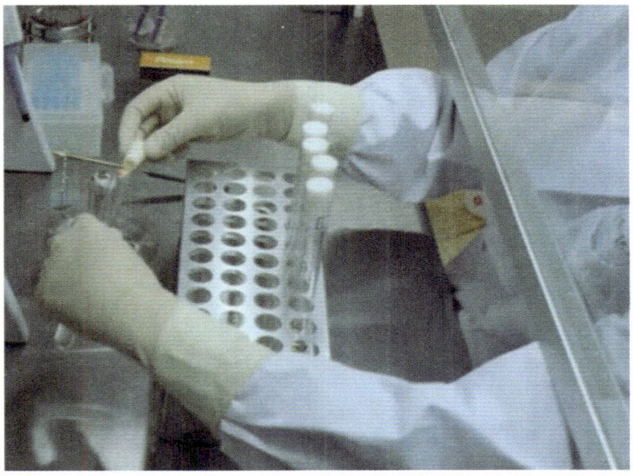

图 2-440 菌种管塞和试管口灭菌

(4)整理工作台。熄灭酒精灯(图 2-442),整理实验器材。

(5)温箱培养。蛋白胨水培养基试管 37 ℃温箱培养 2～3 天。

(6)结果观察。培养结束后,沿着试管壁分别向蛋白胨水培养基试管中滴加数滴靛基质试剂(图 2-443),红色为实验结果阳性(+)(图 2-444),黄色为实验结果阴性(-)。

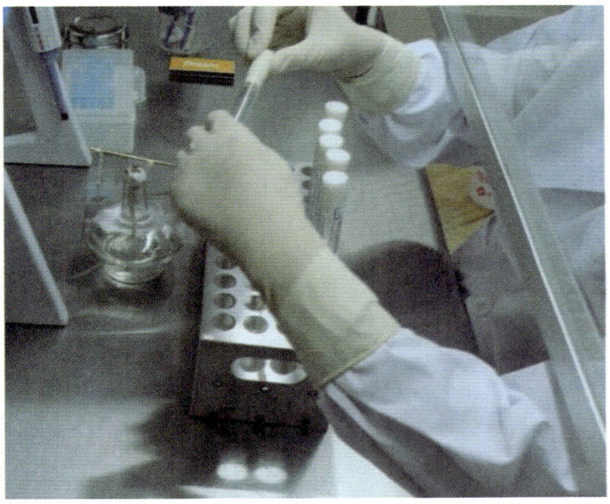

图 2-441 塞上试管塞

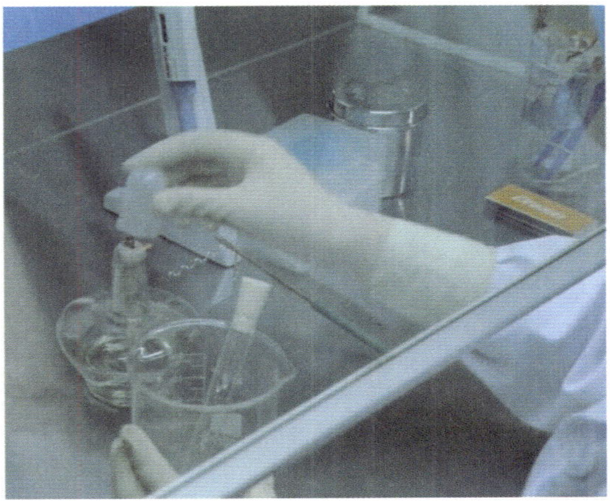

图 2-442 熄灭酒精灯

**4. 细菌微量生化鉴定试验**

(1)超净工作台准备。酒精棉球擦拭工作台面,再用酒精棉球擦拭双手,点燃酒精灯。

(2)菌悬液的制备。接种环烧灼灭菌,从麦康凯琼脂平板上挑取菌落,迅速伸入无菌生理盐水管内,在接近液面的管壁轻轻研磨,并蘸取少许生理盐水调和,使菌混合于生理盐水中。试管口和胶塞灭菌后塞好,接种环烧灼灭菌。混匀菌悬液,混匀后的菌悬液与 0.5 麦氏比浊管比浊。

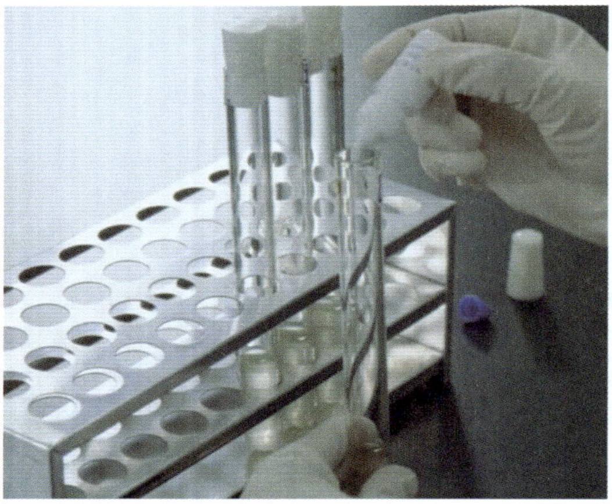

图 2-443　滴加数滴靛基质试剂

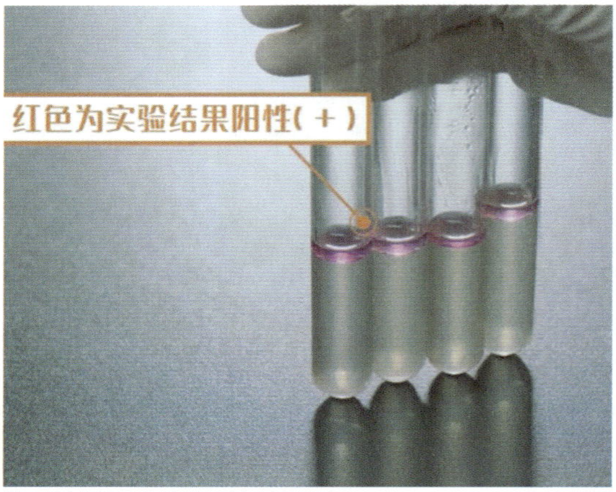


图 2-444　红色为实验结果阳性(+)

(3)打开安瓿瓶。拿取砂轮,用砂轮在安剖瓶瓶颈上划一圈(图 2-445),朝易折点(瓶颈上方蓝点)反方向用力掰开安瓿瓶(图 2-446、图 2-447)。

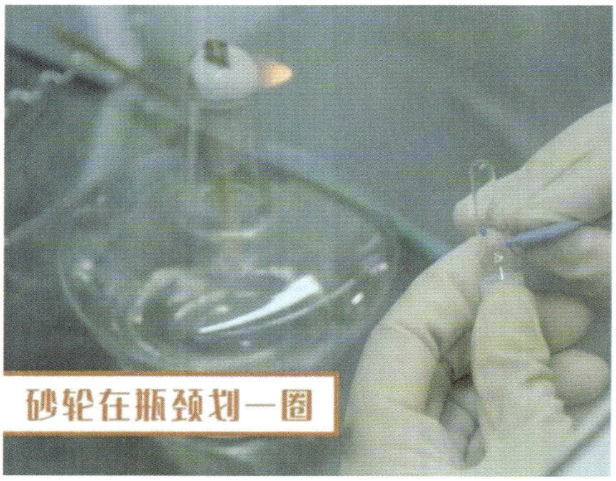


图 2-445　用砂轮在瓶颈上划一圈

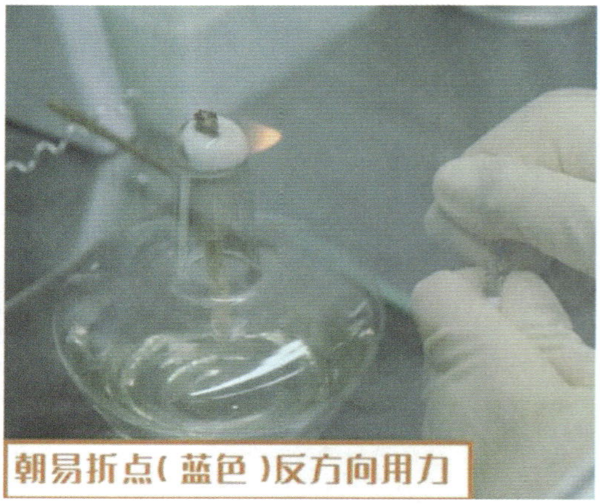


图 2-446　掰开安瓿瓶

(4)接种细菌。从移液器架拿取 1 000 μL 移液器,把量程调至 100 μL(图 2-448),装好吸头。将菌悬液管摇匀(图 2-449)后,用移液器从菌悬液管中吸取菌液(图 2-450)加入安瓿瓶中(图 2-451),每瓶 100 μL。封口膜用酒精棉球擦拭消毒后(图 2-452),将安瓿瓶密封(图 2-453)。盖灭酒精灯(图 2-454),收拾实验台面。

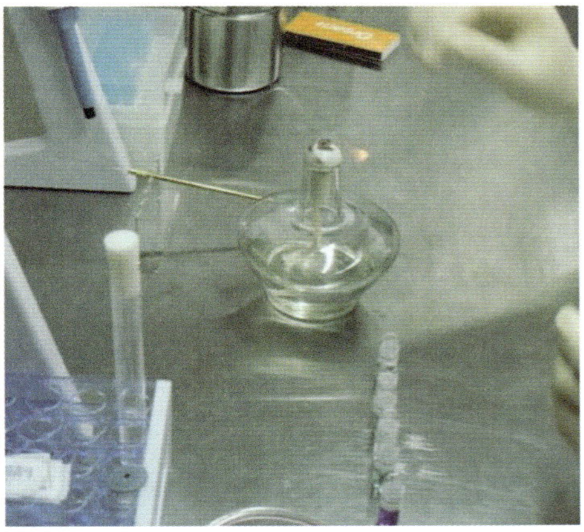

图 2-447　掰开后的安瓿瓶

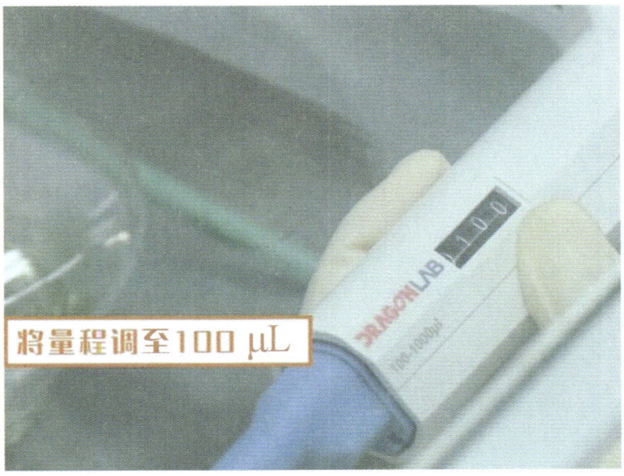


图 2-448　把移液器量程调至 100 μL

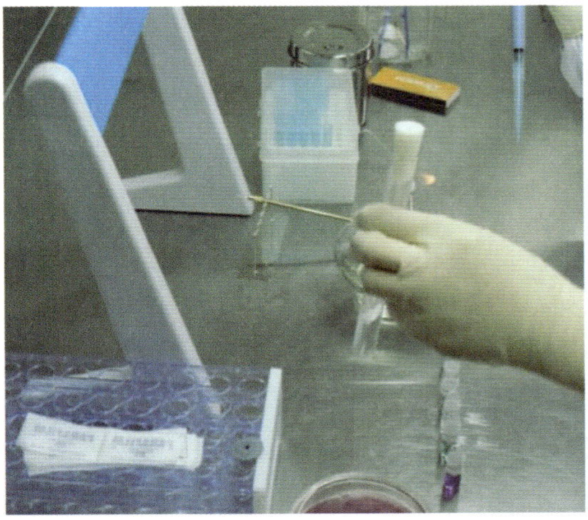

图 2-449　菌悬液管摇匀

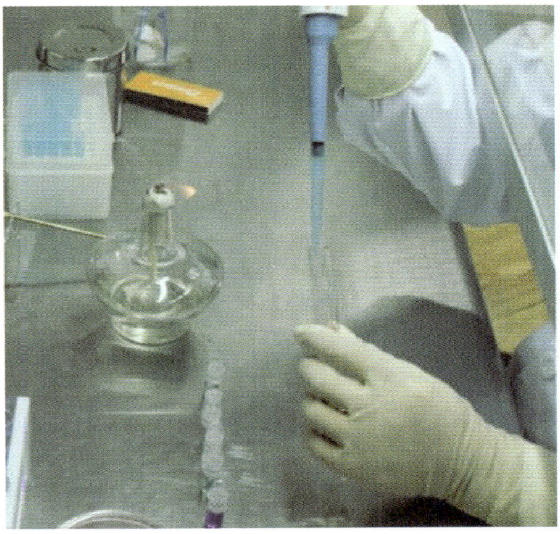

图 2-450　吸取菌液

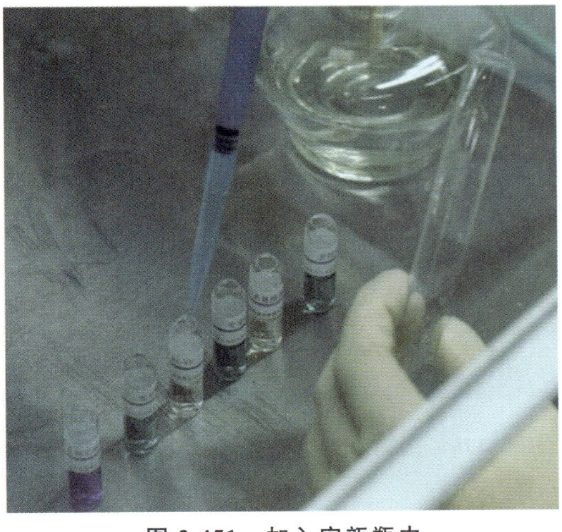

图 2-451　加入安瓿瓶中

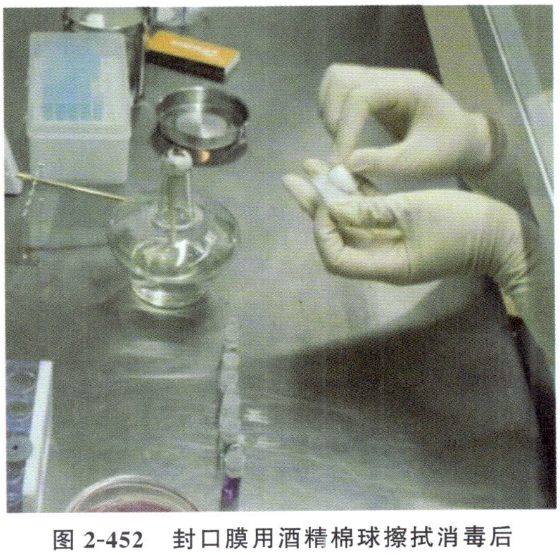

图 2-452　封口膜用酒精棉球擦拭消毒后

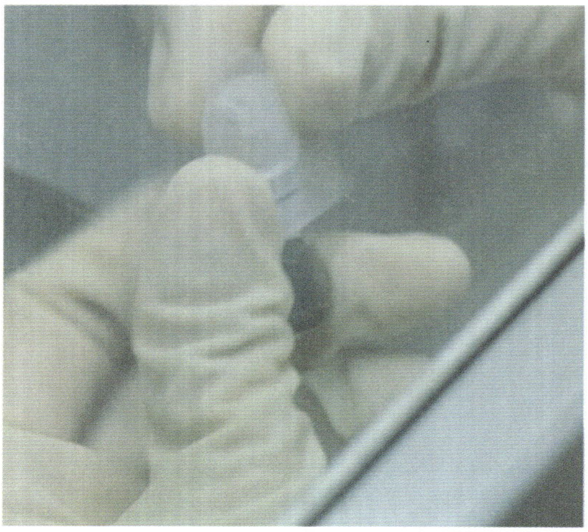

图 2-453　密封安瓿瓶

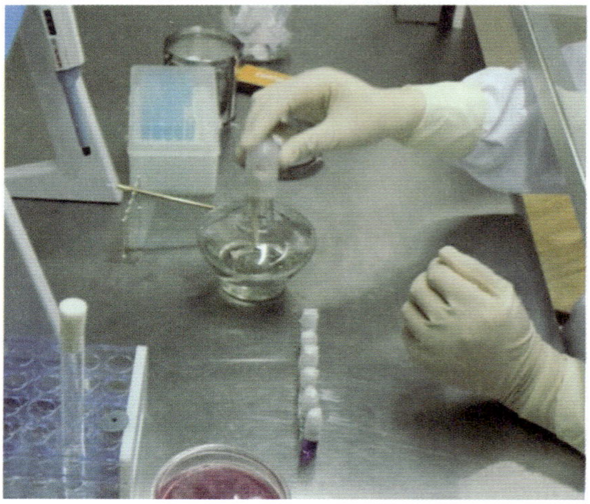

图 2-454　盖灭酒精灯

(5)温箱培养。将安瓿瓶于 37 ℃温箱中培养。蛋白胨水培养 1 天，MR-VP 管培养 3 天，麦芽糖、葡萄糖、乳糖、蔗糖培养 2～3 天。

(6)结果观察。培养结束后，蔗糖安瓿瓶不变色(图 2-455)，葡萄糖安瓿瓶变成黄色，乳糖安瓿瓶也变成黄色，麦芽糖安瓿瓶也变成黄色(图 2-456)，蛋白胨水和 MR-VP 安瓿瓶需要加指示剂才能看到实验结果。蛋白胨安瓿瓶中加入 2～3 滴靛基质试剂(图 2-457)，出现玫红色环为实验结果阳性(＋)(图 2-458)，不变色(黄色环)为实验结果阴性(－)。向 MR-VP 安瓿瓶中加入甲基红试剂(图 2-459)，混匀，红色为实验结果阳性(＋)(图 2-460)，不变色(或黄色)为实验结果阴性(－)。

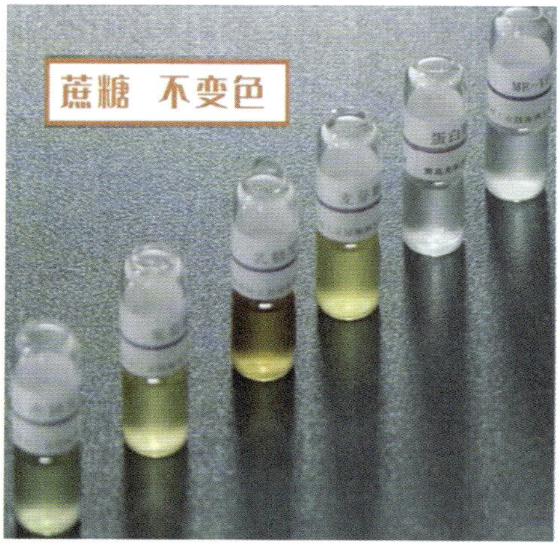


图 2-455　蔗糖不变色

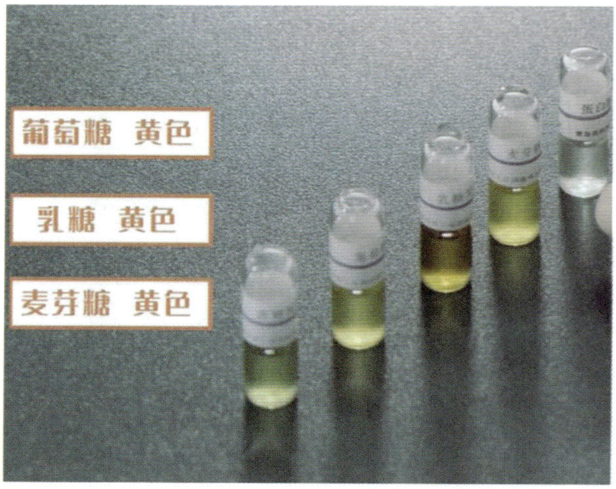


图 2-456　葡萄糖、乳糖、麦芽糖变黄色

图 2-457　加入 2～3 滴靛基质试剂

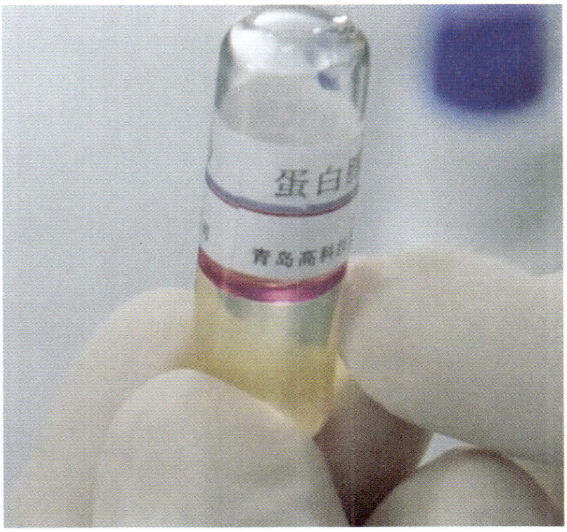

图 2-458　玫红色环为实验结果阳性

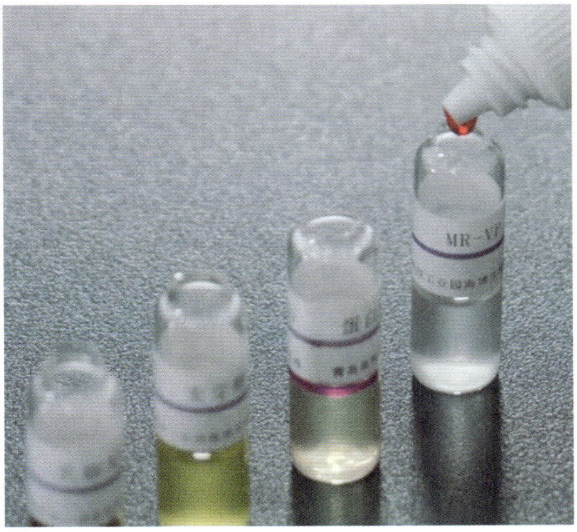

图 2-459　加入甲基红试剂

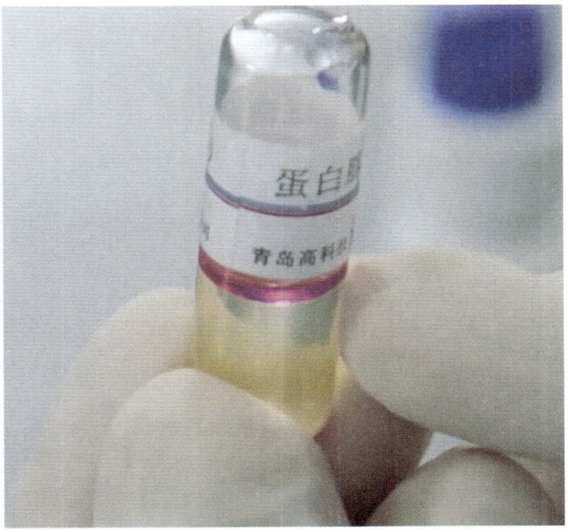

图 2-460　红色为实验结果阳性

# 第四节　细菌的药敏试验

(1)超净工作台准备。酒精棉球擦拭工作台面，点燃酒精灯。

(2)菌悬液的制备。接种环在酒精灯火焰上灭菌(图 2-461)，从麦康凯平板上挑取菌落(图 2-462)，生理盐水管口和胶塞灭菌(图 2-463)，接种环伸入无菌生理盐水管内，在接近液面的管壁轻轻研磨(图 2-464)，并蘸取少许生理盐水调和(图 2-465)，使菌混合于生理盐水中。接种环烧灼灭菌，生理盐水管试管口和胶塞火焰灭菌(图 2-466)后塞上胶塞(图 2-467)，混匀

(图 2-468)后与 0.5 麦氏比浊管比浊(图 2-469),浊度与比浊管一致即可。

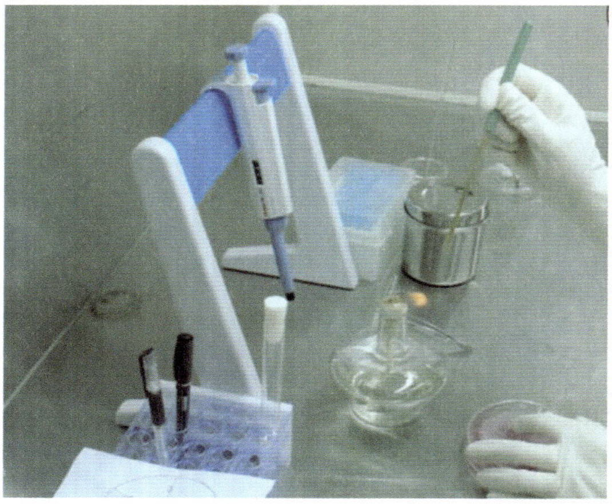

图 2-461 接种环灭菌

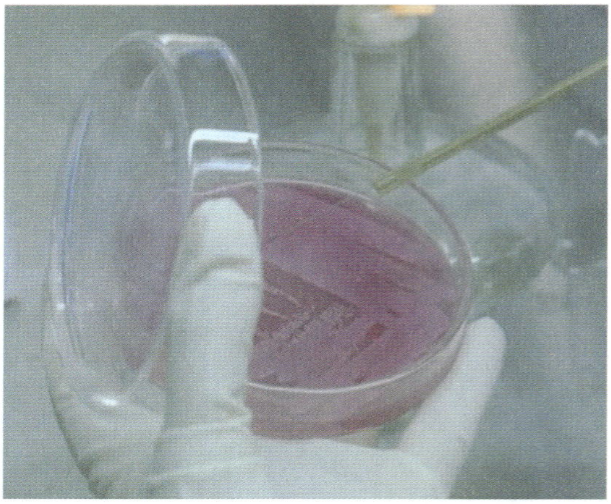

图 2-462 挑取菌落

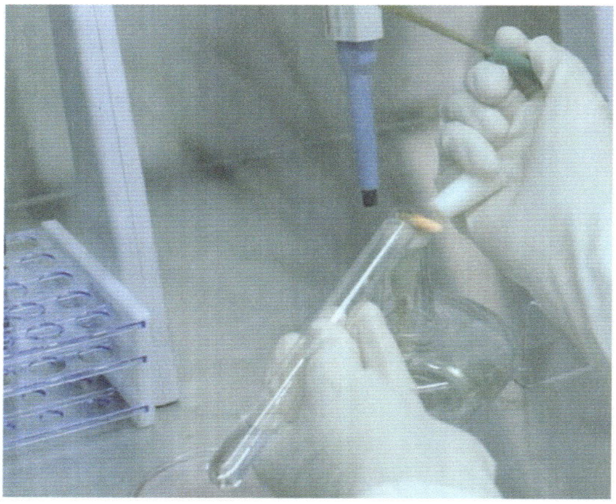

图 2-463 管口和胶塞灭菌

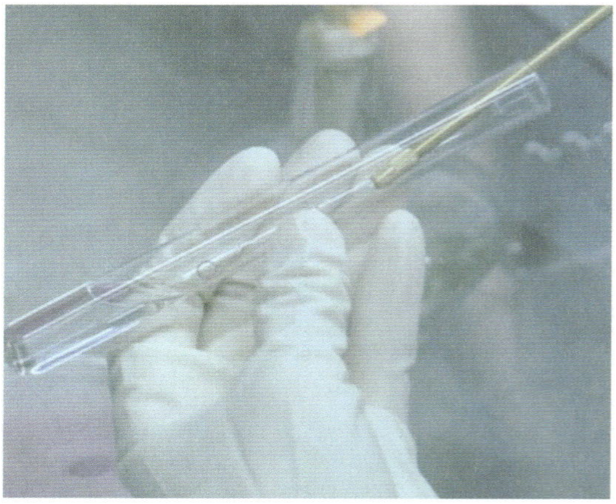

图 2-464 接近液面的管壁轻轻研磨

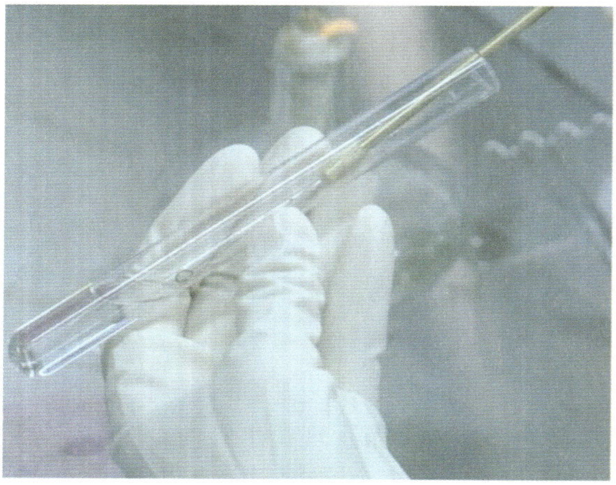

图 2-465 蘸取少许生理盐水调和

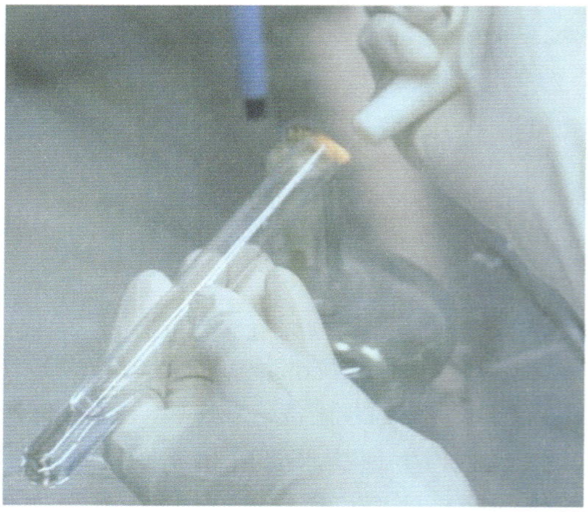

图 2-466 试管口和胶塞火焰灭菌

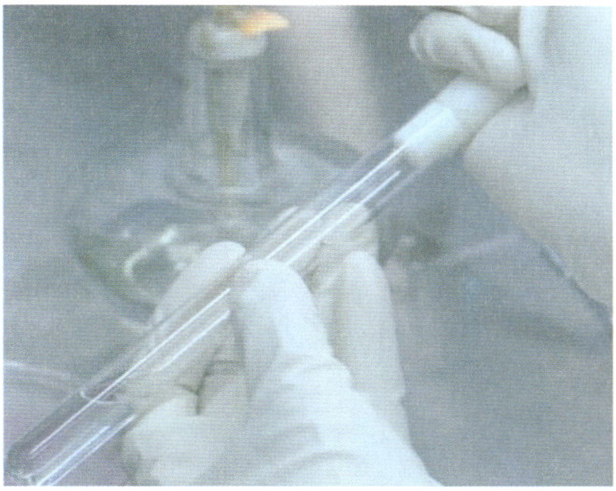

图 2-467　塞上胶塞

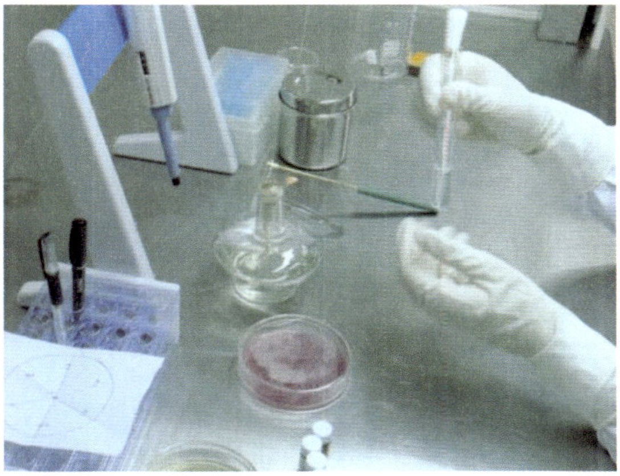

图 2-468　混匀

(3)接种平板。调整移液器量程至 100 μL(图 2-470),安装吸头(图 2-471),菌液管管口和胶塞灭菌(图 2-472),移液器吸取 100 μL 菌液(图 2-473),菌液管管口和胶塞灭菌(图 2-474)后塞上胶塞(图 2-475),放回试管架上(图 2-476)。将 100 μL 菌液加入无菌营养琼脂平板上(图 2-477),移液器悬挂在移液器架上(图 2-478)。

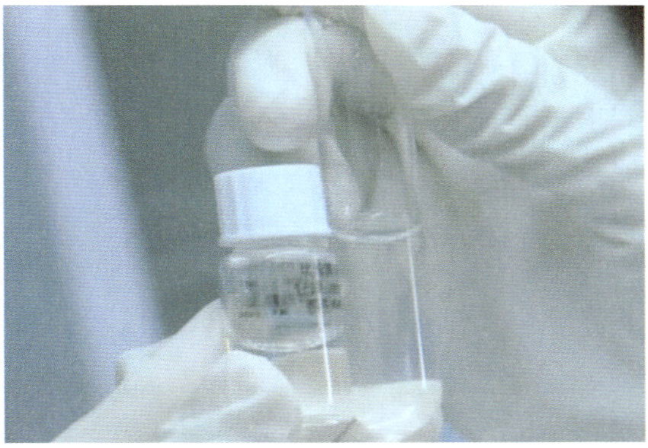

图 2-469　与 0.5 麦氏比浊管比浊

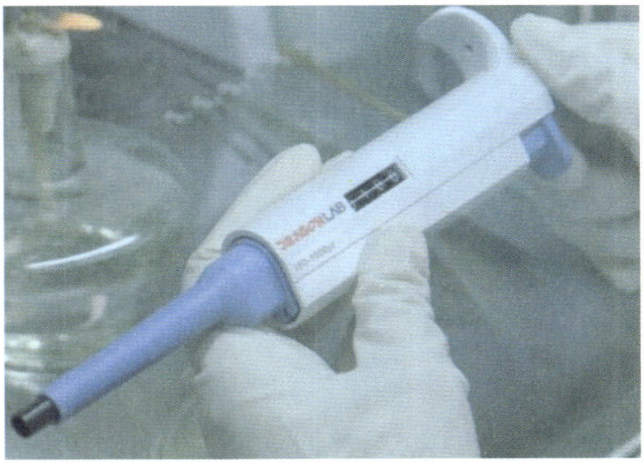

图 2-470　调整移液器至 100 μL

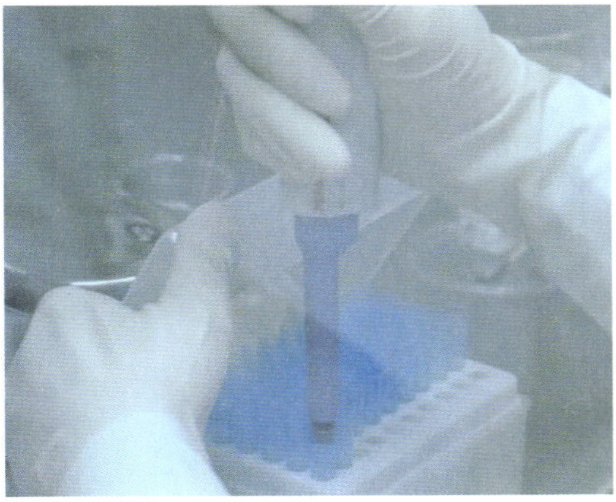

图 2-471　安装吸头

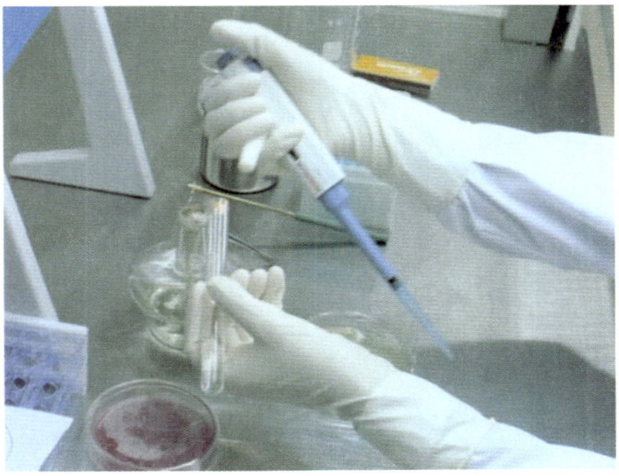

图 2-472　菌液管管口和胶塞灭菌

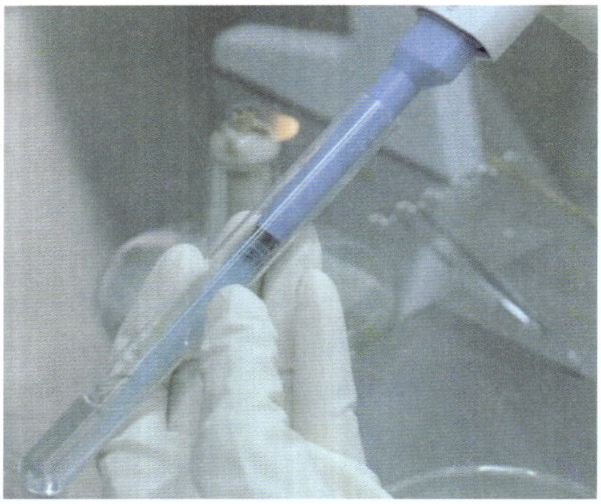

图 2-473　移液器吸取 100 μL 菌液

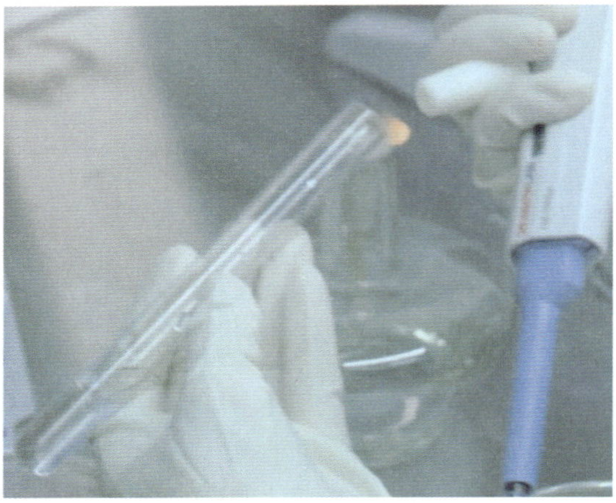

图 2-474　菌液管管口和胶塞灭菌

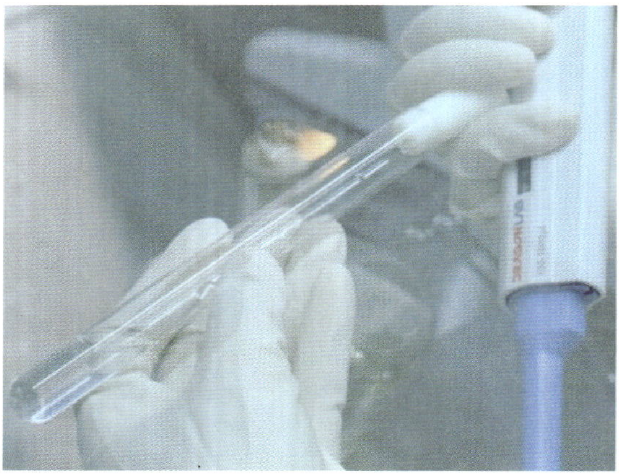

图 2-475　塞上胶塞

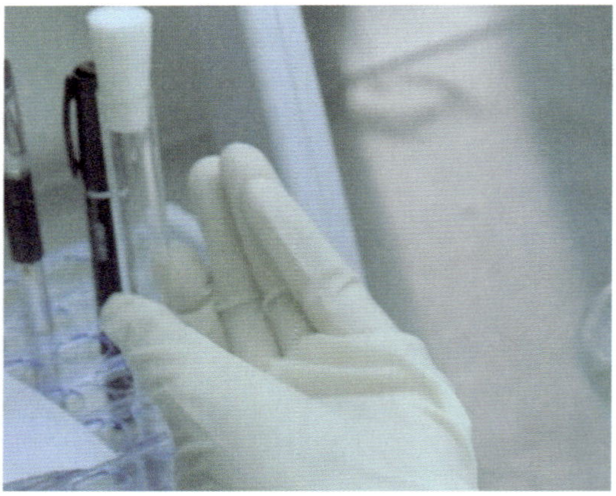

图 2-476　放回试管架

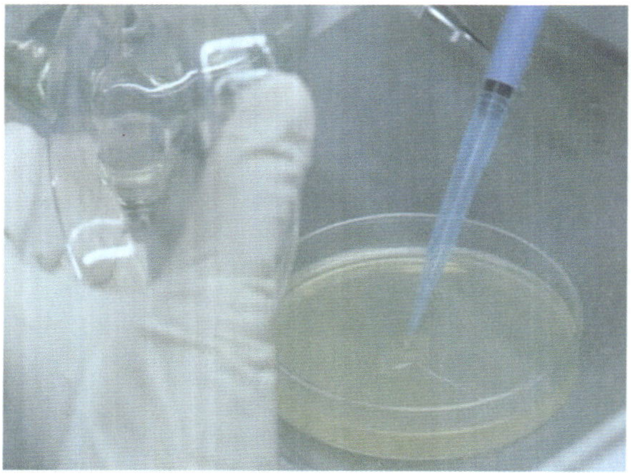

图 2-477　菌液加入平板上

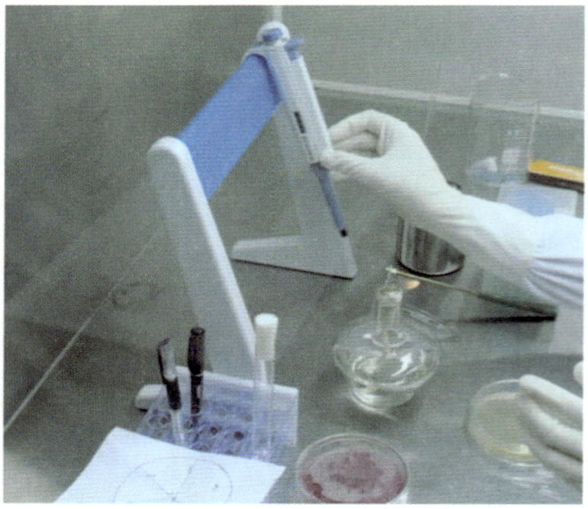

图 2-478　移液器悬挂在移液器架上

拿取涂抹棒(图 2-479),涂抹棒在酒精灯火焰上烧灼灭菌后(图 2-480),在培养皿盖的内侧降温(图 2-481),用涂抹棒将 0.1 mL 菌液均匀涂布在营养琼脂培养基的表面(图 2-482),将涂抹棒紧贴于平皿的边缘,左手顺时针方向转动平皿(图 2-483),使菌液均匀地分散在培养基上,完成涂布后,涂抹棒灭菌(图 2-484)后放回(图 2-485)。平板静置 5～10 min(图 2-486),使菌液完全吸附到培养基内。

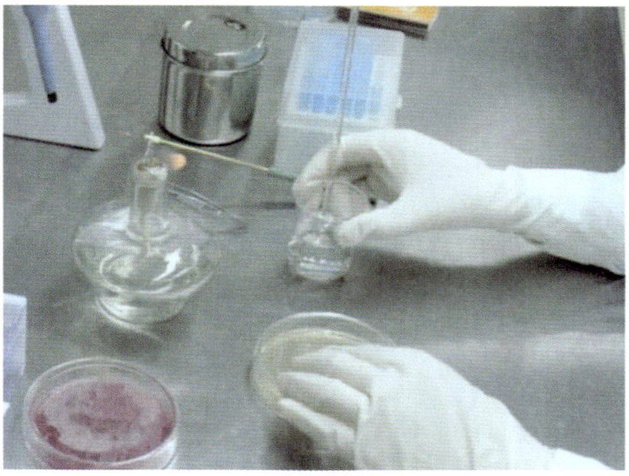

**图 2-479　拿取涂抹棒**

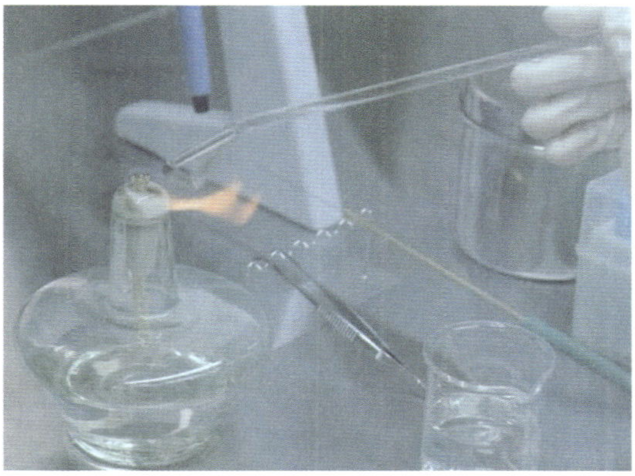

**图 2-480　涂抹棒烧灼灭菌**

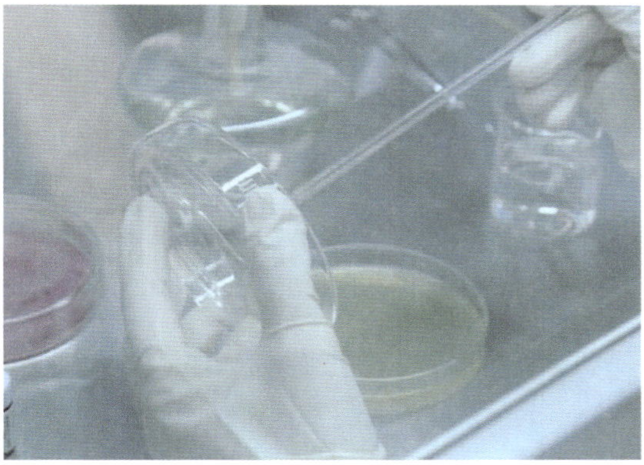

**图 2-481　涂抹棒降温**

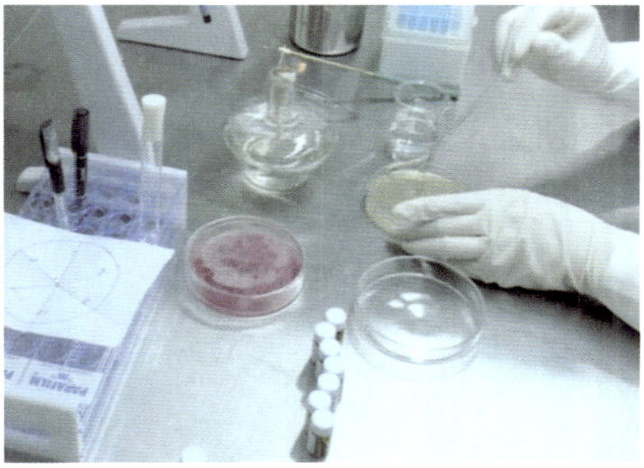

**图 2-482　均匀涂布**

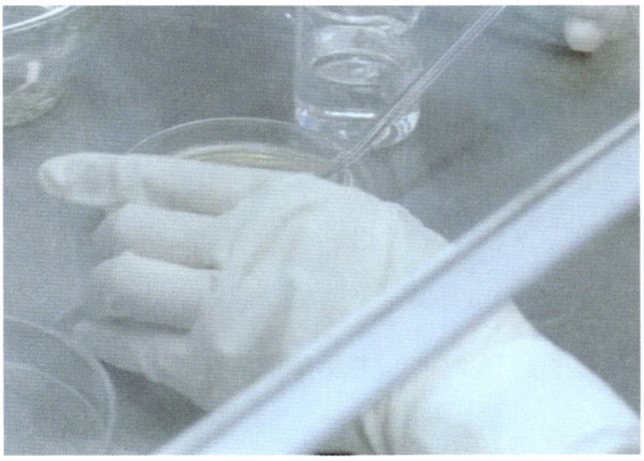

**图 2-483　涂抹棒贴边,顺时针转动平皿**

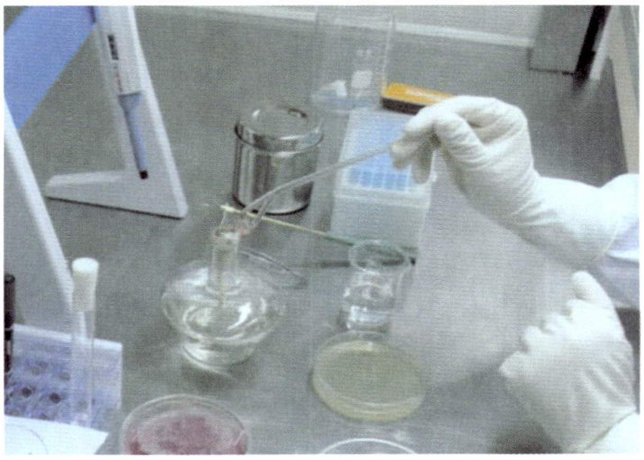

**图 2-484　涂抹棒灭菌**

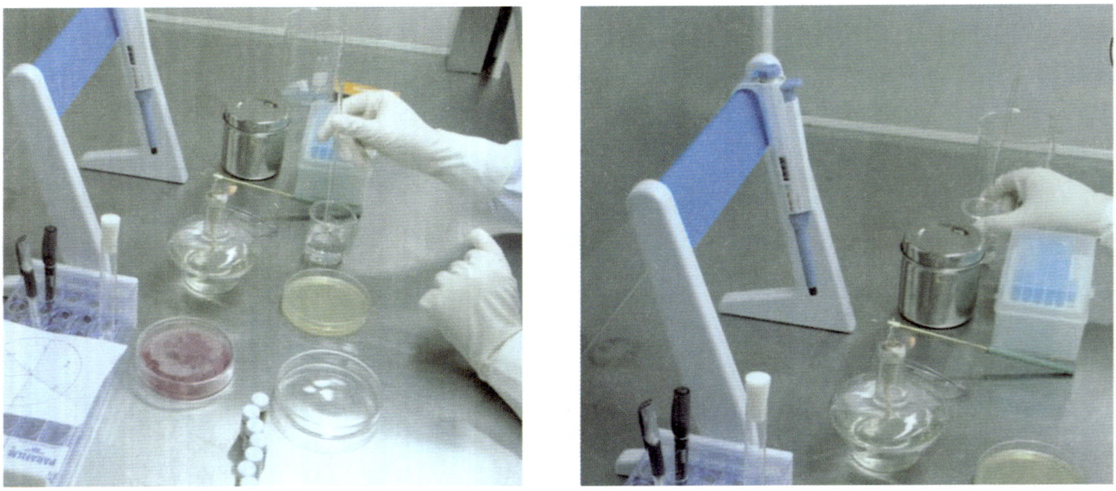

图 2-485　涂抹棒灭菌后放回

(4)贴药敏纸片。将示意图放在皿底(图 2-487),拿取一种药敏纸片(图 2-488),瓶口和盖子火焰消毒后(图 2-489),用眼科弯镊在酒精灯火焰旁无菌操作(图 2-490)取出药敏纸片(图 2-491),贴在培养基对应编号的圆圈上(图 2-492),贴好后用镊子背面轻轻按压(图 2-493),使其贴平,以保证与培养基密切接触。贴好后药瓶盖和瓶口火焰灭菌后盖好(图 2-494),镊子消毒(图 2-495),放置在接种环架上(图 2-496)。用同样的方法贴好其他 6 种药敏纸片。药敏纸片贴好后(图 2-497),用封口膜封好平皿(图 2-498),在皿盖上标记细菌的名称、实验日期(图 2-499)。

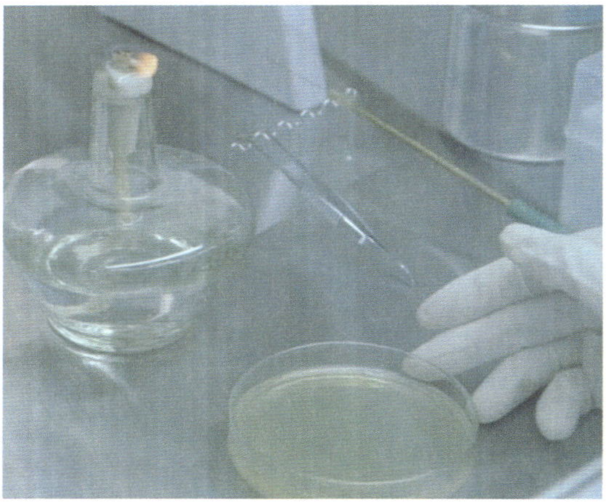

图 2-486　平板静置 5～10 min

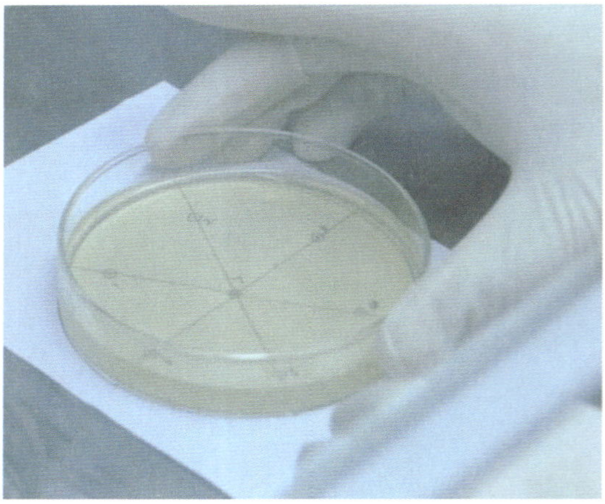

图 2-487　将示意图放在皿底

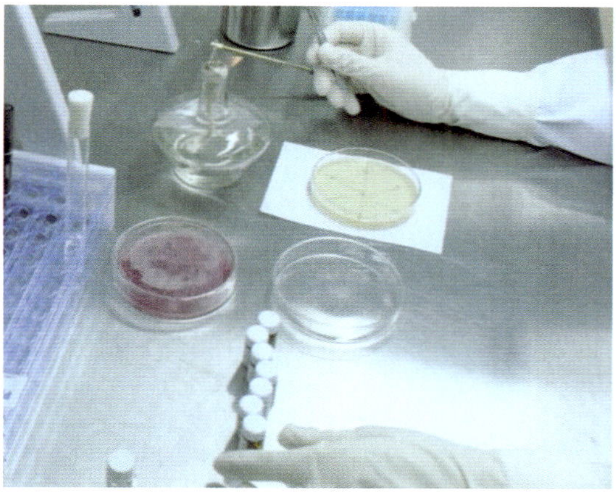

图 2-488　拿取一种药敏纸片

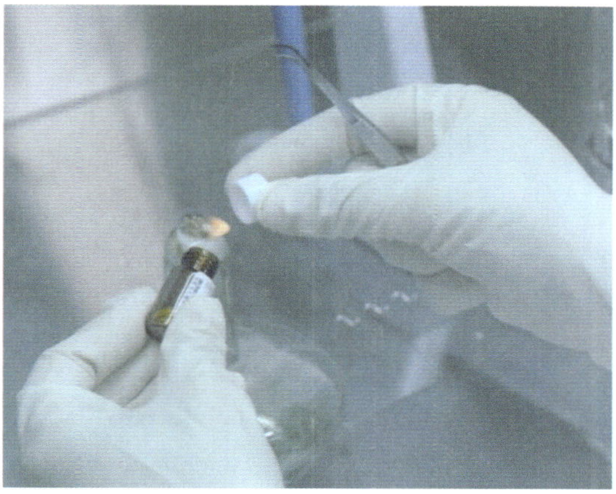

图 2-489　瓶口和盖子用火焰消毒

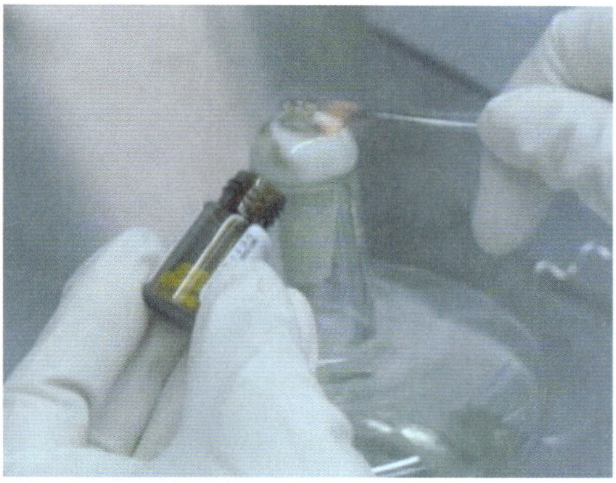

图 2-490　镊子灭菌

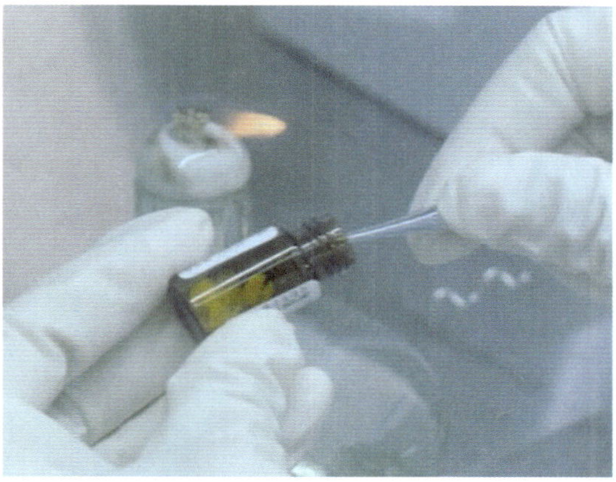

图 2-491　取出药敏纸片

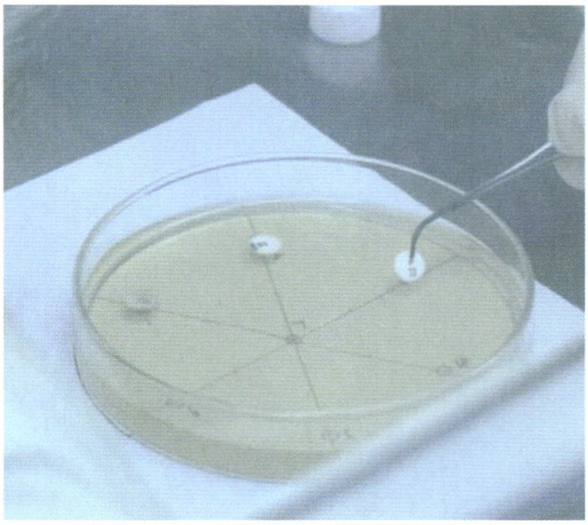

图 2-492　贴在对应编号的圆圈上

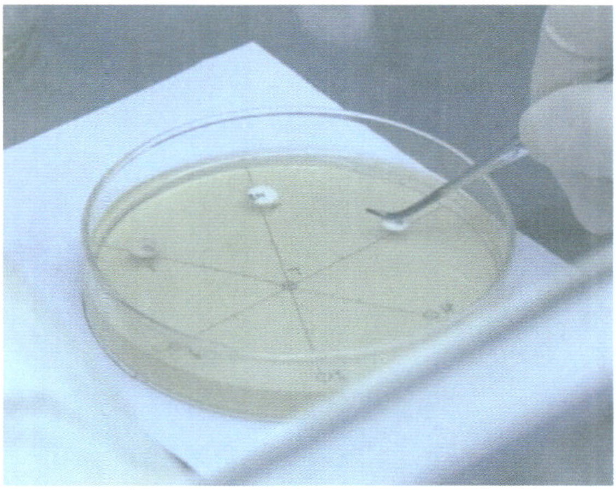

图 2-493　用镊子背面轻轻按压

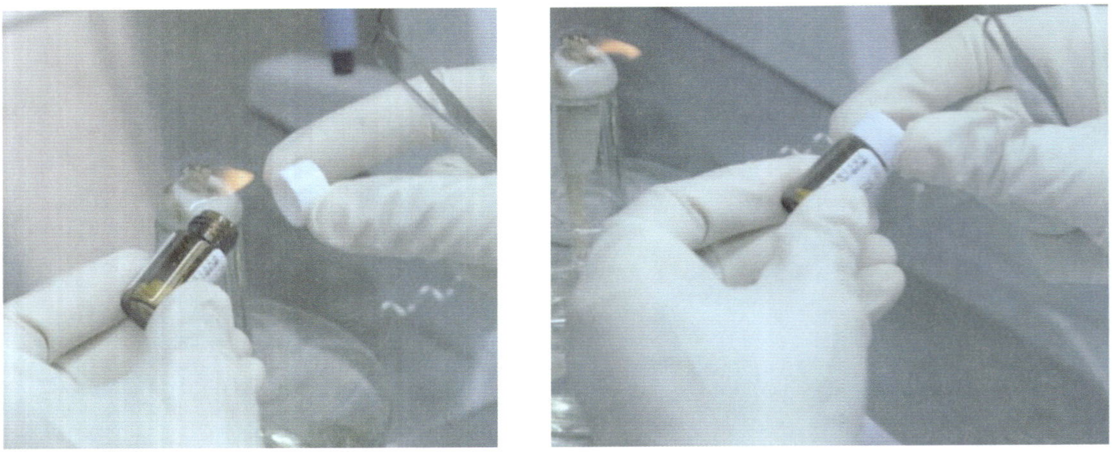

图 2-494　药瓶盖和瓶口火焰灭菌后盖好

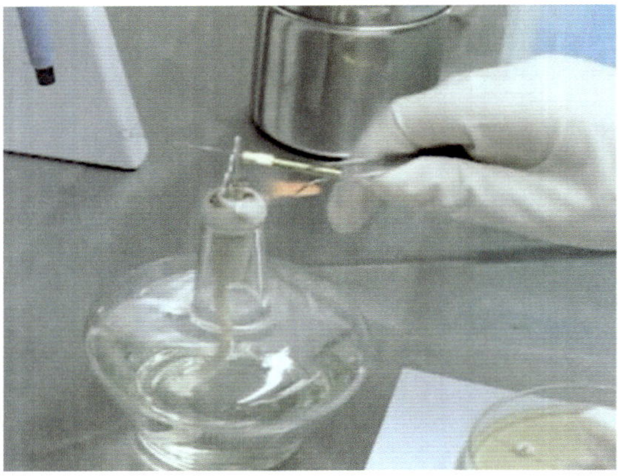

图 2-495　镊子消毒

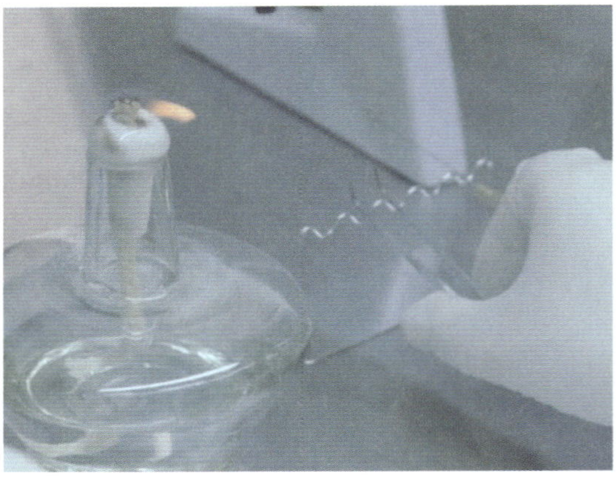

图 2-496　放置在接种环架上

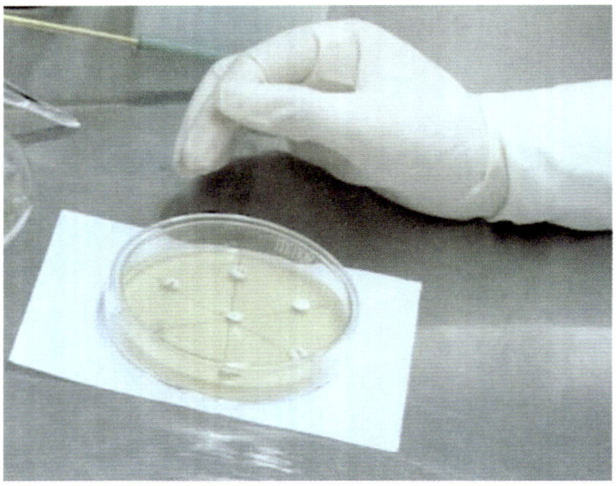

图 2-497　贴好的药敏纸片

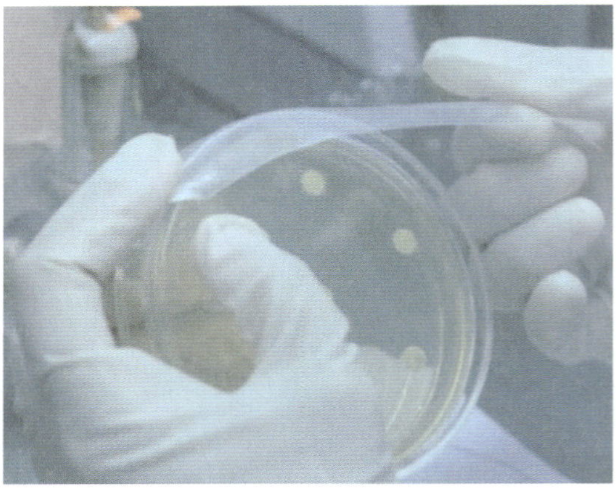

图 2-498　封口膜封好平皿

(5)温箱培养。将平皿倒置于 37 ℃温箱中培养 18～24 h(图 2-500)。

(6)结果观察。取出培养结束的培养皿，将皿底朝上，能看到不同的药敏纸片周围出现了不同大小的抑菌圈(图 2-501)。用游标卡尺测量各种亢菌药物抑菌圈的大小(图 2-502、图 2-503)，测量后将游标卡尺复原(图 2-504)。记录结果，查询药物敏感度标准，确定药物的敏感性。

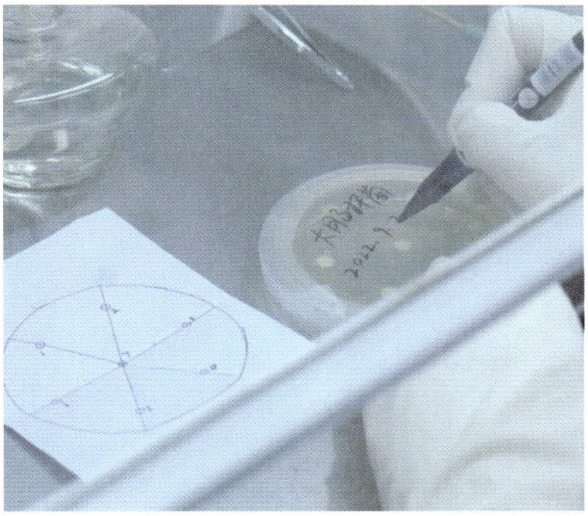

图 2-499 标记细菌名称、实验日期

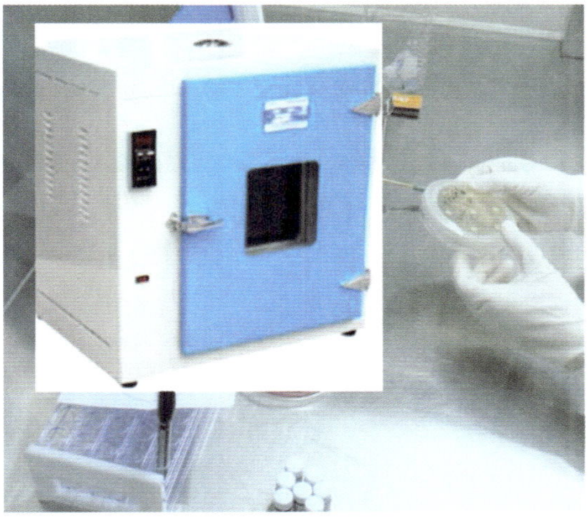

图 2-500 温箱培养

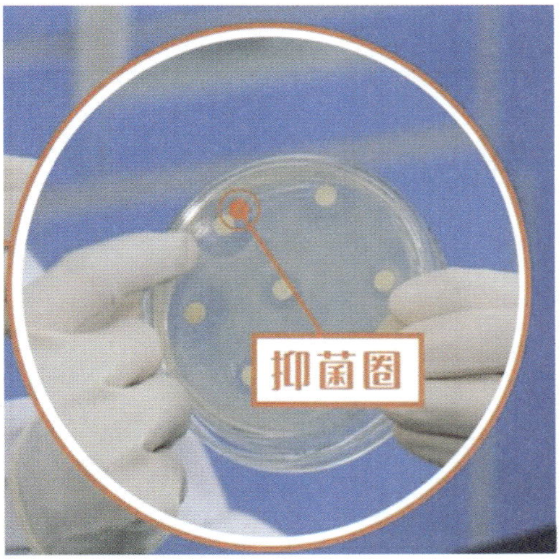


图 2-501 抑菌圈

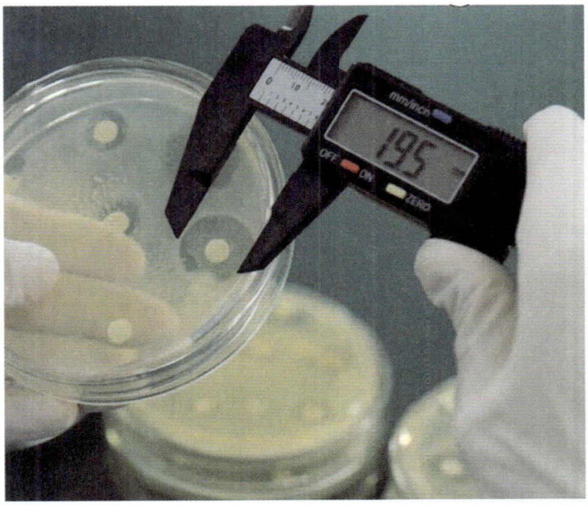

图 2-502 测量抑菌圈的大小 1

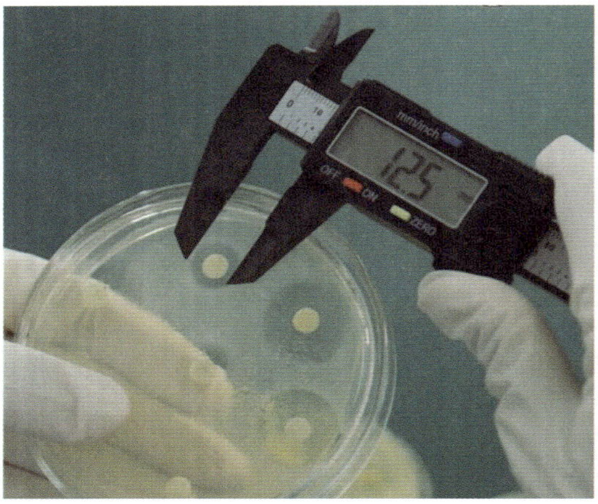


图 2-503　测量抑菌圈的大小 2

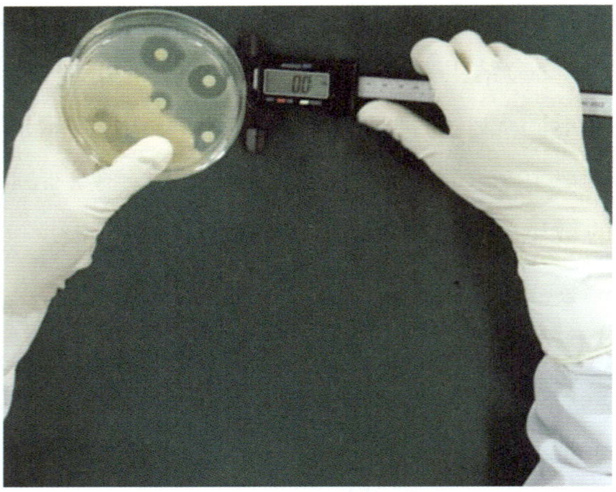

图 2-504　游标卡尺复原

# 第五节　外界环境微生物的检测

## 一、空气中细菌总数的测定

(1)平皿摆放位置。室内面积≤30 $m^2$,设内、中、外对角线 3 点(图 2-505),内、外点应距墙壁 1 m 处;室内面积>30 $m^2$,设 4 角及中央 5 点(图 2-506),4 角的布点位置应距墙壁 1 m 处。平皿的采样高度为距地面 0.8～1.5 m。

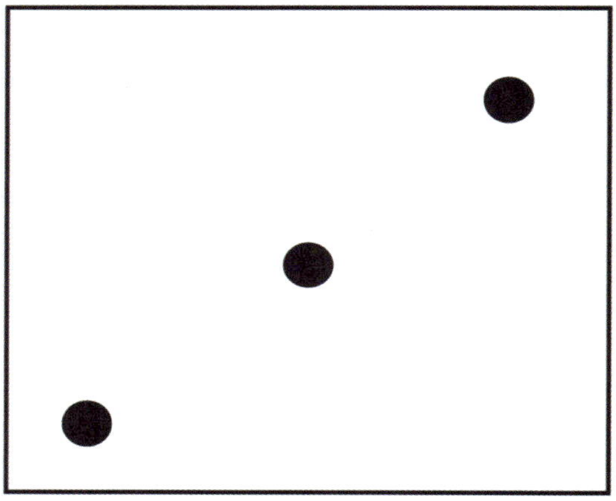

图 2-505　三点采样法

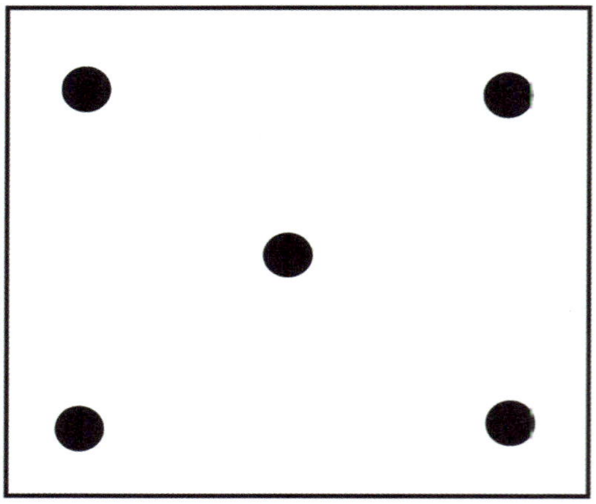

图 2-506　五点采样法

(2)采样方法。将普通营养琼脂平板放置各采样点,采样时将平皿盖打开,皿盖扣放于平皿旁(图 2-507),培养基暴露在空气中(图 2-508),15 min 后盖上平皿盖(图 2-509),用封口膜封好(图 2-510、图 2-511),记号笔写上日期(图 2-512),将培养皿倒置于 37 ℃培养箱中培养 24～48 h。

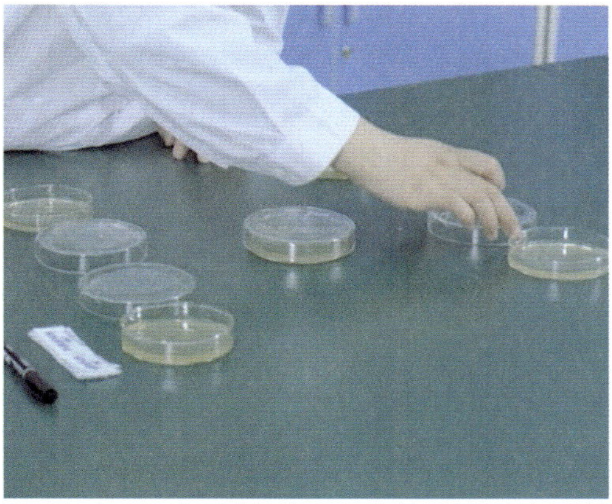

图 2-507　平皿盖打开

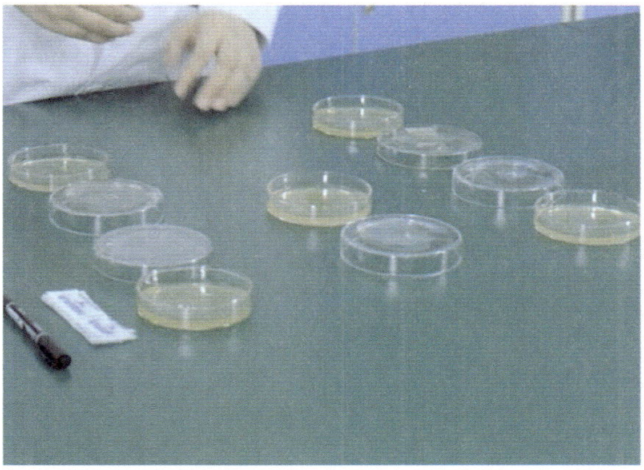

图 2-508　培养基暴露在空气中 15 min

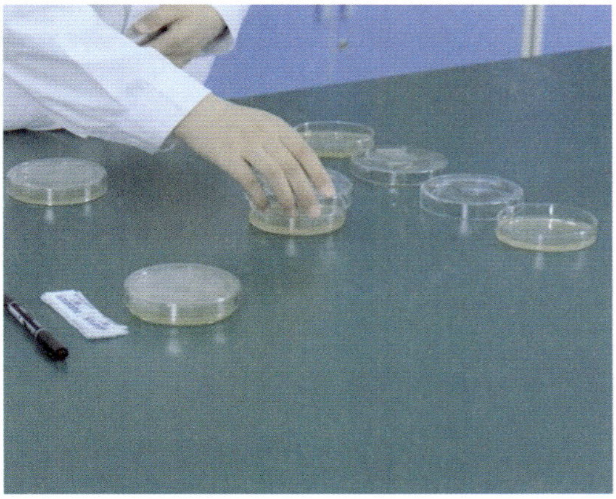

图 2-509　盖上平皿盖

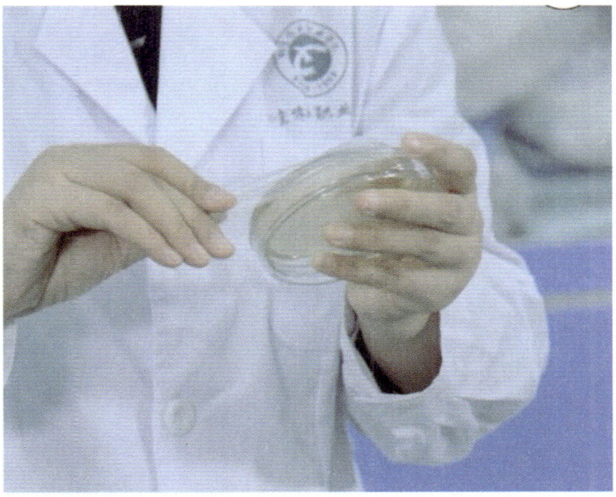

图 2-510　用封口膜封好 1

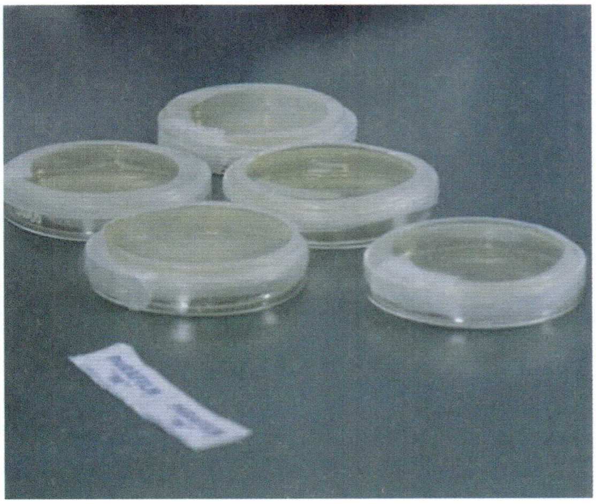

图 2-511　用封口膜封好 2

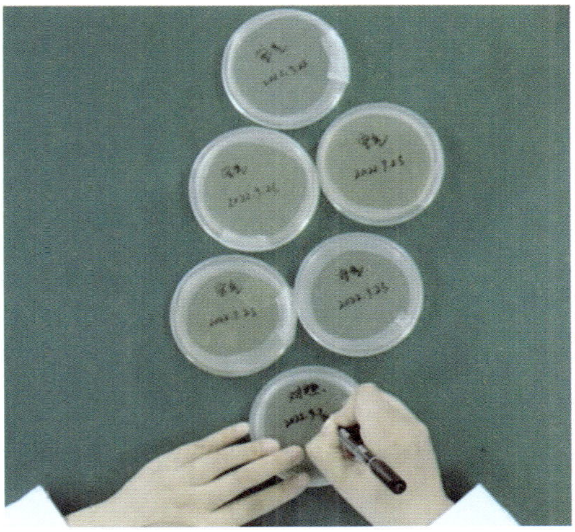

图 2-512　记号笔写上日期

(3)结果观察。先观察培养皿在 37 ℃培养箱中培养 24～48 h 后的结果(图 2-513)。拿起对照平皿,对照平皿内没有细菌生长(图 2-514),第一个采样的平皿中有 5 个菌落,第二个采样的平皿中有 8 个菌落,第三个采样的平皿中有 10 个菌落(图 2-515),第四个采样的平皿中有 9 个菌落,第五个采样的平皿中有 11 个菌落(图 2-516)。最后结果的计算是以这 5 个培养皿的菌落总数除以 5,求菌落平均数。

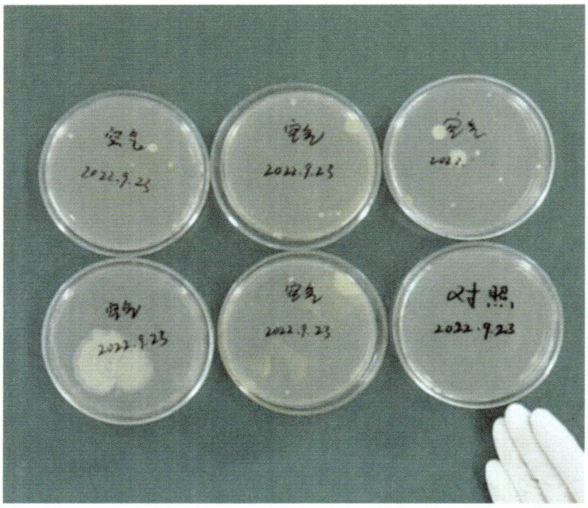


图 2-513　培养 24～48 h 后的结果

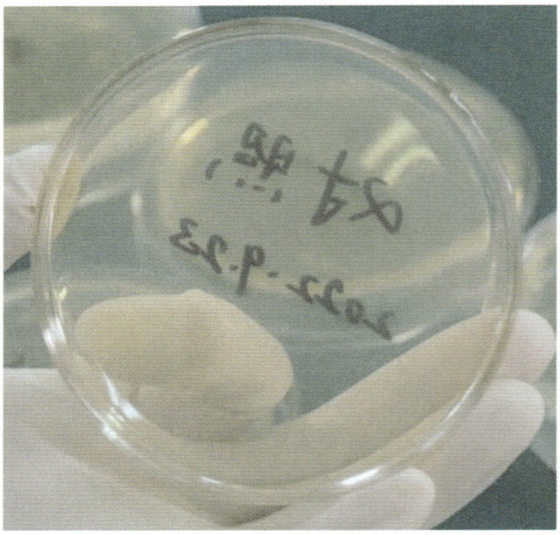

图 2-514　对照平皿内没有细菌生长

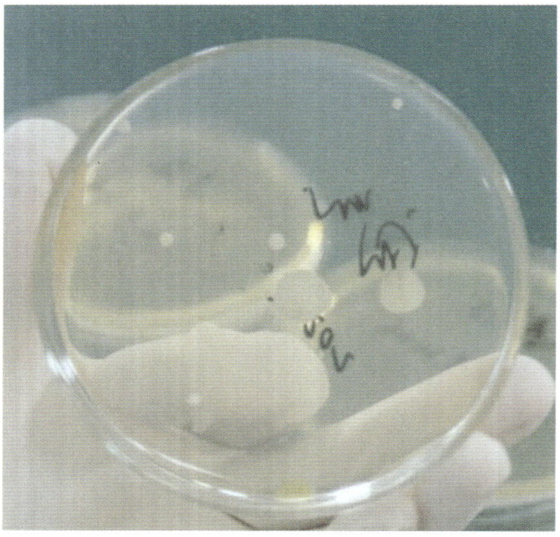

图 2-515　第三个采样的平皿结果

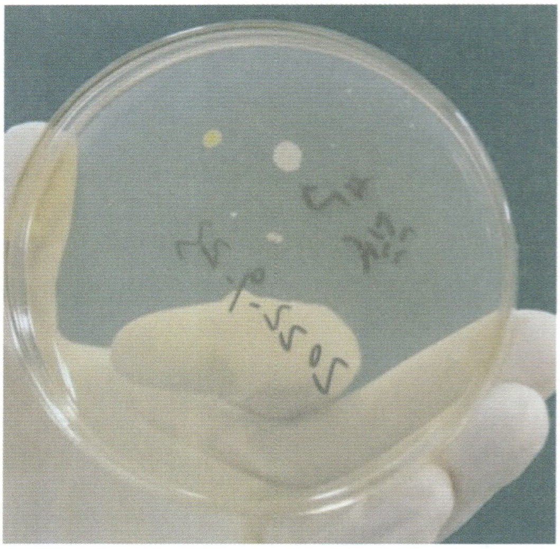

图 2-516　第五个采样的平皿结果

## 二、自来水中细菌总数的测定

(1)取样。点燃酒精灯(图 2-517),先将自来水龙头用酒精灯火焰灼烧灭菌 2～3 min(图 2-518),熄灭酒精灯,然后打开水龙头让水流 5 min(图 2-519),以灭菌三角瓶接取水样(图

2-520)，塞好胶塞(图 2-521)，用报纸包扎好(图 2-522)。

图 2-517　点燃酒精灯

图 2-518　酒精灯火焰灼烧灭菌

图 2-519　水流 5 min

图 2-520　三角瓶取样

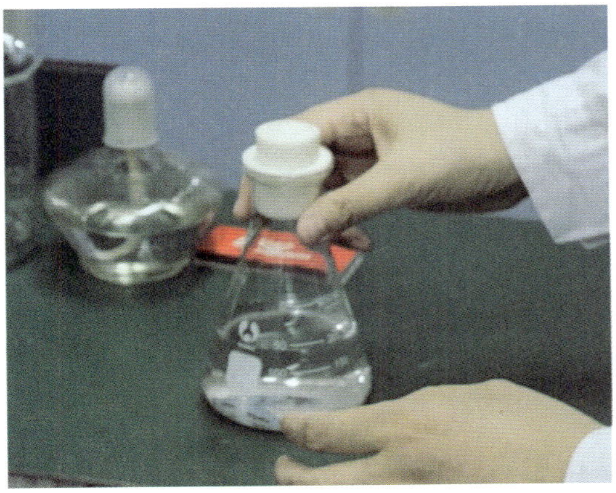

图 2-521　塞好胶塞

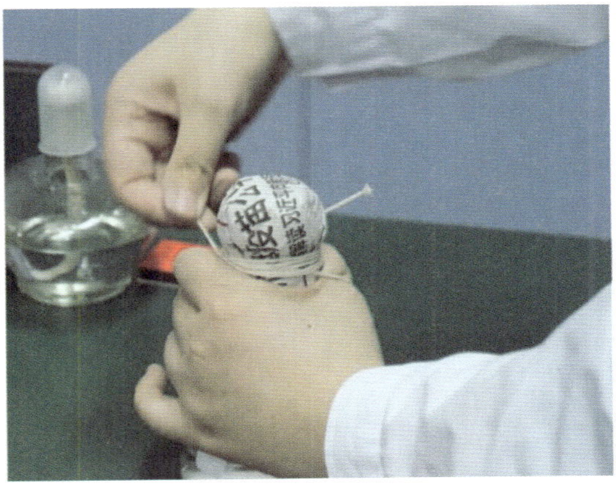

图 2-522　用报纸包扎好

(2)加样。在超净台中进行,先消毒双手,点燃酒精灯(图 2-523),拆开无菌培养皿(图 2-524)。拆开采集的水样(图 2-525),三角瓶和胶塞过酒精灯火焰灭菌(图 2-526),用移液器吸取 1 mL 水样(图 2-527),注入灭菌培养皿中(图 2-528),做两个平行样(图 2-529),三角瓶通过火焰后塞好(图 2-530)。取出已溶化并冷却到 45 ℃左右的营养琼脂培养基(图 2-531),三角瓶和胶塞过酒精灯火焰灭菌(图 2-532),然后往培养皿中注入 20 mL(图 2-533),并立即在桌面上轻轻旋转平皿(图 2-534),使水样与培养基充分混合均匀。另取一空的灭菌培养皿,只加培养基不加水样,做空白对照(图 2-535)。待培养基冷却凝固后(图 2-536),拿取封口膜,将平皿密封(图 2-537)。用记号笔标记编号和实验日期,对照标为 0,实验标为 1 和 2(图 2-538)。

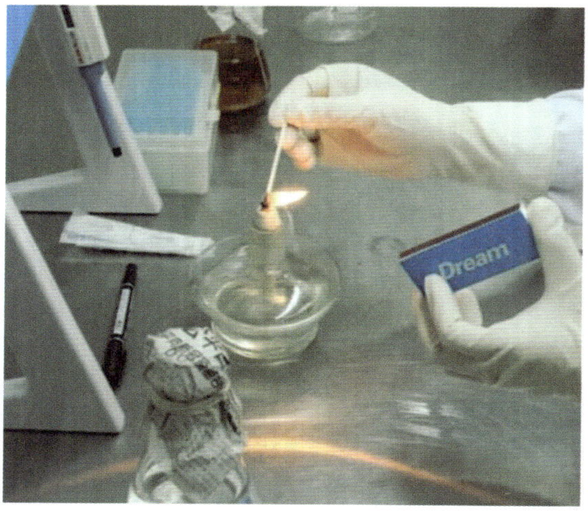


图 2-523　点燃酒精灯

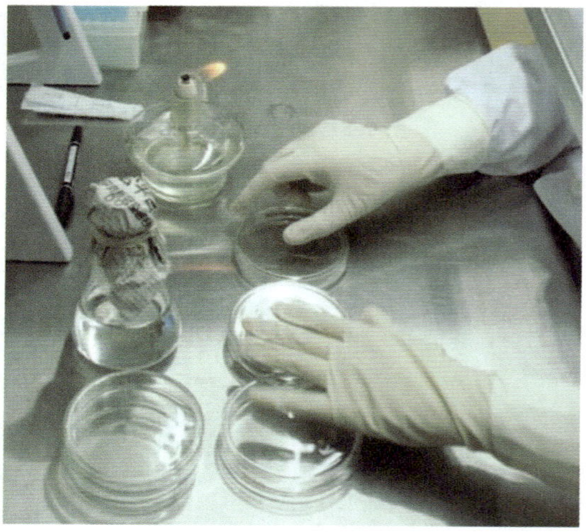

图 2-524　拆开无菌培养皿

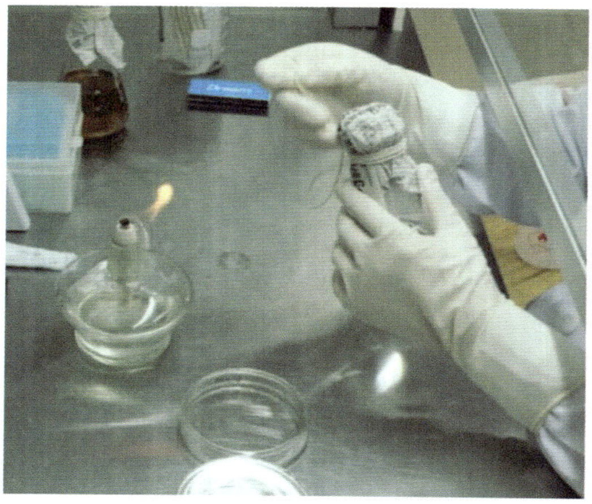

图 2-525　拆开采集的水样

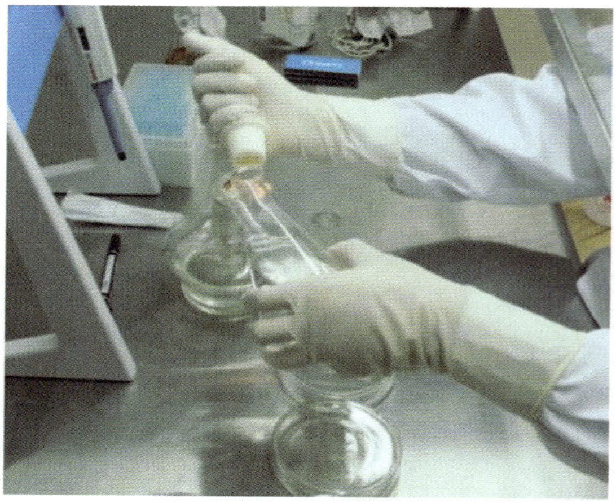

图 2-526　火焰灭菌

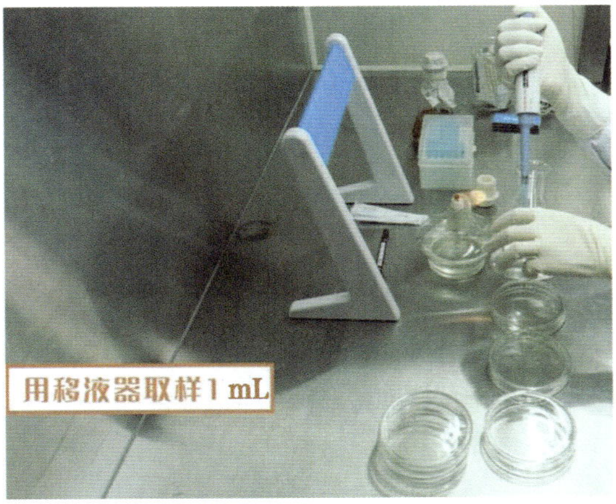

图 2-527　移液器吸取 1 mL 水样

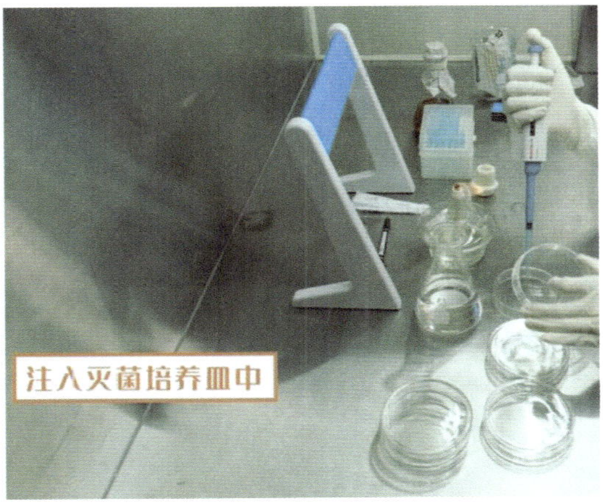

图 2-528　注入灭菌培养皿中

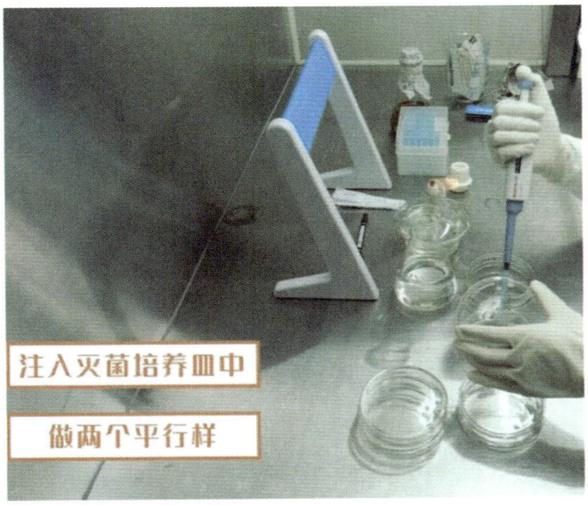

图 2-529　做两个平行样

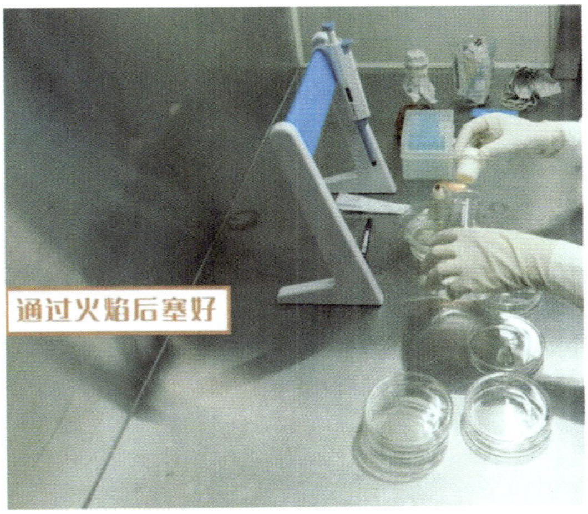

图 2-530　通过火焰后塞好

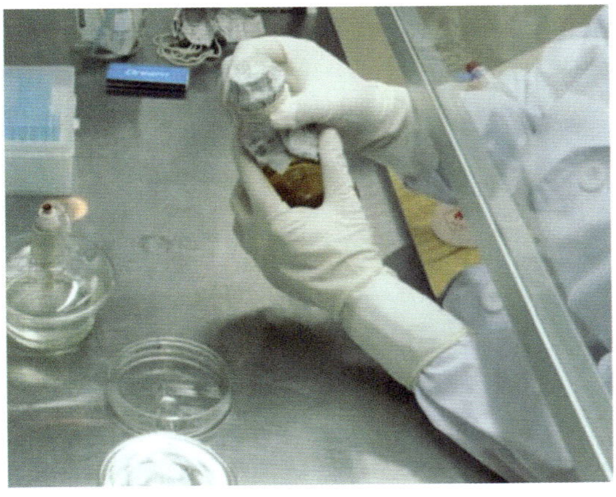
图 2-531　取出 45 ℃左右培养基

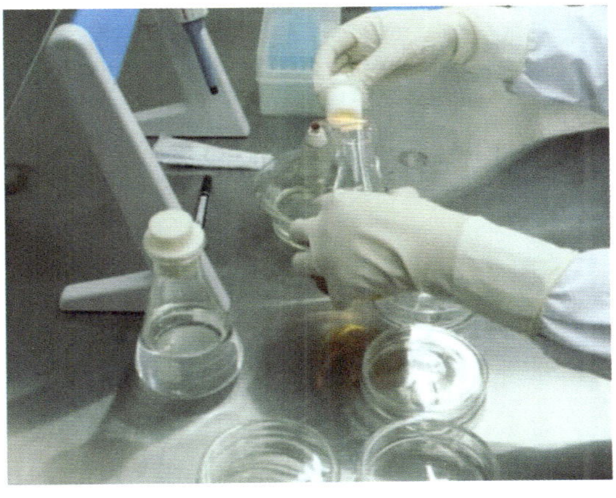
图 2-532　火焰灭菌

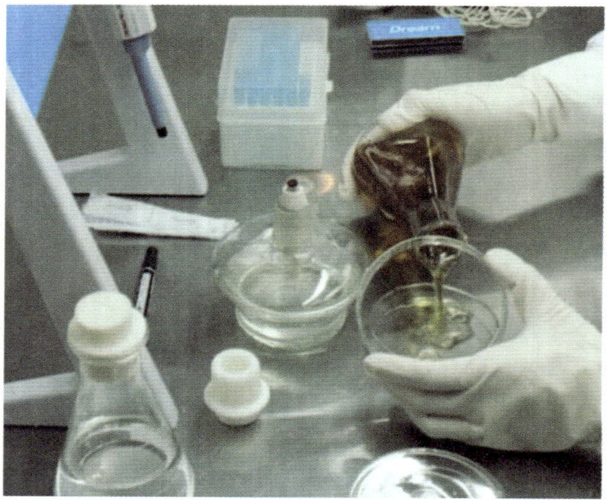

图 2-533　往培养皿中注入 20 mL

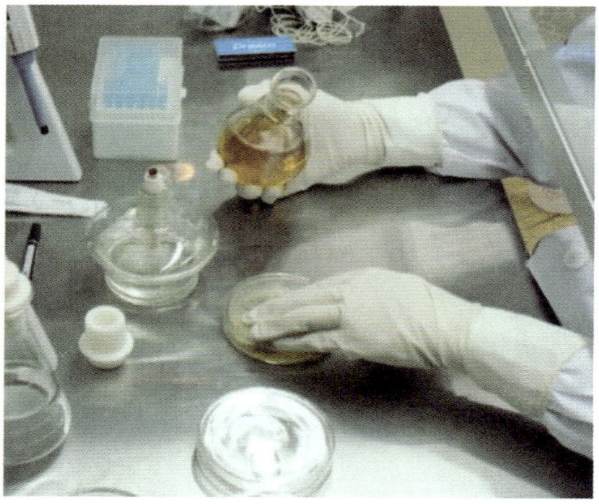

图 2-534　轻轻旋转平皿

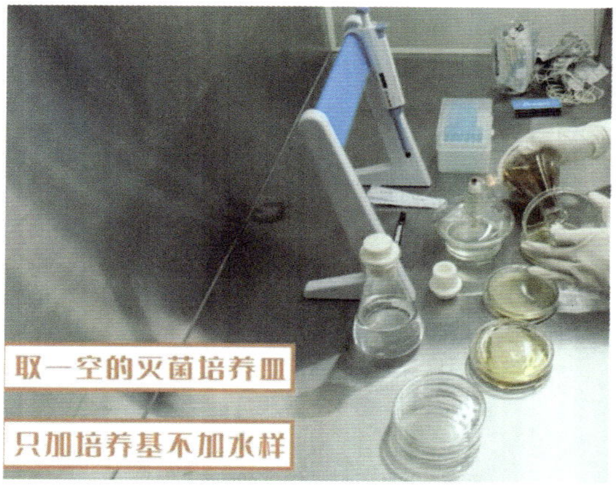


图 2-535　空白对照

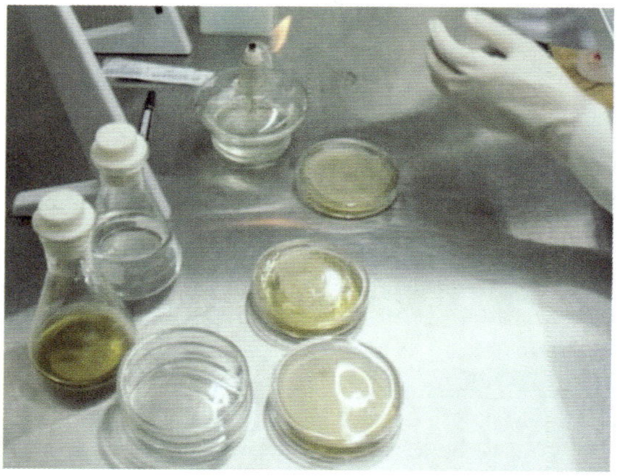

图 2-536　等待培养基冷却凝固

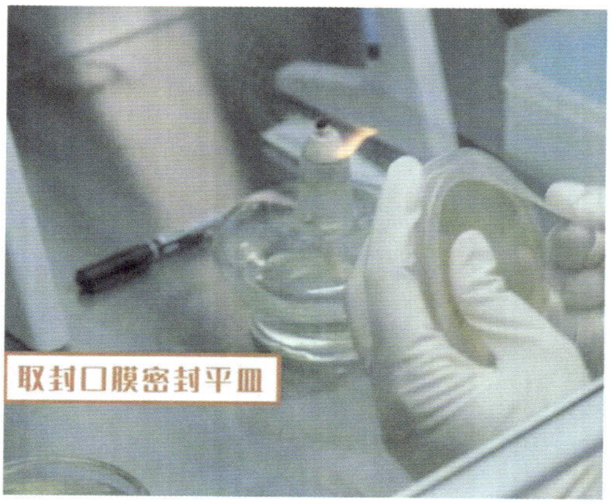


图 2-537　取封口膜密封平皿

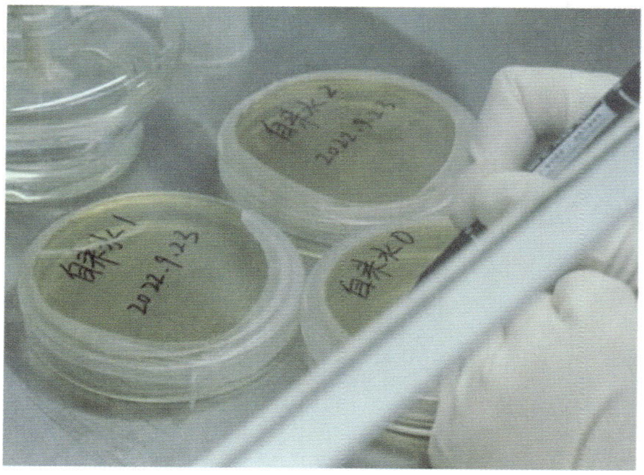

图 2-538　标记编号和实验日期

(3)培养。将培养皿倒置于(36±1) ℃温箱中,培养 48 h(图 2-539)。

(4)结果观察。自来水对照、自来水 1、自来水 2。自来水对照平皿中没有细菌生长(图 2-540),自来水 1 中有 12 个菌落(图 2-541),自来水 2 中只有 1 个菌落(图 2-542),两个培养皿的平均菌落数即是 1 mL 水样中的菌落总数。

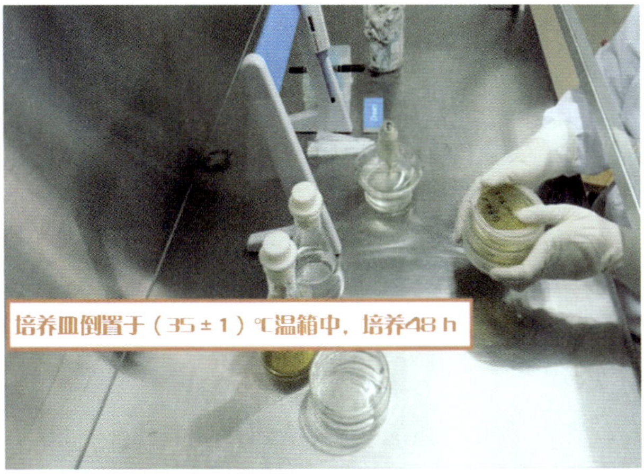


图 2-539　温箱中培养 48 h

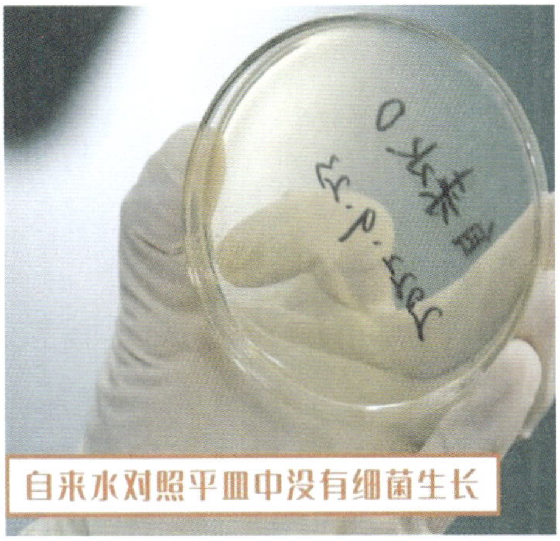


图 2-540　对照平皿结果

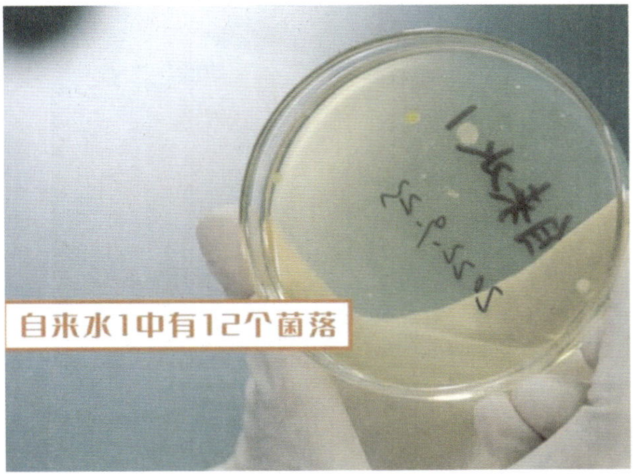


图 2-541　自来水 1 平皿结果

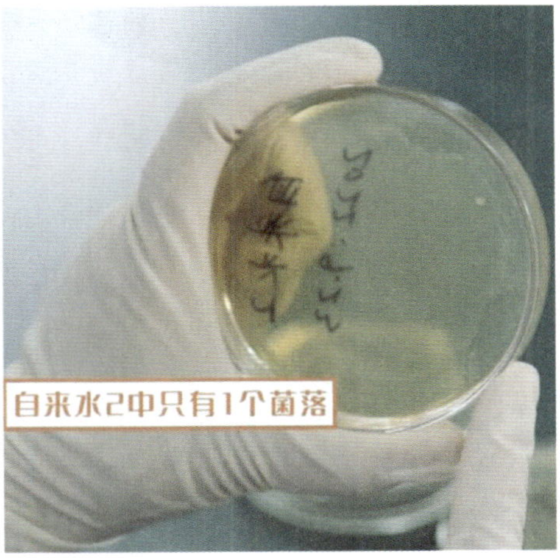


图 2-542　自来水 2 平皿结果

# 第三章　病毒检测技术

## 第一节　病毒的鸡胚培养技术

### 一、病毒的鸡胚尿囊腔接种

**1. 照蛋**

在鸡胚大头照蛋，会看到鸡胚、气室和大血管。标出鸡胚的位置，画出气室线（图 3-1），在鸡胚侧气室线上方 0.5 cm 处，避开大血管，确定接种部位（图 3-2），用铅笔标记。

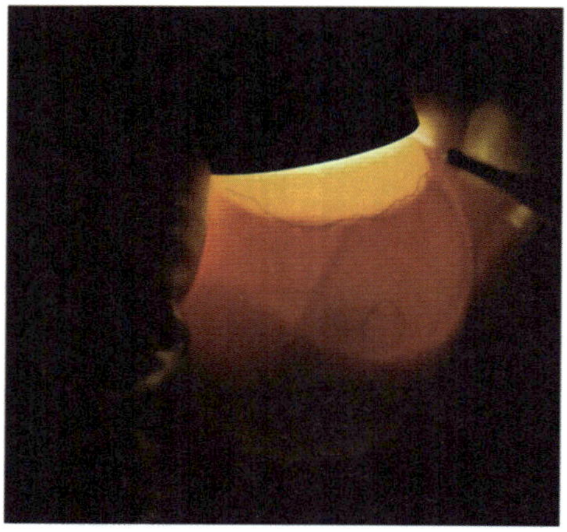

图 3-1　标出鸡胚的位置，画出气室线

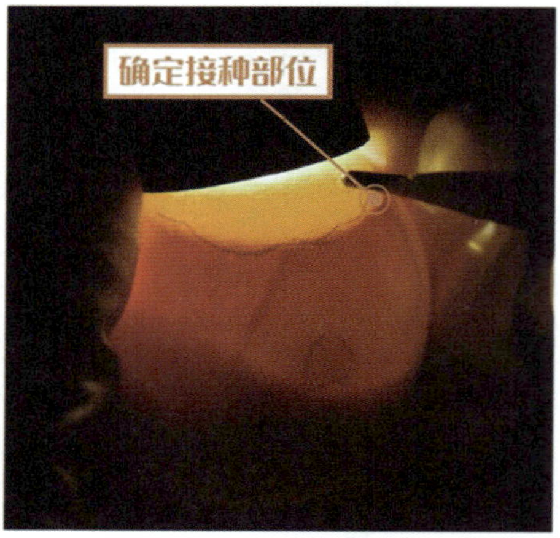


图 3-2　确定接种部位

**2. 接种**

（1）超净工作台准备。点燃 2 个酒精灯（图 3-3），一个用来无菌操作，一个融化石蜡（图 3-4）。

（2）接种材料的准备。打开生理盐水瓶（图 3-5），打开疫苗瓶（图 3-6），用酒精棉球消毒两瓶口（图 3-7、图 3-8）。用 10 mL 注射器吸取生理盐水（图 3-9），注入疫苗瓶中（图 3-10），针头在酒精灯火焰灭菌后盖上针帽（图 3-11），疫苗瓶摇匀即可（图 3-12）。

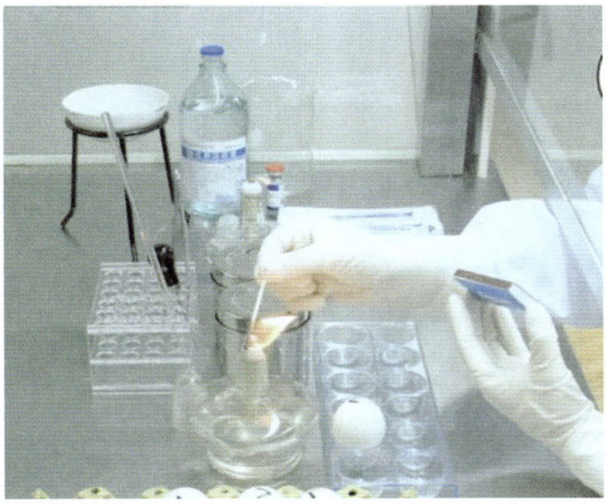

图 3-3　点燃 2 个酒精灯

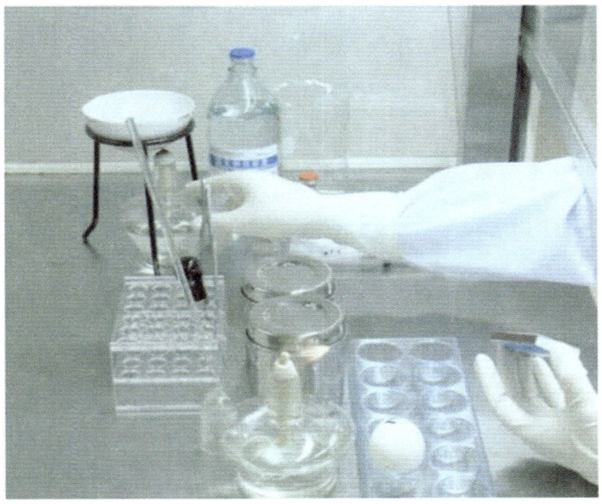

图 3-4　一个无菌操作,一个融化石蜡

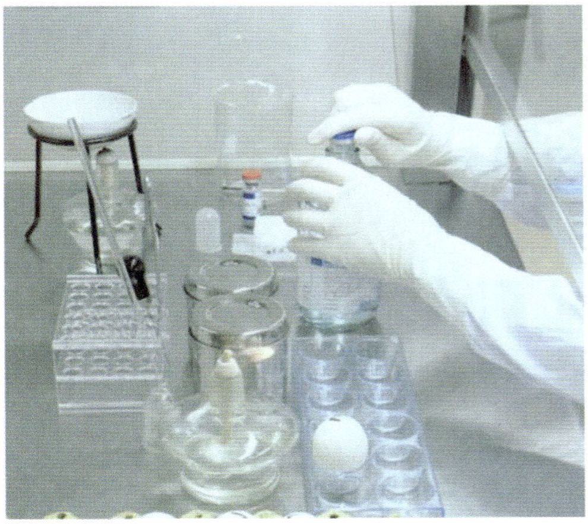

图 3-5　打开生理盐水瓶

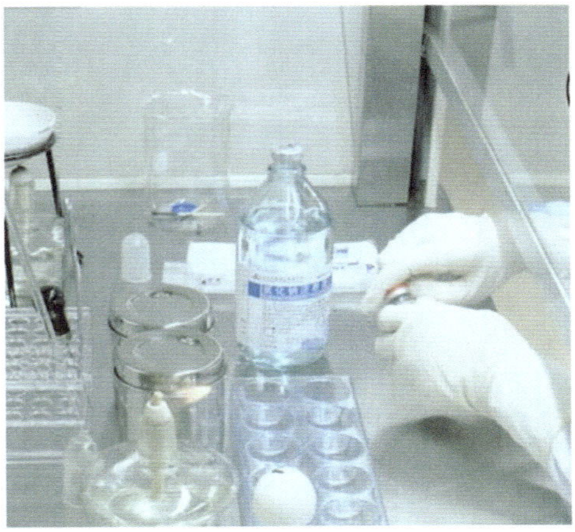

图 3-6　打开疫苗瓶

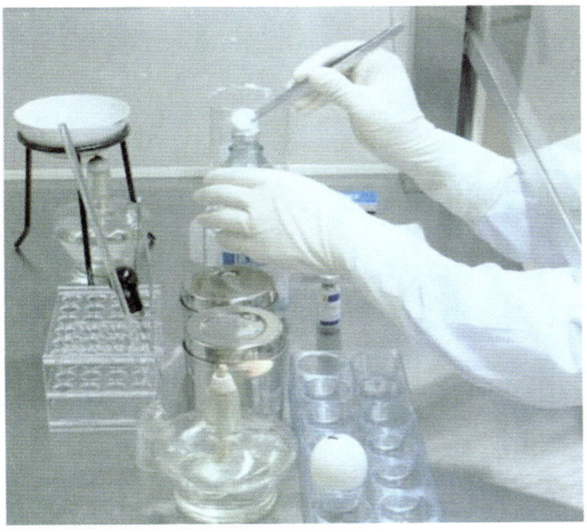

图 3-7　用酒精棉球消毒两瓶口 1

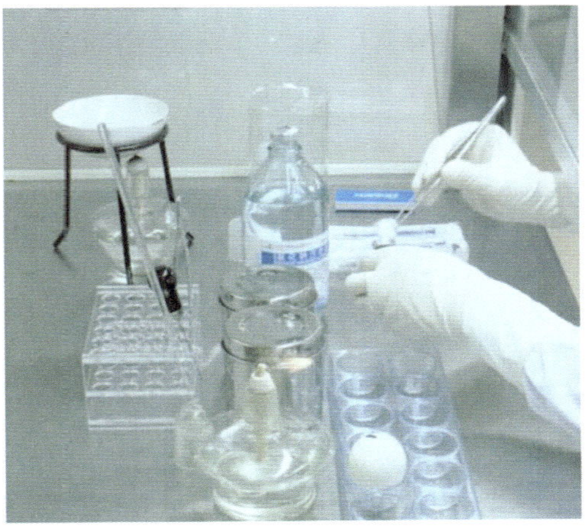

图 3-8　用酒精棉球消毒两瓶口 2

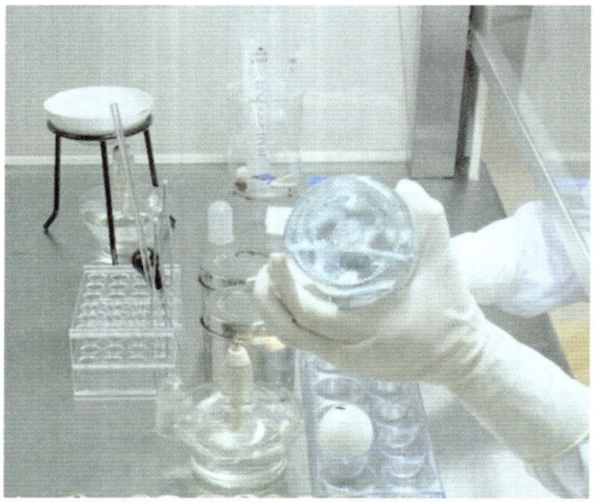

图 3-9　吸取生理盐水

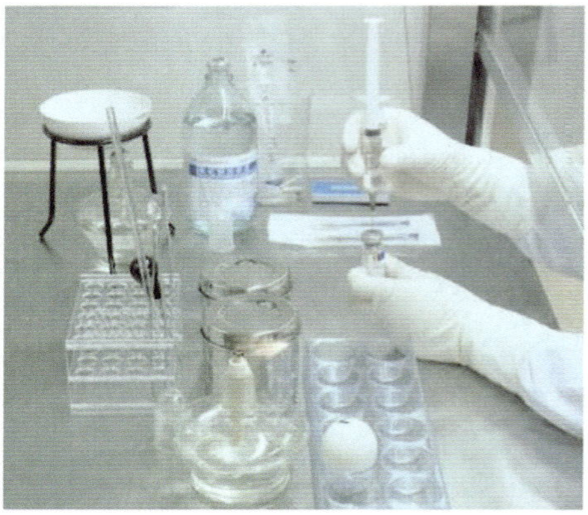

图 3-10　注入疫苗瓶中

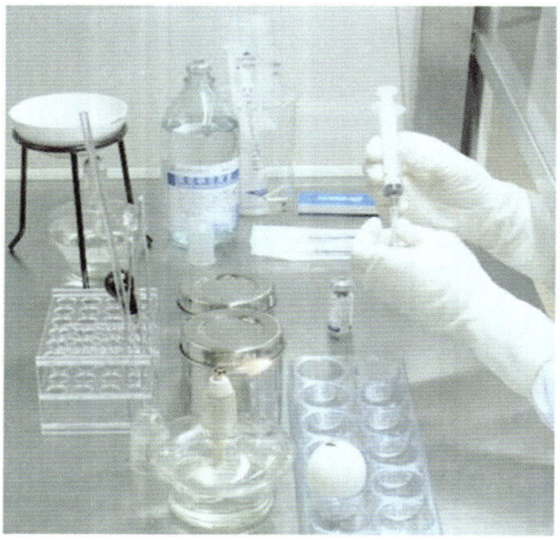

图 3-11　盖上针帽

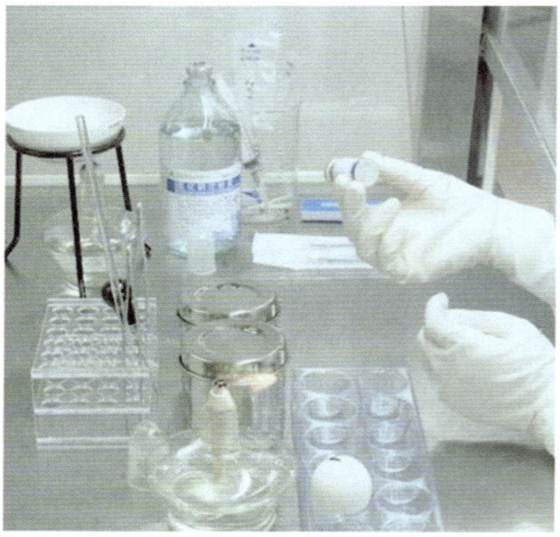

图 3-12　摇匀

(3)鸡胚消毒。鸡胚接种部位先用碘伏棉球消毒(图 3-13),然后用酒精棉球脱碘(图 3-14)。

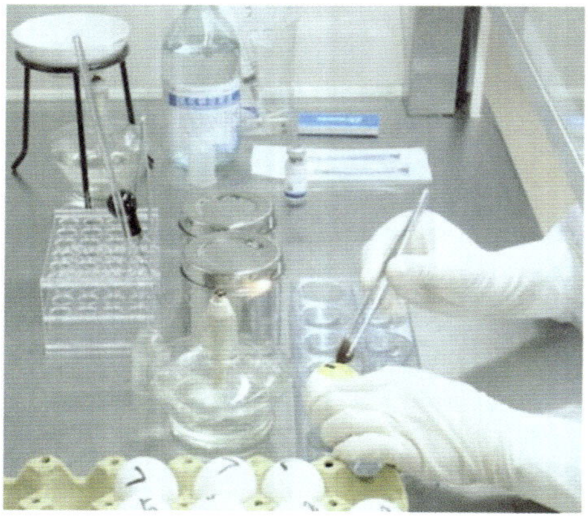

图 3-13　用碘伏棉球消毒

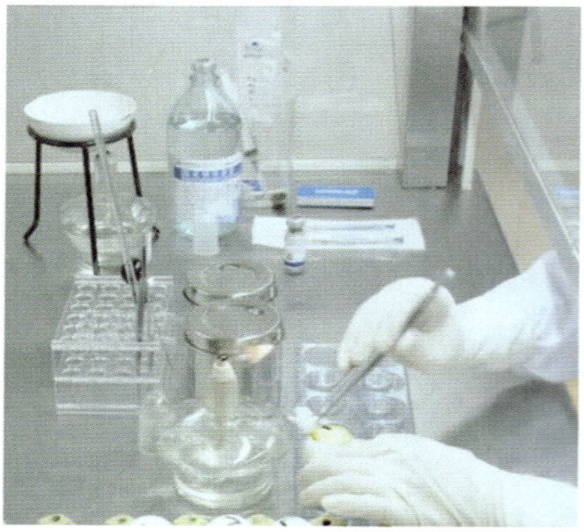

图 3-14　酒精棉球脱碘

(4)打孔。锥子在酒精灯火焰上灭菌后在接种部位打孔(图 3-15 至图 3-18)。

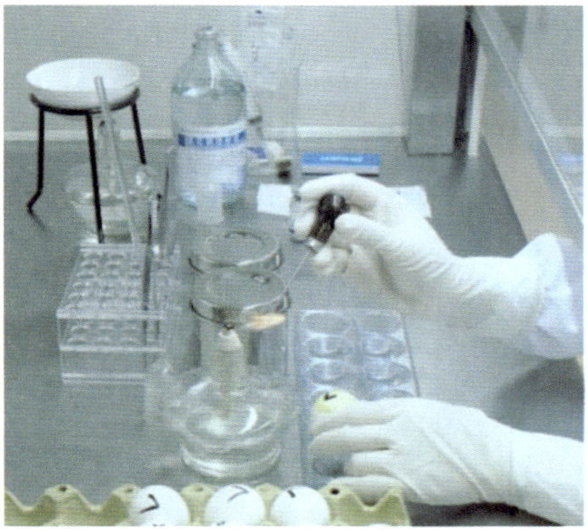

图 3-15 锥子灭菌

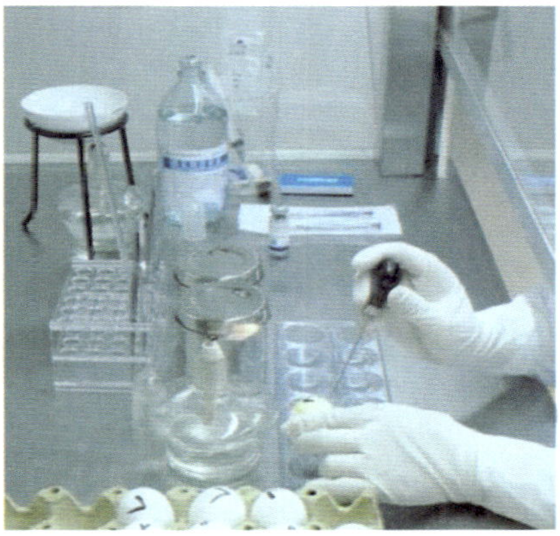

图 3-16 瞄准接种部位

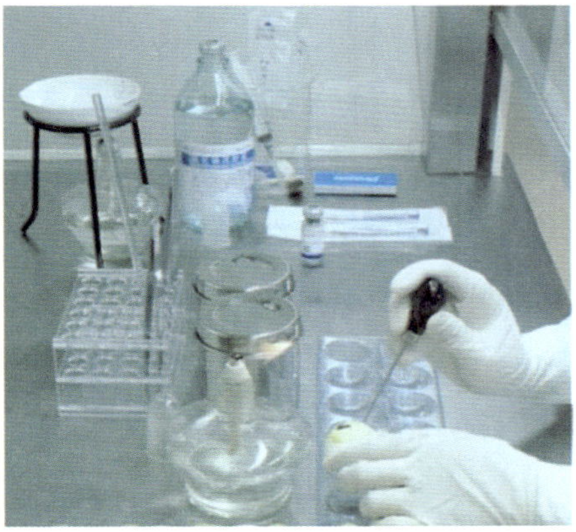

图 3-17 扎中接种部位

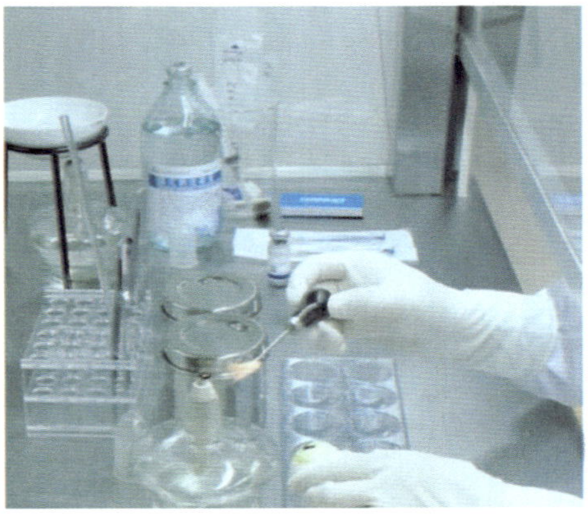

图 3-18 接种后灭菌

(5)注入接种材料。用 1 mL 注射器吸取 0.1～0.2 mL 接种材料(图 3-19),垂直注入鸡胚(图 3-20 至图 3-22),注射器消毒后(图 3-23)盖上针帽(图 3-24)。

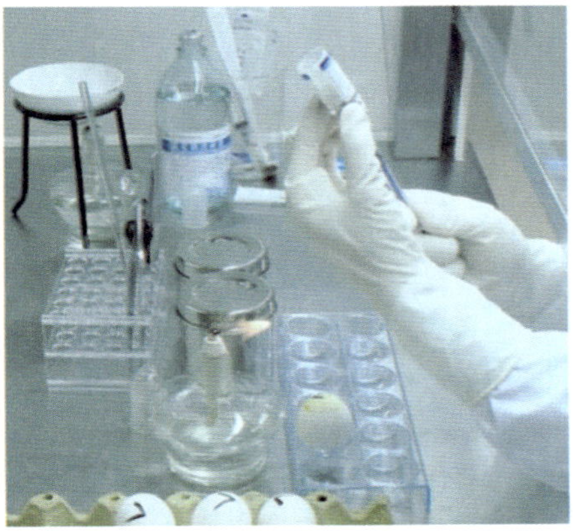

图 3-19 吸取接种材料

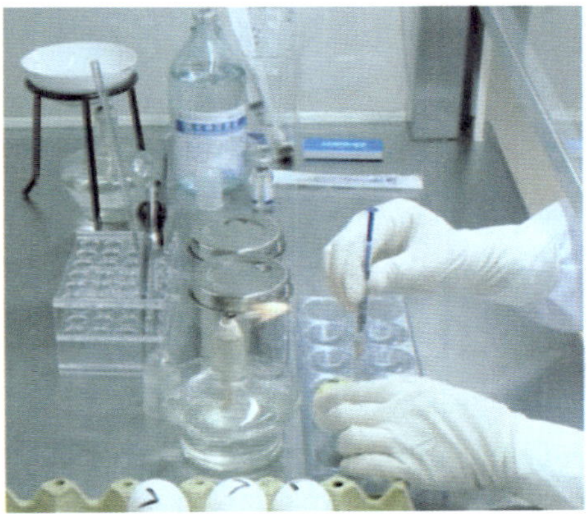

图 3-20 垂直注入鸡胚 1

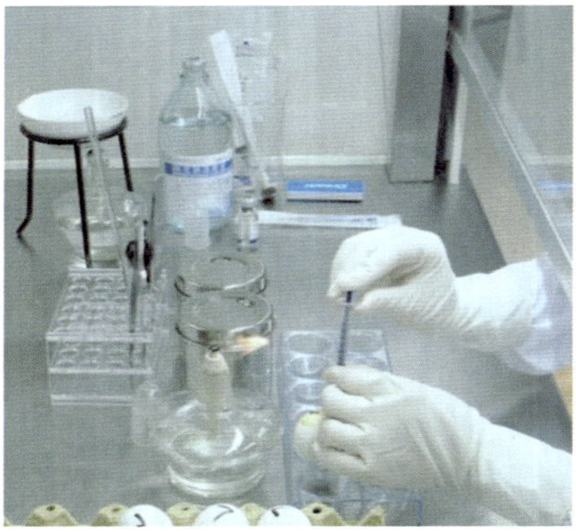

图 3-21　垂直注入鸡胚 2

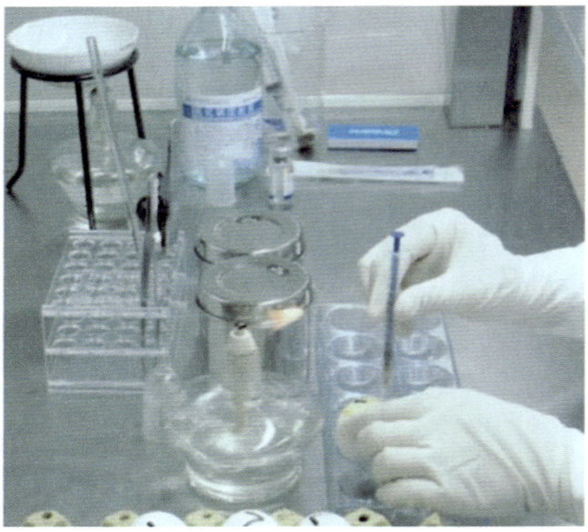

图 3-22　垂直拔出

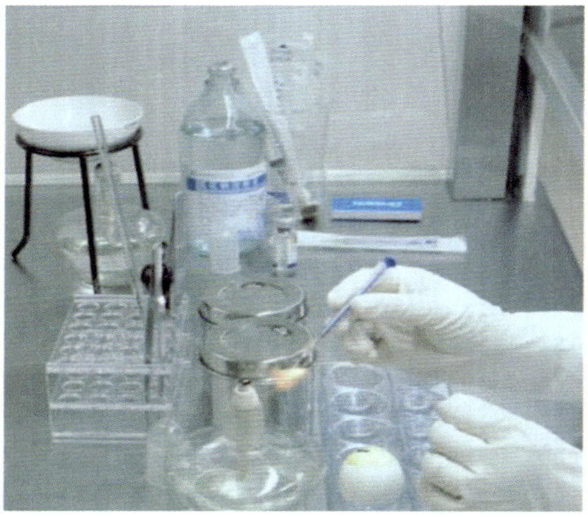

图 3-23　注射器消毒

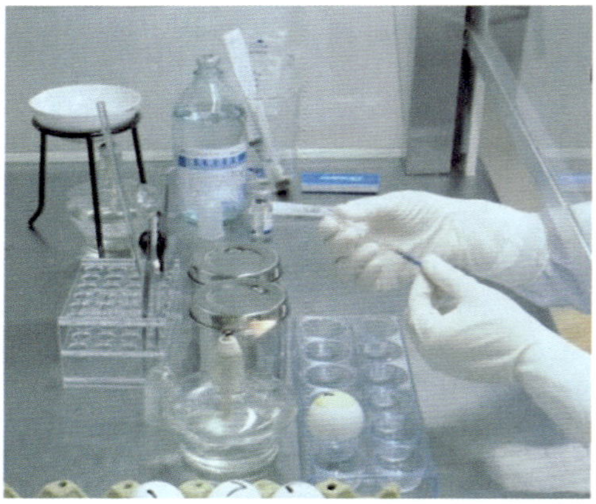

图 3-24　盖上针帽

(6)封孔。用熔化的石蜡将接种孔封上(图 3-25、图 3-26),用铅笔在鸡胚写上学号和接种日期(图 3-27),放回蛋托上(图 3-28)。

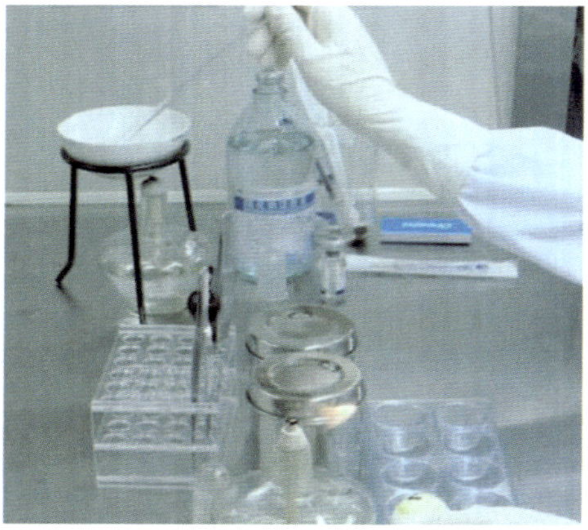

图 3-25　封孔 1

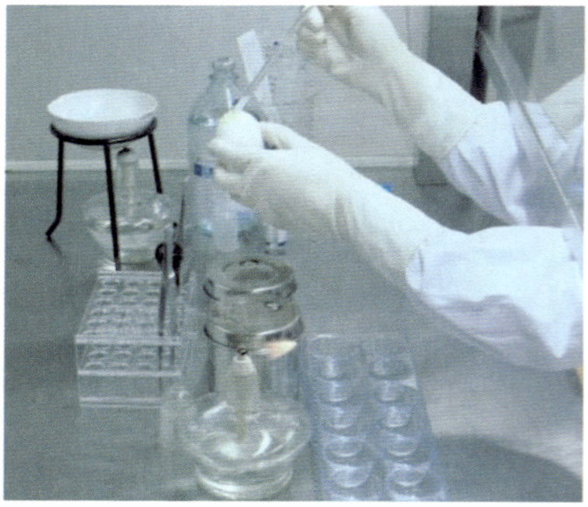

图 3-26　封孔 2

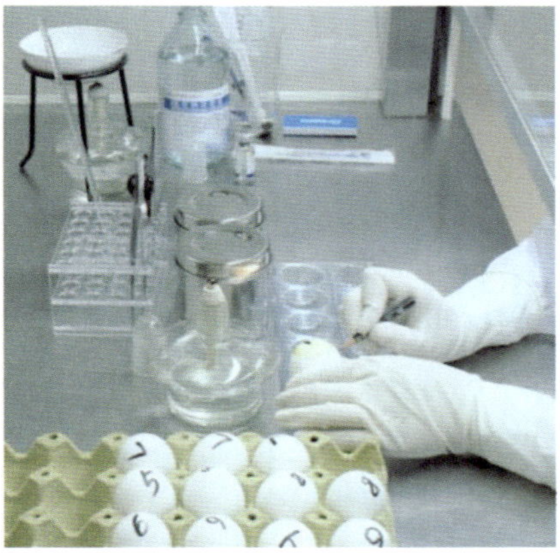
图 3-27 写上学号和接种日期

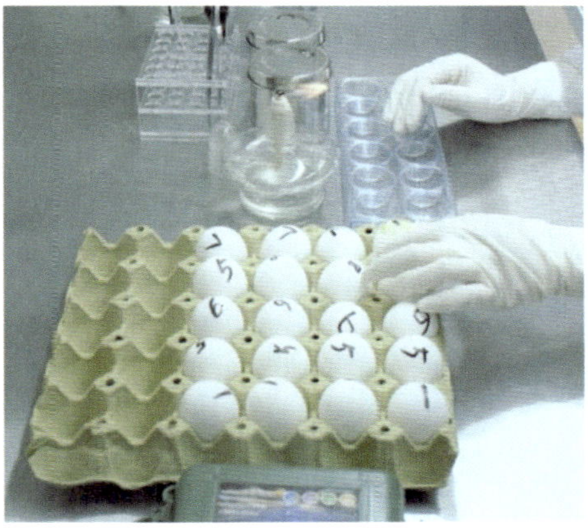
图 3-28 放回蛋托上

(7)盖灭酒精灯(图 3-29),收拾实验器材,整理实验台面。

(8)温箱培养(图 3-30)。封好后的鸡胚置入 37 ℃温箱中培养 3～7 天,每 6 h 照蛋一次,观察鸡胚的存活情况,24 h 内死亡的鸡胚应弃去不用。24 h 后死亡的鸡胚应置冰箱冷藏过夜,第二天收获尿囊液。7 天培养结束后,没有死亡的鸡胚也放冰箱冷藏过夜,第二天收获尿囊液。

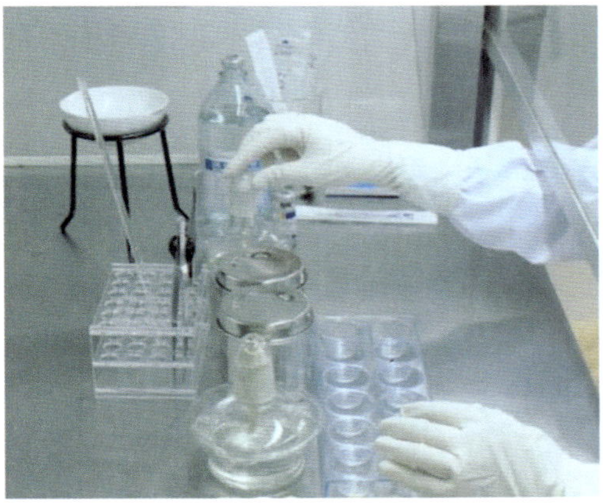
图 3-29 盖灭酒精灯

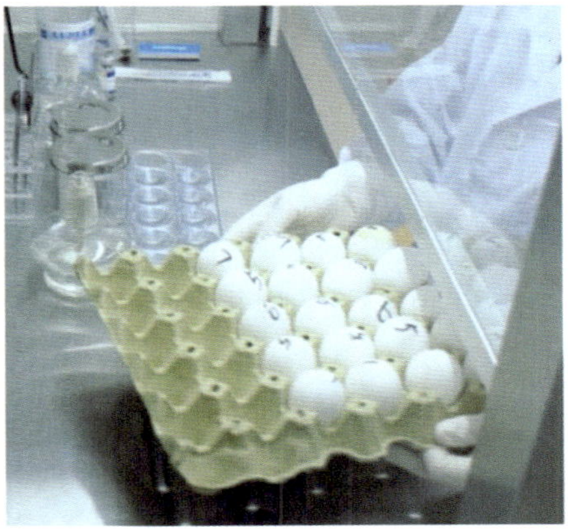
图 3-30 温箱培养

## 二、鸡胚尿囊液的收获

**1. 打开鸡胚**

(1)超净工作台准备。点燃酒精灯(图 3-31)。

(2)鸡胚消毒。接种部位先用碘伏棉球消毒(图 3-32),然后用酒精棉球脱碘(图 3-33)。

(3)打开蛋壳。镊子在酒精灯火焰上消毒(图 3-34)后击碎鸡胚蛋壳(图 3-35),镊子夹取蛋壳(图 3-36)放入有消毒液的培养皿内(图 3-37),镊子灭菌(图 3-38)后放回离心管架(图 3-39)。

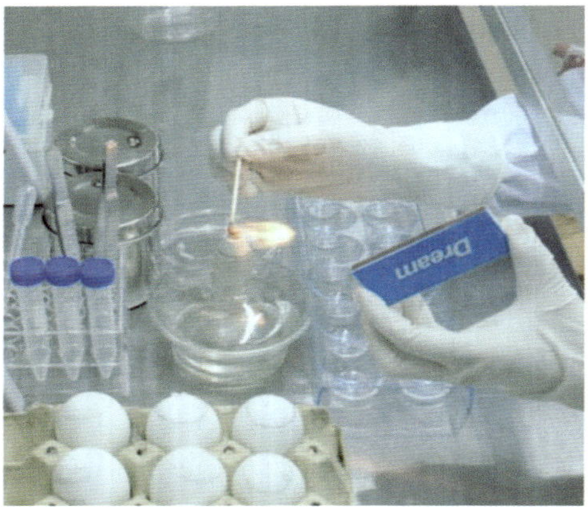


图 3-31　点燃酒精灯

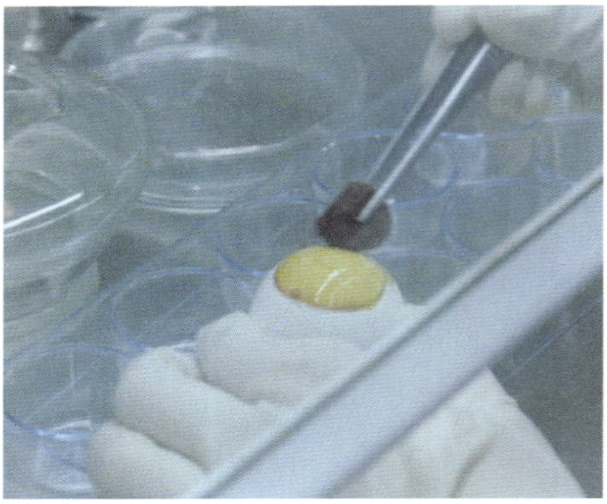

图 3-32　用碘伏棉球消毒

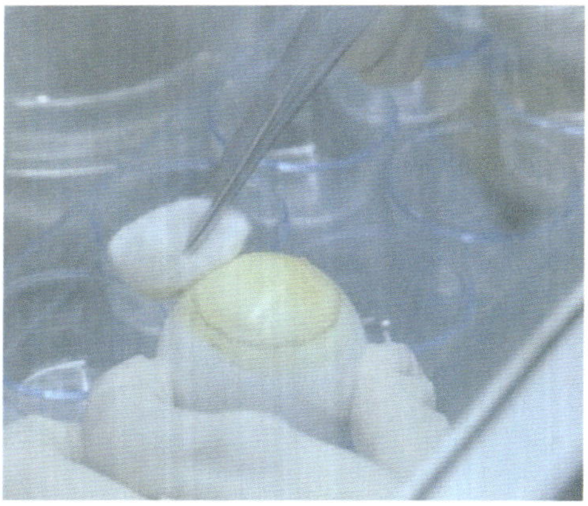

图 3-33　酒精棉球脱碘

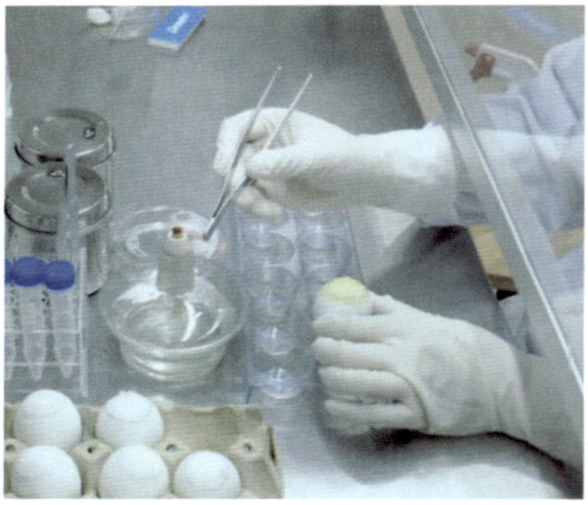

图 3-34　将镊子在酒精灯火焰上消毒

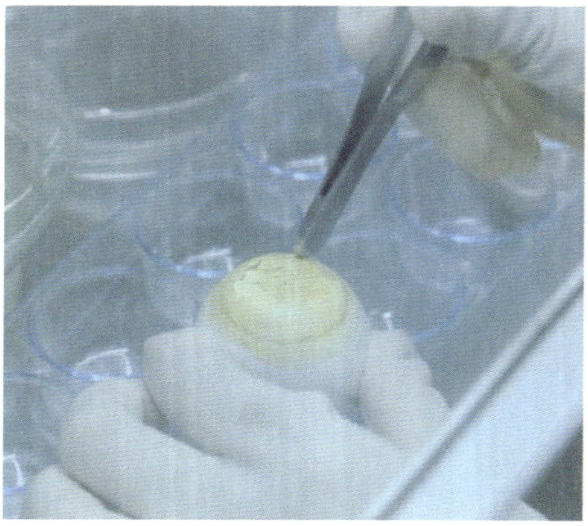

图 3-35　击碎鸡胚蛋壳

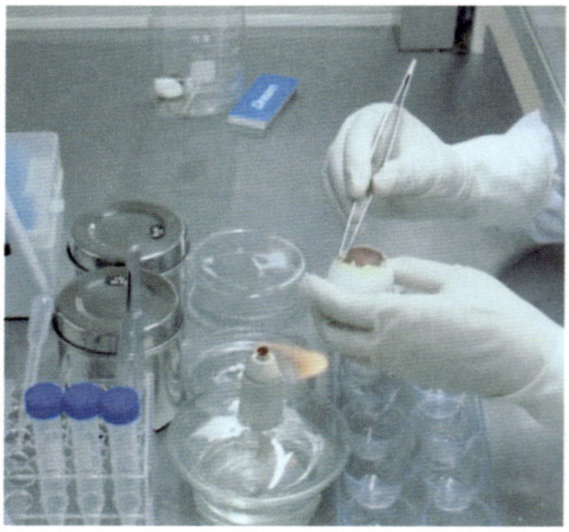

图 3-36　镊子夹取蛋壳

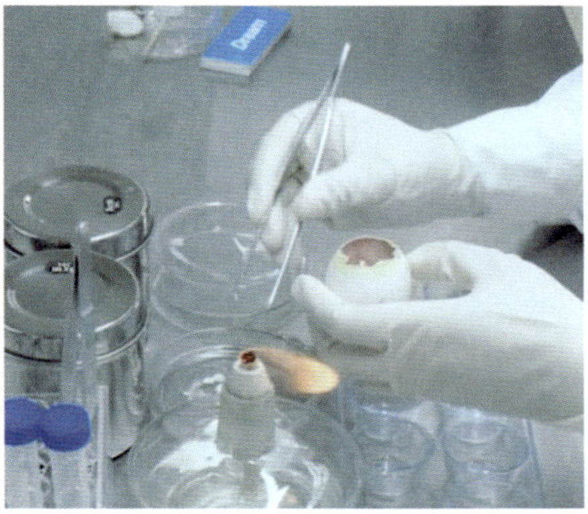

图 3-37　放入有消毒液的培养皿内

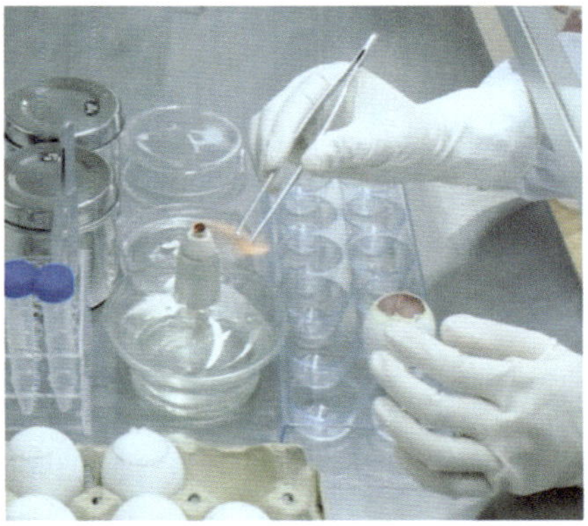

图 3-38　镊子灭菌

**2. 收获尿囊液**

用灭菌(图 3-40)眼科镊子撕开绒毛尿囊膜(图 3-41),镊子使用完毕后灭菌(图 3-42)。用一次性胶头滴管吸取清亮的尿囊液(图 3-43),放入灭菌离心管中(图 3-44)。收获完毕,离心管和盖子进行火焰灭菌(图 3-45)后盖好盖子(图 3-46),标记接种材料名称和收获日期(图 3-47),放于离心管架上(图 3-48)。眼科镊子用酒精棉球进行消毒(图 3-49)。

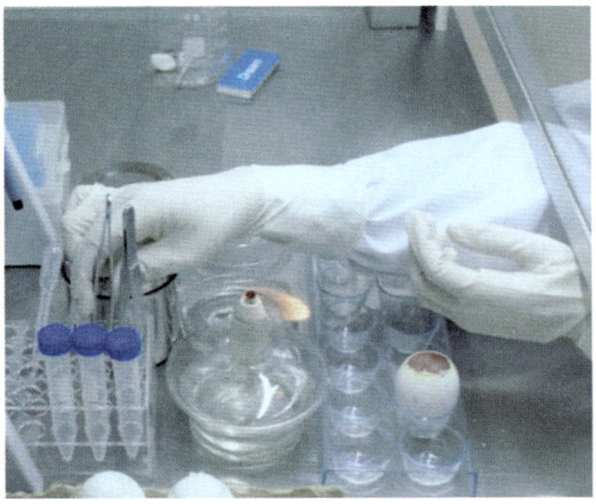

图 3-39　放回离心管架

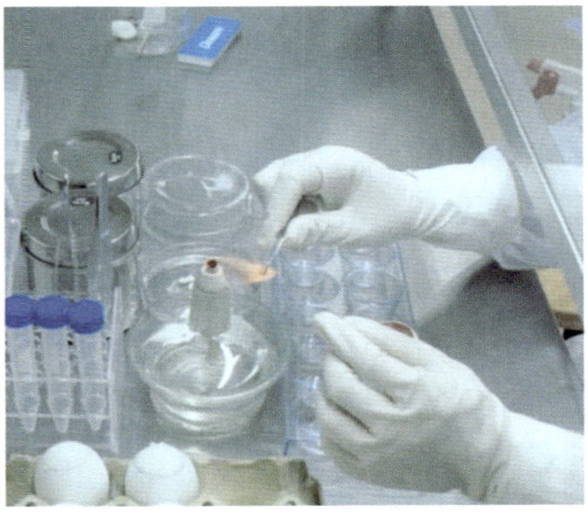

图 3-40　眼科镊子灭菌

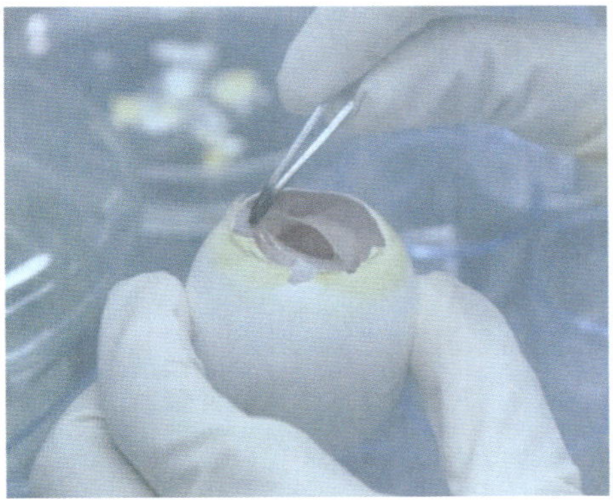

图 3-41　撕开绒毛尿囊膜

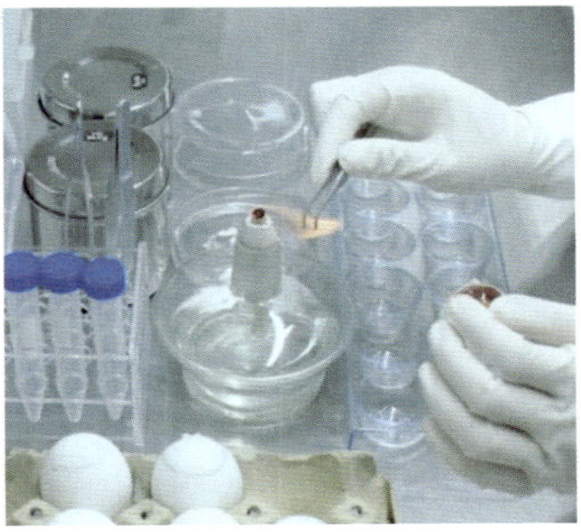

图 3-42　镊子灭菌

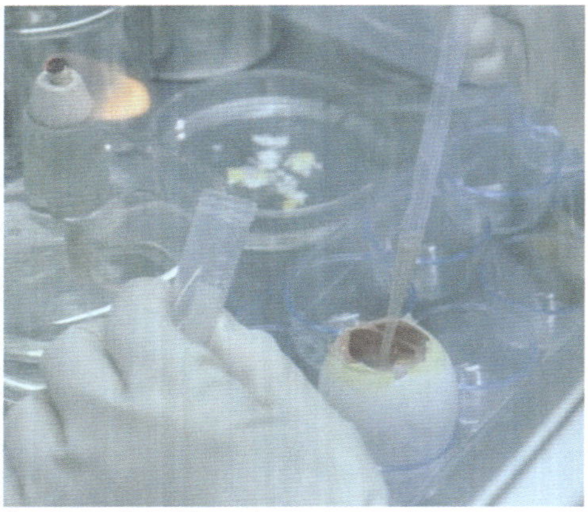

图 3-43　胶头滴管吸取尿囊液

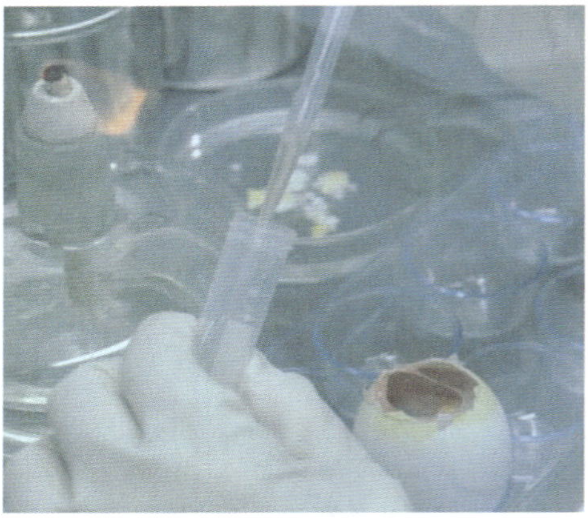

图 3-44　放入灭菌离心管中

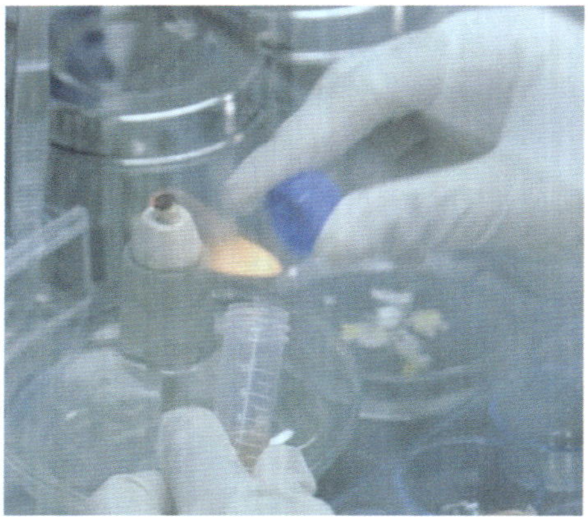

图 3-45　离心管和盖子进行火焰灭菌

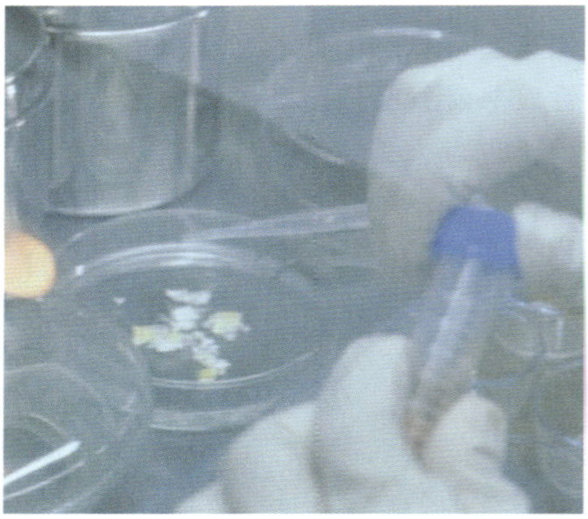

图 3-46　盖好盖子

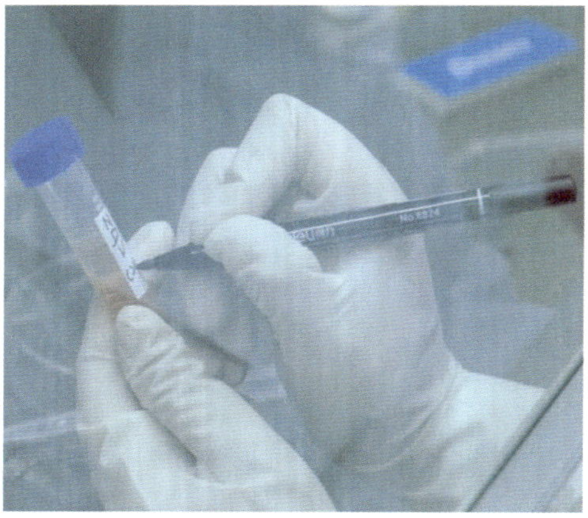

图 3-47　标记名称和日期

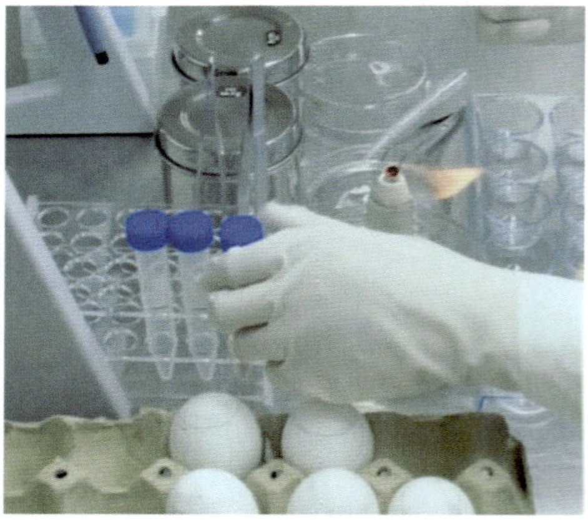

图 3-48　放于离心管架上

**3.实验用品处理**

熄灭酒精灯(图 3-50),整理实验器材,收拾实验台面。

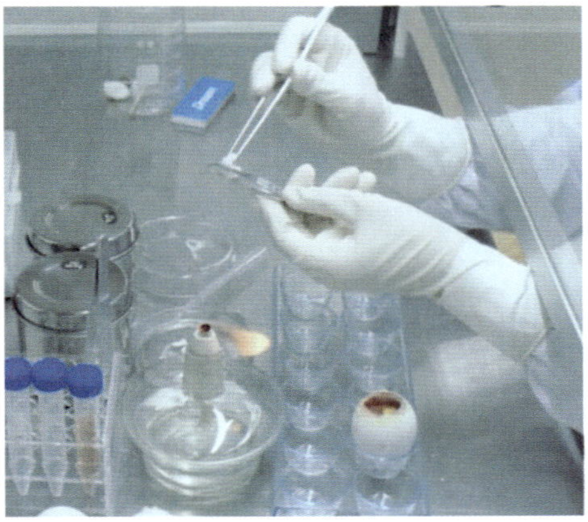

图 3-49　眼科镊子用酒精棉球消毒

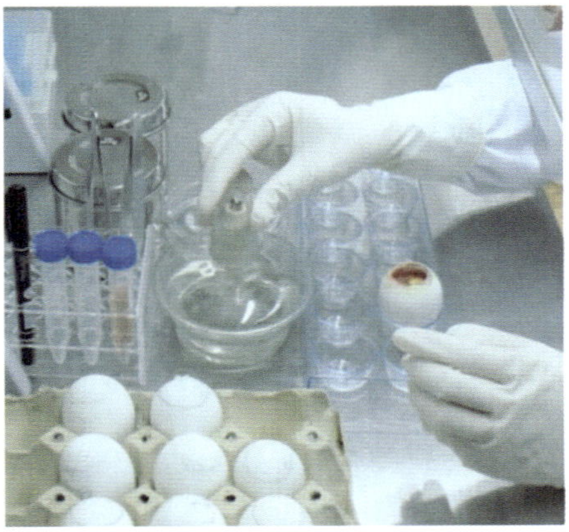

图 3-50　熄灭酒精灯

# 第二节　鸡血液采集技术

## 一、鸡的翅静脉采血

**1.配制抗凝剂**

(1)准备天平。打开天平电源开关(图 3-51),调节天平平衡(图 3-52)(调节天平底部两边的旋钮,使水平仪的空气泡移至正中央)。将称量纸对角线折叠,四边折叠后放置在天平上(图 3-53)。按下去皮按钮,电子天平数值归零(图 3-54)。

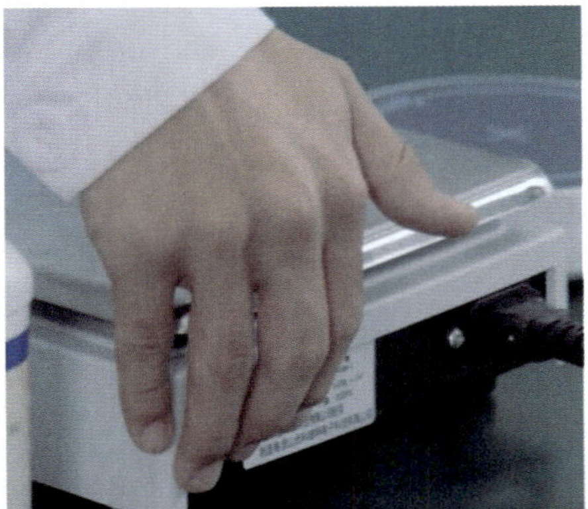

图 3-51　打开天平电源开关

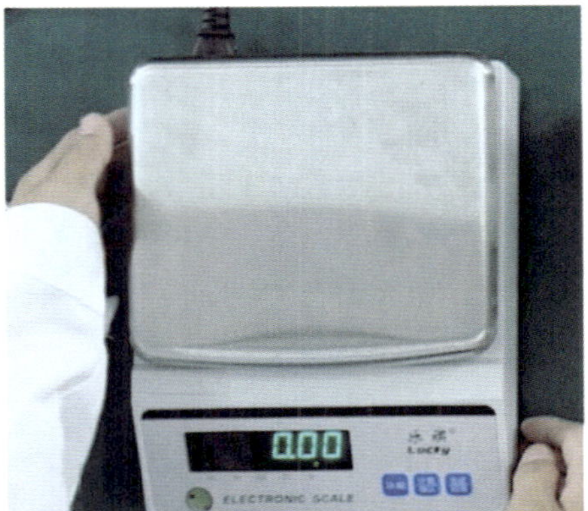


图 3-52　调节天平平衡

图 3-53　称量纸折叠后放在天平上

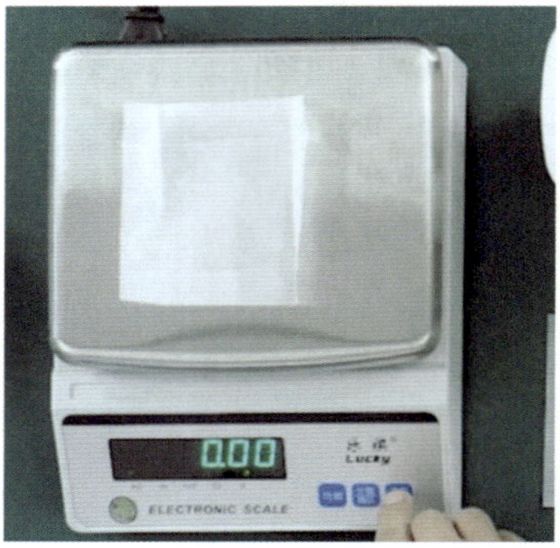


图 3-54　按去皮按钮，电子天平清零

(2)称取柠檬酸三钠。拿取柠檬酸三钠瓶，打开，用药匙从瓶中移取柠檬酸三钠粉末到称量纸上，称取 1.9 g(图 3-55)，快接近数值时，用左手轻轻敲打右手，让药粉缓慢增加到需要的量，多出来的药品丢弃至包装纸中，药匙放置在洁净纸上。盖好药品盖，将柠檬酸三钠瓶放回原处。

(3)溶解。把称量好的柠檬酸三钠粉末倒入 200 mL 烧杯中(图 3-56)。用量筒量取 50 mL 蒸馏水(图 3-57)，加入烧杯中(图 3-58)，用玻棒搅拌(图 3-59)，使药品溶解。用吸水纸擦拭玻棒，放回原处。也可以用磁力搅拌器搅拌(图 3-60)，让抗凝剂充分溶解。溶解完成，关闭磁力搅拌器，取出搅拌子(图 3-61)，抗凝剂就配好了。

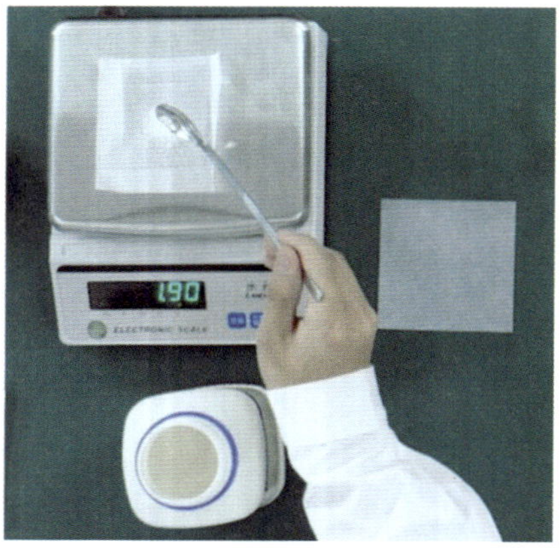


图 3-55　称取 1.9 g

图 3-56　倒入烧杯中

**2. 采血准备**

(1)拿取手套，戴好手套(图 3-62)。

(2)准备采血器。撕开包装，取出采血器，推动注射器推杆(图 3-63)，检查采血器的气密性。

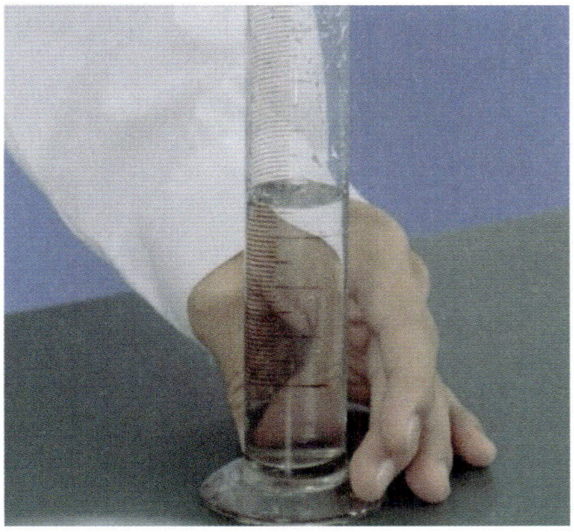

图 3-57　量取 50 mL 蒸馏水

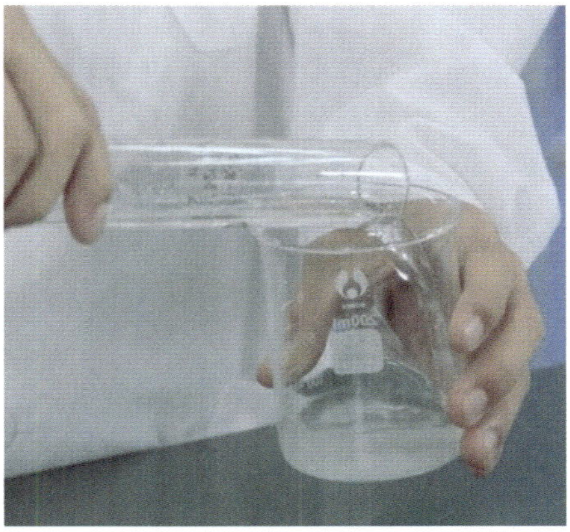

图 3-58　加入烧杯中

图 3-59　玻棒搅拌

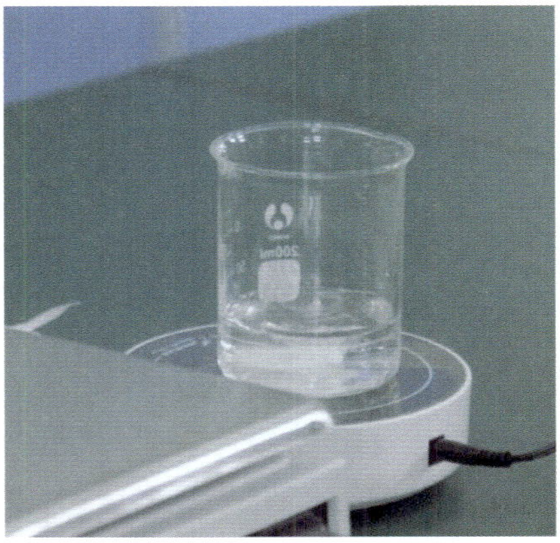

图 3-60　磁力搅拌器搅拌

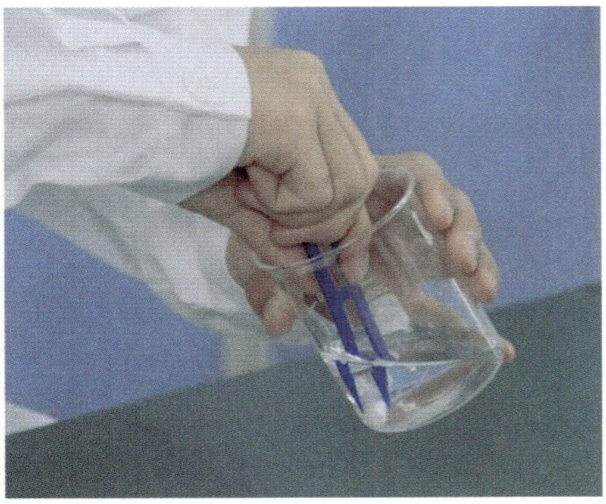

图 3-61　取出搅拌子

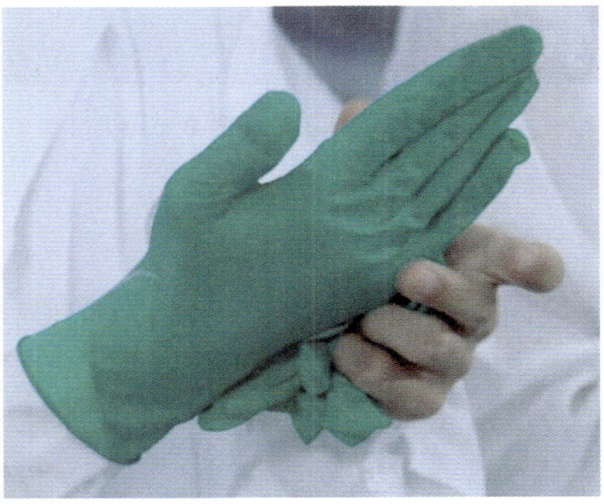

图 3-62　戴好手套

(3)吸取抗凝剂。打开采血器针帽置于桌上(图 3-64),用采血器吸取抗凝剂 0.5 mL(图 3-65)。排除采血器中空气,套上针帽,另一支采血器按同样方法吸取抗凝剂。

(4)采血物品的准备。将报纸打开,铺在托盘内(图 3-66)。酒精棉球和干棉球缸放在托盘正前方,废料缸放于托盘的右上方。

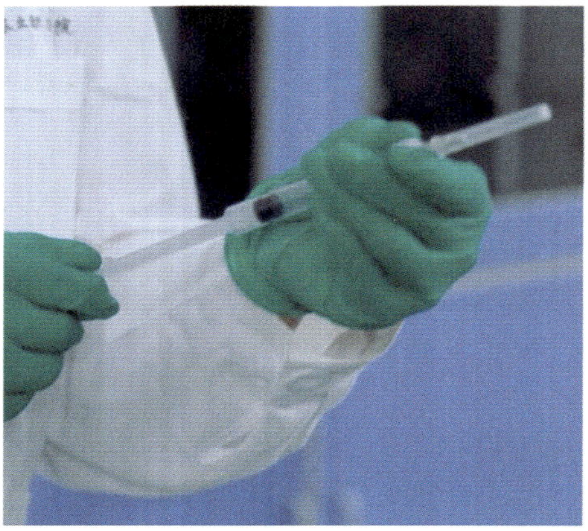

图 3-63 推动注射器推杆

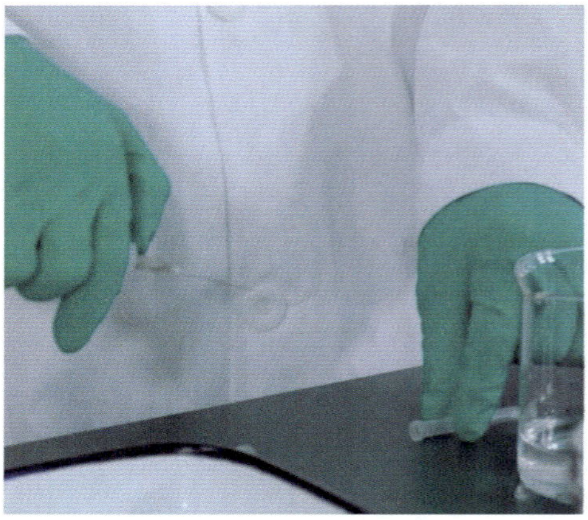

图 3-64 针帽置于桌上

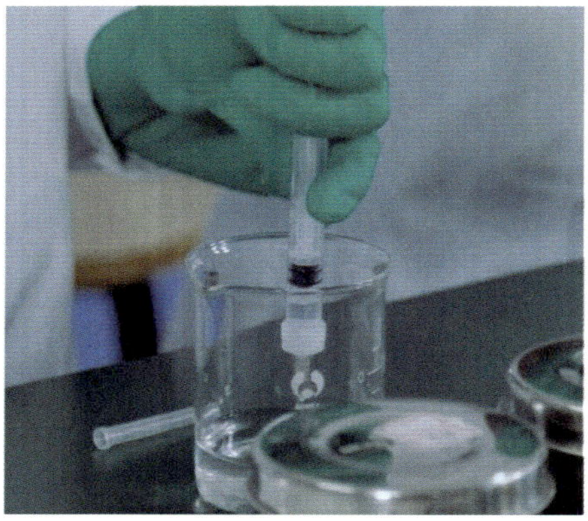

图 3-65 吸取抗凝剂 0.5 mL

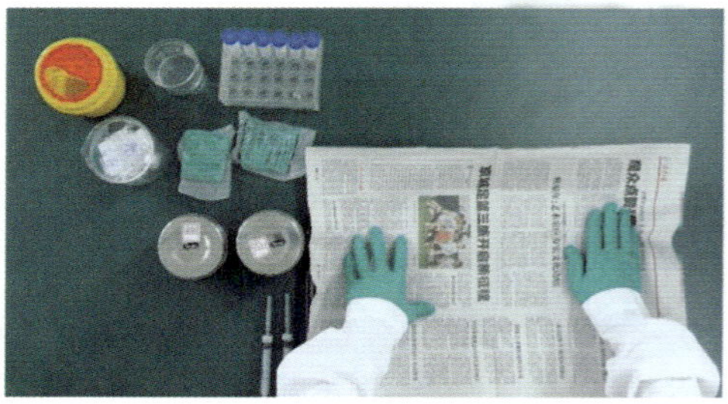

图 3-66 将报纸打开,铺在托盘内

**3. 采血**

(1)保定。助手一只手握住鸡双腿(图 3-67),另一只手抓住鸡翅膀根部,将鸡放在托盘内,并固定好鸡的头部和翅膀根部(图 3-68)。

(2)定位翅下静脉。操作者将鸡翅膀向外展开,找到翅下静脉,局部拔毛(图 3-69),露出翅下静脉,鸡毛放入废料缸。

(3)消毒。用镊子夹取酒精棉球,在采血部位由内向外进行消毒(图 3-70),酒精棉球放入废料缸。夹取干棉球,放入左手掌心。

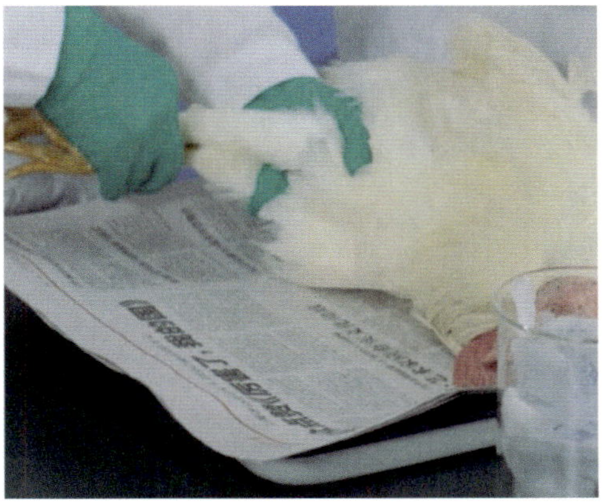

图 3-67 一只手握住鸡双腿

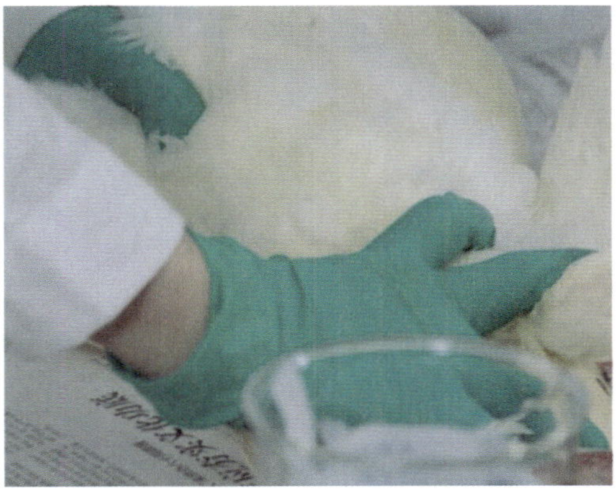

图 3-68 固定好鸡头部和翅膀根部

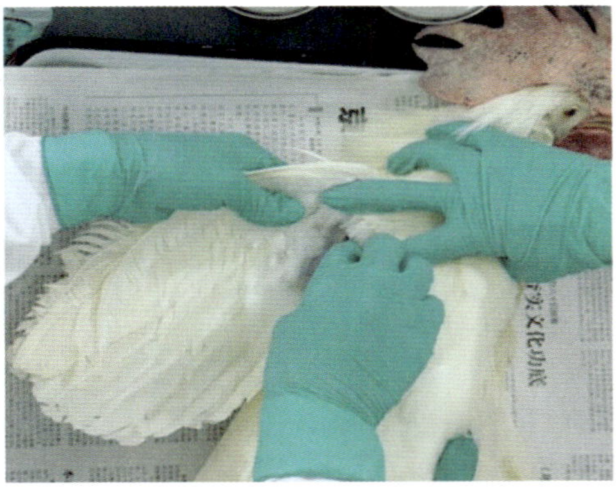

图 3-69 局部拔毛

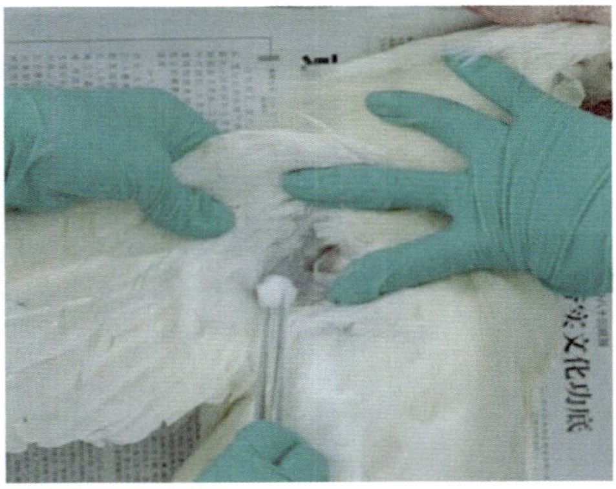

图 3-70 用酒精棉球消毒

(4)采血。拿取采血器,采血器针帽放于实验台上。采血器注射针头斜面朝上,针头与翅膀呈 15°(图 3-71),从进针部位缓缓向前进针,针头进入血管,采血器中有回血时(图 3-72)即可缓缓抽取静脉血,血液量达到 2.5～3 mL 时停止采血(图 3-73),助手按压止血(图 3-74)。操作者将采血器拔出,套上针帽(图 3-75),立即将血液与抗凝剂混匀(图 3-76)后放回试管架。

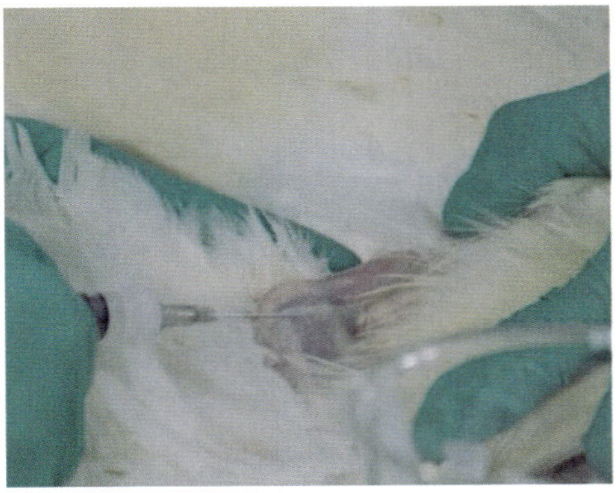

图 3-71 针头与翅膀呈 15°

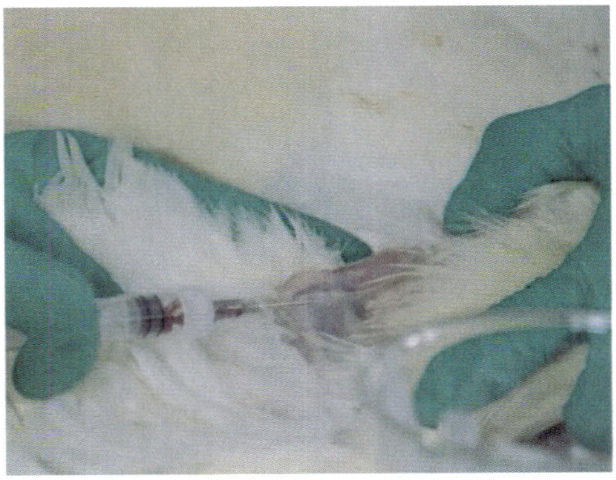

图 3-72 采血器中有回血

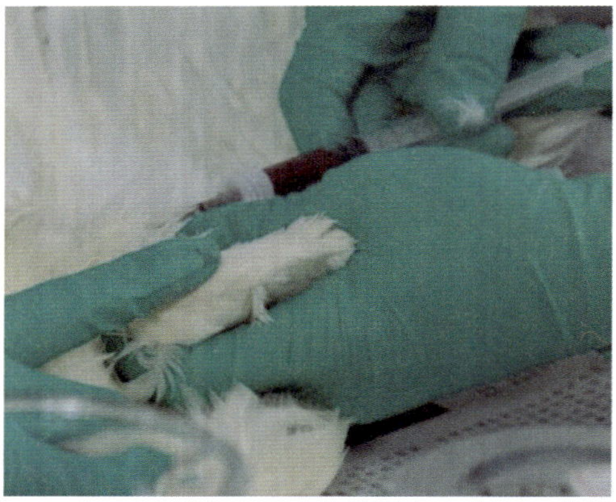

图 3-73　血液量达到时停止采血

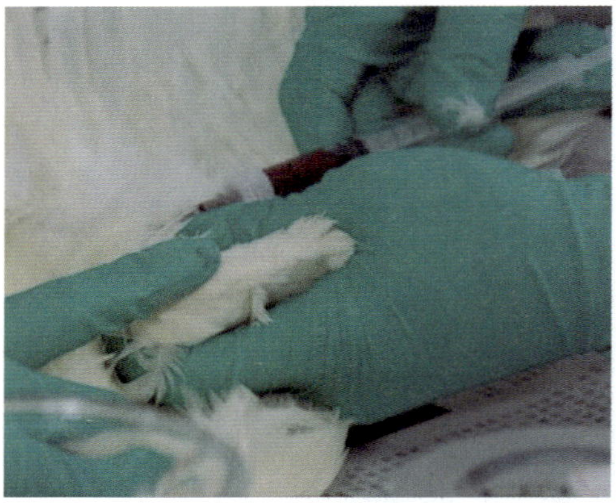

图 3-74　助手按压止血

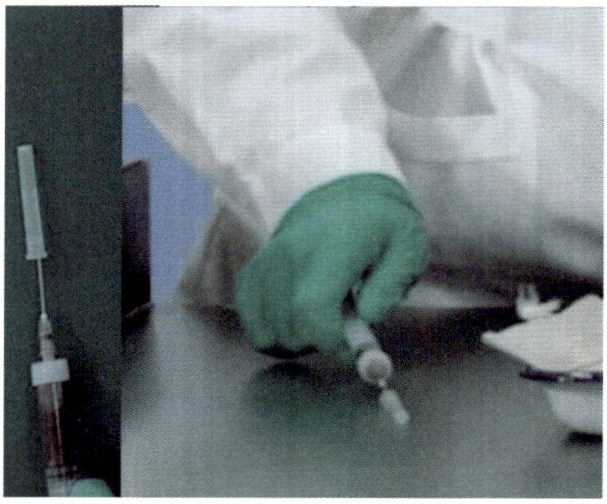

图 3-75　套上针帽

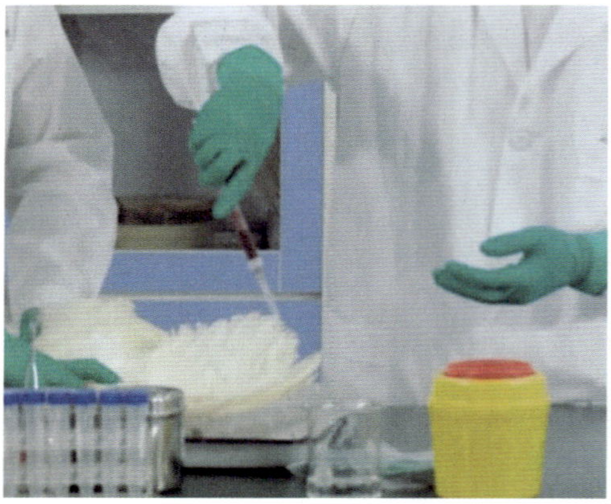

图 3-76　血液与抗凝剂混匀

(5)互换练习。助手和操作者互换，按照前面的方法进行翅静脉采血的练习。

(6)抗凝血处理。脱下脏手套，戴上新手套。拿取采血器，拧下针帽(图 3-77)，放入利器盒(图 3-78)。拿取离心管，将抗凝血倒入离心管内，并用推杆将剩余的血液全部打入离心管(图 3-79)，将采血器放入废料缸。盖上离心管盖，将离心管放在离心管架上(图 3-80)。

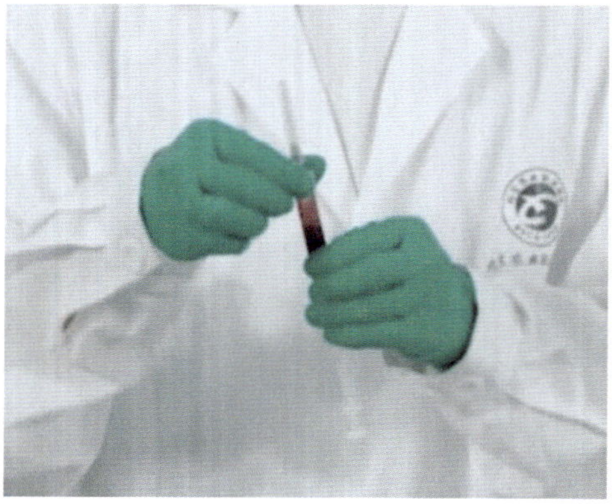

图 3-77　拧下针帽

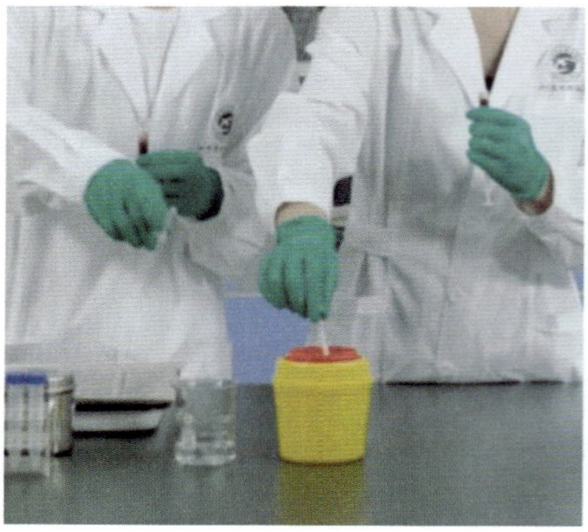

图 3-78　放入利器盒

(7)整理场地。托盘内的报纸、废料、脱下的手套均放入垃圾桶,整理实验用品。

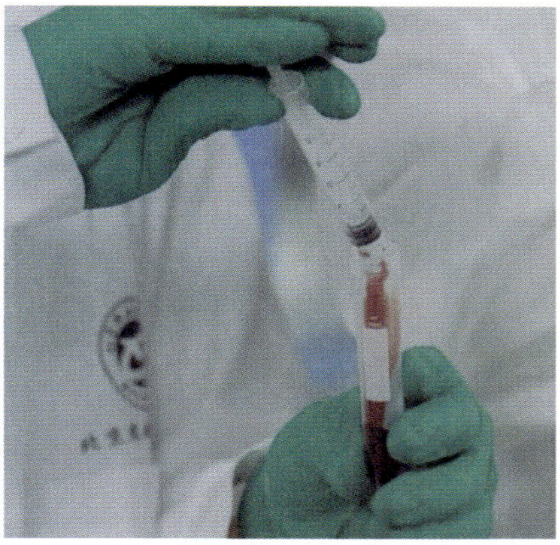

图 3-79 血液全部打入离心管

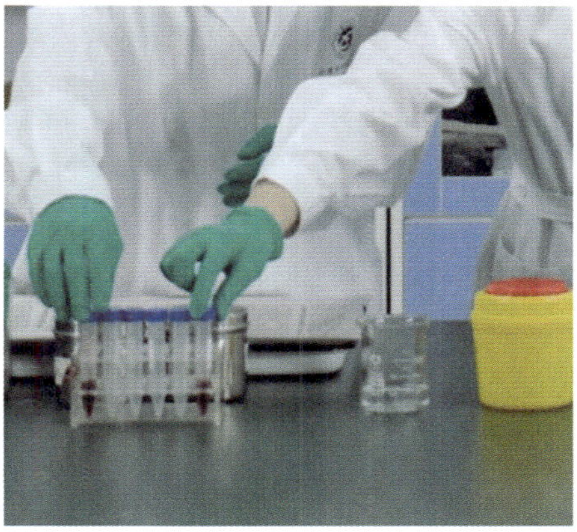

图 3-80 离心管放在离心管架上

## 二、鸡的心脏采血

**1. 配制抗凝剂**

(1)准备天平。打开天平电源开关,调节天平平衡(调节天平底部两边的旋钮,使水平仪的空气泡移至正中央)。将称量纸对角线折叠,四边折叠后放置在天平上。按下去皮按钮,电子天平数值归零。

(2)称取柠檬酸三钠。拿取柠檬酸三钠瓶,打开,用药匙从瓶中移取柠檬酸三钠粉末到称量纸上,称取 1.9 g,快接近数值时,用左手轻轻敲打右手,让药粉缓慢增加到需要的量,多出来的药品丢弃至包装纸中,药匙放置在洁净纸上。盖好药品盖,将柠檬酸三钠瓶放回原处。

(3)溶解。把称量好的柠檬酸三钠粉末倒入 200 mL 烧杯中。用量筒量取 50 mL 蒸馏水,加入烧杯中,用玻棒搅拌,使药品溶解。用吸水纸擦拭玻棒,放回原处。也可以用磁力搅拌器搅拌,让抗凝剂充分溶解。溶解完成,取出搅拌子,抗凝剂就配好了。

**2. 采血准备**

(1)戴好手套。

(2)准备注射器。撕开包装,取出注射器,推动注射器推杆,检查注射器的气密性,拧松针帽,将注射器针头斜面与注射器针管上数字对齐。

(3)吸取抗凝剂。打开注射器针帽置于桌上,用注射器吸取抗凝剂 1 mL(图 3-81)。排除注射器中空气,套上针帽(图 3-82),另一支注射器按同样方法吸取抗凝剂。

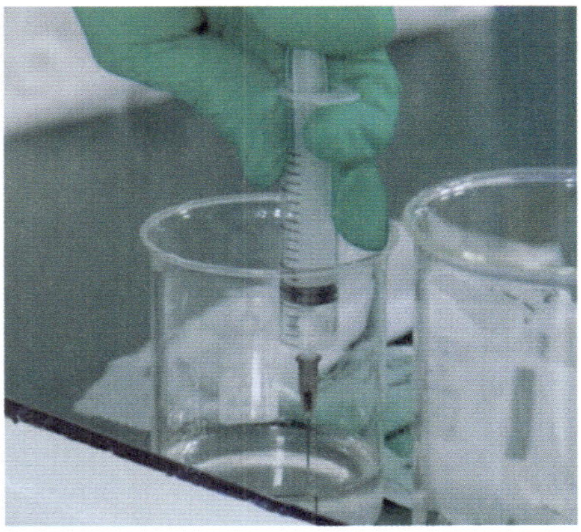

图 3-81 注射器吸取抗凝剂

(4)托盘及采血物品的准备(图 3-83)。将报纸打开,铺在托盘内。酒精棉球和干棉球缸放于托盘正前方,废料缸放于托盘的右上方,离心管架放于前面,利器盒放于左上方。

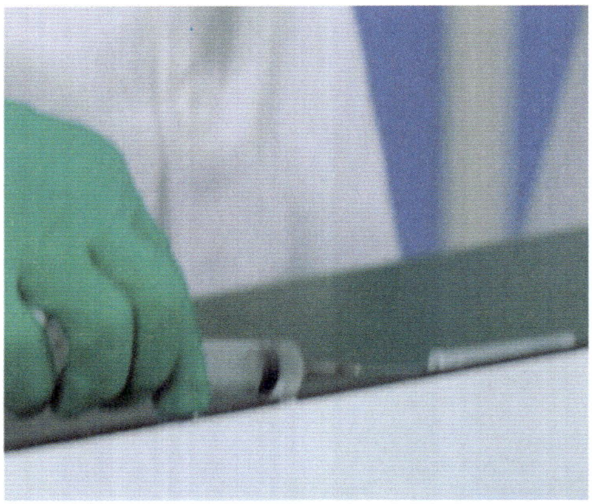

图 3-82　套上针帽

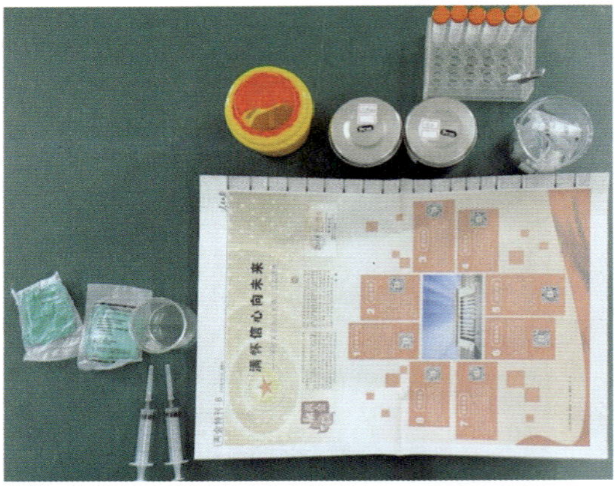

图 3-83　托盘及采血物品的准备

**3. 采血**

(1)确定采血部位。①第一种方法。将鸡的翅膀折叠,使鸡右侧卧,左侧面朝上,让鸡左侧的腿自然弯曲(图 3-84),紧靠鸡左腿膝关节顶部用手触摸,能感觉到凹窝,这就是进针部位(图 3-85)。②第二种方法。助手一只手握住鸡双腿,另一只手握住两翅膀根部,使鸡右侧卧,左侧面朝上,找到胸骨前端,在胸骨前端和翅膀根部做连线,在连线的中点位置可看到胸外大静脉,心脏约在该静脉的分支背侧,用食指触摸找到凹陷窝,有时能感觉到心脏的跳动,这就是心脏采血的进针部位。

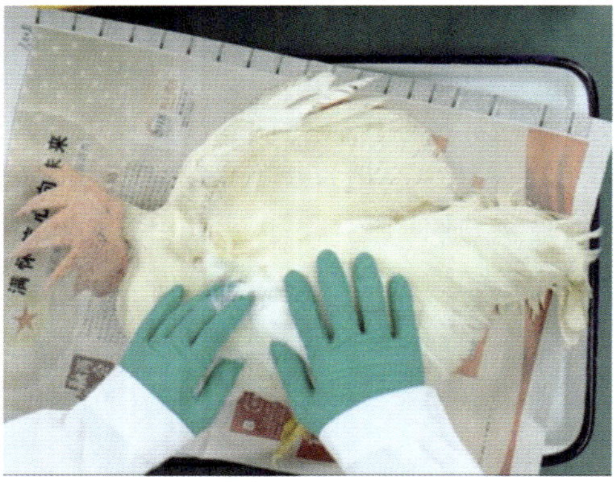

图 3-84　左侧腿自然弯曲

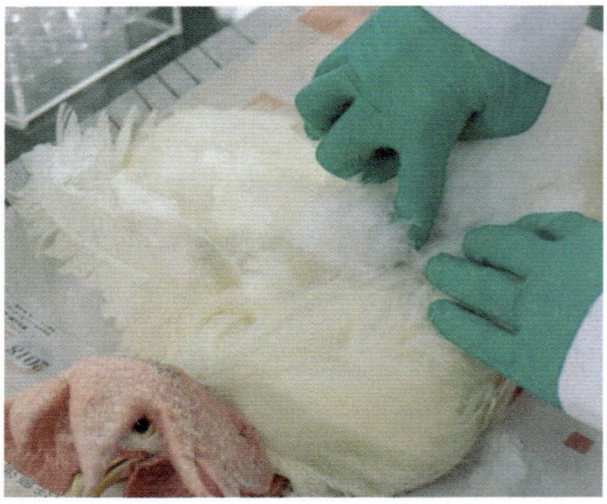

图 3-85　进针部位

(2)消毒。局部拔毛(图 3-86),进针部位用 75%酒精棉由内向外进行消毒(图 3-87),夹取干棉球,放入左手掌心。

(3)采血。拿取注射器,注射器垂直进针(图 3-88),如刺入心脏,可看到针头随心脏跳动而摇动,轻轻回抽,有回血时(图 3-89),表明针头已进入心脏,即可缓缓抽取 10 mL 血液(图 3-90)。

(4)止血。拔出注射器,用干棉球按压止血(图 3-91)。注射器套上针帽,立即将血液与抗凝剂混匀。

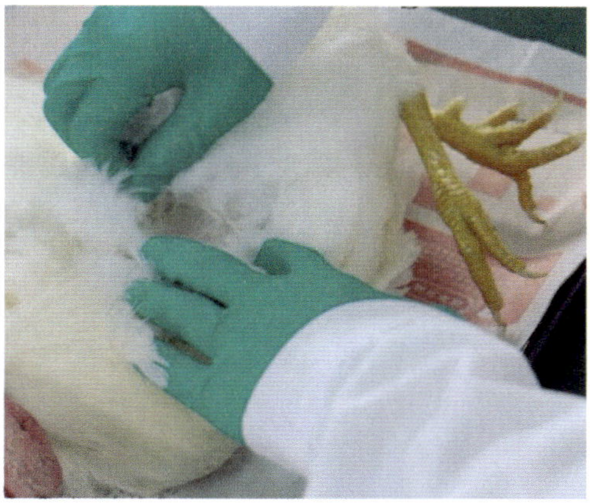

图 3-86 局部拔毛

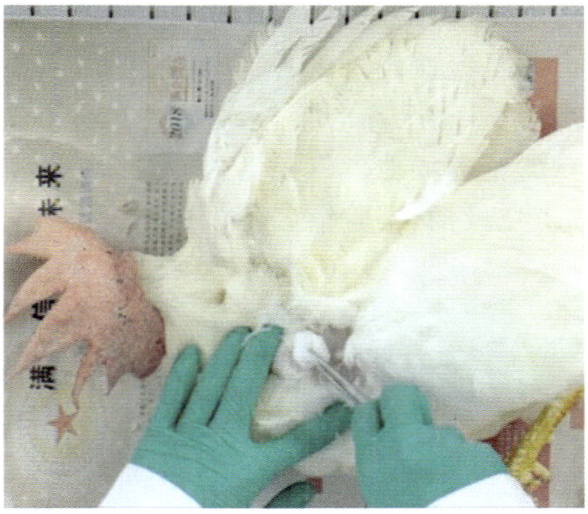

图 3-87 酒精棉消毒

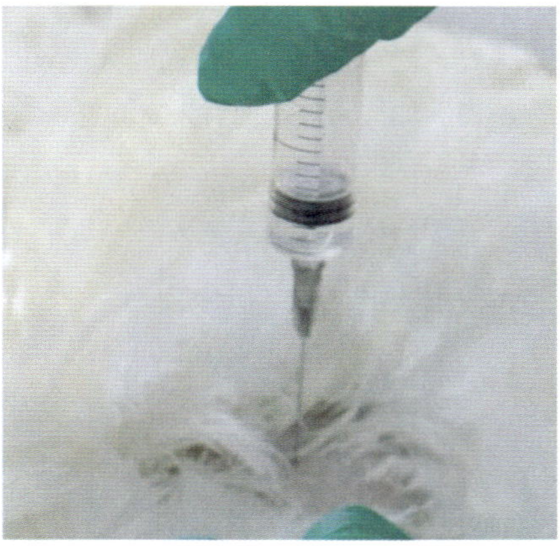

图 3-88 注射器垂直进针

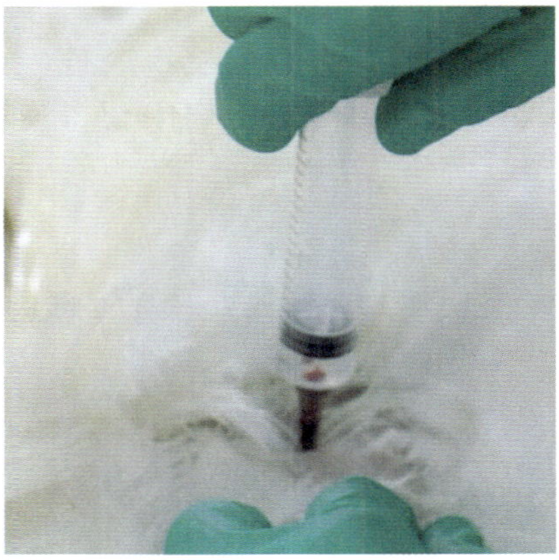

图 3-89 有回血

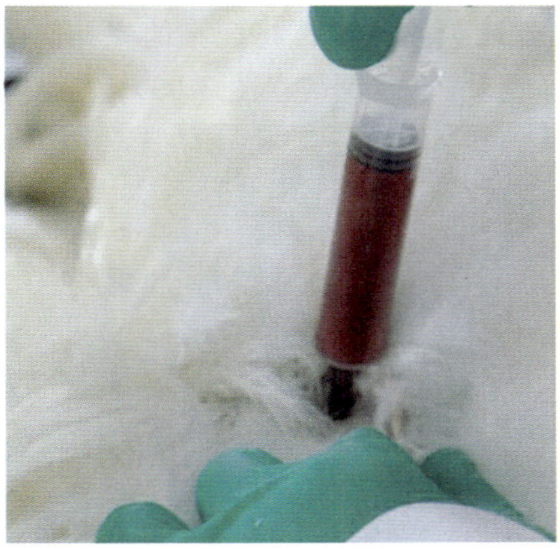

图 3-90 抽取 10 mL 血液

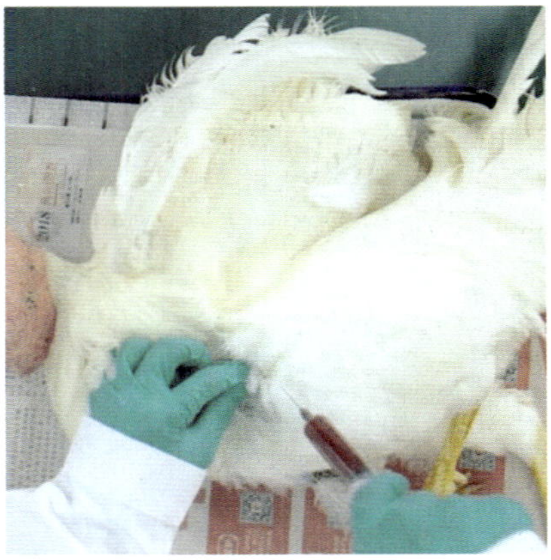

图 3-91 干棉球按压止血

(5)抗凝血处理。脱下脏手套，换上新手套。拿取注射器，拧下针帽，放入利器盒(图 3-92)。将抗凝血倒入离心管内，并用推杆将剩余的血液全部打入离心管(图 3-93)，将采血器放入废料缸。盖上离心管盖，将离心管放在离心管架上。

(6)整理场地。将托盘内的报纸、废料倒入垃圾桶，整理实验用品，收拾实验台面，脱下手套放入垃圾桶，实验结束。

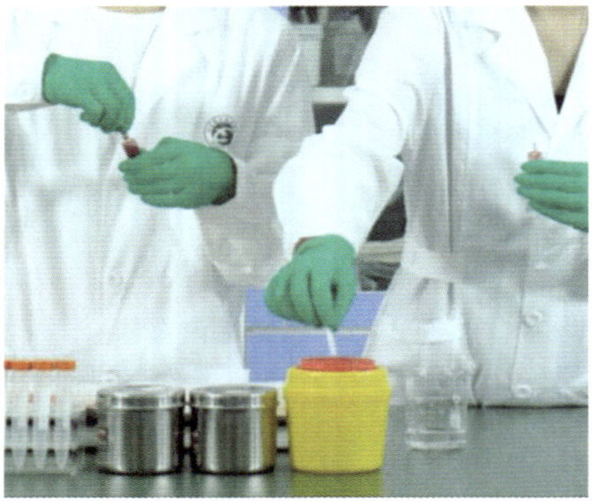

图 3-92 针帽放入利器盒

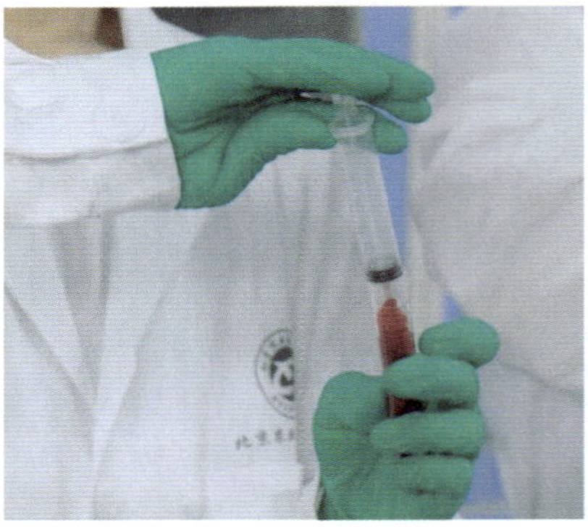

图 3-93 血液全部打入离心管

# 第三节 1%红细胞悬液的制备

## 一、实验准备

(1)调平天平。观察游码是否在零刻度处(图 3-94)，如果不是，请调至零刻度处。取下橡胶垫圈(图 3-95)放在桌面上，将托盘放置左右两侧(图 3-96)，调节左右平衡螺母，调节的原则是哪端高向哪个方向调，使指针指在分度盘的中央处，这时天平平衡。将配平的烧杯同时放在左右托盘上(图 3-97)，再调节左右平衡螺母(图 3-98)，使天平重新平衡(图 3-99)。

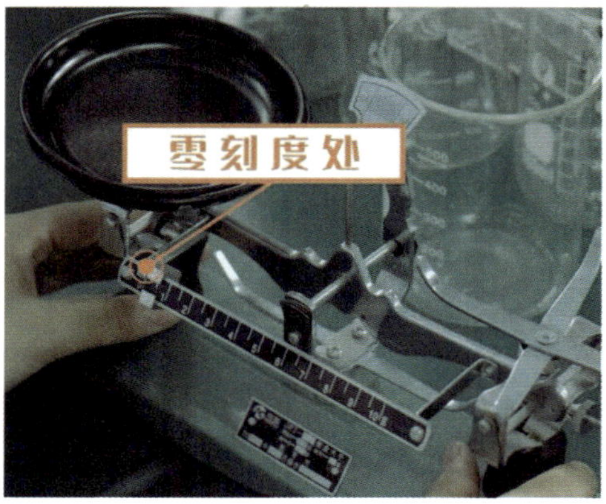


图 3-94 游码是否在零刻度处

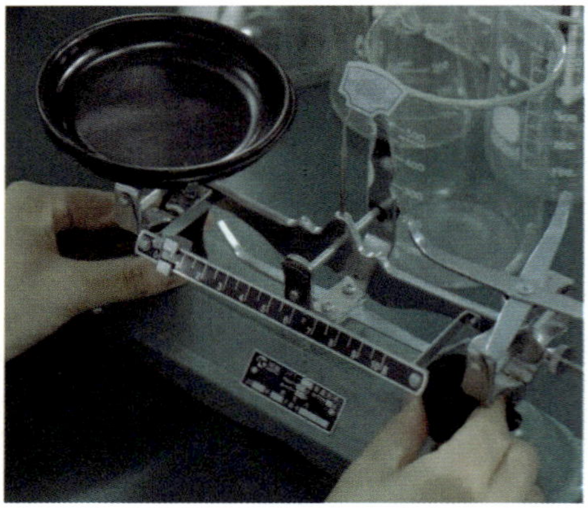

图 3-95 取下橡胶垫圈

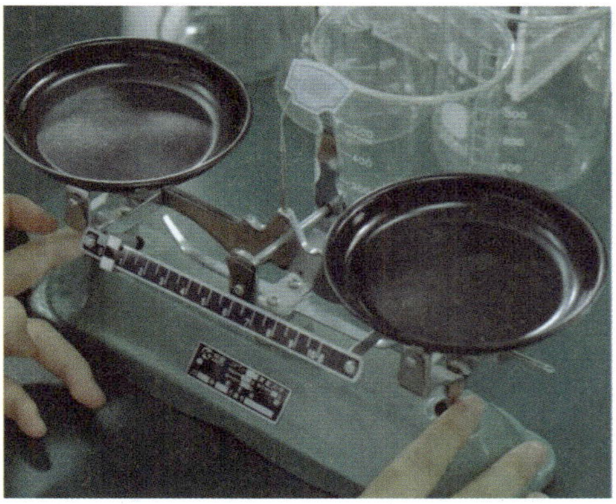

图 3-96　托盘放置左、右两侧

图 3-97　烧杯同时放在左、右托盘上

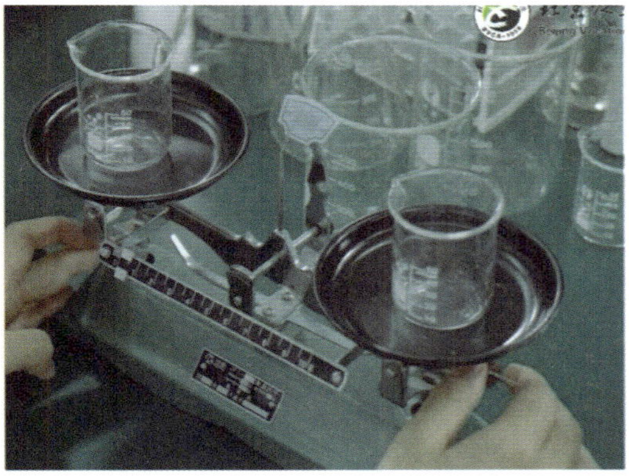

图 3-98　调节左右平衡螺母

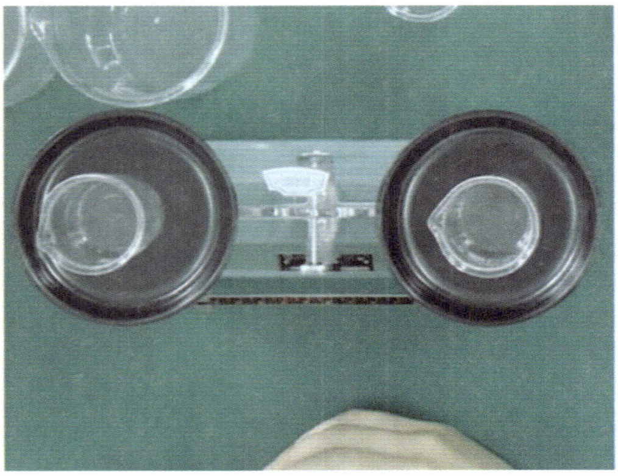

图 3-99　使天平重新平衡

(2)准备生理盐水。在烧杯中加入生理盐水(图 3-100),体积为 1/3～1/2,放回生理盐水瓶。

(3)准备离心机。插上离心机电源插座(图 3-101),打开电源开关(图 3-102)。

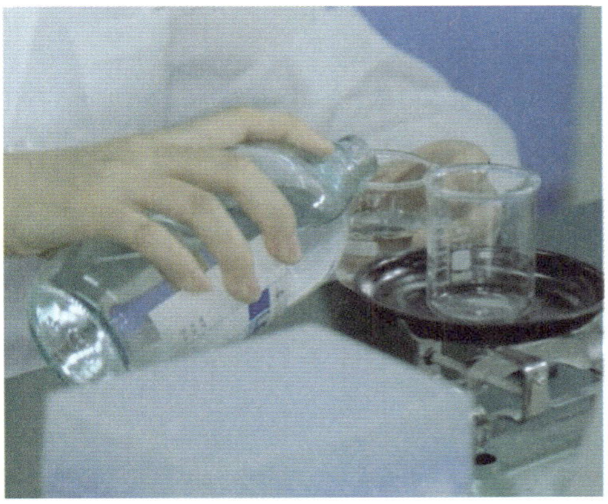

图 3-100　烧杯中加入生理盐水

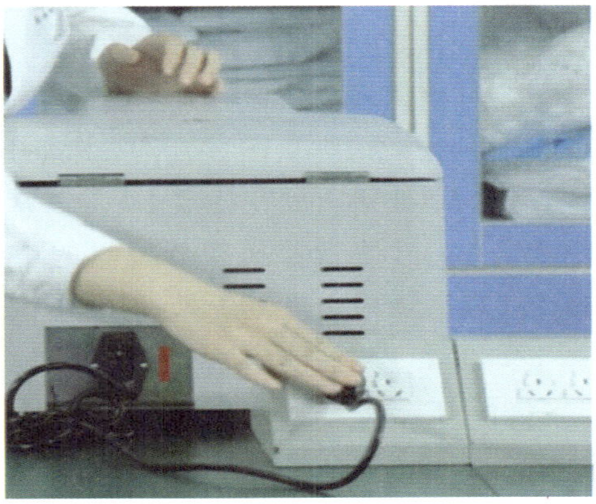

图 3-101　插上离心机电源插座

(4)准备离心管套。打开离心机，从离心机中对称拿出离心管套(图 3-103)，盖上离心机(图 3-104)，将离心管套分别放入配平的两个烧杯中(图 3-105)。

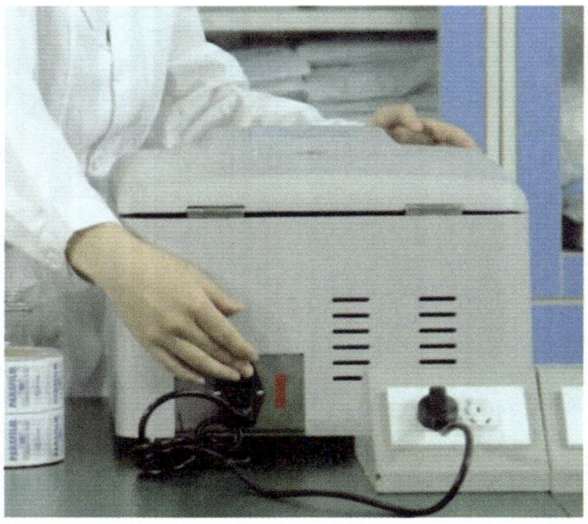


图 3-102　打开电源开关

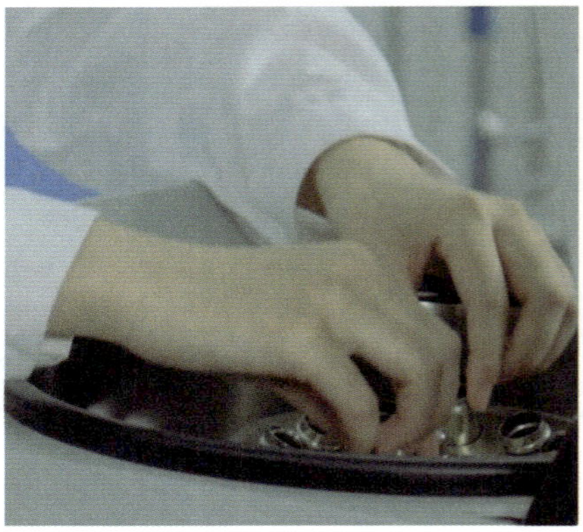

图 3-103　对称拿出离心管套

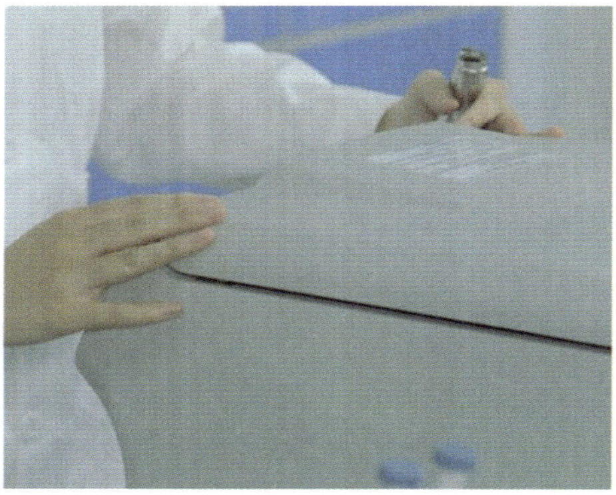

图 3-104　盖上离心机

图 3-105　离心管套放入烧杯中

## 二、洗涤红细胞

(1)第一次离心。拿取装有鸡翅静脉血的两支离心管(图 3-106)，将两支离心管同时放入托盘天平的左右管套中(图 3-107)，观察托盘天平是否平衡，如果不平衡，拧开高的一端的离心管管盖(图 3-108)，放在托盘上(图 3-109)，拿取 1 mL 移液器，往离心管中加入数滴生理盐水(图 3-110)，使指针指在分度盘的中央处，这时天平平衡。操作者盖上离心管的盖子(图 3-111)，打开离心机盖子，同时拿取左右两侧的离心管和套管，将套管对称放入离心机中(图 3-112)。盖上离心机盖，设置转速 2 000 r/m，时间 5 min(图 3-113)，启动离心机，进行第一次离心。

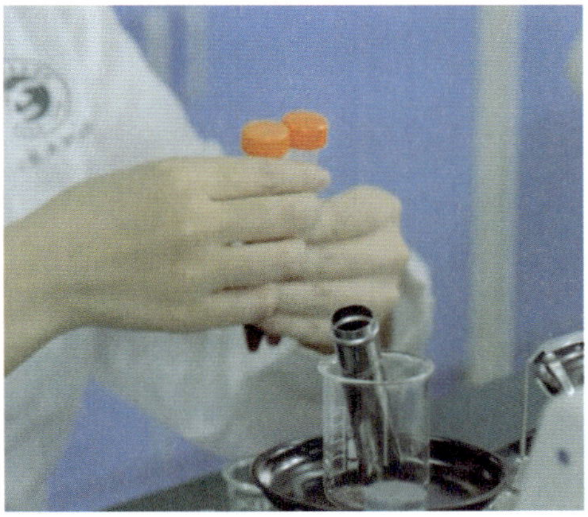

图 3-106　拿取两支离心管

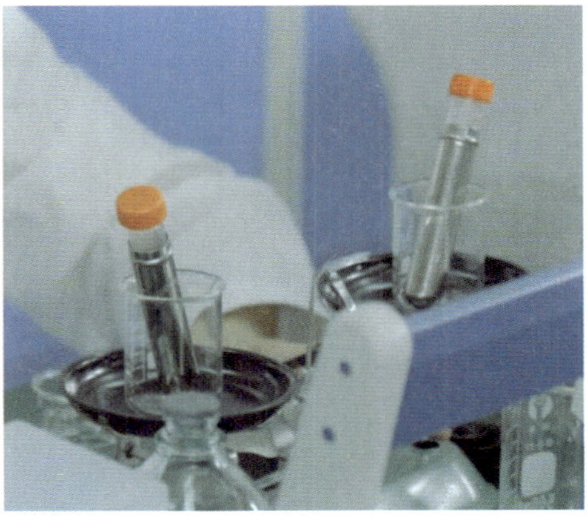

图 3-107　放入天平左、右管套中

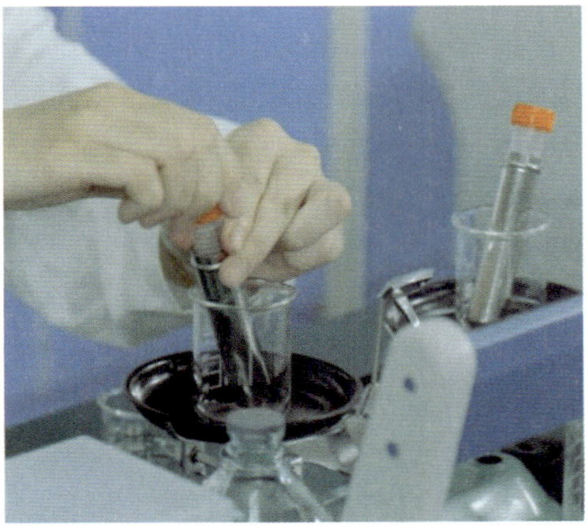

图 3-108　拧开高的一端的离心管管盖

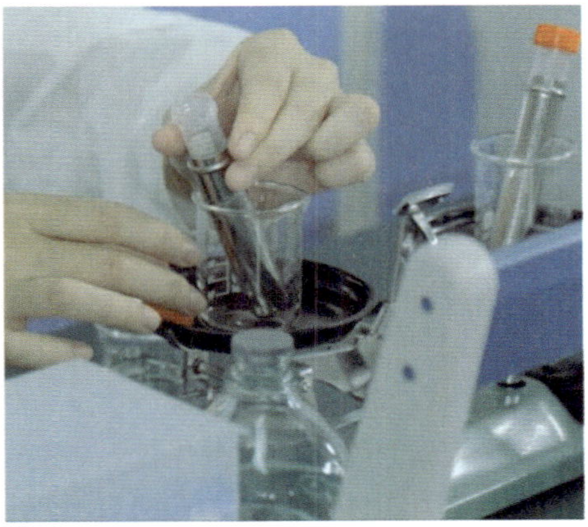

图 3-109　管盖放在托盘上

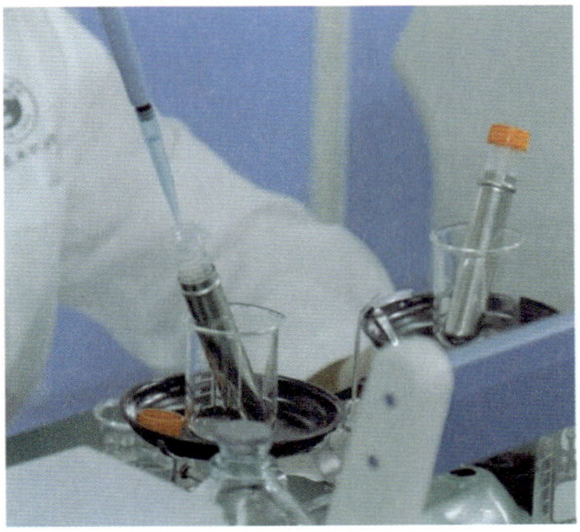

图 3-110　离心管中加入数滴生理盐水

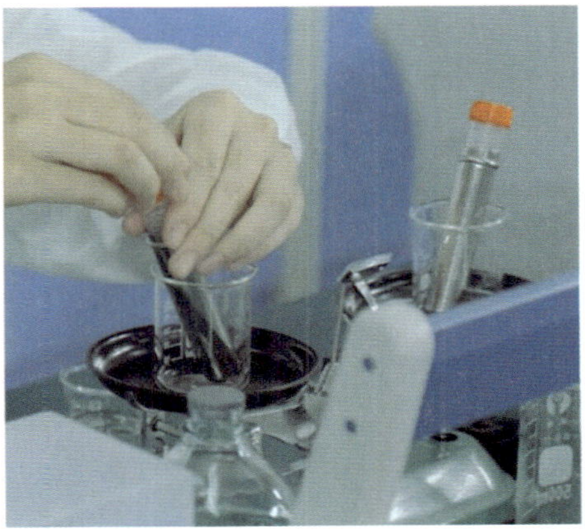

图 3-111　盖上离心管的盖子

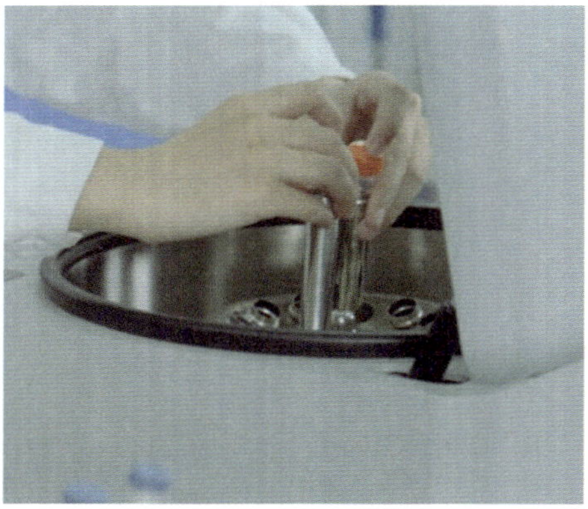

图 3-112　套管对称放入离心机中

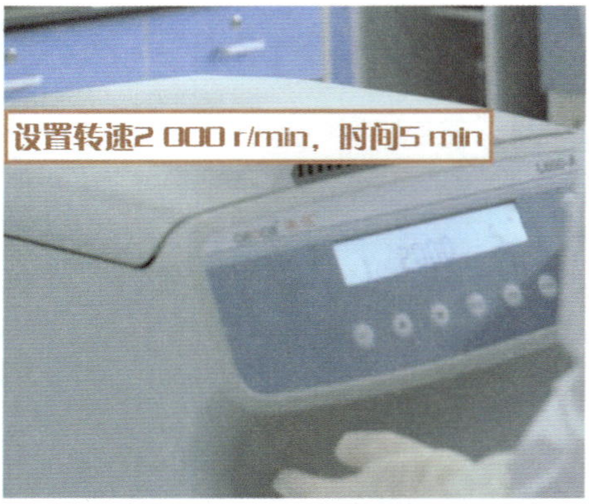


图 3-113　设置转速和时间

(2)第二次离心。第一次离心结束，打开离心机盖，对称取出离心套管(图 3-114)，将离心管套放于左右托盘上(图 3-115)。拿出一支离心管，观察离心后的结果(图 3-116)，血液经第一次离心后，红细胞沉在管底，上部为上清液，中间层为白细胞及其他物质。拧开离心管的盖子(图 3-117)，盖子内面朝上放于桌上(图 3-118)。用 10 mL 移液器吸取上部的血浆，留下 1 mL 左右的液体(图 3-119)，将吸出来的液体打入废液缸，弃掉吸头。再用 1 mL 的移液器吸取中间的白细胞层(图 3-120)，并吸取剩下的血浆(图 3-121)，将吸出来的液体打入废液缸，弃掉吸头。换新吸头吸取 1 mL 生理盐水加入离心管中(图 3-122)，并将红细胞充分混匀(图 3-123)后弃掉吸头，用 10 mL 移液器吸取生理盐水加入至离心管中，使液面达到 11 mL 刻度处(图 3-124)，盖上离心管盖子，放于离心套管内。用同样的方法处理另一支离心管，处理完毕后放入离心管套中，盖子放在托盘上(图 3-125)，观察托盘天平是否平衡，如果不平衡，往离心管中加入数滴生理盐水(图 3-126)，使指针指在分度盘的中央处，这时天平平衡。操作者盖上离心管的盖子(图 3-127)，同时拿取左右两侧的离心管和套管，打开离心机盖子，将套管对称放入离心机中(图 3-128)。盖上离心机盖，设置转速 2 000 r/min，时间 5 min(图 3-129)，启动离心机，进行第二次离心。

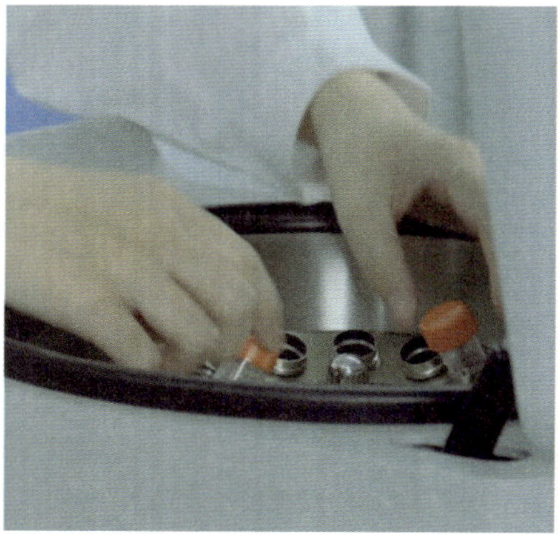

图 3-114　对称取出离心套管

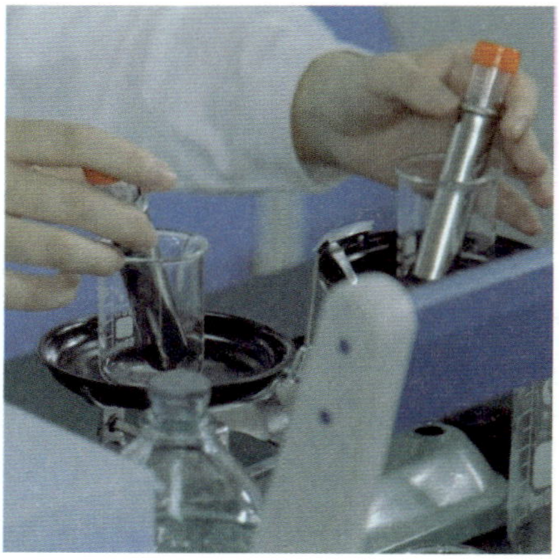

图 3-115　放于左、右托盘上

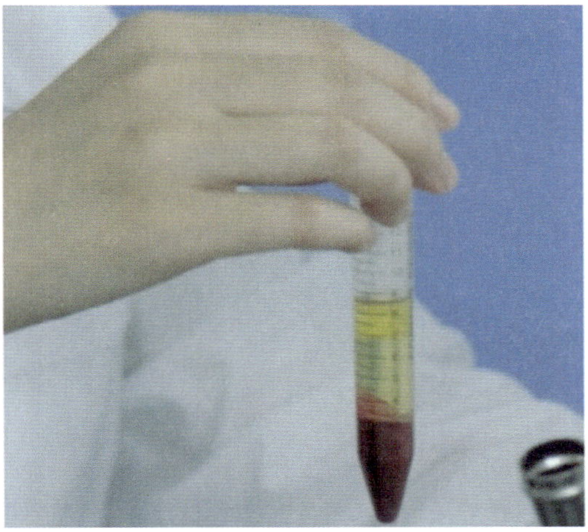

图 3-116　离心后的结果

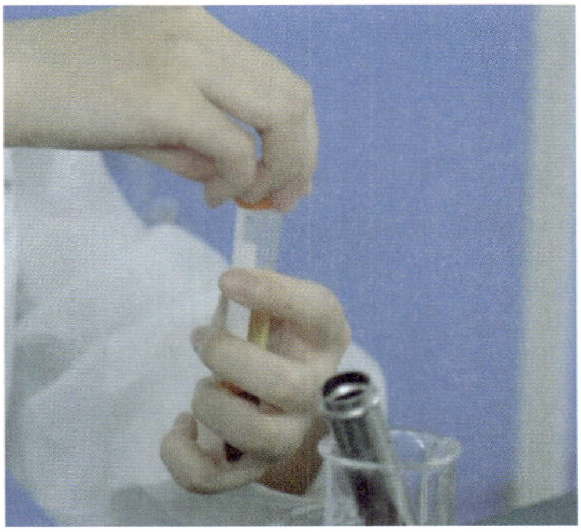

图 3-117　拧开离心管的盖子

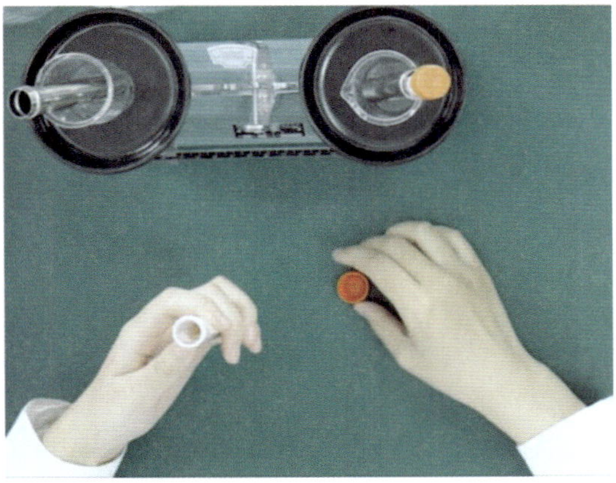

图 3-118　盖子内面朝上放在桌上

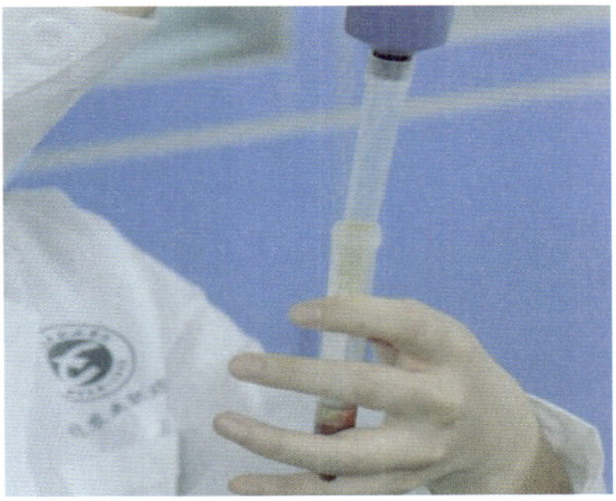

图 3-119　留下 1 mL 左右的液体

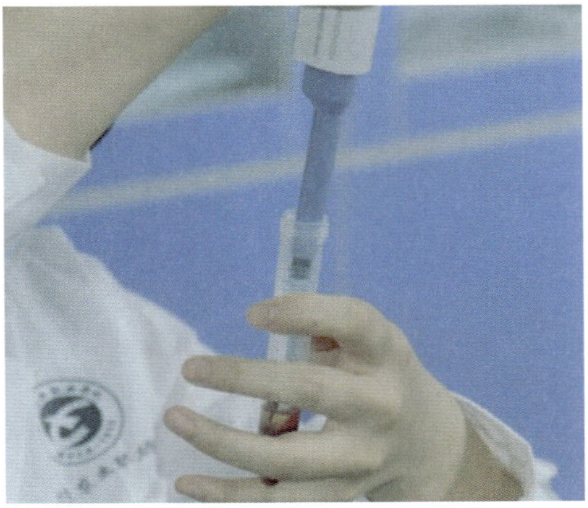

图 3-120　吸取中间的白细胞层

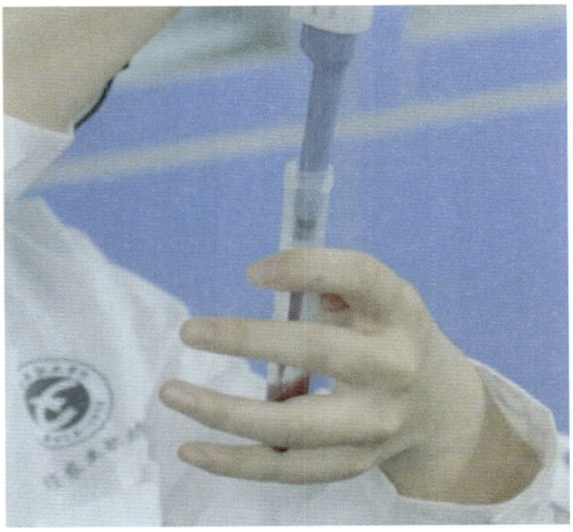

图 3-121　吸取剩下的血浆

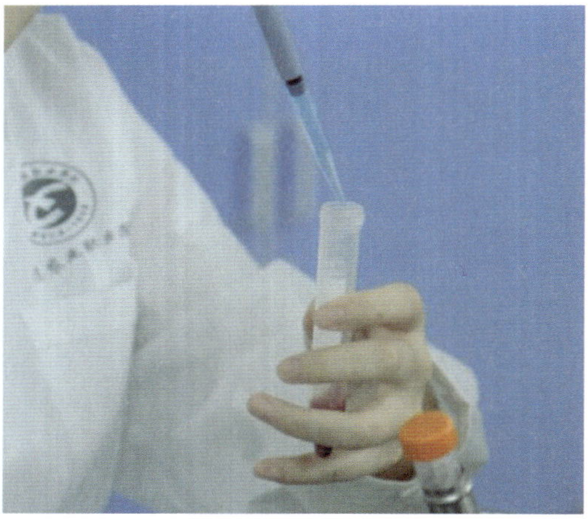

图 3-122 吸取生理盐水加入离心管中

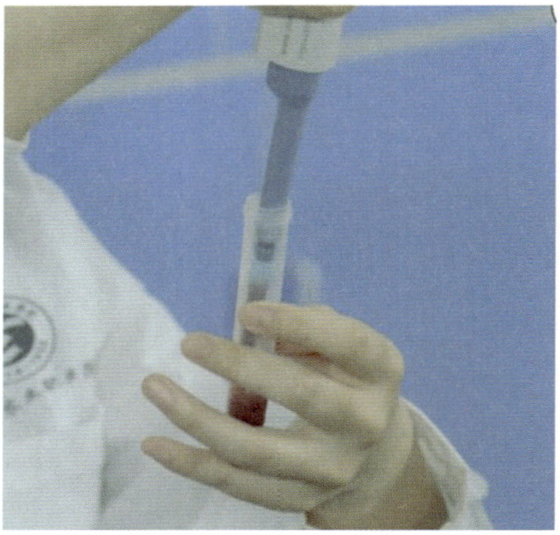

图 3-123 将红细胞充分混匀

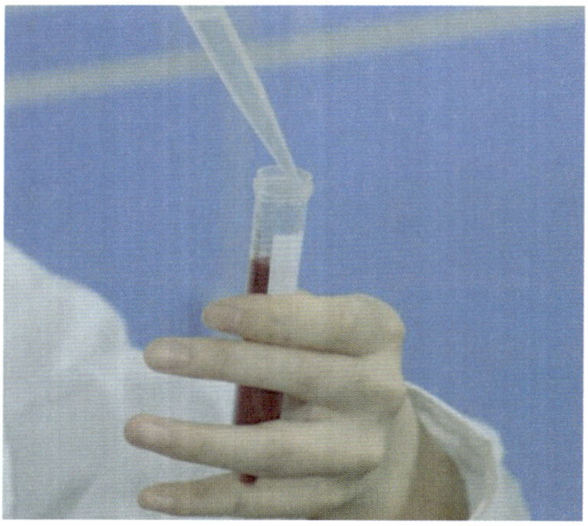

图 3-124 液面达到 11 mL 刻度处

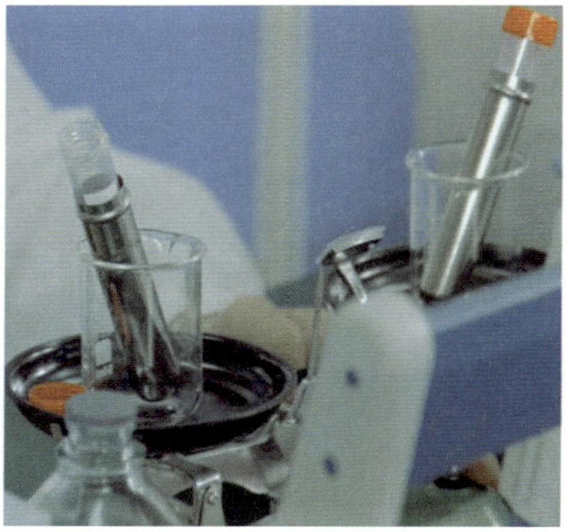

图 3-125 盖子放在托盘上

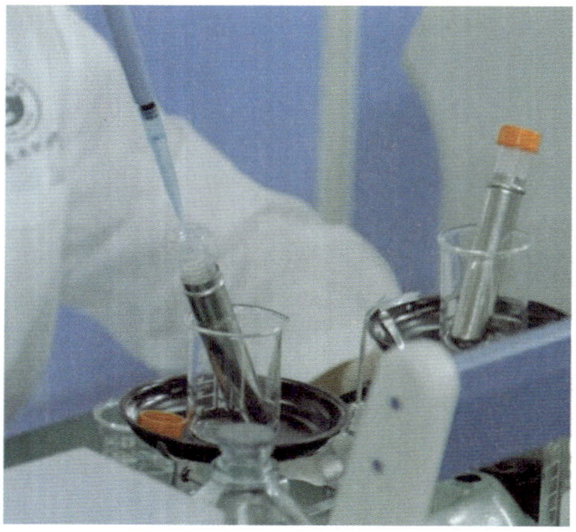

图 3-126 离心管中加入数滴生理盐水

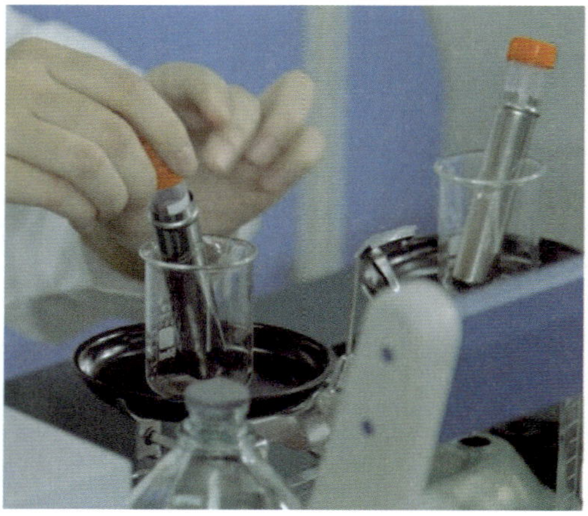

图 3-127 盖上离心管的盖子

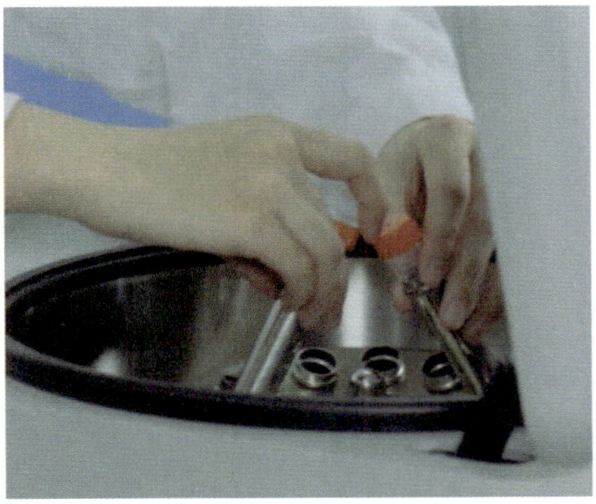

图 3-128　套管对称放入离心机中

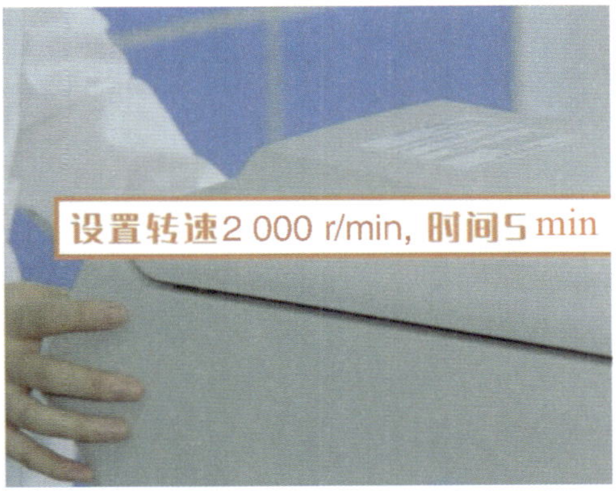


图 3-129　设置转速和时间

(3)第三次离心。第二次离心结束(图3-130)，按第一离心后的处理方法吸取红细胞的上清液及白细胞层，重新冲洗、混匀、加入生理盐水配平后，设置转速 2 000 r/min，时间10 min，启动离心机，进行第三次离心(图3-131)。第三次离心结束(图 3-132)，按照前面的方法处理上清液和白细胞层，管底剩余压实的红细胞泥。

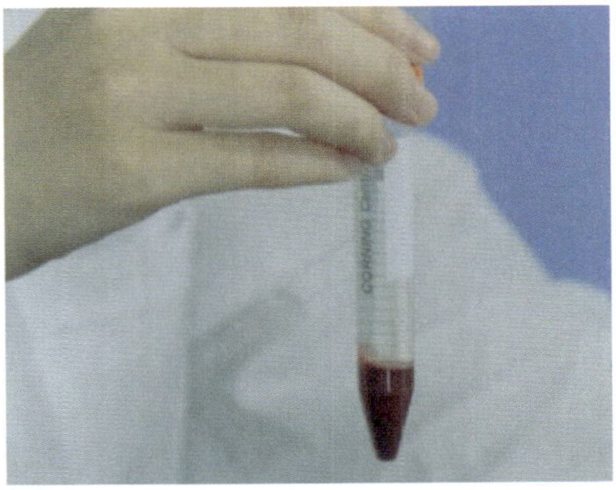

图 3-130　第二次离心结束

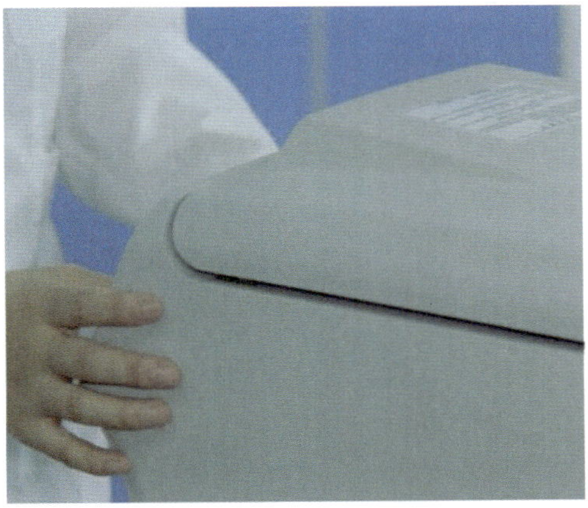

图 3-131　第三次离心

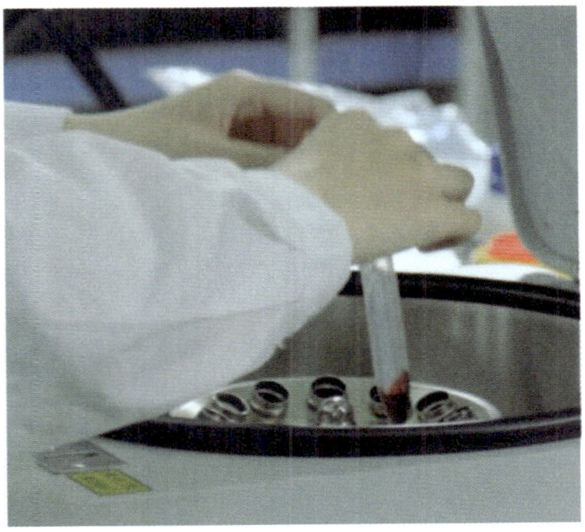

图 3-132　第三次离心结束

## 三、配制1%红细胞悬液

用量筒量取100 mL生理盐水（图3-133），加入三角瓶中（图3-134），用1 mL移液器吸走1 mL生理盐水（图3-135），再用1 mL移液器吸取1 mL红细胞泥（图3-136）加入生理盐水中（图3-137），并充分混匀（图3-138），即1%红细胞悬液（图3-139）。剪大小合适的封口膜（图3-140），将三角瓶口用封口膜封好（图3-141），写上组号（图3-142）。

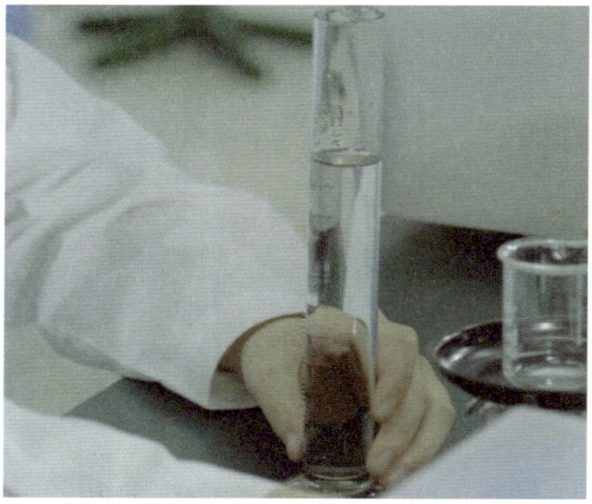

图3-133 量取生理盐水

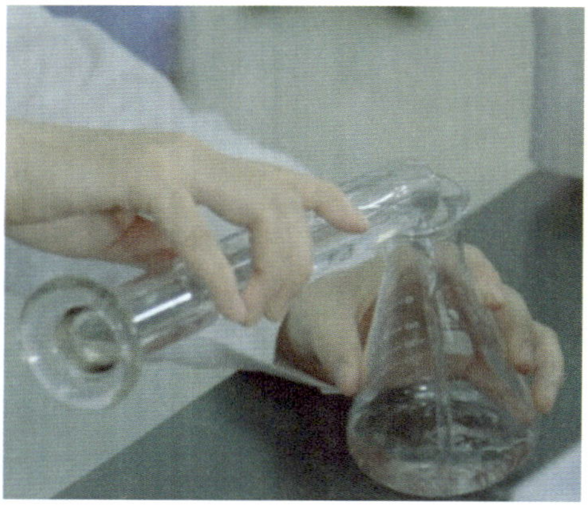

图3-134 加入三角瓶中

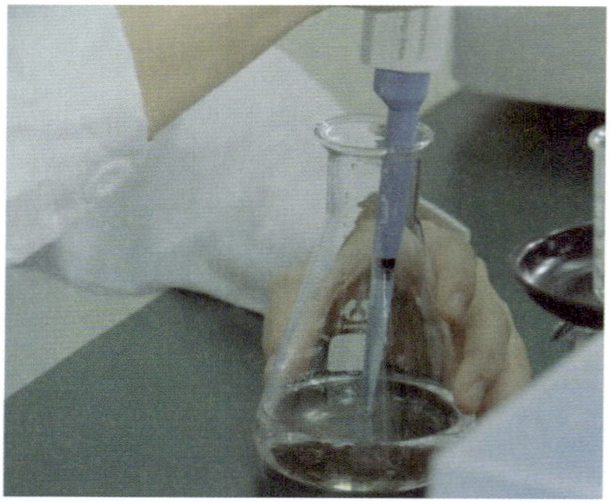

图3-135 吸走1 mL生理盐水

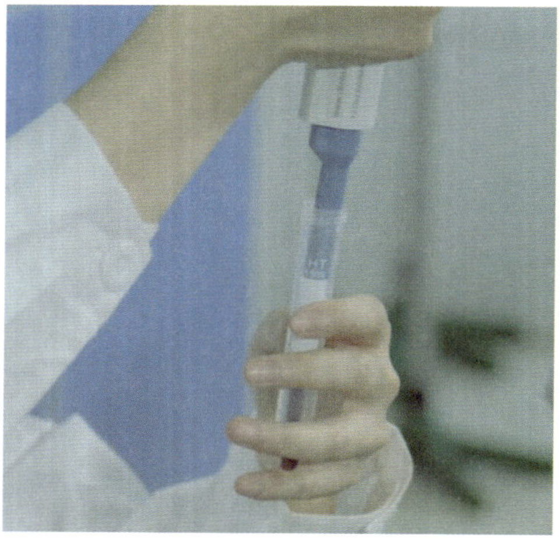

图3-136 吸取1 mL红细胞泥

图3-137 加入生理盐水中

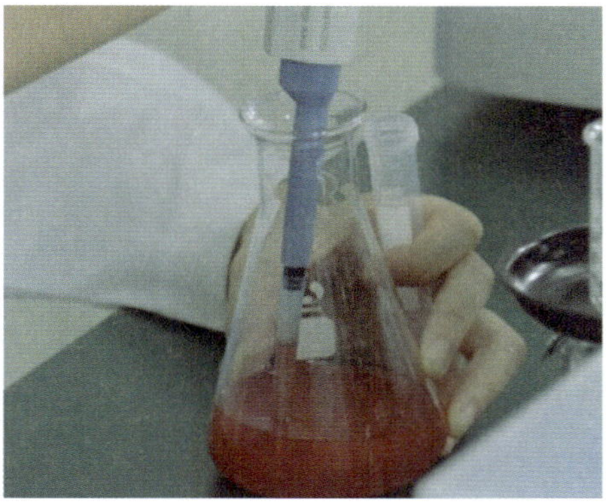

图 3-138　充分混匀

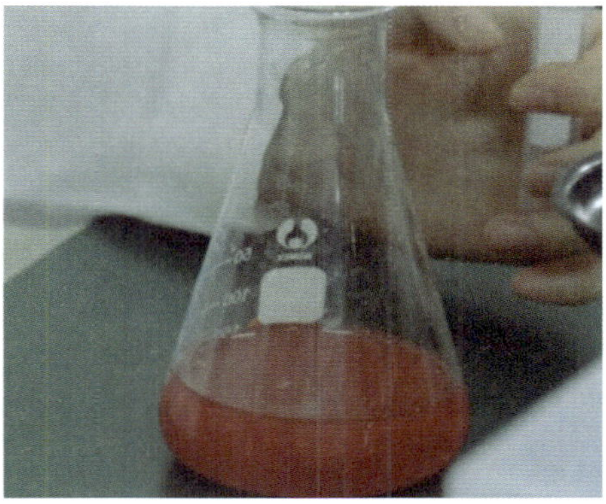

图 3-139　1%红细胞悬液

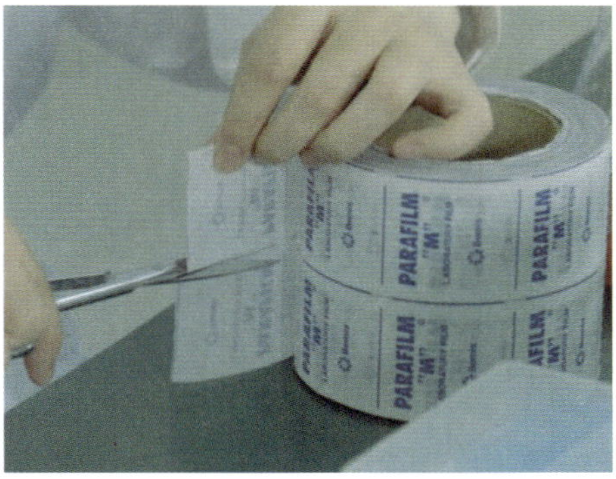


图 3-140　剪一封口膜

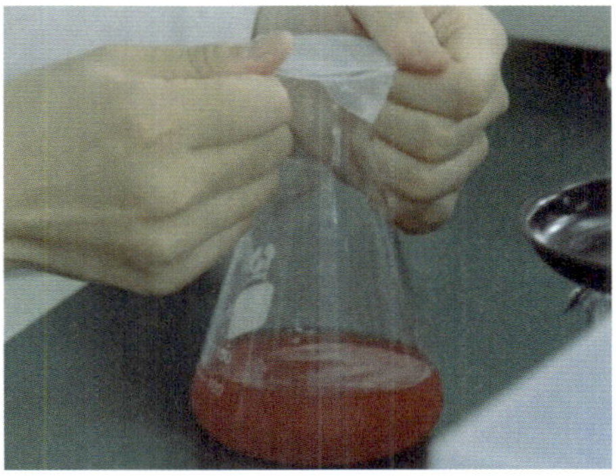

图 3-141　用封口膜封好

## 四、整理实验器材

将托盘天平装上橡胶垫圈，两个托盘放于左侧(图 3-143)。将移液器逆时针调至最大量程，垂直悬挂在移液器架上。生理盐水倒入废液缸，废料缸中的废料、口罩、手套及其他废料放入医疗垃圾桶。关闭离心机电源开关，拔掉电源插座。红细胞悬液放入冰箱。刷洗烧杯，刷洗后放入托盘。将所有物品都放回托盘，用抹布擦拭干净实验台面，实验结束。

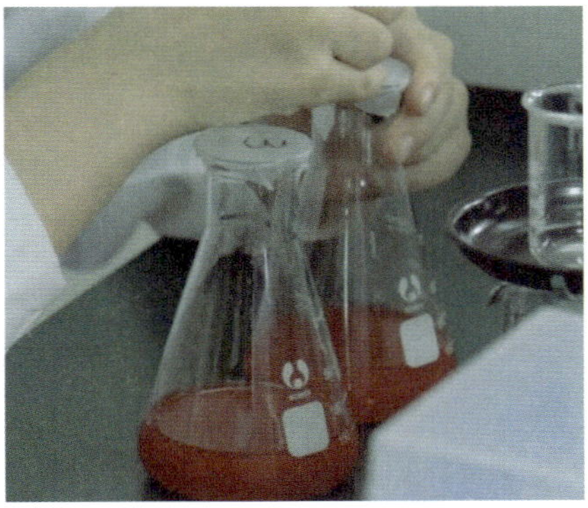

图 3-142　写上组号

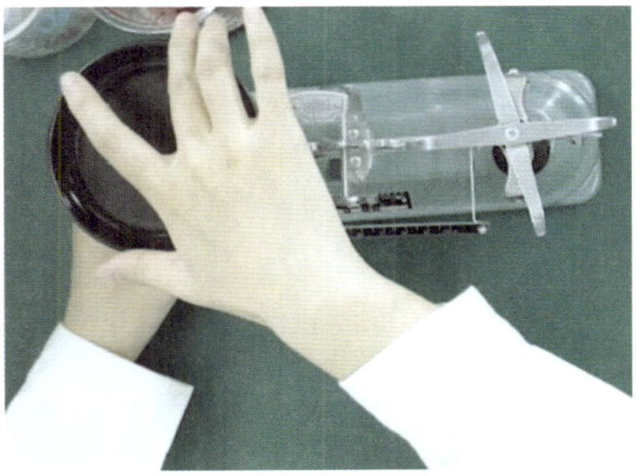

图 3-143　两个托盘放于左侧

# 第四节 血凝试验

## 一、实验准备

(1)准备生理盐水(图 3-144)。在烧杯中加入生理盐水,体积为 1/3～1/2,放回生理盐水瓶。

(2)准备 1%红细胞悬液。1%红细胞悬液在储存过程中红细胞会自然下沉,所以在使用前必须摇匀,然后再倒入小烧杯中(图 3-145)。

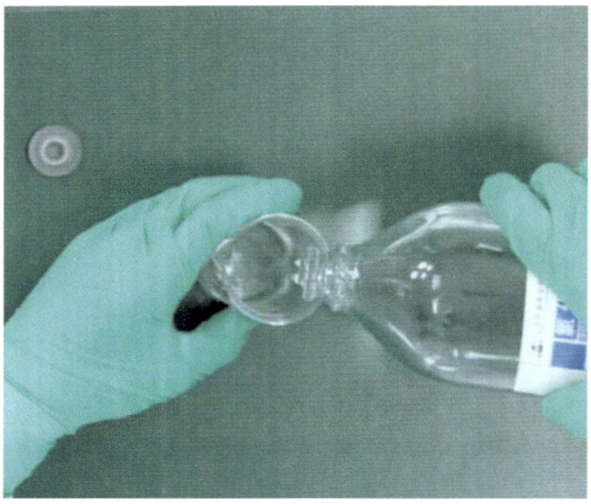

图 3-144 准备生理盐水

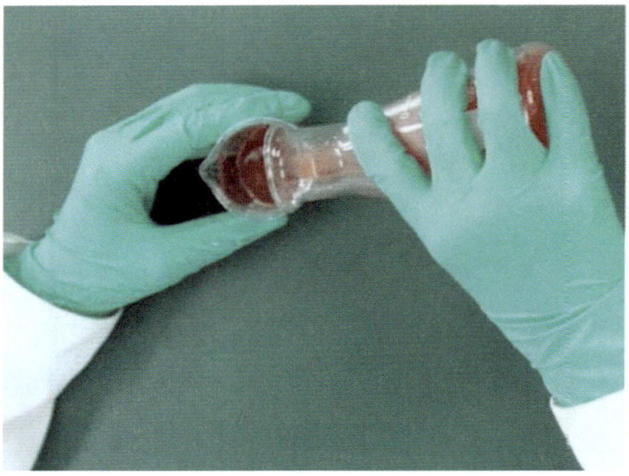

图 3-145 将红细胞悬液倒入小烧杯中

(3)准备实验材料。拿取一块一次性血凝反应板,在反应板上标记 HA,标记 1、2、3 排,并标记 1～12 孔号和学号(图 3-146)。拿取生理盐水、红细胞、吸头盒(图 3-147)。

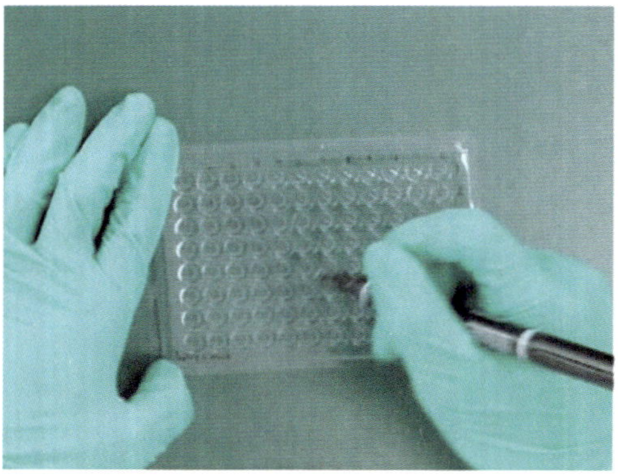

图 3-146 标记反应板

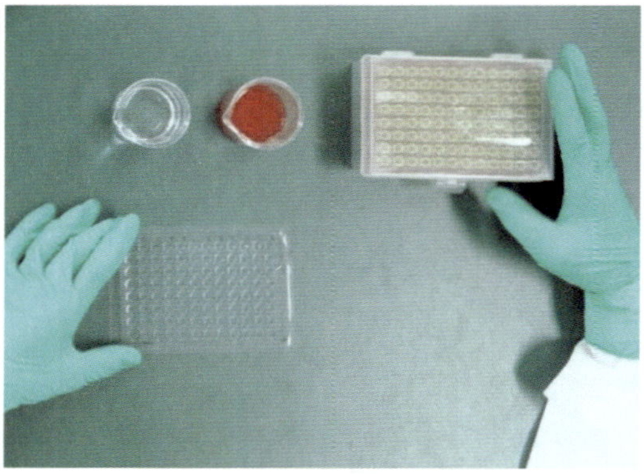

图 3-147 准备实验材料

## 二、血凝实验操作过程

(1)加生理盐水。拿取 5～50 μL 微量移液器,顺时针调整移液器量程至 25 μL,安装吸头,润洗三遍后吸取生理盐水(图 3-148),用移液器在 96 孔 V 形血凝反应板上,向前三排的 1～12 孔每孔贴壁加入 25 μL 的生理盐水(图 3-149、图 3-150)。加样完毕,卸掉吸头。

(2)稀释抗原。安装新吸头,润洗 3 遍后,吸取 25 μL 的抗原悬液(图 3-151)加入第一排的第 1 孔中(图 3-152),吹打 5 次充分混匀。从第 1 孔中移出 25 μL 的混合液至第 2 孔中吹打混匀后移出 25 μL 液体至第 3 孔,依此类推,倍比稀释到第 11 孔(图 3-153),并从第 11 孔中弃去 25 μL 悬液,第 12 孔做生理盐水对照孔,不加抗原。稀释完毕,卸掉吸头,重新安装新的吸头,用同样的方法进行第二排(图 3-154)和第三排抗原的稀释,每排都需要换吸头。稀释完毕,卸掉吸头。

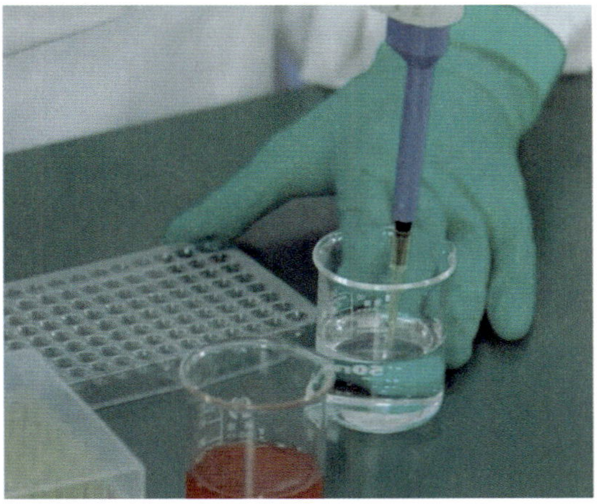

图 3-148 吸取生理盐水

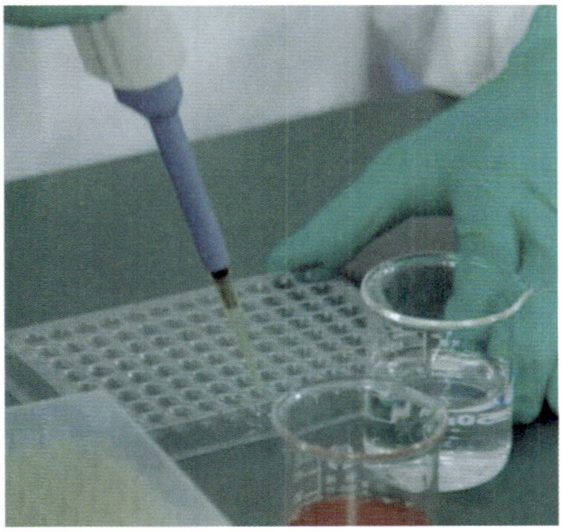

图 3-149 贴壁加入生理盐水 1

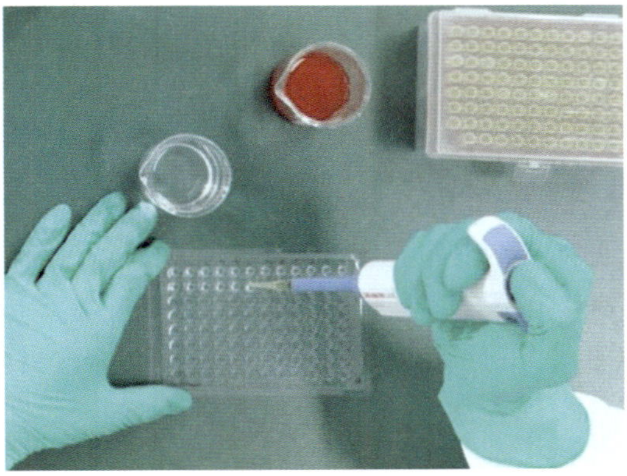

图 3-150 贴壁加入生理盐水 2

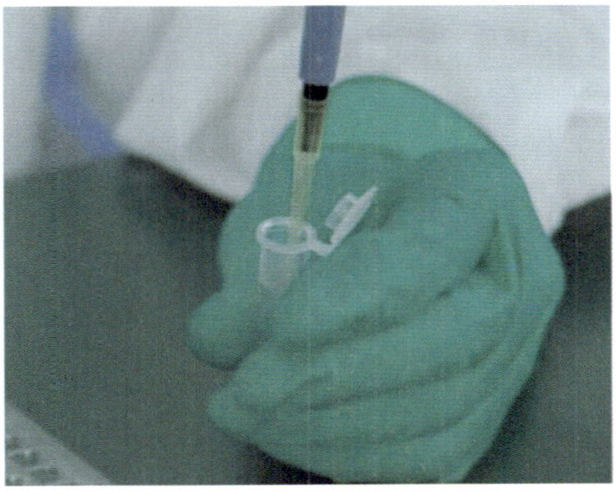

图 3-151 吸取抗原悬液

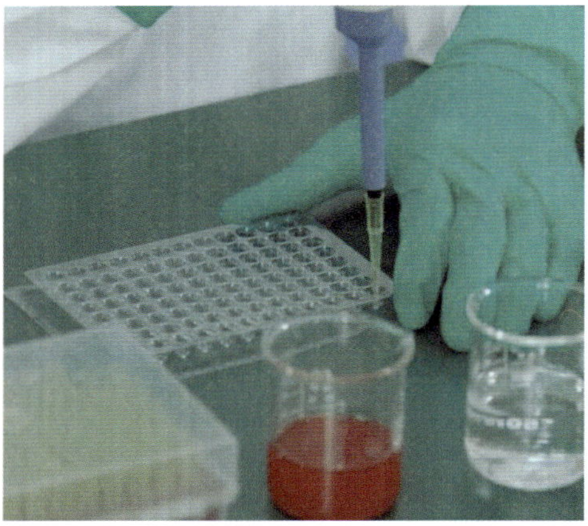

图 3-152　加入第一排的第 1 孔中

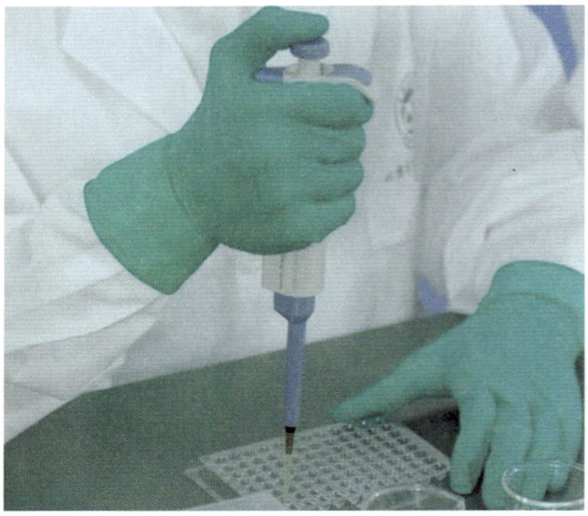

图 3-153　倍比稀释到第 11 孔

(3)补加生理盐水。安装新吸头，润洗 3 遍后，垂直吸取生理盐水(图 3-155)，向前三排的第 1～12 孔每孔悬滴加入(图 3-156)25 $\mu$L 的生理盐水，从低浓度向高浓度依次滴加。补加完毕，卸掉吸头。

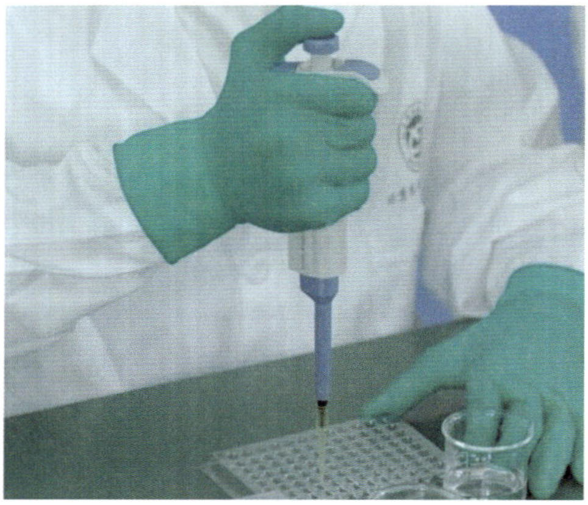

图 3-154　稀释第二排抗原

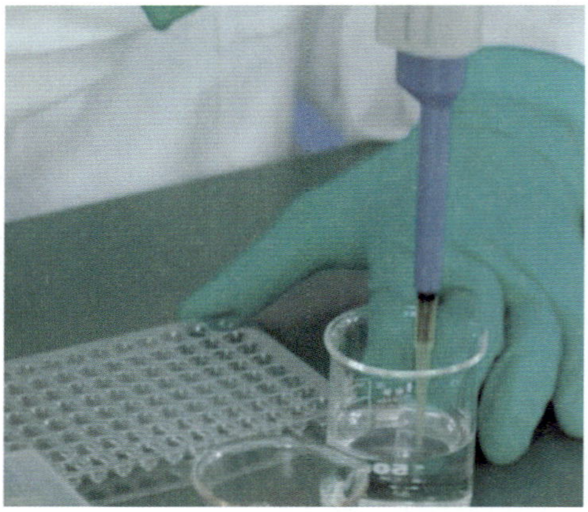

图 3-155　垂直吸取生理盐水

(4)加 1%红细胞悬液。摇匀红细胞悬液，安装新吸头，润洗 3 遍后，垂直吸取(图 3-157)，向前三排的第 1～12 孔每孔悬滴加入 25 $\mu$L 摇匀的 1%红细胞悬液，从低浓度向高浓度依次滴加(图 3-158)，边摇边加。滴加完毕，卸掉吸头，将移液器垂直悬挂在移液器架上。

(5)振荡。将反应板在实验台上顺时针画圈振荡 1 min。振荡完毕，在反应板上标注当前时间，将反应板平稳放置在实验台上，室温(20～25 ℃)静置 30 min(图 3-159)。

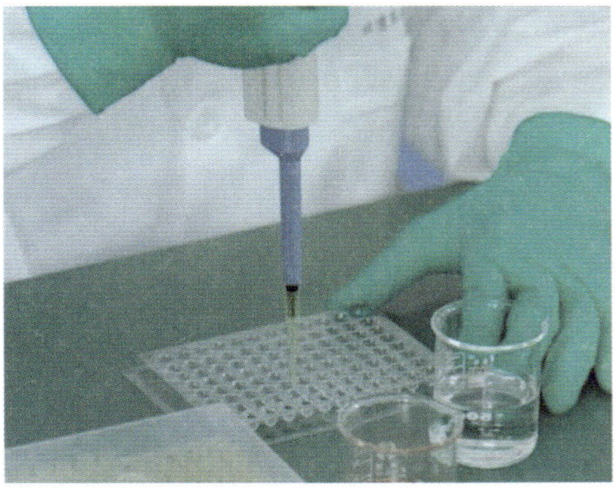

图 3-156　每孔悬滴加入生理盐水

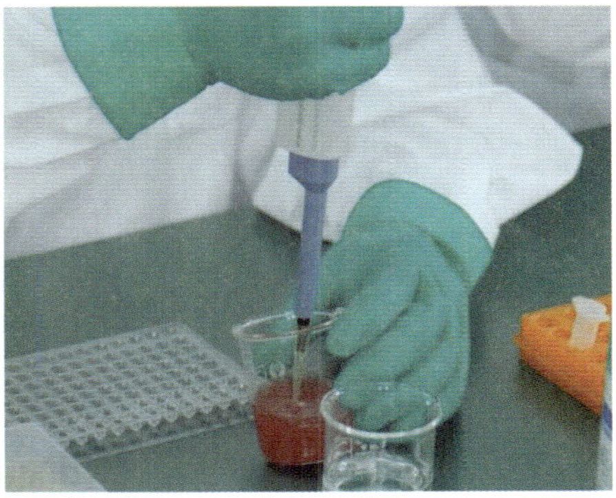

图 3-157　垂直吸取红细胞悬液

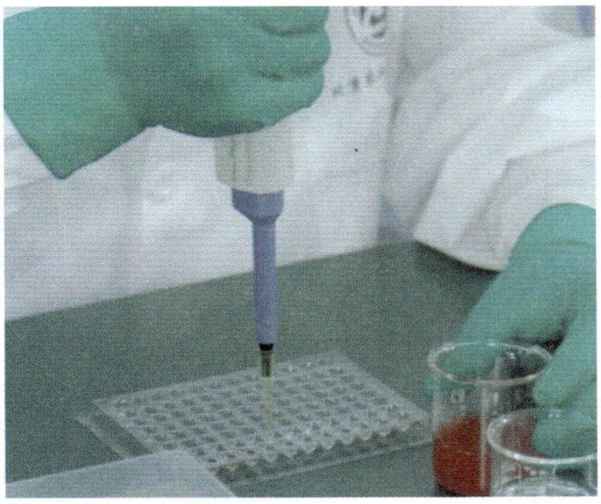

图 3-158　从低浓度向高浓度依次滴加

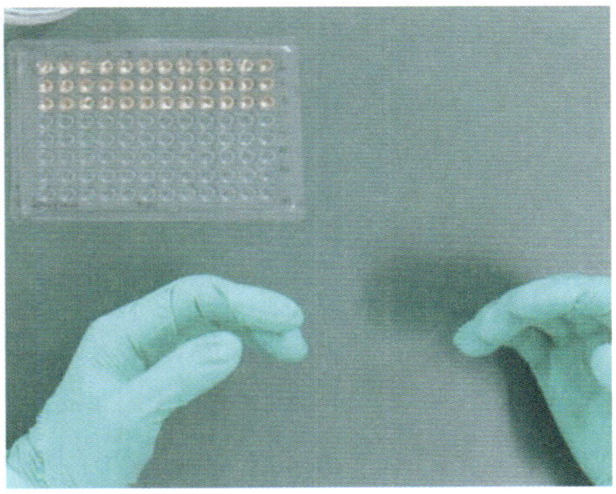

图 3-159　室温静置 30 min

(6)观察结果。30 min 后，观察生理盐水对照孔(第 12 孔)，当对照孔红细胞呈显著纽扣状时判定结果(图 3-160)。

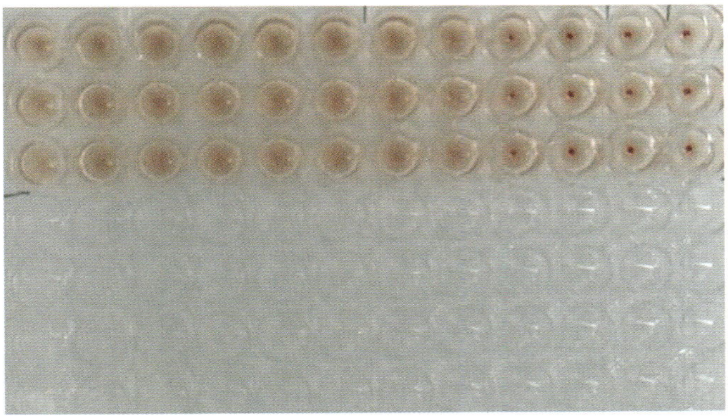

图 3-160　对照孔红细胞呈显著纽扣状时判定结果

(7)结果判定。在生理盐水对照孔出现正确结果的情况下，将反应板倾斜(图 3-161)，观察红细胞是否完全凝集，第 1 排的第 1 孔直到第 8 孔都完全凝集。以使 1%红细胞完全凝集的病毒最大稀释度为该抗原的血凝滴度或抗原的血凝效价，所以第 1 排抗原的血凝滴度为

8log2，第 2 排前八孔也完全凝集，第 2 排抗原的血凝滴度为 8log2，第 3 排前八孔完全凝集，第 3 排抗原的血凝滴度为 8log2，三排抗原效价一致，血凝滴度结果为 8log2（注：如果三排抗原效价不一致，计算三排抗原的平均值）。

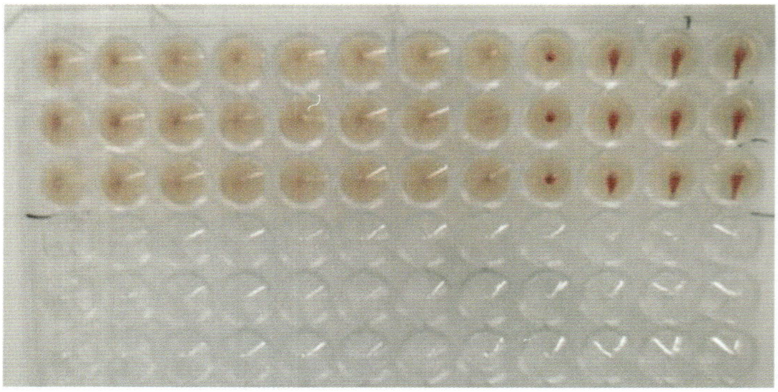

图 3-161　反应板倾斜结果

## 三、整理实验器材

将移液器逆时针调至最大量程（超过量程后调大 1/3 圈再回调至最大量程），垂直悬挂在移液器架上。生理盐水倒入废液缸，红细胞悬液摇匀后再倒回三角瓶，用封口膜封上，写上组号。废料缸中的废料及手套放入医疗垃圾桶，实验结束。

# 第五节　四单位毒的标定与配制

（1）HA 的判读结果为 8log2，则四单位毒为 6log2，稀释度为 1∶64，稀释倍数为 64 倍。

（2）取 96 孔 V 形血凝反应板，在第 1、3、5 排第 1 孔依次加入 20 μL（图 3-162），第 2～6 孔依次加入 20、30、40、50、60 μL 生理盐水（图 3-163）。

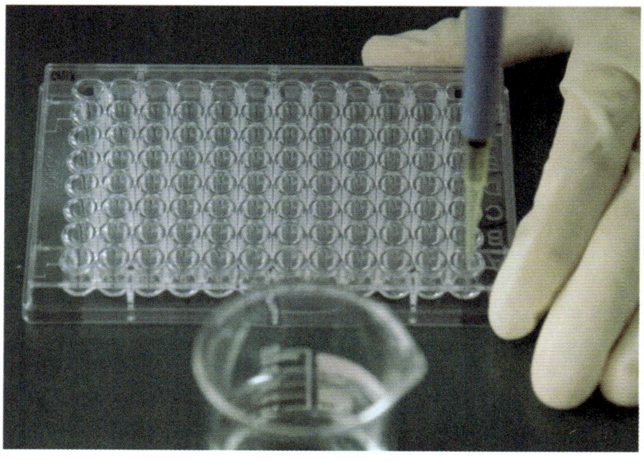

图 3-162　在第 1、3、5 排第 1 孔加入 20 μL 生理盐水

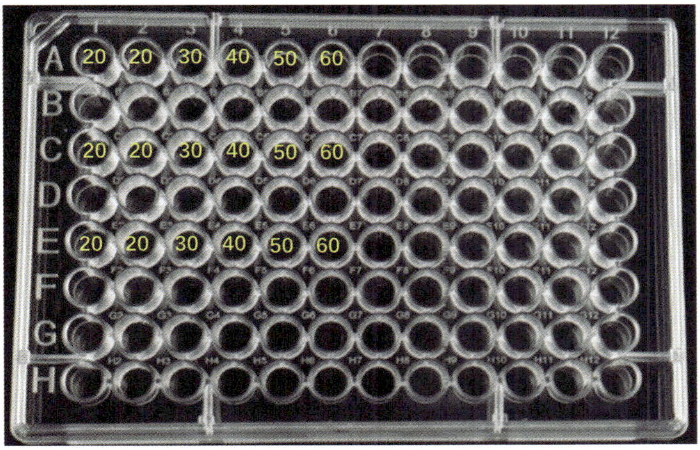


图 3-163　生理盐水加入示意图

(3)配制四单位病毒的小样。取指型管,在指型管中加入 0.63 mL 生理盐水(图 3-164),然后换吸头吸取 0.01 mL 抗原(图 3-165)加入指型管的生理盐水中(图 3-166),并充分吹吸混匀。

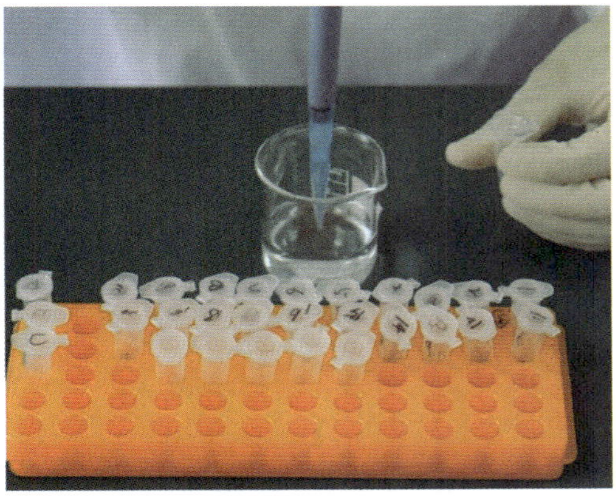

图 3-164　在指型管中加入生理盐水

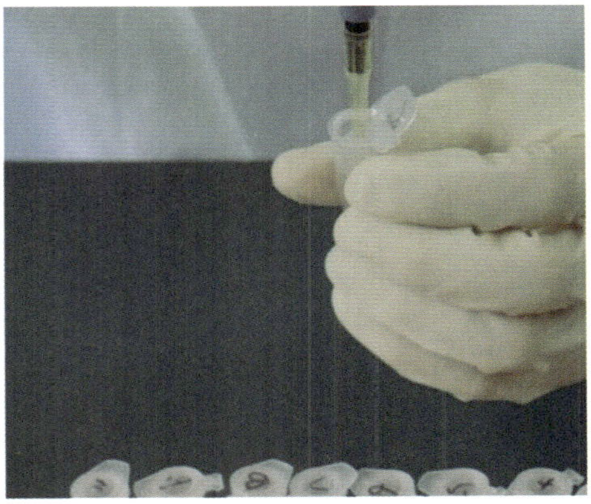

图 3-165　吸取 0.01 mL 抗原

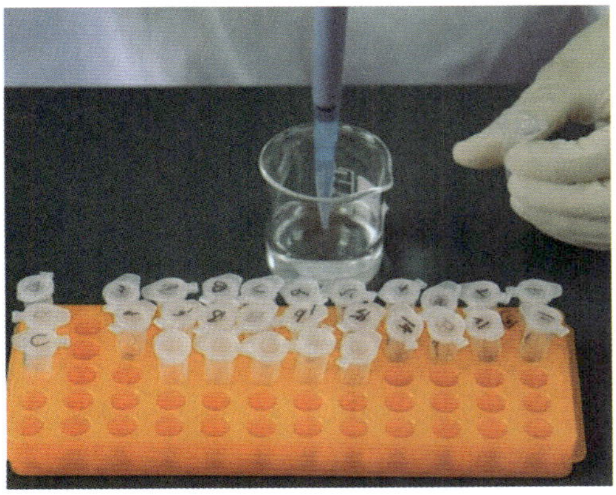

图 3-166　加入指型管的生理盐水中

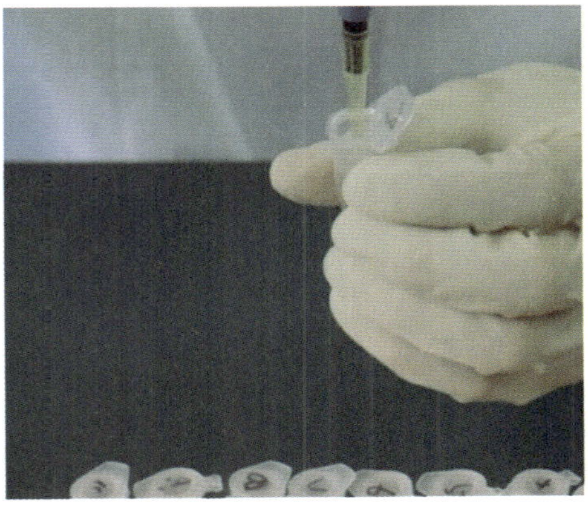

图 3-167　第 1 孔加入抗原

(4)在第 1、3、5 排第 1 孔加入 20 μL 4HAU 抗原(图 3-167),第 2～6 孔各加入 10 μL 4HAU 抗原(图 3-168)。

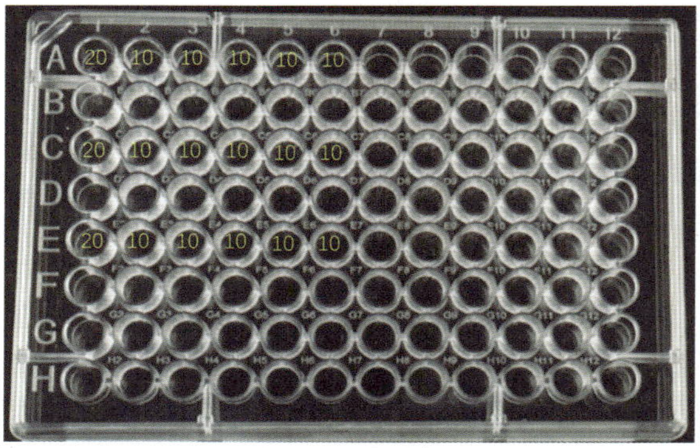


图 3-168　第 2～6 孔各加入 10 μL 4HAU 抗原

(5)把第 1、3、5 排的第 1～6 孔的抗原混匀(图 3-169)后各孔移出 25 μL,加至第 2、4、6 排相应孔中(图 3-170),操作示意图见图 3-171,此时第 2、4、6 排第 1～6 孔抗原稀释度依次为 1∶2、1∶3、1∶4、1∶5、1∶6 和 1∶7(图 3-172)。

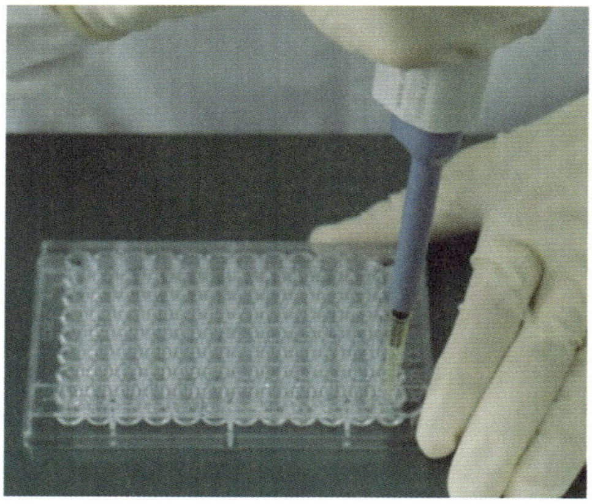

图 3-169　抗原混匀

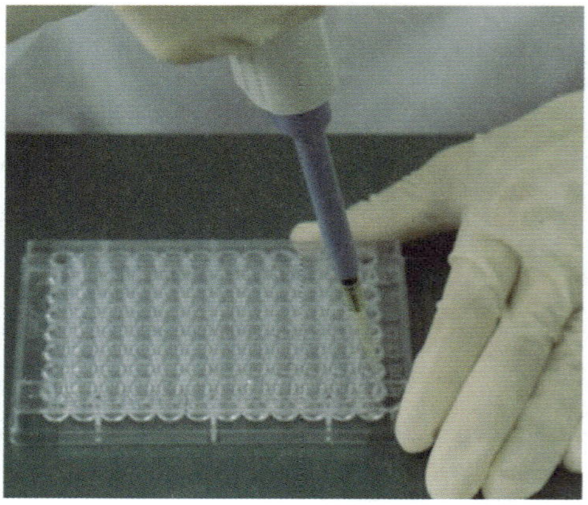

图 3-170　加入第 2、4、6 排相应孔中

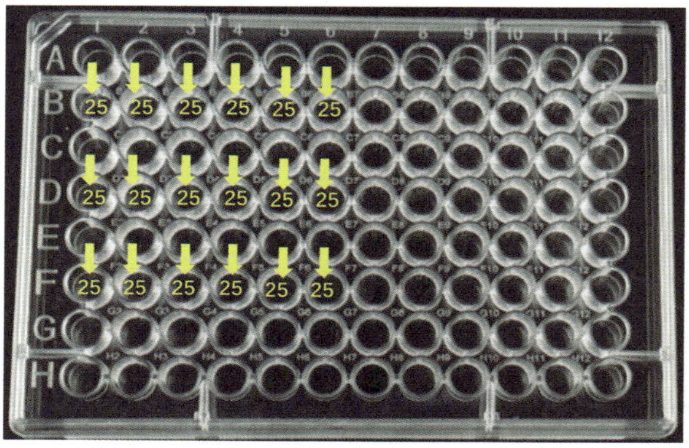


图 3-171　移出抗原操作示意图

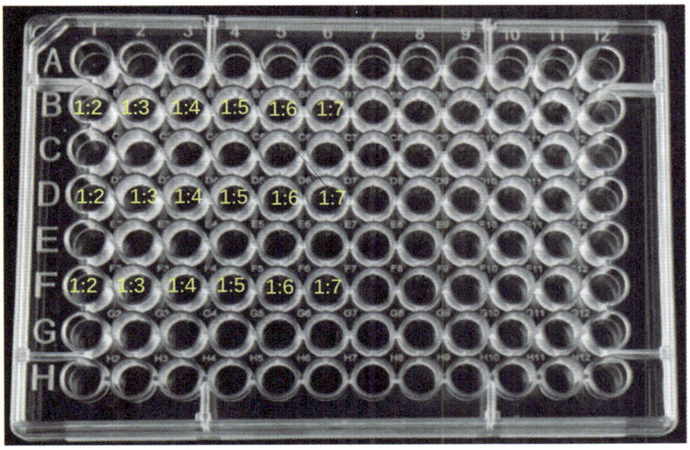


图 3-172　抗原稀释度示意图

(6)第 2、4、6 排第 1～6 孔加入 25 μL 生理盐水(图 3-173);第 7 孔加入 50 μL 生理盐水,作对照孔,示意图见图 3-174。

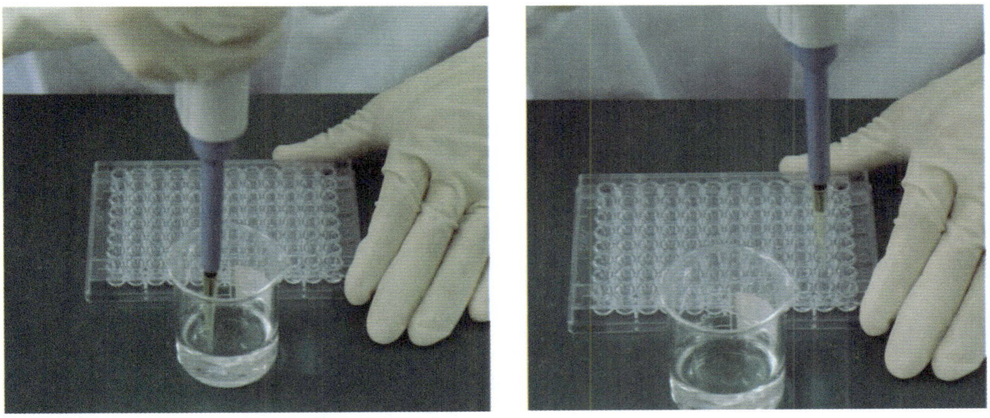

图 3-173　补加生理盐水 1

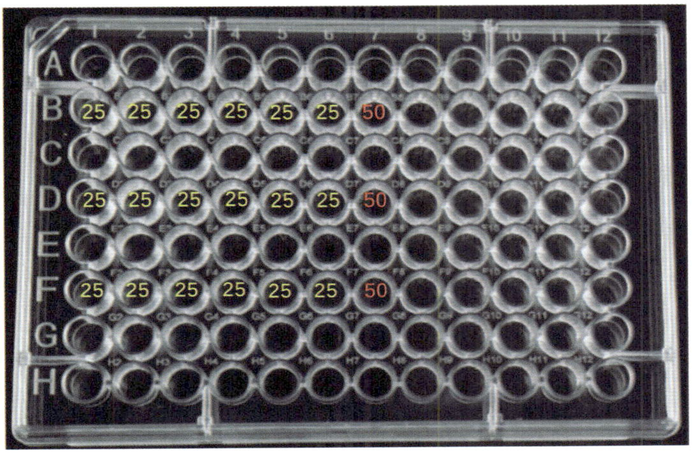


图 3-174　补加生理盐水 2

(7)第 2、4、6 排第 1～7 孔加入 25 μL 1%鸡红细胞悬液(图 3-175),由后往前悬滴(图 3-176、图 3-177),振荡混匀(图 3-178),标记时间,室温放置 30 min(图 3-179),加 1%鸡红细胞悬液示意图如图 3-180 所示。

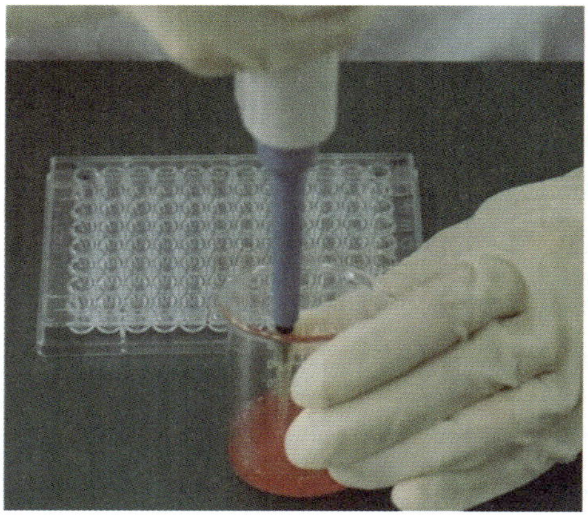

图 3-175　加入红细胞悬液

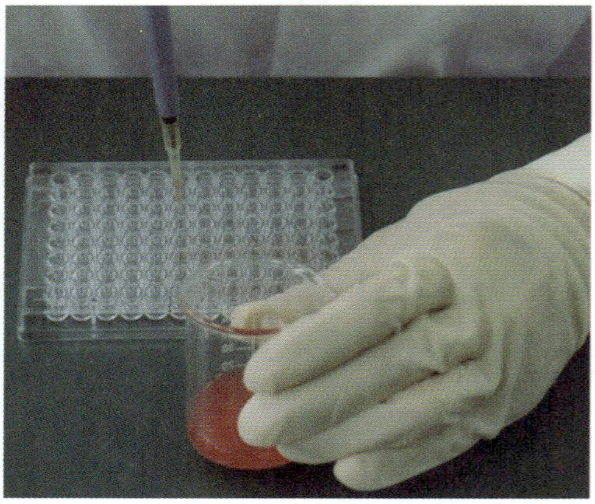

图 3-176　由后往前悬滴 1

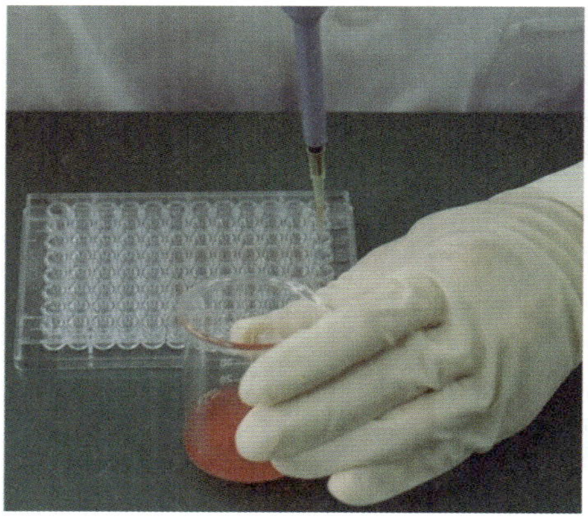

图 3-177　由后往前悬滴 2

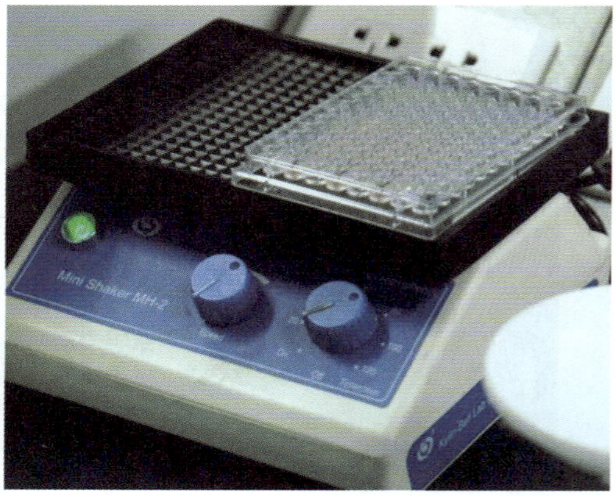


图 3-178　振荡混匀

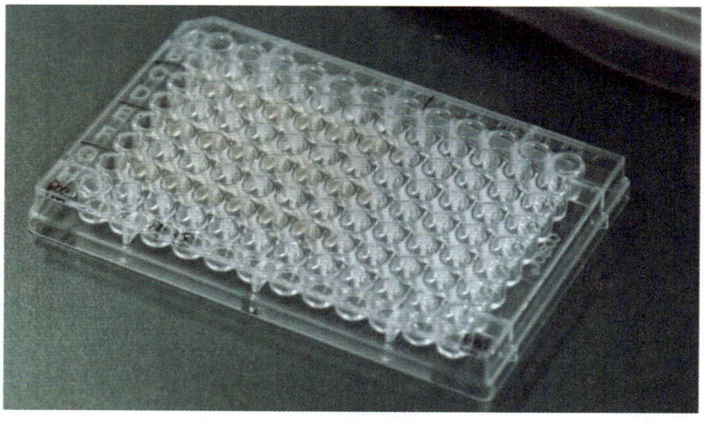

图 3-179　标记时间,室温放置

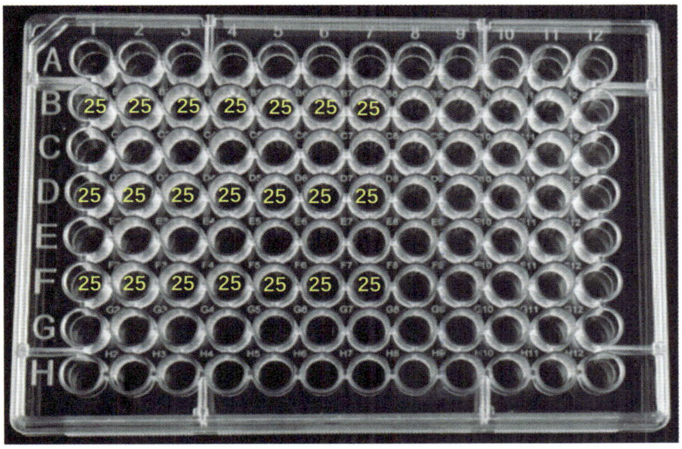


图 3-180 加 1%鸡红细胞悬液

(8)30 min 后，观察生理盐水对照孔(第 7 孔)，当对照孔红细胞呈显著纽扣状时按 HA 试验进行结果判定(图 3-181)。

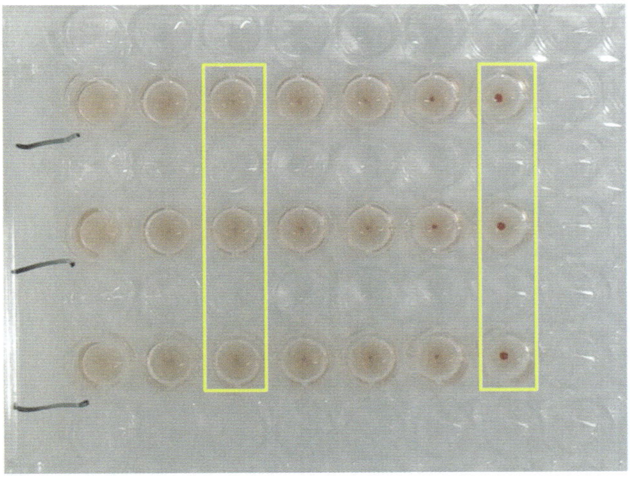

图 3-181 四单位毒标定正面结果(凝集终点 1∶4)

(9)结果判定。在生理盐水对照孔出现正确结果的情况下，将反应板倾斜，观察红细胞是否完全凝集，第 2、4、6 排的第 1 孔都完全凝集，第 2 孔完全凝集，第 3 孔完全凝集，第 5 孔不完全凝集，第 2 排和第 3 排与第 1 排的结果是一样的，凝集终点出现在第 3 孔(1∶4)(图 3-182)，则按照预配制的 4HAU 的稀释倍数 64 倍配制 HI 试验的 4HAU。

注意：如果结果观察和结果判定时，如果凝集终点不出现在第 3 孔(1∶4)时，四单位毒标定结果及配制方法如下。观察生理盐水对照孔(第 7 孔)，当对照孔红细胞呈显著纽扣状时按 HA 试验进行结果判定(图 3-183)。在生理盐水对照孔出现正确结果的情况下，将反应板倾斜，观察红细胞是否完全凝集，第 2、4、6 排的第 1 孔都完全凝集，第 2 孔完全凝集，第 3 孔不完全凝集，第 2 排和第 3 排与第 1 排的结果是一样的，凝集终点出现在第 2 孔(1∶3)(图 3-184)，

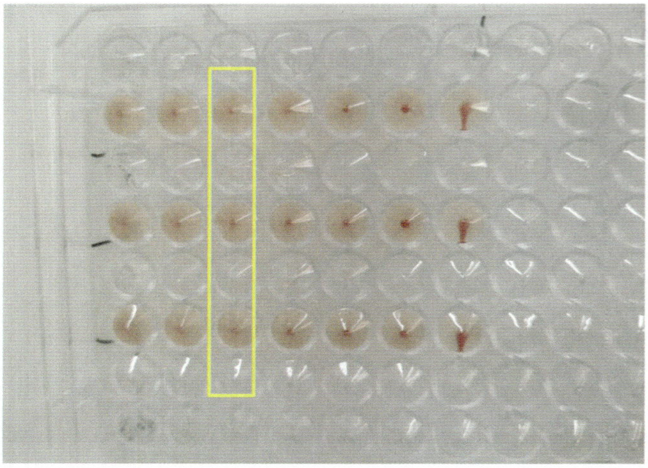

图 3-182　四单位毒标定背面倾斜结果(凝集终点 1∶4)

则需要将预配制的 4HAU 的稀释倍数调整成 48 倍(64×3/4)后配制 HI 试验的 4HAU(如果是 1∶2,则调整成 64×2/4=32 倍稀释;如果是 1∶5,则调整成 64×5/4=80 倍稀释,如果是 1∶6 或 1∶7,则依此类推)。

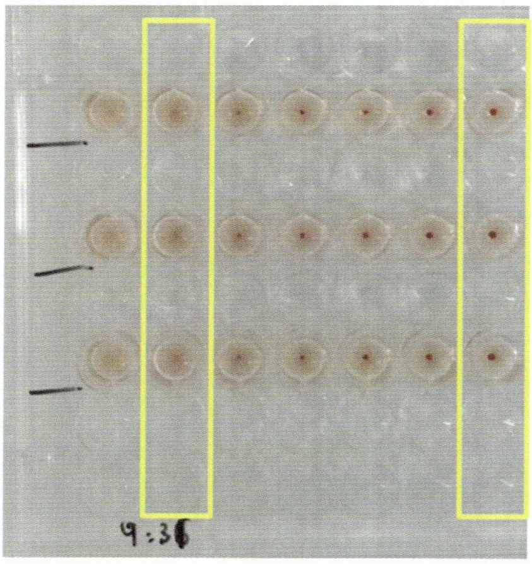

图 3-183　四单位毒标定正面结果(凝集终点 1∶3)

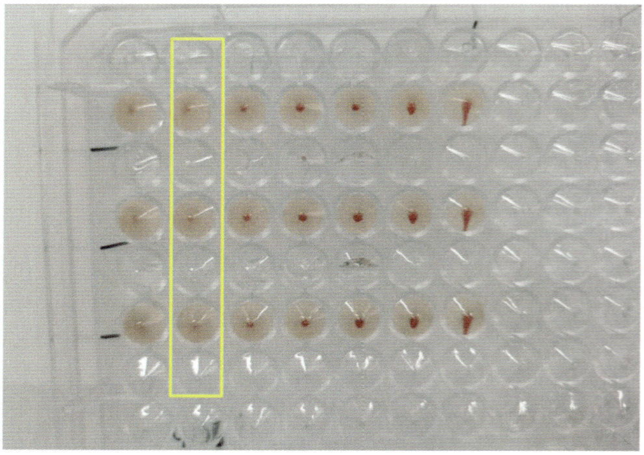

图 3-184　四单位毒标定背面倾斜结果(凝集终点 1∶3)

(10)配制四单位毒。取配制四单位毒的小烧杯,在烧杯中加入 12.6 mL 生理盐水(图 3-185),然后吸取 0.2 mL 抗原(图 3-186)加入生理盐水中(1∶4 的 64 倍,其他稀释倍数依此类推),并充分吹吸混匀(图 3-187),四单位毒配制完成。

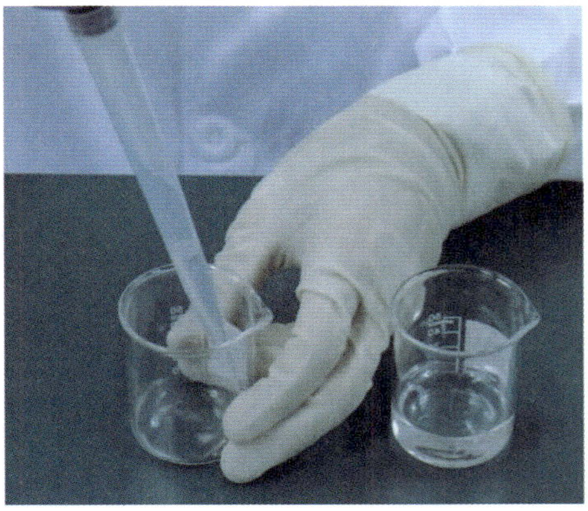

图 3-185　烧杯中加入 12.6 mL 生理盐水

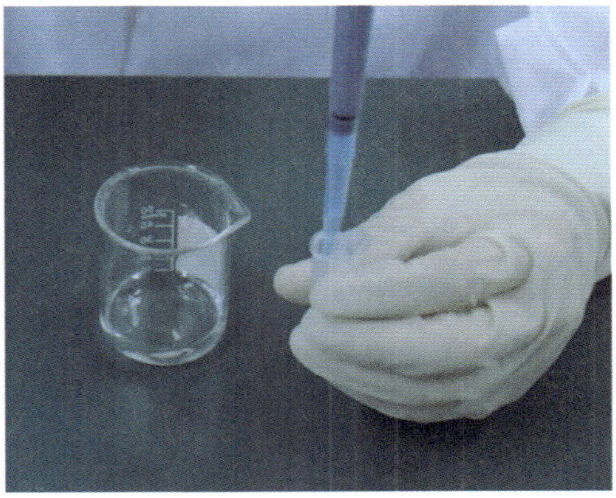

图 3-186　吸取 0.2 mL 抗原

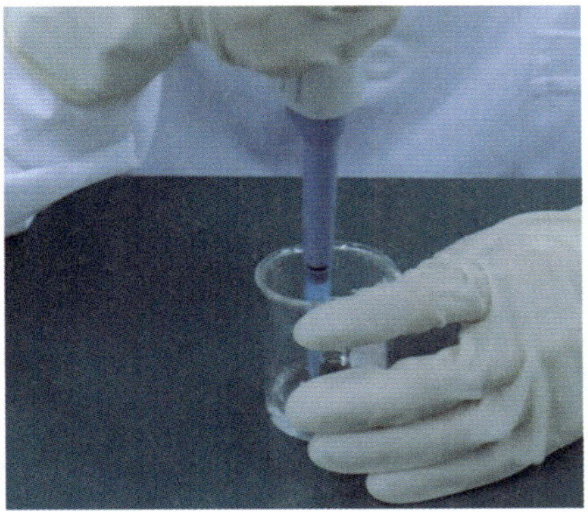

图 3-187　吹吸混匀

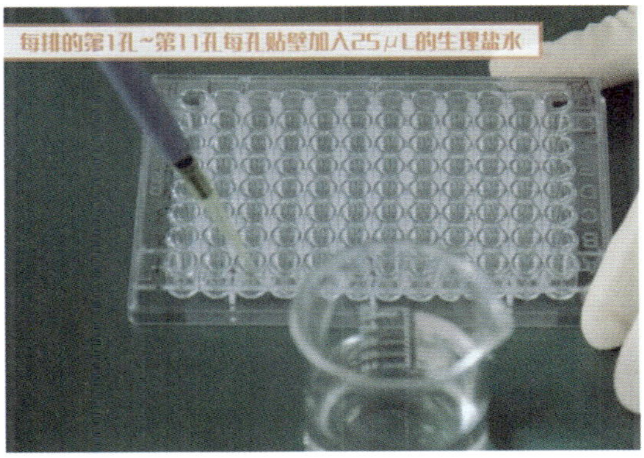


图 3-188　贴壁加入 25 μL 的生理盐水

# 第六节　血凝抑制试验

## 一、实验准备

一位同学准备生理盐水，另一位同学准备 1%红细胞悬液，1%红细胞悬液在储存过程中红细胞会自然下沉，所以在使用前必须摇匀，然后再倒入小烧杯中。

## 二、血凝抑制(HI)试验

(1)加生理盐水。拿取 96 孔 V 形血凝反应板和生理盐水、5～50 μL 微量移液器，安装吸头，润洗 3 遍，在每排的第 1 孔至第 11 孔每孔贴壁加入 25 μL 的生理盐水(图 3-188)，第 12 孔加入 50 μL 的生理盐水(图 3-189)，一共需要加入 8 排。

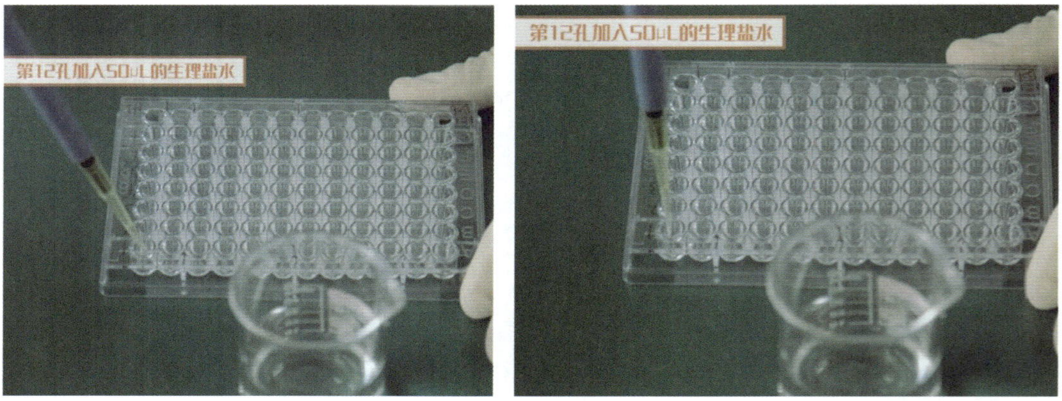


图 3-189　第 12 孔加入 50 μL 的生理盐水

(2)稀释待检血清。安装吸头，润洗 3 遍后，吸取 1 号待检血清 25 μL(图 3-190)加入第 1 排的第 1 孔中，吹打 5 次充分混匀(图 3-191)后从第 1 孔中移出 25 μL 的混合液至第 2 孔中，吹打混匀后移出 25 μL 混合液至第 3 孔，依此类推，倍比稀释到第 10 孔(图 3-192)，并从第 10 孔中弃去 25 μL 悬液，第 11 孔为四单位毒对照孔，第 12 孔为生理盐水对照孔，都不加血清。用同样的方法将 2～6 号待检血清在第 1 块板的第 2 排至第 6 排进行稀释(图 3-193)，每排都需要换吸头。

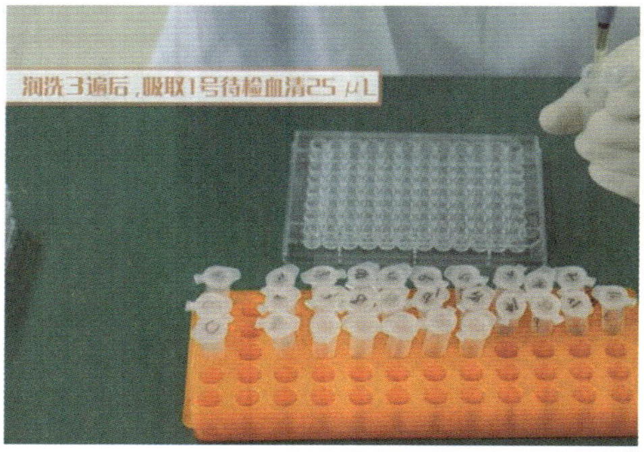


图 3-190　吸取 1 号待检血清

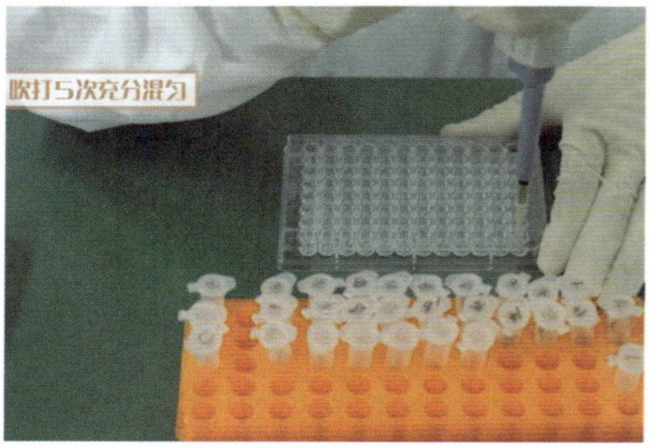


图 3-191　吹打 5 次充分混匀

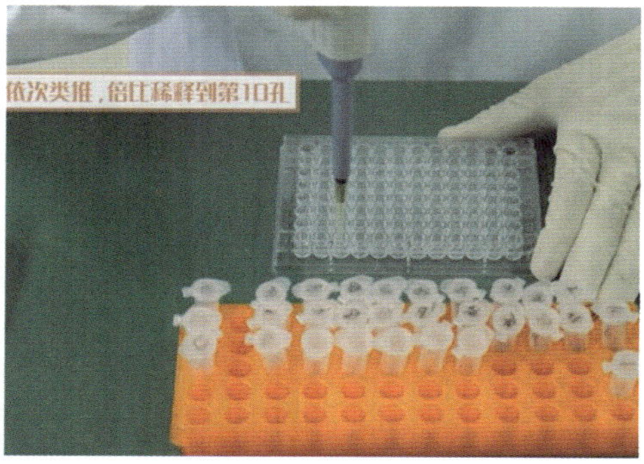


图 3-192　倍比稀释到第 10 孔

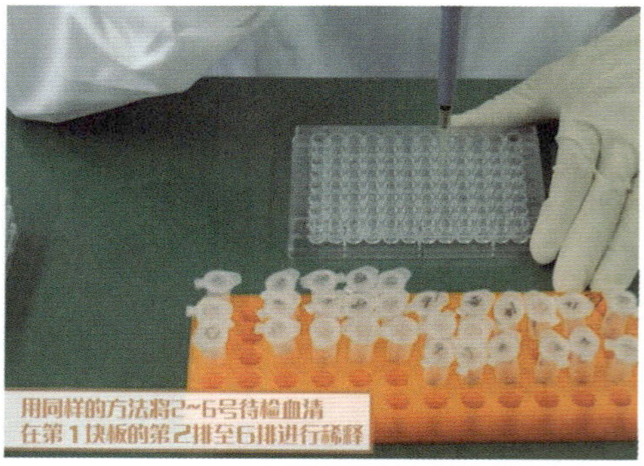


图 3-193　稀释 2～6 号血清

(3)稀释阳性血清(图 3-194)。换一吸头,润洗 3 遍后,按待检血清的稀释方法在第 7 排稀释阳性血清至第 10 孔。

(4)稀释阴性血清(图 3-195)。换一吸头,润洗 3 遍后,按待检血清的稀释方法在第 8 排稀释阴性血清至第 10 孔。

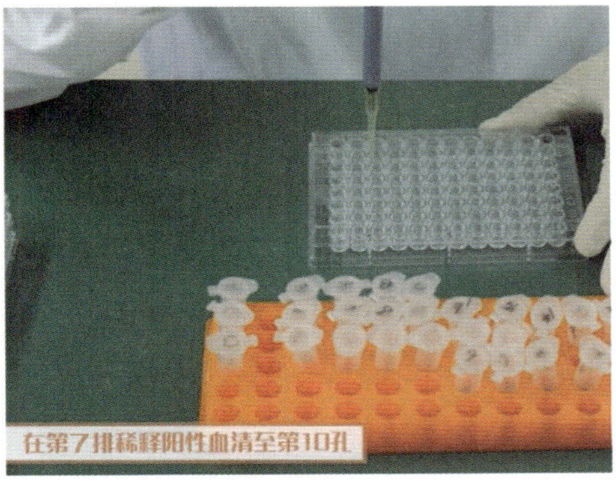

图 3-194 稀释阳性血清

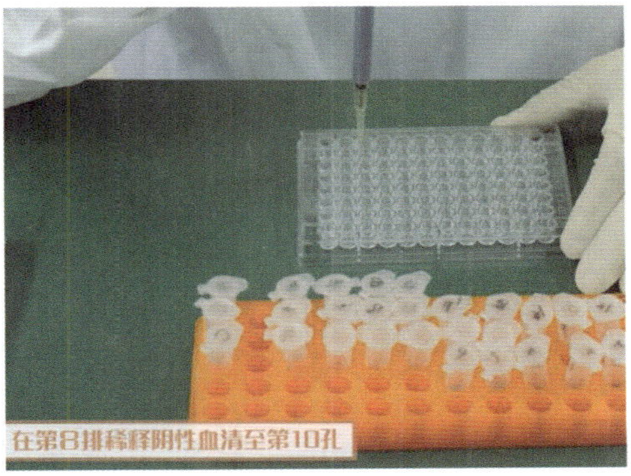

图 3-195 稀释阴性血清

(5)加四单位毒。拿取四单位毒、四单位毒反应板、移液器,安装吸头,摇匀四单位毒,润洗 3 遍吸头,分别向每排的第 1 至第 11 孔悬滴加入 25 μL 的四单位毒,由低浓度向高浓度滴加(图 3-196),边摇边加。加样完毕,将反应板置于振荡器上振荡 60 s 混匀(图 3-197),平稳放置于桌面,标记反应开始时间(图 3-198),20~25 ℃室温下静置 20 min。

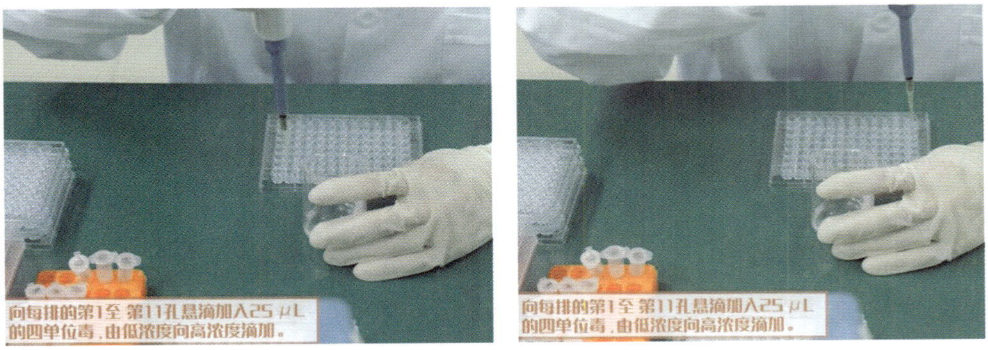

图 3-196 向每排的第 1 至第 11 孔悬滴加入 25 μL 的四单位毒

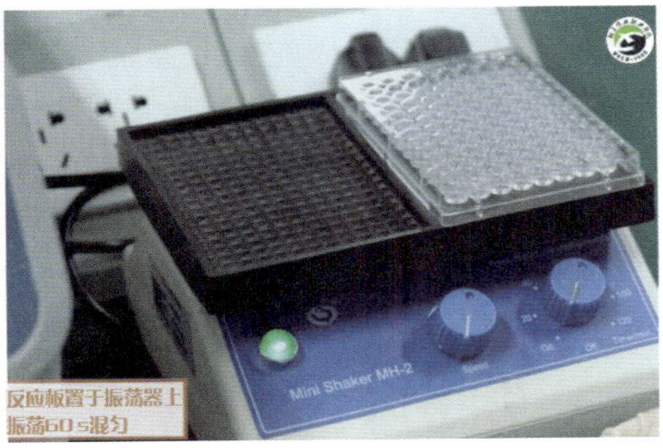

图 3-197 振荡器上振荡 60 s 混匀

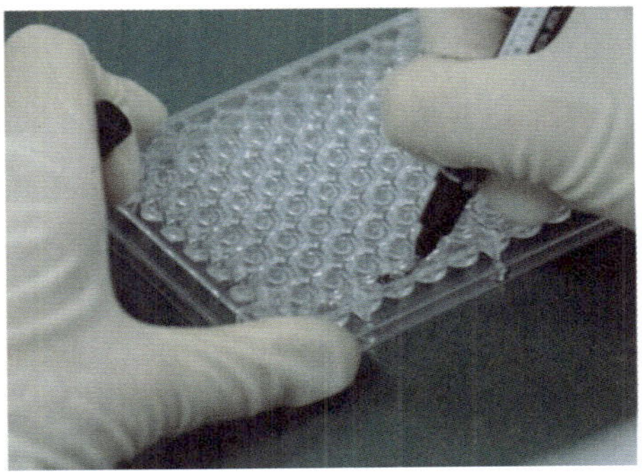
图 3-198 标记反应开始时间

(6)加 1%红细胞悬液。拿取 1%红细胞悬液，摇匀。拿取反应板和移液器，安装吸头，润洗 3 遍，分别向每排的第 1 至第 12 孔悬滴加入 25 μL 的 1%红细胞悬液(图 3-199)，由低浓度向高浓度滴加。将反应板置于振荡器上振荡 30 s 混匀(图 3-200)，关闭振荡器。将反应板平稳放置于桌面，标记反应开始时间(图 3-201)，20～25 ℃室温下静置 30 min。将红细胞和生理盐水倒入废液缸。将移液器调至最大量程，垂直悬挂在移液器架上。

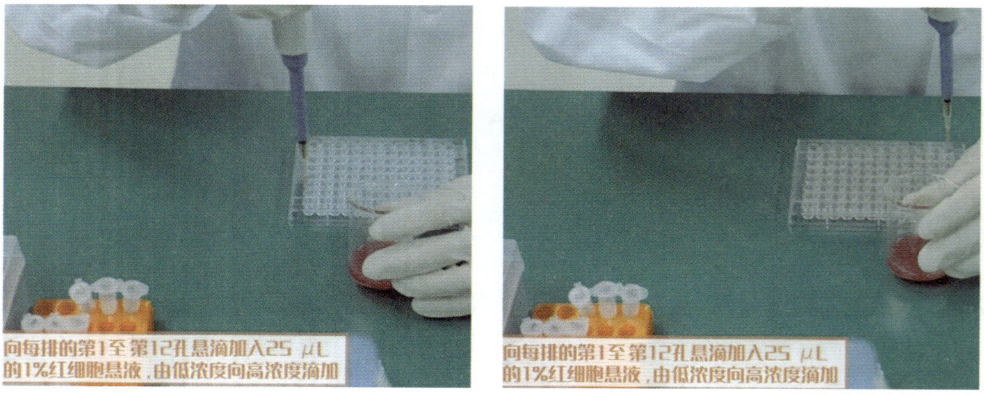


图 3-199 向每排的第 1 至第 12 孔悬滴加入 25 μL 的 1%红细胞悬液

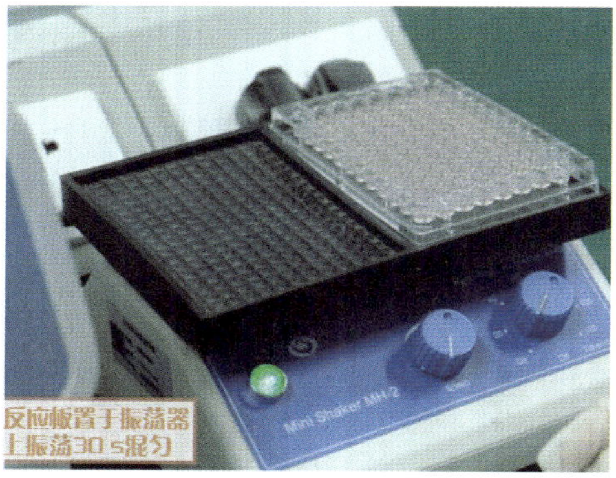


图 3-200 振荡器上振荡 30 s 混匀

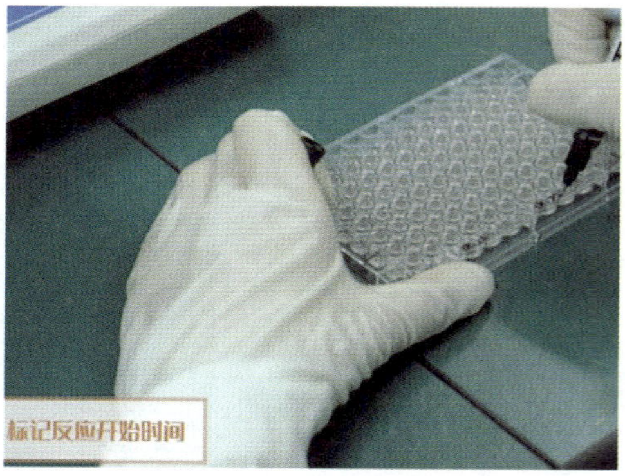


图 3-201 标记反应开始时间

(7)观察结果(图 3-202)。30 min 后，观察四单位毒对照孔(11 孔)和生理盐水对照孔(第 12 孔)，当四单位毒对照孔完全凝集，生理盐水对照孔红细胞呈显著纽扣状时判定结果。

(8)结果判定(图 3-203)。在四单位毒对照孔和生理盐水对照孔出现正确结果的情况下，将反应板倾斜，从背侧观察红细胞是否呈泪痕状流淌，第 1 排的第 1 孔完全抑制，直到第 7 孔都是完全抑制。以完全抑制红细胞凝集的血清最高稀释倍数为该血清的血凝抑制效价，所以 1 号待检血清的血凝抑制效价为 7log2，用同样的方法判读 2 号待检血清的血凝抑制效价为 6log2，3 号待检血清的血凝抑制效价为 6log2，4 号待检血清的血凝抑制效价为 6log2，5 号待检血清的血凝抑制效价为 7log2，6 号待检血清的血凝抑制效价为 6log2，阳性血清的血凝抑制效价为 9log2，阴性血清的血凝抑制效价为 0。

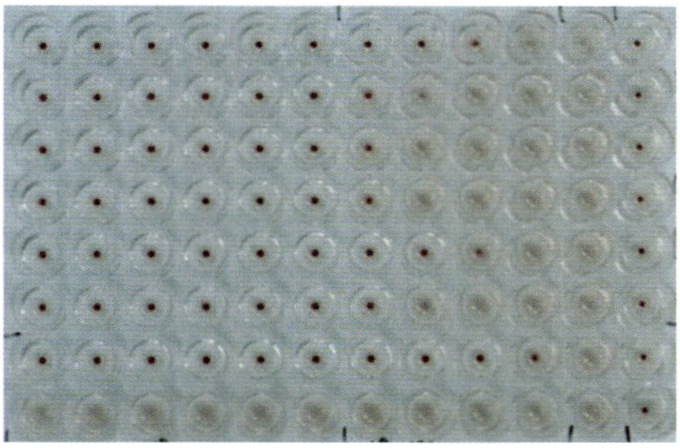

图 3-202 观察结果

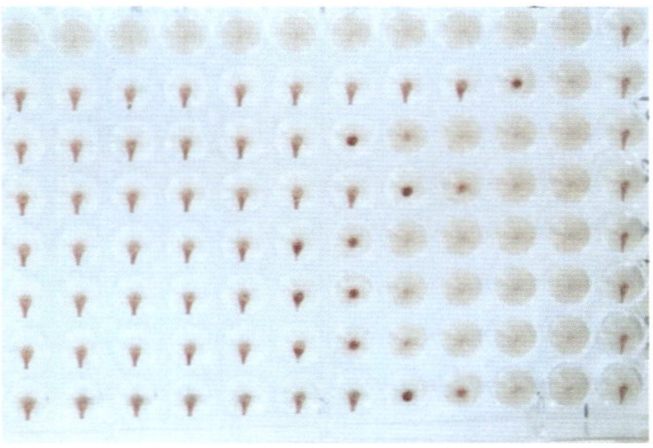

图 3-203 结果判定

## 三、整理实验器材

将移液器逆时针调至最大量程，垂直悬挂在移液器架上。生理盐水倒入废液缸，红细胞悬液摇匀后再倒回三角瓶，废料缸中的废料倒入医疗垃圾桶。用剪刀剪一块封口膜，将三角瓶封上，并标记自己的组号。脱下的手套及其他废料放入医疗垃圾桶。刷洗烧杯，刷洗后放入托盘。将所有物品也都放回托盘，用抹布擦拭干净实验台面，实验结束。

# 第四章　免疫检测技术

## 第一节　鸡白痢全血平板凝集试验

### 一、实验准备

移液器、移液器架、废料缸、吸头、记号笔、鸡白痢阳性血清、鸡白痢阴性血清、鸡白痢全血平板凝集抗原、采血器针头、载玻片、牙签、手电筒、碘酊棉球、酒精棉球、干棉球、报纸(图 4-1)。

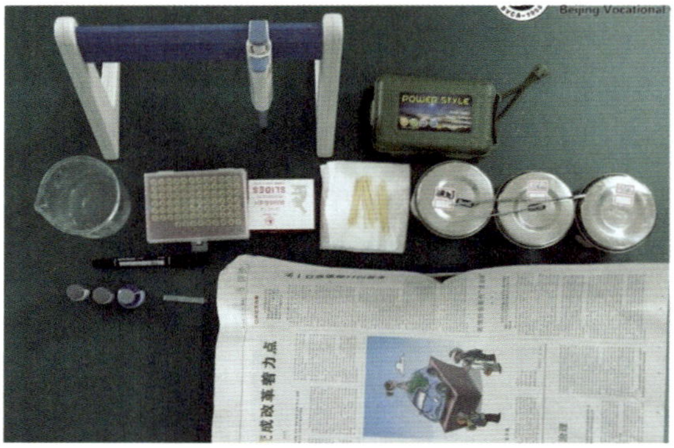


**图 4-1　实验准备**

### 二、方法与步骤

(1)将抗原、阳性血清、阴性血清从冰箱中取出,将抗原瓶充分摇匀。

(2)取 3 块洁净的载玻片,分别标记待检样品、阳性对照、阴性对照(图 4-2)。

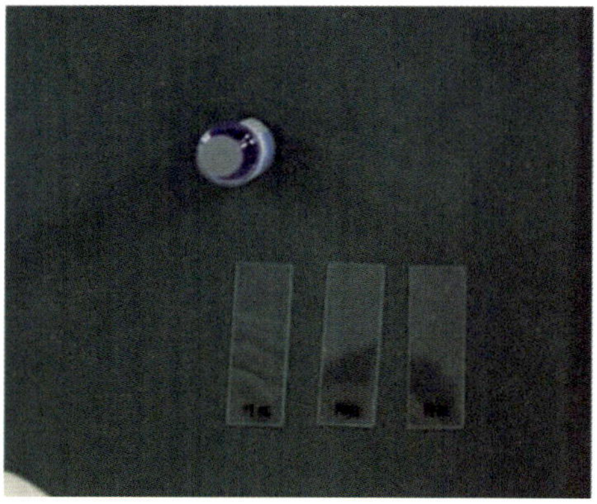

**图 4-2　标记载玻片**

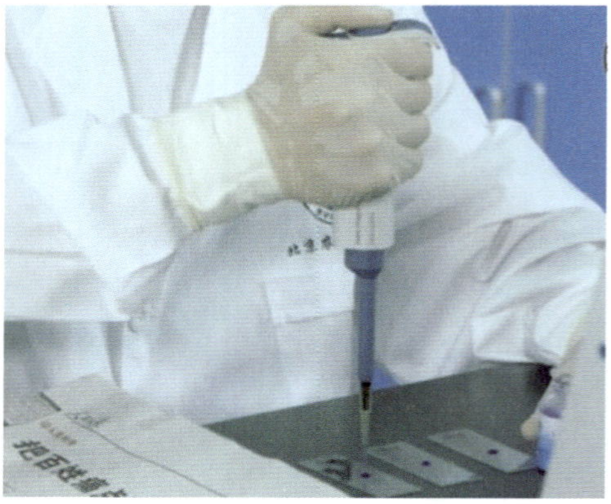

**图 4-3　滴加抗原**

(3)在每块载玻片的中心滴一滴(约 0.02 mL)鸡白痢全血平板凝集抗原(图 4-3)。

(4)助手保定好鸡,试验人员先用碘酊棉球对翅静脉进行消毒(图 4-4),然后用酒精脱碘消毒(图 4-5)。拿取干棉球,等酒精挥发后,试验人员用采血针扎破翅静脉(图 4-6),用移液器吸取全血一滴(图 4-7)加入第一块载玻片,采血完毕后对采血部位用干棉球进行压迫止血。

(5)用移液器吸取鸡白痢阳性血清一滴加入第二块载玻片做阳性对照(图 4-8);用移液器吸取鸡白痢阴性血清一滴加入第三块载玻片做阴性对照(图 4-9)。

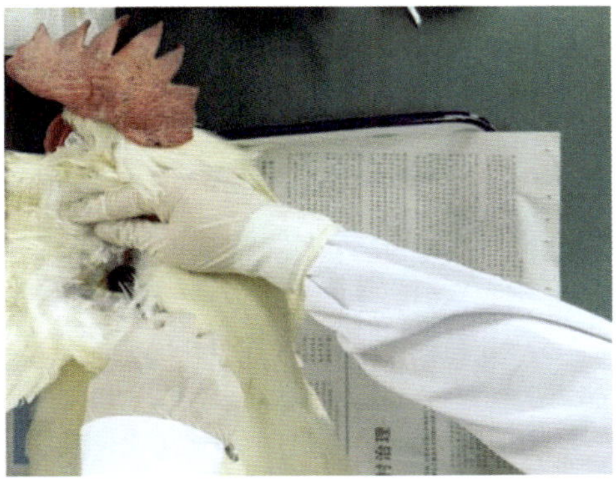

图 4-4　碘酊消毒

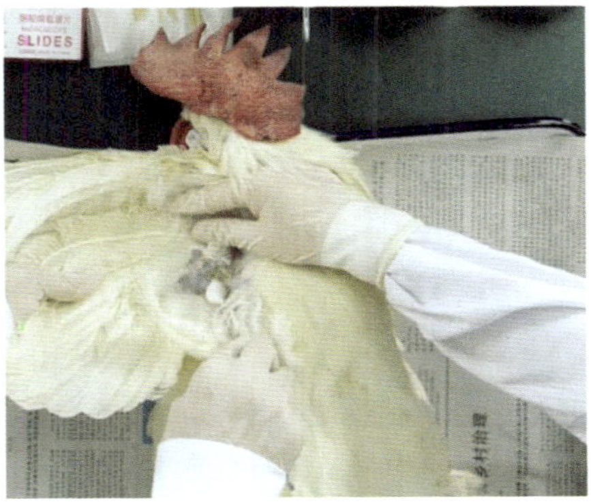



图 4-5　酒精脱碘消毒

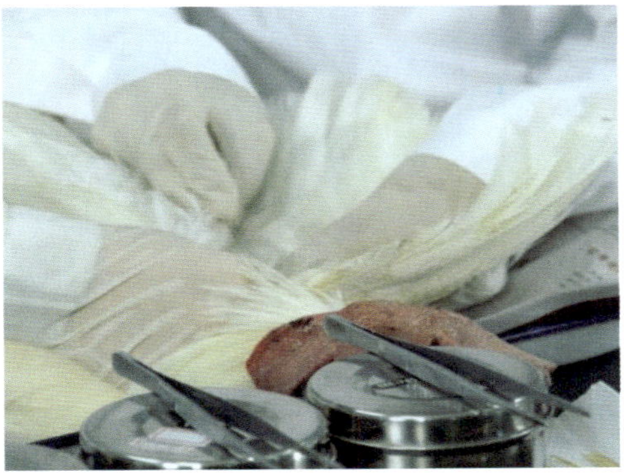

图 4-6　采血

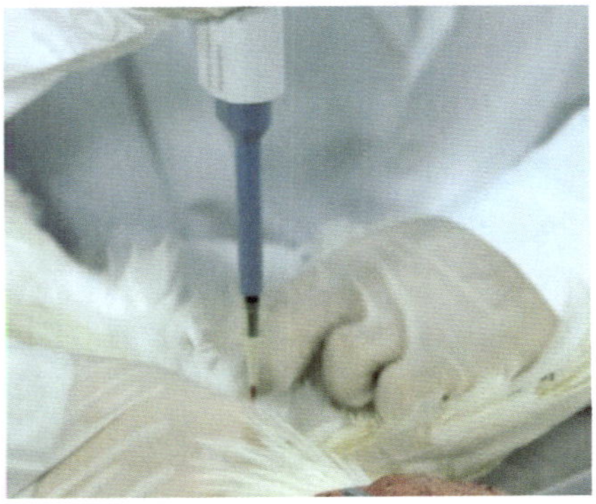

图 4-7　吸取血液

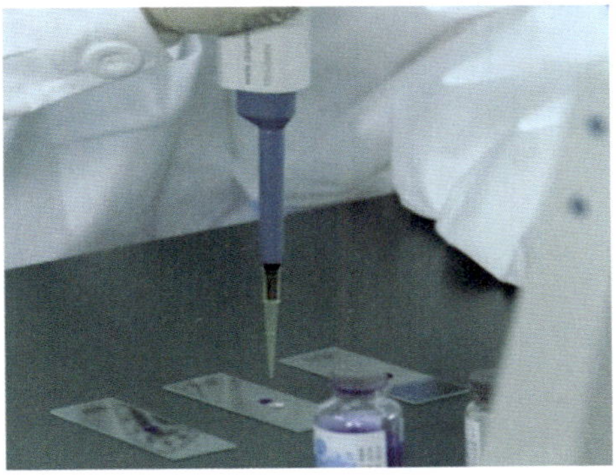

图 4-8　滴加阳性血清

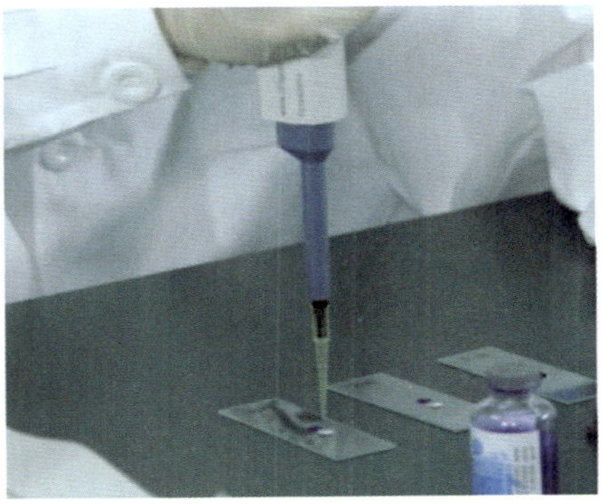

图 4-9　滴加阴性血清

(6)用牙签将抗原与血液混匀(图 4-10),并涂抹成直径约 2 cm 的同心圆。同样,阳性血清和阴性血清对照也需要均匀抹开(图 4-11、图 4-12)。

(7)轻轻摇动每块载玻片(图 4-13 至图 4-15),2 min 后用手电筒反照载玻片(图 4-16),仔细观察并判定结果。

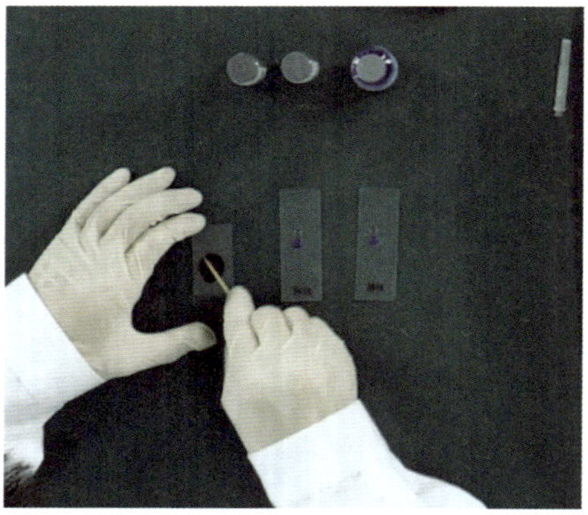

图 4-10　抗原与血液混匀

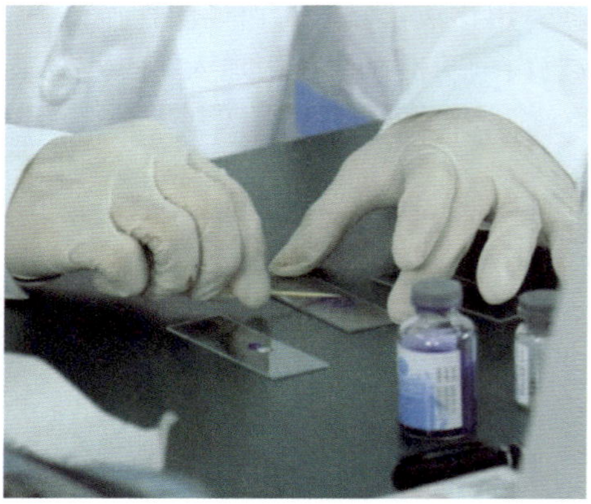

图 4-11　混匀阳性血清

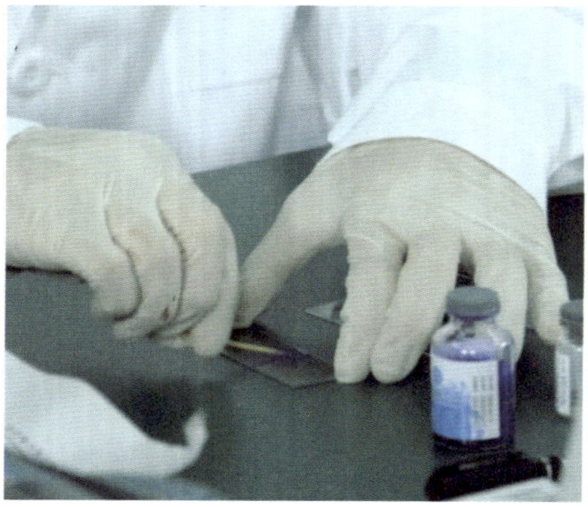

图 4-12　混匀阴性血清

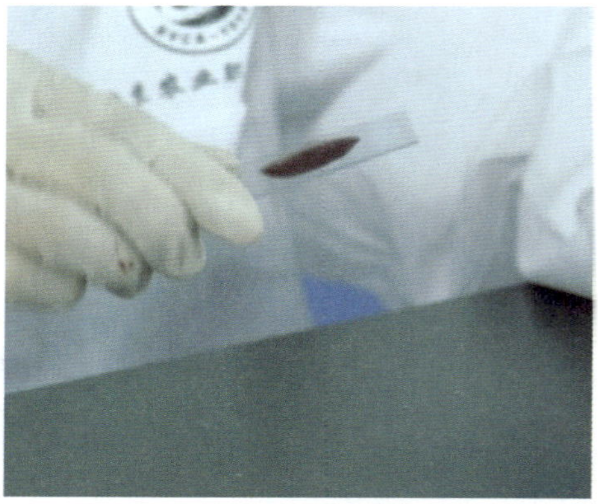

图 4-13　轻轻摇动抗原载玻片 1

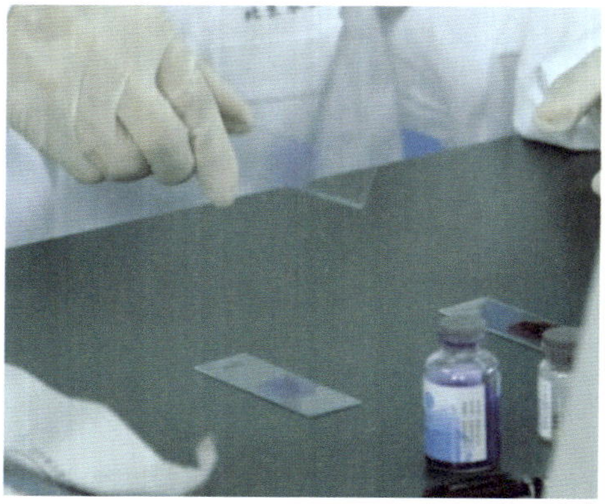

图 4-14　轻轻摇动阳性血清载玻片 2

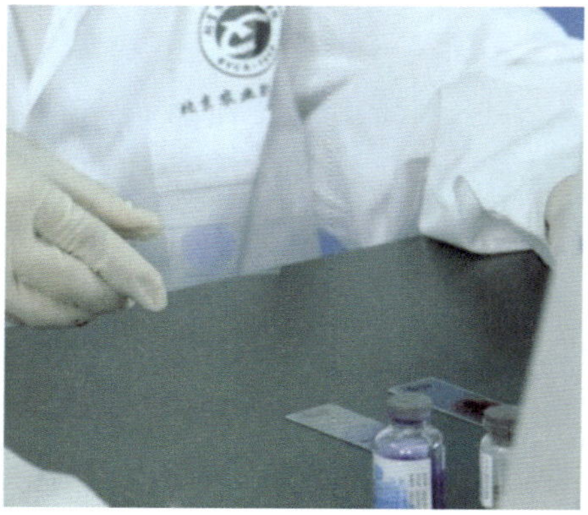

图 4-15　轻轻摇动阴性血清载玻片 3

(8)结果判定。

阳性对照(+):抗原与阳性血清在 2 min 内出现明显颗粒状或块状凝集(图 4-17)。

阴性对照(-):抗原与阴性血清在 2 min 内未出现凝集(图 4-18)。

待检样品结果判定:以阳性血清和阴性血清为参照判定结果,2 min 内出现明显颗粒状或块状凝集为阳性;2 min 内不出现凝集判为阴性反应;介于阳性和阴性之间判为可疑反应。

(9)收拾实验器材,整理实验台面。

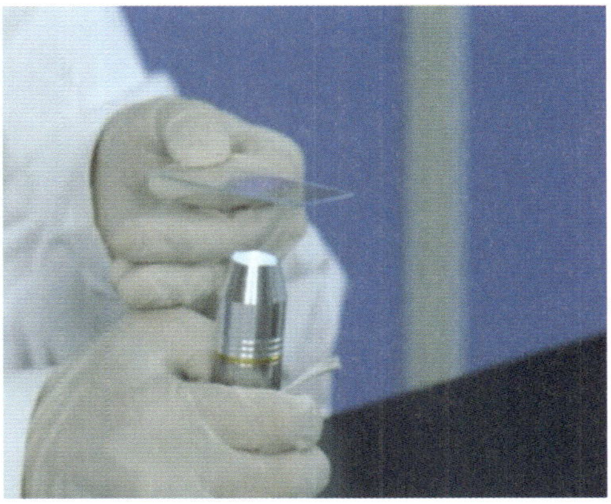

图 4-16　手电筒反照载玻片

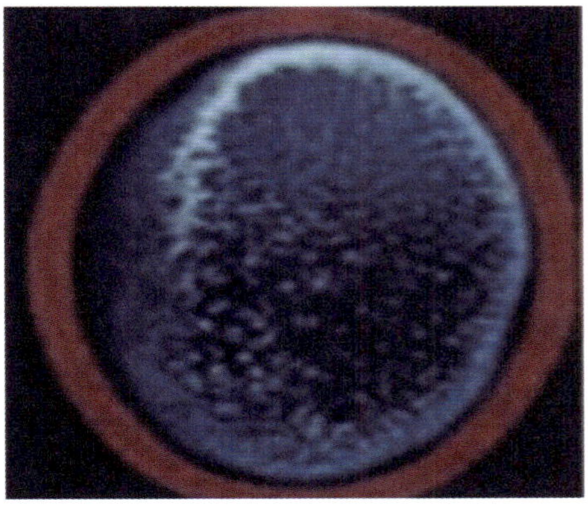

图 4-17　阳性对照结果

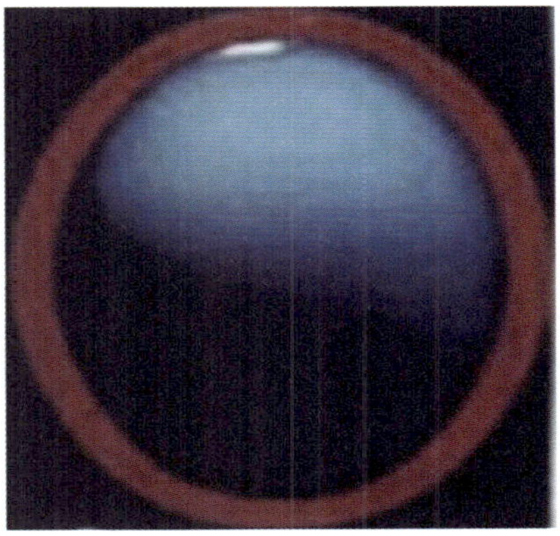

图 4-18　阴性对照结果

## 三、注意事项

(1)每次试验都要设置阳性和阴性对照,抗原应在 2～15 ℃冷暗处保存。

(2)本试验应该在 20 ℃以上室温中进行,温度过高或过低都会影响试验结果。冬季检疫时,如果室内温度达不到 20 ℃时,应先将载玻片在酒精灯上加热达 30 ℃左右。

(3)本抗原适用于产卵母鸡及 1 年以上公鸡,幼龄鸡敏感度较差,尤其不适合 1 月龄以内的雏鸡。

(4)对可疑的鸡用血清平板凝集试验进行复检,如果还可疑,则需要经 3～4 周重新做试验,如仍为疑似则判为阳性。

(5)鸡群采血后应立即止血,以减少失血,再给鸡饮电解多维,以减少应激。

# 第二节　琼脂扩散试验

## 一、制备琼脂平板

### 1. 称量药品

接通电子天平电源，调节平衡，放上称量纸，去皮清零，依次称取磷酸二氢钾 0.98 g(图 4-19)、磷酸氢二钠 0.95 g(图 4-20)、氯化钠 8 g(图 4-21)、琼脂粉 1 g(图 4-22)。

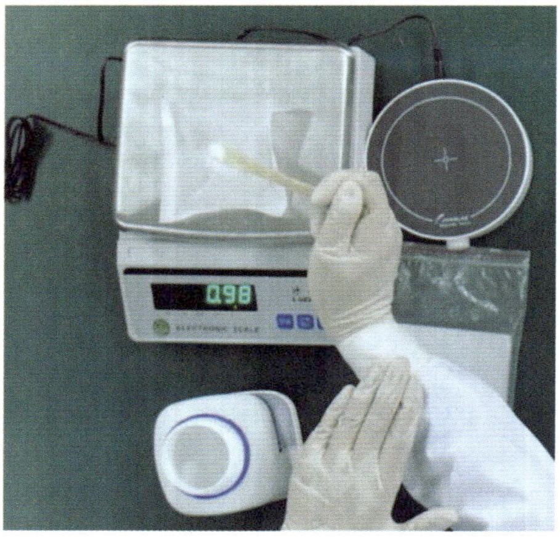


图 4-19　称量磷酸二氢钾

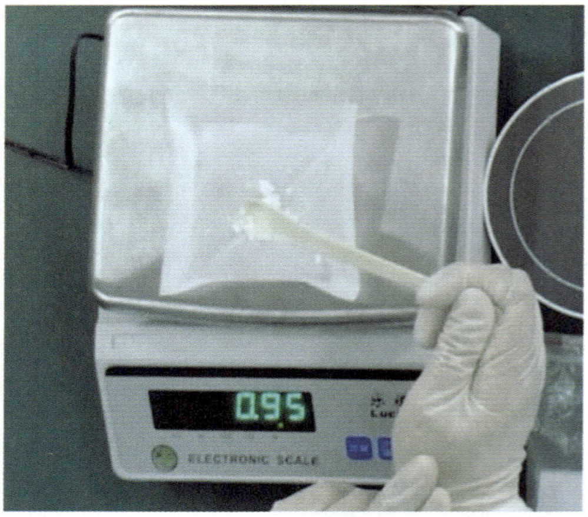


图 4-20　称量磷酸氢二钠

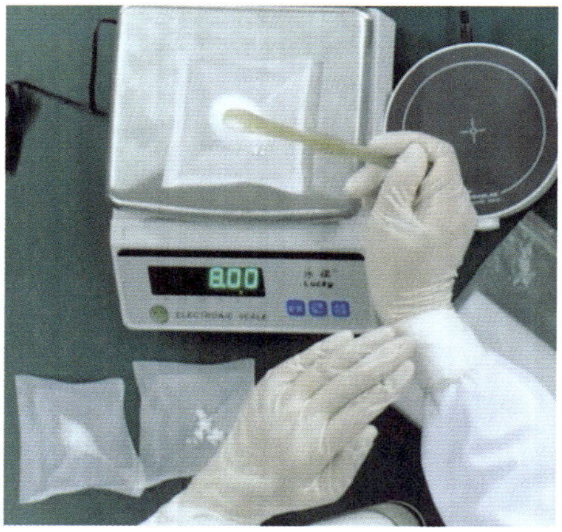


图 4-21　称量氯化钠

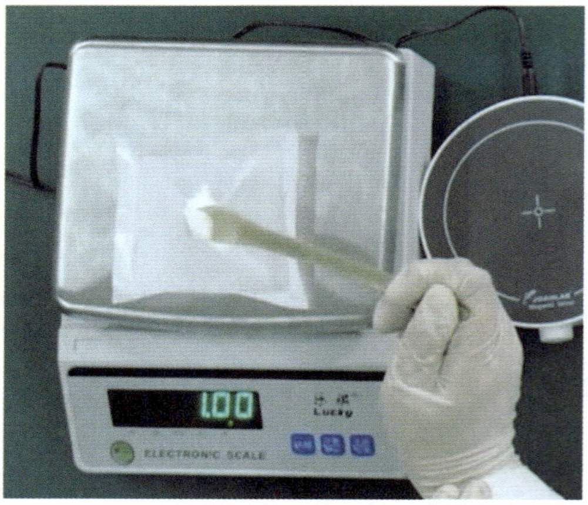


图 4-22　称量琼脂粉

### 2. 配制溶液

(1)液。磷酸二氢钾 0.98 g 加入烧杯中(图 4-23)，量筒量取 100 mL 蒸馏水，加入烧杯中(图 4-24)，磁力搅拌器充分溶解(图 4-25)。

(2)液。将磷酸氢二钠 0.95 g 加入烧杯中(图 4-26),量筒量取 100 mL 蒸馏水,再加入烧杯中(图 4-27),放磁力搅拌器上充分溶解(图 4-28)。

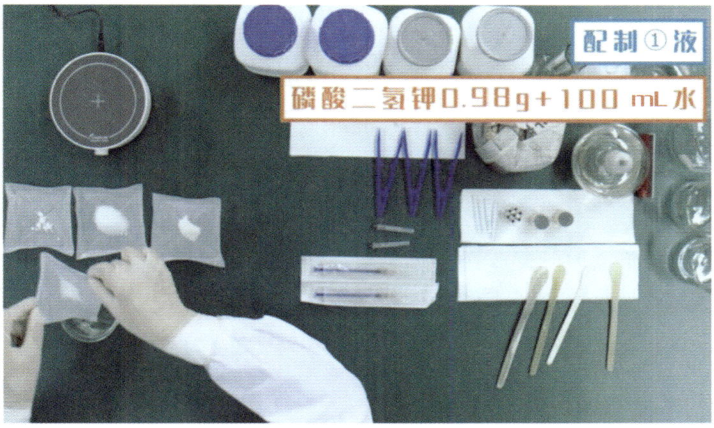


图 4-23　磷酸二氢钾加入烧杯中

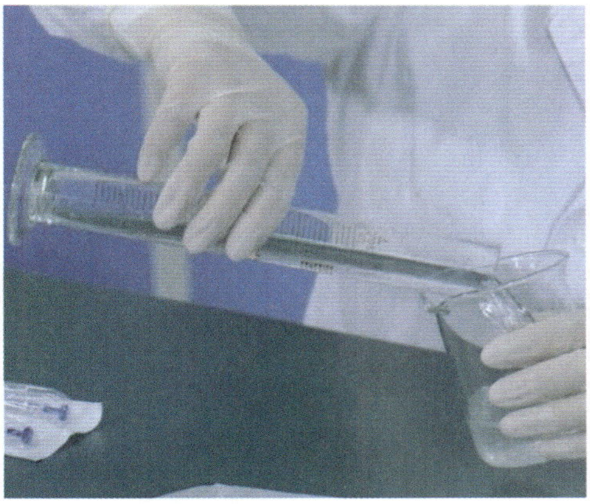

图 4-24　蒸馏水加入烧杯中

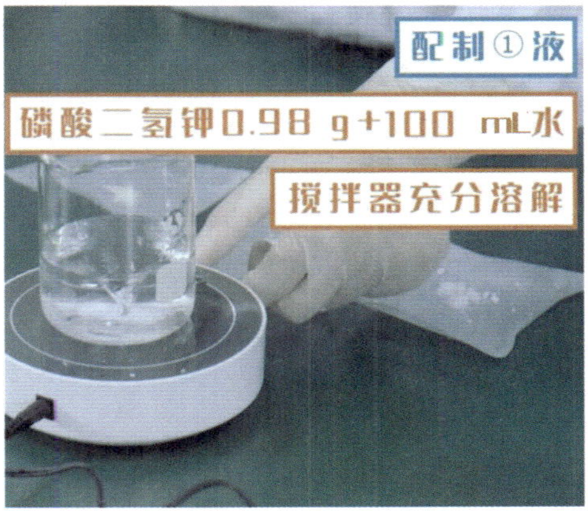


图 4-25　磁力搅拌器充分溶解

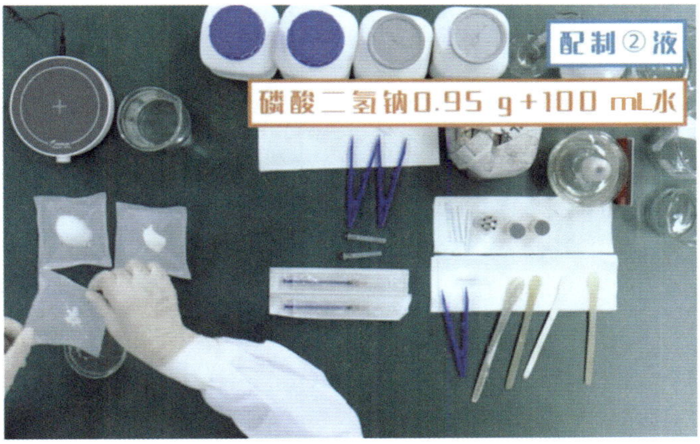


图 4-26　磷酸氢二钠加入烧杯中

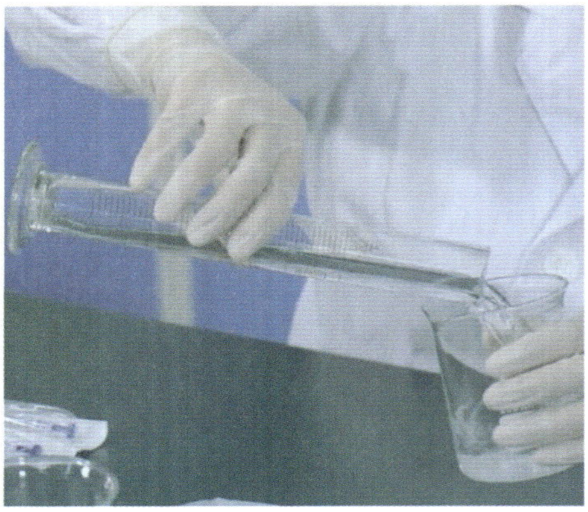

图 4-27　蒸馏水加入烧杯中

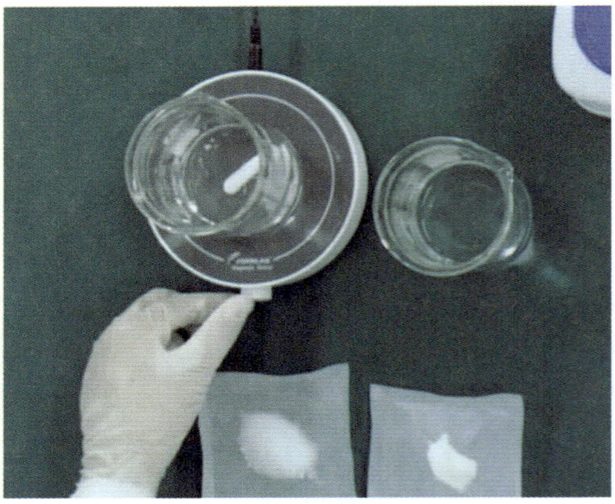

图 4-28　放磁力搅拌器上充分溶解

(3)液。(1)液 28 mL＋(2)液 72 mL＝(3)液 100 mL。(3)液就是 0.01 mol/L pH 7.2 磷酸盐缓冲液。

将氯化钠、琼脂粉加入烧杯中(图 4-29),将 100 mL(3)液加入烧杯中(图 4-30),放磁力搅拌器上充分溶解(图 4-31),电炉上加热沸腾(图 4-32)。

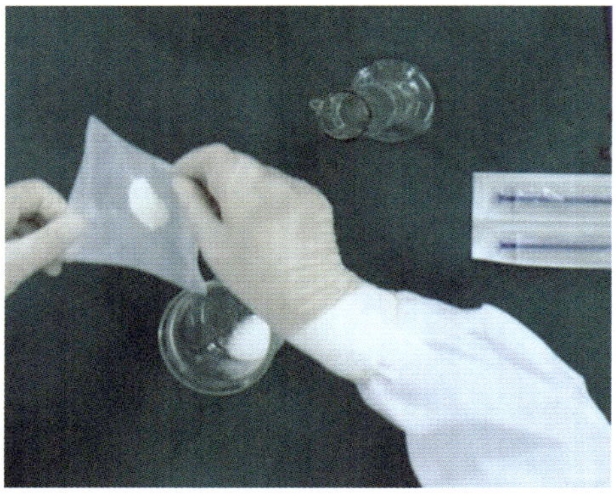

图 4-29　将氯化钠粉末、琼脂粉加入烧杯

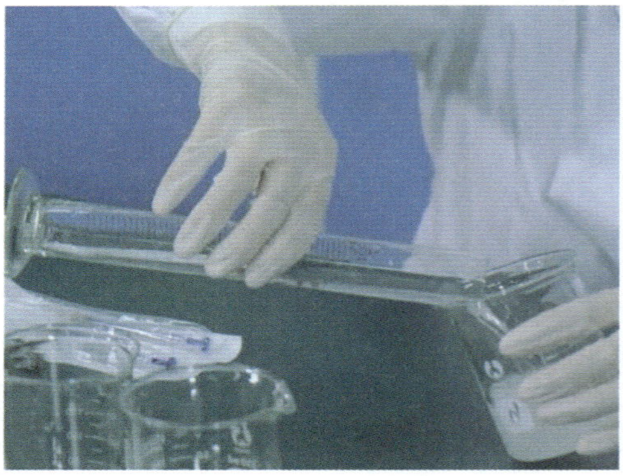

图 4-30　③液加入烧杯

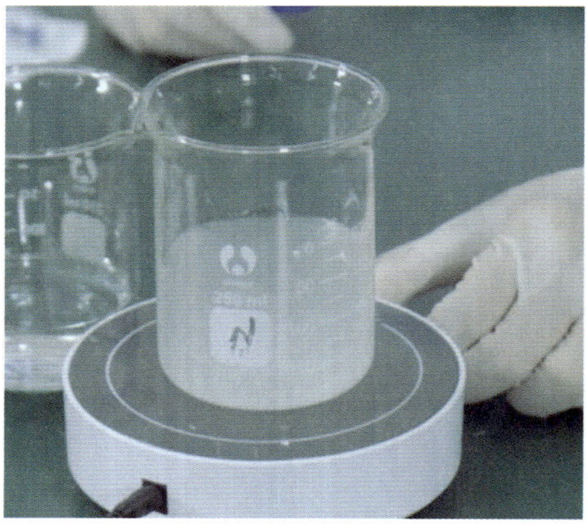

图 4-31　放磁力搅拌器上充分溶解

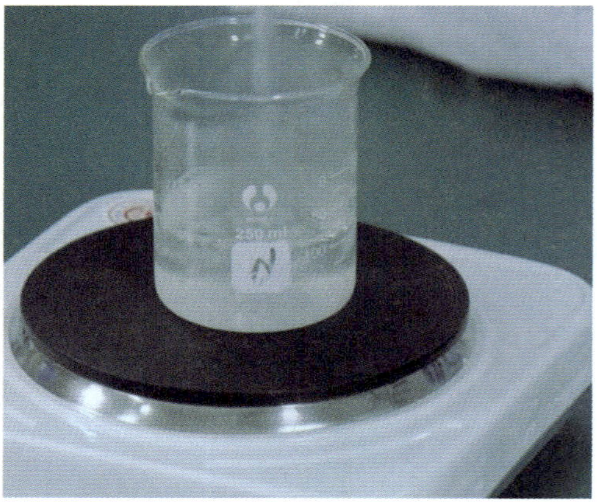

图 4-32　放电炉上加热至沸腾

**3. 制备琼脂平板**

待(3)液冷却至 45～55 ℃时，将液体倒入灭菌后的平皿内(图 4-33)，约 3 mm 厚，等待凝固。

## 二、打孔

用梅花打孔器打孔(图 4-34)，将孔内的琼脂用注射器针头斜面向上从右侧边缘插入中心，轻轻向左侧方向将孔内的琼脂挑出(图 4-35)，注意勿伤边缘。

图 4-33 倒入灭菌后的平皿内

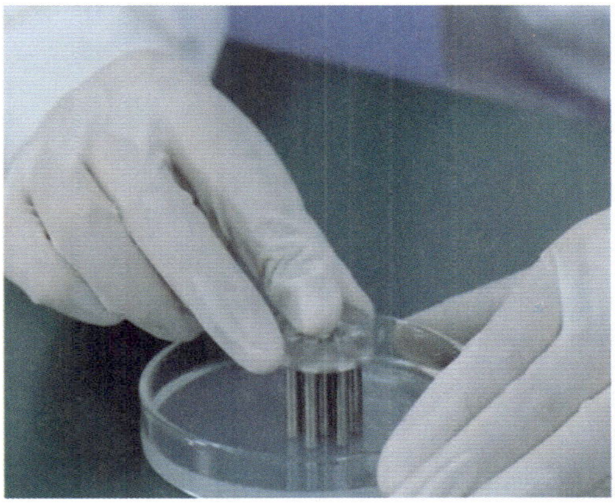

图 4-34 用梅花打孔器打孔

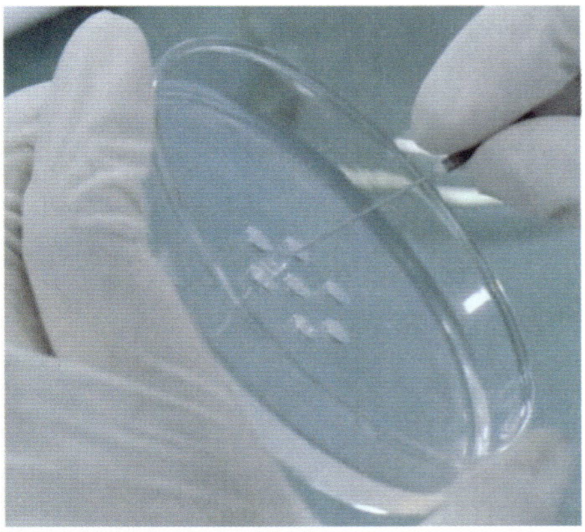

图 4-35 将孔内的琼脂挑出

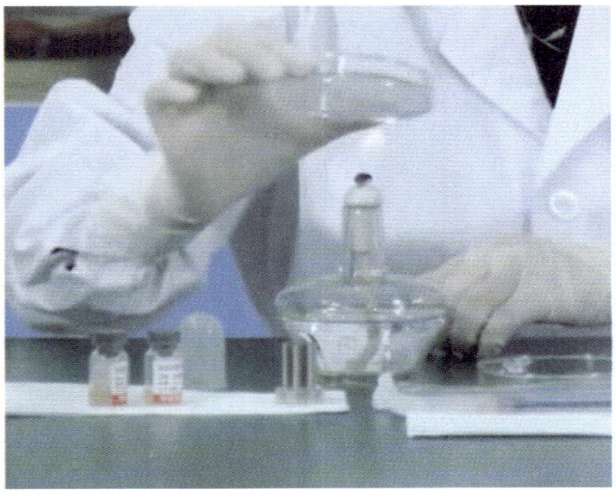

图 4-36 封底

## 三、封底

点燃酒精灯，将平皿底部在酒精灯火焰上缓缓加热至孔底边缘的琼脂刚刚要熔化为止(图 4-36)，手背触碰平皿底部感觉微微烫手(图 4-37)，完成封底。

## 四、加样

用 1 mL 注射器加样。中间孔加入鸡传染性法氏囊炎琼脂扩散试验抗原(图 4-38),四周孔加入鸡传染性法氏囊炎标准阳性血清(图 4-39)。每孔加满为止,不要溢出。

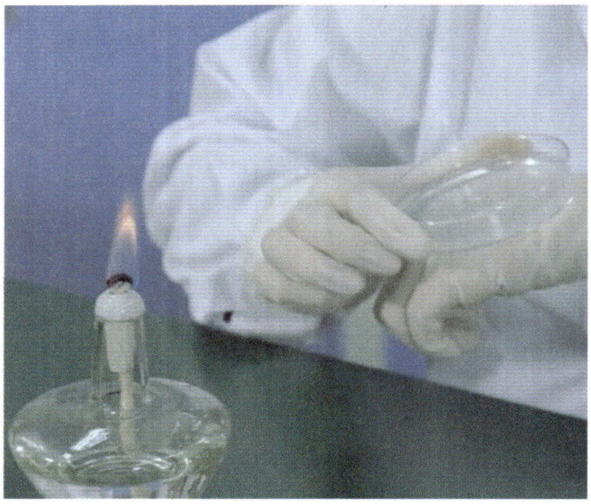

图 4-37　手背感觉微烫

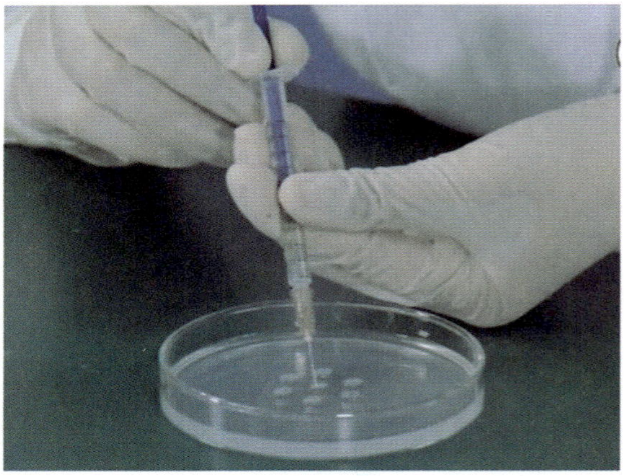

图 4-38　中间孔加入抗原

## 五、反应

加样完毕,盖上皿盖,静置 5～10 min,待孔中抗原、血清吸收半量后,将平皿轻轻放入湿盒内(图 4-40),以防水分蒸发。将湿盒放入 37 ℃温中,逐日观察,记录结果。

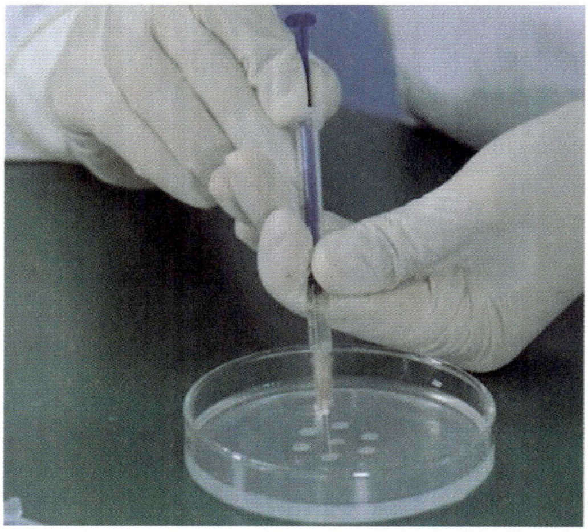

图 4-39　四周孔加入阳性血清

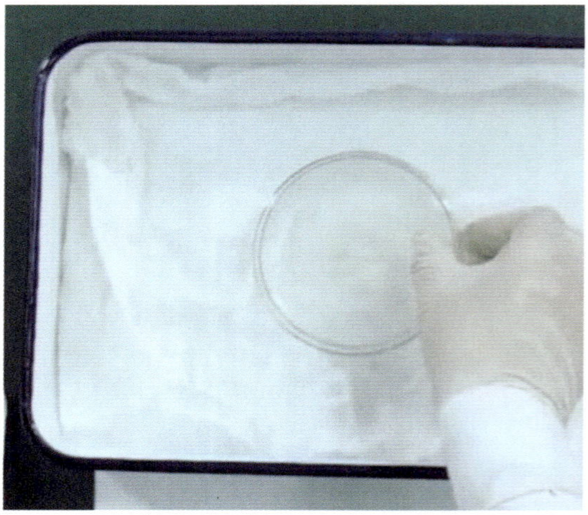

图 4-40　将平皿放入湿盒内

## 六、结果判定

**1. 判定方法**

将琼脂板放置在日光灯或侧强光下观察，若标准阳性血清与抗原孔之间出现一条清晰的白色沉淀线(图 4-41)则试验成立。

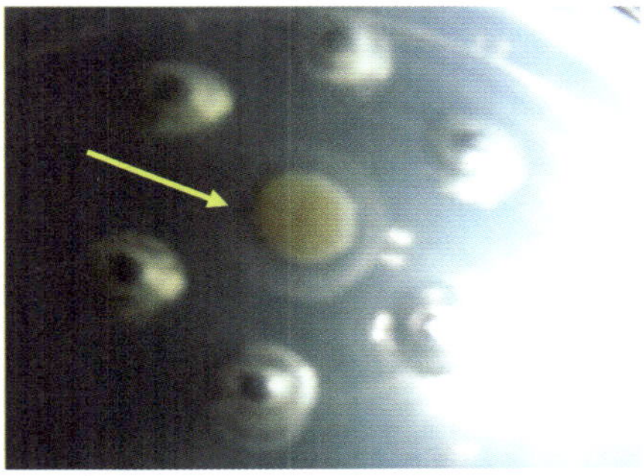

图 4-41　箭头指向为白色沉淀线

**2. 判定标准(其他加样方法)**

阳性：当标准阳性血清孔与抗原孔之间有明显致密的沉淀线时，被检血清孔与抗原孔之间形成沉淀线(图 4-42A)或标准阳性血清的沉淀线末端向毗邻的被检血清孔内侧偏弯者(图 4-42D)，此被检血清判为阳性。

阴性：被检血清孔与抗原孔之间不形成沉淀线(图 4-42B)或标准阳性血清孔与抗原孔之间的沉淀线向毗邻的被检血清孔直伸或向其外侧偏弯者(图 4-42C)，此被检血清判为阴性。

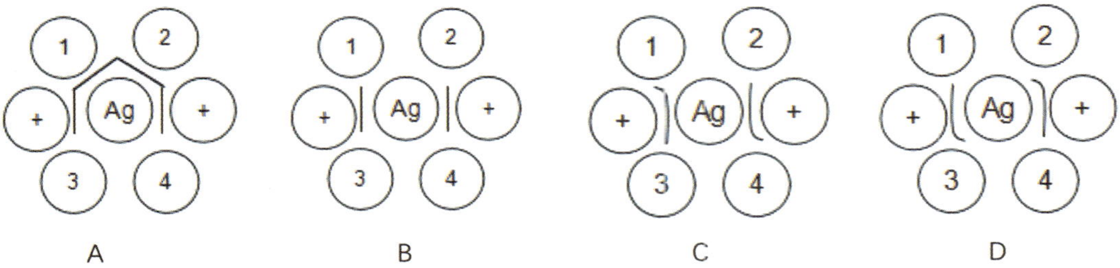


图 4-42　结果举例

# 第三节　酶联免疫吸附试验

## 一、操作过程

(1)取出相应数量的酶标孔(图 4-43)，放置在空的酶标板上(图 4-44)。

(2)待检样品的稀释。用 1 mL 的移液器吸取 1 mL 样品稀释液(图 4-45)加入空离心管中(图 4-46)，加入 2 支(图 4-47)，盖好稀释液盖子。选取 2～20 μL 的移液器，把移液器量程调至 10 μL，安装黄色枪头，吸取 10 μL 的样品(图 4-48)，加入样品稀释液中进行两个样品的稀释(图 4-49)。

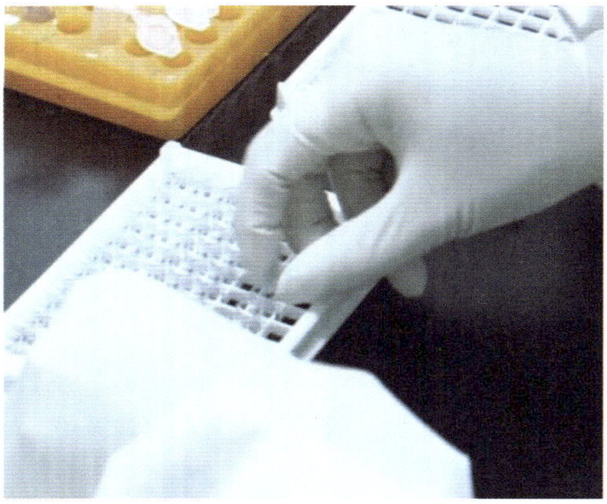

图 4-43　取出相应数量的酶标孔

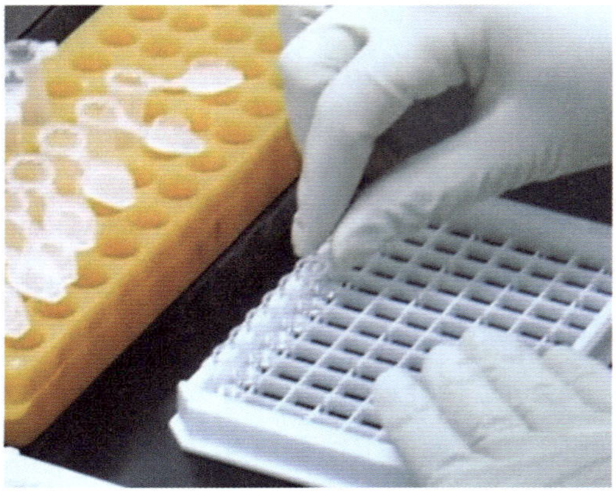

图 4-44　放置在空的酶标板上

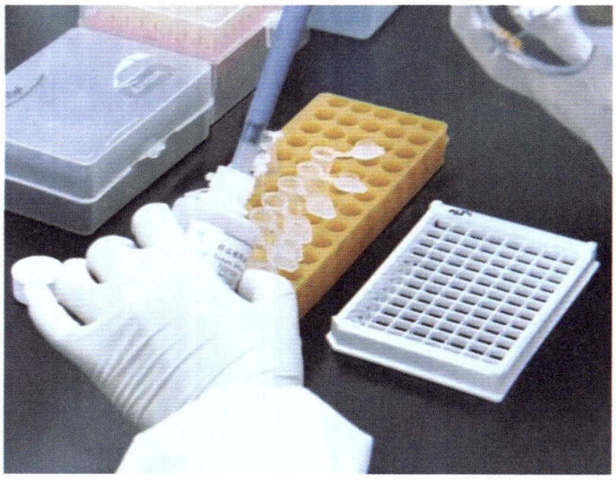

图 4-45　吸取样品稀释液

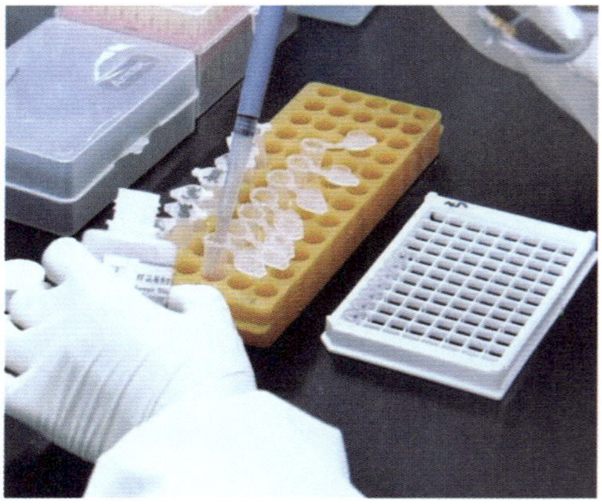

图 4-46　加入空离心管中

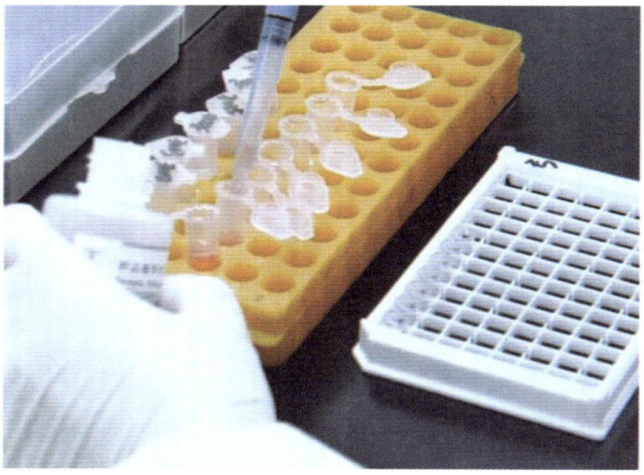

图 4-47　加入 2 支

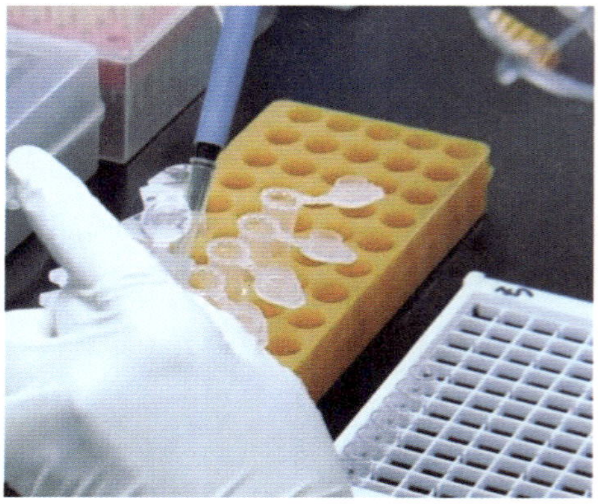

图 4-48　吸取 10 μL 的样品

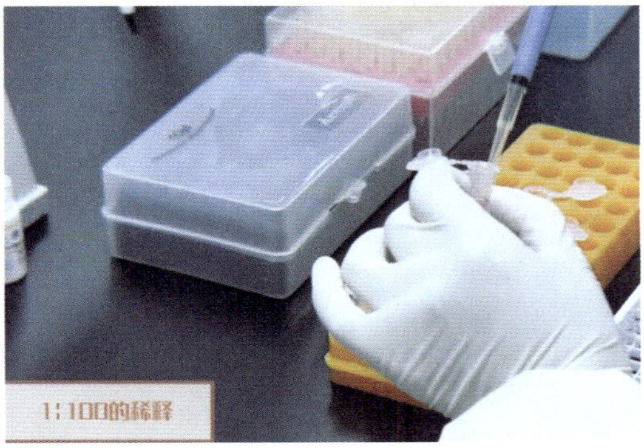


图 4-49 样品的稀释

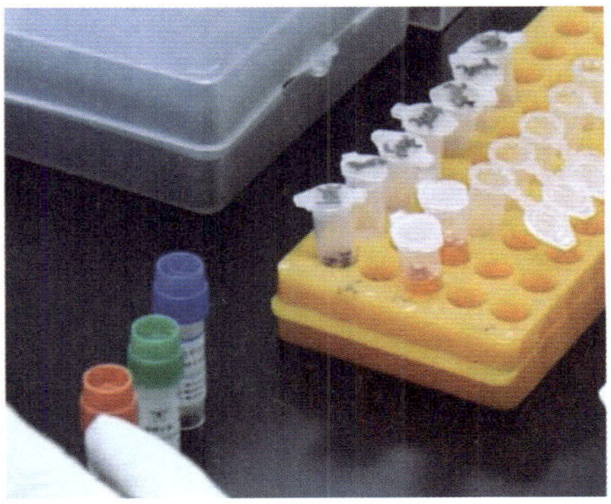

图 4-50 拿取对照及质控品

(3)加样。拿取阳性对照、阴性对照和质控品(图 4-50),选取 10～100 μL 的移液器,在酶标板的第一孔加入阳性对照 100 μL(图 4-51),第二孔加入阴性对照 100 μL(图 4-52),第三孔加入质控品 100 μL(图 4-53)。轻轻摇匀稀释好的样品,分别吸取 100 μL 加入第四孔(图 4-54)和第五孔(图 4-55)后两孔做空白对照。

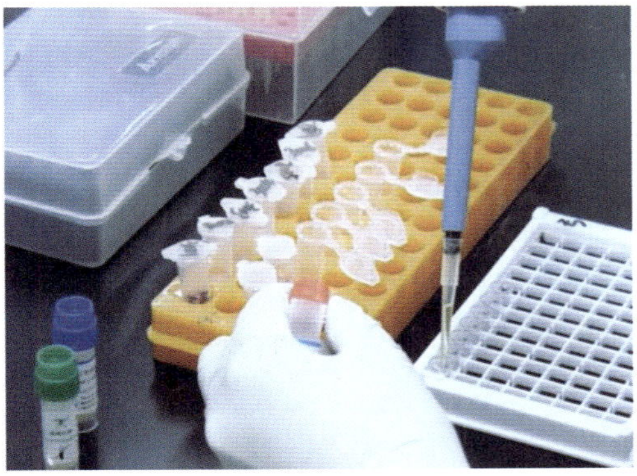

图 4-51 加入阳性对照

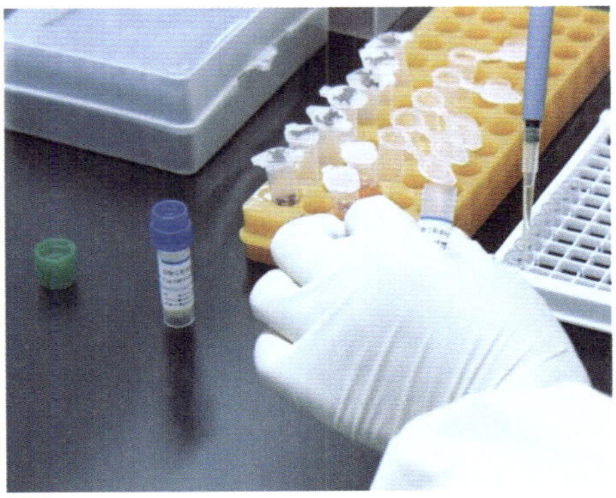

图 4-52 加入阴性对照

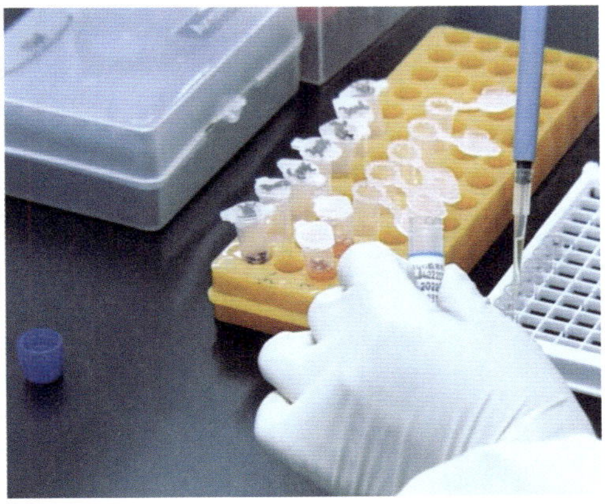

图 4-53 加入质控品

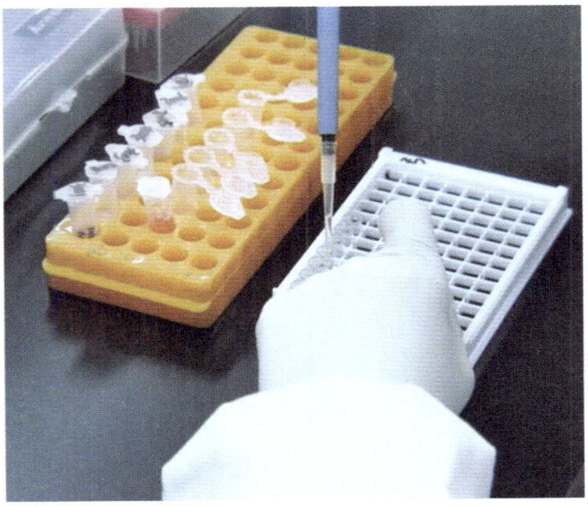

图 4-54 加入样品 1

(4)第一次孵育。拿取合适大小的胶带(图 4-56),将酶标孔封上(图 4-57),避免 37 ℃孵育时液体挥发。将酶标板放入 37 ℃温箱中,孵育 30 min(图 4-58)。

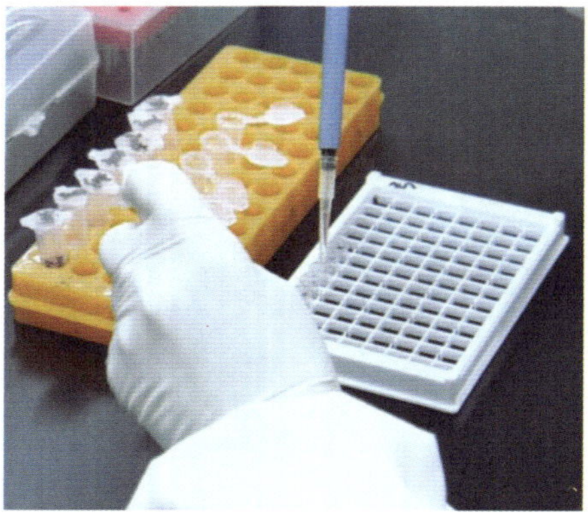

图 4-55　加入样品 2

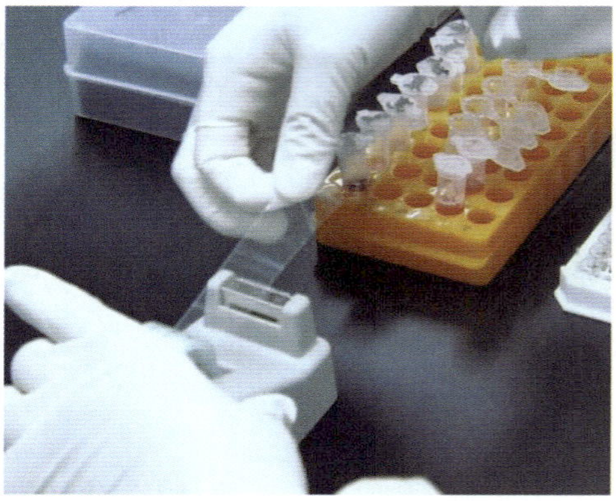

图 4-56　拿取合适大小的胶带

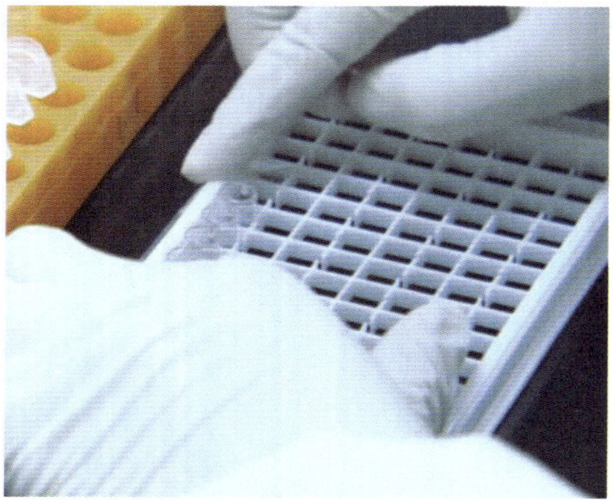

图 4-57　将酶标孔封上

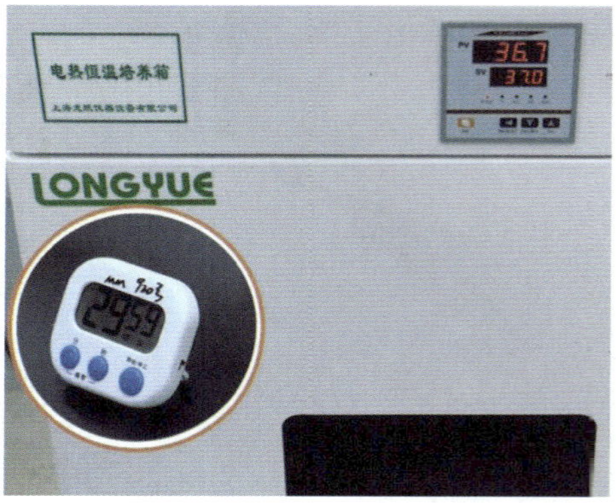


图 4-58　第一次孵育

(5)配置洗液。用量筒量取 90 mL 蒸馏水加入蓝盖瓶中(图 4-59),量取 10 mL 浓缩洗涤液(图 4-60),加入蓝盖瓶中(图 4-61),混匀(图 4-62)。

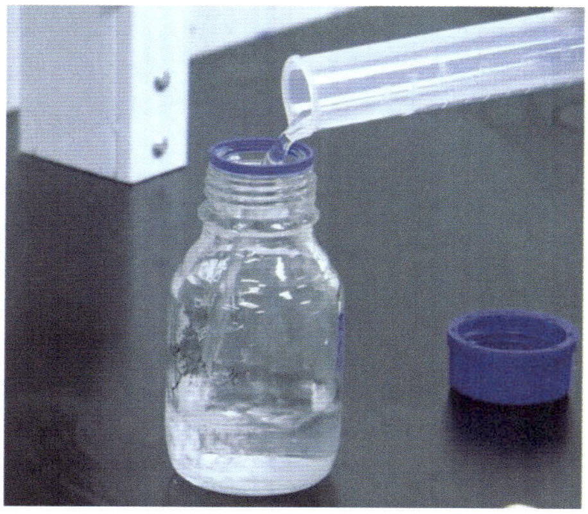

图 4-59　将蒸馏水加入蓝盖瓶中

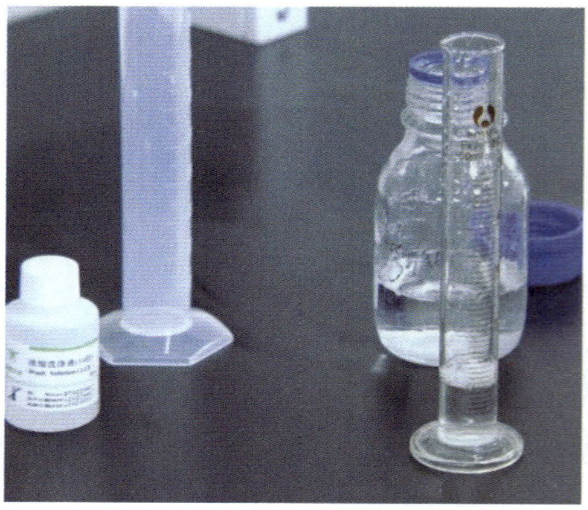

图 4-60　量取 10 mL 浓缩洗涤液

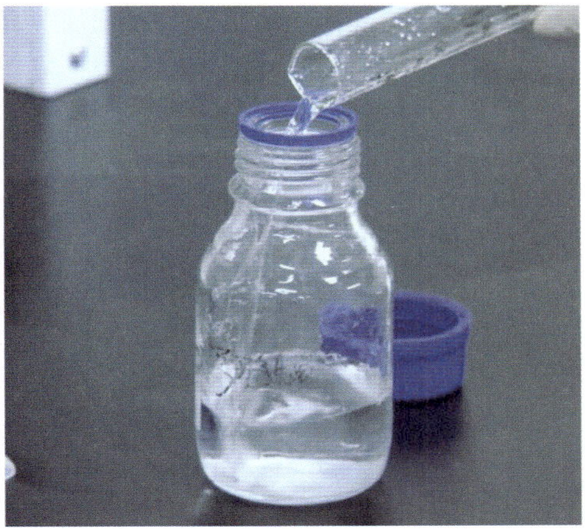

图 4-61　加入蓝盖瓶中

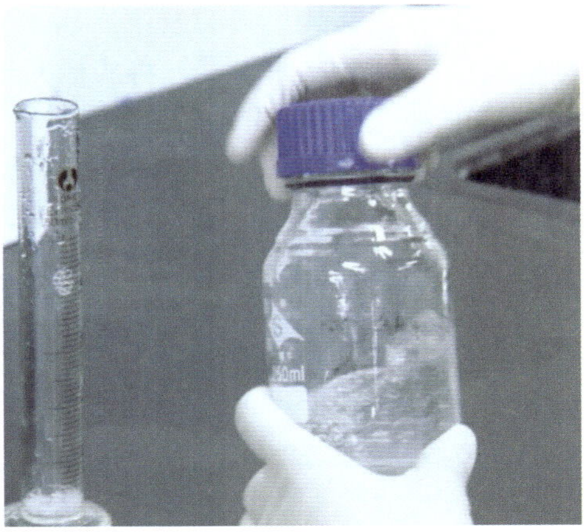

图 4-62　混匀

(6)第一次洗涤。取出酶标反应板,将胶带撕开(图 4-63),倒掉液体(图 4-64),用一次性胶头滴管吸取洗液加入酶标反应孔中,加满孔(图 4-65)。静置 1 min 后(图 4-66),倒掉洗液,并在吸水纸上拍干(图 4-67),共洗涤 5 次。

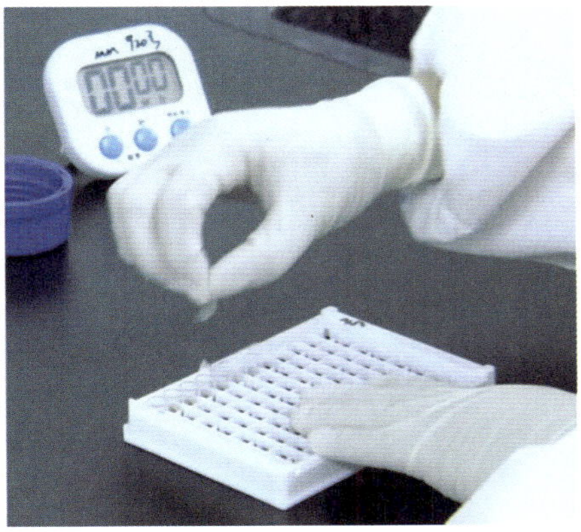

图 4-63　将胶带撕开

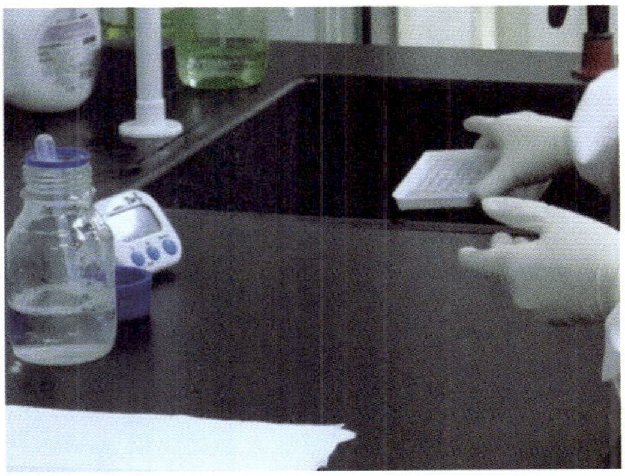

图 4-64　倒掉液体

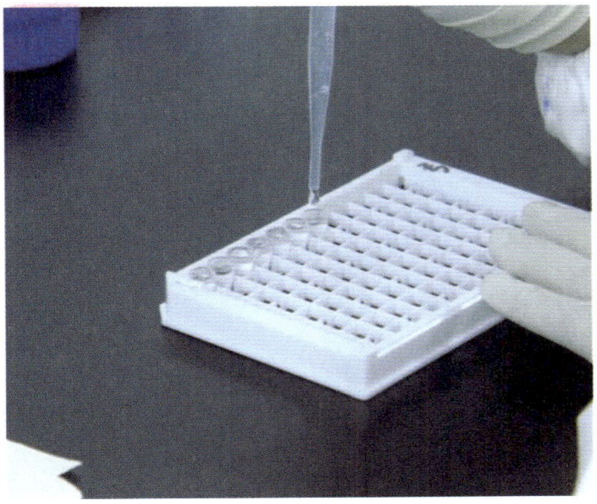

图 4-65　洗液加满孔

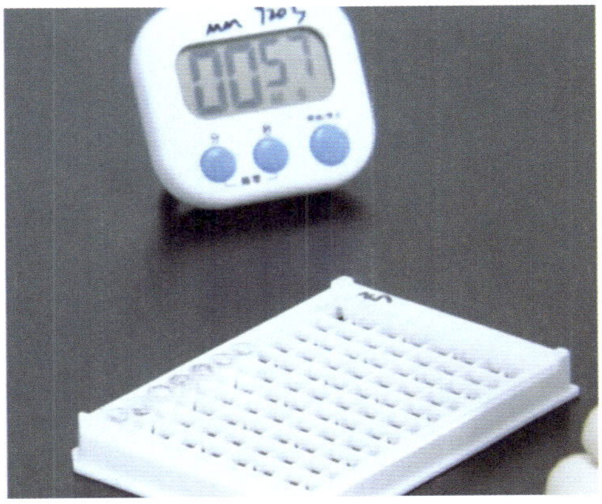

图 4-66　静置 1 min

(7)加酶标记物(图 4-68)及第二次孵育。拿取酶标记物，加入酶标记孔中，每孔加一滴，拿取合适大小的胶带(图 4-69)，将酶标孔封上(图 4-70)，轻轻混匀(图 4-71)，再将酶标板放入 37 ℃温箱中，孵育 30 min(图 4-72)。

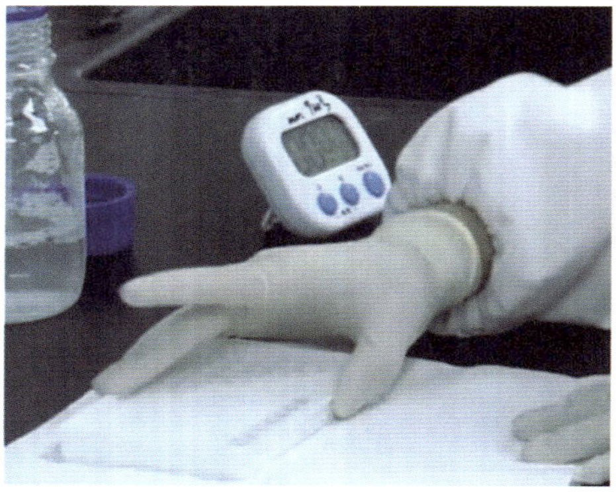

图 4-67 在吸水纸上拍干

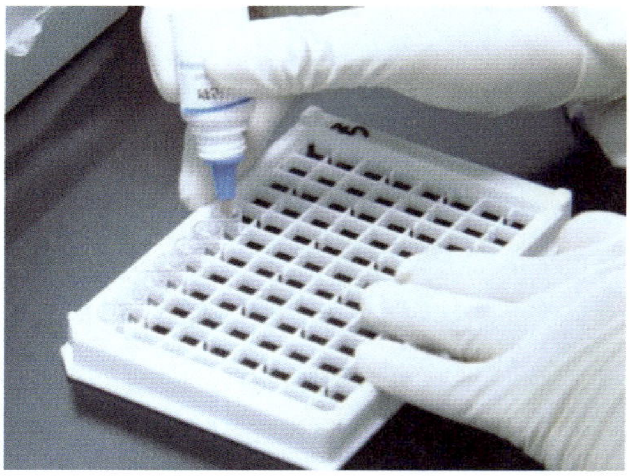

图 4-68 加酶标记物

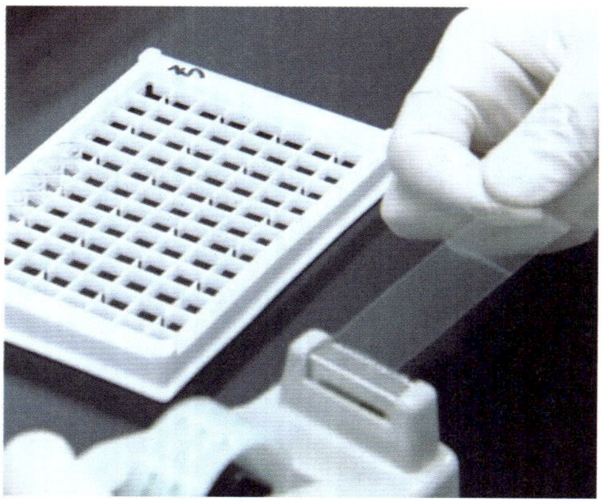

图 4-69 拿取合适大小的胶带

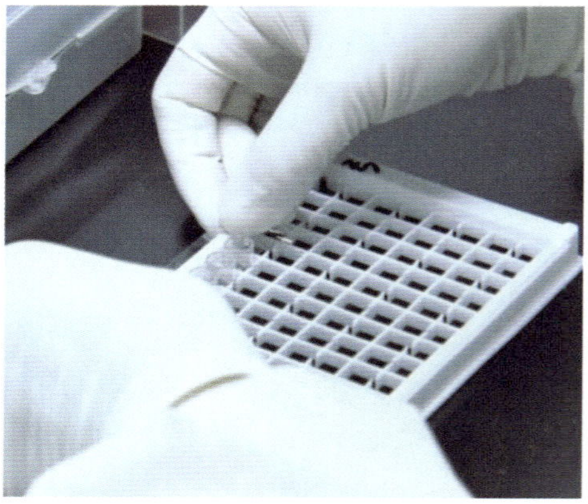

图 4-70 将酶标孔封上

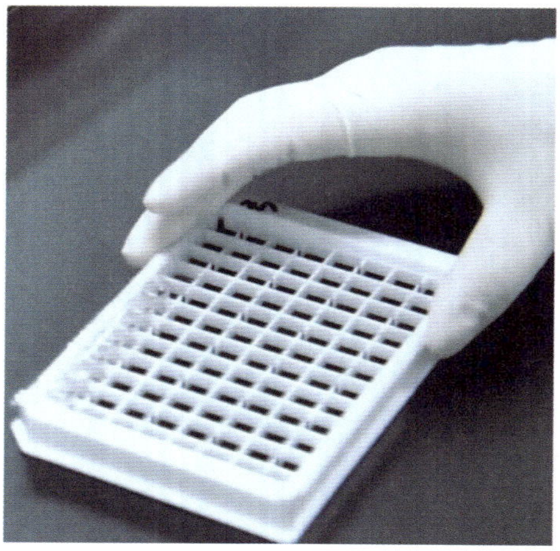

图 4-71 轻轻混匀

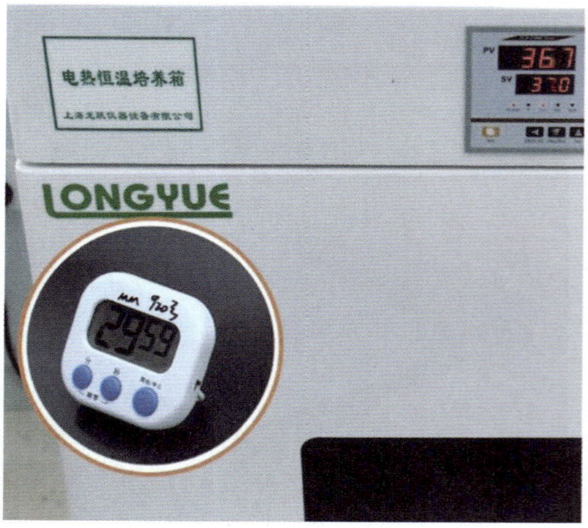


图 4-72 孵育 30 min

(8)第二次洗涤。取出酶标反应板,将胶带撕开(图 4-73),倒掉液体,用一次性胶头滴管吸取洗液加入酶标反应孔中,加满孔。静置 1 min 后,倒掉洗液,并在吸水纸上拍干,共洗涤 5 次。

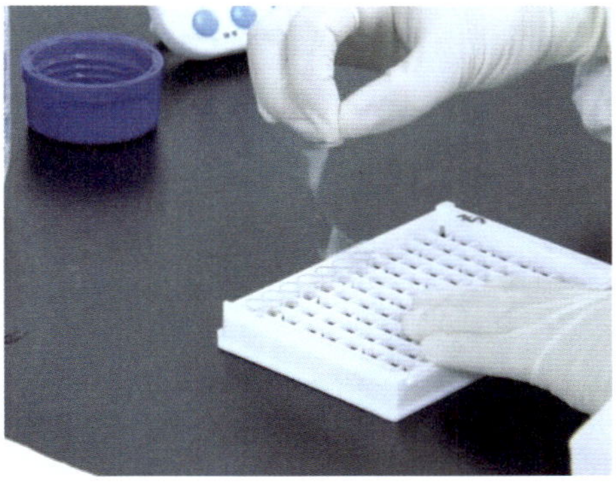

图 4-73 将胶带撕开

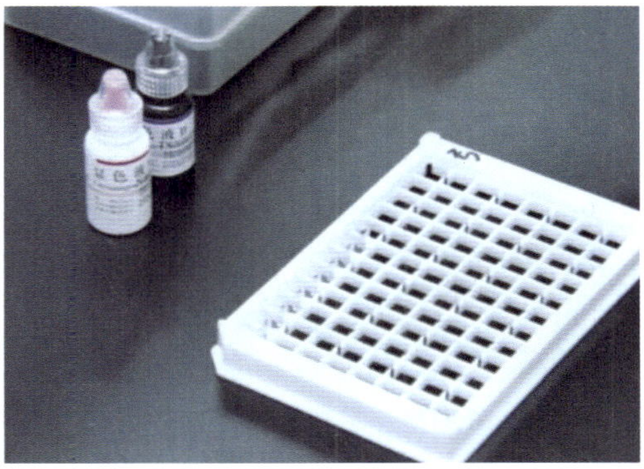

图 4-74 拿出显色液 A 液和 B 液

(9)加入显色液。拿出显色液 A 液和 B 液(图 4-74),先摇匀 A 液,每孔加入 A 液一滴(图 4-75),然后摇匀 B 液,每孔加入 B 液一滴(图 4-76)。剪取大小合适的避光膜(图 4-77),盖在酶标孔上(图 4-78),避光反应 15 min(图 4-79)。

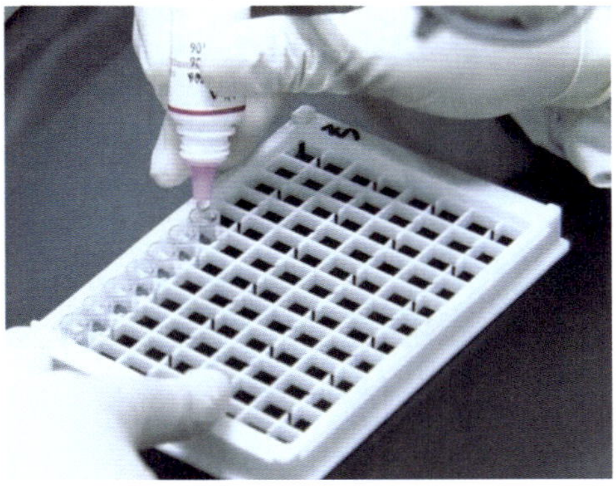

图 4-75 加入 A 液

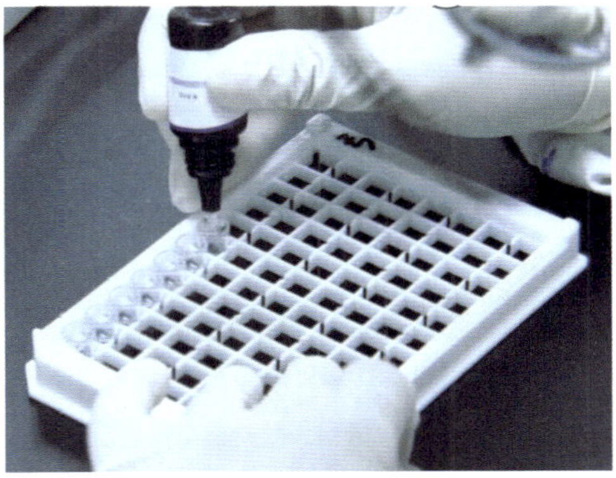

图 4-76 加入 B 液

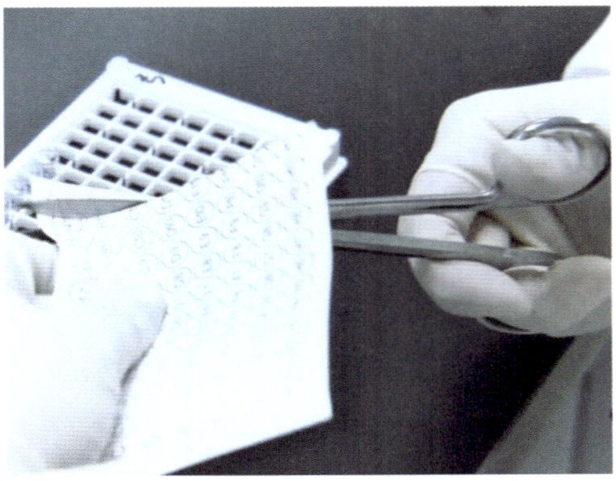

图 4-77 剪取大小合适的避光膜

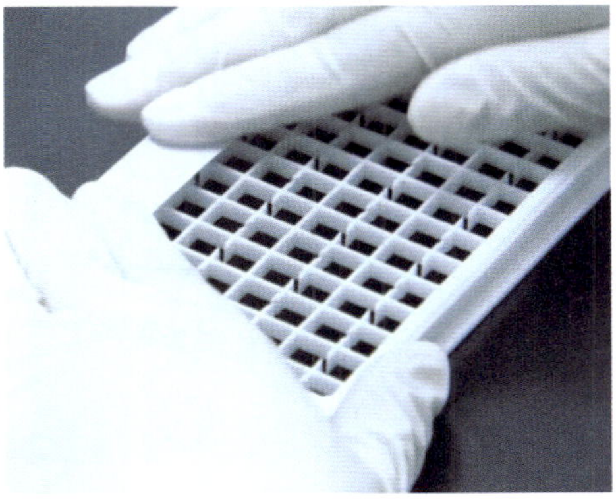

图 4-78 盖在酶标孔上

图 4-79　避光反应 15 min

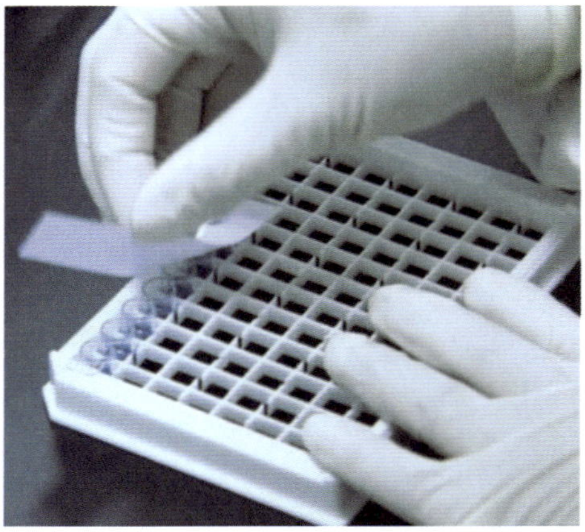

图 4-80　撕掉避光膜

(10)加入终止液。15 min 后，撕掉避光膜(图 4-80)，酶标孔每孔加入一滴终止液(图 4-81)，轻轻混匀(图 4-82)。

图 4-81　加入终止液

图 4-82　轻轻混匀

(11)酶标仪测定结果。将酶标板置于酶标仪上(图 4-83)，在 OD 值为 450 nm 处读取吸光值即可(图 4-84)。

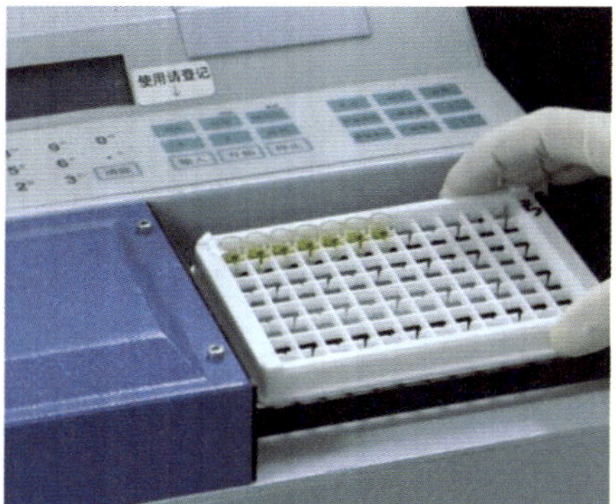


图 4-83　将酶标板置于酶标仪上

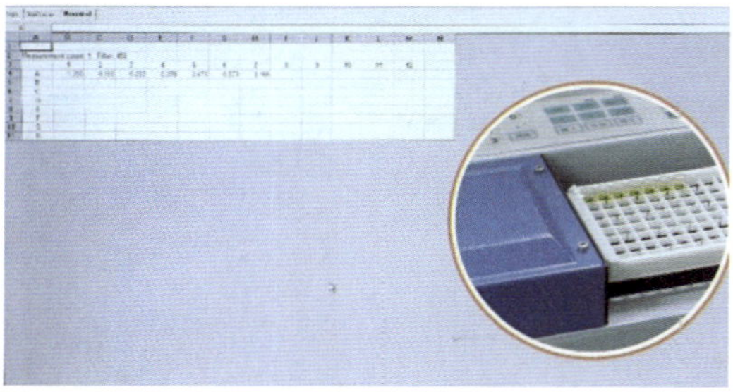

图 4-84　在 OD 值为 450 nm 处读取吸光值

## 二、注意事项

(1)试剂盒及阴阳对照需提前 30 min 恢复至室温。

(2)提前打开温箱,并将温度调至孵育温度 37 ℃。

(3)确认酶标仪和温箱是否处于正常工作状态。

(4)取出试剂盒中的浓缩洗涤液,并按照浓缩洗涤液和蒸馏水 1∶9 的比例配制洗涤液。即 10 mL 浓缩洗涤液+90 mL 蒸馏水。

(5)取出试剂盒中的样品稀释液,并按照血清样本和样品稀释液 1∶100 的比例稀释待测血清样本。即 10 μL 血清+1 000 μL 样品稀释液。

# 第四节　胶体金免疫检测技术

## 一、实验准备

圆形利器盒、取样瓶、棉签、CDV 检测试纸板、加样管(图 4-85)。

## 二、实验过程

(1)采样。用棉签采集狗眼部的分泌物(图 4-86)。

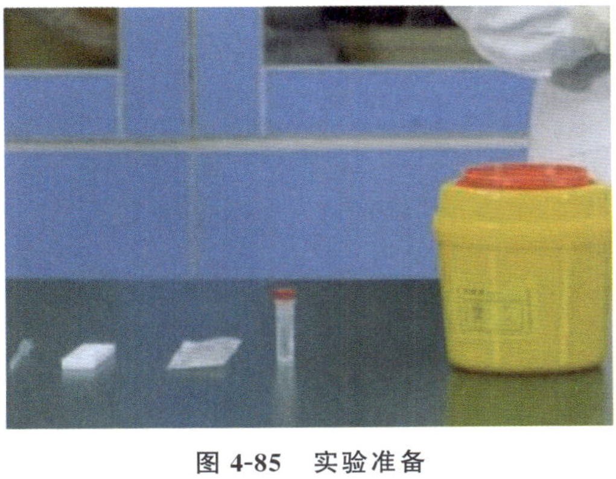

图 4-85　实验准备

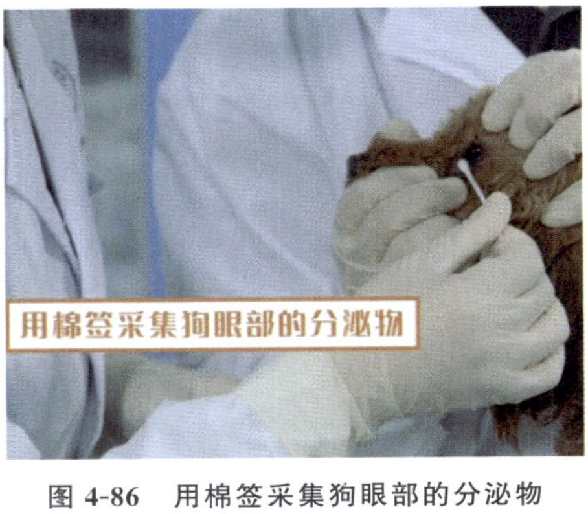


图 4-86　用棉签采集狗眼部的分泌物

(2)将棉签浸入取样瓶(图 4-87),充分搅拌混匀后静置 30 s。将使用完毕的棉签放入袋中(图 4-88),再放入装有消毒液的圆形利器盒中。

(3)用加样管吸取稀释液的无气泡上清液(图 4-89)。

(4)将液体缓慢逐滴加入试纸板的样品孔中(3～5 滴)(图 4-90),直到显示窗有液体流出(图 4-91),加样管放入装有消毒液的圆形利器盒中(图 4-92)。

(5)滴入稀释液后 5～10 min 内判定结果(图 4-93),10 min 后结果视为无效。

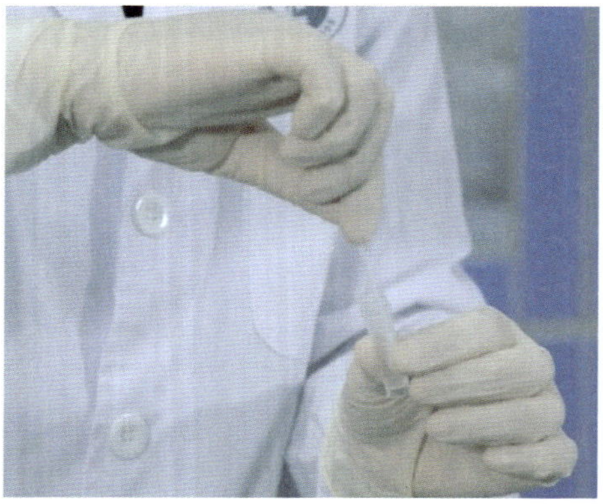

图 4-87　棉签浸入取样瓶，充分搅拌

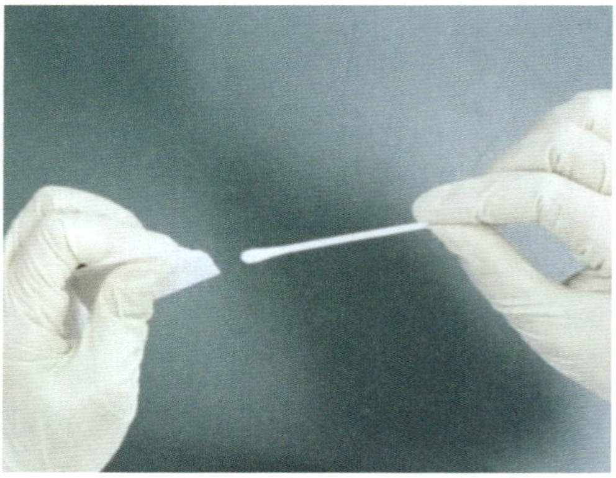

图 4-88　使用完毕的棉签放入袋中

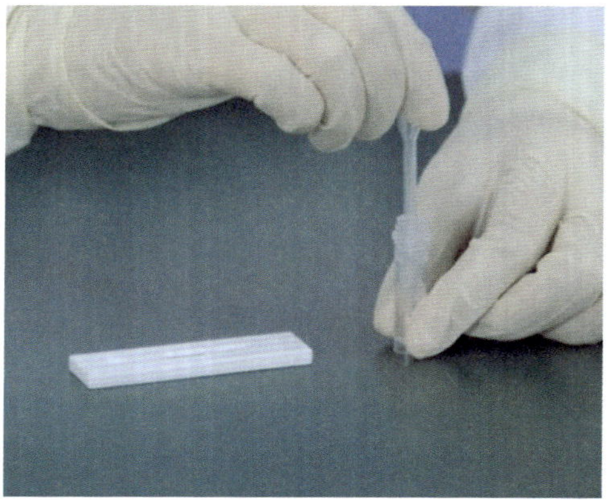

图 4-89　吸取上清液

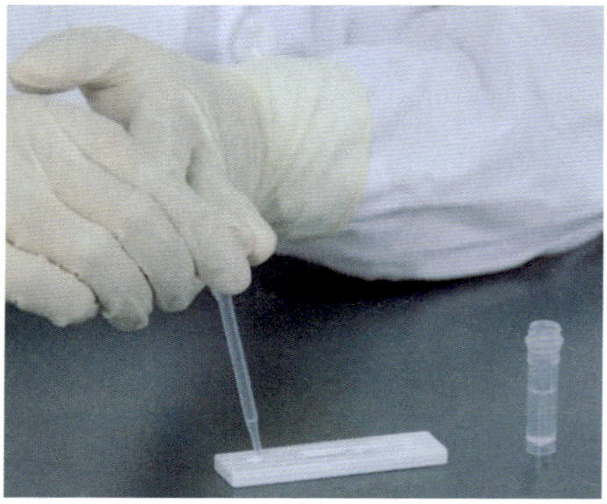

图 4-90　加样

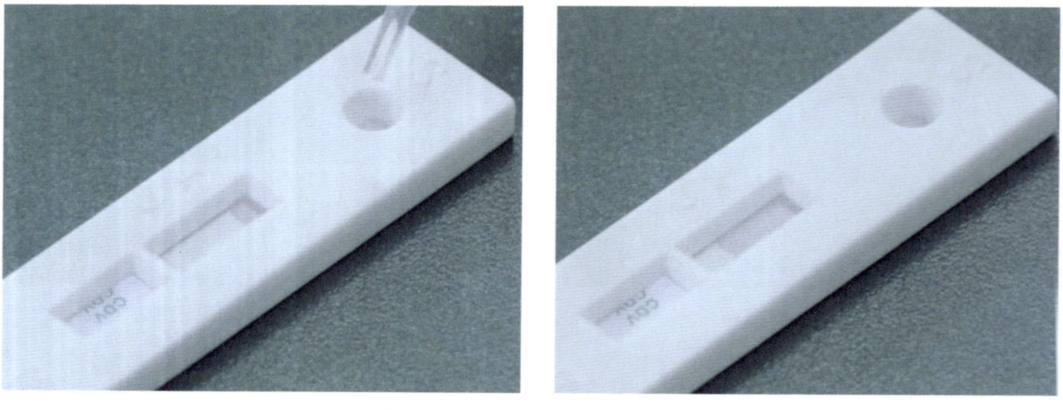

图 4-91　显示窗有液体流动

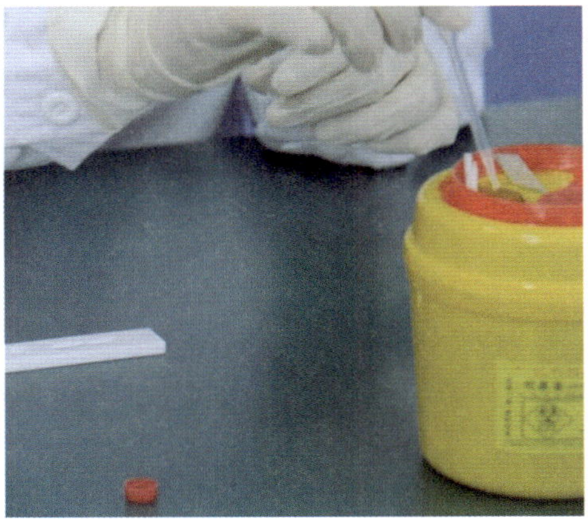

图 4-92　加样管放入盒内

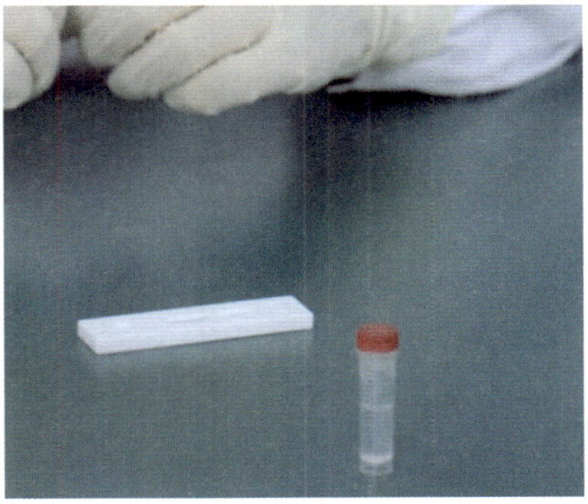

图 4-93　5～10 min 内判定结果

(6)结果判定(图 4-94)。

①阳性。在质控线(C 线)及检测线(T 线)处,均出现紫红色条带,判定为阳性,表明样品中可能存在 CDV 病毒。

②阴性。在质控线(C 线)处,出现紫红色条带,检测线(T 线)处没有出现紫红色条带,判定为阴性,表明样品中可能不存在 CDV 病毒。

③无效。在质控线(C 线)没有出现红色条带,无论 T 线出现红色条带与否,判定试纸条失效,实验结果不成立。

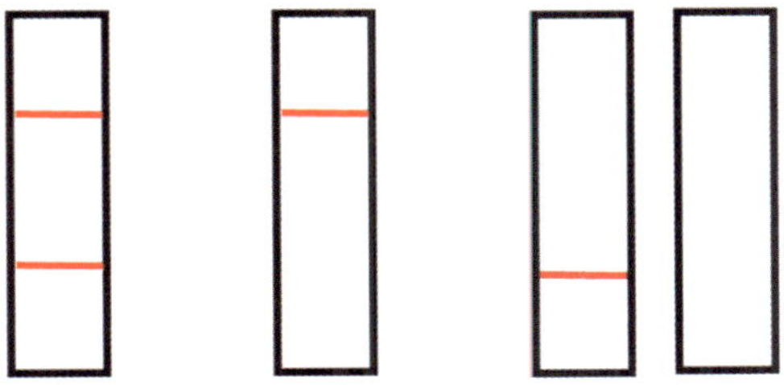


图 4-94　结果判定

# 第五章　分子生物学检测技术

## 第一节　病毒核酸的提取

### 一、样本的处理

**1. 拭子样本的处理**

(1)用移液器轻轻抽吸混匀拭子样本中的液体，并吸取 100 μL(图 5-1)加入 1.5 mL 空离心管中(图 5-2)，再用移液器吸取 600 μL 裂解液 R2(图 5-3)加入 1.5 mL 离心管中(图 5-4)，在离心管上标记编号。

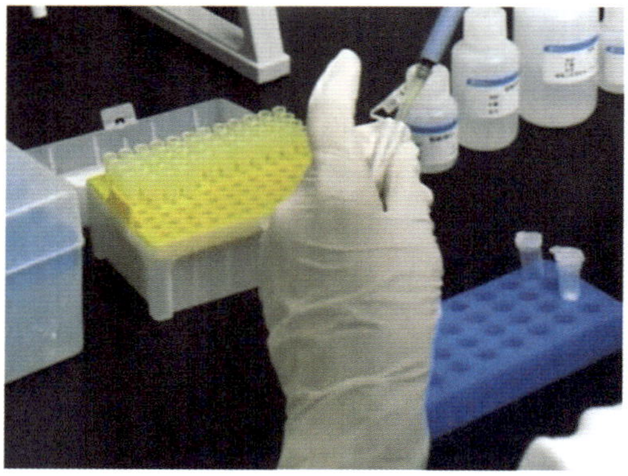

图 5-1　吸取 100 μL 样本液

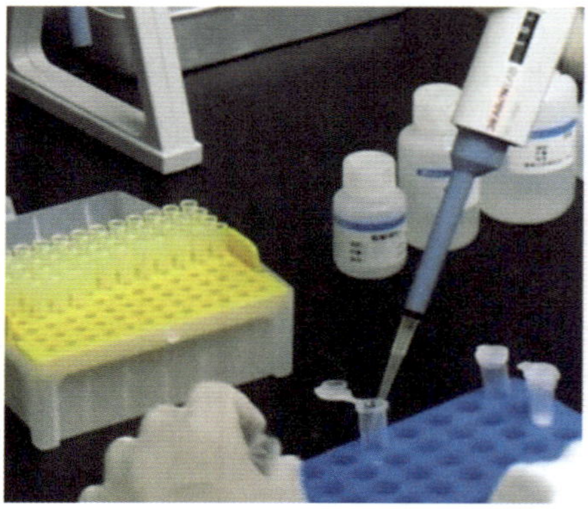

图 5-2　加入 1.5 mL 空离心管中

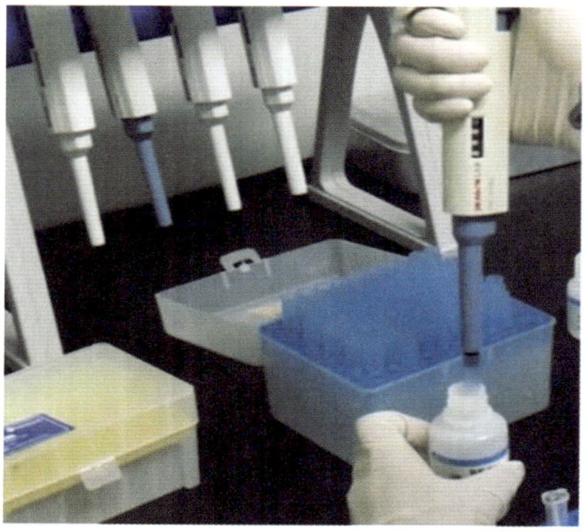

图 5-3　吸取 600 μL 裂解液 R2

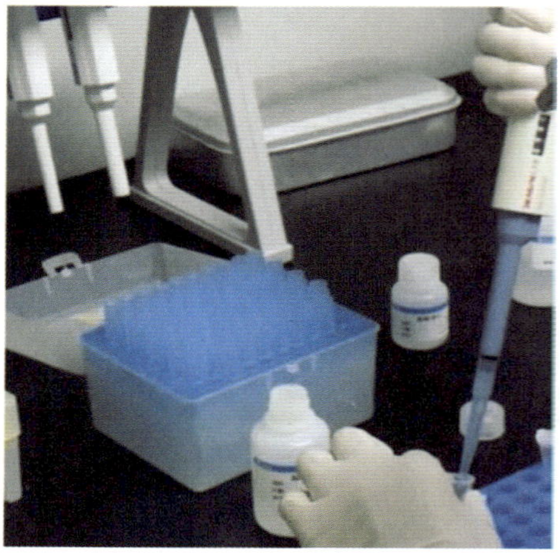

图 5-4　加入 1.5 mL 离心管中

(2)离心管在旋涡混合器上充分振荡混匀(图 5-5),室温静置 5 min。

**2. 血液样本的处理**

(1)使用旋涡混合器将血液样本充分振荡混匀(图 5-6),用移液器吸取 100 μL 全血(图 5-7)加入 1.5 mL 空离心管中(图 5-8),再用移液器吸取等量的裂解液 R1 加入 1.5 mL 离心管中(图 5-9)。

图 5-5　旋涡混合器混匀

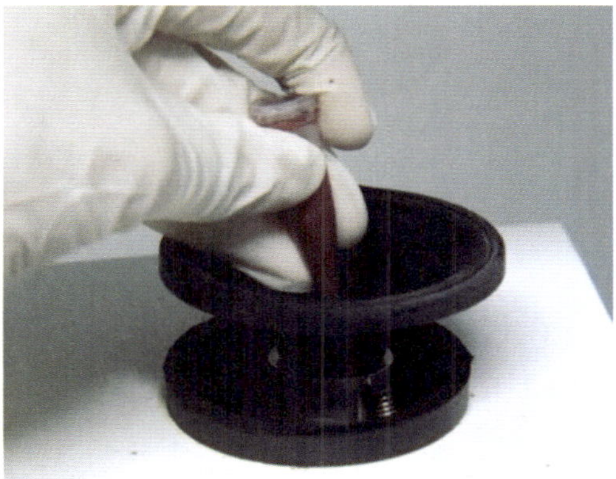

图 5-6　血液样本混匀

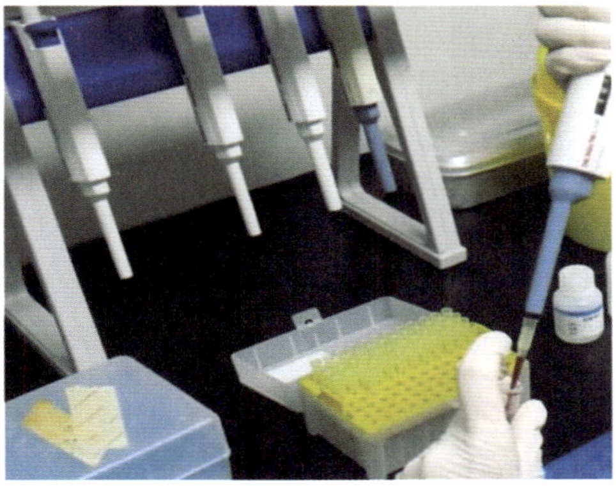

图 5-7　吸取 100 μL 全血

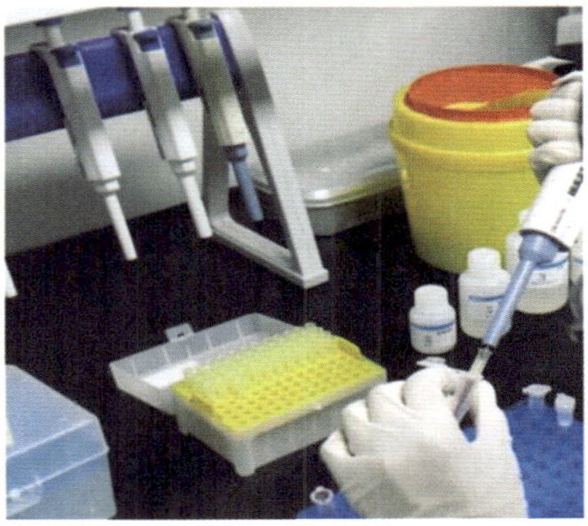

图 5-8　加入空离心管中

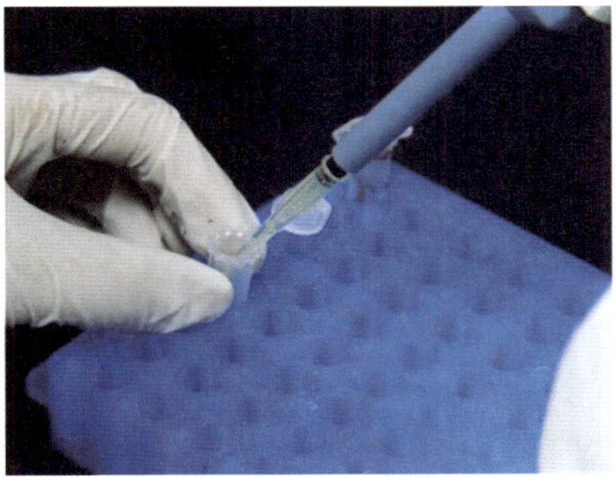

图 5-9　加入等量的裂解液 R1

图 5-10　振荡混匀前

(2)离心管在旋涡混合器上充分振荡混匀(图 5-10、图 5-11),室温静置 1 min。

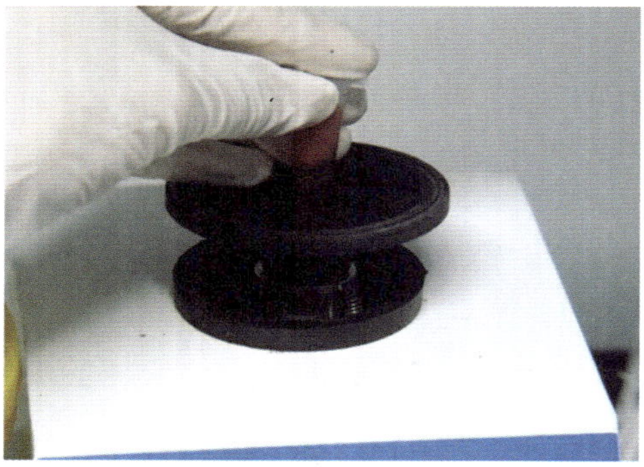

图 5-11　振荡混匀后

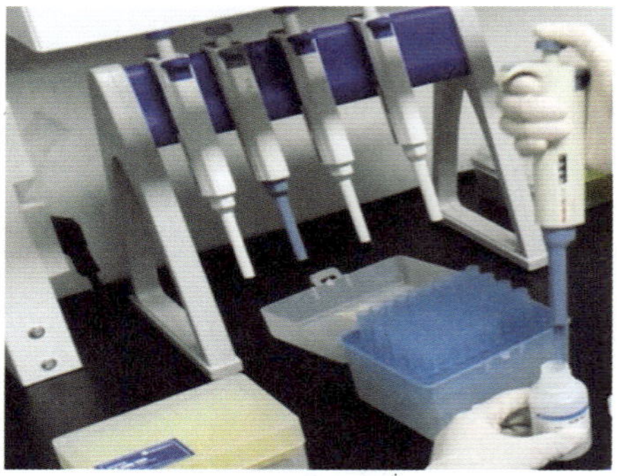

图 5-12　吸取 600 μL 裂解液 R2

(3)再用移液器吸取 600 μL 裂解液 R2(图 5-12)加入 1.5 mL 离心管中(图 5-13),在旋涡混合器上充分振荡混匀(图 5-14),室温静置 5 min,在离心管上标记编号。

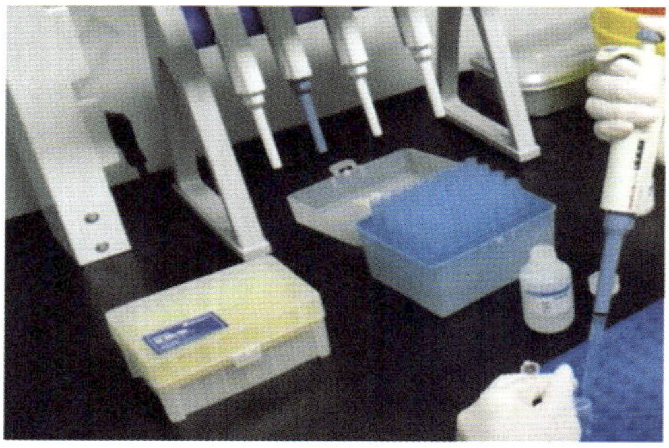

图 5-13　加入离心管

图 5-14　振荡混匀

## 二、核酸的提取(以血液样本为例)

(1)准备纯化柱与接液管(图 5-15),将纯化柱套入接液管中,并标明样本编号,用移液器吸取静置后的混合液加入纯化柱中(图 5-16)。

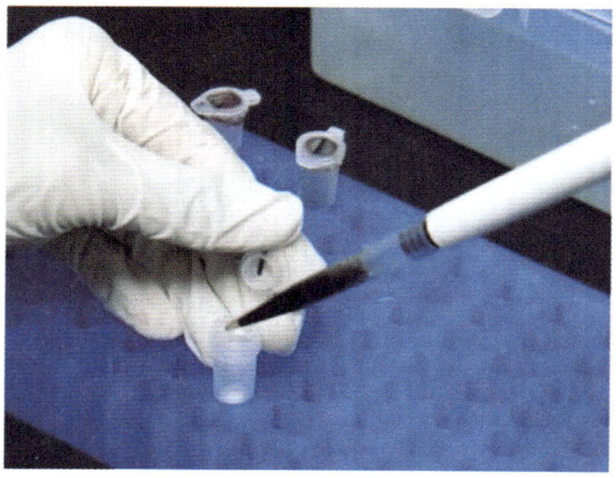

图 5-15　准备纯化柱与接液管

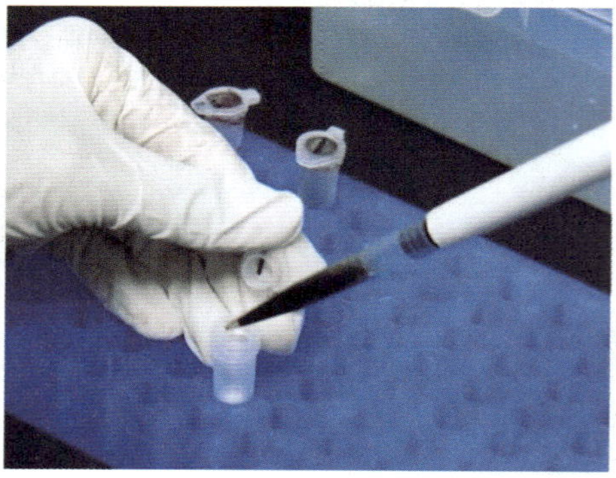

图 5-16　混合液加入纯化柱中

(2)按照配平原则将纯化柱及接液管放入高速冷冻离心机中(图 5-17),12 000 r/min 离心 1 min(图 5-18)。弃去接液管中液体(图 5-19),放好纯化柱。

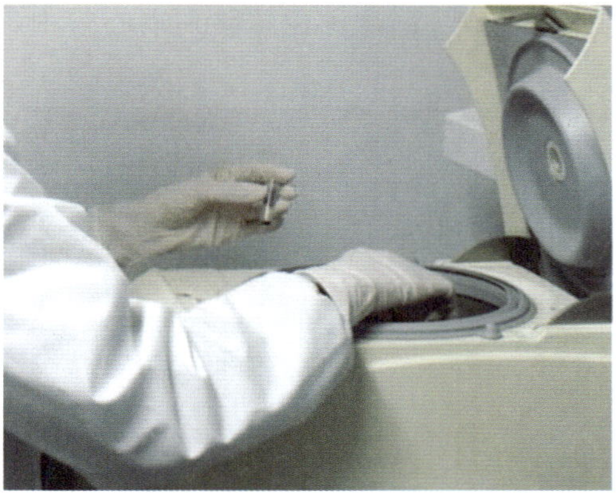
图 5-17　放入高速冷冻离心机中

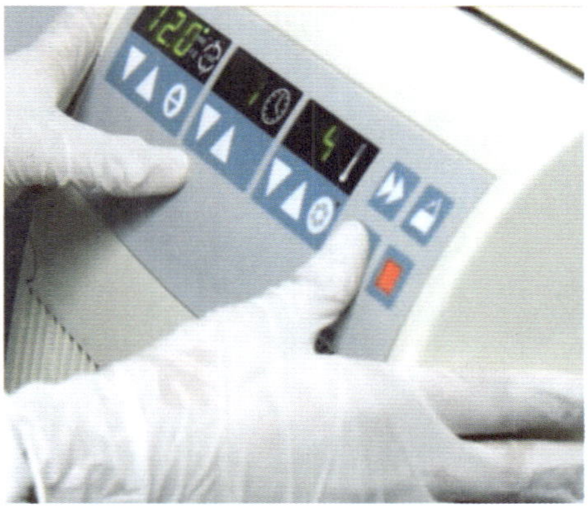
图 5-18　12 000 r/min 离心 1 min

(3)用移液器吸取 600 μL 洗液加入纯化柱中(图 5-20),再放入高速冷冻离心机中,12 000 r/min 离心 1 min。弃去接液管中液体(图 5-21),放好纯化柱。

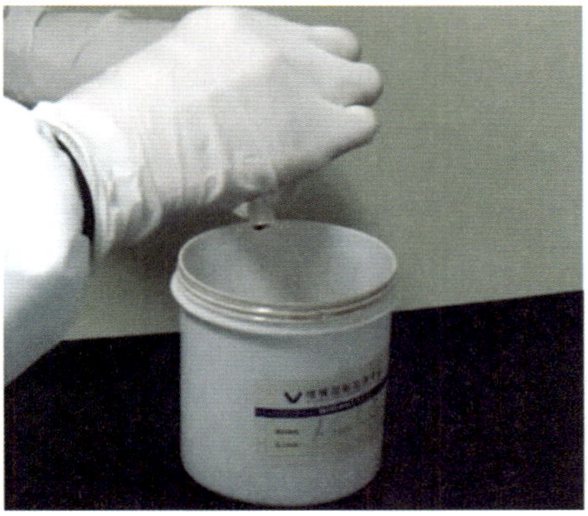
图 5-19　弃去接液管中液体

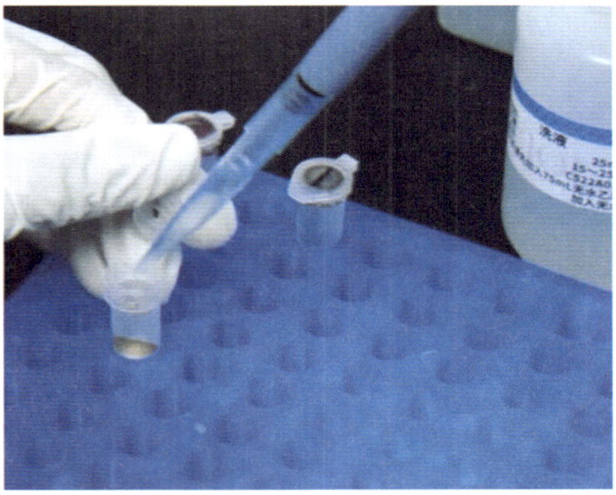

图 5-20　洗液加入纯化柱中

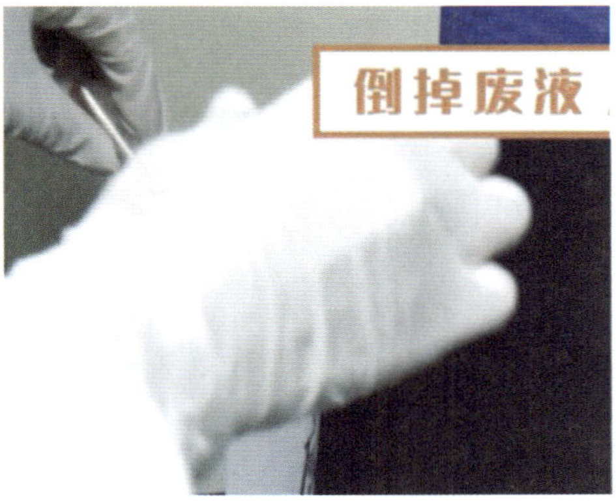

图 5-21　弃去接液管中液体

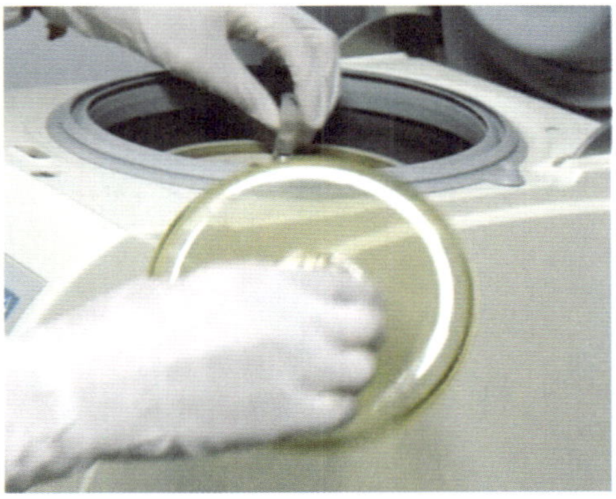
图 5-22　空柱离心

(4)重复一次洗涤步骤至倒净接液管中的液体,放好纯化柱。

(5)空柱于高速冷冻离心机中(图 5-22)12 000 r/min 离心 1 min(图 5-23)。

(6)准备一支新的灭菌 1.5 mL 离心管,并标明样本编号,将纯化柱转移到离心管中(图 5-24)。

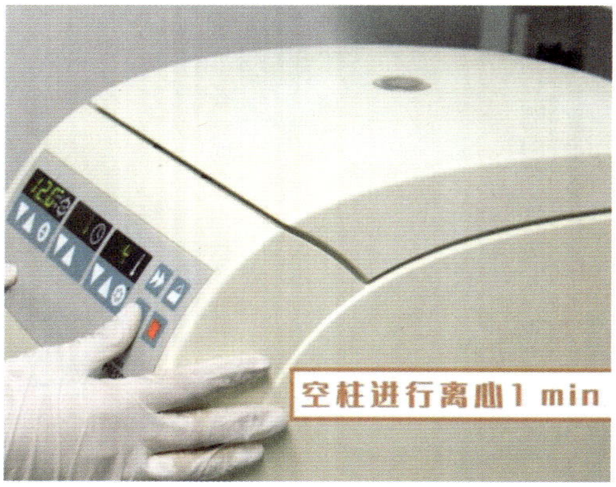


图 5-23　2 000 r/min 离心 1 min

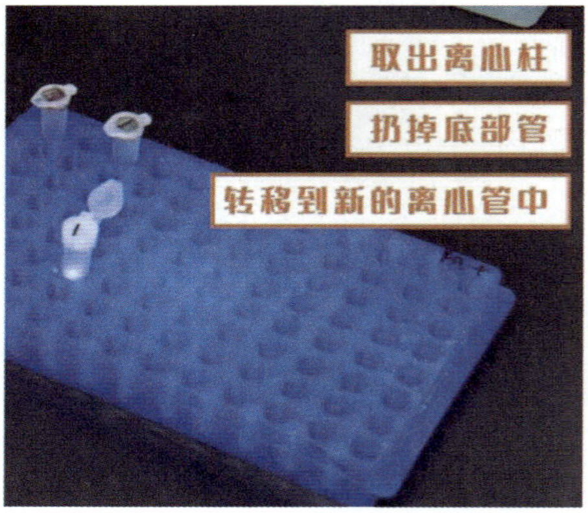


图 5-24　纯化柱转移到离心管中

(7)用移液器吸取 50 μL 洗脱液加入纯化柱膜中央(图 5-25),室温静置 1 min。

(8)将离心管放入高速冷冻离心机中,12 000 r/min 离心 1 min,去掉离心柱,离心管中收集的溶液即为核酸产物(图 5-26)。

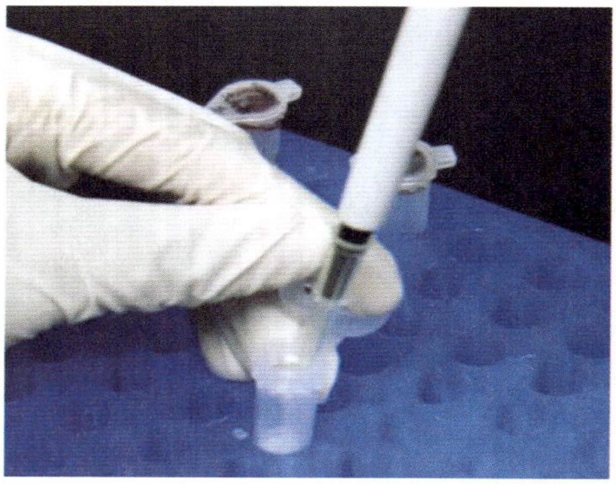

图 5-25　加入洗脱液

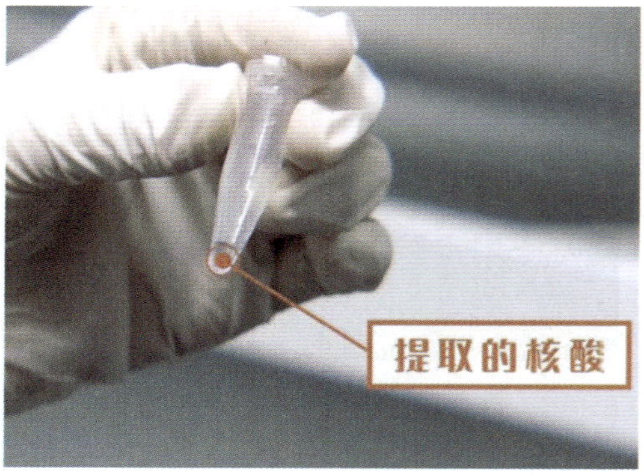


图 5-26　核酸产物

# 第二节　细菌核酸的提取

## 一、样本的准备

(1)用移液器取 200 μL 缓冲液 GA 加入 2 mL 灭菌离心管中(图 5-27)。

(2)接种环灭菌(图 5-28),挑取适量的菌落(图 5-29)加入装有 GA 缓冲液的离心管中(图

5-30)，将接种环上的细菌充分洗净，接种环灭菌(图 5-31)，离心管做好标记后在旋涡混合器上振荡混匀(图 5-32)。

(3)取出试剂盒中的蛋白酶 K(图 5-33)，用移液器吸取 20 μL(图 5-34)加入离心管中(图 5-35)，在旋涡混合器上振荡混匀(图 5-36)。

(4)取出试剂盒中的缓冲液 GB 用移液器吸取 220 μL 加入离心管中(图 5-37)，在旋涡混合器上振荡混匀(图 5-38)。

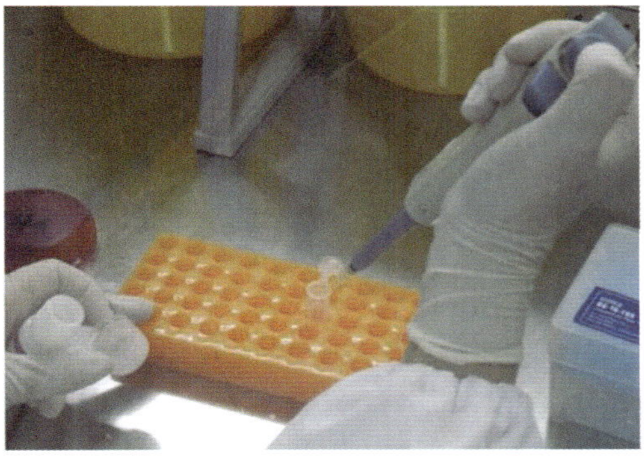

图 5-27 加入缓冲液 GA

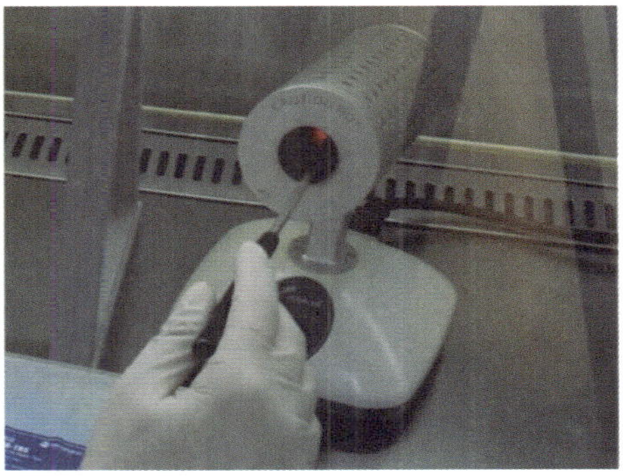

图 5-28 接种环灭菌

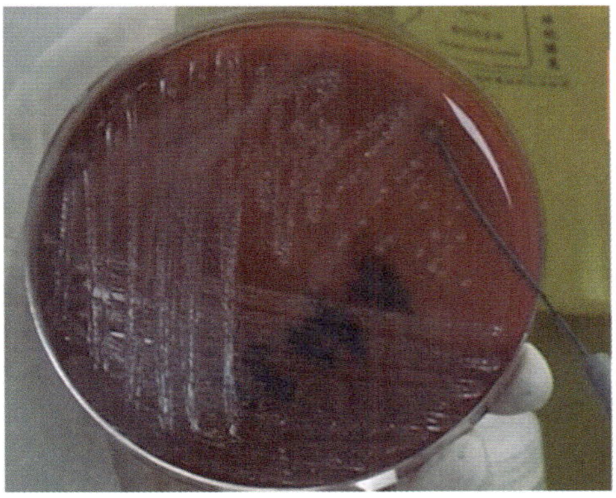

图 5-29 挑取适量的菌落

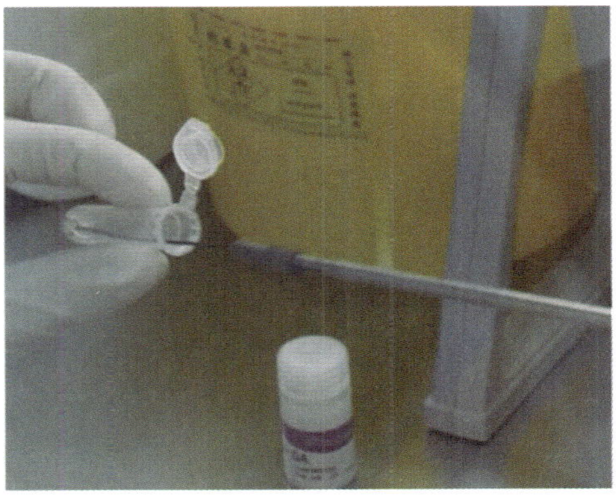

图 5-30 将菌落加入 GA 缓冲液中

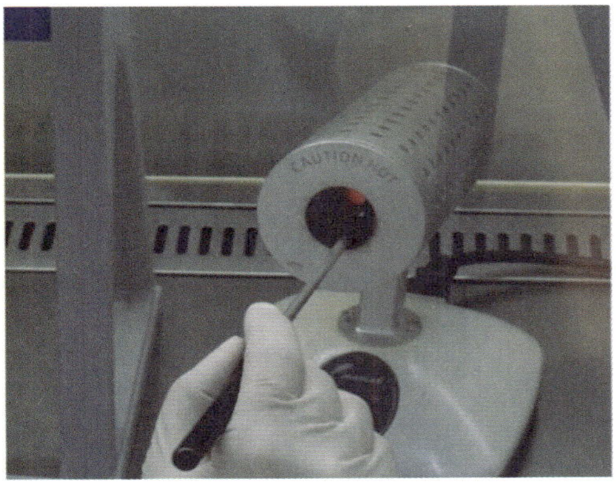

图 5-31 接种环灭菌

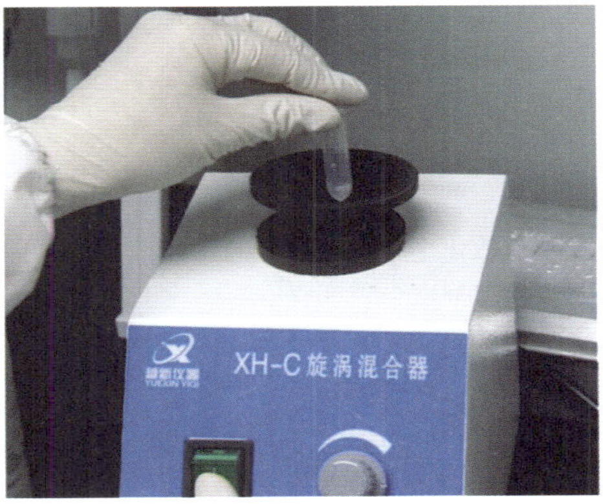


图 5-32 振荡混匀 1

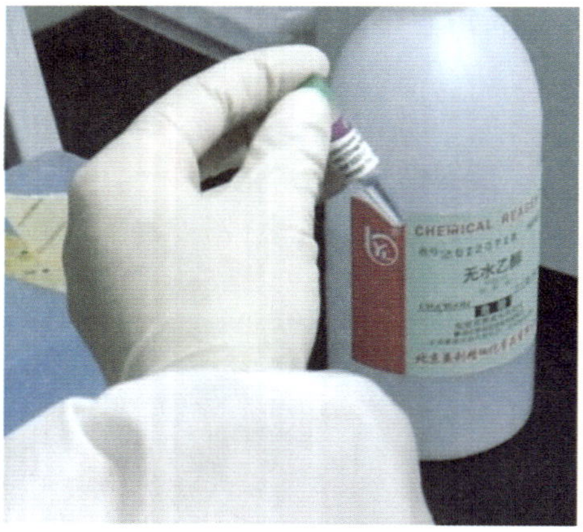


图 5-33　蛋白酶 K

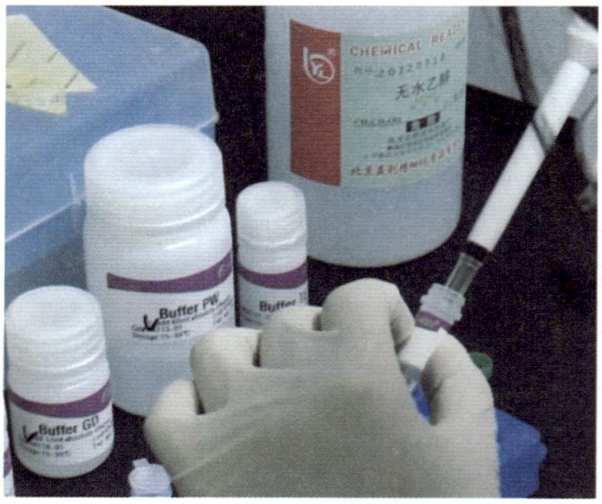


图 5-34　吸取 20 μL

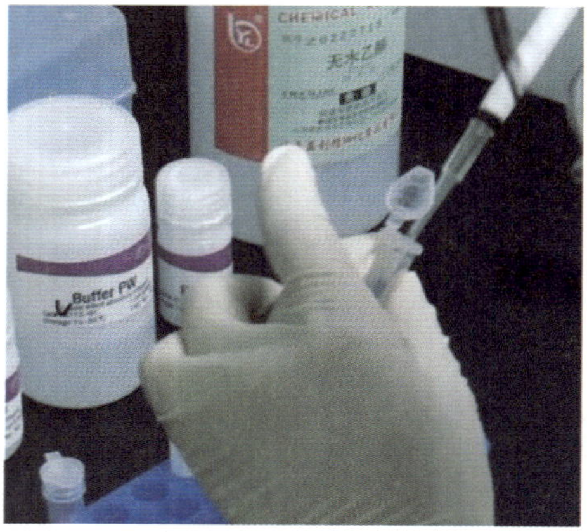


图 5-35　加入离心管中

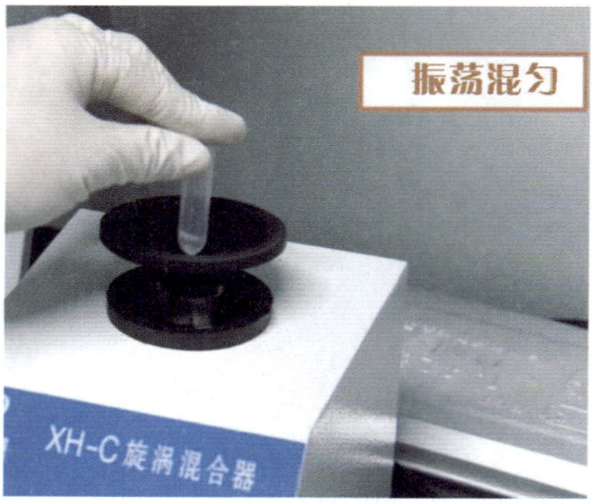


图 5-36　振荡混匀 2

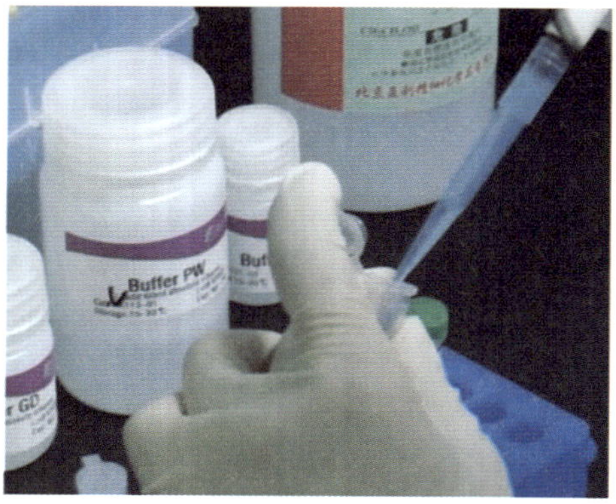


图 5-37　加入缓冲液 GB

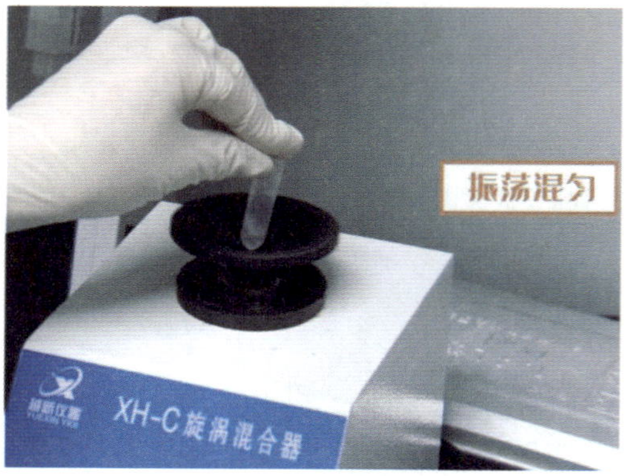


图 5-38　振荡混匀 3

(5)振荡混匀后，将离心管放在恒温金属浴中 70 ℃放置 10 min(图 5-39)。

(6)准备无水乙醇，用移液器吸取 220 μL(图 5-40)加入离心管中(图 5-41)，在旋涡混合器上振荡混匀(图 5-42)。

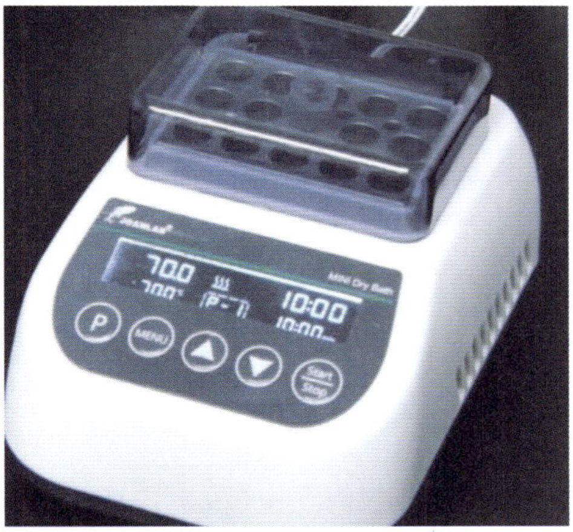


图 5-39　将离心管放在恒温金属浴中

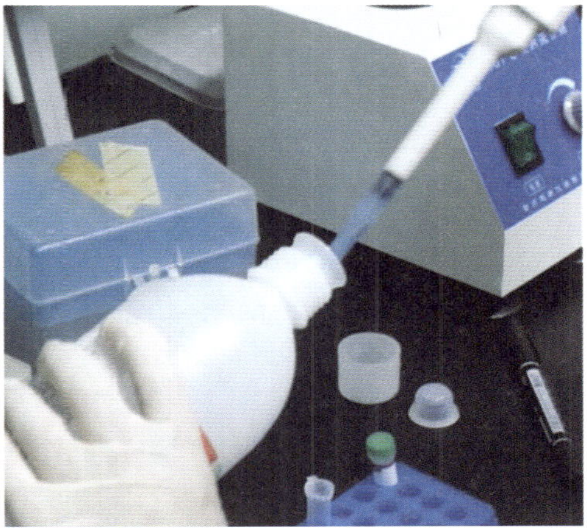

图 5-40　吸取 220 μL 无水乙醇

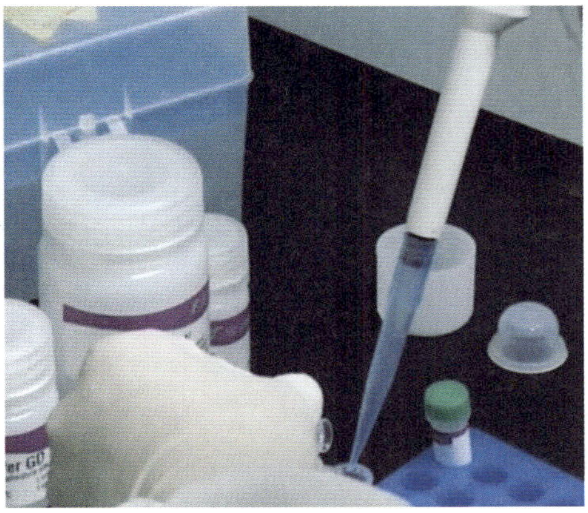

图 5-41　加入离心管中

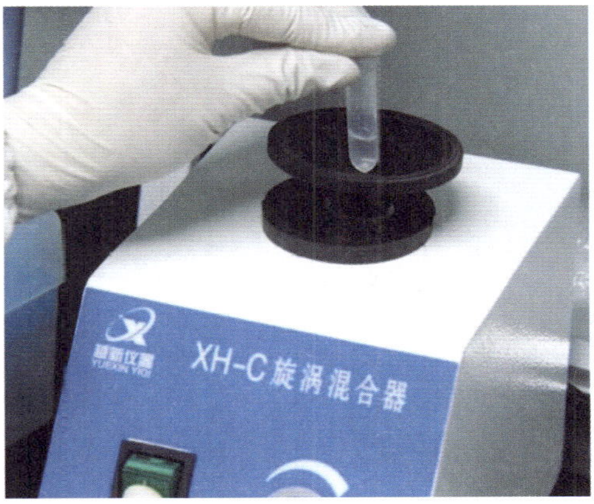


图 5-42　振荡混匀 4

## 二、核酸的提取

(1)准备吸附柱与收集管(图 5-43)，并标明样本编号。

(2)用移液器吸取样本处理后所得溶液，加入吸附柱中(图 5-44)。

(3)按照配平原则放入高速冷冻离心机中，12 000 r/min 离心 1 min(图 5-45)。

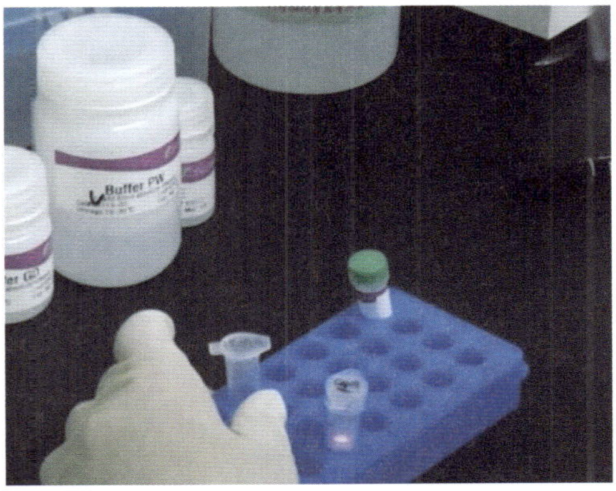


图 5-43　准备过滤柱与收集管

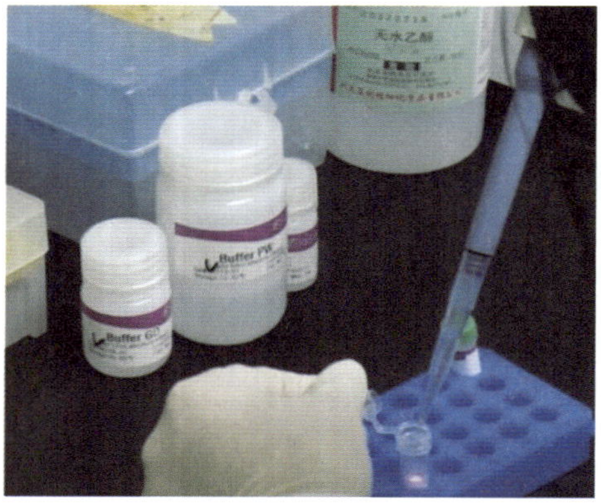


图 5-44 将样本加入吸附柱中

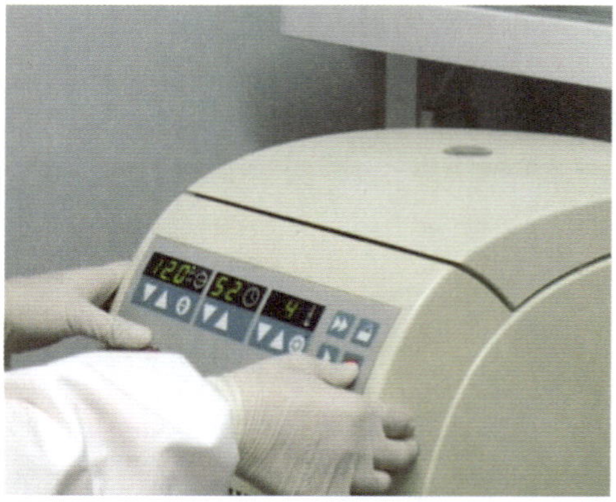

图 5-45 高速冷冻离心机离心

(4)离心完毕(图 5-46),倒掉废液(图 5-47),放好吸附柱(图 5-48)。

(5)取出试剂盒中的缓冲液 GD,用移液器吸取 500 μL 加入吸附柱中(图 5-49)。

(6)吸附柱放入高速冷冻离心机中 12 000 r/min 离心 1 min (图 5-50),倒掉废液,放好吸附柱。

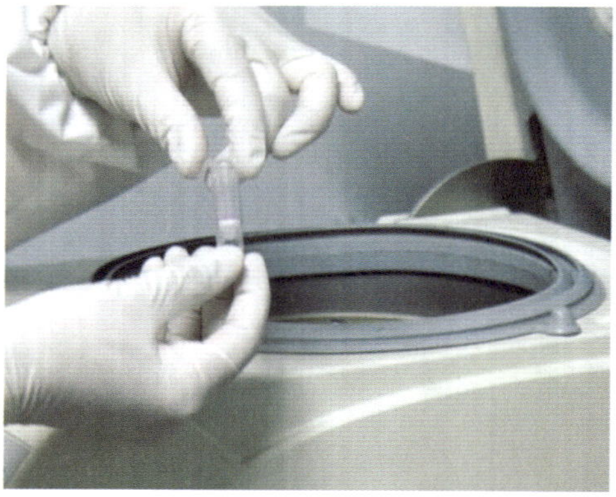

图 5-46 离心完毕

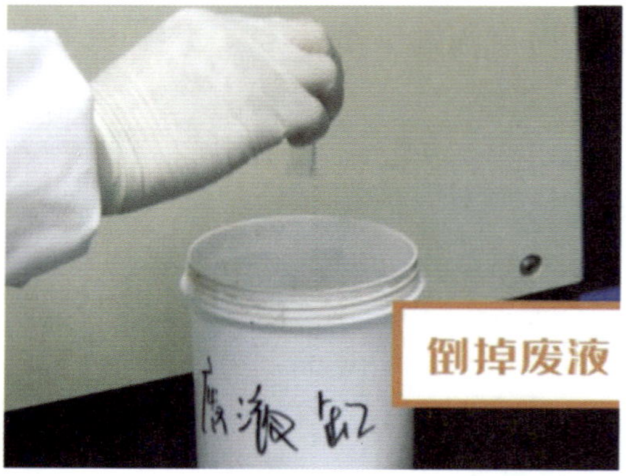


图 5-47 倒掉废液

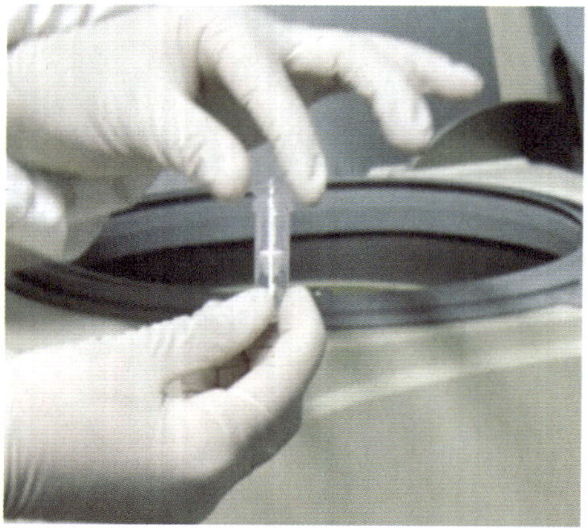

图 5-48 放好吸附柱

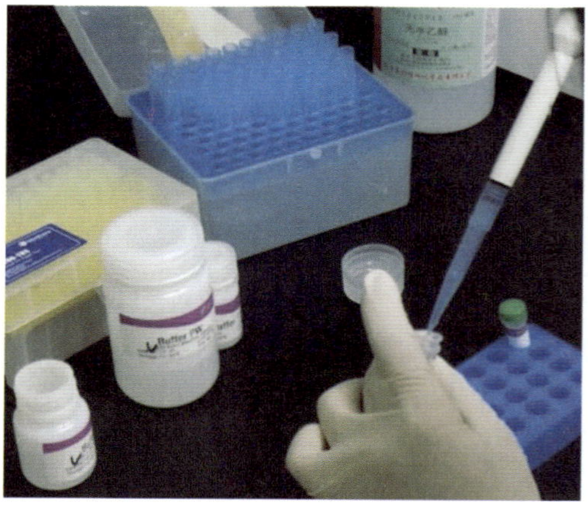


图 5-49 加入缓冲液 GD

(7)取出试剂盒中的漂洗液 PW 用移液器吸取 600 μL 加入吸附柱中(图 5-51)。

(8)吸附柱放入高速冷冻离心机中 12 000 r/min 离心 1 min,倒掉废液,放好吸附柱。

(9)重复一次漂洗步骤至倒净废液,放好吸附柱。

(10)空柱于高速冷冻离心机中 12 000 r/min 离心 2 min(图 5-52)。

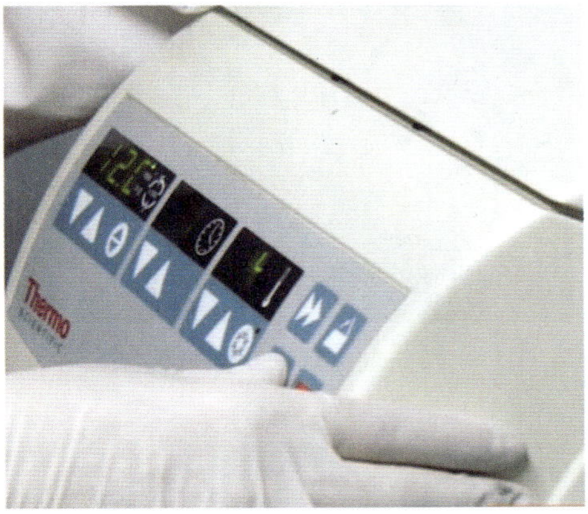

图 5-50　高速冷冻离心机离心

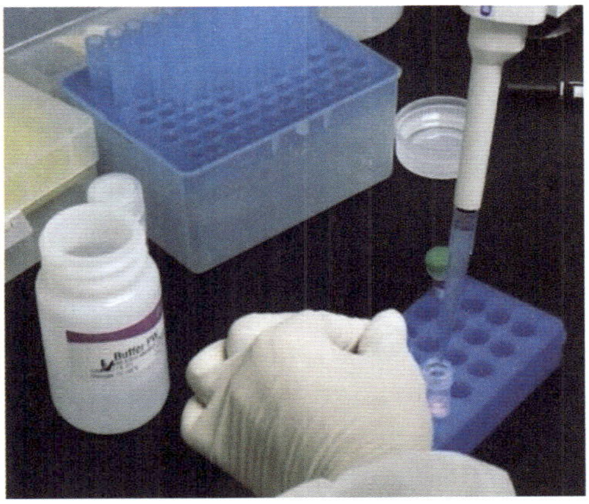

图 5-51　加入漂洗液 PW

(11)准备 1 支新的灭菌 1.5 mL 离心管(图 5-53),标明样本编号,将吸附柱放入离心管中(图 5-54)。

(12)取出试剂盒中的洗脱液 TE,将移液器量程调至 200 μL(图 5-55),用移液器吸取洗脱液 TE,加在吸附柱中吸附膜的中间位置(图 5-56),室温静置 2 min(图 5-57)。

(13)放入高速冷冻离心机中 12 000 r/min 离心 2 min(图 5-58),将溶液收集到离心管中,去掉吸附柱(图 5-59),离心管中所得溶液即为 DNA 产物(图 5-60)。

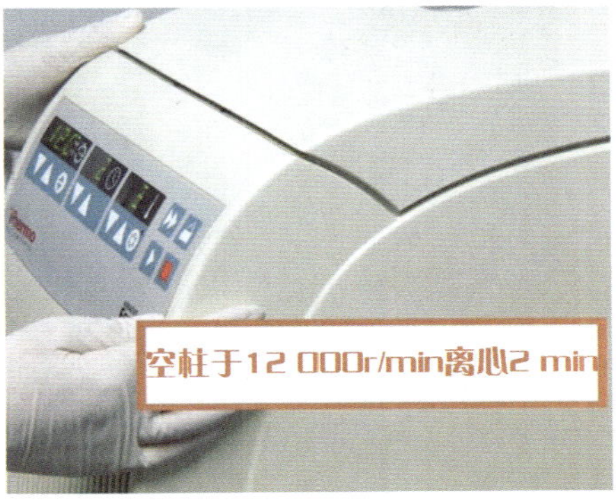


图 5-52　空柱离心

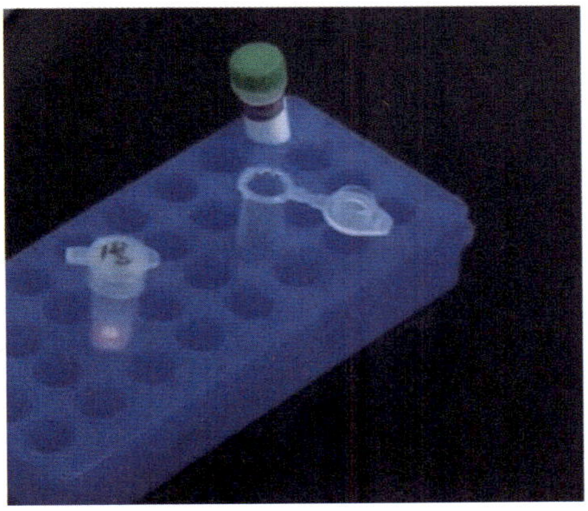

图 5-53　准备 1 支新的离心管

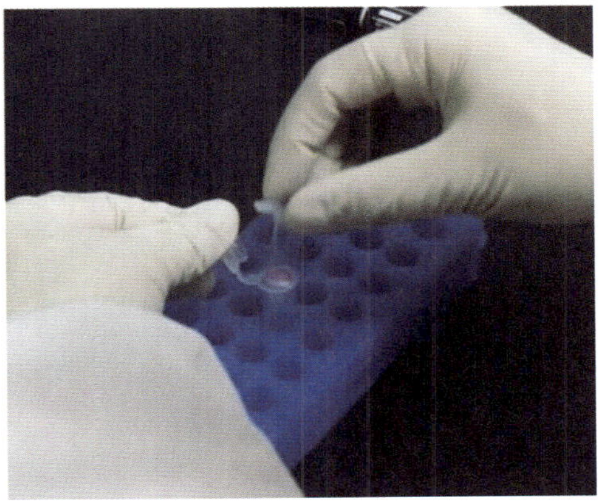

图 5-54　将吸附柱放入离心管中

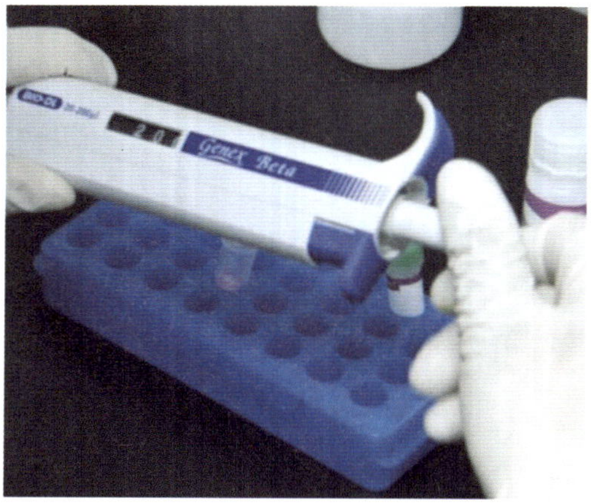


图 5-55　移液器量程调至 200 μL

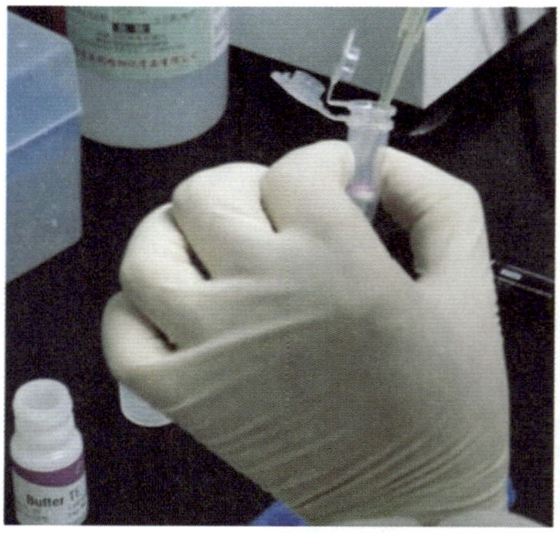


图 5-56　加在中间位置

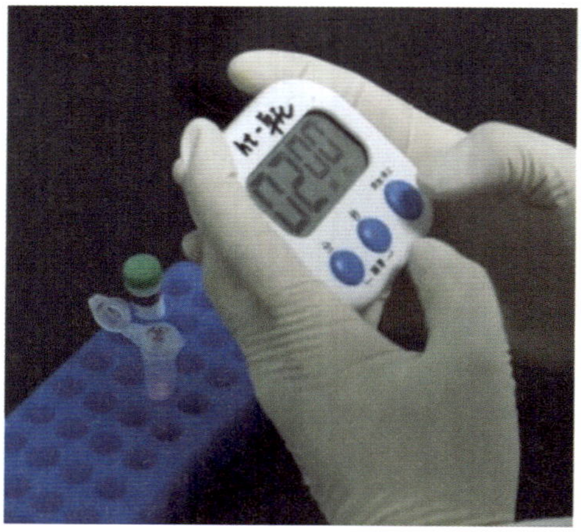

图 5-57　室温静置 2 min

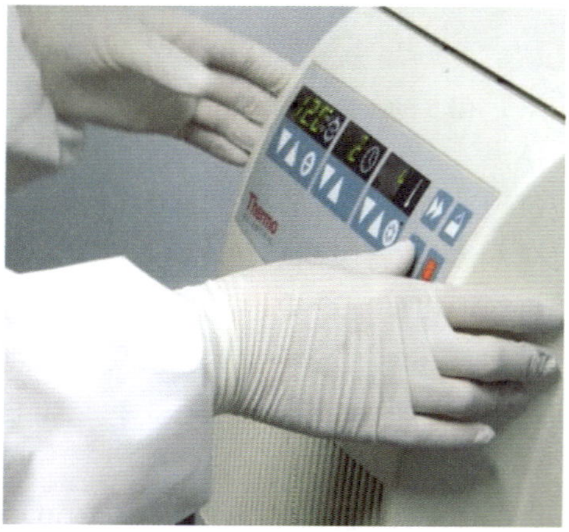


图 5-58　离心

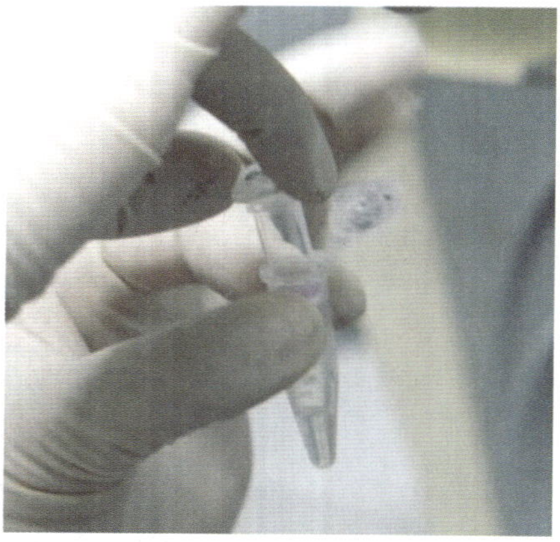

图 5-59　去掉吸附柱

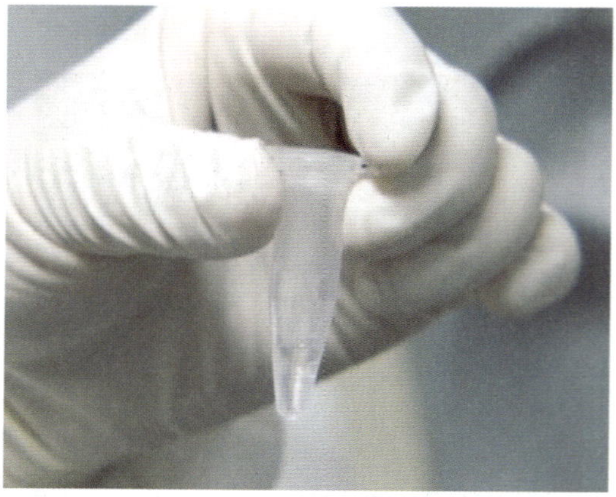

图 5-60　DNA 产物

# 第三节　PCR 检测技术

## 一、样本的准备

（1）将 $ddH_2O$（双蒸水）、Mix（taq 酶）、上下游引物、模板 DNA 按照表 5-1 反应体系所示依次加入离心管中。

（2）用手指轻轻敲打离心管，将上述混合液充分混合均匀，并用掌上离心机短暂离心使液体集中于离心管底部（图 5-61）。

表 5-1　反应体系

| 组分 | 体系（25 μL 体系） |
|---|---|
| Mix | 12.5 μL |
| 上游引物 | 0.5 μL |
| 下游引物 | 0.5 μL |
| 模板 DNA | 2 μL |
| $ddH_2O$ | 9.5 μL |

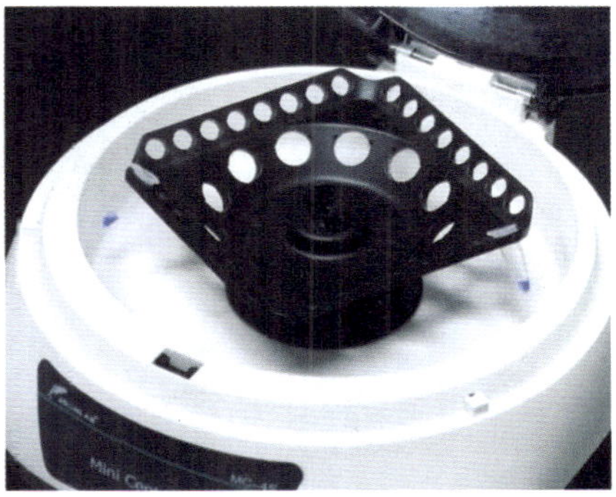

图 5-61　离心

## 二、PCR 反应

（1）根据 Mix（taq 酶）对应的变性、预变性、延伸和终延伸温度和时间以及对应目的基因的退火温度及时间在 PCR 仪中设置相应的反应程序（图 5-62），以 2×T5 Super PCR Mix（Basic）为例，见表 5-2。

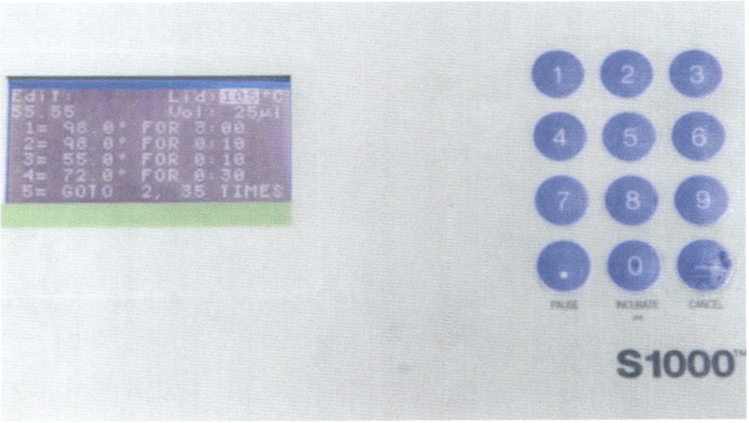


图 5-62　反应程序

表 5-2　反应程序

| 反应阶段 | 温度 | 时间 | 循环数 |
|---|---|---|---|
| 预变性 | 98 ℃ | 3 min | 1 |
| 变性 | 98 ℃ | 10 s | |
| 退火 | 55 ℃ | 10 s | 35 |
| 延伸 | 72 ℃ | 30 s | |
| 终延伸 | 72 ℃ | 5 min | 1 |
| 保存 | 4～12 ℃ | ∞ | |

(2)将加样完成的离心管放入 PCR 仪中(图 5-63),盖好热盖(图 5-64),启动程序(图 5-65),开始运行(图 5-66)。

(3)运行结束后将提取完的 DNA 产物(图 5-67)暂存至 4 ℃冰箱中。

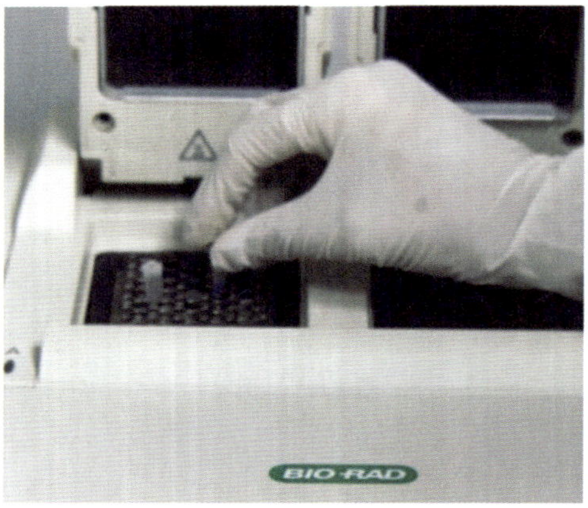


图 5-63　离心管放入 PCR 仪中

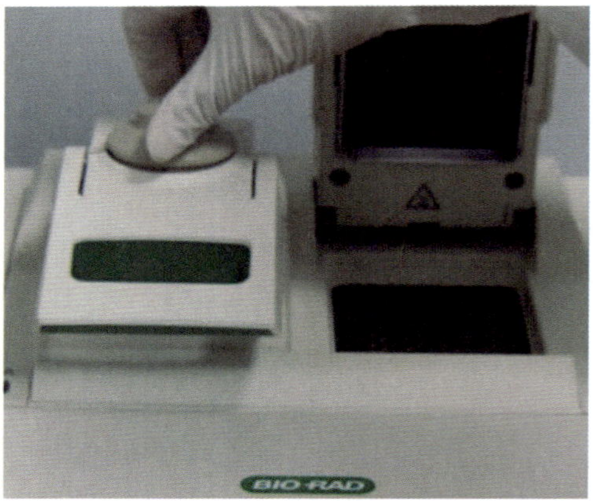


图 5-64　盖好热盖

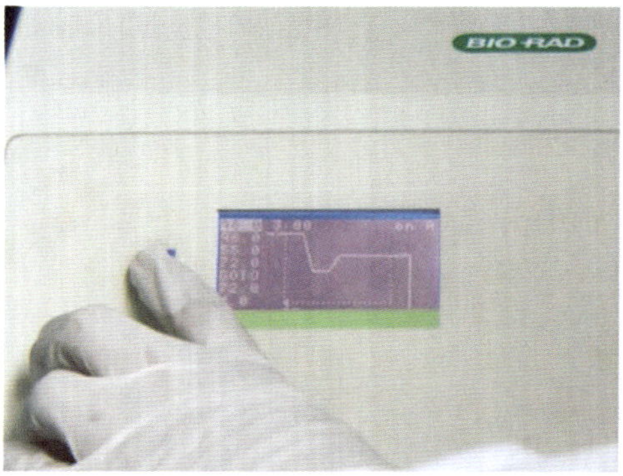


图 5-65　启动程序

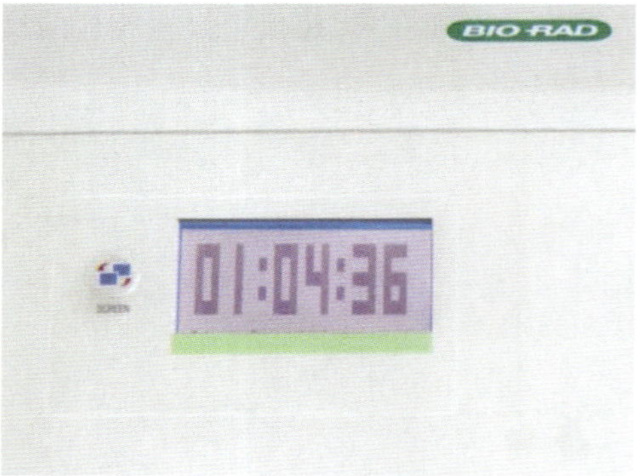


图 5-66　开始运行

## 三、琼脂糖凝胶电泳

(1)1 L 1×TAE 缓冲液的配制。用量筒量取 980 mL 蒸馏水(图 5-68),倒入蓝盖瓶中(图 5-69),用量筒量取 20 mL 50×TAE 缓冲液(图 5-70),倒入蓝盖瓶中(图 5-71),配置成体系为 1 L 的 1×TAE 缓冲液,摇晃混匀。

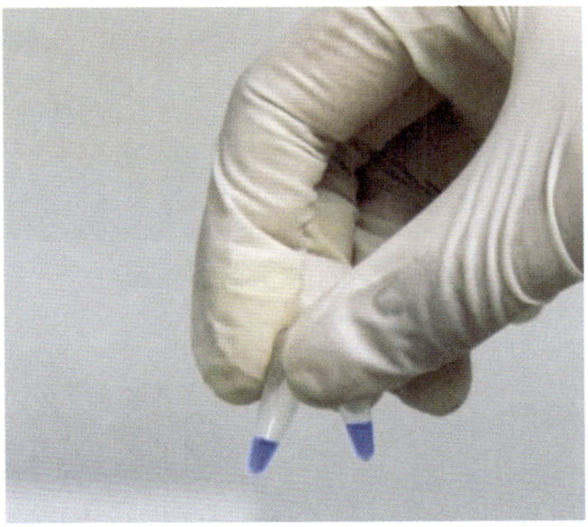

**图 5-67　DNA 产物**

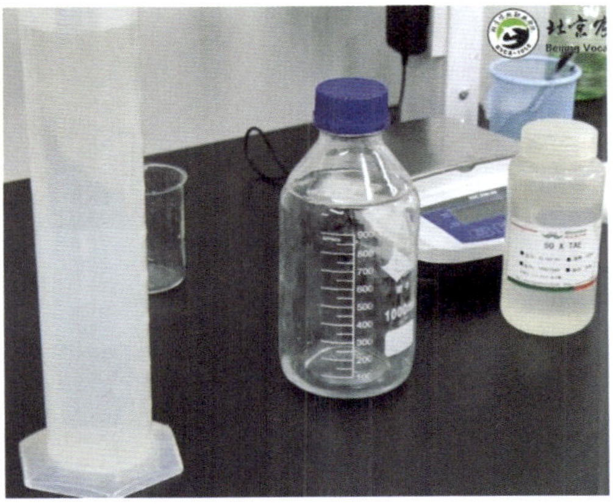

**图 5-68　量取 980 mL 蒸馏水**

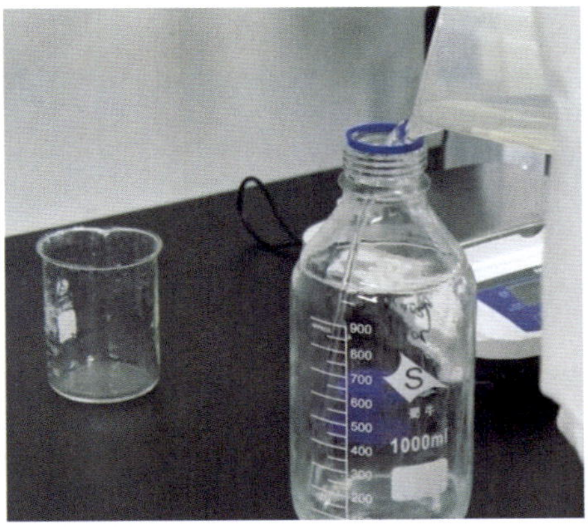

**图 5-69　倒入蓝盖瓶中**

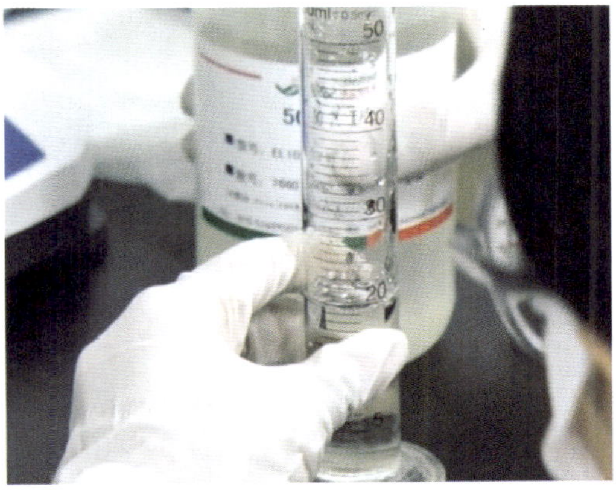

**图 5-70　量取 20 mL 50×TAE 缓冲液**

(2)安装制胶槽及加样梳。将制胶槽放入制胶器中(图 5-72),并放置好加样梳(图 5-73)。

(3)琼脂糖凝胶的制备。①量取 100 mL 1×TAE 缓冲液,加入烧杯中。②用电子天平称取 1.5 g 琼脂糖,加入烧杯中,并混合均匀(图 5-74)。③用微波炉加热煮沸两次,至琼脂糖完全溶解(图 5-75)。④静置约 3 min。⑤加入 4 μL 核酸染料(图 5-76),并轻轻晃动烧杯使其充分混合均匀(图 5-77)。⑥将配制好的溶液缓慢倒入制胶器中(图 5-78),不要出现气泡,室温静置 30 min 左右(图 5-79)。⑦待胶完全凝固后,双手轻轻拔出梳子(图 5-80)。

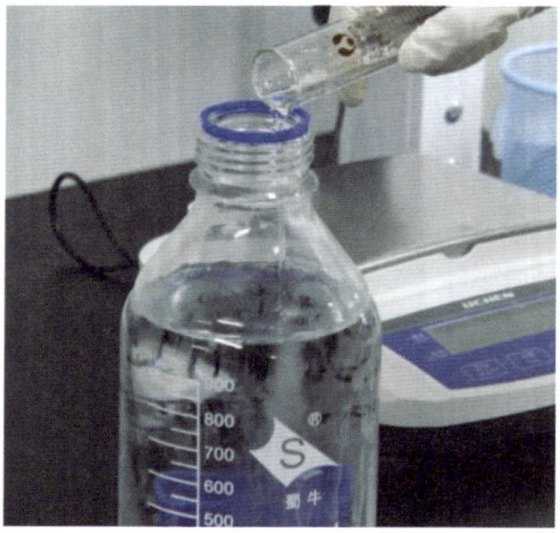


图 5-71　倒入蓝盖瓶中

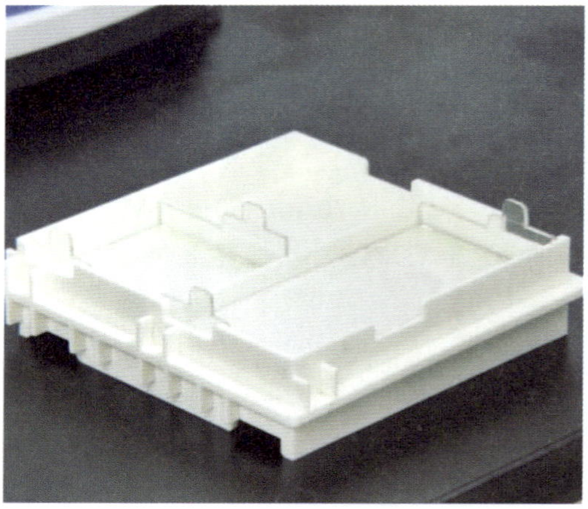

图 5-72　制胶槽放入制胶器中

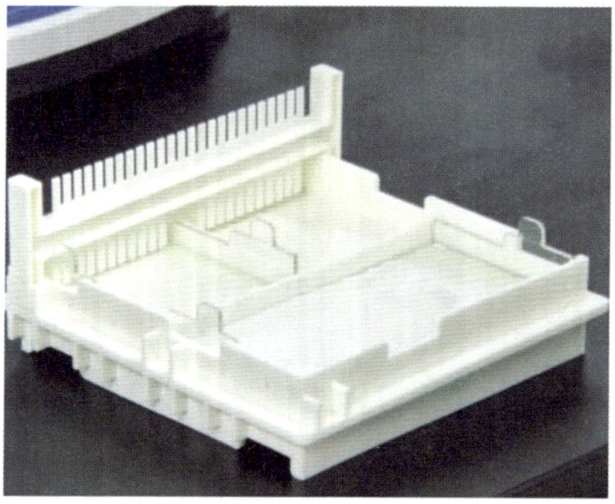

图 5-73　放好加样梳

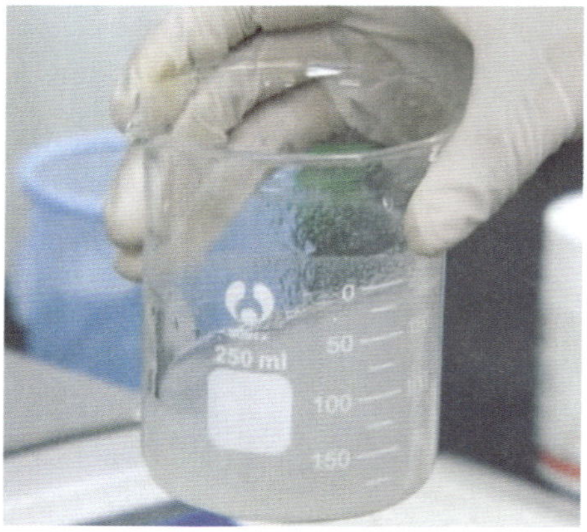


图 5-74　混合均匀

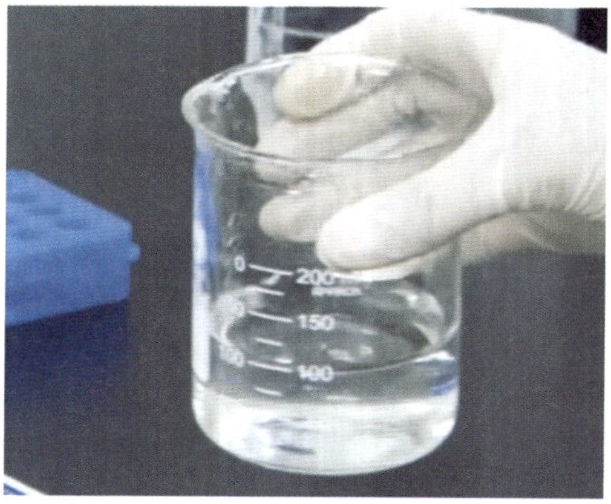


图 5-75　完全溶解

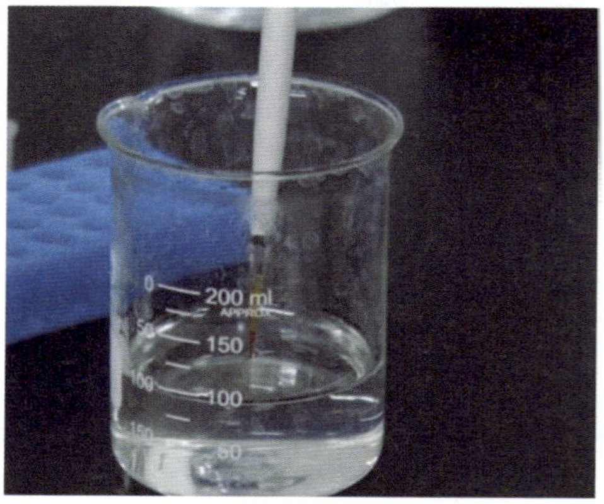


图 5-76　加入 4 μL 核酸染料

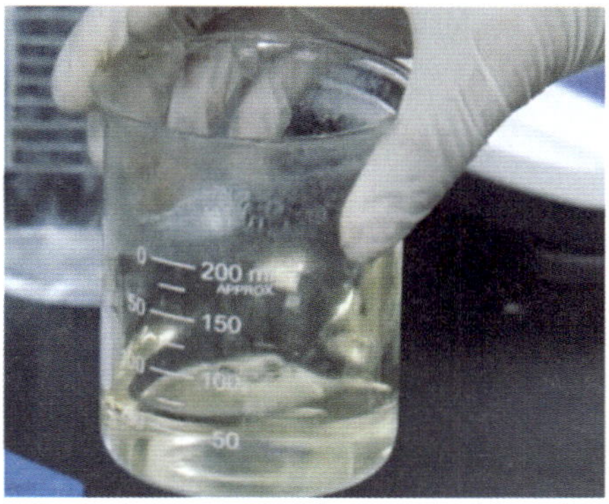

图 5-77　混合均匀

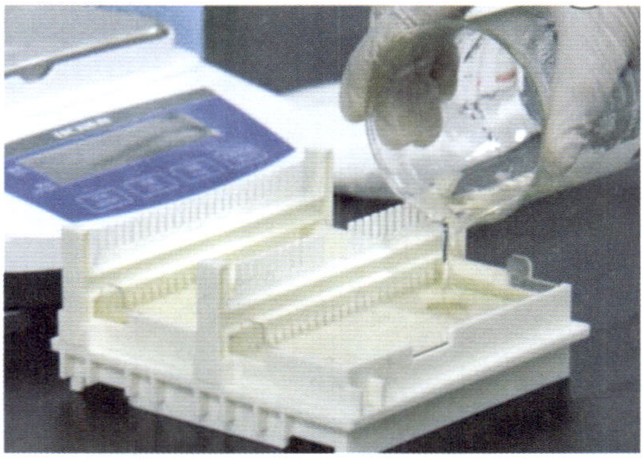

图 5-78　倒入制胶器中

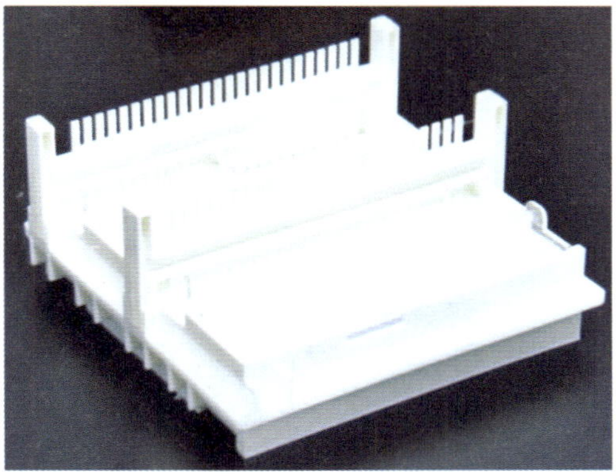

图 5-79　室温静置 30 min 左右

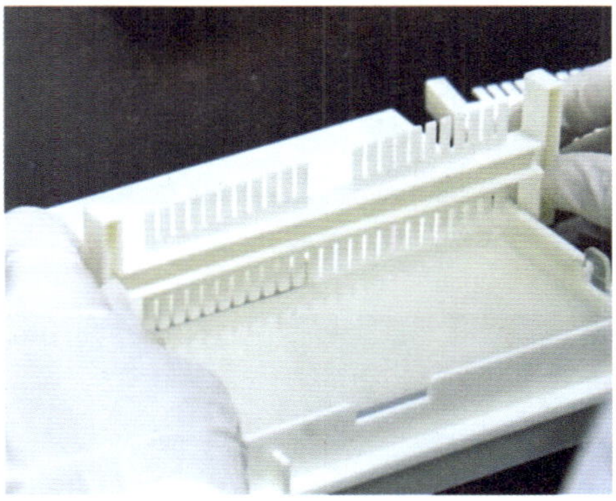

图 5-80　双手轻轻拔出梳子

(4)电泳。①打开电泳仪的盖子(图 5-81)。②在电泳槽中注入一定量 1×TAE 的缓冲液(图 5-82),将凝胶与制胶槽一起放入电泳槽中,继续添加缓冲液(图 5-83),直至没过凝胶,并高于凝胶 1 cm 左右即可。③用移液器吸取 DNA Marker 5 μL(图 5-84),加入凝胶孔内(图 5-85)

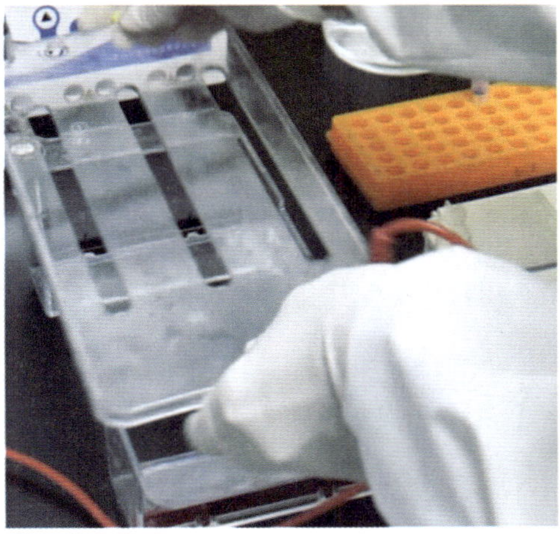

图 5-81　打开电泳仪的盖子

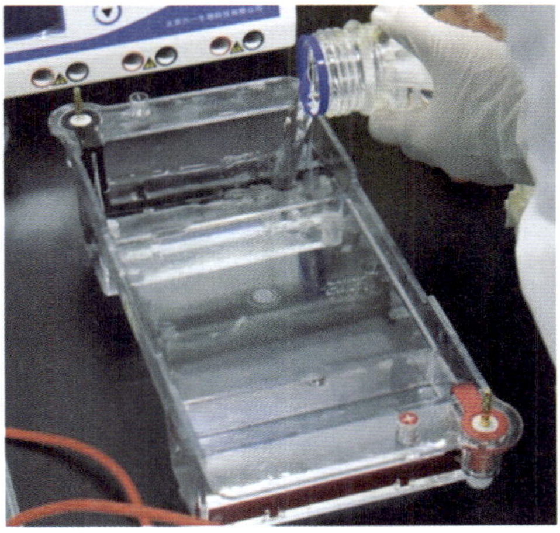

图 5-82　注入 1×TAE 的缓冲液

（注：加样前需排净凝胶孔中的气泡，吸头不宜插入凝胶孔太深，以防扎破凝胶底部，使样本溢出）。④吸取 DNA 样本 5 μL 加入相邻孔内（图 5-86、图 5-87），注意不要溢出。⑤加样完成后，盖好盖子（图 5-88），连接正负极，打开电源（图 5-89），设定电压，电泳时间为 20 min 左右，启动程序（图 5-90）。⑥样本和 DNA Marker 由负极向正极方向流动（图 5-91）。⑦电泳结束后，将凝胶放置于切胶仪（图 5-92）拍照区中间进行成像即可（图 5-93）。

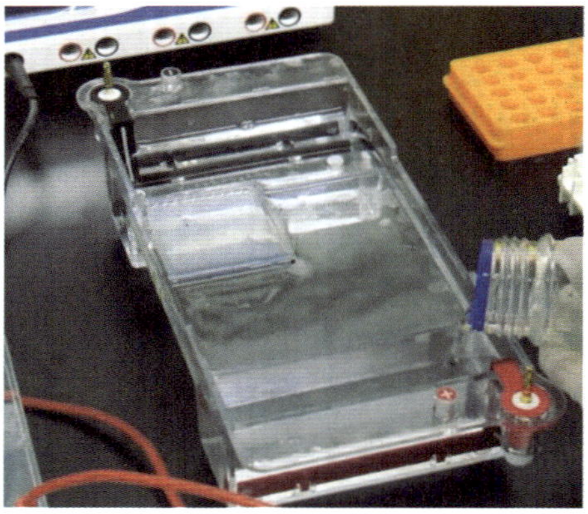

图 5-83　放入凝胶，继续加缓冲液

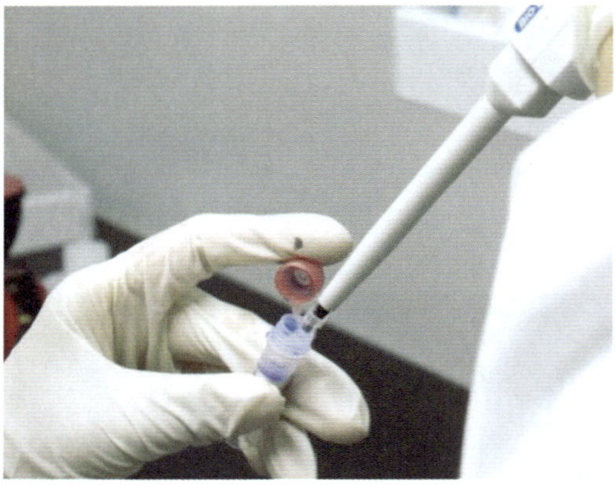

图 5-84　吸取 DNA Marker

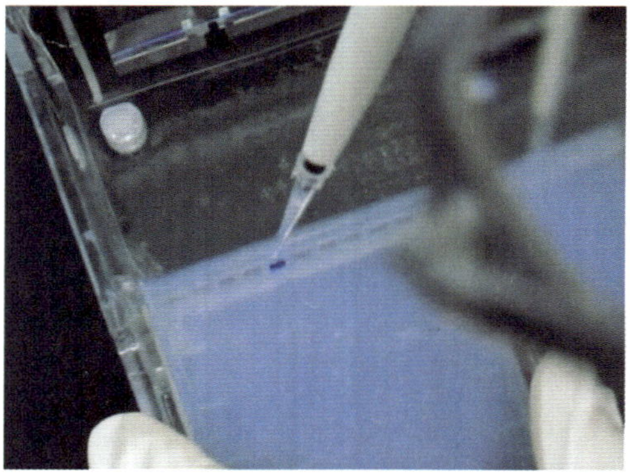

图 5-85　加入凝胶孔内

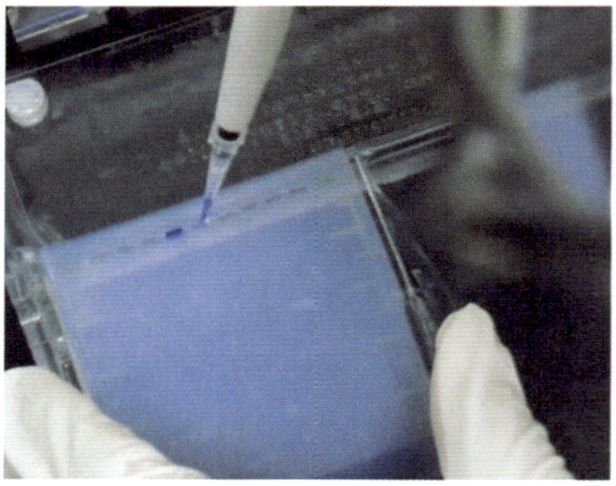

图 5-86　在相邻孔内加入 DNA 样本 1

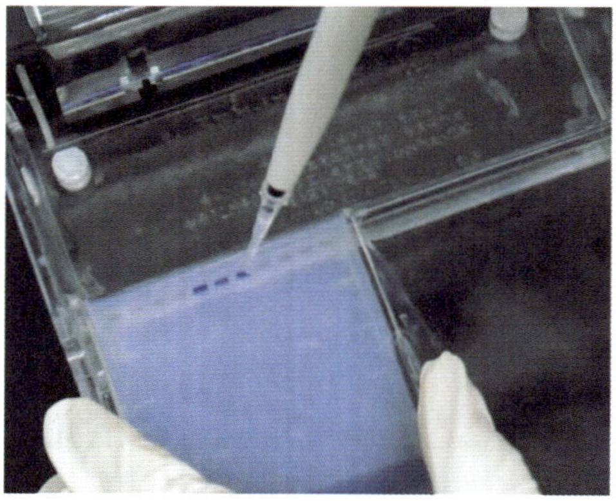

图 5-87　在相邻孔内加入 DNA 样本 2

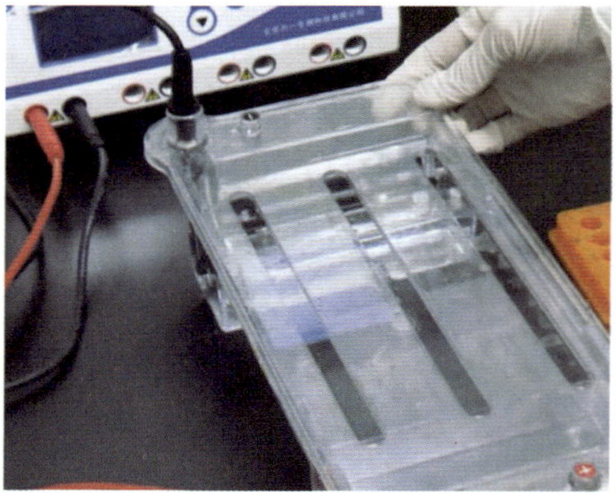

图 5-88　盖好盖子

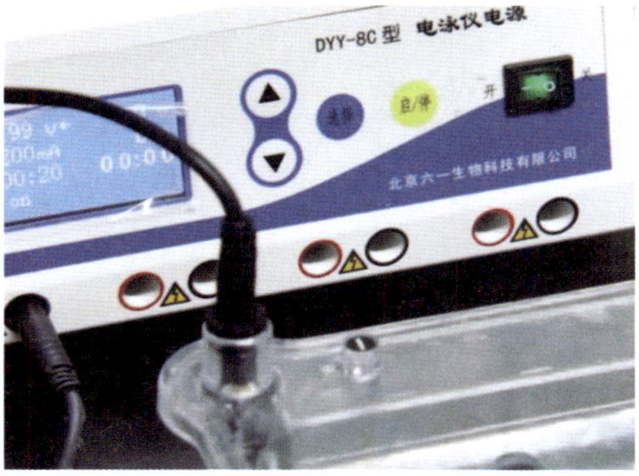


图 5-89　打开电源

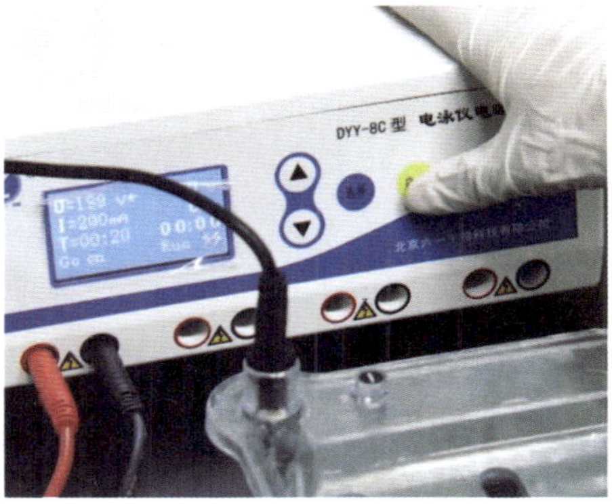


图 5-90　启动程序

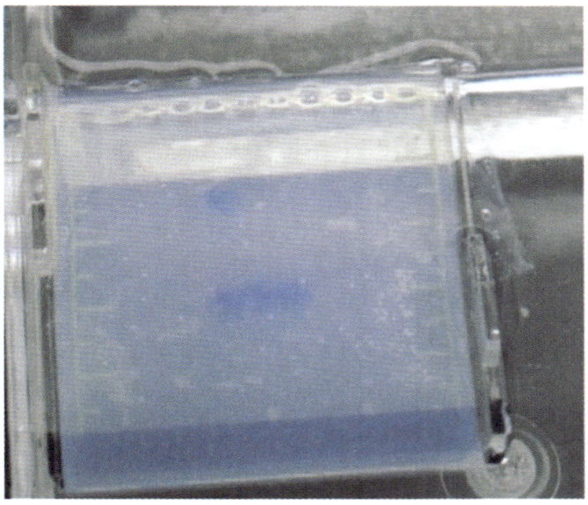

图 5-91　样本和 DNA Marker 流动

图 5-92　凝胶放置于切胶仪

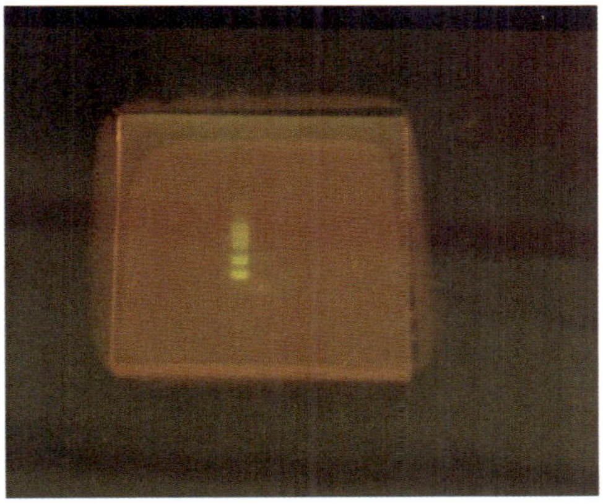

图 5-93　切胶仪成像